食品生产加工过程危害因素分析综合教程

张 欣 主编

U0263256

科学出版社

北京

内 容 简 介

本教程将食品安全有关理论和监管工作实践相结合，系统地阐述了食品生产加工过程的食品安全理论、问题、管理方法、制度、监管体系等内容。全书分为两部分，理论部分阐述了食品安全及其危害因素、食品安全问题，限量标准比较，常见危害因素及存在问题的分析与控制、管理和监督，食品安全风险分析、监督管理体系等内容，介绍了监管部门的实践经验、国外监管模式，提出了现代监管模式。行业分析部分以我国的食品生产重要省份广东为例，介绍了小麦粉等50个食品生产加工行业的食品安全危害因素调查分析情况。包括行业基本情况，如企业分布、主要问题、产品检验情况、主要不合格项目；危害因素调查情况，如基本生产流程及关键控制点、主要质量问题、主要危害因素及描述；对危害因素的监控建议，包括生产企业自控建议、监管部门监控建议、消费建议等。

本书可供高等院校、科研单位的食品安全有关专业的教学、科研使用，并可供食品企业、行业组织及监管部门的技术人员、管理人员作为工作参考。

图书在版编目（CIP）数据

食品生产加工过程危害因素分析综合教程/张欣主编. —北京：科学出版社，2014.5

ISBN 978-7-03-040535-7

I. ①食… II. ①张… III. ①食品加工–食品安全–教材 IV. ①TS201.6

中国版本图书馆 CIP 数据核字 (2014) 第 087993 号

责任编辑：刘 畅 周万灏/责任校对：宋玲玲 刘亚琦
责任印制：张 伟/封面设计：迷底书装

科学出版社 出版
北京东黄城根北街 16 号
邮政编码：100717
http://www.sciencep.com

北京厚诚则铭印刷科技有限公司 印刷
科学出版社发行 各地新华书店经销
*
2014年5月第 一 版 开本：890×1240 A4
2022年1月第六次印刷 印张：23 1/2
字数：752 000

定价：108.00 元
（如有印装质量问题，我社负责调换）

《食品生产加工过程危害因素分析综合教程》编委会

主　　任：任小铁

副 主 任：邱庄胜

主　　编：张　欣

副 主 编：邱　楠　张卫洪　梁德沛　张　晖

编　　者：任小铁　张　欣　李晓明　张　娟　谭嘉力　吴炜亮　李　江
　　　　　雷　健　邱　楠　张卫洪　梁德沛　梁宇斌　牟靖芳　张莉娜
　　　　　杨纯佳　陈　玲　周　勇　郦明浩　黄翠莉　张施敬　邱启东
　　　　　李锦清　尹建洪　吴玉銮　刘冬虹　刘　捷

参与编审：侯向昶　罗建辉　温戈章　鄢小欢　赵德成　唐征岩

序

食品工业是国民经济的支柱产业，食品生产加工行业的食品安全风险防控任务非常艰巨。当前，食品安全的监管不仅要防范传统食品污染物对食品安全的危害，而且需要防范新型食品污染物及非法添加物质对食品的污染。由于行政监管的人力、经费等资源有限，不可能对所有危害因素全面加以管控。因此，必须对危害因素进行分析，找到真正的威胁，对真正的风险源加以防范。质监部门自2005年承接生产加工环节食品安全监管工作以来，一直非常重视食品安全危害调查和风险分析工作。从2005年开始，广东省质量技术监督局就组织对食品生产加工环节的食品安全危害因素进行调查、识别及汇总，并通过有效的风险监测对危害因素进行科学的分析、归纳和研究，然后在食品生产加工环节中对危害因素实施监控。

2005年7月，广东省质量技术监督局首先开展了对全省地方风味特产和传统特色食品的质量卫生专项调查，针对珠三角的腊味、盲公饼、蝽蚧、果蒸（粽子），粤西的咸鱼、豆豉、腐乳，粤东的梅菜、咸鸡、粿条、牛肉丸、凉果，粤北的竹笋制品、木耳制品等地方风味特产、传统特色食品产业进行危害因素分析，按品种形成了分析报告。在此基础上，各地制定了生产和监管规范，采取了必要的措施来保证这些食品的质量、卫生与安全。

自2007年起，质监部门积极应用食品安全风险分析理论，全面开展了对各类食品的食品安全危害因素的调查分析工作。广东省质量技术监督局组织全省各级质监部门、4个食品国家质检中心、19个地级市食品检测机构，在专家组的指导下，对食品生产加工环节中的各类危害因素进行了全面调查，并总结了监管工作的经验，形成了50类食品的危害因素调查分析报告。此项工作基本查清了生产加工环节食品安全风险源头，并据此开展了有关风险的专项防控治理，大大提高了食品安全监管的前瞻性、科学性和有效性。

食品安全危害因素调查和风险分析的工作内容包括调查食品生产所使用的主要原料、辅料、添加剂、包装材料、主要工艺及工艺流程、保存期限和方式、产品标识、生产过程的关键控制点、可能出现的危险因素、容易发生或潜在的质量卫生问题、生产环境和人员的存在问题等，工作人员对这些问题进行了系统分析，对产品、原辅料的质量卫生指标进行了抽样分析检验，针对发现的问题，对企业和监管部门提出了监管措施，对消费者提出了消费建议。这是加强食品安全工作的主动性、预防性措施，是对食品安全开展风险分析和预警的新尝试。在全省范围内搜集食品生产中危害因素的数据资料，还可以为制定法规、规范及标准提供依据。通过开展这项工作，食品行业、监管部门及消费者能更好地应对可能出现的食品安全问题。

2013年2月，广东省质量技术监督局组织有关专家，在之前已经完成的50类食品的危害因素调查分析报告的基础上，完善分析内容、更新数据，从技术上总结了广东省质监系统历年来食品安全监管的经验，编著了本书。本书比较全面地总结了全省质监系统历年来对食品生产加工行业实施危害调查、风险分析和科学监管的经验，汇总、分析了近年来风险监测、抽查检验的数据，分行业归纳了食品生产过程中常见的危害因素，分析了危害因素的特征、来源，为企业和监管部门提出了监控、防范的工作建议。

该书体现了质监部门2005年以来在食品生产加工环节对食品安全实施科学监管的成果，可以为今后的食品安全监管部门提供借鉴，为企业加强监管提供参考，为政府宏观管理部门提供决策依据，为高等院校、科研单位提供食品安全教学、研究的基础资料。

任小铁

2013年9月

前　言

食品安全对于所有国家和地区来说都是至关重要的公共卫生问题。近几年发生的影响和危害极为严重的食品安全事件，涉及不止一个国家或地区，有的甚至涉及不止一个洲。除众所周知的我国2008年9月暴发的三鹿奶粉事件外，近年影响比较大的事件，例如，2010年年底，德国石荷州哈勒斯和延彻公司将受到二噁英污染的工业脂肪酸用于动物饲料油脂生产，导致饲料受到污染，禽蛋中发现二噁英超标现象，受污染的饲料涉及德国、丹麦和法国。2011年5月，由于萨克森一家工厂用受污染的种子生产豆芽，德国暴发肠出血性大肠杆菌疫情，并迅速蔓延至欧洲、北美洲16个国家，感染4075人，死亡50人。2011年9月，因食用科罗拉多州金森农场生产的受单增李斯特氏菌污染的甜瓜，美国共有28个州、146名消费者患病，其中32名患者死亡，是美国近30年里最严重的食源性疾病致死事件。2011年5月，我国台湾昱伸香料有限公司故意将塑化剂邻苯二甲酸二（2-乙基己）酯（DEHP）添加到起云剂中，致使我国台湾地区生产的运动饮料、果汁饮料、茶饮料等五大类食品均受到严重影响，是台湾地区30年来最严重的食品安全事件。此外，还有2011年日本明治奶粉检出放射性铯事件，2012年德国冷冻草莓诺如病毒污染事件，2012年韩国农心方便面含苯并[α]芘事件，2013年新西兰奶粉含双氰胺事件，2013年欧洲"挂牛头卖马肉"丑闻等。这些事件的发生，使许多国家的决策者和消费者正在重新评价本国、本地区的食品安全，以及其中与公共卫生有关的国际性问题。因此，在全球化背景下，食品安全不可避免地面临新的更高的要求。

一方面，我国在改革开放30多年后，公众对食品安全的认识已从保障粮食数量的供应转移到关注食品质量、卫生和安全问题。当前，食品生产工业化、食品供应全球化趋势发展迅速，食品污染、食源性疾病对人类健康的威胁正日益受到公众关注。随着城市化的发展和生活方式的改变，越来越多的人购买工厂生产的食品，到餐饮行业消费。这在丰富和方便人们生活的同时，也使人们越来越容易受到食品生产消费链条上任何安全危害的影响。食品安全事故的发生越来越引起公众的不安和不满，食品行业和政府保障消费者健康的能力越来越频繁地受到质疑，企业和政府越来越容易因此失去信任。三鹿奶粉事件让国家的决策者和广大消费者重新评价了我国的食品安全。因此，尽快采取科学的管理方法，完善食品安全监管，是监管部门必须采取的措施。

另一方面，由于食品安全是联合国及世界卫生组织（WHO）、联合国粮食及农业组织（FAO）等国际组织公认的人类基本权利，各国政府对食品安全都做出了承诺。2000年5月，第53届世界卫生大会通过了呼吁成员国把食品安全作为政府必要的公共卫生职责的决议。为了保证食品安全承诺的落实，联合国、WHO、FAO等国际组织提出了一系列的措施，措施的核心方法和基本要求是使用食品安全风险分析方法，并通过世界贸易组织（WTO）的卫生与植物卫生措施应用协议（SPS）和贸易技术壁垒协议（TBT）规定，食品安全风险分析成果可以共享，有关要求必须执行。2007年，北京国际食品高层论坛通过《北京食品安全宣言》，敦促所有国家制定以风险分析为基础的、透明的法规与其他措施，确保从生产到消费的食品供应的安全。

由此可见，在消费者食品安全需要和政府、国际组织要求及企业需求的推动下，风险分析在全球食品安全研究和管理领域已成为通用理论，其中的风险评估被认为是食品安全管理最为适宜的一种方法。食品安全风险分析方法作为国际上通行的监管手段，不但在技术上为政府部门制定有关政策、法规、标准及监督监控、检验检测措施提供了科学依据，而且是当今世界各国解决食品安全问题和贸易纷争的重要方法。因此，应当利用此方法在SPS、TBT协定的框架内建立、完善食品安全监管体系。

对危害因素的研究是风险评估的重要工作。无论是食品企业、行业还是政府监管部门，要做好食品安全工作，必须从危害分析抓起。自2005年起，广东省生产加工环节食品安全监管部门积极应用食品安全风险分析理论，改革完善监管体制机制，全面开展食品安全危害因素的调查分析，逐步查清了生产加工环节食品安全危害，开展了专项治理，并实施了以风险分析理论为基础的监管制度，大大提高了食品安全监管的前瞻性、科学性和有效性。本书分析的数据和工作情况，主要来源于广东省食品生产的监管部门、技术机构和企业对食品生产行业实施监督和管理的实践。

本书总结了2005年以来监管部门在食品生产加工环节的理论和实践，从食品安全与危害的概念、危害研究、风险分析、国际比较等角度阐述了目前的食品生产加工危害的情况、食品危害管控措施、风险评估方法的应用及目前食品安全管理体系状况，提出了在现有体制下实施和完善食品安全监管体系的建议，并借鉴国际经验，提出了全新的食品安全监管模式，为今后完善和改革食品安全监管体系提供了实践经验和决策参考建议。

　　虽然我们为本书的编写付出了最大的努力，但由于水平所限，加上科学的迅速发展和实践的不断深入，作为教材难免存在不足之处，希望读者批评指正，并将意见、建议反馈给我们。

　　最后，向支持本书编写和出版的科学出版社的领导、编辑人员表示衷心的感谢！

编　者
2013 年 9 月

目　录

食品生产加工过程危害因素分析综合教程

◎ 第一部分　理论篇

第一章
食品安全及其危害因素概述

第一节　食品安全

食品的安全和营养是人类对食品的基本要求。食品首先必须保证安全，即食品本身不能对人体健康带来损害。因此要保证食品在适宜的条件下生产、加工、运输、储存、销售和使用，防止食品在供应链各个环节受到危害因素污染，保障消费者身体健康。此外，还应保证食品应有的营养和色、香、味、形等感官性状，无掺假、掺杂，符合相应标准的要求。以上涉及食品质量、食品卫生和食品安全三个概念。

一、食品质量（food quality）

根据世界标准化组织（ISO）ISO 9000：2005《质量管理体系　基础和术语》的定义，质量是指一组固有特性满足要求的程度。定义中的固有特性是本身具备的，是产品、过程或体系的属性，而不是人为赋予的如产品的价格等特性。

"质量"反映为满足要求的程度，其中"要求"可包括很多方面，如规定的要求、特性的要求、明示的要求、习惯上隐含的要求、相关方的要求、必须履行的需求和期望等。概念中的"要求"当然包

括了中华人民共和国产品质量法第十二条规定"产品质量应当检验合格，不得以不合格产品冒充合格产品"。第十三条规定"可能危及人体健康和人身、财产安全的工业产品，必须符合保障人体健康和人身、财产安全的国家标准、行业标准；未制定国家标准、行业标准的，必须符合保障人体健康和人身、财产安全的要求"。第二十六条规定"产品质量应当符合下列要求：①不存在危及人身、财产安全的不合理的危险，有保障人体健康和人身、财产安全的国家标准、行业标准的，应当符合该标准；②具备产品应当具备的使用性能，但是，对产品存在使用性能的瑕疵做出说明的除外；③符合在产品或者其包装上注明采用的产品标准，符合以产品说明、实物样品等方式表明的质量状况"。

因此，广义的食品质量是指食品的一组固有特性满足要求的程度，即食品满足规定或潜在要求的特征和特性总和，反映食品品质的优劣。这里的"要求"包括规定的要求，如产品质量法、食品安全法、食品有关标准等多方面要求，还包括其他有关法律法规规章规定的要求；特性的要求，即必须具备产

品应当具备的使用性能，如食品应有的营养和色、香、味、型等感官性状等；明示的要求，如在产品或者其包装上注明采用的产品标准，符合以产品说明、实物样品及产品标识、合同、广告等方式表明的质量状况等要求。习惯上隐含的要求，如食品要安全，不得有害于人身健康，无掺假、掺杂，符合相应食品安全标准等的要求；相关方的要求，如顾客、政府、社会对食品的要求等；还有必须履行的需求和期望等。

但通常说的食品质量是狭义的食品质量，主要是指食品符合有关食品安全标准、产品标准、食品卫生标准要求的程度。它主要评价食品是否符合食品有关标准的要求，即是否合格。

二、食品卫生（food hygiene）

联合国粮食及农业组织（FAO）与世界卫生组织（WHO）联合成立的国际食品法典委员会（Codex Alimentarius Commission, CAC）制订的《食品卫生通用规范》CAC/RCP1—1969，Rev.4—2003 对食品卫生的定义为：在食品链的所有环节保证食品的安全性和适宜性所必须具有的一切条件和措施。

《食品工业基本术语》对食品卫生的定义为：为防止食品在生产、收获、加工、运输、储藏、销售等各个环节被有害物质（包括物理、化学、微生物等方面）污染，使食品有益于人体健康、质地良好所采取的各项措施。

三、食品安全（food safety）

在我国，食品安全一般有两方面的定义，分别来源于英语的两个概念：一方面是指一个国家或社会的食物保障（food security），即是否具有足够的食物供应；另一方面是指食品中有毒、有害物质对人体健康影响的公共卫生问题（food safety）。

其实，食品安全还有另外两个方面的问题值得研究：一是精神方面的安全，如不符合宗教要求的食品，或者不文明的种植、养殖、屠宰、烹调、食用方式带来的道德上的罪恶感和精神上的不安全感。二是营养方面的安全，如膳食结构不合理、暴饮暴食、偏食等不良饮食习惯带来的健康问题。这两个方面的问题都可能是合格(符合标准)的食品造成的，与传统意义上的食品安全不同，但是对健康（包括精神健康）造成了损害。

联合国粮食及农业组织（FAO）与世界卫生组织（WHO）联合成立的食品法典委员会（CAC）制定的《食品卫生通用规范》CAC/RCP1—1969，Rev.4—2003 对食品安全的定义为：当根据食品的用途进行烹调或食用时，食品不会对消费者带来损害的保证。

世界标准化组织（ISO）《食品安全管理体系 食物链中各类组织的要求》（ISO 22000∶2005）对食品安全的定义为：食品安全是食品在按照预期用途进行制备和（或）食用时，不会对消费者造成伤害的概念。此定义改编自 CAC《食品卫生通用规范》，并指出食品安全与食品安全危害（food safety hazard，食品中所含有的对健康有潜在不良影响的生物、化学或物理因素或食品存在状况）的发生有关，但不包括其他与人类健康相关的方面，如营养不良。

《中华人民共和国食品安全法》对食品安全的定义为：指食品无毒、无害，符合应当有的营养要求，对人体健康不造成任何急性、亚急性或者慢性危害。

综合上述定义可见，食品安全的概念有 4 个特点：一是政治性。食品安全与人类基本的权利——生存权关系密切，因此属于政府保障或者政府强制的范畴。食品安全是食品生产经营者和政府对社会最基本的责任和必须做出的承诺。而食品质量、食品卫生等概念则与发展有关，虽然也有强制性，但属于商业规则或者政府倡导的范畴。目前，国际社会正逐步以食品安全的概念替代食品卫生、食品质量的概念，突显了食品安全的政治责任。二是法律性。由于越来越多的国家认识到食品安全的政治意义，自 20 世纪 80 年代以来，一些国家和国际组织从完善社会管理法律的角度出发，逐步用食品安全的综合立法替代食品卫生、质量、营养等食品安全要素的立法。例如，1990 年，英国颁布了《食品安全法》；2003 年，日本制定了《食品安全基本法》；2009 年，我国颁布《中华人民共和国食品安全法》；2011 年，美国颁布《食品安全现代化法》对 1938 年通过的《联邦食品药品化妆品法》进行了 70 多年来最大的一次修订。三是社会性。与食品卫生学、营养学、质量学等学科概念不同，食品安全涉及社会治理。不同国家、不同时期，食品安全所面临的突出问题和治理要求有所不同。发达国家主要关注的是由工业现代化、科学技术发展带来的食品安全问题，如转基因、二噁英污染食品影响人类健康等问题，并逐步关注由居民膳食结构不合理带来的肥胖等导致的健康问题；发展中国家主要关注市场经济发育不成熟所导致的问题，如生产经营假冒伪劣食品、在食品生产中非法添加有毒有害物质导致食品有害的违法行为；而贫困国家仍然主要关注食品数量方面的安全，即粮食不够吃的问题。四是综合性，食品安全包括食品质量、食品卫生、食品营养等相关方面的内容，包括食品种植、养殖、加工、包装、储藏、运输、销售、消费等从农田到餐桌的各个环节。既包括种植、养殖和生产加工过程的安全，又包括经营过程和消费过程的安全；既包括结果的安全，又包括过程的安全（卫生）；既包括现实中的安全，又包括未来的安全。

基于上述认识，食品安全的概念可以表述为：食品及其种植、养殖、生产加工、包装、储藏、运输、销售、消费等过程符合国家法律法规和强制性标准的要求，无毒、无害，符合应当有的营养要求，正常食用不会危害和损害消费者的人体健康。

四、食品质量、食品卫生与食品安全的关系

由上述定义可知，食品质量、食品卫生和食品安全是不同的概念。

食品质量、食品卫生与食品安全的概念有不同的侧重点，食品质量指食品满足消费者明确的或者隐含的需要的特性，包含了食品安全的要求，并侧重于特定要求，如标准相比较的符合性；食品卫生指保证食品安全所必须具有的条件和措施，侧重于生产、运输、储存、使用等过程符合要求；食品安全指食品不能对消费者带来损害、危害，侧重于结果。食品安全是食品质量的重要内涵，食品卫生是实现食品安全的必要条件。

广义的食品质量是严格的定义，包含了食品安全的所有要求。狭义的食品质量也有食品安全的部分要求，这些要求体现在食品安全标准、产品质量标准、卫生标准中。

狭义的食品安全主要是指食品质量、卫生方面的安全，评价指标主要有反映食品质量、卫生特性的指标，如蛋白质含量、脂肪含量、热量等理化指标、营养指标，以及微生物、重金属、农药兽药残留等卫生指标。狭义的食品安全的概念实际上有两个层次含义：①绝对安全性，指确保不能因正常食用某种食品而危及健康或造成伤害的一种承诺，也就是正常食用该食品应没有对人体健康造成危害的风险；②相对安全性，指一种食物或食物成分在合理食用方式和正常食量的情况下，不会对健康损害的实际确定性，但不能担保在以不正常方式食用时可能产生的风险，如过度饮酒造成的乙醇中毒风险，长期过度饮酒造成的肝硬化乃至肝癌等风险。

广义的食品安全还包括：食品数量方面的安全，即粮食安全，主要是粮食供需平衡问题，评价指标主要有产量水平、库存水平、贫苦人口温饱水平等。从发展看，广义的食品安全还应包括精神方面的安全和营养方面的安全，这两种发展中的食品安全问题反而可以由内在质量合格的食品带来，尤其是随着经济发展和社会进步，不良膳食习惯给人群带来越来越多的疾病，值得学术界和政府进一步研究、解决。

食品卫生具有食品安全的基本特征，包括结果安全（无毒无害，符合应有的营养要求等）和过程安全（即保障结果安全的条件、措施等安全）。食品安全和食品卫生的区别：一是范围不同，食品安全包括食品（食物）的种植、养殖、加工、包装、储藏、运输、销售、消费等环节的安全，而食品卫生通常并不包含种植、养殖环节的安全；二是侧重点不同，食品安全是结果安全和过程安全的完整统一；食品卫生则主要侧重于过程。

五、如何看待食品安全问题

根据前述定义，以下的认识对如何看待当前的食品安全问题很有必要。

食品是否合格不能简单地等同于食品是否安全，食品是否含有有毒有害物质也不能简单地等同于食品是否安全，食品是否安全关键看食品是否会对消费者带来损害。

通常说的食品合格主要是指食品符合有关食品安全标准、产品标准、卫生标准的要求，属于狭义的食品质量概念。由于狭义的食品质量只有食品安全的部分要求，因此，①人们通常说的食品不合格不能简单地等同于食品不安全。食品不合格主要指食品不符合有关标准的要求，不一定是食品不符合标准中对安全有影响的营养、重金属、微生物等卫生指标要求；甚至不符合标准的卫生指标要求，也不能简单地等同于食品不安全。因为标准的卫生指标的制定存在局限性（如在不同的国家有不同的规定，在同一个国家的不同的时期由于食品生产技术、卫生、科技的水平不同也可能有不同的规定），食品安全的关键内涵是食品不会对消费者带来人体健康方面的损害。②食品合格也不意味着食品一定安全，一是不能排除食品存在产品投入流通时的科学技术水平尚不能发现的危害；二是可能食品还存在标准没有列出的对人体有危害的物质，或者标准没有列出且目前科学技术尚不能发现的对人体健康有害的物质。如"蛋白精"（三聚氰胺）、"瘦肉精"都曾得过科研成果奖励后应用到食品生产中，后来才发现是对人体有害的物质。③食品含有有毒有害物质也不能简单地等同于食品不安全，因为这些有毒有害物质会不会对消费者带来损害还要看有毒有害物质在食品中的含量是否超过的限量值，以及风险评估的结果。如果含量没有超过标准或者风险评估的限量值，那么食品是安全的。④食品不含有有毒有害物质也不能简单地等同于食品安全，营养成分不合格也会带来食品安全问题。如阜阳奶粉事件，劣质奶粉的主要危害是蛋白质严重不合格，危害对象为以奶粉为主食的新生婴幼儿，导致婴幼儿因蛋白质摄入不足产生严重营养不良，出现"大头娃娃"。

食品安全是相对的。由于现代科学对有毒有害物质对人体健康损害的研究是不断进展的，今后可能将会有目前认为的无害物质被新的研究确认为对人体健康有害，也可能有目前已知的有毒有害的物质被确认为无害，但更多的将是目前未认知的有害物质被发现。食品是否安全还有个体差异、性别差异甚至种族差异。如免疫能力强的人，对有毒有害物质的耐受力比平常人要大；对于有特定过敏体质的个体，食品中的正常营养成分（如花生中某些蛋白质）也是不安全的。

当前食品安全水平在不断提高。近年来不断发生与食品安全有关的食品污染事件，造成了人们对食品污染的恐惧和对食品安全的担心。但客观地说，目前

的食品总体上比以前更安全了，食品安全水平在不断提高。主要表现为居民人均预期寿命不断提高，食源性疾病发病率在降低。这主要得益于食品工业现代化水平不断提升，食源性疾病对人体健康的威胁不断被认知，食源性疾病的治疗水平不断提高，食品安全得到群众、政府、社会各方面的重视，并且政府对食品安全的监督力度不断加大。

近年出现的国内外媒体报道食品安全事件不断发生的现象，说明以下几点。

社会对食品安全事件的关注度在不断提高。随着生活水平的提高，人们对食品质量、卫生的要求不断提高。很多原来不被关注的食品安全问题被高度关注了，如营养成分不合格等。食品安全事件得到群众、政府、社会各方面前所未有的关注，尤其是涉及弱势群体的事件，社会关注度非常高。媒体报道食品安全事件比以前更迅速、直接、广泛，如政府监管部门公布的抽查信息很快得到传播。随着信息化的发展和互联网的兴起，食品安全信息因全球化而以前所未有的速度传播，如苏丹红事件。

对食品质量、卫生的检验和分析水平在不断提高。很多以前不能检验出来的有毒有害物质在食品中被发现，并能定性、定量分析，如食品中的二噁英。

对食品中有毒有害物质的研究水平在不断提高，新的有毒有害物质不断被发现。

食品生产工业化的发展，越来越多新的资源、新的原材料、新的助剂、新的添加剂、新的工艺等用于食品生产，而对这些新的资源、原材料、助剂、添加剂、工艺等对人体健康是否有害的研究跟不上，往往在使用后才发现对人体健康有害，如塑化剂问题。

政府对食品的监管工作不完善、不到位，越来越多的违法违规行为被查处、公布。

不法分子和唯利是图的生产者制造假冒伪劣食品的违法犯罪行为仍存在。针对低收入消费群体需求的假冒伪劣食品仍然有市场空间，因此，食品安全对保护低收入消费群体利益尤其重要。

消费者仍比较缺乏食品使用、储存过程的质量、卫生科学知识，缺乏自我保护意识。

评价食品安全的最好方法是风险评估。风险评估是目前国际上评价食品是否安全的最好方法（见第五章）。

保障食品安全最好的方法是危害分析与关键控制点（hazard analysis and critical control point，HACCP），它是生产安全食品的一种控制手段，即对原料、关键生产工序及影响产品安全的人为因素进行分析，确定加工过程中的关键环节，建立、完善监控程序和监控标准，采取规范的纠正措施。

影响食品安全的关键是食品安全危害因素。

（张欣）

第二节　食品安全危害因素

食品链（food chain）上从初级生产直至消费的各环节，涉及食品及其辅料的生产、加工、分销、储存和处理，都可能出现食品安全危害因素，即在食品链中存在可能对健康产生有害影响的生物、化学或物理因素。这些环节包括食源性动物饲料的生产和用于食品生产的动物饲料的生产，也包括用于食品接触材料或原材料的生产。

一、食品安全危害（food safety hazard）的定义

《食品安全管理体系　食物链中各类组织的要求》（ISO 22000：2005）对食品安全危害的定义：食品中所含有的对健康有潜在不良影响的生物、化学和物理因素或食品存在状况。

a. 术语"危害"不应和"风险"混淆，对食品安全而言，"风险"是食品暴露于特定危害时对健康产生不良影响（如生病）的概率与影响的严重程度（死亡、住院、缺勤等）之间形成的函数。风险在 ISO/IEC 导则 51 中定义为伤害发生的概率和严重程度的组合。

b. 食品安全危害包括过敏源。

c. 在饲料和饲料配料方面，相关食品安全危害是那些可能存在或出现于饲料和饲料配料内，继而通过动物消费饲料转移至食品中，并由此可能导致人类不良健康后果的成分。在不直接处理饲料和食品的操作中（如包装材料、清洁剂等的生产者），相关的食品安全危害是指那些按所提供产品和（或）服务的预期用途可能直接或间接转移到食品中，并由此可能造成人类不良健康后果的成分。

d. 在食品链的监管上，作者关注的食品安全危害因素，除上述在正常的食品生产过程由于污染而造成的危害以外，基于目前的生产力水平和社会管理状况，作者还应当关注制假造假、非法添加非食品原料等违法行为带来的食品安全危害。

因此，作者研究的食品安全危害因素应当包括所有可以危害食品安全和食品质量的因素。这些因素在学术上可以分为生物性、化学性和物理性因素。它们可以通过各种方式（包括污染和人为添加）出现在食品中，一旦这些因素没有被控制或消除，就会通过食品威慑、危害人体健康。此外，随着科学技术的发展，

新食品原料（新资源食品）的产生也可能带来新的食品安全隐患。

二、生物性危害因素

由于食品受到致病性细菌、病毒、真菌和寄生虫（如原虫和蠕虫、寄生虫卵）及其毒素污染而引起的疾病乃至传染病是对健康最常见、最普遍的威胁。这些疾病对公众健康的危害程度取决于病原体致病的严重程度、传染性及受累及的人群。

在生物性危害因素中，细菌性污染是涉及面最广、影响最大且问题最多的一类。近几年，沙门氏菌（*Salmonella* spp.）、金黄色葡萄球菌（*Staphyloccocus aureus*）及大肠杆菌（*Escherichia coli*）O157∶H7等致病微生物频繁出现在食物中毒案例中，其特征已广为人知。各类引起食物中毒的微生物具有不同的毒力因子，可引发机体产生各种急慢性或间歇性中毒反应，如一般性感染、菌血症、易感组织的严重损伤、免疫介导反应、并发症、后遗症及死亡。婴幼儿、孕妇、免疫缺陷者和老年人等特殊人群在受到急性感染时致死风险会显著提高。

食源性致病微生物根据食物中毒的途径可分为感染型和毒素型两大类。感染型指可以在人类肠道中增殖的微生物，如沙门氏菌（*Salmonella* spp.）、志贺氏菌（*Shigella* spp.）、大肠杆菌（*Escherichia coli*）等；毒素型指可以在食物或者人肠道中产生毒素的微生物，大部分（60%~90%）的食物中毒是由致病微生物在消化道中产生的肠毒素引起的。肠毒素一般可分为外毒素和内毒素两类。外毒素是由微生物分泌到生长环境中的有毒物质，主要由革兰氏阳性菌分泌，大多数是有抗性的和有毒性的蛋白质，经过潜伏期后获得活性。内毒素是指储藏在细菌体内，在细菌裂解时释放出有毒物质，主要由革兰氏阴性菌产生。内毒素作为一种抗原，以结合态的形式紧密地结合在细菌的细胞壁上，主要是由蛋白质、多糖及脂类构成，一般具有热稳定性，表现即时的活性。该类毒素一般会引起伤寒、副伤寒、沙门氏菌病和细菌性痢疾等，其中沙门氏菌病是最严重的。大肠杆菌是表征温血动物肠道排泄污染物的唯一指示菌，这类菌属中的一些菌株分泌肠毒素，值得高度关注，如大肠杆菌 O157∶H7。国际食品微生物标准委员会（ICMSF）依据食源性致病微生物致病力的强弱进行了分类，该分类方法对开展相关微生物风险分析有很大帮助（表 1-1-1）。

表 1-1-1　基于 ICMSF 拟定的微生物危害分类目录

危害作用	病原菌
病症温和、没有生命危险、没有后遗症、病程短、能自我恢复	蜡状芽孢杆菌（包括呕吐毒素）、A 型产气荚膜梭菌、诺沃克病毒、大肠杆菌（EPEC 型、ETEC 型）、金黄色葡萄球菌、非 O1 型和非 O139 型霍乱弧菌、副溶血性弧菌
危害严重、致残但不危及生命、少有后遗症、病程中等	空肠弯曲杆菌、大肠杆菌、肠炎沙门氏菌、鼠伤寒沙门氏菌、志贺氏菌、甲肝病毒、单核细胞增生李斯特氏菌、微小隐孢子虫、致病性小肠结肠炎耶尔森氏菌、卡晏环孢子球虫
对大众有严重危害、有生命危险、慢性后遗症、病程长	布鲁氏菌病、肉毒素、肠出血性大肠杆菌（EHEC）、伤寒沙门氏菌、副伤寒沙门氏菌、结核病菌、痢疾志贺氏菌、黄曲霉毒素、O1 型和 O139 型霍乱弧菌
对特殊人群有严重危害、有生命危险、慢性后遗症、病程长	O19（GBS）型空肠弯曲杆菌、C 型产气荚膜梭菌、甲肝病毒、微小隐孢子虫、创伤弧菌、单核细胞增生李斯特氏菌、大肠杆菌 EPEC 型（婴儿致死）、婴儿肉毒素、阪崎肠杆菌

虽然对食源性致病微生物的认识随着科技的发展在不断深入，但这些致病微生物引发的疾病仍然是一个严重的问题。据卫生部通报，2011 年，全国食物中毒事件报告 189 起，中毒 8324 人，其中微生物性食物中毒事件的报告起数和中毒人数最多，分别占总数的 41.27%和 61.67%；2012 年，全国食物中毒事件报告 174 起，中毒 6685 人，微生物性食物中毒事件中毒人数最多，占总数的 56.1%；据广东省卫生厅通报，2012 年，全省各地共发生 96 起食源性疾病暴发（食物中毒）事件，微生物性食物中毒是导致中毒起数和中毒人数最多的主要原因，共发生 49 起，其中以副溶血性弧菌和沙门氏菌为主要致病菌。美国国家食品安全机构统计，每年由食物引发的微生物疾病有 650 万~3300 万起，其中 9000 人死亡。英格兰和威尔士每年由微生物引起的胃肠道感染性疾病导致 300 人死亡，而住院治疗的达 35 000 人。2011 年，在德国发生的受肠出血性大肠杆菌污染的"毒黄瓜"事件导致 14 人死亡，数百人感染，并且疫情蔓延至欧洲其他国家。据世界卫生组织估计，全世界每年的食源性疾病患者中 70%是由食用致病性微生物污染的食品引起的。这些情况说明，食品生产模式和人们饮食方式的改变、食源性致病菌易感人群的增加、食品流通的广泛性及致病菌株的突变等最终导致了食源性疾病发病率的增高。

案例　2008 年 4 月，贵阳市发生过一起比较罕见的生物性污染案例，当地竹×牌桶装水受到污染，造成甲型病毒性肝炎疫情暴发，造成甲肝患者 269 例，确诊 246 例，疑似 23 例，病例主要集中在贵阳学院。贵州省疾病预防控制中心组织流行病学调查，确认此次贵阳学院的甲型病毒性肝炎疫情与饮用竹×牌桶装水有流行病学联系，是造成贵阳学院甲型病毒性肝炎疫情的直接原因。由于地表水渗入或地下水污染，贵阳南明竹×天然矿泉饮料有限公司水源水在 2 月下旬至 3 月上旬受到污染，同时该厂在生产过程中消毒不严，成品水质量达不到卫生标准要求，饮用竹×牌桶装水是造成此次甲型病毒性肝炎疫情的直接原因。

案例 2008 年 3 月 26 日，珠海市、江门市新会区有多个幼儿园发生因饮用含乳饮料引起的食物中毒事件。监管部门通报称，中毒人数 75 人，患者出现以呕吐为主的疑似食物中毒症状，陆续到医院就诊。卫生部门调查显示此为饮用受污染牛奶饮品引起的食物中毒，可疑食物为珠海××大亨乳业有限公司生产的高钙牛奶饮品（150 ml 杯装型，生产日期为 2008 年 3 月 26 日，在 2~6 ℃条件下，保质期为 5 d），抽样检验，饮品中有金黄色葡萄球菌肠毒素。

三、化学性危害因素

1. 来自环境污染的危害因素

环境污染物主要分为无机污染物和有机污染物。无机污染物主要是工业、采矿、能源、交通、城市排污及农业生产等带来的，如汞、铜、铅等重金属及有毒微量元素，也有一些在一定程度上受地质地理条件的影响。此外，核试验、核爆炸、核泄漏及辐射等使食品受到放射性核素污染。这些都会通过环境及食物链而危及人类健康，并且随着人类环境的持续恶化，食品中的环境污染物还会继续增加。

（1）无机污染物

砷是食品中污染和危害较为严重的有害元素之一。1973 年 FAO/WHO 所确定的 17 种优先研究的食品污染物中，砷排第二位，仅次于黄曲霉毒素。砷容易在人体内发生蓄积，造成远期危害，可以损害身体的各个系统器官，如呼吸系统、消化系统、心血管系统及神经系统等。砷中毒多是环境污染和地壳中的天然砷引起的，如生活饮用水、食品等含砷量很容易超标。砷在口服剂量小于 0.3 μg/（d·kg 体重）的情况下，可能对人体无害。

汞主要以单质汞、无机汞和有机汞的形式存在。汞中毒通常是由通过食物摄入的有机汞化合物而导致的，如甲基汞盐（CH_3HgX，X 代表氯化物或磷酸盐）。这些高毒的汞化合物是脂溶性的，侵入人体后吸收率达 98%，积累在中枢神经且排出缓慢，因此引起的中毒多为不可逆的。此外，某些微生物可将河底或湖底的无机汞盐转化成为甲基汞，因此，有机汞盐可以在鱼或其他的水生动物体内富集，通过食物链最终危害人类健康。

铅是一种具有神经毒性的重金属，通过呼吸道、消化道等多种途径进入人体，并在体内蓄积，达到一定程度会对人体造成危害。随着工业化的发展和汽车中含铅尾气的排放越来越严重，铅污染向大气圈、水圈及生物圈不断迁移，最终通过食物链不断累积。另外含铅的锡制炊具、焊料金属罐、含铅的瓷釉，当与酸性物质接触

时铅污染会更突出，但这类污染较为轻微。对于一个体重为 70 kg 的成年人而言，每周摄入 1.75 mg 铅不会造成明显的危害。

镉对人体健康的危害主要来源于工农业生产所造成的环境污染。有研究表明，一般人群中的低剂量镉环境暴露即可引起肾功能损伤、骨矿密度降低、钙排泄增加及生殖毒性。国际癌症研究署（IARC）把镉归类为第一类人类致癌物；美国国家毒理学计划（NTP）也把镉确认为人类致癌物。镉的长期摄入，会在人体的肾脏和肝脏内积累，当每千克肾皮质中镉含量达 0.2~0.3 mg 时就会导致肾小管损伤。一个体重为 70 kg 成年人的可忍受量为 0.49 mg/周。

核试验、核爆炸及核泄漏等产生的核辐射能通过环境及食物链危及人类健康。放射性物质经空气吸入、食品或饮水等途径，或经皮肤伤口吸收沉积在体内，在体内对其周围组织和器官造成照射。常见放射性核素有：^{137}Cs，半衰期为 30 年，但可以很快从人体内排除；^{90}Sr 是一种最危险的放射性元素，可以引起白血病或者骨癌；还有痕量的 ^{14}C 和 ^3H。人类受到自然辐射暴露量为每年 2 mSv（Sv，核辐射的剂量当量），其中 0.38 mSv/年来自于食品。奶类和蔬菜类中的放射性核素的最大值分别为 500 Bq/L 和 250 Bq/kg（Bq/L 和 Bq/kg 为放射性活度的单位）。食品中的天然核素（主要是 ^{40}K）分别为：奶 40~50 Bq/kg、奶粉 400~500 Bq/kg、果汁 600~800 Bq/kg、速溶性咖啡（粉）大于 1000 Bq/kg。

案例 2011 年 3 月，日本福岛第一核电站的放射性物质外泄，导致核电站附近的蔬菜、水果、水稻、肉类、鱼类等各种食物受到放射性物质污染。福岛第一核电站事故中，由于核燃料棒没有得到冷却而发生熔解，造成大量放射性物质外逸到环境中，如放射性物质 ^{137}Cs、^{131}I 和 ^{90}Sr。这些放射性物质降落在核电站周围的土地上，或随蒸汽聚集在云层中，通过降雨落到地面，污染了土壤、牧场、水源及庄稼。放射性物质随风飘散，影响到范围更广的地域，污染了当地的水源及食物。事故后，日本政府要求 47 个省的相关部门监测其所属地的食品安全，包括蔬菜、水果、肉类、水源、海鲜等。经过检测，日本政府发现核电站周围省份出产的牛奶和菠菜中放射性碘和铯超标。按照正常水平，^{131}I 在蔬菜中的含量不能高于 2000 Bq/kg，而 ^{137}Cs 的含量不能超过 500 Bq/kg，而在距离福岛核电站 97 km 的日立市，食品部门检测出菠菜中的放射性 ^{131}I 和 ^{137}Cs 都超过正常水平的 27 倍。另外，日本福岛、茨城、栃木和群马县出产的牛奶放射性物质也超出正常水平。

案例 日本富山县河流——神通川上游的神冈矿山从 19 世纪 80 年代成为日本铅矿、锌矿的生产基地。20 世纪初期开始，人们发现神通川流域的水稻普遍生长不良。1931 年，流域又出现了一种怪病，患者腰、背、手、脚等各关节出现针刺般疼痛症状，后疼痛遍及全身，数年后骨骼严重畸形，骨脆易折，甚至轻微活动或咳嗽都

能导致多发性骨折，最后衰弱疼痛而死，称为"痛痛病"。1946~1960 年，日本医学界综合临床、病理、流行病学、动物实验和分析化学的人员经过长期研究发现，"痛痛病"是由神通川上游的神冈矿山废水引起的镉（Cd）中毒。神通川河岸的锌、铅冶炼厂等排放的含镉废水污染了水体，并使流域种植的稻米含镉。当地居民长期饮用受镉污染的河水，食用含镉稻米，镉进入人体，在体内蓄积，使人体骨骼中的钙大量流失，患者骨质疏松、骨骼萎缩、关节疼痛。截至 1968 年 5 月，共确诊患者 258 例，其中死亡 128 例，到 1977 年 12 月又死亡 79 例。有患者最后全身骨折达 73 处，身长为此缩短了 30 cm，病态十分凄惨。"痛痛病"在当地流行了 20 多年，造成 200 多人死亡。

（2）有机污染物

持久性有机污染物（persistent organic pollutant, POP）是一类具有毒性、持久性、易于在生物体内聚集和长距离迁移和沉积、对环境和人体有着严重危害的有机化学污染物质，如二噁英、多环芳烃等。POP 可造成人体中枢及周围神经系统损伤、内分泌失调、生殖系统及免疫系统损害等，特别严重的可导致死亡。POP 还具有发展性与致癌性的特征，10%~15% 的人类癌症与这类污染物有关。

二噁英包括 75 种多氯代二苯并-对-二噁英（PCDD）和 135 种多氯代二苯并呋喃（PCDF），其中 2, 3, 7, 8-四氯二苯并二噁英（2, 3, 7, 8-TCDD）是目前已知的一级致癌物中毒性最强的化合物，其毒性相当于砒霜（氰化钾）的 50~100 倍，具有不可逆的致畸、致癌、致突变的"三致"毒性。二噁英进入人体的主要途径是通过污染的食物、饮水和空气，经食物链逐级浓缩和放大。因此即使环境中二噁英含量极微，其浓度也会成倍提高，最终进入并蓄积在人体，造成潜在的危害。目前，通常以 2, 3, 7, 8-TCDD 毒性当量因子为 1（TEF=1）做参照，计算毒性当量（TEQ）。在工业化国家，二噁英的摄入量为 1~3 pg TEQ/（d·kg 体重）。世界卫生组织国际癌症研究机构（IARC）于 1997 年确认二噁英为一级致癌物。

多环芳烃类物质具有一定的毒性，属于重要的环境、食品污染物，常见的多环芳香烃有 1, 2-苯并蒽、苯并[a]芘、苯并[c]吖啶、荧蒽、㗁等。由于苯并[a]芘是第一个被发现的环境化学致癌物，且致癌性很强，常以苯并[a]芘作为多环芳烃的代表，通常用作指示化合物，占全部致癌性多环芳烃的 1%~20%。2006 年，世界卫生组织国际癌症研究机构（IARC）将苯并[a]芘从第二类 A"很可能对人类致癌物"改成第一类"人类致癌物"。食品中多环芳烃的污染来源有：大气沉淀物（工业区里的水果和蔬菜）、用燃烧气体直接干燥谷物和熏烤食品（野餐烤肉或木炭烧烤、熏香肠、汉堡或鱼、烘烤咖啡等）。

案例 1999 年 3 月，在比利时突然出现肉鸡生长异常，蛋鸡少下蛋的现象。一些养鸡户要求保险公司赔偿。保险公司委托一家研究机构化验鸡肉样品，结果发现鸡脂肪中的二噁英含量超出最高允许量的 140 倍，鸡蛋中的二噁英含量也严重超标。这一"毒鸡事件"还牵连了猪肉、牛肉、牛奶等数以百计的食品，在比利时乃至全球引发了食品安全危机。而这起事件的源头，就是鸡的饲料被二噁英严重污染。

2011 年 1 月，德国发生多家农场动物饲料遭二噁英污染的事件，导致德国当局关闭了将近 5000 家农场，销毁约 10 万颗鸡蛋。这次污染事件发生在德国的下萨克森邦，源头是饲料添加物的脂肪部分遭到二噁英污染，饲料样品二噁英含量超过标准 77 倍。

2. 来自食品供应链的化学性危害因素

食品供应链中的化学性危害因素主要是指为特定目的而在种植、养殖、加工、包装、储藏等环节，即从农场到餐桌的整个食品供应链中产生或人为添加的危害物质。例如，在种植或养殖过程中使用的农药和兽药，其残留物通过生物富集作用最终使人类健康受到危害；食品烹制时产生的苯并[a]芘、杂环胺、N-亚硝胺等都是毒性极强的致癌物质；食品加工时，食品添加剂的违规加入或管道、容器及各种包装材料中危害物质迁移进入食品等。

（1）农药、兽药残留

随着现代化农业的发展，农业生产过程中大量地使用农药和兽药，造成农作物、牲畜、水产品体内有毒有害物质的富集，最终直接损害人们的身体健康。此外，残留农药和兽药还会在人体内积累，诱发一些慢性疾病，如糖尿病、心脑血管病及癌症等，甚至危及青少年、儿童及胎儿的正常生长发育。

植物源性食品的污染可直接来自于农作物在储存和销售之前的处理（如水果和蔬菜用的杀菌剂及谷物用的杀虫剂等），也可能间接来源于这些作物种植地土壤中的农药残留和空气中所残留的农药或从临近迁移过来的农药，污染也有可能发生在预先经过杀虫剂处理的储存仓库。动物源性食品的污染来源于动物摄取的饲料中含有用于清洁畜栏、畜棚等的清洁剂、杀菌剂、杀虫剂及接触用抑菌剂处理的木质柱栓、木板和兽药等，偶尔还有来自于饲料用玉米中使用的消毒剂残留等。农药使用要有严格的休药期和使用剂量，从而保证其在食品上的残留量在一个最低的限度范围之内。农药主要有 3 类。一是除草剂——除去杂草；二是抗真菌剂——抑制有害真菌或霉菌的生长；三是杀虫剂——使植物免受害虫的伤害。另外，还有用于控制螨虫的杀螨剂，用于控制蠕虫或线虫的杀线虫剂，用于杀灭蜗牛等软体动物的清除剂，用于控制啮齿动物（大鼠或小鼠）的灭鼠剂，用于控制植物生长发育的植物生长调节剂（植物生长激素和抗发芽剂）等。

兽药残留不仅可直接对人体产生毒害作用、"三致"

（致癌、致畸、致突变）作用，引起过敏性反应，增强细菌耐药性，而且可以通过环境和食物链间接对人体健康造成潜在危害。动物性食品中的兽药残留主要是由不合理使用药物治疗动物疾病和作为饲料添加剂而引起的。养殖场为预防动物疾病或减少动物死亡，往往长期或超量使用兽药，完全依赖兽药来防治疾病或作为促生长剂，造成其在动物体内蓄积。另外，不遵守兽药休药期规定，在休药期结束前屠宰动物，也是造成动物性食品兽药残留污染的重要原因。兽药主要有以下几类：①抗生素，广泛用作治疗药剂和生长促进剂；②肾上腺皮质激素制剂，用于动物应激反应的处理；③性激素，用于治疗，作为生长促进剂或饲料利用率的增效剂；④地西泮药物，如氯氮䓬、地西泮等可用来减轻动物的兴奋和愤怒，也会间接提高合成代谢转换作用；⑤抗甲状腺药物，降低基础代谢率，从而增加动物体重；⑥抗球菌药物，用于抵御球虫病（如肠炎和恶病质）；⑦其他药物，抗寄生虫药物（如牛奶残留的抑制牛肝内水蛭的抗寄生虫药物），防止饲料自发氧化的抗氧化剂等。

案例 2011 年 3 月 15 日，中央电视台 3·15 节目《"健美猪"真相》曝光河南双×集团下属的分公司济源双×食品有限公司在食品生产中使用"瘦肉精"猪肉。3 月 16 日，双×集团发表公开声明，承认"瘦肉精"事件属实，表示道歉。随后，中华人民共和国农业部（农业部）责成河南、江苏农牧部门严肃查办。3 月 31 日，双×集团董事长再次向消费者致歉。为打消消费者对济源双×食品有限公司产品的疑虑，双×集团决定将所有因"3·15 事件"涉及的厂内封存、市场陆续退回的鲜冻肉、肉制品全部进行无害化深埋处理，涉及产品共计 3768 t，处理损失约 6200 万元。

（2）食品添加剂的滥用和非食用物质的添加

食品添加剂是指为改善食品品质和色、香、味，以及为防腐和加工工艺的需要而向食品中加入的化学合成或天然物质。食品添加剂必须不影响食品的营养价值，具有防止食品腐败变质、增强食品感官性状或提高食品质量的作用。

食品添加剂最重要的是安全性，我国对食品添加剂的使用有着严格的规定。第一，食品添加剂本身应经过充分的毒理学鉴定程序，证明在使用限量范围内对人体无害；第二，进入人体后，可以参加人体正常的物质代谢，不能在人体内分解或与食品作用形成对人体有害的物质；第三，在达到一定的工艺功效后，应能在以后的加工、烹调过程中消失、破坏或保持稳定状态；第四，应有严格的质量标准，严禁添加未经许可的食品添加剂，有害杂质不得检出或不能超出允许限量；第五，对食品的营养成分不应有破坏作用，也不应影响食品的质量和风味；第六，添加到食品中的添加剂应能有效地被分析鉴定出来。总之，允许使用的食品添加剂都是经过严格的毒理学实验之后批准使用的，并且规定了允许添加或使用的范围、剂量等。目前，食品安全最大的隐患就是超范围或超剂量使用食品添加剂，且标识不明确。过量食用添加剂虽在短期内一般不会使人体产生很明显的症状，但反复食用和长期累积，不仅影响人体健康，而且会对下一代的健康产生危害，造成胎儿畸形和基因突变等。

非食用物质是指食品中添加的不能食用且会对人体造成损害的非法添加物。根据相关法律、法规、标准的规定，非法添加物不是传统上认为的食品原料，同样也不属于国家批准使用的新资源食品和卫生部公布的药食两用或作为普通食品管理的物质。在食品中添加非食用物质是为了得到更大的经济效益，不择手段降低产品成本的一种手段，如奶粉中发现三聚氰胺和腐竹中发现吊白块等。

案例 上海盛×食品有限公司为谋取暴利和提高销量，在明知蒸煮类糕点使用"柠檬黄"食品添加剂不符合相关卫生标准的情况下，大量生产添加"柠檬黄"的玉米馒头，并销往上海市联华、华联、迪亚天天等多家超市。2010 年 10 月 1 日~2011 年 4 月 11 日，销售添加"柠檬黄"的玉米馒头共计 62 万余元。经查，盛×公司违反了食品安全法律法规的规定，生产、销售添加"柠檬黄"的玉米馒头，以不合格产品冒充合格产品，销售金额达 62 万余元。此案导致盛×公司被吊销营业执照，被告人叶某、徐某、谢某分别被判处有期徒刑 5~9 年，并处 20 万~65 万元罚金。

案例 广东中山市祥×食品有限公司从 2011 年 1 月开始，用玉米淀粉、工业石蜡、墨汁、柠檬黄、果绿等原料生产不符国家标准的"珍珠粉"、"纯红薯粉"，并出售。2011 年 1~4 月，祥×公司共生产并出售"珍珠粉"、"红薯粉" 11 万多公斤（销售金额 45 万多元）。2011 年 4 月 21 日，中山市有关监管部门对祥×公司进行现场检查时查获劣质"珍珠粉" 1100 kg、"纯红薯粉" 5540 kg（共价值 3.8 万多元）和生产粉条所使用的玉米淀粉、"珠江牌墨汁"、"面粉改良剂"、"柠檬黄"、"果绿"、工业用"半精炼石蜡"等原料及搅拌制粉机一批。4 月 22 日，罗某等 4 人被公安机关抓获。罗某等 4 人犯生产、销售伪劣产品罪，被法院判处有期徒刑 3~8 年，并处罚金 8 万~30 万元。

四、新食品原料和转基因食品

1. 新食品原料的安全性

中华人民共和国国家卫生和计划生育委员会公布，2013 年 10 月 1 日起施行的《新食品原料安全性审查管理办法》规定，新食品原料是指在我国无传统食用习惯的以下物品：动物、植物和微生物，从动物、植物和微生物中分离的成分，原有结构发生改变的食品成分，其他新研制的食品原料。新食品原料不包括转基因食品、保健食品及食品添加剂新品种，上述物品的管理依照国家有关法律法规执行。相比之前的《新资源食品管理办法》（2007），新办法考虑到科学技术的发展，今后还会有其他新研制的食品原料，修改了新食品原料的定义和范围。

新食品原料虽然是食品的一类，但它与传统食品相比，又有许多独特之处，其种属复杂，来源广泛，生物学特征各异，尤其是批准上市前"在我国无食用习惯"，因而其安全性显得非常重要。因此，新办法中明确规定，新食品原料应当具有食品原料的特性，符合应当有的营养要求，且无毒、无害，对人体健康不造成任何急性、亚急性、慢性或者其他潜在性危害。根据要求，在我国新食品原料必须要经过严格评估，通过国家卫生部的审核批准，确认对人体健康无害后才能进入市场；对于未经批准并公布作为新食品原料的，不得作为食品或者食品原料生产经营和使用。我国对新食品原料安全性评价采用国际通用、具有很高公认度的危险性评估和实质等同原则。在评估内容方面，不仅包括新食品原料申报时对技术资料和生产现场进行审查，而且包括产品上市后对人群食用安全性进行再评价；在评估专家方面，卫生部组织食品卫生、毒理、营养、微生物、工艺和化学等领域的专家组成评估委员会，负责新食品原料安全性的评价工作，从而保证评价结果的客观性和科学性。

2. 转基因食品的安全性

转基因食品是指利用现代分子生物技术，将某些生物的基因转移到其他物种中去，改造生物的遗传物质，使其在性状、营养品质、消费品质等方面向人们所需要的目标转变。转基因食品虽然给人们带来了巨大的社会经济效益，但因其使用了现代分子生物学技术，从而产生了转入遗传物质的安全性问题。目前对转基因食品的安全性讨论主要集中在两个方面：一是对人体健康是否有害，这属于近期的微观安全问题；二是对生态环境是否构成潜在威胁，这属于远期的宏观安全问题。对于转基因食品的安全性，目前科学水平还不能准确地回答它对人类健康和生态环境是否有不良影响。为了最大限度地保证环境安全和消费者食用健康，有必要采取措施，促进转基因技术研究和管理的健康发展，使之创造较大利益：第一，加强转基因食品的检测和风险评估；第二，完善转基因食品的标识制度；第三，加强对转基因食品生态风险和食用安全的防范性应用研究；第四，加强转基因食品的宣传教育和安全认识；第五，保证消费者的知情权和选择权。

（张娟、刘冬虹）

第三节　食品链上的食品安全问题

社会和经济的发展使食品行业日益国际化，开放、合作等因素使食品链变得异常复杂。食品安全问题作为人类社会的一个公共卫生问题，伴随社会和经济而存在，也随着社会和经济的发展、变化而发展、变化。当前，"从农田到餐桌"的监管，即对食品链实施全程监控已经成为现代社会对食品安全的普遍认识，这是目前国际上较为通行的一种食品安全管理模式。

一、食品链上的食品安全问题

社会进步、人口增加、食物结构的变化与营养意识的优化等因素对食品数量、质量的增长产生了直接的需求。而技术进步迎合了这些增长的需求和食品行业对经济效益的追求。在人类还无法大规模合成食物的时代，只能依靠生产更多的粮食、蔬菜、水果等食物满足人们日益增长的需求。因此，农药、兽药、化肥、激素、生物技术、食品添加剂、抗生素等技术得以大量应用。

由于受到污染、农业投入品残留及人为带入，食品链通常存在食品安全问题。

一方面，在种植环节，为了提高产量，农民投入更多的农药、化肥。在养殖环节，投入更多饲料。为了缩短供应期，使用更多激素；为了防治病害、虫害，大量使用农药、兽药；为了延长农作物、鲜活农产品、水产品和肉类的保质期，使用各种保鲜剂、化学药品、生物制剂、保鲜材料。在食品生产加工环节，为了改善食品品质和色、香、味，为防腐、保鲜需要，以及食品加工工艺的需要、改善食品品质或者改变口感等需要，使用了品种数量繁多的食品添加剂。这些在种植、养殖、生产过程正常使用的各种物质，不同程度地污染了食品。在流通环节，随着社会发展，生产与消费之间的距离越来越大，人们对食品种类的需求越来越广，长距离运输、大范围销售及多渠道、多环节流通容易造成食品在运送过程中受到微生物与有害物质污染，发生腐败变质。农产品以未加工或初加工的形式在农贸市场、街头巷尾直接销售，极容易受到环境污染。

另一方面，与种植、养殖密不可分的土壤、水体、大气等基础条件，正在因为工业和社会的发展而受到大量废气、废水、固体废弃物"三废"及生活垃圾的污染；食品生产加工过程中，设备、工具、原材料、辅助材料及人员操作都可能给食品带来污染；流通、消费环节在运输储存过程中，与食品接触的设备工具和不当操作，以及食品保存条件不当，也会给食品带来污染。

除了这些正常情况下出现的食品污染外，食品链还受到故意违法者和无知生产经营者以次充好，以假充真，以不合格品冒充合格品，甚至非法添加非食用物质、有毒有害物质等违法行为的威胁和侵害。如将已过期、变质的食品重新处理后冒充合格产品；为增加食品的感官吸引力，诱使消费者购买，出现了故意使用有害化学制剂漂白木耳、鱿鱼等食品的违法行为等。这些违法行为给食品带来更加严重的安全隐患。

这些被污染的食品，将对人体产生直接的健康危害，造成食源性疾病的增加，也影响食品行业的发展和进出口贸易发展。一些化学性食品污染物，往往在食物链中长期蓄积，对人们的健康危害需要长时间积累以后才能出现和被发现，给食品安全的防范带来了更大的挑战。

由于现代家庭结构的趋小与人口流动性的增大，人们对食品消费日益呈现出多样化、方便化的趋势。非时令食品消费、在外就餐消费等活动大大增多，食品消费量不断上升。由于消费者缺乏自我保护意识和能力，食品安全问题变得更加严重。食品安全正在进行着从"看得见"的因素（如颜色、气味等），到借助工具才能检测到的因素（如病原菌、农药残留等），再到现有技术条件下难以快速检测的因素（转基因）的转变。食品作为一种"经验产品"甚至是"后经验产品"，消费者由于缺乏食品安全知识，以及远离食品生产、流通过程而产生的信息不对称，在食用前无法对食品的安全进行评价，因此，很难依靠自身力量来有效地保护自己。如果不能保证食品安全信息被迅速、有效地传递到消费者，或者生产者、经营者刻意隐瞒不利信息，消费者将承受更多食品安全风险。

此外，如果消费者缺乏营养、膳食方面的基本知识，出现偏食、厌食或者暴饮暴食等不良膳食问题，即使食用的食品合格，他们也会出现健康问题。

因此，从食品链上保障食品安全，不但要着眼于"从农田到餐桌"的全过程监管，而且要从"农田"——种植、养殖的监管延伸到环境污染的治理，从"餐桌"——消费的安全防范扩展到消费者自我保护能力的提高。

二、我国的食品安全问题

我国是一个发展中国家，食品安全的总体水平，包括食品安全基础研究、标准水平、保障能力和食品生产的工业化、产业化水平，客观上与发达国家相比还存在较大的差距，提高食品质量和安全任重道远。由于受社会和经济发展水平的制约，影响食品质量、卫生与安全的因素较多，除了发达国家有的问题外，还有因为经济社会发展中存在的问题。因此，必须与世界各国一道，

加强交流与合作，在食品安全管理和促进全球食品贸易健康发展方面继续做出不懈的努力。

目前，我国食品安全的主要问题有以下几方面。

1. 传统的食品污染问题

传统的食品污染问题是指食品在"从农田到餐桌"的过程中，在种植、养殖、生产加工、运输储存、销售、消费等正常的生产经营过程中，可能对人体健康产生危害的物质进入了食品，造成食品污染。解决此类食品污染问题一直是食品安全工作的重要内容。在污染物中，微生物污染和化学污染仍然是当前乃至今后相当长的一段时间的主要问题。如茶叶稀土元素超标、饮用水微生物超标、蜜饯（凉果）食品添加剂超标等。而且，传统的污染物尚未得到很好控制，又出现了不少新的污染物；一些过去不是食品中的主要污染物现在有可能产生轰动全球的食品污染事件。如猪链球菌对肉制品的污染、寄生虫卵对韩国泡菜的污染、婴幼儿奶粉受到阪崎肠杆菌的污染、花生油受到黄曲霉毒素的污染、乳制品受到黄曲霉毒素的污染、大米受到重金属镉污染，含乳饮料受到金黄色葡萄球菌毒素污染等。总体上，致病微生物和化学污染引起的食源性疾病仍然是食品安全的最重要问题，环境污染加重导致食品污染问题日趋严重已成为食品安全的新课题。

2. 新的生物性和化学性污染物

这些污染物主要来自工业污染和化学物质在食品生产中的滥用或违法使用，使食品污染日益多样化和复杂化。如苏丹红事件、孔雀石绿事件、广州管圆线虫病事件、二噁英污染肉类产品等。二噁英及其类似物的污染在国际上一直受到关注，因其具有明显的致癌性、生殖毒性和免疫毒性。中华人民共和国科学技术部"十五"重大攻关项目——《食品安全关键技术》研究显示，我国每人每日二噁英膳食摄入量为 72.48 pg，按体重折算成每日膳食摄入量为 1.21 pg/kg bw，每月膳食摄入量为 36.24 pg/kg bw，这一污染水平已经与发达国家使用垃圾焚烧技术造成的污染水平相当，也接近世界卫生组织和联合国粮食及农业组织推荐（暂定）的每月耐受摄入量 70 pg/kg bw。广东一些地区，因为焚烧垃圾或者回收废旧金属产业的存在，也出现过当地食品受到二噁英污染的情况。2006 年 6~8 月，北京发现广州管圆线虫病，全市确诊的病例达 70 例。大多数患者都是食用了"××演义"酒楼的福寿螺后发病的。食用生的或加热不彻底的福寿螺后即可被感染，可引起头痛、发热、颈部强硬等症状，严重者可致痴呆，甚至死亡。暴发原因为厨师对福寿螺加工不当。可见，这些新的生物性和化学性污染物都可以在食品生产、运输、加工、销售、食用环节污染食品，并可能引起食源性疾病。

3. 食品生产新原料、新技术、新工艺、新材料使用带来的新问题

科学技术和食品工业的发展使大量新原料、新技术、新工艺、新材料应用于食品生产，在丰富食品种类的同时，也带来了许多未知的新风险。如新的食品添加剂（尤其是复合食品添加剂）、新的农药兽药、新的饲料、新的包装材料、转基因农作物等在投入食品生产前很难给予足够的风险评估，这给食品安全带来了新的问题。如这些年出现的香精香料中使用塑化剂问题、瘦肉精污染肉类问题、面包改良剂中添加溴酸钾、白酒塑化剂污染问题、聚氯乙烯包装膜增塑剂析出问题等。由于缺乏基础研究，用传统的毒理学试验方法和危险评价程序评价这些食品安全问题，目前还存在许多困难。近10年来，以基因工程技术为代表的现代生物技术，已经在农业和食品领域显现出极大的生产潜力和市场潜力，丰厚的利润和高额投资使现代生物技术的快速发展成为不可阻挡的趋势。而使用这些技术带来的生物安全问题，对人体健康产生的潜在危害有待评估，由此而导致的食品安全问题已引起国际社会的关注。

4. 滥用添加剂问题

滥用添加剂主要指超范围、超限量使用食品添加剂。超范围使用食品添加剂是指把仅允许在甲类食品中使用的食品添加剂使用到乙类食品中，如在河粉生产中使用保险粉、凉果生产中使用焦亚硫酸钠、乳制品生产中使用亚硝酸盐等。超限量使用食品添加剂，即超过食品添加剂使用标准规定的限量使用，甚至食品添加剂成了食品的主要原料。如某些"果汁饮料"，基本使用食品添加剂兑制。凉果生产也容易超限量使用食品添加剂。这些滥用食品添加剂的行为危害了人体健康。危害取决于剂量，食品添加剂在国家规定的范围和剂量内使用是安全的。超范围使用，由于缺乏安全评估，存在安全风险；超限量使用，可能导致长期食用的消费者慢性中毒，即在不引起急性中毒的剂量条件下，有危害的化学物质长期反复进入机体，引起机体在生理、生化及病理学方面的逐渐改变，逐步出现临床症状、体征的中毒状态或疾病状态。

5. 食品生产中的造假和非法添加问题

食品生产加工企业不按标准生产，在生产加工中偷工减料，掺杂使假，以假充真，甚至使用下脚料、发霉变质原料、回收食品、非食品原料，乃至有毒有害的原料制售假冒伪劣食品的违法行为也时有发生，所造成的食品安全事件对公众健康造成严重威胁。如三聚氰胺奶粉事件、劣质凉果事件、垃圾食品事件、墨汁粉条事件、地沟油进入餐桌事件等，以及使用吊白块加工面粉、粉丝、腐竹，使用松香和沥青加工鸭肉，使用工业用过氧化氢加工猪浮皮、鱼翅、干果，使用农药加工咸鱼、用避孕药喂养黄鳝等违法行为，影响十分恶劣，极大地损害了消费者的利益和当地食品产业的形象。

6. 存在向食品中投毒犯罪和进行恐怖活动的可能性

这些行为不是传统意义上的食品安全问题。近年来，利用食品进行犯罪和破坏活动的案件仍然出现，犯罪动机涉及凶杀、报复、损害同行商誉甚至恐怖活动。如曾经引起中日两国高度关注的毒饺子事件、我国广州市前进路"××多"超市6种食品被投毒事件、美国情报部门破获"基地"组织考虑将致命化学物品蓖麻毒和氰化物投入美国餐饮业食物供应链事件等。这类破坏活动不仅危害人民群众的身体健康，而且扰乱了社会的和谐与稳定。

后面两类行为，以及为掩盖食品腐败变质、掩盖食品本身或加工过程中的质量缺陷或以掺杂、掺假、伪造为目的而使用食品添加剂等行为，均属于以食品为载体的违法犯罪行为，学术上、国际上并不归为食品安全问题。但这是政府、社会和企业都要重视和解决的行为，要依照法律法规处理。

除此之外，从宏观角度看，还有很多不利于食品安全监管的问题。

食品原料的安全是食品安全的基础。我国各类食品及相关产品原料来自30多个省、市、自治区，大部分由以亿计的分散农户供应。供应者使用不同种类的种子、化肥、农药等农业投入品，使用方法也不同，导致产品受到不同程度的污染；工业迅速发展带来的污染物随着土壤、水体、大气扩散，污染了由种植业、养殖业提供的食品原料。因此，如何有效监督从农田到餐桌的食品安全链是难度非常大的问题。

诚信建设是食品安全的另一个基础。从事食品生产经营的农民、工人，运输储存的人员，从事餐饮消费行业的有关人员，特别是业主的诚信意识，是影响食品安全的重要因素。当前食品安全形势严峻的重要因素之一就是食品生产经营者诚信的缺失。诚信是社会文明的标志，是商务活动的基石。如果诚信缺失，再好的制度也无法产生预期的效果，企业也无法持续健康经营。从根本上解决食品安全问题，还需要食品生产经营者诚信经营。没有诚信经营，就没有安全的食品。因此，加强食品安全诚信体系建设刻不容缓。

政府监管是保障食品安全的重要因素。当前，食品安全监督管理的条件、手段和经费还不能适应实际工作的需要。从监管人员投入看，全国以万计的监督执法队伍与以百万计的食品生产经营单位和以千万计的食品从业人员、以亿计的农户相比，显得十分有限。

综合来看，我国公众和媒体对食品安全的认识及要求与发达国家是一致的，而食品产业的生产力和食品安全保障能力仍然处于发展中国家的水平，社会诚信建设水平和

政府监管保障能力与发达国家相比仍然存在较大差距，这是需要长期面对和努力解决的食品安全的主要矛盾。

三、加强食品质量、卫生与安全监督管理的意义

随着经济全球化和国际贸易的迅猛发展，食品越来越快地跨过国界，在全世界销售和消费。食品安全问题越来越成为世界各国政府和消费者共同面对的问题。近年来疯牛病、口蹄疫、禽流感、二噁英等重大食品安全事件的发生，使食品安全问题越来越受到各国政府和社会各界的高度重视和关注。我国领导层已经认识到，保障食品安全是关系人民群众切身利益和国家利益的重大任务，并提出了确保产品质量和安全、确保食品安全、实施以质取胜战略、提高农产品质量安全水平等要求，从法制建设到监管体制、监管机构改革乃至监管资源投入各个方面采取了有力措施，表明了解决好食品安全问题的决心和意志。

1. 食品安全是政府和社会的重大责任

质量、安全是经济发展的主题，也是社会和谐的基础，是当前社会经济发展的方向。提高质量，保障安全是科学发展的重要内容，是构建和谐社会必须解决的重大民生问题，也是促进节约资源、减少浪费、保护生态环境必不可少的重要途径。社会、经济发展都离不开质量和安全两大要素。食品安全涉及全体公民，与公众健康安全息息相关。多年来，因为食品安全而引发的不和谐问题时有发生，涉及食品安全问题的道德失准、行为失范现象屡屡出现，食品质量安全水平不高，假冒伪劣屡禁不止，对公众的生命健康安全造成危害，对此社会反响强烈，甚至导致社会动荡与政府下台。因此，多数国家政府都已认识到食品安全的重要意义，并从战略的高度，担负起对食品质量、安全的保障责任。

2. 食品安全是维护各国国家利益和人民根本利益的重大任务

加强食品安全工作是保障各国人民生命健康安全、维护良好国家形象的需要。食品在人类生产生活中有特殊的地位，其对社会和经济的影响是全方位的。从市场供给与需求的角度看，涉及的利益主体有广义的消费者、生产者、政府三个方面。获得安全、营养和健康的食品是每个消费者的最基本权利。食品安全问题威胁消费者的生命安全和健康，不断发生的食品安全问题会造成人民群众的心理压力，造成生产经营企业重大的经济损失，引发人们对食品安全的信任危机，激发受害者与国家政府机关、生产企业的矛盾，从而引发社会不稳定问题，危害国家和人民根本利益。因此，做好食品安全工作是维护各国国家利益和人民根本利益的重大任务。

3. 食品安全是维护各国食品产业乃至整个经济发展利益的重大问题

食品安全问题既关系到国内经济、社会的发展，又关系到对外贸易、国际关系的稳定。食品安全问题往往造成生产经营企业、行业乃至国家、地区重大的经济损失，对产业、经济的发展带来沉重打击。如前些年疯牛病在英国等13个欧洲国家蔓延，欧盟牛肉消费市场遭到重创。疯牛病导致欧洲牛肉市场一蹶不振，欧盟为此付出了沉重的代价。在经济全球化的今天，食品安全问题往往又被发达国家作为新的贸易技术壁垒。如近些年，美国食品药品监督管理局（FDA）以农药残留超标，食品添加剂、色素问题，沙门氏菌、黄曲霉毒素污染等问题为由扣留多批中国进口食品。另外，出口的食品也有多起因为食品卫生问题而被进口国退货。货物被扣或退货不仅使我国企业蒙受了巨大的经济损失，而且使我国食品失去了良好的信誉。更为严重的情况是某些发达国家借题发挥，以安全之名行贸易保护之实，制造中国商品威胁论，把中国商品妖魔化。有意引起国际社会对中国食品乃至"中国制造"的普遍怀疑和担忧，从而导致一些国家限制中国产品进口，加严检测所有来自中国的进口商品等。这些情况已经对我国出口企业造成很大损失，一些企业出口停止，经营陷入困境。因此，为了维护食品产业乃至整个经济的健康发展，必须做好食品安全工作。

（张欣、张娟）

第二章
国内外食品安全危害因素限量标准比较

第一节　国内食品安全危害因素限量标准简介

　　我国的食品危害因素限量现行标准主要有：食品安全国家标准《食品中污染物限量》（GB 2762—2012）、食品安全国家标准《食品添加剂使用标准》（GB 2760—2011）、《食品中农药最大残留限量》（GB 2763—2012）、《食品中真菌毒素限量》（GB 2761—2011）。

一、食品中污染物限量（GB 2762—2012）

　　2013 年 1 月 29 日，卫生部公布了新修订完成的食品安全国家标准《食品中污染物限量》（GB 2762—2012）。该标准主要规定了食品中铅、镉、汞、砷、锡、镍、铬、亚硝酸盐、硝酸盐、苯并[α]芘、N-二甲基亚硝胺、多氯联苯、3-氯-1, 2-丙二醇的限量指标。

　　新国标在清理以往食品标准的基础上，整合修订为铅、镉、汞、砷等 13 种污染物在谷物、蔬菜、水果、肉类、水产品、调味品、饮料、酒类等 20 余大类食品的限量规定，删除了硒、铝、氟等 3 项指标，共设定了 160 余个限量指标。

　　基于我国目前大范围铅污染仍比较严重的现状，新国标在 2005 年版本的基础上，继续扩大了涉及食品的种类，将原来的 17 类食品扩充到 22 个大类。与此同时，在新国标当中，食品中镉的限量标准仍维持在 0.2 mg/kg，

比国际标准的 0.4 mg/kg 要严格。

二、食品添加剂使用标准（GB 2760—2011）

　　食品安全国家标准《食品添加剂使用标准》（GB 2760—2011）已于 2011 年 6 月 20 日起正式实施，新标准对 2007 版的《食品添加剂使用卫生标准》（GB 2760—2007）部分食品添加剂种类、食品用香料分类及食品用加工助剂名单等内容进行了调整。

　　食品安全国家标准《食品添加剂使用标准》（GB 2760—2011）包括了食品添加剂、食品用加工助剂、胶母糖基础剂和食品用香料等 2314 个品种，涉及 16 大类食品、23 个功能类别。新标准与以往标准相比，进一步提高了标准的科学性和实用性。其中，删除了不再使用的、没有生产工艺必要性的食品添加剂和加工助剂，如过氧化苯甲酰、过氧化钙、甲醛等品种；明确规定了食品添加剂的使用原则，规定使用食品添加剂不得掩盖食品腐败变质、不得掩盖食品本身或者加工过程中的质量缺陷，不得以掺杂、掺假、伪造为目的而使用等；增加了食品用香料香精和食品工业用加工助剂的使用原则；调整食品用香料分类、食品工业用加工助剂名单等。

三、食品中农药最大残留限量（GB 2763—2012）

2012 年农业部与卫生部联合发布了食品安全国家标准《食品中农药最大残留限量》（GB 2763—2012）。此标准是我国监管食品中农药残留的强制性国家标准。新标准制定了 322 种农药在 10 大类农产品和食品中的 2293 个残留限量，基本涵盖了我国居民日常消费的主要农产品。

新标准中 2293 个残留限量是全部根据我国农药残留田间试验数据、农产品中农药残留例行监测数据和居民膳食消费结构情况，并在开展风险评估基础上制修订的，新标准中蔬菜等鲜食农产品的农药最大残留限量数量最多，并首次制定了同类农产品的组限量标准（如谷物、叶菜类蔬菜、柑橘类水果等 28 种作物组 780 项限量标准）和初级加工制品的农药最大残留限量标准（如小麦粉、大豆油等 12 种加工制品 59 项限量标准）。另外，还涵盖了艾氏剂等 10 种持久性农药的再残留限量标准。

新发布的《食品中农药最大残留限量》已于 2013 年 3 月 1 日起实施，此前涉及食品中农药最大残留限量的 6 项国家标准和 10 项农业行业标准同时废止。

四、食品中真菌毒素限量（GB 2761—2011）

食品安全国家标准《食品中真菌毒素限量》（GB 2761—2011）规定了食品中黄曲霉毒素 B_1、黄曲霉毒素 M_1、脱氧雪腐镰刀菌烯醇、展青霉素、赭曲霉毒素 A 及玉米赤霉烯酮的限量指标。

《食品中真菌毒素限量》（GB 2761—2011）的修订工作主要对 2005 版标准关于食品中黄曲霉毒素 M_1、黄曲霉毒素 B_1、脱氧雪腐镰刀菌烯醇（DON）、展青霉素等 4 种限量指标进行了修改，增补了赭曲霉毒素 A、玉米赤霉烯酮等 2 种指标。修订工作根据我国食品中真菌毒素的监测结果，结合我国居民膳食真菌毒素的暴露量及主要食物的贡献率，以大类（如蔬菜）、亚类（如叶菜）、品种（如菠菜）、加工方式（如罐头菠菜、干食用菌）为主线，尽量以大类和亚类为主，整合限量，辅以品种和加工方式例外单列，提出了需要制定限量指标的真菌毒素项目和食品类别及适合我国国情的食品真菌毒素国家安全标准建议值。

新的真菌毒素基础标准分析了我国现行有效的食用农产品质量安全标准、食品卫生标准、食品质量标准，以及有关食品的行业标准中强制执行的标准中真菌毒素的限量指标，提出了相关标准的交叉、重复、矛盾或缺失等问题，提交了详细的比较结果。

本标准于 2011 年 10 月 20 日实施。代替 GB 2761—2005 食品中真菌毒素限量及 GB 2715—2005 粮食卫生标准中的真菌毒素限量指标。

第二节　国内外食品安全危害因素限量标准的比较分析

一、我国与国外食品中污染物限量标准的比较分析

近年来，食品安全事件不断发生，引起了人们的密切关注，而食品中的污染物问题更是人们关注的焦点，如三聚氰胺、塑化剂、苏丹红、二噁英、重金属等。食品污染物限量标准是有效控制食品污染，保证食品安全的重要技术规范，同时也在一定程度上体现出一个国家的食品安全水平。本节将我国的主要化学污染物的限量标准与国外同类或类似产品的污染物限量标准进行比较分析。由于我国国民的膳食结构有着自己的特点，摄入食品中污染物的量与国外也不尽相同，因此，在比较时应当注意暴露量的问题。

1. 我国与 CAC 污染物限量标准的差异

（1）食品中涉及的污染物种类的差异

CAC 污染物限量标准涉及的污染物种类少于我国标准，两者除了铅、镉、汞、锡、砷等约 12 种相同的污染物外，CAC 独有的主要是钚-238、铈-144、钚-240 等放射性元素，而我国的污染物为天然铀、锌、镭-223、镭-226、N-亚硝胺、钡、苯并[α]芘、多氯联苯等，所涉及的污染物种类和总数较 CAC 多。

（2）我国与 CAC 污染物限量值的比较

我国污染物限量标准中至少还有近 1/2 的可比指标值达不到 CAC 标准的要求。我国与 CAC 在标准限量指标的总体数量上相差太远，我国标准制定的限量指标总体数量多，且我国独有的限量指标占了绝大部分比例，因此，尽管两者相比污染物限量指标相差不大，但是由于我国标准限量指标总体数量多，还是导致两者在可比指标比率上相差悬殊。

（3）我国标准与 CAC 标准出现差异的主要原因

我国污染物限量标准涉及的污染物种类比 CAC 多、食品种类比 CAC 多。

我国污染物限量标准指标达到或超过 CAC 标准的比例不高，导致与 CAC 标准的一致性程度较低。

2. 我国与欧盟污染物限量标准的差异

（1）我国与欧盟污染物种类和所涉及的食品类别比较
欧盟限量标准涉及的污染物种类有硝酸盐、真菌毒素、重金属（铅、镉、汞、锡）、3-氯-1,2-丙二醇、二噁英类及多氯联苯和多环芳香族碳氢化合物，而我国主要涉及的污染物种类为铅、镉、汞、砷等13种污染物在谷物、蔬菜、水果、肉类、水产品、调味品、饮料、酒类等20余大类食品的限量规定，共设定了160余个限量指标，欧盟污染物限量标准涉及了食品中六大类污染物，为110余个限量指标，略少于我国限量标准，例如，欧盟重金属污染项目中只涉及了铅、镉、汞、锡4类，而我国除了这4类外，还对食品中的砷、镍、铬也制定了限量指标。

（2）欧盟污染物限量标准中部分限量指标较我国严格
我国污染物限量标准对大米中镉的限量指标为0.2 mg/kg，比国际标准的0.4 mg/kg严格，但是，欧盟的限量指标为0.1 mg/kg，比我国限量指标严格2倍，比国际标准的0.4 mg/kg限量指标严格4倍。

二、我国与国外食品添加剂使用标准的比较分析

食品添加剂是为改善食品品质和色、香、味，以及为防腐、保鲜和加工工艺的需要而加入食品中的人工合成或者天然物质。营养强化剂、食品用香料、胶基糖果中基础剂物质、食品工业用加工助剂也包括在内。食品添加剂无论有无营养价值，其本身通常不作为食品食用，也不作为食品中常见配料。由于食品添加剂种类多、涉及面广，因此，关注其在食品中的使用限量对人类的健康安全有着重要的意义。

近年来，食品添加剂本身质量不合格、超范围或者超限量使用已成为影响食品安全的突出问题。再加上不同国家、地区对食品添加剂的使用范围和限量要求不尽相同，因此，为提高我国食品质量安全及保护人民健康，将我国与国外食品添加剂限量标准展开对比分析研究，以供参考。

1. 我国与CAC食品添加剂使用标准的差异

（1）食品添加剂种类的差异
CAC食品添加剂限量标准涉及的食品添加剂种类少于我国标准，我国食品添加剂限量标准涉及的种类有食品添加剂、食品用加工助剂、胶姆糖基础剂和食品用香料等2314个品种，涉及16大类食品、23个功能类别。

（2）我国与CAC食品添加剂限量值的比较
我国食品添加剂使用标准与CAC标准的可比限量指标值一致性好，可比程度高；我国标准中的大部分可比限量指标值是与CAC完全相同的；我国标准中还有近

2/5的可比限量指标值要比CAC严格，只有100余种限量指标值松于CAC，因此，从总的比较情况来看，我国食品添加剂使用标准绝大多数指标严于或同于CAC。

（3）CAC标准涉及的食品种类较我国丰富
我国食品添加剂使用标准所涉及的具体食品种类不及CAC，如食品添加剂糖精钠，我国允许在冷冻饮品、水果干类、蜜饯凉果和熟制豆类等20多种食品中使用，而CAC标准则允许在含乳饮料、牛奶、非熟化的干酪、熟化的干酪、乳清干酪、干果、卤水等100多种食品中使用，我国仅为CAC的1/5。

2. 我国与美国FDA食品添加剂使用标准的差异

（1）食品添加剂定义差异
美国FDA对食品添加剂的定义：为直接或间接地成为一种食品成分或者影响食品性质的所有物质，包括直接添加剂和间接添加剂两类。其中出于某种特定目的而加入食品中的物质称为直接添加剂。而我国对食品添加剂的定义是：为改善食品品质和色、香、味，以及为防腐、保鲜和加工工艺的需要而加入食品中的人工合成或者天然物质。营养强化剂、食品用香料、胶基糖果中基础剂物质、食品工业用加工助剂也包括在内。

（2）食品添加剂数量和种类的差异
我国食品添加剂使用标准当前涉及的食品种类为2300多个品种，而美国是使用食品添加剂较多的国家之一，美国FDA公布的食品添加剂名单为2900多种，比我国还要多600多种。

（3）食品添加剂使用范围的差异
我国与美国FDA关于食品添加剂使用范围的差异较大，主要体现在标准适用的具体食品种类上，如食品添加剂硫酸铝铵，我国规定硫酸铝铵的使用范围包括油炸食品、发酵粉、威化饼干和膨化食品等；而美国认为按良好生产规范（GMP）使用硫酸铝铵是安全的，因此未限定使用范围。

（4）食品添加剂最大使用量或残留量的差异
在食品添加剂使用量上，我国食品添加剂标准与美国FDA同样存在不少差异，如我国食品添加剂标准中规定食品添加剂亚硝酸钠在腌制畜、禽肉类罐头、肉制品中最大使用量为150 mg/kg，在肉类罐头中最大残留量不得超过50 mg/kg，肉制品不得超过30 mg/kg；而美国FDA规定腌肉制品中最大使用量为200 mg/kg，就其在腌肉制品中的限量值来看，我国较美国FDA严格。

3. 我国与欧盟食品添加剂使用标准的差异

（1）我国与欧盟食品添加剂数量和种类的比较情况
目前，欧盟批准的食品添加剂分类标准与我国有所不同，各类添加剂总数约2600种，而我国国家标准规定有23类2400种食品添加剂，其中加工助剂158种、食

品用香料 1853 种、胶姆糖基础剂物质 55 种、其他类别的食品添加剂 334 种。此外，我国还制定了《食品营养强化剂使用卫生标准》，允许使用的食品营养强化剂约 200 种，从总的食品添加剂种类来看，我国与欧盟相差不大，两者的重合度较高。

（2）我国与欧盟关于食品添加剂监管的差异

欧盟对于食品添加剂的监管主要依靠严谨的法律法规，由欧盟食品安全局统一负责。当前，欧盟有 1300 多个条例（指令）用于食品添加剂管理。其核心是：食品添加剂必须有清晰的使用条件、科学的根据，并公开透明，容易获得，在所有成员国适用。以食品添加剂的标签为例，是否直接售予最终消费者，标签是不一样的。非直接售予消费者的食品添加剂，必须在标签上列明名称或电子号码，并说明属于哪类添加剂，以免和其他产品混淆。此外，欧盟规定，在食品标签上必须按成分、质量的顺序列出所有成分，包括食品添加剂，并且不得让消费者对产品的属性产生误解。

与欧盟对食品添加剂的监管模式相比，我国对食品添加剂的管理原则是依法按规定使用。不同的是根据法律规定，我国的食品添加剂监管依照强制性的食品安全标准管理。

三、我国与国外食品中农药最大残留限量标准的比较分析

CAC 是主要负责联合国粮食及农业组织（FAO）/世界卫生组织（WHO）联合食品标准项目的政府间机构，其宗旨是制定国际食品法典标准，保护消费者健康和确保食品贸易公正、公平。当前的食品法典标准都主要是由其各分委员会审议、制定，然后经 CAC 大会审议后通过，食品及农产品中农药最大残留限量（MRL）标准由其下属分委员会——国际食品法典农药残留委员会（CCPR）负责制定。农药最高残留限量标准已经成为当前发达国家普遍采用的一种技术性贸易措施。

当前国际通行的食品安全标准是 CAC 制定的标准，世界贸易组织明确规定国际食品法典标准在国际农产品及食品贸易中作为仲裁依据并具有准绳作用。因而将我国标准与国际标准进行比较分析是一种有效和实用的方法。

1. 我国农药最大残留限量标准存在的主要问题

a. 农药残留限量标准的项目数量少。

b. 农药残留限量值规定还不够科学、合理，与国际标准的一致性还有待提高。

c. 食品和粮食种类划分过于笼统，导致农药残留

量指标呈现单一化趋势。

2. 我国与 CAC 食品中农药最大残留限量标准差异

（1）农药种类的差异

CAC 农药残留限量标准中所涉及的农药种类略少于我国标准。

（2）农药残留限量可比指标值情况

在可比范围内，我国大部分农药残留限量指标严于或同于 CAC，而仅有极少数限量指标值松于 CAC，这表明，我国绝大多数农药残留限量指标值已达到或超过国际食品法典标准的要求，只有少数可比指标值低于 CAC 标准的要求。

（3）我国标准与 CAC 标准在食品数量和限量指标上出现差异的原因

我国农药残留限量标准涉及的食品种类没有 CAC 所涉及的详细、具体是导致限量指标出现差异的主要原因。

3. 我国与美国 FDA 食品中农药最大残留限量标准差异

（1）农药残留数量和涉及食品种类的差异

我国当前制定了 322 种农药在十大类农产品和 240 种食品中的 2293 个残留限量；而美国共制定 300 多种农药的 9600 多项最高农药残留限量标准，所涉及的残留限量远远多于我国。

（2）农药残留限量值比较结果

我国与美国 FDA 食品农药残留的差异主要体现在，我国农药残留限量标准的研究和制定还落后于国际水平，没有与国际完全接轨。首先体现在，有些农药残留限量偏高，标准过松，已不能适应现在食品及农产品质量安全需要；其次是有些农药残留限量偏低，标准过严，制定的残留限量缺乏科学性。

4. 我国与欧盟食品中农药最大残留限量标准的差异

（1）农药残留数量和种类的比较

欧盟统一的农药最大残留限量（MRL）由欧盟食品安全局（EFSA）负责制定。涉及 470 多种农药在 300 多种食品和农产品中共 145 000 多个农药残留限量，和欧盟标准相比，从农药种类和所涉及的残留限量来看，我国都少于欧盟标准，尤其是在所涉及的农药残留限量方面，欧盟标准远远多于我国。

（2）农药残留限量值比较

与欧盟农药残留限量指标相比，我国的农药残留限量指标较少、食品限定过于笼统、限定的农药品种较少、存在部分限量指标高等问题。农药残留限量标准中约有 1/4 限量指标与欧盟一致，大部分限量标准低于欧盟标

准，个别限量值严于欧盟标准。

四、我国与国外食品中真菌毒素限量标准的比较分析

真菌毒素是指真菌在生长繁殖过程中产生的次生有毒代谢产物，其主要是由曲霉菌属和镰刀菌属等真菌代谢产生的具有生物毒性的天然化学物质，其广泛污染农作物饲料等农产品。

我国于 2011 年 4 月 20 日颁布了新修订的真菌毒素限量标准即食品安全国家标准《食品中真菌毒素限量》（GB 2761—2011），该标准代替了《食品中真菌毒素限量》（GB 2761—2005）和《粮食卫生标准》（GB 2715—2005）中真菌毒素的限量指标。该标准作为强制性食品安全标准已于 2011 年 10 月 20 日正式实施。

本节主要通过比较分析我国和国外在各类食品中真菌毒素限量指标，找出我国限量标准和国际标准的异同点，为提高我国的食品安全监管水平、保护人民的健康安全提供依据。

1. 我国与 CAC 食品中真菌毒素限量标准的差异

CAC 制定限量的真菌毒素种类少于我国标准。CAC 标准仅涉及了 4 种真菌毒素（即黄曲霉毒素总量、黄曲霉毒素 M_1、赭曲霉毒素 A、展青霉素），而我国限量标准涉及了 6 种真菌毒素（即黄曲霉毒素 B_1、黄曲霉毒素 M_1、赭曲霉毒素 A、展青霉素、脱氧雪腐镰刀菌烯醇和玉米赤霉烯酮），其中脱氧雪腐镰刀菌烯醇和玉米赤霉烯酮为我国单独规定限量值的种类。我国和 CAC 真菌毒素中黄曲霉毒素限量指标比较（表 1-2-1），从表 1-2-1 可以看出，我国黄曲霉毒素限量指标是按黄曲霉毒素 B_1 制定限量指标，限量标准涉及的食品种类比 CAC 多，限量指标为 0.5~20.0 μg/kg；而 CAC 则是按黄曲霉毒素总量（$B_1+B_2+G_1+G_2$）来制定限量指标，限量指标为 10.0~15.0 μg/kg。

2. 真菌毒素限量指标所涉及食品种类的差异

CAC 设定真菌限量指标的食品种类少于我国标准（表 1-2-1），这说明我国食品中真菌毒素的限量标准高于 CAC 标准，而且我国对食品中黄曲霉毒素 B_1 进行了限定，而 CAC 标准则对黄曲霉毒素总量（$B_1+B_2+G_1+G_2$）进行了规定。

3. 我国与 CAC 真菌毒素限量指标值一致性较好

如我国对乳品中黄曲霉毒素 M_1 制定了 0.5 μg/kg 的限量指标，与 CAC 对乳品的限量指标完全相同。

表 1-2-1 中国和 CAC 食品标准中黄曲霉毒素限量指标

标准制定者	食品种类	限量标准/（μg/kg）
中国	玉米、玉米面渣片及玉米制品	20.0
	花生及其制品	20.0
	花生油、玉米油	20.0
	稻谷、糙米、稻米	10.0
	植物油脂（花生油、玉米油除外）	10.0
	小麦、大麦及其他谷物	5.0
	小麦粉、麦片及其他去壳谷物	5.0
	发酵豆制品	5.0
	熟制坚果及籽类（花生除外）	5.0
	酱油、醋以粮食为主要原料	5.0
	婴儿配方食品	0.5
	较大婴儿和幼儿配方食品	0.5
	特殊医学用途婴儿配方食品	0.5
	婴幼儿谷类辅助食品	0.5
CAC	花生作为加工原料	15.0
	杏仁作为加工原料	15.0
	巴西坚果去壳作为加工原料	15.0
	榛子作为加工原料	15.0
	开心果作为加工原料	15.0
	杏仁直接食用	10.0
	巴西坚果去壳直接食用	10.0
	榛子直接食用	10.0
	开心果直接食用	10.0

注：中国按黄曲霉毒素 B_1 制定限量指标；CAC 按总量（$B_1+B_2+G_1+G_2$）制定限量指标。

4. 当前国外对黄曲霉毒素指标的设定情况

目前，国内外黄曲霉毒素限量设定指标复杂，如美国、澳大利亚等国家针对黄曲霉毒素总量（$B_1+B_2+G_1+G_2$）设定限量值，而欧盟则对食品中黄曲霉毒素 B_1 和黄曲霉毒素总量（$B_1+B_2+G_1+G_2$）分别规定了限量值。

五、我国与国外食品中致病菌限量标准的比较分析

致病菌是指能够引起人或动物疾病的致病性微生物，食品中常见的致病菌主要有沙门氏菌、副溶血性弧菌、大肠杆菌、金黄色葡萄球菌等。据不完全统计，我

国每年由食品中致病菌引起的食源性疾病报告病例数约占全部报告的1/2。

为控制食品中致病菌污染，预防微生物性食源性疾病发生，同时整合分散在不同食品标准中的致病菌限量规定，卫生部制定了《食品中致病菌限量》（GB 29921—2013），该标准提出了金黄色葡萄球菌、沙门氏菌、副溶血性弧菌、单核细胞增生李斯特氏菌、大肠埃希氏菌等几种主要致病菌在肉制品、水产制品、冷冻饮品、即食调味品类等多类食品中的限量要求。该标准对消费者比较熟悉的沙门氏菌在各类食品中的限量值均为0，金黄色葡萄球菌在各类食品中可接受水平限量则均为100 cfu/g（ml），副溶血性弧菌在水产制品和即食调味品中可接受水平的限量值为100 MPN/g，肉制品中单核细胞增生李斯特氏菌限量值为0。上述标准制定时参考分析了欧盟、日本、美国等标准及其规定。此标准于2014年7月1日正式实施。

1. 我国与国外食品中致病菌限量标准的差异

《食品中致病菌限量》（GB 29921—2013）主要参考了国际食品法典委员会（CAC）、国际食品微生物标准委员会（ICMSF）等国际组织，欧盟、澳大利亚和新西兰、美国、加拿大等国家，以及我国香港、我国台湾等地区的限量标准。但各类食品的有关限量值与国外标准限量值存在一些差异。

（1）我国与美国FDA有关食品中致病菌限量标准的差异

a. 我国标准依据产品的种类设定各致病菌的限量值，而美国FDA有关标准根据每个州的不同产品种类划分限量值。

b. 对致病菌的限量值设定略有不同，我国对各种致病菌设定了可接受水平限量值和最大安全限量值，而美国FDA有关标准只设定最大限量值。

c. 我国对沙门氏菌在各类食品中的限量值为0，对单核细胞增生李斯特氏菌在肉制品的限量值也为0，而美国FDA有关标准则对不同的产品种类有具体的要求，其中有限量值为0的产品，也有可以检出的产品。

（2）我国与欧盟有关食品中致病菌限量标准的差异

a. 我国只对11大类的食品设定致病菌限量值，而欧盟设定致病菌限量值的食品种类更多、更具体。

b. 对检测结果的解释不同。我国对各致病菌限量值设定了可接受水平限量值和最大安全限量值，而欧盟则用满意（所有观测值为0）和不满意（任一检样中有检出）来说明。

c. 对各致病菌的限量单位表述形式和限量值略有不同。我国基本上是采用100 cfu/g（ml）或100 MPN/g等单位来表示限量值，而欧盟除了采用100 cfu/g表示外，还采用0/10g（ml）；0/25g（ml）等来表示；对致病菌的限量值也不相同，如单核细胞增生李斯特氏菌，欧盟对能维持该致病菌生长的即食食品设定了限量值，而我国仅对肉制品设定该致病菌限量值为0。

2. 其他差异

a. 我国对肉制品中单核细胞增生李斯特氏菌进行了限定要求，而CAC则对即食食品中的单核细胞增生李斯特氏菌设定了限量。

b. 依据我国国情，蜂蜜、脂肪和油及乳化脂肪制品、果冻、糖果、食用菌等食品或原料的微生物污染的风险很低，因此参照CAC、ICMSF等国际组织的制定标准原则，我国暂未对上述食品设定致病菌限量；而欧盟、美国、澳大利亚和新西兰、日本、加拿大等国家和地区主要参照CAC的制定标准原则，对即食食品和生食食品制定了致病菌限量。欧盟、澳大利亚和新西兰、加拿大等国家和地区还针对食品中常见的微生物制定公布了食品微生物限量通用标准。

（李江）

第三章
食品生产加工常见危害因素及存在问题的分析与控制

食品生产加工过程中的危害因素和其他影响质量安全的问题对消费者乃至食品行业有直接或间接的威胁。因此，有必要加强对食品生产加工环节的危害因素进行调查、识别、监测，并进行科学的分析，提出控制措施。依据食品安全风险评估理论关于危害因素描述的 4 个组成步骤，根据近 8 年来广东省生产加工环节食品危害因素调查情况汇总，整理了 50 类食品中自然存在的风险因素、可能人为添加的物质，以及既往发现的各种危害因素，并对这些危害因素进行了分类、研究和分析。

第一节　生物性危害

一、细菌及致病菌

（一）大肠菌群及菌落总数

1. 危害因素特征描述

菌落总数（aerobicplate count）并不表示实际中所有细菌的总数，不能区分其中细菌的种类，所以有时被称为杂菌数、需氧菌数等。大肠菌群（coliform）并非细菌学分类命名，而是卫生细菌领域的用语，它不代表某一种或某一属细菌，而指的是具有某些特性的一组与粪便污染有关的细菌，该菌群主要来源于人畜粪便，作为粪便污染指标评价食品的卫生状况，推断食品中肠道致病菌污染的可能。

菌落总数和大肠菌群是判定食品被细菌污染的程度及卫生质量状况的主要指标，反映食品是否符合卫生要求。菌落总数的多少在一定程度上标志着食品卫生质量的优劣。食品的菌落总数严重超标，说明产品的卫生状况达不到基本的卫生要求，食品的营养成分将会被微生物破坏，加速食品的腐败变质，使食品失去食用价值。食用微生物超标的食品，易患痢疾等肠道疾病，可能引起呕吐、腹泻等症状，危害人体健康。

2. 检测方法

目前，食品中大肠菌群的检测主要采用《食品安全国家标准 食品微生物学检验 大肠菌群计数》（GB 4789.3—2010）所规定的方法，主要为三步法，即乳糖发酵试验、分离培养和证实试验。对于进出口食品中大肠杆菌的检测则采用出入境检验检疫行业标准《进出口食品中大肠菌群、粪大肠菌群和大肠杆菌检测方法》（SN/T 0169—2010）所规定的方法。食品中菌落总数的检测主要采用《食品安全国家标准 食品微生物学检验 菌落总数测定》（GB 4789.2—2010）所规定的方法，主要流程一般包括：样品稀释、倾注培养基、培养和计数报告。对于进出口食品中菌落总数的检测则采用进出口商品检验行业标准《出口食品平板菌落计数》（SN 0168—1992）所规定的方法。

（二）金黄色葡萄球菌

1. 危害因素特征描述

金黄色葡萄球菌（*Staphylococcus aureus*）是一种可引起人类和动物化脓感染的致病菌，也是造成人类食物中毒的常见致病菌之一。由金黄色葡萄球菌引起的食物中毒，在世界各国都极为普遍。金黄色葡萄球菌引起的食物中毒病例在中国也时有发生，所以目前世界各国都把金黄色葡萄球菌列为食品卫生的法定检测项目（表 1-3-1）。

表 1-3-1　各国家或地区对金黄色葡萄球菌的限量要求

国家或地区	金黄色葡萄球菌限量/（cfu/g）			
	满意	可接受	不满意	不及格
中国		103~104		>104
英国	<20	20~≤104	>104	
澳大利亚	<102	102~103	103~104	≥104
新西兰	<102	102~103	103~104	≥104
中国香港	<20	20~<102	102~<104	≥104

金黄色葡萄球菌可产生多种毒素与酶而引起人发病，主要有血浆凝固酶、肠毒素、葡萄球菌溶血素、杀白细胞素、表皮溶解毒素等，其中血浆凝固酶和肠毒素非常耐热，100 ℃煮沸 30 min 仍不能破坏其毒性。金黄色葡萄球菌感染人后，可造成侵袭性疾病和毒性疾病。侵袭性疾病主要引起化脓性炎症、内脏器官及皮肤软组织感染等，严重的可危及生命。毒性疾病主要引起食物中毒症状，表现为恶心、呕吐、腹痛、腹泻，大多数患者于数小时至 1 d 内恢复。其他症状表现为烫伤样皮肤综合征、毒性休克综合征。

2. 检测方法

目前，对食品中金黄色葡萄球菌的检测主要采用《食品安全国家标准 食品微生物学检验 金黄色葡萄球菌检验》（GB 4789.10—2010）所规定的方法，运用标准第一法对食品中金黄色葡萄球菌进行定性检验，然后根据含量高低选择第二或第三法进行金黄色葡萄球菌的计数。对于进出口食品中金黄色葡萄球菌的检测则可选择采用出入境检验检疫行业标准《进出口食品中金黄色葡萄球菌检测方法》（SN/T 0172—2010）或《进出口食品中致病菌环介导恒温扩增（LAMP）检测方法第 1 部分：金黄色葡萄球菌》（SN/T 2754.1—2011）所规定的方法。

（三）沙门氏菌

1. 危害因素特征描述

沙门氏菌（*Salmonella*）属是一大群形态、生化性状及抗原构造相似的革兰氏阴性杆菌。沙门氏菌在自然界有广泛的宿主，绝大多数对人和动物均适应，可寄居在哺乳类、爬行类、鸟类、昆虫及人的胃肠道中，故各种家禽、家畜在喂养、屠宰、运输、包装等加工处理过程中均有污染的机会，如家禽、家畜屠宰时的卫生条件差，肠腔的沙门氏菌就可污染肉类。此外，肉类等食品也可在储藏、市场出售、厨房加工等过程中通过各种用具或直接互相污染。蛋类或蛋制品的污染来源，可以是禽类卵巢或输尿管，也可由粪便、肥料、泥土中的沙门氏菌穿过完整蛋壳进入蛋内。一般在许多由蛋混合制成的蛋粉或其他制品中，感染率相当高。乳类及其制品如冰激凌、袋装熟食等也会受到沙门氏菌的污染。

沙门氏菌中毒的症状主要以急性肠胃炎为主，潜伏期一般为 4~48 h，前期症状表现为恶心、头痛，全身乏力和发冷等，此后出现呕吐、腹泻、腹痛，粪便为黄绿色水样便、有时带脓血和黏液等症状，发热温度可达 38~40 ℃。重症患者还会出现打寒战、惊厥、抽搐和昏迷等症状。病程为 3~7 d，一般愈后良好，但是老人、儿童和体弱者如不及时进行急救处理可导致死亡。

2. 检测方法

目前，对食品中沙门氏菌的检测主要采用《食品安全国家标准 食品微生物学检验 沙门氏菌检验》（GB 4789.4—2010）所规定的方法，主要检测手段包括生化试验和血清学鉴定。此外还有实时荧光 PCR 法（SN/T 1059.7—2010 和 SN/T 2415—2010）、垂直膜过滤法（SN/T 1059.6—2008）、滤膜筛选法（SN/T 1059.1—2002）、计数检验法（SN/T 0040—1992）和酶联免疫法（GB/T 22429—2008）。

（四）志贺氏菌

1. 危害因素特征描述

志贺氏菌（*Shigella*）属为革兰氏阴性杆菌，志贺氏菌的菌毛能黏附于回肠末端和结肠黏膜的上皮表面，继而在侵袭蛋白作用下穿入上皮细胞内，一般在黏膜固有层繁殖形成感染灶。

细菌性痢疾是最常见的感染志贺氏菌属细菌的肠道传染病，夏秋两季患者最多，传染源主要为患者和带菌者，通过污染志贺氏菌的食物、饮水等经口感染。人类对志贺氏菌易感，10~200 个细菌可使 10%~50%的志愿者致病，一般来说，志贺氏菌所致菌痢的病情较重，宋内氏菌引起的症状较轻，福氏菌介于二者之间，但排菌时间长，易转为慢性。

2. 检测方法

目前，对食品中志贺氏菌的检测主要采用《食品安全国家标准 食品微生物学检验 志贺氏菌检验》（GB 4789.5—2012）所规定的方法，主要检测手段包括生化试验和血清学鉴定。此外，环介导恒温扩增（LAMP）法（SN/T 2754.3—2011）和多重 PCR-变相高效液相色谱（MPCR-DHPLC）法（SN/T 2565—2010）也可用于食品中志贺氏菌的检测。

（五）单核细胞增生李斯特氏菌

1. 危害因素特征描述

李斯特氏菌（*Listeria monocytogenes*）广泛存在于土壤、动物和水产品中，共有 6 个种，其中单核细胞增生李斯特氏菌（单增李斯特氏菌）为人畜致病菌，而绵羊李斯特氏菌是动物致病菌，其余 4 个种则无致病性。单增李斯特氏菌为革兰氏阳性短杆菌，无芽孢，可在需氧或兼性厌氧的环境及极端环境存活和生长，如低温、低水分活度及高盐环境。单增李斯特氏菌可造成多种食品的污染，如奶及奶制品、肉制品、水产品、新鲜蔬菜等植物性食品，单增李斯特氏菌不但存在于食品原料中，在食品的加工、运输和冷冻保存的食品中均可存在。

单增李斯特氏菌不但污染多种食品且可引发严重疾病，因此 WHO 将其作为 20 世纪 90 年代四大食源性致病菌之一。虽然正常烹煮温度下可轻易杀死单增李斯特氏菌，但若进食受李斯特氏菌污染的食物可令人患上具有高死亡率（20%~30%）的李斯特氏菌病。李斯特氏菌主要影响初生婴儿、孕妇、长者和免疫能力较低的人（如艾滋病、糖尿病、癌症和肾病患者），可引起类似感冒症状、恶心、呕吐、腹部痉挛、腹泻、头痛、便秘及持续发烧，严重者可导致败血症、脑膜炎，孕妇感染李斯特氏菌易造成流产。

2. 检测方法

目前，我国常用的检验方法是《食品安全国家标准 食品微生物学检验 单核细胞增生李斯特氏菌检验》（GB 4789.30—2010）所规定的检测方法，分为增菌、分离和鉴定 3 个环节，主要是将分离培养后的可疑菌落进行一系列生化反应、溶血实验、协同溶血实验、典型运动及小鼠毒力实验等鉴定，确定为单增李斯特氏菌后再进一步进行血清分型。

（六）溶血性链球菌

1. 危害因素特征描述

链球菌（*Streptococcus hemolyticus*）归属于链球菌属，在显微镜下为球形或卵圆形，革兰氏阳性菌。链球菌为需氧或兼性厌氧菌，最适生长条件为 37 ℃，pH7.4~7.6。根据对红细胞的溶血能力，可将链球菌分为 α-溶血性链球菌、β-溶血性链球菌及 γ-溶血性链球菌。其中与食品卫生及安全最密切相关的是 β-溶血性链球菌，易被其污染的食品主要是奶、肉、蛋及其制品。

β-溶血性链球菌可产生链球菌溶血素、致热外毒素、透明质酸酶、链激酶、链道酶、杀白细胞素、M 蛋白及脂磷壁酸等多种毒素及侵袭性酶而使人致病。溶血性链球菌常可引起皮肤、皮下组织的化脓性炎症、呼吸道感染、流行性咽炎的暴发性流行及新生儿败血症、细菌性心内膜炎、猩红热和风湿热、肾小球肾炎等变态反应。

2. 检测方法

《食品安全国家标准 食品卫生微生物学检验 溶血性链球菌检验》（GB/T 4789.11—2003）规定了 β-溶血性链球菌的检测方法，方法为取检样加入无菌生理盐水制成混悬液，取 5 ml 混悬液接种于 50 ml 葡萄糖肉浸液肉汤，经 36 ℃±1 ℃ 培养 24 h，接种血平板，置 36 ℃±1 ℃ 培养 24 h，挑起 β-溶血圆形突起的细小菌落，在血平板上分纯，然后观察溶血情况及革兰氏染色，并进行链激酶试验及杆菌肽敏感试验。

二、真菌

（一）霉菌

1. 危害因素特征描述

霉菌（mould）是形成分枝菌丝的真菌的统称，菌丝体常呈白色、褐色、灰色，或呈鲜艳的颜色（菌落为白色毛状的是毛霉，绿色的为青霉，黄色的为黄曲霉），有的可产生色素使基质着色。霉菌繁殖迅速，常造成食品、用具大量霉腐变质，但许多有益种类也被广泛应用，是

人类实践活动中最早利用和认识的一类微生物。

霉菌毒素是霉菌产生的次生代谢物质，其对人和畜禽主要毒性表现在神经和内分泌紊乱、免疫抑制、致癌致畸、肝肾损伤、繁殖障碍等。在已知的霉菌毒素中毒害作用较大的有麦角毒素、单端孢霉毒素、腐马毒素、玉米赤霉烯酮、黄曲霉毒素、赭曲霉毒素等。

2. 检测方法

目前，对食品中霉菌的检测主要采用《食品安全国家标准 食品微生物学检验 霉菌和酵母计数》（GB 4789.15—2010）和《食品安全国家标准 食品卫生微生物学检验 常见产毒霉菌的鉴定》（GB/T 4789.16—2003）所规定的方法。

（二）酵母

1. 危害因素特征描述

酵母菌（yeast）是一群非菌丝型真核生物，是以芽殖或裂殖进行无性繁殖的真菌，多数为腐生菌，少数为寄生菌。酵母种类较多，广泛分布于自然界中，尤喜生长在含糖量较高的基质和相关环境中。酵母菌是在国民经济中发挥着巨大作用的重要菌类之一，不仅可在食品加工制造业中用于面包、酒类、甘油及有机酸的生产，而且在医药领域可以使用酵母生产核苷酸、辅酶 A、多种氨基酸及维生素等多种医药产品，但是也有少数酵母菌是发酵工业和食品加工的污染菌，如消耗乙醇、降低产量或产生不良气味，影响产品质量。不同种类的酵母可在不同的环境对食品的安全性造成一定的威胁，如酵母若在低氧分压下生长，可引起食品发酵型的变质；嗜冷性酵母可在低温下生长及繁殖存在，因此可对冷冻食品的安全性造成一定威胁；高渗透压酵母则可在高糖或高盐的食品环境中生长，以造成此类食品变质；鲁氏酵母、掷孢酵母及蜂蜜酵母能在高浓度糖、高浓度盐食品中生长，引起蜂蜜、果酱等食品变质，以及在酱油、盐渍食品表面生成灰白粉状皮膜；毕赤氏酵母和汉森氏酵母属则为酒类的污染菌，其可在表面生成干而皱的薄膜，发酵后的主要产物是酯类，而非乙醇；假丝酵母属包括 30 个种及 6 个变种，对糖有很强的分解能力，广泛分布于果汁、储藏谷物及乳制品等食品中，可造成这几类食品的腐败变质。

2. 检测方法

酵母菌较之于细菌无高致病性，但是若食品被酵母菌污染后，其在适宜的条件下可对食品作用而使食品品质下降或变质，对食品中酵母的检测主要采用《食品安全国家标准 食品微生物学检验 霉菌和酵母计数》（GB 4789.15—2010）所规定的方法，检样加入无菌蒸馏水进行均质后，进行 10 倍系列稀释，选择 2 或 3 个稀释度各取 1 ml 分别加入无菌培养皿内，加入 15~20 ml 马铃薯-

葡萄糖-琼脂培养基,于 28 ℃ ± 1 ℃ 培养 5 d 后进行菌落计数。

三、生物毒素

(一)黄曲霉毒素

1. 危害因素特征描述

黄曲霉毒素(aflatoxin)主要是由黄曲霉、寄生曲霉产生的真菌有毒次生代谢产物,它们是一类化学结构相似的化合物(图 1-3-1),是二氢呋喃及香豆素的衍生物,目前已分离鉴定出 18 种黄曲霉毒素。黄曲霉毒素在中性和酸性条件下比较稳定,而在碱性条件下可分解,但具有可逆性。此外,黄曲霉毒素对热具有较高的稳定性,其分解温度为 268 ℃左右,因此烹调中的加热温度不足以破坏黄曲霉毒素。黄曲霉毒素中以黄曲霉毒素 B_1 的毒性最强,而存在于乳制品中的黄曲霉毒素则主要是黄曲霉毒素 M_1 和 M_2。

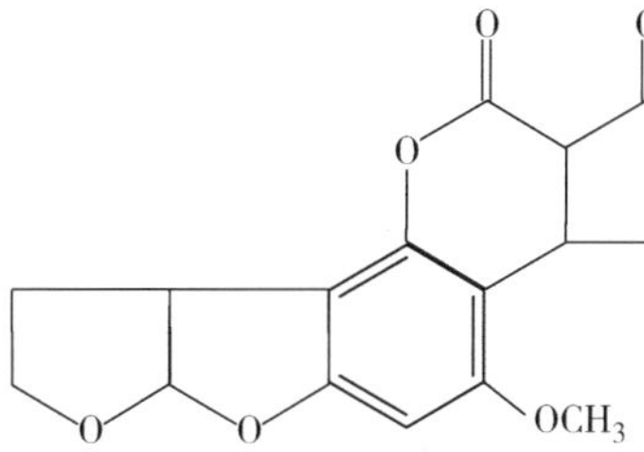

黄曲霉毒素 B_1

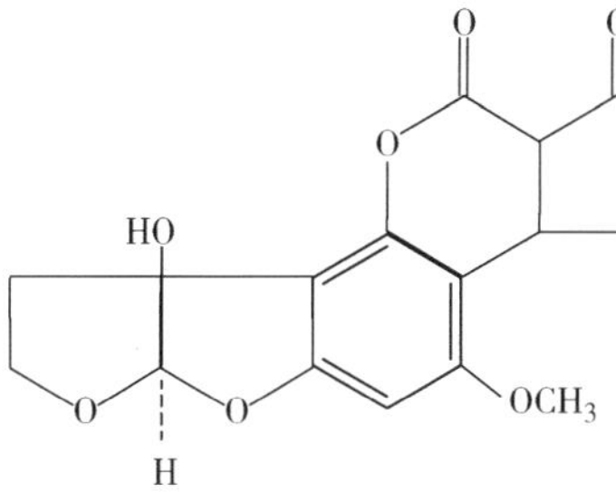

黄曲霉毒素 M_1

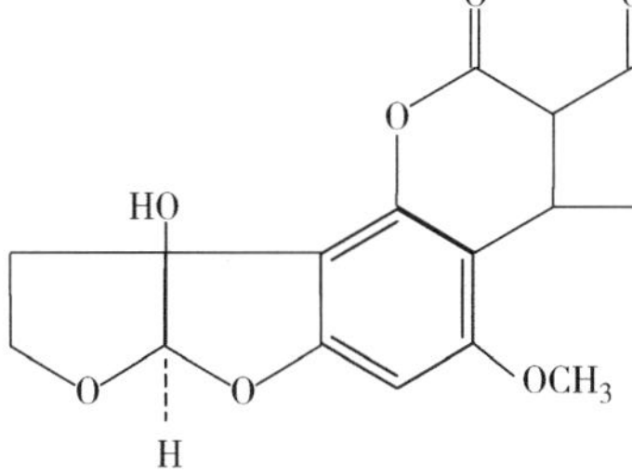

黄曲霉毒素 M_2

图 1-3-1 3 种黄曲霉毒素的化学结构式

黄曲霉毒素毒性作用的靶器官主要是肝脏。当黄曲霉毒素摄入量大时,可发生急性中毒,以损坏肝脏为主要特征,主要表现为肝小叶中心坏死、严重肝脏出血。当微量持续摄入黄曲霉毒素,其慢性中毒现象机制为抑制磷脂及胆固醇的合成,影响脂类从肝脏的运输,使脂肪在肝脏内沉积,引起肝大,并引起肝脏的纤维性病变。黄曲霉毒素的致癌性主要表现为可能引发肝脏的致癌性。1993 年黄曲霉毒素 B_1 被 IARC 归为一类致癌物,黄曲霉毒素 M_1 为二类致癌物,且二者均为人类致癌物。因此,WHO 于 1996 年规定食品中黄曲霉毒素的最高允许浓度为 15 μg/kg。同样,美国联邦政府的有关法律规定人类消费的食品及奶牛的饲料中黄曲霉毒素含量不能超过 15 μg/kg,然而,欧盟的规定更为严格,要求食品中黄曲霉毒素的总量不得超过 4 μg/kg。

2. 检测方法

由于黄曲霉毒素是一类化学结构相似的化合物,种类较多且可能受其污染的食品种类多,因此黄曲霉毒素检测方法的国家标准较多。目前常用的检测方法标准主要有三个,分别是《食品安全国家标准 乳和乳制品中黄曲霉毒素 M_1 的测定》(GB 5413.37—2010)、《食品安全国家标准 食品中黄曲霉毒素 M_1 和 B_1 的测定》(GB 5009.24—2010)及《食品中黄曲霉毒素 B_1 的测定》(GB/T 5009.22—2003),主要的检测方法有荧光法、间接竞争性酶联免疫吸附测定法及免疫亲和层析净化联合液相色谱-串联质谱法。

(二)镰刀毒素

1. 危害因素特征描述

镰刀菌有多种,某些种类的镰刀菌能在各种粮食中生长并能产生有毒的代谢产物,如脱氧雪腐镰刀菌烯醇、玉米烯酮、伏马菌素 B_1 和 B_2、T-2 毒素、HT-2 毒素等。

镰刀菌能在 1~39 ℃生长,最适温度为 25~30 ℃(28 ℃),最适产毒温度通常为 8~12 ℃。玉米赤霉烯酮可使猪发生雌性激素亢进症,单端孢霉素类则阻碍蛋白质合成而引起动物呕吐、腹泻和拒食,但是仍有许多现象至今尚未得到明确的解释,例如,镰刀菌污染的粮食造成的食物中毒,可能引起带有流行病特征的人类疾病;又如 T-2 毒素造成的白细胞减少症主要出现在俄国,这种疾病的临床表现为进行性的造血系统功能衰退。单端孢霉素类需温度超过 200 ℃才可被破坏,所以经过普通的烘烤后,它们仍有活性(在残留的湿气中也要 100 ℃才能被破坏)。粮食经多年储藏后,单端孢霉素类的毒力依然存在,无论酸或碱都很难使它们失活。

欧盟食品污染物限量规定了谷类和谷类制品中镰刀菌毒素(脱氧雪腐镰刀菌烯醇)的限量标准,其中未加工的硬质小麦及燕麦、未加工玉米中的脱氧雪腐镰刀菌烯醇的最大残留限量为 1750 μg/kg,除上述部分外的未加工谷物中的脱氧雪腐镰刀菌烯醇的最大残留限量为1250 μg/kg，谷粉为750 μg/kg。在我国，《食品安全国家标准 食品中真菌毒素限量》（GB 2761—2011）中规定，谷物及其制品中，玉米、玉米面（渣、片）、大麦、小麦、麦片、小麦粉中脱氧雪腐镰刀菌烯醇的最大残留限量为1000 μg/kg。

2. 检测方法

《食品中真菌毒素限量》（GB 2761—2011）中规定

了脱氧雪腐镰刀菌烯醇的检测应参照《食品中脱氧雪腐镰刀菌烯醇的测定 免疫亲和层析净化高效液相色谱法》（GB/T 23503—2009）所规定的方法进行检测。同时，针对谷物及其制品中脱氧雪腐镰刀菌烯醇的检测也可以参照《谷物及其制品中脱氧雪腐镰刀菌烯醇的测定》（GB/T 5009.111—2003）的方法，而对于进出口食品中脱氧雪腐镰刀菌烯醇的检测则可选择采用 SN/T 3137—2012 或 SN/T 3136—2012 的方法进行检测。

第二节　化学性危害

一、有毒无机物及金属元素

（一）铅

1. 危害因素特征描述

铅（plumbum）是一种天然有毒的重金属，也是普遍存在于环境中的污染物。食物在制造、处理或包装过程中都可能受到铅的污染，导致食物含铅。泥土中的铅会被粮食农作物吸收而蓄积，空气中的铅也可能会在叶菜上沉积。

铅是一种典型的慢性毒害化学品。铅会损害肾脏、心血管系统、免疫系统、中枢神经系统和生殖系统。短期摄取大量的铅，可导致肠胃不适、贫血、脑病和死亡。儿童如摄取小量的铅，会导致认知和智力发展迟缓。婴儿、幼童和胎儿较容易受铅毒的影响，导致中枢神经系统受损。世界卫生组织的国际癌症研究机构曾对铅及其化合物的可致癌程度进行评估，报告认为没有足够证据证明无机铅和有机铅化合物具有致癌性。FAO/WHO 食品添加剂联合专家委员会认为铅的每周可容忍摄入量为 25 mg/kg bw。各国或地区每周从食物摄取铅的量见图 1-3-2。

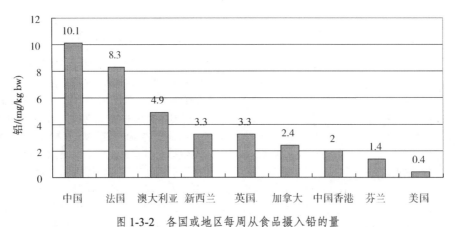

图 1-3-2　各国或地区每周从食品摄入铅的量

2. 检测方法

《食品安全国家标准 食品中污染物限量》（GB 2762—2012）中规定了各大类食品中铅的限量值，为 0.05~5.0 mg/kg，对于饮料类食品，铅的限量值则为 0.01~1.0 mg/L。目前，对食品中铅含量的检测主要参考《食品安全国家标准 食品中铅的测定》（GB 5009.12—2010），标准提供了 5 种检测方法，即石墨炉原子吸收光谱法（检出限为 0.005 mg/kg，下同）、氢化物原子荧光光谱法（固体试样为 0.005 mg/kg，液体试样为 0.001 mg/kg）、火焰原子吸收光谱法（0.1 mg/kg）、比色法（0.25 mg/kg）和单扫描极谱法（0.085 mg/kg）。

（二）砷

1. 危害因素特征描述

砷（arsenic）是一种准金属物质，砷化合物则用于制造晶体管、激光产品、半导体、玻璃和颜料等，也可用于药物、除害剂及饲料添加剂等领域。由于砷化合物的广泛使用，砷以有机及无机两种形态分布于环境，如存在于土壤、地下水及空气中。人体主要是从食物和饮用水摄入砷。

一般来说，无机砷对人体的毒性比有机砷大，而三价砷（亚砷酸盐）的毒性又比五价砷（砷酸盐）高。长期摄入无机砷对人体健康造成的不良影响主要包括癌症、皮肤病患、心血管系统疾病、神经系统中毒和糖尿病。2004 年，IARC 确定有足够证据证明饮用水含有砷会令人类患膀胱癌、肺癌和皮肤癌，但认为只有零星证据显示砷会令实验动物患癌。2009 年，该机构认为有限证据证明砷会令人类患肾癌、肝癌和前列腺癌。该机构已把砷和无机砷化合物列为第 1 类物质，即"令人类患癌的物质"，并把有机砷化合物列为第 2B 类物质（或可能令人类患癌的物质）或第 3 类物质（在会否令人类患癌方面未能分类的物质）。2010 年，FAO/WHO 食品添加剂联合专家委员会把无机砷诱发人类肺癌发病率增加 0.5%，基准剂量可信限下限定为每日 3.0 mg/kg bw。各国或地区每日从食物摄入砷的量见表 1-3-2。

表 1-3-2 各国或地区每日从食物中摄入砷的量

国家/地区	成年人中砷的每日的膳食摄入量/（μg/kg bw）	
	一般人	摄入量高的人
中国	0.24~0.76	
英国	0.03~0.09	0.07~0.17
法国	0.1	0.27
美国	0.08~0.2	0.16~0.34
中国香港	0.22	0.38
新西兰	0.24~0.29	
加拿大	0.29	
欧洲	0.21~0.61	0.36~0.99
日本	0.36~0.46	0.83~1.29

2. 检测方法

《食品安全国家标准 食品中污染物限量》（GB 2762—2012）中规定了各大类食品中砷的限量值，为 0.1~0.5 mg/kg，对于饮料类食品中的包装饮用水，砷的限量值为 0.01 mg/L。目前，对食品中砷含量的检测主要参考《食品中总砷及无机砷的测定》（GB/T 5009.11—2003），标准提供了 4 种检测方法，氢化物原子荧光光度法（检出限为 0.01 mg/kg，线性范围为 0~200 ng/ml）、银盐法（检出限为 0.2 mg/kg，下同）、砷斑法（0.25 mg/kg）、硼氢化物还原比色法（0.05 mg/kg）。

（三）镉

1. 危害因素特征描述

镉（cadmium）是天然存在于地壳表面的金属元素，人类的工业革命使镉成了一个日常生活中随处可见的"多面手"，在塑胶、电镀金属外壳、颜料、油漆、染料、镍镉电池和电子产品，由磷矿生产的肥料，以及采矿等工业活动中都可见到镉的身影，所以人类活动可向环境释放该金属。镉在环境中难以分解，其作为一种重金属环境污染物，并非生命活动所必需的微量元素，且具有很强的生物富集性，容易在某些植物和动物体内富集，并通过生物链最终进入人体。

WHO 将镉列为重点研究的食品污染物，其辖下的 IARC 认为，有足够证据证明，通过职业途径暴露吸入镉或其化合物会致癌，因而将其列为第 1 类致癌物（即对人类致癌）；美国毒物与疾病登记署（ATSDR）也将镉列为危害人类健康物质的第 7 位。但现有证据提示，从食物中摄取镉造成急性中毒的可能性极低，且尚不具有明显的基因毒性，因而通过食物途径摄取镉不太可能使人类致癌。FAO/WHO 食品添加剂联合专家委员会于 2011 年将镉的暂定每周耐受摄入量（PTWI）调整为暂定每月耐受摄入量（PTMI），为每月 25 μg/kg bw，该标准主要是基于长期摄入镉引起肾功能损害的风险而建立的。

2. 检测方法

《食品安全国家标准 食品中污染物限量》（GB 2762—2012）中规定了各大类食品中镉的限量值，为 0.05~2.0 mg/kg，对于饮料类食品，镉的限量值为 0.003~0.005 mg/L。目前，对食品中镉含量的检测主要参考国家标准《食品中镉的测定》（GB/T 5009.15—2003），标准提供了 4 种检测方法，石墨炉原子化法（检出限为 0.1 μg/kg，下同）、火焰原子化法（5.0 μg/kg）、比色法（50 μg/kg）、原子荧光法法（1.2 μg/kg），其中标准曲线线性范围为 0~50 ng/ml。

（四）铝

1. 危害因素特征描述

铝（aluminium）是一种银白色的轻金属，是地壳中含量最丰富的金属元素，其天然存在于食物中，但含量很低。一般食物中的铝主要来源于含铝添加剂，包括膨松剂、固化剂、着色剂等。

研究表明，铝的毒性主要表现为损害实验动物的生殖系统和发育中的神经系统，但不属致癌物。当前并无报告显示一般人通过食物途径摄入的铝会引起急性中毒。食品添加剂联合专家委员会（JECFA）制定了铝的每周耐受摄入量为 2 mg/kg bw，欧洲食品安全局 2008 年

7月发表的研究报告指出，基于现有的科学数据，认为从食物中摄入的铝不太可能增加患阿尔茨海默病的风险。2011年，国家风险评估中心对食品中铝进行了风险评估，评估结果显示，我国全人群平均膳食铝摄入量低于 JECFA 提出的 PTWI。然而，低年龄组和高食物消费量人群膳食铝摄入量均已超过 PTWI，尤其膨化食品是7~14岁儿童铝摄入量的主要来源之一。为了保护儿童身体健康，降低儿童的铝摄入量，《食品安全国家标准 食品添加剂使用标准》（GB 2760—2011）修订工作组建议禁止在膨化食品中使用任何含铝食品添加剂（包括合成着色剂铝色淀）。

2. 检测方法

《食品安全国家标准 食品中污染物限量》（GB 2762—2012）中并没有规定各大类食品中铝的限量指标，《食品安全国家标准 食品添加剂使用标准》（GB 2760—2011）规定了含铝化合物可作为膨松剂、稳定剂用于食品中的最大使用量。目前，对食品中铝含量的检测主要参考国家标准《食品中铝的测定 电感耦合等离子体质谱法》（GB/T 23374—2009）所规定的方法，试样经过酸消解后，用电感耦合等离子体质谱仪测定，内标法定量。

（五）铬

1. 危害因素特征描述

铬（chromium）是一种银白色的坚硬金属，主要以金属铬、三价铬和六价铬三种形式出现。铬的工业用途很广，主要用于金属加工、电镀及制革行业，这些行业排放的废水和废气是环境中铬的主要污染源。所有铬的化合物都具有毒性，其毒性与其存在的价态有关，其中六价铬毒性最大。

美国毒性物质和疾病管制局（ATSDR）认为存在于天然食物中的三价铬为人体必需的微量元素之一，六价铬则被 IARC 列为确定对人类致癌的物质。六价铬对人体的毒性作用还表现在对皮肤黏膜造成刺激和腐蚀作用，导致皮炎、溃疡、鼻炎、鼻中隔穿孔、咽炎等，严重时会使人体血液中的某些蛋白质沉淀，引起贫血、肾炎、神经炎等疾病。中国营养学会制定的中国居民膳食营养素参考摄入量里，推荐每天铬摄入量为成人 0.05 mg、儿童 0.01 mg，同时还制定了安全最大可耐受剂量，即成人每人每天 0.5 mg、儿童 0.2 mg。

2. 检测方法

《食品安全国家标准 食品中污染物限量》（GB 2762—2012）中规定了谷物及其制品、蔬菜及其制品、豆类及其制品、肉及肉制品、水产动物及其制品和乳及乳制品中铬的限量值，为 0.3~2.0 mg/kg。目前，对食品中铬含量的检测主要参考国家标准《食品中铬的测定》（GB/T 5009.123— 2003），标准提供了两种检测方法，石墨炉法（检出限为 0.2 ng/ml，下同）和示波极谱法（1 ng/ml）。

（六）锌

1. 危害因素特征描述

人体中含有大部分自然界存在的所有化学元素。在这些元素中，除碳、氢、氧和氮主要以有机物的形式存在外，其余的矿物质，又称无机盐。目前能在人体中检测出的矿物质约有 70 种，其中包括人体所必需的微量元素。目前认为人体必需的微量元素有 8 种，锌（zinc）是其中之一。

成人组织中的总含锌量为 2~4 g。人体摄入锌后由小肠吸收，吸收率为 20%~30%，从肠道吸收的锌开始集中于肝，然后分布到其他器官组织，并与蛋白质结合形成有活性的酶。人体中至少有 85 种酶是含锌的金属酶，因此锌与蛋白质和氨基酸的代谢密切相关。

虽然锌是人体必需的微量元素，但人体锌的需求量和中毒剂量相距很近，即安全带较窄。锌中毒潜伏期很短，仅数分钟至 1 h。临床上主要表现为胃肠道刺激症状，如恶心、持续性呕吐、上腹部绞痛、口中烧灼感及麻辣感，并伴有眩晕及全身不适，体温不升高，甚至降低。严重中毒者可因剧烈呕吐、腹泻而虚脱。若长期摄入过量的锌，则可干扰人体对铜、铁和其他微量元素的吸收和利用，影响中性粒细胞和巨噬细胞活力，抑制细胞杀伤力，降低免疫功能。

2. 检测方法

食品中锌含量的检测可根据国家标准《食品中锌的测定》（GB/T 5009.14—2003）规定的标准方法进行测定。此标准规定了 3 种测定方法，分别是原子吸收光谱法、二硫腙比色法及二硫腙比色法（一次提取）。原子吸收光谱法的方法检出限为 0.4 mg/kg，而二硫腙比色法的方法检出限为 2.5 mg/kg。

（七）锰

1. 危害因素特征描述

一般地，微量元素可分为 3 类，即人体必需微量元素、人体可能必需的微量元素及具有潜在毒性但在低剂量时人体可能必需的微量元素。其中，锰（manganese）属于人体可能必需的微量元素。

人体摄入锰后，经小肠吸收并对其进行分布，在骨骼、肝脏、胰腺和肾脏中锰的含量均较高。锰是多种酶的激活剂，参与脂类、碳水化合物的代谢，还参与结缔组织基质黏多糖的合成，维持骨骼正常发育。若长期摄入过量的锰，不仅对人体的中枢神经系统、免疫系统、生殖系统有巨大影响，导致内分泌功能紊乱及各种不良反应，而且对体内脂质过氧化和脑组织造成损害作用。

2. 检测方法

食品中锰含量的检测可根据国家标准《食品中铁、镁、锰的测定》（GB/T 5009.90—2003）规定的标准方法进行测定，此标准规定的测定方法为原子吸收分光光度法，方法的检出限为 0.1 μg/ml。

二、食品添加剂

（一）柠檬黄

1. 危害因素特征描述

柠檬黄（tartrazine 或 lemon yellow），又称酒石黄、酸性淡黄、肼黄。柠檬黄是一种水溶性合成色素，呈鲜艳的嫩黄色，为单色品种。适量的柠檬黄可安全地用于食品、饮料、药品、化妆品、饲料、烟草、玩具、食品包装材料等产品的着色。

柠檬黄之所以可作为食品药品着色剂，是因为其安全度比较高，基本无毒，不在体内蓄积，绝大部分以原形排出体外，少量可经代谢，但其代谢产物对人无毒性作用。生产柠檬黄所用的原料对氨基苯磺酸、酒石酸及 2-萘酚-6-磺酸也都是基本无毒的化合物。小鼠经口试验得到柠檬黄的 LD_{50} 为 12.75 g/kg。因此，FAO/WHO 早在 1994 年就给予了柠檬黄一个很宽容的每日允许摄入量（0~75 mg/kg bw）。若按标准使用柠檬黄，则进入人体的量距每日允许摄入量相差很多。但人如果长期或一次性大量食用柠檬黄、日落黄等色素含量超标的食品，可能会引起过敏、腹泻等症状。当摄入量过大，且超过肝脏负荷时，柠檬黄可在体内蓄积，对肾脏、肝脏产生一定伤害。

2. 检测方法

《食品安全国家标准 食品添加剂使用标准》（GB 2760—2011）规定了柠檬黄用于各大类食物中的最大使用量为 0.04~0.5 g/kg。对食品中柠檬黄含量的检测主要参考国家标准《食品中合成着色剂的测定》（GB/T 5009.35—2003），利用聚酰胺吸附法或液-液分配法提取，制成水溶液后注入高效液相色谱仪，经反向色谱分离，根据保留时间定性与峰面积比较进行定量，柠檬黄的检出限为 4 ng。

（二）日落黄

1. 危害因素特征描述

日落黄（sunset yellow），又名晚霞黄、夕阳黄、橘黄、食用黄色 3 号，是一种人工合成着色剂，具有增加食品感官品质的作用。

大鼠经口试验得到日落黄的 LD_{50} 为 2.0 g/kg。食品添加剂安全性评价的权威机构 FAO/WHO 食品添加剂联合专家委员会对日落黄的安全性进行过评价，认为该添加剂的每日允许摄入量为 0~2.5 mg/kg bw。人如果长期或一次性大量食用柠檬黄、日落黄等色素含量超标的食品，可能会引起过敏、腹泻等症状。当摄入量过大，且超过肝脏负荷时，日落黄会在体内蓄积，对肾脏、肝脏产生一定伤害。

2. 检测方法

《食品安全国家标准 食品添加剂使用标准》（GB 2760—2011）规定了日落黄用于各大类食品中的最大使用量，为 0.025~0.6 g/kg。对食品中日落黄含量的检测主要参考国家标准《食品中合成着色剂的测定》（GB/T 5009.35—2003），利用聚酰胺吸附法或液-液分配法提取，制成水溶液后注入高效液相色谱仪，经反向色谱分离，根据保留时间定性与峰面积比较进行定量，日落黄的检出限为 7 ng。

（三）苋菜红

1. 危害因素特征描述

苋菜红（amaranth），分子式为 $C_{20}H_{11}N_2Na_3O_{10}S_3$，又名 1-（4-磺基-1-萘偶氮）-2-萘酚-3，6-二磺酸三钠盐，红褐色或暗红褐色均匀粉末或颗粒，易被细菌分解，耐氧化，但还原性差，不适于在发酵食品中应用。

苋菜红曾于 1968 年被报道有致癌性，小鼠经口试验得到苋菜红的 LD_{50} 大于 10 g/kg。1972 年，JECFA 将每日允许摄入量（ADI）从 0~1.5 mg/kg bw 修改为暂定 ADI 0~0.7 mg/kg bw。1976 年美国禁用苋菜红，但 1978 年和 1982 年 JECFA 两次将其暂定 ADI 延期。1994 年 JECFA 再次评价时制定 ADI 为 0~0.5 mg/kg bw。欧洲共同体儿童保护集团（HACSG）不允许苋菜红用于儿童相关产品。

2. 检测方法

《食品安全国家标准 食品添加剂使用标准》（GB 2760—2011）规定了苋菜红用于各大类食品中的最大使用量，为 0.025~0.3 g/kg。对食品中苋菜红含量的检测主要参考国家标准《食品中合成着色剂的测定》（GB/T 5009.35—2003），利用聚酰胺吸附法或液-液分配法提取，制成水溶液后注入高效液相色谱仪，经反向色谱分离，根据保留时间定性与峰面积比较进行定量，苋菜红的检出限为 6 ng。

（四）胭脂红

1. 危害因素特征描述

胭脂红（ponceau 4R），分子式为 $C_{22}H_{20}O_{13}$，又称丽春红 4R、大红、亮猩红、酸性猩红，是一种人工合成着色剂。胭脂红可溶解于水中，且稳定性比较好，是红色食用着色剂中应用最广泛的一种，其用量占全部食用着色剂使用量的 10%以上。

FDA 认为胭脂红的安全性存在风险，故没有批准胭脂红及其铝色淀用于食品中。目前除北美（美国、加拿大）和北欧（挪威、丹麦）一些国家禁止在食品中添加胭脂红外，中国、欧盟和日本都允许其使用。虽然国际上对胭脂红的安全性存在争议，但允许使用的国家对其使用范围和最高使用量都有严格规定。JECFA 在 1983年规定，胭脂红的 ADI 值为 0~4.0 mg/kg bw，而欧洲食品安全局规定的 ADI 值为 0.7 mg/kg bw。

2. 检测方法

《食品安全国家标准 食品添加剂使用标准》（GB 2760—2011）中规定了部分食品中胭脂红的最大使用量，为 0.025~0.5 kg/kg。对食品中胭脂红含量的检测主要参考国家标准《食品中合成着色剂的测定》（GB/T 5009.35—2003），利用聚酰胺吸附法或液-液分配法提取，制成水溶液后注入高效液相色谱仪，经反向色谱分离，根据保留时间定性与峰面积比较进行定量，胭脂红的检出限为 8 ng。

（五）红曲米

1. 危害因素特征描述

红曲米（monascus）也称红曲、福曲，是一种以大米为原料经红曲霉发酵而成的一种传统产品，广泛应用于腐乳、酿酒、酿醋、食品着色及肉制品的保存等食品工业中，而且红曲米是一种性能优良的糖化发酵剂。根据红曲的用途、产品本身特点及发酵工艺，可分为色素红曲、发酵红曲、酯化红曲、功能红曲等，而且不同的红曲可产生不同的代谢产物，如红曲色素、酶类活性物质、莫纳可林 K（Monacolin K）、γ-氨基丁酸、麦角固醇等。红曲米是由红曲霉经液体发酵后而得到的红色粉末，以颜色的不同可分为黄色素、橘黄色素及红色素 3 类。由于红曲米的安全高效，其作为着色剂被广泛应用于食品工业中。

然而，红曲米提取物作为色素用于食品中可能会引起哮喘及致敏现象。此外，在红曲米的发酵过程中，由于发酵条件控制不当，可能在发酵的末期产生有毒的次级代谢产物桔霉素。桔霉素是一种真菌毒素，其毒力与黄曲霉毒素相当，当动物和人食入含有桔霉素的食物后，可引起肾脏肿大、尿量增多、肾小管扩张和上皮细胞变性坏死等症状，还可导致畸形、肿瘤及诱发突变。虽然红曲米中桔霉素的安全阈值问题，国际上目前尚无定论，但日本在其 1999 年出版的厚生省《日本食品添加剂标准》中将其限定计量规定为 0.2 μg/g。由于红曲米在生产过程可能产生桔霉素，为确保食品的安全，WHO/FAO及欧美、中国香港等 20 个国家或地区使用的 48 种天然色素名单中，仍然没有红曲色素。

2. 检测方法

虽然红曲米在我国是允许使用的一类食品着色剂，但并不是每类食品均可使用红曲米，《食品安全国家标准 食品添加剂使用标准》（GB 2760—2011）规定了红曲米的使用范围，若超出此使用范围则属于超范围使用食品添加剂。食品中红曲米的检测方法可以使用国家标准《食品中红曲色素的测定》（GB/T 5009.150—2003）规定的薄层层析法进行测定。对于红曲米中是否含有桔霉素，含量的大小则可以使用国家标准《红曲类产品中桔青霉素的测定》（GB/T 5009.222—2008）规定的高效液相色谱法进行测定，该法对于液态样品中桔霉素的定量限为 50 μg/L，固态样品中桔霉素的定量限则为 1 mg/kg。

（六）焦糖色

1. 危害因素特征描述

焦糖色（caramel color）也称焦糖，俗称酱色，焦糖是一种在食品中应用范围十分广泛的天然着色剂，是食品添加剂中的重要一员。焦糖色可分为普通焦糖（生产过程中不使用氨或亚硫酸的化合物）、亚硫酸盐焦糖（生产过程中使用亚硫酸的化合物，且不用氨的化合物）、氨法焦糖（生产过程中使用氨的化合物，且不使用亚硫酸的化合物）和亚硫酸铵法焦糖（在生产过程中使用氨的化合物，且使用亚硫酸的化合物）4 种。焦糖色素广泛用于酱油、食醋、料酒、酱卤、腌制制品、烘制食品、糖果、药品、碳酸饮料及非碳酸饮料等食品中，并能有效提高产品的感官品质。

20 世纪 60 年代，由于其环化物 4-甲基咪唑的问题，焦糖色素曾一度被怀疑对人体有害而被各国政府禁用。经科学家们的多年研究，证明它是无害的，FAO/WHO 和 JECFA均确认焦糖色素是安全的，但对 4-甲基咪唑做了限量规定。美国给予了焦糖色一般公认的安全类食品添加剂（GRAS）的分类，意为厂家正常使用即可，加拿大、欧盟也都把它作为很安全的食品色素。作为焦糖色的副产物，4-甲基咪唑在焦糖色素中的含量跟具体的产品有关，欧盟规定不能超过 250 ppm（250 mg/kg）。针对 4-甲基咪唑的安全性也有过不少研究，较早的研究中发现其不良作用的剂量都比较大，远远高于食品中可能的含量。

2. 限量要求

《食品安全国家标准 食品添加剂使用标准》（GB 2760—2011）中规定在各类食品中使用焦糖色的最大使用量。其中，焦糖色（加氨生产）在各大类食品生产中可按生产需要适量使用，但规定了其在果酱（1.5 g/kg）、威士忌（6.0 g/L）和朗姆酒（6.0 g/L）的最大使用量；焦糖色（普通法）在各大类食品生产中可按生产需要适量使用，但规定了其在果酱（1.5 g/kg）、威士忌（6.0 g/L）、朗姆酒（6.0 g/L）和膨化食品（2.5 g/kg）的最大使用量；焦糖色（亚硫酸铵生产）在各大类食品生产中可按生产需要适量使用，但规定了其在冷冻饮品（食用冰除外）（2.0 g/kg）、粮食制品馅料（仅限风味派）（7.5 g/kg）、威士忌（6.0 g/L）和朗姆酒（6.0 g/L）的最大使用量。

（七）甜蜜素

1. 危害因素特征描述

甜味剂是指可使食物具有甜味的非蔗糖类物质，可分为人工合成甜味剂及天然甜味剂两大类。甜蜜素（sodium *n*-cyclohexylsulfamate），化学名为环己基氨基磺酸钠，属于人工合成的低热值新型甜味剂，是环氨酸盐类甜味剂的代表。甜蜜素可通过环己胺和氯磺酸或氨基酸或氨基磺酸或三氧化硫反应后，经氢氧化钠处理及重结晶而制得，为一种白色结晶粉末，结构式见图1-3-3。

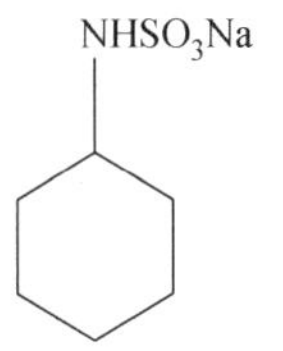

NHSO₃Na

图1-3-3 甜蜜素的化学结构式

美国最早发现甜蜜素，并最先将其作为食品添加剂应用于食品中。此后，甜蜜素作为国际通用的食品添加剂广泛应用于清凉饮料、果汁、冰激凌、糕点食品及蜜饯的生产加工中。然而，甜蜜素因被发现与糖精钠混合使用后可导致大鼠膀胱癌的发生而被美国、英国及日本等多国禁用，但是JECFA通过实验得出甜蜜素没有致膀胱癌性，而未被吸收的甜蜜素经肠道微生物代谢后生成可致睾丸萎缩的环己基胺。据此，JECFA根据环己基氨基磺酸钠转换成环己基胺的比例及两者分子质量的差异，得到甜蜜素的ADI值为11 mg/kg bw。因此，澳大利亚、新西兰及中国等多国允许甜蜜素作为甜味剂使用于食品生产加工过程中。我国自1986年起允许甜蜜素使用于饮料类、冰激凌类、糕点类、蜜饯类、话梅类、酱菜类、果冻类等食品中。

2. 检测方法

现阶段，有多种检测方法可测定食品中甜蜜素的含量，而国家标准《食品中环己基氨基磺酸钠的测定》（GB/T 5009.97—2003）规定了食品中环己基氨基磺酸钠的3种测定方法，分别是气相色谱法、比色法及薄层层析法，其中气相色谱法为第一法，其原理是在硫酸介质中环己基氨基磺酸钠与亚硝酸反应，生成环己醇亚硝酸酯，利用气相色谱对其定性、定量测定，检出限为4 μg。

（八）糖精钠

1. 危害因素特征描述

糖精钠（saccharin），俗称糖精，即邻苯磺酰亚胺钠盐，其结构式见图1-3-4。糖精钠为白色结晶性粉末，由邻磺酸基苯甲酸与氨反应制得，其甜度是蔗糖的200~700倍且不含任何热量及营养成分，但当糖精钠的浓度达0.03%时会带有苦涩味。糖精钠在各种食品的加工过程中都较为稳定，在酸性条件下加热糖精钠其甜味却会消失并转变为有苦味的邻氨基磺酰苯甲酸。

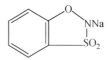

图1-3-4 糖精钠（邻苯磺酰亚胺钠盐）的结构式

人体摄入糖精钠后，糖精钠不会被人体所代谢而经泌尿系统排出体外。虽然有动物实验结果表明糖精钠对动物的致癌性为阳性，但JEFCA则认为现有的流行病学资料不能说明糖精钠的摄入会增加人类膀胱癌的发生率，不能将糖精钠致动物膀胱癌的结论外推至人类。JEFCA通过动物实验将糖精钠的ADI值设定为0~0.5 mg/kg bw。目前为止，糖精钠被欧盟和我国、美国、加拿大、日本、澳大利亚等100多个国家和地区批准使用，但是美国等国家对糖精钠的使用加强了管理并规定，食物中若加了糖精钠，必须在标签上注明"糖精钠能引起动物肿瘤"的警示，我国也采取了严格限制糖精钠使用的措施，并规定婴儿食品中不得使用糖精钠。

2. 检测方法

国家标准《食品中糖精钠的测定》（GB/T 5009.28—2003）及《食品中苯甲酸、山梨酸和糖精钠的测定 高效液相色谱法》（GB/T 23495—2009）都规定了食品中糖精钠的测定使用高效液相色谱法，其中国家标准《食品中糖精钠的测定》（GB/T 5009.28—2003）中所使用的测定方法的原理是：样品加温除去二氧化碳和乙醇，调pH至近中性后，过滤进反相高效液相色谱，根据保留时间及峰面积进行定性和定量。

（九）安赛蜜

1. 危害因素特征描述

安赛蜜（acesulfame-K），又称为乙酰磺胺酸钾、A-K糖，为第四代合成甜味剂，甜度为蔗糖的 200~250 倍，结构式见图 1-3-5。安赛蜜具有与糖精钠相类似的特点，不仅可增加食品的甜味，而且无营养及热量。此外，安赛蜜与其他甜味剂混合使用可产生协同效应，可增加甜度 30%~50%。安赛蜜是目前世界上稳定性最好的甜味剂之一，使用时不与其他食品成分或添加剂发生反应，适用于焙烤食品和酸性饮料。

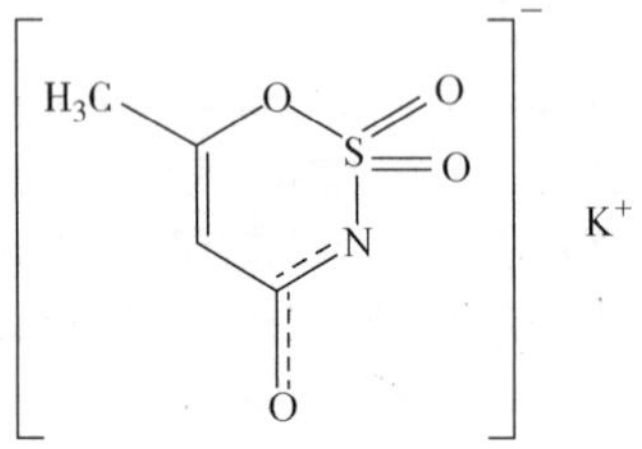

图 1-3-5 安赛蜜化学结构图

当安赛蜜通过食品而进入人体后，可迅速以原形由尿液排出，在人体内不代谢、不吸收且不蓄积，因此具有较高的安全性。JECFA 同意安赛蜜用作 A 级食品添加剂，并推荐安赛蜜的 ADI 为 0~15 mg/kg，而 FDA 则于 1998 年批准安赛蜜在食品中使用，规定其 ADI 为 0~15 mg/kg。安赛蜜最早在英国、德国、法国批准使用，到目前为止，已有包括我国、美国、澳大利亚等 90 多个国家批准使用。

2. 检测方法

饮料中安赛蜜的含量可根据《饮料中乙酰磺胺酸钾的测定》（GB/T 5009.140—2003）进行测定，其原理是通过高效液相色谱及反相 C_{18} 柱对饮料中的安赛蜜进行定性及定量测定。其他食品中的安赛蜜含量则可以参考上述标准方法进行测定。

（十）阿斯巴甜

1. 危害因素特征描述

阿斯巴甜（aspartame），别名阿司帕坦、阿斯巴坦，化学名为 L-天冬氨酰-L-苯酯，是一种非碳水化合物类的人造甜味剂，甜度为蔗糖的 180 倍。因阿斯巴甜甜味高和热量低，主要添加在饮料、维生素含片或口香糖代替糖中使用。许多糖尿病患者、减肥人士都以阿斯巴甜作为糖的代用品，但阿斯巴甜中含有苯丙氨酸，因此患有苯丙酮尿症的人不宜食用该甜味剂。

美国 FDA 于 1981 年批准阿斯巴甜用于干撒食品，

1983 年允许其在配制软饮料使用后，阿斯巴甜在全球 100 余个国家和地区被批准使用。阿斯巴甜被 JECFA 列为 GRAS 级，为所有代糖中对人体安全研究最为彻底的产品。1994 年，FAO/WHO 认定阿斯巴甜的 ADI 值为 0~40 mg/kg。

2. 检测方法

《食品安全国家标准 食品添加剂使用标准》（GB 2760—2011）中规定在各类食品生产过程中可以根据生产工艺实际的需要适量添加阿斯巴甜。对食品中阿斯巴甜含量的检测主要参考国家标准《食品中阿斯巴甜的测定》（GB/T 22254—2008），采用液相色谱法，当称样量为 5 g、定容体积为 25 ml、进样 20 μl，方法的检出限为 0.002 g/kg，定量限为 0.006 g/kg，方法的线性范围为 25~500 μg/ml。

（十一）苯甲酸及其钠盐

1. 危害因素特征描述

苯甲酸（benzoic acid）又称安息香酸，因在水中溶解度低，故在食品生产加工应用中，多数使用苯甲酸的钠盐。苯甲酸是重要的酸性食品防腐剂，对霉菌、酵母和细菌均有抑制作用，也可用于巧克力、浆果、蜜饯型等食用香精中。

苯甲酸及其钠盐进入人体后，大部分在 9~15 h 内与甘氨酸作用生成马尿酸，从尿中排出，剩余部分能与葡萄糖化合。根据 FDA 的规定，苯甲酸及其钠盐被列为一般公认的安全类食品添加剂（GRAS）。大鼠经口试验得到苯甲酸的 LD_{50} 为 4070 mg/kg，1994 年 FAO/WHO 将 ADI 定为 0~5 mg/kg bw。

2. 检测方法

《食品安全国家标准 食品添加剂使用标准》（GB 2760—2011）中规定了部分食品中苯甲酸及其钠盐的最大使用量，为 0.2~2 g/kg。对食品中苯甲酸含量的检测主要参考国家标准《食品中山梨酸、苯甲酸的测定》（GB/T 5009.29—2003），可采用气相色谱法（检出限为 1 μg）或色谱分析法（试样为 1 g 时，检出限为 1 mg/kg）。同时，也可以参考国家标准《食品中苯甲酸、山梨酸和糖精钠的测定 高效液相色谱法》（GB/T 23495—2009）的方法，利用高效液相色谱法对食品中苯甲酸的含量进行测定。

（十二）山梨酸

1. 危害因素特征描述

山梨酸（sorbic acid）是一种酸性防腐剂，山梨酸及其盐类在接近中性（pH6.0~6.5）的食品中其仍有较好的抗菌能力。山梨酸及其盐能够通过抑制微生物体内的脱氢酶系统，从而达到抑制微生物生长的作用，对细菌、霉菌和酵母菌均有效果，已被广泛应用于我国食品行业。

山梨酸与其他天然的脂肪酸一样，在人体内参与新陈代谢过程，并被人体消化和吸收，产生二氧化碳和水。从安全性方面来说，山梨酸是一种一般公认的安全类食品添加剂（GRAS）。FAO/WHO及美国FDA都对其安全性给予了肯定。山梨酸的毒性作用比苯甲酸、维生素C和食盐还要低，毒性仅为苯甲酸的1/4，食盐的一半。大鼠经口试验得到山梨酸的LD_{50}为7360 mg/kg，1994年FAO/WHO将ADI定为0~25 mg/kg bw。但是，如果食品中添加的山梨酸超标严重，消费者长期食用，在一定程度上会抑制骨骼生长，危及肾脏、肝脏的健康。

2. 检测方法

《食品安全国家标准　食品添加剂使用标准》（GB 2760—2011）中规定了部分食品中山梨酸的最大使用量，为0.075~2 g/kg。对食品中山梨酸含量的检测主要参考国家标准《食品中山梨酸、苯甲酸的测定》（GB/T 5009.29—2003），可采用气相色谱法（检出限为1 μg）或色谱分析法（试样为1 g时，检出限为1 mg/kg）。同时，也可以参考国家标准《食品中苯甲酸、山梨酸和糖精钠的测定　高效液相色谱法》（GB/T 23495—2009）的方法，利用高效液相色谱法对食品中山梨酸的含量进行测定。

（十三）脱氢乙酸

1. 危害因素特征描述

脱氢乙酸（dehydroacetic acid），无色至白色针状或板状结晶或白色结晶粉末，具有良好的脂溶性及热稳定性。脱氢乙酸常作为化工中间体及增韧剂用于工业领域，由于脱氢乙酸具有广谱、高效的抑菌效果，其还可作为防腐剂应用于食品工业中以抑制食品中的细菌、霉菌及酵母菌的发酵作用，其对霉菌及酵母的抑菌能力尤为显著，为苯甲酸钠的2~10倍。脱氢乙酸可在酸性及中性环境下作为食品防腐剂用于食品中，在酸性条件下其抑菌效果表现更佳。

食物中的脱氢乙酸被人体摄入并吸收后，分布于血液及多个器官中，最后通过尿液排出体外。然而，脱氢乙酸具有一定的静脉血管毒性，而且对消化系统也有轻微毒性。此外，有实验数据表明脱氢乙酸具有致畸性、致突变性及生殖毒性。虽然脱氢乙酸具有良好的热稳定性，但是若在食品加工过程中加热温度过高可引起脱氢乙酸的分解并产生有毒的物质，如Na_2O。

因此，仅有少数国家允许脱氢乙酸作为食品防腐剂，其中美国允许脱氢乙酸在鲜切南瓜中使用，最大残留量为65 mg/kg；日本允许脱氢乙酸在食品中的最大使用量为0.5 g/kg。由于目前允许使用脱氢乙酸作为食品添加剂的国家仅占少数，因此国际组织尚未对脱氢乙酸设定ADI值。

2. 检测方法

我国允许脱氢乙酸在黄油、酱菜、发酵豆制品、淀粉制品、面包、糕点、焙烤食品馅料、肉制品、复合调味料及果蔬汁等10大类的食品中作为防腐剂使用。我国国家标准《食品中脱氢乙酸的测定》（GB/T 5009.121—2003）及《食品中脱氢乙酸的测定　高效液相色谱法》（GB/T 23377—2009）分别规定了使用气相色谱法及高效液相色谱法测定脱氢乙酸的标准方法，两种方法适用的范围有一定区别，对食品中脱氢乙酸的测定需根据食品的类型对上述的两种检测方法进行选择。

（十四）二氧化硫

1. 危害因素特征描述

二氧化硫（sulfur oxide，SO_2）为无色、不燃性气体，具有剧烈刺激臭味，有窒息性。二氧化硫易溶于水和乙醇，溶于水形成亚硫酸，有防腐作用。在食品生产过程中，经常把SO_2用作漂白剂、防腐剂、抗氧化剂等。硫磺、二氧化硫、亚硫酸钠、焦亚硫酸钠和低亚硫酸钠等二氧化硫类物质，也是食品工业中常用的食品添加剂（其在食品中的残留量用二氧化硫计算）。

二氧化硫进入体内后生成亚硫酸盐，并由组织细胞中的亚硫酸氧化酶将其氧化为硫酸盐，通过正常解毒后最终由尿排出体外，因此少量的二氧化硫进入机体可以认为是安全无害的。然而大剂量经口摄入SO_2的主要毒性表现为胃肠道反应，如恶心、呕吐。此外，可影响钙吸收，促进机体钙丢失。此外，SO_2在动物实验中表现出有一定的促癌作用。FAO/WHO于1994年规定二氧化硫的ADI为0~0.7 mg/kg，FDA认为SO_2是一种一般公认的安全类食品添加剂（GRAS）。

2. 检测方法

《食品安全国家标准　食品添加剂使用标准》（GB 2760—2011）中规定了部分食品中二氧化硫、焦亚硫酸钾、焦亚硫酸钠、亚硫酸钠、亚硫酸氢钠、低亚硫酸钠的最大使用量，其最大使用量（以二氧化硫残留量计）为0.01~0.4 g/kg，在葡萄酒和果酒中的最大使用量则为0.25 g/L。食品中SO_2含量的检测主要参考《食品中亚硫酸盐的测定》（GB/T 5009.34—2003）、《葡萄酒、果酒通用分析方法》（GB/T 15038—2006）、《淀粉及其衍生物二氧化硫含量的测定》（GB/T 22427.13—2008）所规定的方法进行测定。GB/T 5009.34—2003 第一法是盐酸副玫瑰苯胺法，亚硫酸盐与四氯汞钠反应生成稳定的络合物，再与甲醛及盐酸副玫瑰苯胺作用生成紫红色络合物，与标准系列比较定量；第二法是蒸馏法，适用于色酒、葡萄糖糖浆、果脯。GB/T 15038—2006 适用于葡萄酒和果酒，分为氧化法和直接碘量法；GB/T 22427.13— 2008 适用于淀粉及其衍生物，分为酸度法和浊度法，样品酸化和加热释放出二氧化硫，并随氮流通过过氧化氢稀释液吸收氧化成硫酸，用氢氧化钠溶液滴定。

（十五）亚硝酸盐

1. 危害因素特征描述

亚硝酸盐（nitrite），常添加到鱼类、肉类等食品中充当发色剂、抗氧化剂和防腐剂。在食品加工中特别是熟肉制品加工过程中适量加入亚硝酸钠可使肉制品具有较好的色、香和独特的风味，并可抑制肉毒梭菌的生长及其毒素的产生。

过量的亚硝酸钠可使血液的载氧能力下降，从而导致高铁血红蛋白血症。此外，亚硝酸盐可与次级胺（仲胺、叔胺、酰胺及氨基酸）结合形成亚硝胺从而诱发消化系统癌变。虽然体外实验显示，亚硝酸钠属致突变物质，但体内实验其致突变的结果却呈阴性。JECFA 认为，并无证据显示应把亚硝酸盐重新分类为基因毒性化合物。小鼠经口试验得到亚硝酸盐的 LD_{50} 为 220 mg/kg，而大鼠经口试验得到亚硝酸盐的 LD_{50} 为 85 mg/kg。JECFA 将亚硝酸钠的 ADI 定为 0.07 mg/kg bw，FAO/WHO 则把亚硝酸钠的 ADI 设定为 0~0.2 mg/kg。HACSG 建议亚硝酸钠不得用于儿童食品。

2. 检测方法

《食品安全国家标准 食品添加剂使用标准》（GB 2760—2011）中规定了亚硝酸盐只能用于肉及肉制品中，残留量（以亚硝酸钠计）≤30 mg/kg。对食品中亚硝酸盐含量的检测主要参考国家标准《食品中亚硝酸盐与硝酸盐的测定》（GB/T 5009.33—2010），可以采用离子色谱法（检出限为 0.2 mg/kg，下同）或分光光度法（1 mg/kg），对于乳及乳制品也可选择特定的检测方法（0.2 mg/kg）。

（十六）没食子酸丙酯

1. 危害因素特征描述

在保藏食用油脂和含脂食品时，为了防止由于氧化酸败及分解产物和聚合物的形成而产生的不良风味和颜色，常使用抗氧化剂。抗氧化剂主要分为合成抗氧化剂和天然抗氧化剂两种。相比较而言，合成抗氧化剂的抗氧化能力及效果更佳。其中，没食子酸丙酯（propyl gallate，PG）是常用的合成抗氧化剂之一。没食子酸丙酯为白至淡褐色结晶性粉末，或为乳白色针状结晶，无臭，微有苦味，化学结构式见图 1-3-6。没食子酸丙酯对热敏感，在碱性条件下，经煮、烘、煎炸均有大量的损失，但是没食子酸丙酯可有效地抑制动物脂肪和植物脂肪的氧化，故其在英国最受欢迎。对于没食子酸丙酯的使用条件来说，最为不利的是油中有水存在时，没食子酸丙酯易与铁等金属离子发生呈色反应而影响油的品质。

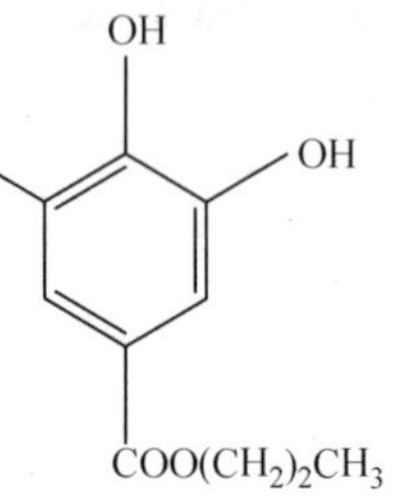

图 1-3-6　没食子酸丙酯的化学结构式

没食子酸丙酯易在机体内水解，大部分棓酸变成 4-O-甲基没食子酸后以聚成葡萄糖醛酸，与未水解的没食子酸丙酯一起随尿和粪便排出体外。长期的毒理实验表明，没食子酸丙酯不是致癌物，也不会引起前胃肿瘤。在允许使用剂量范围内，作为食品抗氧化剂，不会对人体健康造成损害，但若摄入的剂量超过 500 mg/kg bw，没食子酸丙酯对人体可产生明显毒性而引起肾脏的损害。

2. 检测方法

一般，没食子酸丙酯可使用分光光度法对其进行测定。《油脂中没食子酸丙酯（PG）测定》（GB/T 5009.32—2003）对油脂中没食子酸丙酯的测定方法进行了规定，其主要原理是没食子酸丙酯与亚铁酒石酸盐起颜色反应，并在波长为 540 nm 处测吸光值，此方法在样品为 2 g 时，最低的检测浓度为 25 mg/kg。其他食品中的没食子酸丙酯可参考此标准进行测定。

（十七）二叔丁基羟基甲苯

1. 危害因素特征描述

二叔丁基羟基甲苯（butylated hydroxytoluene），白色晶体，是酚类抗氧化剂的典型产品，化学结构式见图 1-3-7。二叔丁基羟基甲苯熔点约为 70 ℃，可溶解于多种有机溶剂和油脂中。二叔丁基羟基甲苯对热相对稳定且不会与金属离子发生呈色反应。二叔丁基羟基甲苯对动物油脂的抗氧化作用高于植物油。二叔丁基羟基甲苯所具有的抗氧化活性并不是很高，其起抗氧化作用的是分子结构中的酚羟基。虽然二叔丁基羟基甲苯的抗氧化活性相对较弱，但是其可与丁基羟基茴香醚一同使用产生抗氧化增效作用。

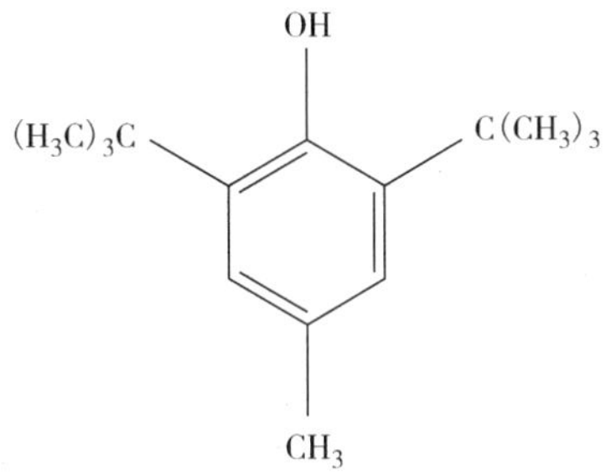

图 1-3-7　二叔丁基羟基甲苯的化学结构式

二叔丁基羟基甲苯被人体摄入后极易被人体吸收，但当大剂量摄入时会有一部分二叔丁基羟基甲苯沉积在脂肪组织中。二叔丁基羟基甲苯经代谢后形成葡萄糖醛酸型化合物及羧酸化合物，而未代谢分解的部分可随尿液和粪便直接排出体外。近年来的研究证实，二叔丁基羟基甲苯可抑制人体呼吸酶活性，使肝脏微粒体酶活性增加。同时，FDA 癌症评估委员会也正在考虑二叔丁基羟基甲苯的致癌性，目前认为二叔丁基羟基甲苯的代谢产物可能是主要的组织毒性物质。因此，FAO/WHO 于 1995 年规定二叔丁基羟基甲苯的 ADI 值为 0~0.125 mg/kg。

2．检测方法

检测二叔丁基羟基甲苯的方法一般有 3 种，分别是气相色谱法、薄层色谱法及分光光度法，其中《食品中叔丁基羟基茴香醚（BHA）与 2,6-二叔丁基对甲酚（BHT）的测定》（GB/T 5009.30—2003）规定了上述 3 种测定方法的方法标准，而《食品中抗氧化剂丁基羟基茴香醚（BHA）、二丁基羟基甲苯（BHT）与特丁基对苯二酚（TBHQ）的测定》（GB/T 23373—2009）则规定了食品中 3 种抗氧化剂同时检测的方法标准。

（十八）特丁基对苯二酚

1．危害因素特征描述

在寻找更有潜力而又符合认可标准的抗氧化剂的过程中，特丁基对苯二酚进入了研究者的视野。特丁基对苯二酚（tertiary butyl hydroquinone），别名叔丁基氢醌，化学结构式见图 1-3-8。特丁基对苯二酚为白色粉状结晶，在油脂中具有一定的溶解性。与二叔丁基羟基甲苯相比，特丁基对苯二酚的挥发性小且耐高温。特丁基对苯二酚不与油脂中的金属反应形成有色物质。特丁基对苯二酚的抗氧化特点是对油脂氧化过程中的链引发和终止阶段

有显著的阻碍作用。

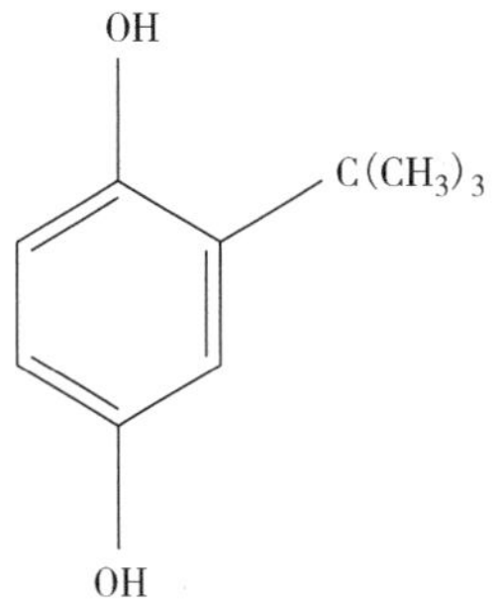

图 1-3-8　特丁基对苯二酚化学结构式

经口摄入的特丁基对苯二酚被人体吸收后，主要代谢形成 O-磺酸型化合物、O-葡萄糖醛酸型结合物，还有少量的特丁基对苯二酚与谷氨酸结合，而未分解的特丁基对苯二酚则随尿及粪便排出体外。经过一系列的毒理实验后，美国 FDA 于 1972 年批准特丁基对苯二酚作为抗氧化剂用于食用油脂中，而我国则于 1991 年批准其使用。FAO/WHO 于 1995 年将特丁基对苯二酚的 ADI 值设定为 0~0.2 mg/kg bw。

2．检测方法

我国国家标准中有两个标准分别规定了检测特丁基对苯二酚的标准方法，其中《食品中抗氧化剂丁基羟基茴香醚（BHA）、二丁基羟基甲苯（BHT）与特丁基对苯二酚（TBHQ）的测定》（GB/T 23373-2009）规定了检测食品中特丁基对苯二酚的标准方法，而《食用植物油中叔丁基对苯二酚（TBHQ）的测定》（GB/T 21512—2008）则规定了检测食用植物油中特丁基对苯二酚的标准方法。两个标准均使用气相色谱法检测特丁基对苯二酚。

（十九）明矾（硫酸铝钾）

1．危害因素特征描述

明矾即硫酸铝钾（aluminium potassium sulfate），是传统的净水剂，同时也是传统的食品膨松剂和稳定剂，常用作油条、粉丝、米粉等食品生产的添加剂。但是由于明矾的化学成分含有铝离子，过量摄入会影响人体对铁、钙等成分的吸收，导致骨质疏松、贫血，甚至影响神经细胞的发育。

经过医学专家研究证实，脑组织对铝元素有亲和性，脑组织中的铝沉积过多，可使人记忆力减退、智力低下、行动迟钝、催人衰老。经过医学专家检测发现，阿尔茨海默病患者的脑组织中铝含量超过正常人的 5~30 倍，所以食铝过量是患阿尔茨海默病的主要原因。对于正处于生长发育期的儿童来说，如果长期大剂量食用铝含量超

标的食品，甚至会对智力发育等产生影响。因此，FAO/WHO 于 1989 年正式将铝确定为食品污染物加以管理，但未对明矾的 ADI 值做出规定。猫的经口试验得到明矾的 LD_{50} 为 5~10 g/kg，而 FDA 认为明矾是一种一般公认的安全类食品添加剂。

2. 检测方法

《食品安全国家标准 食品添加剂使用标准》(GB 2760—2011) 中规定了在食品生产加工中可按生产需要适量使用明矾（硫酸铝钾、硫酸铝铵），但铝的残留量 ≤100 mg/kg（干样，以铝计）。对食品中铝含量的检测主要参考国家标准《面制食品中铝的测定》(GB/T 5009.182—2003)、《食品中铝的测定 电感耦合等离子体质谱法》(GB/T 23374—2009) 的方法，前者采用分光光度法，试样经处理后，三价铝离子在乙酸-乙酸钠缓冲介质中，与铬天青 S 及溴化十六烷基三甲铵反应形成蓝色三元络合物，于 640 nm 波长处测定吸光度并与标准比较定量；后者采用电感耦合等离子体质谱法，试样经过酸消解后，用电感耦合等离子体质谱仪测定，内标法定量。

（二十）二氧化钛

1. 危害因素特征描述

二氧化钛（titanium oxide，TiO_2），俗称钛白粉，多用于光触媒、化妆品等行业，是目前世界上应用最广、用量最大的一种白色颜料。二氧化钛也可用作食品添加剂，作为着色剂使用。

大量的实验结果表明，二氧化钛对人体并无毒性。亚毒性、慢毒性及长期毒性试验结果表明，按规定添加的二氧化钛没有毒性或基因毒性。欧洲医药管理局（EMEA）对二氧化钛体内排泄代谢资料显示，二氧化钛是一种非常难溶的物质。许多研究表明，包括人在内，在摄入二氧化钛后，体内肠胃道或是组织中都不曾被发现，表明钛离子不曾被吸收，绝大部分的二氧化钛由粪便排出。新西兰食品安全局（NZFSA）认可二氧化钛为 GRAS 等级，而 IARC 将二氧化钛致癌性列为 2B 等级，即对人类致癌性证据有限，对实验动物致癌性证据并不充分。小鼠经口试验得到二氧化钛的 LD_{50} 大于 12 000 mg/kg bw，FAO/WHO 对二氧化钛的 ADI 值不作规定，但德国未允许二氧化钛用于食品。

2. 检测方法

《食品安全国家标准 食品添加剂使用标准》(GB 2760—2011) 中规定了部分食品中二氧化钛的最大使用量，为 0.5~10 g/kg。对食品中二氧化钛含量的检测主要参考国家标准《食品中二氧化钛的测定》(GB/T 21912—2008)，可以采用电感耦合等离子体-原子发射光谱法（检

出限为 1 mg/kg，下同）或二安替吡啉甲烷比色法（5 mg/kg）进行测定。

（二十一）高锰酸钾

1. 危害因素特征描述

高锰酸钾（potassium permanganate，$KMnO_4$）又名"灰锰氧"、"PP 粉"，是一种常见的强氧化剂。在化学品生产中，广泛用作氧化剂，如制造糖精、维生素 C、异烟肼及安息香酸的氧化剂；医药中用作防腐剂、消毒剂、除臭剂及解毒剂；在水质净化及废水处理中，用作水处理剂，以氧化硫化氢、酚、铁、锰和有机、无机等多种污染物，控制臭味和脱色；还可以在淀粉生产工艺中充当漂白剂等。

高锰酸钾有毒，且有一定的腐蚀性，吸入后可引起呼吸道损害。如溅落眼睛内，则会刺激结膜，重者致灼伤。口服后，会严重腐蚀口腔和消化道，出现口内烧灼感、上腹痛、恶心、呕吐、口咽肿胀等症状。如口服剂量大者，口腔黏膜呈棕黑色、肿胀糜烂，并出现胃出血、肝肾损害、剧烈腹痛、呕吐、血便、休克等症状。

2. 检测方法

《食品安全国家标准 食品添加剂使用标准》(GB 2760—2011) 中规定了高锰酸钾只能用于食用淀粉和酒类的生产中，最大使用量为 0.5 g/kg，其中酒中残留量 ≤2 mg/kg（以锰计）。食品中锰含量的检测国家标准有《食品中铁、镁、锰的测定》(GB/T 5009.90—2003)，采用原子吸收分光光度法，试样经湿消化后，导入原子吸收分光光度计中，经火焰原子化后，锰吸收 279.5 nm 的共振线，其吸收量与它们的含量成正比，与标准系列比较定量。

（二十二）硫酸亚铁

1. 危害因素特征描述

硫酸亚铁（ferrous sulfate）又名青矾、绿矾或铁矾，可以用作营养增补剂（铁质强化剂）或果蔬发色剂，如与烧明矾共用于茄子的腌制品能与其色素形成稳定的络盐，防止因有机酸引起的变色。硫酸亚铁也可用于杀菌、脱臭，但杀菌力极弱。豆类中所含的隐色基色素在还原状态下无色，碱性下氧化则成黑色，利用硫酸亚铁的还原性，可达到护色目的。

不合格的硫酸亚铁中可能还含有其他有害人体健康的重金属等物质，纯度不高的硫酸亚铁与豆豉发酵物作用后生成硫化铁和发生其他化学变化，可能会产生许多对人体有害的化合物，不仅伤害人体呼吸、消化系统内

膜，严重者还会导致肝病变、休克等。

2. 检测方法

《食品安全国家标准　食品添加剂使用标准》（GB 2760—2011）中规定了硫酸亚铁只能用于饮料（水处理）和啤酒的加工工艺中，作为絮凝剂使用。对食品中铁含量的检测国家标准有《食品中铁、镁、锰的测定》（GB/T 5009.90—2003），采用原子吸收分光光度法，试样经湿消化后，导入原子吸收分光光度计中，经火焰原子化后，铁吸收 248.3 nm 的共振线，其吸收量与它们的含量成正比，与标准系列比较定量。

三、违法添加的化学物质

（一）苏丹红

1. 危害因素特征描述

苏丹红（Sudan）是一类以苯基偶氮萘酚为主要基团的亲脂性偶氮化合物，主要包括 I 、II 、III 和 IV 4 种，结构式见图 1-3-9。苏丹红作为人工合成的化工染色剂，被广泛用于如溶剂、油、蜡、汽油的增色及鞋、地板等增光方面。

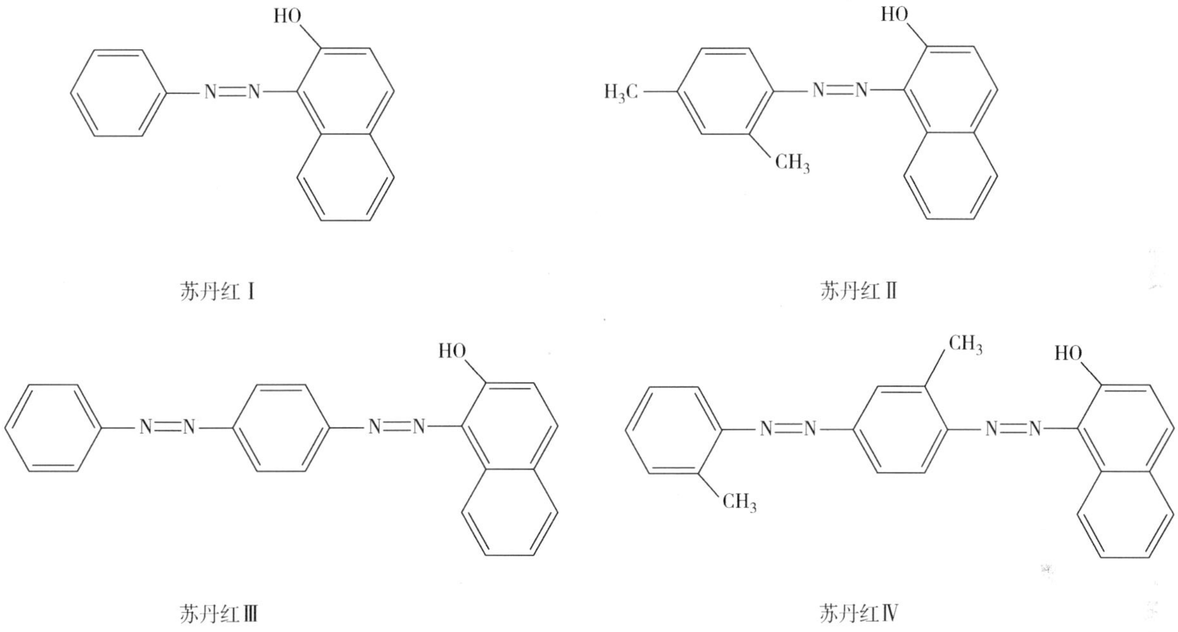

苏丹红 I

苏丹红 II

苏丹红 III

苏丹红 IV

图 1-3-9　苏丹红结构式

由于苏丹红及其代谢产物均可能具有致癌的作用，世界大部分国家均不允许苏丹红作为着色剂应用于食品工业中。IARC 对苏丹红及其代谢产物的致癌作用归类见表 1-3-3。由于每种苏丹红的结构的不同，其在人体中产生的有毒代谢产物及其作用的靶器官也不同，如苏丹红 I 产生

致癌性的主要靶器官为肝脏。此外，苏丹红还可能具有一定的遗传毒性及致敏性。因此，欧盟于 2003 年已禁止苏丹红作为色素在食品中添加，而我国卫生部发布的《食品中可能违法添加的非食用物质和易滥用的食品添加剂名单（第一批）》中明确规定苏丹红属于违法添加物质。

表 1-3-3　IARC 对苏丹红及其代谢产物的致癌作用归类

苏丹红的类别	原物质或代谢产物	致癌物类别
苏丹红 I	苏丹红 I	三类
	代谢产物：苯胺	二类
苏丹红 II	苏丹红 II	三类
	代谢产物：甲基苯胺	三类
苏丹红 III	苏丹红 III	二类
	代谢产物：4-氨基偶氮苯	二类
苏丹红 IV	苏丹红 IV	三类
	代谢产物：邻甲苯胺	二类
	代谢产物：邻氨基偶氮甲苯	二类

2. 检测方法

由于苏丹红作为着色剂用于食品中，可使其颜色具有良好的光泽持久性与稳定性，因此仍有不少不法食品生产企业违法使用苏丹红。因此，必须建立检测方法用于检测食品中是否含有苏丹红以保障食品的安全性，我国国家标准《食品中苏丹红染料的检测方法 高效液相色谱法》(GB/T 19681—2005)建立检测苏丹红的方法标准，使用反相高效液相色谱-紫外可见光检测器进行色谱分析检测食品中的苏丹红，该方法对于 4 种苏丹红的最低方法检出限均为 10 μg/kg。

(二) 三聚氰胺

1. 危害因素特征描述

三聚氰胺 (melamine) 是一种三嗪类含氮杂环的有机化合物，俗称蛋白精，常温下为无色至白色单斜晶体，结构式见图 1-3-10。三聚氰胺呈弱碱性，其主要成分为氮，含氮量高达 66%。三聚氰胺可以作为阻燃剂、减水剂、甲醛清洁剂等在工业领域中使用，同时三聚氰胺也是一种重要的氮杂环有机化工原料，最主要用途是作为生产塑料三聚氰胺甲醛树脂的原料。

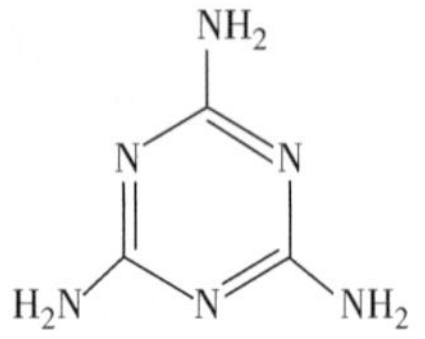

图 1-3-10 三聚氰胺结构式

三聚氰胺本身毒性较小，大鼠经口的 LD_{50} 为 3161 mg/kg bw，按照我国国家标准《急性毒性试验》(GB 15193.3—2003) 规定的急性毒性剂量分级可知，三聚氰胺为低毒或实际无毒级别的化学物质。三聚氰胺在机体内的代谢属于不活泼代谢或惰性代谢，即它在机体内不会迅速发生任何类型的代谢变化。单胃动物以原体形式或同系物形式排出三聚氰胺，而不是以代谢产物的形式排出。国际化学品安全规划署和欧洲联盟委员会合编的《国际化学品安全手册》第三卷和国际化学品安全卡片表明长期或反复大量摄入三聚氰胺可能对肾与膀胱产生影响，导致产生结石，结石的形成可能与三聚氰胺和三聚氰酸在尿液中形成的不溶性三嗪复合物有关。三聚氰胺的致癌性经过 IARC 的评估，结果为对人类致癌性属于三级，即对人类的致癌性尚无法分类。FDA 以三聚氰胺的危险性评估结果为基础，得出三聚氰胺的 ADI 为 0.63 mg/kg bw，而欧洲食品安全局食品科学委员会制定的三聚氰胺的 ADI 值为 0.5 mg/kg bw。

对于食品中的蛋白质含量的常规检验方法是凯氏定氮法，该方法的原理是通过测定总氮来估算蛋白质含量，

但是此检验方法的缺点是检验结果反映的是食品中氮的总量，而不能识别氮的来源和氮源的种类。因此，给不法乳制品生产企业留下了制造伪劣食品的空间，其将工业原料三聚氰胺作为食品添加剂，以冒充食品中的蛋白质。由于成人的代谢能力比较强，摄入的三聚氰胺可通过泌尿系统较快地排出体外，但是对于婴儿来说，其代谢能力比较弱，摄入的三聚氰胺仅有少部分被排出体外，而未排出体外的三聚氰胺形成的不溶性三嗪复合物导致婴幼儿肾脏结石的出现，最后诱发急性肾衰竭而致死。因此，在 2008 年 12 月卫生部发布的《食品中可能违法添加的非食用物质和易滥用的食品添加剂品种名单 (第一批)》中明确规定三聚氰胺属于违法添加物质。由于三聚氰胺作为化工原料，可用于塑料、涂料、黏合剂、食品包装材料的生产，资料表明，三聚氰胺可能从环境、食品包装材料等途径进入到食品中，但食品中的含量应很低。因此，国际食品法典委员会于 2012 年为牛奶中三聚氰胺含量设定了新标准，规定液态牛奶中三聚氰胺含量不得超过 0.15 mg/kg，而中华人民共和国工业和信息化部 (以下简称工业和信息化部) 2011 年第 10 号令《关于三聚氰胺在食品中的限量值的公告》则规定，婴儿配方食品中三聚氰胺的限量值为 1 mg/kg，其他食品中三聚氰胺的限量值为 2.5 mg/kg，

2. 检测方法

三聚氰胺的检测主要采用液相色谱法进行。国家标准《原料乳与乳制品中三聚氰胺检测方法》(GB/T 22388—2008) 及《原料乳中三聚氰胺快速检测 液相色谱法》(GB/T 22400—2008) 都规定了相关乳及乳制品中三聚氰胺检测的标准方法，其中 GB/T 22388—2008 规定 3 种三聚氰胺的检测方法，分别是高效液相色谱法、液相色谱-质谱/质谱法和气相色谱-质谱联用法，定量限分别为 2 mg/kg、0.01 mg/kg 及 0.05 mg/kg。

(三) 甲醛

1. 危害因素特征描述

甲醛 (formaldehyde)，又名蚁醛，易溶于水、醇等极性溶剂，40% (V/V) 或 30% (W/W) 的甲醛水溶液俗称"福尔马林"。甲醛是一种重要的有机原料，在医药、农业、畜牧业等领域作为防腐剂、消毒剂及熏蒸剂。

甲醛属于中等毒性物质，对机体的主要危害作用体现在对接触组织细胞的刺激及损害作用，如呼吸系统、肝脏系统及免疫系统，甲醛具有凝固蛋白质的作用，当与蛋白质、氨基酸结合后，可使蛋白质变性，严重干扰细胞的正常代谢而造成对细胞的伤害。由于甲醛的性质非常活泼，容易与细胞亲核物质发生化学反应而形成化合物，导致 DNA 的不可逆损伤，因此甲醛已被国际癌症研究会和美国公共健康管理机构定为第一类致癌物。美国环境保护局建议甲醛的每日容许

摄入量为不超过 0.2 mg/kg bw。

2. 检测方法

2008 年 12 月，中国食品专项整治领导小组也将甲醛列入了第一批《食品中可能违法添加的非使用物质和易滥用的食品添加剂品种名单》，禁止在食品生产加工过程中使用甲醛（清爽型啤酒除外）。目前，对食品中甲醛含的的检测主要参考出入境检验检疫行业标准《进出口食品中甲醛的测定 液相色谱法》（SN/T 1547—2011）的方法，对液体类试样中甲醛的测定底限为 2.0 mg/L，对固体类试样中甲醛的测定底限为 5.0 mg/kg。同时也可参考广东省地方标准《食品中甲醛的快速检测方法》（DB 44/T 519—2008）的方法，在强碱条件下，甲醛与间苯三酚发生显色反应，生成橙红色络合物，通过颜色变化检测样品中甲醛含量。该方法适用于水产品、水发食品、米面制品、非发酵性豆制品中甲醛的快速检测，不适用于样品浸泡液对颜色判断有干扰的食品，检出限为 5 mg/kg。

（四）吊白块

1. 危害因素特征描述

"吊白块"是甲醛合次硫酸氢钠（sodium formalde-hyde sulfoxylate）的俗称，又称吊白粉或雕白块（粉），常作为工业漂白剂和还原剂等。将吊白块掺入食品中，主要起到增白、保鲜、增加口感和防腐的效果，或掩盖劣质食品的变质外观，但对人体有严重的毒性作用，国家严禁将其作为食品添加剂在食品中使用。

虽然亚硫酸盐是可以合法使用的食品添加物，但甲醛合次硫酸氢钠属于有毒物质，吊白块的毒性与其分解时产生的甲醛有关。甲醛易与体内多种化学结构的受体发生反应，如与氨基化合物可以发生缩合反应，与巯基化合物发生加成反应，从而使蛋白质变性。甲醛在体内还可还原为醇，故可表现出甲醇的毒理作用。对人体的肾、肝、中枢神经、免疫功能、消化系统等均有损害。IARC 于 1995 年将甲醛列为对人体（鼻咽部）可能的致癌物（Group2A），于 2004 年 6 月在其 153 号出版物中，将甲醛上升为第 1 类致癌物质——对人致癌物质。

1988 年 3 月，国务院有关部门曾明文禁止在粮油食品中使用"吊白块"等非食用添加剂。2002 年 7 月，国家质量监督检验检疫总局出台了《禁止在食品中使用次硫酸氢钠甲醛（吊白块）产品的监督管理规定》，为加强对"吊白块"产品质量及其生产经营的监督管理，为从源头上堵住非食品原料"吊白块"流入食品企业提供了监管和执法依据。2008 年，卫生部发布的《食品中可能违法添加的非食用物质名单（第一批）》中明确将吊白块列入非食用物质。同样，美国、欧盟、日本、中国香港等国家和地区也未将吊白块列入准许的食品添加物列表中。

2. 检测方法

甲醛合次硫酸氢钠的检测方法有国家标准《小麦粉与大米粉及其制品中甲醛次硫酸氢钠含量的测定》（GB/T 21126—2007）、行业标准《进出口食品中甲醛含量测定 液相色谱法》（SN/T 1547—2005）。GB/T 21126—2007 所规定的标准方法为：在酸性溶液中，样品中残留的甲醛次硫酸氢钠分解释放出的甲醛被水提取，与 2，4-二硝基苯胺发生加成反应，生成黄色的 2，4-二硝基苯腙，用正己烷萃取，液相色谱法检测定量，检出限为 0.08 μg/kg。SN/T 1547—2005 所规定的标准方法为：用衍生液提取试样中的甲醛，反应生成甲醛衍生物，液液萃取净化后在 365 nm 处液相色谱法检测定量，对液体类试样中甲醛的测定底限为 2.0 mg/L，对固体类试样中甲醛的测定底限为 5.0 mg/kg。

（五）溴酸钾

1. 危害因素特征描述

溴酸钾（potassium bromate，$KBrO_3$），无色三角晶体或白色结晶性粉末。溴酸钾是一种无机盐，其在发酵及烘焙工艺过程中作为氧化剂使用，使用了溴酸钾的面粉更白，制作的面包能快速膨胀，更具弹性和韧性，在烘焙业被认为是最好的面粉改良剂之一。但溴酸钾有致癌性，现在已被许多国家禁用。

1992 年，JECFA 对溴酸钾的食品安全性进行了风险评估，报告指出，通过口服的长期的毒性/致癌性研究表明，溴酸钾会导致老鼠患肾细胞瘤、腹膜间皮瘤及甲状腺小囊泡细胞瘤，并且使仓鼠肾细胞瘤发病率轻微上升。由这些研究及通过活体及实验室的诱变试验结果可以得出，溴酸钾是一种致癌的有害物质。采用更敏感的试验方法得出的结果已经证实，即使溴酸钾以可接受的允许剂量用于面粉的处理时，面包中仍然存在着溴酸钾。基于以上发现，委员会认为使用溴酸钾作为面粉处理剂是不当的，同时决定撤销以前允许的限量水平。这份报告发布以后，一些国家做出了反应，主动禁止了溴酸钾的使用。1995 年该委员会的第 44 号报告仍持相同的立场，暂时未发现新的毒害数据。

2. 检测方法

我国卫生部于 2005 年 5 月 30 日发布《2005 年第 9 号公告》称，根据溴酸钾危险性评估结果，决定自 2005 年 7 月 1 日起，取消溴酸钾作为面粉处理剂在小麦粉中使用。溴酸钾也并不在食品安全国家标准《食品添加剂使用标准》（GB 2760—2011）允许使用列表中。目前，对食品中溴酸盐含量的检测可以参考国家标准《小麦粉中溴酸盐的测定 离子色谱法》（GB/T 20188—2006）的方法，检出限为 0.5 mg/kg（以 BrO_3^- 计）。同时也可参考出入境检验检疫行业标准《出口面制品中溴酸盐的测定 柱后衍生离子色谱法》（SN/T 3138—2012）的方法，检出限为 0.1 mg/kg。

（六）过氧化苯甲酰

1. 危害因素特征描述

过氧化苯甲酰（benzoyl peroxide, BPO），是面粉专用的添加剂。使用过氧化苯甲酰可以改善新麦粉面制品的口感（后熟作用），同时生成的苯甲酸能对面粉起防腐作用。此外，过氧化苯甲酰还能释放出活性氧，使面粉中含有的类胡萝卜素、叶黄素等天然色素退色，以达到增加食品感官品质的效果。

过氧化苯甲酰添加到面粉中经水解放出活性氧后，生成苯甲酸残留在面粉中。苯甲酸是目前常用的一种食品防腐剂，在正常添加量的情况下，不在机体内积蓄。美国食品和药物管理局（FDA）将过氧化苯甲酰和苯甲酸均列为一般公认的安全类食品添加剂。从 LD_{50} 为 7710mg/kg（大鼠经口）来看，过氧化苯甲酰属于实际无毒类。国际经济合作与发展组织（OECD）公布了过氧化苯甲酰详细的毒理性试验评估报告，是目前过氧化苯甲酰唯一的权威安全评估报告，该报告详细地论述了过氧化苯甲酰对人体没有遗传性毒性和致癌性。

2. 检测方法

我国之前的相关标准将过氧化苯甲酰归为面粉处理剂类，规定其使用范围是小麦粉，限量为 60 mg/kg。随着我国小麦品种改良和面粉加工工艺水平的提高，现有的加工工艺已经能够满足面粉白度的需要，很多面粉加工企业已不再使用过氧化苯甲酰作为"面粉增白剂"。2011 年，卫生部联合工业和信息化部等部门联合发布公告，撤销过氧化苯甲酰作为食品添加剂，《食品安全国家标准 食品添加剂使用标准》（GB 2760—2011）也未把过氧化苯甲酰列入食品添加剂目录中。目前，对食品中过氧化苯甲酰含量的检测可以参考国家标准《小麦粉中过氧化苯甲酰的测定 高效液相色谱法》（GB/T 22325—2008）所规定的方法，检出限为 0.5 mg/kg。同时也可参考国家标准《小麦粉中过氧化苯甲酰的测定方法》（GB/T 18415—2001），该标准方法采用的是气相色谱法。

（七）硼砂

1. 危害因素特征描述

硼砂（sodium borate）也称粗硼砂，是一种既软又轻的无色结晶物质。硼砂有着很多用途，如消毒剂、保鲜防腐剂、软水剂、洗眼水、肥皂添加剂、陶瓷的釉料和玻璃原料等，在工业生产中硼砂也有着重要的作用。硼以硼酸盐（$B_4O_7^{2-}$）或硼酸的形式天然存在于食物中，水果、叶菜、豆类及木本坚果是硼含量最丰富的食物。

每天摄入微量硼不会导致人体出现不良的症状，但摄入过量硼酸，机体会出现中毒症状，包括呕吐、腹泻及腹痛。动物研究显示，摄入大量硼酸会令动物的生殖能力及发育受影响，眼睛、中枢神经系统、心血管系统及骨骼可能会出现畸形，并可能会导致不育。但目前没有证据显示硼酸具基因毒性（对基因有害）或会致癌。JECFA 认为硼酸及硼砂不适宜用作食物添加剂。欧盟食品科学委员会（SCF）制定硼的每日耐受量（TDI）为 0.1 mg/kg bw，而美国国家环境评定中心（NCEA）把硼的参考摄入量定为每日 0.20 mg/kg bw。从国内外的研究资料可见，摄入食物中天然存在的硼砂，不会超过安全摄入量，而且正常摄入，还是补充微量元素的必要来源。只有食用了人为添加硼砂/硼酸的食品，超过了允许参考摄入量的阈值，才会存在食品安全风险。

2. 检测方法

目前，包括中国在内的多数国家和地区都不允许将硼砂用于食品中，食品安全国家标准《食品添加剂使用标准》（GB 2760—2011）也未把过硼砂列为食品添加剂，只有欧盟规定硼砂能用于鱼子酱的生产加工中，用途是防腐剂，最高限量为 4 g/kg。目前，对食品中硼酸含量的检测主要参考国家标准《食品中硼酸的测定》（GB/T 21918—2008），标准提供了 3 种检测方法，如乙基乙二醇-三氯甲烷萃取姜黄比色法（检出限为 2.50 mg/kg，下同）、电感耦合等离子体原子发射光谱（ICP-AES）法（1.00 mg/kg）和电感耦合等离子体质谱（ICP-MS）法（0.20 mg/kg）。

（八）甲醇

1. 危害因素特征描述

甲醇，俗称"木精"，化学式 CH_3OH，是最简单的一元醇，无色透明，可燃性强，极易挥发，并与水、乙醇、乙醚、苯、酮、卤代烃和许多其他有机溶剂相混溶，是一种比乙醇价格低，但带有乙醇气味且难以凭感官区别于食用乙醇的工业原料。

甲醇是一种剧烈的神经毒物，主要侵害视神经，导致视网膜受损、视神经萎缩、视力减退和双目失明。甲醇蒸气能损害人的呼吸道黏膜和视力。甲醇在体内不易排出，容易蓄积，其在体内的代谢产物甲醛和甲酸毒性分别比甲醇大 30 倍和 4 倍，因此饮用含有甲醇的酒可引致失明、肝病，甚至死亡。

2. 检测方法

《食品安全国家标准 食品添加剂使用标准》（GB

2760—2011）规定，甲醇在提取工艺中只能充当提取溶剂用。甲醇对人体有强烈毒性，在人体新陈代谢中会氧化成比甲醇毒性更强的甲醛和甲酸（蚁酸），因此饮用含有甲醇的酒可引致失明、肝病，甚至死亡，误饮 4 ml 以上就会出现中毒症状，超过 10 ml 即可因对视神经的永久破坏而导致失明，30 ml 已能导致死亡。酒中的甲醇检验方法有《蒸馏酒及配制酒卫生标准的分析方法》（GB/T 5009.48—2003）、《葡萄酒、果酒通用分析方法》（GB/T 15038—2006），其他食品中未有残留甲醇的检验方法，可以根据文献资料进行检验。

（九）酸性橙Ⅱ

1. 危害因素特征描述

非食用色素酸性橙Ⅱ（acid orange Ⅱ），俗名金黄粉，化学名为 2-萘酚偶氮对苯磺酸钠，分子式 $C_{16}H_{11}N_2NaO_4S$，是一种偶氮类酸性工业染料。医学上将酸性橙Ⅱ用于组织切片染色，在纺织上用作着色剂。酸性橙Ⅱ属非食用色素，食品中不允许加入。但是由于酸性橙Ⅱ具有色泽鲜艳、着色稳定、价廉等特点，一些不法商贩为了牟取暴利，将其用于食品生产与加工，严重危害了消费者身体健康。

大鼠经腹腔和经口试验得到酸性橙Ⅱ的 LD_{50} 分别为 1 mg/kg 和 546 mg/kg。如果在肉加工过程中使用酸性橙Ⅱ会引起食物中毒。该染料中有大量的化学助剂，过量摄取、吸入及皮肤接触酸性橙Ⅱ后，均会造成急性和慢性中毒，且有可能对生育造成影响，如导致不孕或者畸形儿。

2. 检测方法

2011 年 4 月，卫生部、农业部等部门根据风险监测和监督检查中发现的问题，公布了食品中可能违法添加的非食用物质名单，酸性橙Ⅱ位列其中。酸性橙Ⅱ既不是食品添加剂也不是可食用物质，在食品中添加酸性橙Ⅱ是违法的行为。目前，对食品中酸性橙Ⅱ含量的检测可以参考 DB S22/008—2012（采用液相色谱-串联质谱法，检出限为 7.0 μg/kg）、DB 35/T 897—2009（可选择采用高效液相色谱法或液相色谱-串联质谱法，检出限分别为 0.02 mg/kg 和 0.6 μg/kg）和 DB 33/T 703—2008（采用液相色谱-串联质谱法，检出限为 0.5 μg/kg）的方法进行。

（十）碱性嫩黄

1. 危害因素特征描述

碱性嫩黄（auramine）是一种工业染料，化学名为 4, 4-碳亚氨基双（N, N-二甲基苯胺）单盐酸盐，别名碱性嫩黄 O、盐基淡黄等。碱性嫩黄为非食用色素，主要用于麻、纸、皮革、草编织品、人造丝等的染色，其色淀用于油漆、油墨、涂料及橡胶、塑料着色等。为了改善食品外观，一些不法生产者在腐竹、腐皮、豆制品等食品中违法添加碱性嫩黄，以牟取非法利益。

研究表明，碱性嫩黄对皮肤黏膜有轻度刺激，可引起结膜炎、皮炎和上呼吸道刺激症状，人接触或者吸入碱性嫩黄都会引起中毒。长期过量食用，将对人体肾脏、肝脏造成损害甚至致癌。因此，国际癌症研究署将工业碱性嫩黄评定为第 1 类物质，对人体有致癌作用。而技术级别纯度的碱性嫩黄为第 2B 类物质，可能对人体有致癌作用。

2. 检测方法

2011 年 4 月，卫生部、农业部等部门根据风险监测和监督检查中发现的问题，公布了食品中可能违法添加的非食用物质名单，碱性嫩黄位列其中。碱性嫩黄既不是食品添加剂也不是可食用物质，在食品中添加碱性嫩黄是违法的行为。目前，对食品中碱性嫩黄含量的检测可以参考 DB S22/008—2012（采用液相色谱-串联质谱法，检出限为 5.0 μg/kg）、DB35/T 897—2009（可选择采用高效液相色谱法或液相色谱-串联质谱法，检出限分别为 0.03 mg/kg 和 0.3 μg/kg）和 DB 33/T 703—2008（采用液相色谱-串联质谱法，检出限为 0.5 μg/kg）的方法进行。

四、天然毒素

（一）氰化物

1. 危害因素特征描述

氰化物（cyanide）可分为无机氰化物与有机氰化物，而人们常说的氰化物是指无机氰化物，是一种包含氰离子的无机盐，一般常指氰化钾和氰化钠。有机氰化物可由某些细菌、真菌或藻类制造，并存在于相当多的食物与植物中，如苦杏仁、竹笋及其制品、木薯及其制品。在植物中，氰化物通常与糖分子结合，并以含氰糖苷形式存在。

植物中的氰苷本身是无毒的，但当植物细胞结构被破坏时，含氰苷植物内的 β-葡萄糖苷酶可水解氰苷生成有毒的氢氰酸。少量的氢氰酸在人体内可转化为低度毒性的硫氰酸盐，氰化物在体内的另一解毒途径是与维生素 B_{12} 或含硫氨基酸结合。当氰化物在人体内的吸收速率超出了人体的解毒能力时就会发生急性中毒。由于氰化物能使机体细胞氧化酶失活，在数分钟内即产生头痛呕吐、呼吸障碍、意识丧失、剧烈抽搐等症状，甚至死亡。氰化物具有很强的毒性，进而使中毒者死亡。因此 FAO/WHO 建议，氰化物的 ADI 值为 0.05 mg/kg。

2．检测方法

国家标准《蒸馏酒与配制酒卫生标准的分析方法》（GB/T 5009.48—2003）规定了酒中氰化物的检验方法，《粮食卫生标准的分析方法》（GB/T 5009.36—2003）中规定了粮食中氰化物的定性定量测定方法，其中定性方法的原理是氰化物与苦味酸钠作用生成红色的异氰紫酸钠，而定量方法的原理是使用氯胺 T 将氰化物转化为氯化氰，再与异烟酸-吡唑酮作用，生成蓝色染料，与标准系列比较，使用分光光度计定量，该定量方法在取样量为 10 g 时，检出限可达 0.015 mg/kg。

（二）组胺

1．危害因素特征描述

组胺（histamine），是天然存在于机体的化合物，几乎存在于所有组织，主要储存于肥大细胞中，在特定的情况下释放出来，如发炎及过敏反应，而微量的组胺是控制胃酸分泌的必需物质。进食了含大量组胺的鱼肉后，可导致食物中毒的情况出现，称为组胺中毒。组胺中毒者，身体会在数小时内出现口部刺痛烫热感、面部通红及出汗、恶心、呕吐、头痛、头晕、心悸和出疹等症状，病症通常会在 12 h 内消退。组胺中毒的症状与食物敏感的症状极其相似，因而常被诊断为食物敏感。

早在 1969 年，FAO/WHO 食品法典委员会发布的《预包装食品取样方法》中就指出了鱼类产品中组胺可能造成的危害，并给出指导性的限量范围。FDA 明确指出组胺的危害作用水平为 500 mg/kg 食品，并于 1996 年发布《鱼类及水产品危害和控制指南》，确定水产品中组胺的危害水平和安全限量（50 mg/kg）。国家标准《盐渍鱼卫生标准》（GB 10138—2005）中规定了盐渍鱼中鲐鱼和金枪鱼的组胺含量最大值为 100 mg/100g，而其他鱼则为 30 mg/100g。

2．检测方法

目前，对食品中组胺含量的检测可以参考国家标准 GB/T 20768—2006（采用液相色谱-紫外检测法，检出限为 50 mg/kg）、GB/T 23884—2009（采用苯甲酰氯衍生化-高效液相色谱-紫外检测法，检出限为 0.5 mg/kg）或出入境检验检疫行业标准 SN/T 2209—2008（采用高效液相色谱法，检出限为 50 μg/g）的方法进行。

五、有机污染物

（一）多环芳烃

1．危害因素特征描述

多环芳烃化合物（polycyclic aromatic hydrocarbon, PAH），持久性有机污染物之一，是指由两个或两个以上苯环以线状、角状或簇状排列的中性或非极性碳氢化合物，可分为芳香稠环型及芳香非稠环型，其中包括萘、蒽、菲、芘等多种物质。多环芳烃大都为无色或淡黄色的结晶，疏水性强，极易溶于苯类芳香性溶剂中。多环芳烃的形成可分为天然源和人为源，人为源主要来自有机物的不完全燃烧。有研究表明，人类接触到的多环芳烃化合物中有 70% 以上来自食品。关于食品中多环芳烃化合物的来源主要有 3 个途径，即环境污染、食品加工过程污染及包装污染。环境污染指的是由于现代工业生产过程产生的多环芳烃化合物的排放，对食品造成直接或间接污染，是目前食品中多环芳烃化合物的最主要来源；而食品加工过程污染指的是部分加工工艺如烤、炸、熏制等导致食品自身成分转变产生一定量的多环芳烃化合物；此外，包装污染也是食品中多环芳烃化合物产生的一个重要途径。食品包装材料、印刷油墨中含有的微量多环芳烃化合物也会迁移至食品中，造成食品的污染。

毒理学研究表明，多环芳烃化合物最突出的特点是具有致癌、致畸、致突变的"三致"效应，能够引起胃、食道、皮肤等部位的肿瘤和癌变。多环芳烃化合物的致癌机制是细胞微粒体混合功能氧化酶激活，然后转化为代谢产物，与 DNA 发生共价结合后，导致正常细胞癌变。然而，若多环芳烃化合物含有硝基和羟基则可对机体产生直接的致突变作用。

2．检测方法

食品中多环芳烃化合物的检测一般可使用液相色谱及气相色谱，气相色谱主要用于检测食品中挥发性比较强的多环芳烃化合物。国家标准规定了动植物油脂中多环芳烃化合物的方法标准，为《动植物油脂 多环芳烃的测定》（GB/T 24893—2010），但该标准不适用于检测棕榈油及橄榄果渣油中的多环芳烃化合物。行业标准 SC/T 3042—2008《水产品中 16 种多环芳烃的测定 气相色谱-质谱法》规定了水产加工品中多环芳烃化合物的检测方法标准。至于其他食品中的多环芳烃化合物虽然尚未制定方法标准，但可参考上述的两个标准对食品中的多环芳烃化合物进行测定。

（二）二噁英

1．危害因素特征描述

二噁英是多氯代二苯对二噁英（tetrachlorodibenzo-p-dioxin, PCDD）和多氯代二苯并呋喃（PCDF）的统称，由于氯原子在苯环上取代位置的不同使得 PCDD 有 75 种同分异构体，而 PCDF 有 135 种同分异构体，二噁英化学性质非常稳定，很难在生物体内自然降解和代谢，是持久性污染物之一。

二噁英是具有致癌、致畸、致突变"三致效应"的剧毒化合物，其毒性因氯原子的取代数量和取代位置不同而有差异。一般，含有 1~3 个氯原子的二噁英被认为无明显毒性，而含有 4~8 个氯原子的二噁英则有毒，其中 2，3，7，8-四氯代二苯并对二噁英是迄今为止人类已知的毒性最强的污染物，已将其列为人类一级致癌物。由于二噁英种类众多且其毒性由化学结构式决定，因此在对二噁英类的毒性进行评价时，国际上常把各同类物折算成相当于 2，3，7，8-四氯代二苯并对二噁英的量来表示，称为毒性当量。此外，二噁英还对机体的内分泌及免疫系统有危害作用，二噁英干扰机体的内分泌而影响机体的生殖能力。

调查发现，人体内 90% 以上的二噁英来源于食品，而动物性食品占人体暴露总量的 80% 以上。二噁英的毒性大，脂溶性极强且半衰期长，当人体摄入后易在机体或内脏中造成累积而对人体造成严重的损害。通过各种动物实验及风险评估资料与结果，WHO 规定了二噁英的每日耐受剂量为 1~4 pg TEQ kg/d，而美国环境署规定的二噁英每日耐受剂量为 10 pg TEQ kg/d。

2. 检测方法

由于二噁英的同分异构体数量众多，毒性因结构的不同而不同，而且在食品中的含量极少，因此需要高精度的检测仪器对其进行测定，常用的检测仪器为气相色谱串联高分辨磁质谱仪。气相色谱串联高分辨磁质谱测定食品中的二噁英及其类似物的方法标准由《食品中二噁英及其类似物毒性当量的测定》（GB/T 5009.205—2007）进行了规定。

（三）农药残留

1. 危害因素特征描述

农药残留是当前茶叶出口和内销中遇到最大的卫生质量问题。茶叶在生长过程中不可避免地会受到农药的污染，致使茶叶中的农药残留量超标现象不断发生。给消费者身体健康及茶叶行业的发展带来较大影响。随着环境污染、生态失衡等问题的出现和茶叶产业的扩大，茶叶中的污染物残留问题也日益严重。

近几年不少茶叶进口国都针对农药残留颁布了限量标准，尤其是欧盟，到目前为止已对茶叶农药残留做出了 118 项最高限量规定，加上欧盟各成员国如西班牙、德国、荷兰等国还分别有自己本国的农药残留执行标准，检测项目越来越多，这对我国茶叶出口造成重大冲击，直接影响茶叶行业和我国出口经济的发展。

我国国家标准《食品中农药最大残留限量》（GB 2763—2012）对茶叶中六六六、滴滴涕、顺式氰戊菊酯、氟氰戊菊酯、氯氰菊酯、溴氰菊酯、氯菊酯、乙酰甲胺磷和杀螟硫磷 9 项农残指标均做了限量规定：六六六≤0.2 mg/kg、滴滴涕≤0.2 mg/kg、氯菊酯（红

茶、绿茶）≤20 mg/kg、氯氰菊酯≤20 mg/kg、氟氰戊菊酯（红茶、绿茶）≤20 mg/kg、溴氰菊酯≤10 mg/kg、顺式氰戊菊酯≤2 mg/kg、乙酰甲胺磷≤0.1 mg/kg、杀螟硫磷≤0.5 mg/kg。

2. 检测方法

食品检验中常见农药残留按照其组成成分一般分为：有机磷类、有机氯类、氨基甲酸酯类和拟除虫菊酯类，按照其性质可以采用气相色谱法、气相色谱-质谱法、液相色谱法、液相色谱-质谱法。常见的检验标准有《食品中有机磷农药残留量的测定》（GB/T 5009.20—2003）、《植物性食品中有机磷和氨基甲酸酯类农药多种残留的测定》（GB/T 5009.145—2003）、《植物性食品中有机氯和拟除虫菊酯类农药多种残留量的测定》（GB/T 5009.146—2008）、《动物性食品中有机氯农药和拟除虫菊酯农药多组分残留量的测定》（GB/T 5009.162—2008）、《水果和蔬菜中多种农药残留量的测定》（GB/T 5009.218—2008）、《蔬菜和水果中有机磷、有机氯、拟除虫菊酯和氨基甲酸酯类农药多残留检测方法》（NY/T 761—2008）、《水果和蔬菜中 500 种农药及相关化学品残留量的测定 气相色谱-质谱法》（GB/T 19648—2006）、《植物性食品中氨基甲酸酯类农药残留的测定 液相色谱-串联质谱法》（NY/T 1679—2009）等。

（四）抗生素残留

1. 危害因素特征描述

抗生素在动物中主要用于防止和治疗细菌性感染。人食用含有抗生素残留的动物性食品后，一般不表现急性毒理作用。但长时间低剂量摄入含抗生素的动物性食品，则可在人体内蓄积，引起组织器官病变甚至癌变。人食用了抗生素残留的肉、蛋、奶、鱼类等动物源性食品后，可产生多种危害，如发生过敏反应、导致病源菌产生耐药性、破坏微生态环境、造成正常菌落失调、导致二次感染等。

经常食用含有低剂量抗生素残留的食品可使细菌产生耐药性。动物在经常反复食用或摄入某一种抗生素后，体内将有一部分敏感菌株逐渐产生耐药性，成为耐药菌株。这些耐药菌株可通过动物性食品进入人体，当人产生这些耐药菌株引起的感染性疾病时，就会给临床治疗带来一定的困难，甚至延误正常的治疗。在正常条件下，人体消化道内的微生态环境中存在着多种微生物，个体菌落之间维持着共生状态的平衡。长期使用广谱抗生素后，敏感菌受到抑制，而非敏感菌趁机在体内繁殖生长，形成新的感染，即"二次感染"。某些益生菌群还能合成人体所需的 B 族维生素和维生素 K。长期或过量摄入动物性食品中的残留抗生素，会使益生菌群遭到破坏，有害菌大量繁殖，造成消化道微生态环境紊乱，导致长期腹泻或引起维生素缺乏，危害人体健康。

2. 检测方法

食品中的残留的抗生素种类众多，大致有：β-内酰胺类、氨基糖苷类、四环素类、氯霉素类、大环内酯类、糖肽类抗生素、喹诺酮类、硝基咪唑类等，其一般可用液相色谱法或液相色谱串联质谱法来检测。目前我国的相关检测标准也较多，如《进出口蜂王浆中大环内酯类抗生素残留的检测方法 液相色谱串联质谱法》（SN/T 2062—2008）、《进出口动物源食品中 14 种 β-内酰胺类抗生素残留量检测方法 液相色谱-质谱/质谱法》（SN/T 2050—2008）、《牛奶和奶粉中六种聚醚类抗生素残留量的测定 液相色谱-串联质谱法》（GB/T 22983—2008）、《动物源性食品中青霉素族抗生素残留量检测方法 液相色谱-质谱/质谱法》（GB/T 21315—2007）、《可食动物肌肉中土霉素、四环素、金霉素、强力霉素残留量的测定 液相色谱-紫外检测法》（GB/T 20764—2006）等，这些标准皆有其对应的使用范围，可根据产品对应标准的适用范围选择适合的标准来检测。

第三节　常见质量问题

常见质量问题主要涉及的理化指标有以下几项。

一、水分

1. 质量指标特征描述

水分（moisture）是食品中的天然成分，是动植物体内不可缺少的重要成分，具有十分重要的生理意义。在食品的生产加工过程中，水分既是食品中物质的溶剂和载体，也是维持食品生物功能、保持其感观质量和食用品质的基本条件。食品中水分含量的多少，直接影响食品的感官性状，影响胶体状态的形成和稳定。因此，食品加工过程中水分含量的多少是食品加工工艺流程选择及其工艺参数确定的依据，是控制最终食品质量的重要指标。控制食品水分的含量，可防止食品的腐败变质和营养成分的水解。食品中的水分若超出标准的要求，虽然不会对消费者的健康造成直接的影响，但是为食品中的微生物生长繁殖及某些化学反应提供了适合的条件。

2. 检测方法

每类食品中都或多或少含有一定的水分，由于各类食品的形状及含水量不同，因此在测定食品水分含量时，应根据食品的种类选择适合的测定方法进行测定。《食品安全国家标准 食品中水分的测定》（GB 5009.3—2010）规定了 4 种不同的水分含量测定方法，分别是直接干燥法、减压干燥法、蒸馏法及卡尔·费休法。4 种测定方法适用的食品种类也在此标准中进行了规定。

二、相对密度

1. 质量指标特征描述

相对密度（specific gravity），是指一种物质的绝对密度与水的绝对密度的比值。食品中的成分固定后，其相对密度则有一个相对固定的范围，若食品的相对密度不在此范围之内，则表明食品中的某些成分可能有所改变。如脂肪酸及其甘油酯的密度通常随着碳链增长而减小，随着不饱和程度的增加，同碳数脂肪酸及其甘油酯的密度略有增加，由于各类食用植物油中的脂肪酸组成相对固定，则其相对密度也具有一个固定的范围，若掺杂其他油脂或油中的含水量过高，都会在一定程度上改变此种油脂的相对密度而使其超出固定的范围。

2. 检测方法

食品相对密度的测定方法标准由《食品的相对密度的测定》（GB/T 5009.2—2003）进行了规定。标准中规定了 3 种主要的方法，分别是密度瓶法、相对密度天平法及相对密度计法。

三、酸价

1. 质量指标特征描述

食用油脂是人体三大营养源之一，是人们生活中的必需品。人们的身体健康、生活质量与食用油脂品质的好坏有直接的关系。油脂的酸价（acid value），是指中和 1 g 油脂中游离脂肪酸所需氢氧化钾的质量，用于衡量油脂中以游离状态存在的脂肪酸的多少，是评价食用油脂是否稳定、加工工艺是否合理及品质好坏的指标之一。食用油脂因受氧气、水分、微生物等外界环境的影响而发生一系列的氧化酸败，氧化酸败后的食用油脂酸价均高于合格食用油脂酸价，酸败后的油脂不仅会产生哈喇味，而且食用油脂中的微量营养元素也会遭到破坏，食用酸败后的油脂会造成急、慢性中毒而导致人体肠胃不适及腹泻，严重者可能会对肝脏及酶系统造成损害。

2. 检测方法

目前，滴定法、近红外光谱法、电位滴定法、伏安法等是测定酸价的主要方法，而我国国家标准《动植物

6

油脂 酸值和酸度测定》（GB/T 5530—2005）及《食用植物油卫生标准的分析方法》（GB/T 5009.37—2003）均规定了用于测定食用油脂酸价的方法为酸碱滴定法。

四、过氧化值

1. 质量指标特征描述

过氧化值（peroxide value），是指 1000 g 油脂所含活性氧原子的毫克当量数，用 mmol/kg（meq/kg）表示，也可以定义为100 g 油脂在一定条件下所能游离出 KI 中 I_2 的质量，用 I_2% 表示。与食用油脂的酸价相似，食用油脂的过氧化值也是用于衡量及判断食用油脂新鲜程度及品质的常用指标之一，同时过氧化值也是用于衡量食用油脂初期氧化程度的标志。食用油脂的氧化分解是导致过氧化值升高的主要原因之一，其产生的醛酮类和氧化物严重影响食用油脂的品质。

食用过氧化值过高的油脂后，可引起急性中毒，症状表现为呕吐、腹泻、腹痛等。同时，脂肪酸氧化酸败产生的具有强氧化作用的氢过氧化物直接作用于消化道也可以引起食物中毒。此外，脂肪酸（包括亚麻酸、亚油酸、花生四烯酸等不饱和脂肪酸）还能发生聚合作用，其聚合物的毒性较强，可能会导致动物生长停滞、肝脏肿大、肝功能受损。

2. 检测方法

我国国家标准《动植物油脂 过氧化值测定》（GB/T 5538—2005）及《食用植物油卫生标准的分析方法》（GB/T 5009.37—2003）均规定了用于测定食用油脂过氧化值的标准方法，其中《食用植物油卫生标准的分析方法》（GB/T 5009.37—2003）规定了两种测定方法，分别是滴定法及比色法，其中的滴定法与《动植物油脂 过氧化值测定》（GB/T 5538—2005）所规定的方法一致。

五、β-苯乙醇

1. 质量指标特征描述

β-苯乙醇（phenethyl alcohol），又称为 2-苯乙醇，是一种具有玫瑰花香、蜜香的芳香高级醇，是乙醇饮料中重要的高沸点香气成分，广泛存在于各种乙醇饮料中，其与酒中的酯、醛类香气组分融合成协调细腻的酒香，给人以愉悦、柔和、优雅的感觉。酒中的 β-苯乙醇含量取决于菌种、发酵条件及生产工艺等多种因素，是判定以稻米为原料的酿制酒的质量指标之一。

虽然 β-苯乙醇是酒的质量指标之一，但是过量的 β-苯乙醇可能会对消费者健康造成一定的影响。有毒理学研究结果表明，虽然 β-苯乙醇无基因毒性，但是其可能具有致畸作用，并会使胚胎出现胎儿酒精综合征。

2. 检测方法

国家标准《黄酒》（GB/T 13662—2008）及《白酒分析方法》（GB/T 10345—2007）均规定了酒中 β-苯乙醇含量的方法标准，所使用的方法为气相色谱法。

六、乳酸乙酯

1. 质量指标特征描述

乳酸乙酯（ethyl lactate），是一种非挥发性酯类，可溶于水，又易溶于乙醇，具有左旋和右旋两种异构体，阈值为 14 mg/L。乳酸乙酯是在白酒的酿造过程中，由多种微生物共同代谢作用的结果，它分别由乳酸菌代谢产生的乳酸和酵母菌代谢产生的乙醇来提供酯化的前体，然后在丁酸菌等微生物提供的酯化酶作用下酯化生成。乳酸乙酯在中国白酒中含量较高，是白酒中常见的 40 余种酯类之一，也是中国白酒的显著特征之一。相较于白酒中其他酯类，乳酸乙酯具有香气较弱、浑厚淡雅、柔和的果香、味微甜、时有浓厚感、浓时带苦涩等特点。乳酸乙酯在白酒中的浓度适当时往往呈现糟香气味，口味绵软柔和，并有浓甜感；如含量过少时，往往酒味欠浓厚，酒体欠完整；如含量过多时，则酒带苦涩，有粗糙感，香气受抑而显闷甜感。白酒中的乳酸乙酯平均含量约为 140 mg/100ml，若不过量饮用白酒一般不会造成乳酸乙酯的过量摄入，但若过量摄入乳酸乙酯引起恶心、呕吐。

2. 检测方法

对于白酒中乳酸乙酯的测定方法，《白酒分析方法》（GB/T 10345—2007）做了相关的方法标准规定，使用的方法为气相色谱法。

七、灰分

1. 质量指标特征描述

灰分（ash）是指食品经过高温灼烧后，有机物氧化燃烧变成气体逸出，剩下不能氧化燃烧的残渣的总量，是食品加工精度高低和品质优劣的重要依据之一。如国家标准《小麦粉》（GB 1355—1986）中规定小麦粉灰分指标为特制一等不超过 0.70%，特制二等不超过 0.85%，标准粉不超过 1.10%，普通粉不超过 1.40%。

2. 检测方法

目前对于灰分的检测可以参考国家标准 GB 4800—1984、GB/T 22510—2008 或 GB/T 5505—2008 的方法进行。

（吴炜亮、谭嘉力、李晓明）

043

第四章
食品生产加工过程危害因素的管理和监督

目前，对食品生产加工过程危害的管理，国际上有效的方法包括良好生产规范（GMP）、危害分析与关键控制点（HACCP）、卫生标准操作规范（SSOP）、ISO 22000 及 ISO 9000 族标准。这些方法有共同的特点：一是采用系统的方法，二是对过程实施管控，三是贯彻预防为主的理念。无论是企业还是政府，实施食品安全监管都应采用这些方法的原理和措施。政府对食品生产加工过程危害的依法监督，也需要以这些方法的原理为基础。

第一节　食品生产加工过程危害因素的管理

一、食品生产加工过程的卫生管理方法

消费者对食品安全的关注，使得生产企业越来越重视生产过程的质量卫生管理，逐步产生、推广、应用了一系列先进的食品卫生管理方法，如 GMP、SSOP、HACCP 和 ISO 22000、ISO 9000 管理体系等。

GMP 管理是对食品生产过程涉及的所有环节全面实施质量、卫生控制的具体技术要求，是为保证产品质量采取的监控措施。GMP 的内容既包括对食品企业厂房、设备、卫生设施等"硬件"方面的要求，也包括生产工艺、生产行为、管理组织、管理制度和记录、教育等"软件"方面的管理规定。SSOP 是企业为保障食品安全，对涉及加工环境和人员卫生的潜在危害采取措施，对加工过程中各种污染及危害进行控制的有效方法。SSOP 和 GMP 是实施 HACCP 的基础。HACCP 是一种预防性的食品安全管控方法，它通过对食品生产加工过程可能污染食品的各种危害因素进行系统、全面的分析，确定需要重点控制的关键环节，通过实施一系列有效的控制手段达到消除食品污染的目的。一般来说，在完善 GMP、SSOP 的基础上，才能有效实施 HACCP。GMP、SSOP 的实施可以消除影响产品的一般危害，HACCP 则重点针对影响产品质量、卫生与安全的严重危害，它们的关系如同点与面的关系。制定 ISO 22000 标准的目的是让食品链中的各类组织执行食品安全管理体系，这些组织包括饲料生产者，种植养殖业者，食品生产加工企业，运输和仓储业者，批发零售商，餐饮服务者及食品生产设备、包装材料的生产者，清洗剂、添加剂和助剂生产者等相关组织。ISO 22000 标准使这些组织能够以统一的方法实施危害分析与关键控制点（HACCP）系统，不会因涉及国家的不同或者食品种类的不同而不同。ISO 9000 族标准是可以应用于各行业质量管理的一系列标准，在食品企业实施 ISO 9000 族标准时，形成的质量保证体系可以弥补上述管理手段的不足。所以，综合利用

GMP、SSOP、HACCP、ISO 22000 标准、ISO 9000 族标准等先进的管理方法，可以充分发挥每种方法的优势，保证食品生产过程和产品的卫生、质量和安全，最大程度地保障消费者的身体健康。

（一）食品良好生产规范（食品 GMP）

良好生产规范（good manufacturing practice，GMP）是一种特别注重生产制造过程中的产品质量、卫生与安全的自主性管理制度。当它用于食品工业管理时，称为食品 GMP。食品 GMP 是为保障食品安全、质量而制定的贯穿食品生产全过程的一系列措施、方法和技术要求，是一套系统的、科学的管理制度。食品 GMP 于 20 世纪60 年代诞生于美国，很快受到消费者及食品生产加工业者的欢迎。目前，在国际上，食品 GMP 已成为食品生产和质量管理的基本准则，很多国家将其原则、内容和要求列入政府有关食品监管的法律法规。食品企业实施GMP，可以防止生产过程中的污染、混乱和差错，不仅通过产品的最终检验来证明食品达到质量要求，而且在食品生产的全过程中实施科学的、全面的、严密的监控和管理来保证获得预期的质量。

1. GMP 的产生、发展和意义

最先使用 GMP 概念的是美国。GMP 最早源于药品生产。在 1961 年经历了 20 世纪最大的药物灾难事件——"反应停"事件后，人们深刻认识到以产品的抽样分析检验结果为依据的质量控制方法有重大缺陷，不能保证生产出来的药品都安全并符合质量要求。美国于 1962 年修改了《联邦食品药品化妆品法》，将药品质量管理和质量保证的理念变成法定的要求。美国食品药品管理局（FDA）根据该法的规定，制定了世界上第一部药品GMP，并于 1963 年通过美国国会颁布成为法令。药品GMP 目的是通过对原料的购入、加工制造、成品出厂的全过程进行质量控制，防止出现质量低劣的产品，克服以成品抽样检验结果为依据的质量控制方法存在的缺陷，保证药品质量。1967 年，WHO 将其收载在《国际药典》附录中，并于 1969 年首次向各成员国推荐了 GMP，又于 1975 年向各成员国公布了实施 GMP 的指导方针。

1969 年，美国 FDA 为了加强、改善对食品的监管，根据《联邦食品药品化妆品法》第 402（a）的规定（凡在不卫生的条件下生产、包装或储存的食品或不符合生产食品条件下生产的食品视为不卫生、不安全的），将GMP 的理念引入食品的生产法规中，制定了食品生产良好操作规范（GMP—21 CFR part 110）。这一法规适用于一切食品的加工生产和储存。随后，FDA 又相继制定了各类食品的操作规范，如 21 CFR part 106 适用于婴儿食品的营养品质控制，21 CFR part 113 适用于低酸罐头食品加工企业，21 CFR part 114 适用于酸化食品加工企业，

21 CFR part 129 适用于瓶装饮料等。

1985 年 FAO/WHO 食品法典委员会（CAC）制定了《食品卫生通用 GMP》。加拿大、澳大利亚、英国、日本等一些发达国家相继借鉴 GMP 的原则和管理模式，制定了本国食品的 GMP，在实施的过程中取得了良好的效果。

2. GMP 的分类

（1）根据 GMP 的制定机构和适用范围分类

a. 国际组织颁布的 GMP：如 CAC 制定的《食品卫生通用 GMP》，WHO 的 GMP，北欧七国自由贸易联盟制定的 PIC-GMP（PIC 为 Pharmaceutical Inspection Convention，即药品生产检查互相承认公约），东南亚国家联盟的 GMP 等。

b. 国家权力机构颁布的 GMP：如美国 FDA 的低酸罐头食品加工 GMP，中国卫生部的《保健食品良好生产规范》《膨化食品良好生产规范》等。

c. 行业组织制定的 GMP：如美国制药工业联合会制定的 GMP，可作为同类食品企业共同参照、自愿遵守的管理规范。

d. 食品企业自己制定的 GMP：可作为企业内部管理的规范。

（2）根据 GMP 的法律效力分类

a. 强制性 GMP：是食品生产企业必须遵守的法律规定，由国家或有关政府部门制定、颁布并监督实施。

b. 指导性（或推荐性）GMP：由国际组织、国家有关政府部门或行业组织、协会等制定，推荐给食品企业参照执行，自愿遵守。

3. 实施 GMP 的理念和目标

食品质量、卫生和安全不是靠检验出来的，而是在生产过程中形成的。因此，必须强调和贯彻预防为主的理念，在生产过程中，从生产管理和生产装备上，都要建立完善的质量保证体系，实施全面的质量保证措施，确保食品质量、卫生和安全。

实施 GMP 的主要目标在于将人为的差错控制到最低的限度，防止对食品的污染和保证产品的质量管理体系运转有效。

（1）将人为的差错控制到最低限度

a. 在生产管理上：质量管理部门独立运作，不受生产管理部门影响，并建立相互督促检查制度；制定工作实施细则和作业程序，规范工作和工艺纪律；各生产工序之间严格复核，防止出错等。

b. 在生产装备上：安装卫生和方便操作要求，保持工作间宽敞，便于清洁和保持卫生状况，消除妨碍生产的障碍；不同的生产操作位置保持一定的间距，严格分开。

（2）防止对食品的污染

a. 在生产管理上：制定工作间和设备清扫、清理、

清洁的标准；定期进行操作人员健康检查；禁止非生产人员进入工作间等。

b. 在生产装备上：设置专用工作间；直接接触食品的机械设备、工具、容器等生产装备由不容易污染食品的材质制成；注意防止机械润滑油对食品的污染等。

（3）保证产品的质量管理体系有效运作

a. 在生产管理上：质量管理部门独立行使质量管理和监督的职责；规定专人定期对设备、工具、量具进行维修、校正、校准、检定等。

b. 在生产装备上：合理配备工作间和设备设施；采用合理的工艺布局和先进的生产工艺；配备必要的监控、测试、实验和检验设备、工具和场所，保证质量管理和监督的实施。

4. GMP 与食品标准的区别

GMP 与食品标准是两种不同的技术规范。GMP 是对食品企业的生产条件、操作和管理行为的规范要求；食品标准则是对产品的技术要求，它是一系列可以量化的指标要求。GMP 的内容可概括为硬件和软件两个部分。硬件是指对食品企业厂房、场所、设备、设施等生产条件方面的技术要求；软件是指对人员、生产工艺、操作岗位、工序纪律、管理组织、管理制度和记录、教育培训等方面的管理要求。食品标准的主要内容是产品必须符合卫生和质量指标，如感官指标，理化指标和微生物、重金属、农残等污染物的限量指标，以及包装运输储存有关要求等。GMP 的内容体现了从原料到最终产品的整个食品生产工艺过程的管理，而食品标准是对最终产品质量的判定和评价依据。

5. GMP 的基本内容

GMP 所规定的内容，是食品加工企业应达到的基本条件。

（1）人员

1）人员配备的重要性

在食品的研发、生产及质量控制等岗位配备足够的、称职的质量管理人员是生产企业全面、准确实施各项质量管理措施和保证产品质量的前提。

2）人员素质

企业负责人及生产、质量管理部门负责人应具备大专以上学历，具有生产、质量、卫生管理知识和经验；食品企业采购、生产和质量管理岗位的人员应具备相关学科学历，能按 GMP 的要求组织生产或管理，能对原料采购、生产过程和质量、卫生、安全管理等环节中出现的实际问题做出正确的判断和处理；检验人员能按标准和规范进行产品抽查、检验。

3）教育与培训

企业应建立培训考核制度，从业人员上岗前必须经过食品安全、卫生法律法规教育及相应的技术培训和考核。企业负责人及生产、质量管理部门负责人应接受更

高层次的专业培训并考核合格。

（2）生产条件

符合 GMP 要求的食品企业必须具备可以防止食品污染的厂房环境、合理的厂房和工艺布局、规范化的生产车间、符合工艺要求的生产设备和齐全的辅助设施等生产条件。

1）厂房环境

工厂不得设置于容易遭受污染的区域，不应设在污染源的下游河段，要选择地势干燥、交通方便、水源充足的地区。厂区周围不得有粉尘、有害气体、放射性物质和其他扩散性污染源；不得有昆虫大量滋生的场所（包括潜在场所）。厂房道路应采用便于清洗的混凝土、沥青等硬质材料铺设，防止积水及尘土飞扬。

2）厂房与设施

a. 布局：工厂内部应合理划分生产区和生活区，生产区应在生活区的上风向；建筑物、设备布局与工艺流程应衔接合理，并能满足生产工艺和质量卫生要求；工序和设备设施安排应杜绝原料与半成品和成品、生原料与熟食品之间的交叉污染；不同清洁度的场所之间，应加以有效隔离。

b. 配置：厂房和设施应依据工艺流程需要及卫生要求合理有序地配置。

c. 地面：地面应使用无毒、无异味、不渗水、不吸水、防滑的材料铺筑，地面应平整、无裂缝、易于清洗消毒；地面应有适当的排水斜度及排水系统；排水出口应有防止昆虫、动物进入的装置，屋内排水沟的设计流向应由高清洁区流向低清洁区，防止逆流。

d. 屋顶及天花板：屋顶或天花板应选用不吸水、表面光洁、耐腐蚀、耐高温、浅色材料覆涂或装修，并有适当的坡度，在设计上防止凝结水滴落，便于洗刷、消毒。

e. 墙壁：车间内的墙壁应用无毒、非吸收性、平滑、易清洗、不溶水的浅色材料构筑；对清洁度要求较高的车间，其墙角及柱角应有适当弧度，以利于清洗消毒。

f. 门窗：门、窗应严密不变形，窗台要设于地面 1 m以上，其台面与水平面之间夹角应在 45°以上；非全年使用空调的车间其门窗应有防蝇、防尘设施，纱门应便于拆下清洗；车间对外出入口应装设自动关闭的门或风幕，并设置有消毒鞋、靴等设施。

g. 通风设施：制造、包装及储存等场所应保持通风良好，必要时设机械通风装置，以防止室内温度过高、蒸气凝结，并保持室内空气新鲜。厂房内的空气流向应控制由高清洁区向低清洁区流动，以防止食品、内包装材料被空气中的尘埃和细菌污染。

h. 给、排水：给、排水系统应能适应生产需要，保持畅通，并有防止污染水源和鼠类、昆虫通过排水管道潜入车间的装置。

i. 照明设施：车间内应装设适当的采光或照明设施，并保证照度能够满足相应的生产需要。所使用的光源不

应改变食品的原有颜色。照明设施不应安装在食品加工线上食品暴露处的正上方，否则应使用安全型照明设施，防止破裂时污染食品。

j. 洗手设施：车间内要设置足够的洗手消毒设施。洗手设施应包括干手设备、洗涤剂、消毒剂等。水龙头应采用脚踏式或感应式等开关方式，设施附近有洗手消毒方法示意图。应防止已清洗或消毒的手部再度受到污染。

另外生产车间还应配置与生产人员数量相适应的更衣室、沐浴室和厕所等专用卫生设施。

3）设备、工具

a. 设计和标识：所有食品加工设备的设计和构造应能防止污染，容易清洗消毒和检查，食品接触面应平滑、无凹陷或裂缝，以减少食品碎屑、污垢及有机物的积聚；用于原料、半成品、成品的工具、用具和容器，应有明显的区分标识、存放区域，分开放置。

b. 材质：凡接触食品物料的设备、工艺、管道，必须使用无毒、无味、抗腐蚀、不吸水、不变形、不污染食品的材料制作。

c. 生产设备：应有序排列，使生产作业顺畅进行并避免引起交叉污染。用于测定、控制或记录等仪器应保证功能完好并定期给予检定、校正。

d. 检验设备：应具备足够且符合检验项目要求的检验设备，以满足对原料、半成品和产品进行检验的需要。

（3）质量管理

1）机构

必须建立专门的质量管理部门或组织，并配备经过专业培训、具备相应资格的专职或兼职的质量管理人员。

2）质量管理部门的任务

质量管理部门的任务是负责生产全过程的质量监督管理。工作中要贯彻预防为主的原则，把质量管理工作的重点从事后检验转移到事前设计和制造过程上，消除隐患。

3）生产过程管理

a. "生产管理手册"的制定与执行：工厂应制定"生产管理手册"，包括的主要内容有，原辅材料质量要求及处理方法；包装材料质量控制；加工过程的温度、时间、压力、水分等控制；投料及其记录等。

所有原始记录资料应保存两年以上以便查询。应教育、培训员工按"生产管理手册"规定进行作业，以符合卫生及质量管理的要求。

b. 原辅材料管理：原辅材料必须经过查核、检验，合格者方可使用；不符合质量卫生标准要求的原辅材料不得投入使用，并与合格的原辅材料严格区分开存放，防止混用；原料使用应遵循先进先出的原则。

c. 生产过程管理：所有食品的生产作业（包括加工、包装、储存和运输）应符合安全卫生要求，严格控制时间、温度、湿度、pH、压力、流速等，以降低微生物生长繁殖速度及减少外界污染，达到上述要求；生产设备、

工具、容器、场地等在使用前后均应彻底清洗、消毒；维修、检查设备时，不得污染食品。

d. 成品包装应在卫生良好状态下进行，并防止将异物带入包装内，使用的包装材料应符合国家卫生标准并完好无损。

4）原料、半成品、成品的质量管理

a. 质量管理部门制定"质量管理标准手册"，经生产部门认可后严格执行，以确保产品的质量。

b. 生产中使用的计量器具（如温度计、压力计、称量器等）应定期给予校正，并做好记录。

c. 企业应逐项针对GMP中的有关管理措施建立有效的内部检查制度，认真执行并做好记录。

d. 应详细制定原料及包装材料的质量标准、检验项目、抽样及检验方法等，并保证实施；每批原料及包装材料检验合格后，方可进厂使用。

e. 半成品的质量管理应采用HACCP的原则和方法，找出预防污染、保证产品卫生质量的关键控制点，制定控制标准和监测方法，并保证执行，发现异常现象时，应迅速查明原因并加以矫正。

f. 应制定成品的质量标准、检验项目、抽样及检验方法；每批成品应留样保存，必要时做成品稳定性试验，检测其稳定性；每批成品出厂都需检验合格，不合格者应按规定予以适当处理。

（4）成品的储存与运输

成品应避免阳光直射、雨淋、高温、撞击，以防止食品的成分、质量及纯度等受到不良影响。仓库应设有防鼠、防虫等设施，并定期进行清扫、消毒。仓库出货时应遵循先进先出的原则。运输工具应符合卫生要求，要根据产品特点配备防雨、防尘、冷藏、保温等设备。运输作业应避光；防止强烈振荡、撞击，轻拿轻放；不得与有毒有害物品混装、混运。

（5）标识

食品标识应符合《预包装食品标签通则》（GB 7718—2011）的规定。

（6）卫生管理

a. 维修、保养工作：建筑物和各种机械设备、装置、设施、给排水系统等均应保持良好状态，确保正常运行和洁净。

b. 清洗、消毒工作：应制定有效的清洗、消毒方法和制度，以确保所有场所清洁卫生，防止污染食品。

c. 除虫、灭害的管理：厂房应定期或在必要时进行除虫、灭害工作，采取防鼠、防蚊蝇、防昆虫等滋生的有效措施；对已发生的场所应采取紧急措施加以处理。

d. 污水、污物的管理：厂房设置的污物收集设施应为密闭式或带盖，并定期进行清洗、消毒，污物不得外溢，做到日产日清。

e. 卫生设施管理：各类卫生设施应有专人管理，经常保持良好状态。

f. 健康管理：应对从业人员定期进行健康检查，未

取得体检合格证者应立即调离食品生产岗位。

（7）产品售后意见处理

应建立顾客意见处理制度。对顾客提出的书面或口头意见，质量管理负责人应立即调查原因并予以妥善处理。应建立不合格品回收制度和相应的运作体系，包括回收的制度、回收品的鉴定、回收品的处理和防止再度发生的措施等。

6. 我国食品企业的卫生规范和GMP

1988~1990年，我国陆续颁布了15个食品企业的单项卫生规范，即《罐头厂卫生规范》（GB 8950—1988）、《白酒厂卫生规范》（GB 8951—1988）、《啤酒厂卫生规范》（GB 8952—1988）、《酱油厂卫生规范》（GB 8953—1988）、《食醋厂卫生规范》（GB 8954—1988）、《食用植物油厂卫生规范》（GB 8955—1988）、《蜜饯厂卫生规范》（GB 8956—1988）、《糕点厂卫生规范》（GB 8957—1988）、《乳品厂卫生规范》（GB 12693—1990）、《肉类加工厂卫生规范》（GB 12694—1990）、《饮料厂卫生规范》（GB 12695—1990）、《葡萄酒厂卫生规范》（GB 12696—1990）、《果酒厂卫生规范》（GB 12697—1990）、《黄酒厂卫生规范》（GB 12698—1990）、《面粉厂卫生规范》（GB 13122—1991）。1994年，还颁布了《食品企业通用卫生规范》（GB 14881—1994）。1998年，颁布了《巧克力厂卫生规范》（GB 17403—1998）。上述卫生规范规定了食品企业的食品加工过程、原料采购、运输、储存、工厂设计和设施的基本卫生要求及管理准则，具有GMP的性质和特征，使对食品生产加工企业的食品卫生监督提高到对食品工艺进行监督的水平。但制定这些卫生规范的目的主要是针对当时我国的大多数食品企业的卫生条件和卫生管理比较落后的现状，重点规定厂房、设备、设施的卫生要求和企业自身卫生管理的内容，以促使食品企业卫生状况的改善。仅限于保证卫生质量的各类要求，对保证产品营养价值、功效成分及色、香、味等感官性状未做出相应的质量管理要求，因此这些卫生规范还不是完整意义上的GMP。

1998年，鉴于制定我国食品企业GMP的时机已经成熟，并与国际接轨，卫生部制定并颁布了《保健食品良好生产规范》（GB 17405—1998）、《膨化食品良好生产规范》（GB 17404—1998）。2003年，在卫生规范的基础上，按照GMP的要求，卫生部颁布了《蜜饯企业良好生产规范》（GB 8956—2003）、《乳制品企业良好生产规范》（GB 12693—2003）、《饮料企业良好生产规范》（GB 12695—2003）、《熟肉制品企业生产卫生规范》（GB 19303—2003）、《定型包装饮用水企业生产卫生规范》（GB 19304—2003）、《白酒企业良好生产规范》（GB/T 23544—2009）、《葡萄酒企业良好生产规范》（GB/T 23543—2009）、《黄酒企业良好生产规范》（GB/T 23542—2009）、《食品加工用酶制剂企业良好生产规范》（GB/T 23531—2009）等食品良好生产规范。与以往的"卫生规范"相比，最突出的特点是增加了质量管理的

内容，提出保证其营养和功效成分在加工过程中不损失、不破坏、不转化，确保在最终产品中的质量和含量达到要求，同时对从业人员的素质及资格等也提出了具体要求。

2009年，《食品安全法》颁布实施后，我国又以"食品安全国家标准"的形式，陆续推出新的食品良好生产规范，如《乳制品良好生产规范》（GB 12693—2010）、《粉状婴幼儿配方食品良好生产规范》（GB 23790—2010）、食品生产通用卫生规范（GB 14881—2013）。这些食品良好生产规范依据《食品安全法》和食品安全国家标准的形式，更加具有权威性和强制力，标志着我国制定的食品企业GMP在内容的全面性、严格性和指标量化方面已基本与国际GMP接轨，这为我国的食品产品进入国际市场创造了良好条件。今后，有关部门将进一步对各类食品企业卫生规范进行修订，使之转化为食品GMP，形成中国的食品GMP体系。

7. 食品企业GMP认证

食品企业GMP认证是指由政府有关部门和有资格的行业、中介组织按照GMP及有关标准的要求，对企业的机构与人员、厂区环境、厂房与设施设计、设备、工具、卫生管理、生产过程管理、质量管理、仓储与运输管理、记录管理、标识等按规定的程序进行评价，对符合条件的企业发放认证证书。目前除美国已立法强制实施食品企业GMP认证外，其他如日本、加拿大、新加坡、德国、澳大利亚、我国台湾等均采取自愿认证。我国已经在乳制品和婴幼儿配方奶粉生产立法强制实施食品GMP。

（1）食品GMP认证的基本精神

a. 减少食品生产过程中人为的错误。

b. 防止食品在生产过程中遭受污染或变质。

c. 建立健全的自主性质量保证体系。

（2）推行食品GMP认证的主要目的

a. 提高加工食品的质量与卫生安全。

b. 强化食品制生产企业的自主管理体制。

c. 保障消费者与制生产企业的合法权益。

d. 促进食品工业的健全发展。

（3）食品GMP认证的管理要素

a. 人员（man）：由合适的人员来生产与管理。

b. 原料（material）：选用良好的原材料来生产。

c. 设备（machine）：采用标准的厂房和机器设备。

d. 方法（method）：遵照既定的最优方法来生产。

（二）卫生标准操作规范（SSOP）

卫生标准操作规范（sanitation standard operation procedures, SSOP）是食品企业为了保障食品安全，在环境卫生、加工要求等方面所需实施的具体的卫生程序，包括实施清洗、消毒、卫生保持等方面的具体规范的指导性文件。

SSOP起源于20世纪90年代的美国。当时美国每年

大约有 700 万人次患食源性疾病，并造成约 7000 人死亡，且大半数与肉、禽产品有关。为保障公众的健康，美国政府决定建立一套包括生产、加工、运输、销售所有环节在内的肉禽产品生产安全规范措施。1995 年颁布的《美国肉、禽类产品 HACCP 法规》提出建立 SSOP；同年颁布的《美国水产品 HACCP 法规》进一步明确了 SSOP 包括的至少 8 个方面内容，这时，完整的 SSOP 体系基本建立。从此 SSOP 就作为实施 GMP 或 HACCP 的基础要求得到推行。到目前，实施 SSOP 已成为贯彻 HACCP 的前提条件。

美国 FDA 要求，SSOP 计划至少包括以下 8 项内容：用于接触食品或与食品接触物表面接触的水（冰）的安全；与食品接触的表面（包括设备、手套、工作服）的卫生状况和清洁程度；防止发生交叉污染；手的清洗与消毒设施、厕所设施的维护与卫生保持；防止食品、食品包装物、食品工具容器器皿被污染物污染；有毒化学物质的标记、储存和使用；生产人员的健康与卫生控制；有害动物的预防与控制。

SSOP 实际上是落实 GMP 的具体程序，是企业自行编写卫生标准操作程序，包括：描述在工厂中使用的卫生程序；提供这些卫生程序的时间计划；提供一个支持日常监测计划的基础；鼓励提前做好计划以保证必要时采取纠正措施；辨别趋势，防止同样问题再次发生；确保每个人，从管理层到生产工人都理解卫生（概念）；为雇员提供一种连续培训的工具；显示对买方和检查人员的承诺，以及引导厂内的卫生操作和状况得以完善提高。

1. SSOP 的主要内容

（1）用于接触食品或与食品接触物表面接触的水（冰）的安全

生产用水（冰）的卫生质量是影响食品卫生的关键因素。无论使用城市集中供水（自来水）还是使用自备水源，都要符合国家《生活饮用水卫生标准》（GB 5749—2006），并制定监测频率，有效地加以监控，检验合格后方可使用。工厂要保持详细供水网络图，水龙头按序编号，以便日常对生产供水系统管理与维护。生产用水与非生产用水两种供水系统并存的企业要采用不同颜色管道，防止混用、交叉污染。供水设施要完好，一旦损坏能立即维修好。管道的设计要防止冷凝水集聚下滴污染裸露的加工食品。供水有防虹吸设备；洗手消毒水龙头设置为非手动开关；加工案台等工具有将废水直接导入下水道的装置；备有清洗用高压水枪；使用软水管要采用浅色不易发霉的材料制成；蓄水池（塔）要有完善的防尘、防虫鼠措施，并进行定期清洗消毒。在操作上，清洗、解冻用流动水，清洗时防止污水溢溅；软水管使用不能拖在地面，不能直接浸入水槽中。废水排放、污水处理符合国家环保部门的规定、符合防疫的要求；处理池地点的选择应远离生产车间；废水排放设置合理，地面处理有 1.0%~1.5% 坡度斜坡；案台等及下脚料盒直接入沟，清洗消毒槽废水排放直接入沟；废水流

向为清洁区向非清洁区；地沟是明沟的要加不锈蓖子，与外界接口有水封防虫装置。

直接与产品接触的冰必须采用符合生活饮用水卫生标准的水制造，制冰设备和盛装冰块的器具必须保持良好的清洁卫生状况，冰的存放、粉碎、运输、盛装储存等都必须在卫生条件下进行，防止与地面接触造成污染。

监控时，发现加工用水存在问题应立即停止使用，及时纠正。监控、维护、发现问题及处理都要记录并保存。

（2）与食品接触的表面（包括设备、手套、工作服）的卫生状况和清洁度

与食品接触的表面包括加工设备、案台和工具、加工人员的卫生防护用品（工作服、手套等）、包装物料等。要以视觉检查、化学检测（消毒剂浓度）、表面微生物检查等方法监控，监控频率视使用条件而定。

与食品接触的表面材料应使用耐腐蚀、不生锈，表面光滑易清洗的无毒材料，不用木制品、纤维制品、含铁金属、镀锌金属、黄铜等；设计安装及维护要方便，便于卫生处理；制作精细，无粗糙焊缝、凹陷、破裂等；维护其始终保持完好的状态。

与食品接触的表面需要经常清洗消毒。加工设备与工具使用前要彻底清洗、消毒；消毒可使用开水、碱性清洁剂、含氯碱、酸、酶、消毒剂、余氯 200 ppm 浓度、紫外线、臭氧等。工作服、手套要集中清洗消毒；不同清洁区域的工作服要分别清洗消毒；清洁的工作服与脏工作服应分区域放置；存放工作服的房间设有臭氧、紫外线等设备，且干净、干燥和清洁。空气消毒可使用紫外线照射法、臭氧消毒法或药物熏蒸法。

检查与食品接触的表面发现问题时，应立即停止使用，及时纠正。要保持每日卫生监控记录。

（3）防止发生交叉污染

造成交叉污染的来源一般有工厂选址、设计、车间不合理；加工人员个人卫生不良；清洁消毒不当；卫生操作不当；生、熟产品未分开；原料和成品未隔离等。应当从工厂选址、设计开始加以预防。车间工艺流程布局合理，初加工、精加工、成品包装分开，生、熟加工分开，清洗消毒与加工车间分开。要明确人流、物流、水流、气流方向，人流应从高清洁区到低清洁区，物流应时间、空间分隔不造成交叉污染，水流应从高清洁区到低清洁区，气流应从高清洁区到低清洁区正压排气。加工人员要注意卫生操作，加强对洗手、首饰、化妆、饮食等的监管。

在开工、交班、餐后继续加工时进入生产车间要监控，生产时要连续监控。产品储存区域（如冷库）要每日检查。

发生交叉污染，要立即采取措施处理，并防止再发生。要保持消毒控制记录、改正措施记录。

（4）手的清洗与消毒设施、厕所设施的维护与卫生保持

有合适、满足需要的洗手消毒设施，每 10~15 人设

一水龙头为宜。洗手消毒的设施应使用非手动开关的水龙头。在冬季有温水供应，洗手消毒效果好。

培养和坚持正确的洗手消毒方法、频率，并监测。每次进入加工车间时、手接触了污染物后及根据不同加工产品规定确定消毒频率。每天至少检查一次洗手设施的清洁与完好；卫生监控人员巡回监督；化验室定期做表面样品微生物检验；检测消毒液的浓度。

厕所如与车间建筑连为一体的，门不能直接朝向车间，要有更衣、鞋设备；厕所数量与加工人员相适应，手纸和纸篓保持清洁卫生；设有洗手设施和消毒设施；有防蚊蝇设施；通风良好，地面干燥，保持清洁卫生。

进入厕所前要脱下工作服和换鞋；方便之后要进行洗手和消毒。厕所设备应经常维护，保持卫生，不造成污染。

检查发现问题立即纠正并记录。每日要做卫生监控记录。

（5）防止食品、食品包装物、食品工具容器器皿被污染物污染

防止食品、食品包装材料和食品所有接触表面被微生物、化学品及杂物污染，如清洁剂、润滑油、燃料、杀虫剂、冷凝物等。

食品生产中污染物的来源主要有：被污染的冷凝水，飞溅的不清洁水，空气中的灰尘、颗粒，外来物质，地面污物，无保护装置的照明设备，润滑剂、清洁剂、杀虫剂、化学药品等残留，不符合卫生要求的包装材料。

防止与控制的措施主要有：包装物料存放库要保持干燥清洁、通风、防霉，内外包装分别存放，上有盖布下有垫板，并设有防虫鼠设施。每批内包装进厂后要进行微生物检验，必要时进行消毒。冷凝水控制需要良好通风，车间温度控制稳定，顶棚呈圆弧形；提前降温，及时清扫。食品的储存库保持卫生，不同产品、原料、成品分别存放；设有防鼠设施；正确使用和妥善保管化学品。

要监控任何可能污染食品或食品接触面的掺杂物，如潜在的有毒化合物、不卫生的水（包括不流动的水）和不卫生的表面所形成的冷凝物。可在生产开始时及工作时间每4小时检查一次。

发现问题，要及时纠正并记录。

（6）有毒化学物质的标记、储存和使用

食品企业可能使用的有毒化学物质主要有洗涤剂、消毒剂、杀虫剂、润滑剂、食品添加剂等。要编写有毒有害化学物质一览表；使用的化学物质有主管部门批准生产、销售、使用的有关证明；化合物质标识清楚，包括主要成分、毒性、使用剂量和注意事项，标明有效期；对标记不清的要拒收或退回；化学物品要由经过培训的人员管理，使用需要登记记录；以单独的区域、带锁的柜子储存，并设有警告标示，防止随便乱拿。对保管、使用人员要进行培训。

有毒化学物质的监控要求经常检查，一天至少检查一次，确保符合规定要求。

（7）生产人员的健康与卫生控制

食品企业的生产人员（包括检验人员）是直接接触食品的人员，其身体健康及卫生状况直接影响食品卫生质量。食品安全有关法律规定，从事食品生产的人员必须经过体检合格，取得健康证方能上岗；要定期健康检查，每年进行一次健康体检，保留体验档案，凡患有影响食品卫生的疾病，如活动性肺结核、肠伤寒及其带菌者、细菌性痢疾及其带菌者、化脓性或渗出性脱屑皮肤病患者、手外伤未愈合者等不得参加直接接触食品的加工。

生产人员要养成良好的个人卫生习惯，按照卫生规定从事食品加工，进入加工车间更换清洁的工作服、帽、口罩、鞋等，不得化妆、戴首饰、手表等。企业应制定有卫生培训计划，定期对生产人员进行培训，并记录存档。

应监督生产人员的健康状况，发现患有影响食品卫生的疾病的，立即调离生产岗位，直至痊愈。

要保持健康检查记录。

（8）有害动物的预防与控制

昆虫和鸟、鼠等动物可能带有某些病原体，所以，对有害动物的防治对食品企业至关重要。要制定防治计划，包括灭鼠分布图、清扫消毒执行规定等。范围包括全厂生产区、生活区甚至包括厂周围，重点在厕所、下脚料出口、垃圾箱周围、食堂。防治措施包括清除滋生地，采用风幕、水幕、纱窗、黄色门帘、暗道、挡鼠板、翻水弯等设备设施预防其进入车间；厂区用杀虫剂，车间入口用灭蝇灯、粘鼠胶、鼠笼，不能用灭鼠药灭杀有害动物。

要及时检查和处理有害动物的情况。开展卫生监控，发现问题，立即纠正。

2. SSOP对卫生监控与记录的要求

食品加工企业在建立SSOP之后，还须设定监控程序，实施检查、记录和纠正措施。企业设定监控程序时应描述如何对SSOP的卫生操作实施监控，如指定何人、何时及如何完成监控。对监控结果要检查，对检查结果不合格者还必须采取措施以纠正。对以上所有的监控行动、检查结果和纠正措施都要记录，通过这些记录说明企业不仅遵守了SSOP，而且实施了适当的卫生控制。

食品加工企业日常的卫生监控记录是工厂重要的质量记录和管理资料，应使用统一的表格，并归档保存。

（1）水的监控记录

每年有1~2次由当地卫生部门进行的水质检验报告的正本；自备水源的水池、水塔、储水罐等有清洗消毒计划和监控记录；食品加工企业每月一次对生产用水进行菌落总数、大肠菌群检验的记录、每日对生产用水检验余氯的记录；生产用直接接触食品的冰，如是自行生产，应有生产记录，记录生产用水和工具卫生状况；如是向冰厂购买的，应有冰厂生产冰的卫生证明。

（2）表面样品的检测记录

表面样品的检测记录包括：加工人员的手/手套、工作服，加工用案台桌面、刀、筐、案板，加工设备如去皮机、单冻机等，加工车间地面、墙面，加工车间、更衣室的空气，内包装物料。

（3）生产人员的健康与卫生检查记录

生产人员的健康与卫生检查记录包括：生产人员进入车间前的卫生检查记录，如检查生产人员工作服、口罩、手套、鞋帽等防护用具是否穿戴正确，检查是否化妆、头发外露、手指甲修剪等，检查个人卫生是否清洁，有无外伤，是否患病等，检查是否按程序进行洗手消毒等。食品加工企业必须有生产人员健康检查合格证明及档案，以及卫生培训计划及培训记录。

（4）卫生监控与检查纠正记录

卫生监控与检查纠正记录包括：工厂灭虫灭鼠及检查、纠正记录，厂区的清扫及检查、纠偏记录，车间、更衣室、消毒间、厕所等清扫消毒及检查纠正记录，灭鼠分布图。

3. SSOP 对化学药品购置、储存和使用记录的要求

食品加工企业使用的化学药品通常包括消毒剂、灭虫药物、食品添加剂、化验室使用化学药品及润滑油等。使用化学药品必须有以下证明及记录。

a. 购置化学药品具备卫生部门批准允许使用证明。

b. 储存保管登记。

c. 领用记录。

4. SSOP 还要求食品加工企业做好以下几个方面的工作

a. 保持工厂道路的清洁，经常打扫和清洗路面，有效减少在厂区内飞扬的尘土。

b. 清除厂区内一切可能聚集、滋生蚊蝇的场所，生产废料、垃圾要用密封的容器运送，做到当日废料和垃圾在当日及时清除出厂。

c. 绘制灭鼠分布图，实施有效的灭鼠措施，一般不宜采用药物灭鼠。

（三）基于 HACCP 的食品安全管理体系

HACCP（hazard analysis critical control point）即危害分析与关键控制点。主要概念包括以下内容。

危害分析（hazard analysis，HA）：是指收集和评估有关危害存在的资料，以确定哪些危害对食品安全有重要影响。

关键控制点（critical control point，CCP）：是指可将某一项食品安全危害防止、消除或降低至可接受水平的控制点。

危害分析与关键控制点（HACCP）：是指对食品安全危害予以识别、评估和控制的系统化方法。

HACCP 计划：是指在 HACCP 原理基础上制定的列出了操作程序的书面文件。

HACCP 管理体系：是指企业通过危害分析找出关键控制点，制定科学合理的 HACCP 计划，在食品生产过程中有效地运行，并能保证达到预期的目的，保证食品安全的体系。

HACCP 作为一种科学的、系统的食品安全管理方法，应用在从食品原料的初级生产至最终消费过程中，此方法通过对特定危害及其控制措施进行确定和评价，从而确保食品的安全。

1. HACCP 的产生、发展和意义

HACCP 体系最早出现在 20 世纪 60 年代，在为美国太空计划提供食品期间，美国的 Pillsbury 公司联合美国国家航空航天局（NASA）和美国陆军 Natick 实验室率先提出和使用了 HACCP 概念及 3 条原理，其初衷是为太空作业的宇航员提供食品安全方面的保障。他们认为当时的质量控制技术在食品生产中并不能提供充分的安全措施防止污染。因为此前对产品的质量和卫生状况的监督都是使用以最终产品抽样检验为主的传统方法。当产品抽验不合格时，已经失去了改正的机会；即使抽验合格，由于抽样检验方法本身的局限，也不能保证产品 100% 的合格。因此应当开发一个新的预防性的管理体系，防止食品在生产过程中受到危害因素的污染，确保食品安全。由此产生和形成了 HACCP 的概念。这是一种建立在良好操作规范（GMP）和卫生标准操作规范（SSOP）基础上，在生产过程控制危害的预防性监控体系，其目标是保障食品的安全。因此，与其他的质量管理体系相比，HACCP 将监控集中在影响食品安全的关键加工点上，在预防方面更为有效。

HACCP 在国际上被认为是控制食源性疾病的最经济的方法，并就此获得 CAC 的认同。它强调生产企业本身的作用，与传统监督方法相比，其重点在于预防而不是对最终产品的检验，因此具有较高的经济效益和社会效益。

HACCP 计划，是目前世界上最有权威的食品安全质量保护体系。HACCP 体系的核心，是用来保护食品在整个生产过程中免受可能发生的生物、化学、物理因素的危害。其宗旨是将这些可能发生的食品安全危害消除在生产过程中，而不是靠事后检验来保证产品的可靠性。

由于 HACCP 在食品安全方面有突出的作用，很快就被食品加工业接受，并得到推广发展应用。1973 年，美国食品和药品管理局（FDA）首先将 HACCP 体现作为制定酸性食品和低酸性食品法规的基础。1985 年，美国国家科学院（NAS）提出了食品法规中 HACCP 有效性评价，建议食品行业推广 HACCP 体系。此后，美国 FDA、美国农业部（USDA）下属的食品安全检验局

（FSIS）、国家海洋渔业局（NOAA/NMFS）和美国陆军 Natick 实验室及一些大学、科研机构的专家成立的美国国家食品微生物标准咨询委员会（NACMCF）采纳了 HACCP 原理，并将其扩充至 7 条。1995 年，美国公布了水产品管理条例（FDA 公布）和肉类和家禽管理条例（USDA 公布）两项 HACCP 法规，实施的范围包括美国生产及国外进口的产品。欧共体（欧盟的前身）规定，1995 年 1 月 1 日以后进入欧盟的海洋食品必须在 HACCP 体系下生产，否则必须在对最终产品进行全面测试后才可进入欧共体国家。1997 年，HACCP 原理被 CAC 接受，并被 CAC 应用于修订其《食品卫生通则》，标志着基于 HACCP 的食品卫生安全体系得到了更广泛的认同。2001 年，美国 FDA 又公布了果汁饮料的 HACCP 法规，进一步扩大 HACCP 的应用范围。国际标准化组织（ISO）与其他国际组织密切合作，以 HACCP 原理为基础，吸收并融合了其他管理体系标准中的优点，形成了以 HACCP 为基础的食品安全管理体系，于 2005 年 9 月发布了 ISO 22000 标准《食品安全管理体系——对整个食品链中组织的要求》。

这些国家、地区和国际组织的实践表明，实施 HACCP 体系能更有效地预防食品污染。例如，美国 FDA 的统计数据表明，在水产加工企业中，实施 HACCP 体系的企业比没实施的企业食品污染的概率降低了 20%~60%。

HACCP 在 1996 年被引入我国并实施。

HACCP 作为国际社会所广泛接受的有效的食品安全预防体系，其诞生和应用为保障食品安全带来了非常积极的意义。

HACCP 诞生前的食品安全控制手段主要依靠监测生产设施运行与人员操作的情况，并对成品进行抽样检验（理化、微生物、感官等）。这种传统的监控方式有明显的不足，如下。

a. 抽样检验方法本身就有误判风险，加上来自生物体的食品其样本的不均匀性要比机电、化工等工业产品更突出，误判风险更大。

b. 大量成品检验的费用高、周期长，依靠检验结果决定产品质量控制措施往往为时已晚。

c. 危害物质的检测结果符合标准规定的限量并不能消除人们对食品安全的疑虑。

当传统的质量控制显然不能消除这些问题时，HACCP 这种基于预防为主的质量安全管理方法可以提供满足质量控制预定目标的保证，使食品生产最大限度地趋近于"零缺陷"。使用 HACCP 的管理系统最突出的优点如下。

a. 食品质量安全从对最终产品的检验转到控制生产环节中潜在的危害，即预防不合格。

b. HACCP 可应用于解决简单的和复杂的食品安全控制问题。包括传统食品、食品原材料及其生产过程，也包括新产品、新方法、新技术、新工艺。

c. 管理的经济性：用最少的资源做最有效的事。HACCP 非常适合缺乏人力、财力、物力的发展中国家。

2. HACCP 计划的 7 个原理

（1）危害分析（HA）

首先要找出与品种、加工过程有关的可能危及产品安全的潜在危害，然后确定这些潜在危害中可能发生的显著危害，并对每种显著危害制定预防措施。

（2）确定加工中的关键控制点（CCP）

对每个显著危害确定适当的关键控制点。关键控制点是能进行有效控制危害的加工点、步骤或程序。有效控制包括防止发生、消除危害，或使危害降低到可接受水平。

（3）确定关键限值

对确定的关键控制点的每一个预防措施都应确定关键限值。关键限值非常重要，而且应该合理、适宜、实用、可操作。

（4）建立 HACCP 监控程序

建立 HACCP 监控程序包括监控内容、监控方法、监控频率和监控人员等程序，以确保关键限值得以完全符合。

（5）确定纠正措施（corrective actions）

确定当监控到发生偏离关键限值情况时应采取的纠偏行动，以确保恢复对加工过程的控制和不安全的产品没有被销售出去。

（6）建立有效的记录保持程序（record-keeping procedures）

实行 HACCP 体系的过程需要保持大量的技术文件和日常监测记录，记录应包括：体系文件，HACCP 体系的记录，HACCP 小组的活动记录，HACCP 前提条件的执行、监控、检查和纠正记录。这些记录应是真实、全面的。要对这些记录的产生、使用和保存做出规定。

（7）建立验证程序

建立验证程序（verification procedures）用来确定 HACCP 体系是否按照 HACCP 计划运转，或者计划是否需要修改，以及再被确认生效使用的方法、程序、检测及审核手段。

3. ISO 22000：2005 标准《食品安全管理体系——对整个食品链中组织的要求》

在食品生产加工业，HACCP 应用得越来越广泛，它逐渐从一种管理手段和方法演变为一种管理模式或者说管理体系。随着消费者对食品安全的要求不断提高，各国纷纷参照 ISO 9001 标准、HACCP 原理等科学管理方法制定食品安全法规和标准。但是，各国的法规尤其是标准繁多而且不统一，食品企业难以应付，这很大程度妨碍了国际食品贸易的顺利进行。为了满足各方面的要求，2005 年 9 月，ISO 发布了 ISO 22000 标准《食品安全管理体系——对整个食品链中组织的要求》。

《食品安全管理体系——对整个食品链中组织的要求》包括 8 个方面的内容，即范围，规范性引用文件，术语和定义，食品安全管理体系，管理职责，资源管理，安全产品的策划和实施，食品安全管理体系的确认、验证和改进。ISO 22000 标准采用了 ISO 9000 标准体系结构，在食品危害风险识别、确认及体系管理方面，参照了食品法典委员会颁布的《食品卫生通则》中有关 HACCP 体系和应用指南部分。ISO 22000 标准的使用范围覆盖了食品链全过程，即从种植、养殖、初级加工、生产制造、分销，到消费者使用，其中也包括餐饮。另外，与食品生产密切相关的行业也可以采用这个标准建立食品安全管理体系，如杀虫剂、兽药、食品添加剂、储运、食品设备、食品清洁服务、食品包装材料等生产行业。

ISO 22000 标准引用了食品法典委员会提出的 5 个初始步骤和 7 个原理，这 5 个初始步骤是：①建立 HACCP 小组；②产品描述；③预期使用；④绘制流程图；⑤现场确认流程图。7 个原理是：①对危害进行分析；②确定关键控制点；③建立关键限值；④建立关键控制点的监视体系；⑤当监视体系显示某个关键控制点失控时确立应当采取的纠正措施；⑥建立验证程序以确认 HACCP 体系运行的有效性；⑦建立文件化的体系。ISO 22000 标准表达了食品安全管理中的共性要求，而不是针对食品链中任何一类组织的特定要求。

ISO 22000 标准作为管理体系标准，一方面以风险评估方式，通过事先对食品生产加工全过程有关危害的分析，对确认的关键控制点进行有效的管理；另一方面将"应急预案及响应"和"产品召回程序"作为体系失效的补救手段，降低食品安全事件对消费者的不良影响。该标准还要求食品生产者与对可能影响其产品安全的上、下游组织进行有效的沟通，将食品安全保证的概念传递到食品链中的各个环节，通过体系的不断改进，系统性地降低整个食品链的安全风险。

ISO 22000：2005 族标准目前包括：ISO 22000：2005《食品安全管理体系——对整个食品链中组织的要求》，ISO 22003《食品安全管理体系——ISO 22000 认证指南》，ISO 22004《食品安全管理体系——ISO22000：2005 应用指南》，ISO 22005《饲料和食品链的可追溯性——体系设计和开发的通用原理和指南》。

ISO 22000 标准是适合于所有食品加工企业的标准，食品链中任何组织可以通过它对生产经营过程中可能出现的危害进行分析，确定关键控制点，将危害降低到消费者可以接受的水平。标准的出台可以作为技术性标准对企业建立有效的食品安全管理体系进行指导。这一标准可以单独用于认证、内审或合同评审。而且，ISO 22000 与 ISO 9001 有相同的框架，并包含 HACCP 原理的核心

内容。因此也可与其他管理体系，如 ISO 9001：2000 等组合实施。

（四）ISO 9000 族标准

"ISO 9000 族"是国际标准化组织（International Organization for Standardization，简称 ISO）在 1994 年提出的概念，是指"由国际标准化组织质量管理和质量保证技术委员会（ISO/TC 176）制定的所有国际标准"。该标准族可帮助组织实施并有效运行质量管理体系，是质量管理体系通用的要求或指南。它并不受具体的行业或经济部门的限制，可广泛适用于各种类型和规模的组织，促进国内和国际贸易中相互理解。

ISO 于 1979 年成立了质量管理和质量保证技术委员会（TC 176），负责制定质量管理和质量保证标准。ISO 9000 系列标准自 1987 年发布以来，经历了 1994 版、2000 版、2008 版的修改，形成了现在的 ISO 9001：2008 系列标准。

2008 版 ISO 9000 族标准包括以下一组密切相关的质量管理体系核心标准：

ISO 9000《质量管理体系基础和术语》
ISO 9001《质量管理体系要求》
ISO 9004《质量管理体系业绩改进指南》
ISO 19011《质量和（或）环境管理体系审核指南》

ISO 9000 族标准是世界上许多经济发达国家质量管理实践经验的科学总结，且适用于各种类型，不同规模和提供不同产品的组织。实施 ISO 9000 族标准，可以促进组织质量管理体系的改进和完善，对提高组织的管理水平起到了良好的作用。

1. ISO 9000 族标准的发展历程

国际标准化组织于 1986 年发布了 ISO 8402《质量术语》标准，1987 年发布了 ISO 9000《质量管理和质量保证标准　选择和使用指南》、ISO 9001《质量体系设计开发、生产、安装和服务的质量保证模式》、ISO 9002《质量体系　生产和安装的质量保证模式》、ISO 9003《质量管理和质量体系要素指南》5 项标准。以上 5 项标准，通称为 ISO 9000 系列标准。这套标准发布后，立即在全世界引起了强烈的反响。1994 年 ISO 9000 系列标准进行了修订，并提出了"ISO 9000 族"的概念。为了适应不同行业、不同产品的需要，1994 版的 ISO 9000 族标准，已达到 27 项标准和文件，它分成术语标准、两类标准的使用或实施指南、质量保证标准、质量管理标准和支持性技术标准 5 类。

2000 年 ISO 9000 族标准再次进行了重大修订。这次修订在原有标准的总体结构、原则和内容两方面同时进行较大的修改，修改后的 2000 版 ISO 9000 族标准使用了过程导向的模式，替代了产品（质量环）导向的模式，

可以适用于各种组织的管理和运作。该版标准简化了其本身的文件结构，能够满足各个行业对标准的需求。修改后标准结构从管理职责，资源管理，产品实现，测量、分析和改进四大过程来展开，方便了组织的选择和使用。术语用概念图，分主题组，按逻辑关系展示，易于使用、语言明确、易于翻译和理解。标准只明确要求建立针对6方面的活动制定程序文件，减少了强制性的"形成文件的程序"的要求，但是强调了质量管理体系有效运行的证实和效果。将质量管理与组织的管理过程联系起来。标准强调过程方法的应用，强调对质量业绩的持续改进，强调持续的顾客满意是推进质量管理体系的动力。修改还考虑了与ISO 14000系列标准具有更好的兼容性；强调了ISO 9001作为要求标准和ISO 9004作为指南标准的协调一致性，有利于组织的持续改进；考虑了所有相关方利益的需求。总之，2000版ISO 9000族标准吸收了全球范围内质量管理和质量体系认证实践的新进展和新成果，更好地满足了使用者的需要和期望，达到了修订的目的。与1994版ISO 9000族标准相比，更科学、更合理、更适用和更通用。2008年，ISO 9000族标准的再次修订，主要针对2000版ISO 9000族标准部分条款的含义不够明确，不同行业和规模的组织在使用标准时容易产生歧义及与其他标准的兼容性不够等问题，对原2000版标准中的部分条款进行了修订、补充，使标准的内容和要求更加明确、更具适用性。修订后的标准保持通用性、强化兼容性、保持协调一致性。标准行文更加简洁，多用短句，含义清晰，易于达成共识以消除歧义，使所有相关方都能够理解标准内容。

我国在贯彻实施ISO 9000族标准中，从国家标准的制定、认证人员的培训和注册及认证机构国家认可委员会的国际互认等不同层面上做了相应的工作，将ISO 9000族国际标准转化为我国国家标准。1992年10月我国等同采用了ISO 9000系列国际标准，编号为GB/T 19000 idt ISO 9000。1994年、2000年、2008年我国均与国际标准化组织等同采用、同步实施ISO 9000族标准的改版。2008年12月30日中国发布了GB/T 19001—2008版，于2009年3月1日实施。

2. 2008版ISO 9000族标准

ISO 9000族标准由许多涉及质量问题的术语、要求、指南、技术规范、技术报告等组成，2008版ISO 9000族标准核心标准简介如下。

a. ISO 9000：2005《质量管理体系 基础和术语》。此标准包含3个方面的内容，即8项质量管理原则、质量管理体系基础、术语和定义。标准提出的8项质量管理原则，是在总结质量管理经验的基础上，明确一个组织在实施质量管理中必须遵循的准则，也是2005年版ISO 9000族标准的理论基础。标准表述了建立和运行质量管理体系应遵循的12个方面的质量管理体系基础知识，给出了有关质量术语共84个词条，

分成10个部分。

b. ISO 9001：2008《质量管理体系 要求》。此标准规定了质量管理体系要求，其基本目的是供组织需要证实其具有稳定地提供顾客需求和适用的法律法规要求的产品的能力时应用。标准适用于各行各业、各种类型产品。为适应不同类型组织的需要，在一定条件下，允许删减某些要求。标准采用以"过程方法"为基础的质量管理体系模式结构，取代了1994年版中的20个要素。标准共分8章。标准可作为组织内部和外部（第二方或第三方）进行质量管理体系评价的依据。

c. ISO 9004：2008《质量管理体系 业绩改进指南》。此标准旨在帮助组织建立、实施和改进质量管理体系，并提高其有效性和效率，满足顾客和其他相关方的需求和期望，同时，持续改进组织的整体业绩，使组织获得成功。与ISO 9001相比，此标准关注质量管理更宽的范围；通过系统和持续改进组织的绩效，满足所有相关方的需求和期望。ISO 9004不用于认证、法律法规和合同的用途。

d. ISO 19011：2002《质量和（或）环境管理体系审核指南》。此标准规定了对质量管理体系和环境管理体系进行审核的基本原则、审核方案管理、审核实施及对质量和环境质量管理体系审核员资格要求提供了指南。

3. ISO 9000族标准确定的质量管理八大原则

a. 以顾客为关注焦点。

b. 领导作用。

c. 全员参与。

d. 过程方法。

e. 管理的系统方法。

f. 持续改进。

g. 基于事实的决策方法。

h. 与供方互利的关系。

4. 2008版ISO 9000族标准的主要优点

a. 能适用于各种组织的管理和运行。

b. 能够满足各个行业对标准的需求和利益。

c. 语言简洁明确、易于翻译和各相关方理解、易于使用。

d. 弱化了强制性的"形成文件的程序"的要求。

e. 将质量管理体系与组织的管理过程联系起来。

f. 强调了对质量业绩的持续改进。

g. 强调了持续的顾客满意是质量管理体系的动力。

h. 与环境管理体系标准具有更好的相容性。

i. 强调了ISO 9001作为要求和ISO 9004作为指南标准的协调一致性，有利于企业的持续改进。

j. 考虑所有相关方的利益需求。

二、各种卫生管理方法、体系之间的关系

（一）GMP 与 SSOP 之间的关系

GMP 是食品加工企业必须达到的基本条件；SSOP 是企业为达到 GMP 要求而制定的在食品生产加工有关过程中实施清洗、消毒和保持卫生的作业指导文件；GMP 是政府有关部门制定的强制性规定；SSOP 是企业内部的管理文件。GMP 的规定是原则性的；SSOP 的规定是具体的。GMP 是制定 SSOP 计划的依据，是 SSOP 的法律基础；SSOP 是落实 GMP 要求，指导卫生操作管理具体实施的"作业指导书"。GMP 的目的是保证生产出符合安全卫生要求的食品；SSOP 的目的是使企业达到 GMP 的要求。

（二）GMP、SSOP 与 HACCP 之间的关系

GMP、SSOP、HACCP 共同的目的都是使企业具有完善、可靠的食品安全卫生质量保证体系，确保生产出安全的食品，保障消费者的安全和健康。GMP、SSOP 控制的是一般的食品卫生方面的危害，HACCP 重点控制食品安全方面的显著性危害。GMP、SSOP 是制定和实施 HACCP 计划的基础和前提。SSOP 计划中的某些内容可以列入 HACCP 计划内。仅仅实施 GMP 和 SSOP，企业要靠事后检验解决一般的食品卫生问题。如果企业在满足 GMP 和 SSOP 的基础上实施 HACCP 计划，则可以将食品安全的显著危害预防、控制和消灭在事前。

（三）ISO 22000 食品安全管理体系标准与 HACCP 之间的关系

HACCP 是指对食品安全危害予以识别、评估和控制的系统化方法。HACCP 管理体系是指企业经过危害分析找出关键控制点，制定科学合理的 HACCP 计划，使其在食品生产过程中有效地运行并能保证达到预期的目的，保证食品安全的体系。ISO 22000 食品安全管理体系标准是国际标准化组织为保证国际间食品贸易的顺利进行，消除技术壁垒，满足各方面的要求，以 HACCP 原理为基础，吸收并融合了其他管理体系标准中的有益内容，形成、发布的食品安全管理体系标准。ISO 22000 标准引用了食品法典委员会提出的 HACCP 5 个初始步骤和 7 个原理，对组织提出了国际通行的、具体明确的要求，可以用作认证或审核。HACCP 原理是 ISO 22000 标准的基础，ISO 22000 标准是获得国际共识的 HACCP 管理体系的标准。

（四）ISO 9000 族标准与 GMP、SSOP、HACCP、ISO 22000 标准之间的关系

GMP 规定了食品加工企业必须达到的基本卫生要求，包括环境要求、硬件设施要求、卫生管理要求等。在对管理文件、质量记录等管理要求方面，GMP 与 ISO 9000 标准的要求是一致的。

SSOP 是依据 GMP 的要求而制定的卫生管理作业文件，相当于 ISO 9000 管理体系中有关清洗、消毒、卫生控制等方面的作业指导书。

HACCP 是建立在 GMP、SSOP 基础上的预防性的食品安全控制体系。其控制食品安全危害、将不合格因素消灭在过程中，体现的预防性与 ISO 9000 族标准的过程控制、持续改进、纠正体现的预防性是一致的。ISO 9000 质量管理体系侧重于软件要求，即管理文件化，强调最大限度满足顾客要求，对不合格产品强调的是纠正；GMP、SSOP、HACCP、ISO 22000 标准除要求管理文件化外，侧重于对硬件的要求，强调保证食品安全，强调危害因素控制、消灭在过程中。

ISO 22000 标准采用了 ISO 9000 族标准体系结构，在食品危害风险识别、确认及体系管理方面，参照了食品法典委员会颁布的《食品卫生通则》中有关 HACCP 体系和应用指南部分。ISO 9000 质量体系文件是按照从上到下的次序建立的，即从质量手册到程序文件到作业指导书到记录等其他质量文件；HACCP 的文件是从下而上，从危害分析到 SSOP 到 GMP，最后形成一个核心产物，即 HACCP 计划。

ISO 9000 质量体系所控制的范围较大，HACCP 控制的内容是 ISO 9000 质量体系中的一部分。食品安全只是食品加工企业 ISO 9000 质量体系的质量目标之一，但 ISO 9000 质量体系没有危害分析的过程控制方法，因此食品加工企业仅靠建立 ISO 9000 质量体系很难达到食品安全的预防性控制要求。HACCP 是建立在 GMP、SSOP 基础之上的控制危害的预防性体系，与质量管理体系相比，它的主要目标是食品安全，因此可以将管理重点放在影响产品安全的关键加工点上，在预防方面显得更为有效，是食品安全预防性控制的唯一有效方法，填补了 ISO 9000 质量体系在食品安全的预防性控制方面的缺点。

目前，ISO 9000、ISO 22000 标准是推荐性标准，企业自愿实施。GMP、SSOP、HACCP 的多数内容已经成为政府的强制性要求，企业必须达到。

（张欣）

第二节 食品生产加工过程的监督

一、对食品生产企业的监督

（一）监督管理的主要依据

a.《中华人民共和国食品安全法》及其实施条例。

b.《食品生产许可管理办法》（国家质检总局令第129号）。

c.《食品生产加工企业落实质量安全主体责任监督检查规定》（国家质检总局2009年第119号公告）。

d.《关于贯彻实施〈中华人民共和国食品安全法〉若干问题的意见》（国质检法〔2009〕365号）。

e.《关于省级质量技术监督部门调整食品生产许可审批发证权限的指导意见》（国质检食监函〔2010〕516号）。

2004年开始，广东省的监管部门按照当时的《食品卫生法》、《产品质量法》等法律法规规定，实施了普查建档、监督检验、市场准入、巡查企业、回访政府、查处违法行为等6项制度，对加强食品生产加工过程的监督管理，规范食品生产加工单位的行为，提高食品质量安全水平，保障公众身体健康，发挥了非常重要的作用。

2009年6月1日，《食品安全法》实施。2009年7月20日，国务院《食品安全法实施条例》实施。《食品安全法》对食品安全监管职能部门的职责分工进行了调整，对食品生产、食品流通、餐饮服务等环节的监管工作提出了新的要求，建立了以食品安全风险评估为基础的监管制度，突出了强化生产经营者为食品安全的主体责任。此后，国家质检总局先后出台《食品生产许可管理办法》（总局令第129号）、《食品生产加工企业落实质量安全主体责任监督检查规定》（总局2009年第119号公告）、《关于调整部分食品生产许可工作的公告》（总局2010年第75号公告）、《关于省级质量技术监督部门调整食品生产许可审批发证权限的指导意见》（国质检食监函〔2010〕516号）等规章和规范性文件，对生产加工环节的食品监管工作提出了新的要求。为适应上述法律、法规、规章、规范性文件的要求和食品生产监管的新形势，总结监管部门近年来探索取得的行之有效的监管经验（如食品安全接待日、食品生产加工单位负责人约谈等），履行生产加工环节食品安全监管职责，提高生产加工环节食品质量安全水平，监管部门修改公布了新的生产加工环节在食品企业的监督管理办法。

（二）监管管理办法涉及的主要制度

1. 食品生产许可

《食品安全法》规定，从事食品生产加工的企业，必须取得食品生产许可证。食品生产许可是一项行政许可制度。该制度建立的原则是事先保证和事后监督相结合、政府监管和企业自律相结合、充分发挥市场机制的作用。实行生产许可证管理，对食品生产加工企业的环境条件、生产设备、加工工艺过程、原材料把关、执行产品标准、人员资质、储运条件、检测能力、质量管理制度和包装要求等条件进行审查，并对其产品进行抽样检验。对符合条件且产品规定项目检验合格的企业，颁发食品质量安全生产许可证，允许其从事食品生产加工。未取得《食品生产许可证》的企业不准生产食品。

申请《食品生产许可证》的企业需提交食品生产许可证申请，由食品安全监管部门组织审查组和产品检验机构对企业的生产必备条件、检验能力进行现场核查，对企业生产的食品进行抽样检验。对于已获得出入境检验检疫机构颁发的《出口食品厂卫生注册证》的企业，其生产加工的食品在国内销售的，以及已经通过HACCP体系评审的企业，审查组在进行现场核查时，按照补缺的原则，可以简化或者免于工厂生产必备条件审查。经审查符合发证条件的，予以发证。《食品生产许可证》有效期为3年。取得《食品生产许可证》的企业，应当在食品的最小销售包装上，标注《食品生产许可证》标识和编号。

省（区）食品安全监管部门按照有关法律、法规、规章和国家食品安全监管部门的有关规定，以及市、县（市、区）食品安全监管部门具备的条件，确定并公告本行政区域内各级食品安全监管部门分别实施许可的食品品种。各级食品安全监管部门负责本行政区域内的食品生产许可管理工作。根据工作需要，省局及市局可以将本级负责的食品许可，委托下级局实施。委托实施的，委托机关应当将受理、审查和决定等全过程委托受委托机关实施。各级食品安全监管部门必须严格按照有关法律、法规和规章规定的程序和要求，遵循公开、公平、公正、便民原则，对拟设立和已经设立的食品企业，实施食品生产许可相关工作。除涉及国家产业政策的食品生产许可事项，各级食品安全监管部门应当逐步向申请人提供互联网申请方式。

食品安全监管部门应加强对食品生产许可和监督检查档案的管理。档案保存期限按国家有关规定执行。同时还应当建立食品生产许可和监督检查信息平台，便于公民、法人和其他社会组织查询。食品安全监管部门应当加强对食品生产许可工作的申请受理、现场核查、发证检验等各个环节的监督检查，并加强对食品生产许可工作机构和人员履行工作职责的监督管理。对存在违法违纪行为、造成严重后果的，应当依法处理相关责任人。

2. 食品抽样检验

食品安全监管部门依法对本行政区域内食品企业生产的食品进行定期或者不定期的抽样检验。抽样检验按照监督管理计划组织检验机构实施，样品委托符合《食品安全法》规定的食品检验机构检验。食品安全监管部门依法向同级财政申请抽检经费（包括检验费和购买样品所需费用）。抽样检验项目可以实施食品安全标准全项目检验，也可以根据本行政区域内食品质量安全实际情况，实施重点项目检验。食品企业对抽样检验结论有异议的，可以依法申请复检。对抽样检验不合格的，各级食品安全监管部门按照《食品安全法》等法律法规的有关规定处理。

3. 食品企业监督检查

食品安全监管部门依照法律法规和国家质检总局的有关规定，在职权范围内对本行政区域的食品企业实施监督检查。食品安全监管部门对食品企业实施分级管理。根据企业食品质量安全控制能力，食品企业划分为 4 个监督管理等级。

A 级：取得食品生产许可证，持续保持食品生产许可必备条件，具备持续生产合格食品和食品质量安全控制能力。

B 级：取得食品生产许可证，持续保持食品生产许可必备条件，基本具备持续生产合格食品和食品质量安全控制能力。

C 级：取得食品生产许可证，基本保持食品生产许可必备条件，不完全具备持续生产合格食品和食品质量安全控制能力。

D 级：取得食品生产许可证后未能保持食品生产许可必备条件，不具备持续生产合格食品和食品质量安全控制能力。

食品安全监管部门对不同等级的食品企业实施不同频次的监督检查。对 A 级企业每年至少监督检查 1 次，对 B 级企业每年至少监督检查 2 次（其中现场检查至少1 次），对 C 级企业每年至少监督检查 3 次（其中现场检查至少 2 次），对 D 级企业应当及时依法查处。食品安全监管部门根据年度监督检查、抽样检验、违法行为查处等日常监管情况，动态调整企业的监督管理等级和对企业的监督检查频次，食品企业有下列情形之一的，下调企业监督管理等级，等级下调无需逐级进行。

a. 年度抽样检验出现 2 次以上不合格或者 1 次严重

不合格的。

b. 年度监督检查多个项目不符合规定，且未按照要求整改的。

c. 拒绝检查和抽样检验的。

d. 有其他严重食品安全违法行为的。

B、C 级食品企业有下列情形之一，可以上调企业监督管理等级，等级上调需逐级进行。

a. 企业食品质量安全控制能力达到上一级监督管理等级要求的。

b. 年度抽样检验无不合格记录，年度监督检查各项目符合规定的。

食品安全监管部门根据地方人民政府组织制定的食品安全年度监督管理计划，编制本行政区域内企业年度监督检查计划，并报上一级食品安全监管部门备案。各级食品安全监管部门可以根据上级食品安全监管部门的工作部署、掌握的食品安全风险监测信息、企业食品安全信用状况、监管工作需要等，对年度监督检查计划进行调整。

监督检查的重点产品主要是本行政区域风险较高、问题较多的产品及专供婴幼儿、老年人、病人等特定人群的主辅食品；监督检查的重点企业是产品质量不稳定、有严重违法记录及多次被举报投诉存在食品质量安全问题的食品企业。监督检查的重点区域是上述重点产品、重点企业集中的区域。

对企业落实质量安全主体责任实施的监督检查分为常规监督检查和特别监督检查。食品安全监管部门对食品企业实施监督检查的重点是企业依法执行有关法律法规和标准等情况。监督检查可采取听取企业汇报，查阅企业记录，询问企业员工，核查生产现场，检验企业产品及所用食品原料、食品添加剂、食品相关产品，调查企业利益相关方等方式。

基层食品安全监管部门要督促被检查企业按照食品企业落实质量安全主体责任监督检查有关规定开展自查并提交书面自查报告和自查表，并对企业提交的自查报告和相关材料进行核查，认为需要实施现场检查的，应当告知企业。

食品安全监管部门按照有关法律法规的规定，对食品企业实施监督检查，重点检查以下内容。

a. 保持资质一致性的情况。

b. 建立和执行进货查验记录、生产过程控制、出厂检验记录、不合格品管理、食品标识标注、销售台账、不安全食品召回、消费者投诉受理等食品安全管理制度的情况。

c. 标准执行的情况。

d. 从业人员健康和培训的情况。

e. 接受委托加工食品的情况。

f. 对与其相关的食品安全风险监测和评估信息的收集和处理的情况。

g. 对食品安全事故处置的情况。

监督检查人员在开展检查时，按照有关法律法规的规定，如实记录食品企业落实质量安全主体责任情况的监督检查结果。监督检查结论由监督检查人员和被检查企业法定代表人或者其授权的人员签字。被检查企业对检查结果有异议的，可以签署异议。监督检查人员应就监督检查结论向本单位汇报。被检查企业拒绝签字的，由监督检查人员书面记录后存档。

监督检查工作需要当地人民政府或者相关部门支持、配合的，食品安全监管部门应提出工作建议，并以书面形式报告当地人民政府或者告知有关部门。监督检查结果应记入企业食品安全信用档案。监督检查工作中获知的食品安全信息依法应当通报同级相关监管部门的，按法律法规要求进行通报；食品安全信息直接涉及食品认证、计量等情形的，应向食品安全监管部门内部相关工作机构通报。

食品安全监管部门在监督检查中发现企业违反有关法律法规的，应依照有关法律法规予以处理。上级食品安全监管部门可以通过查阅监督检查记录、组织交叉检查、随机抽查企业等方式对下级部门监督检查工作进行督查。参与企业监督检查的工作人员，应遵守法律、法规及本办法规定，秉公执法、不徇私情。未依照相关法律法规和有关规定履行法定职责、日常监督检查不到位或者滥用职权、玩忽职守、徇私舞弊的，依法追究相关责任人行政责任。食品安全监管部门应当定期或不定期对监督检查人员进行食品安全有关法律法规和监管业务知识等进行培训和考核，并加强对监督检查队伍的管理，提高队伍综合素质，使其能更好地履行生产加工环节的食品质量安全监管职责。

4. 食品生产加工环节违法行为查处

食品安全监管部门应对食品企业违法生产加工行为及时依法查处，及时消除食品安全隐患。食品安全监管部门、食品监管机构在监督检查、抽样检验、食品安全风险监测、举报投诉等工作中发现食品生产违法行为的，应及时移送稽查机构依法查处；稽查机构在查处工作结束后，应当及时反馈处理结果，以便食品监管机构更新食品企业食品安全信用档案。食品安全监管部门要对食品企业比较集中、食品安全问题比较突出的重点村镇和城乡结合部等区域进行重点整顿，并加强与地方政府的沟通和汇报，推动政府组织协调治理区域性食品安全问题。

5. 食品安全信用档案

建立食品企业食品安全信用档案，是督促食品企业落实质量安全主体责任、规范食品生产加工行为的基础工作；包括如实填写并及时更新《食品企业基本信息登记表》，记录食品生产许可证颁发、日常监督检查结果、违法行为查处等情况，建立食品企业安全信用档案信息。

监管部门根据食品安全信用档案，对食品企业实施分级动态监管。对食品安全信用档案中记录有发生重大食品安全事故、存在严重质量安全违法行为等不良信用记录的食品企业，应将其列入重点监管的范围，增加监督检查和抽样检验的频次。

6. 生产加工环节食品安全风险监测与信息交流

食品安全监管部门按照国家和省卫生部门及上级食品安全监管部门关于食品安全风险监测的工作安排开展风险监测有关工作。对风险监测中发现的食品安全风险信息或者接到食品安全风险监测信息的通报，应及时组织筛查和研判，采取有针对性的措施，防止发生食品安全事故。在风险监测工作中发现需要进行食品安全风险评估情形的，食品安全监管部门依照《食品安全法》的有关规定，收集以下食品安全风险评估信息和资料，逐级报送国家有关部门。

a. 风险的来源和性质。

b. 相关检验数据和结论。

c. 风险涉及范围。

d. 其他有关信息和资料。

在风险交流方面，食品安全监管部门开展了食品安全接待日工作，加强食品安全风险信息交流，增强食品生产监管工作的主动性和有效性。食品安全接待日的方式包括定点咨询、网上交流、行业走访、企业座谈、社区宣传等。食品安全监管部门通过加强食品企业辖区政府回访，促进双向互动和沟通，形成了协调联动。回访形式包括上门协商、会议探讨、网上或书面信息通报等；回访对象包括辖区政府或基层组织（乡镇、街道办事处等）；回访内容包括通报本行政区域内食品生产加工行业质量安全基本情况、当地食品企业的动态变化信息等。食品安全监管部门加强相关部门食品安全信息通报，及时向负责食品安全综合协调职责的部门和其他相关部门通报生产加工环节食品安全信息。

食品安全监管部门开展了食品企业负责人约谈工作。对本部门职权范围内所监管的企业存在以下情形之一的，各级食品安全监管部门与该企业法定代表人、负责人或质量管理负责人等相关负责人进行面谈，要求企业认真处理出现的问题，指导企业制定有效整改措施，督促企业确保食品质量安全。

a. 产品抽样检验结果严重不合格的。

b. 产品存在严重安全风险的。

c. 消费者多次投诉的。

d. 轻微违法违规，要求企业进行限期整改但整改不到位的。

e. 轻微违法违规，经立案查处后认为可不予行政处罚的。

食品安全监管部门开展了食品安全专家定期咨询和

突发食品安全公共事件即时咨询工作，为日常食品安全问题研究和应对突发事件提供有力的技术支撑。省、市食品安全监管部门建立了由大专院校、质检机构和食品行业等方面的技术专家组成的监管部门食品安全专家组。

食品安全监管部门依据职责公布食品安全日常监督管理信息，具体包括以下内容。

a. 依照食品安全法实施行政许可的情况。

b. 责令停止生产经营的食品、食品添加剂、食品相关产品的名录。

c. 查处食品生产经营违法行为的情况。

d. 专项检查整治工作情况。

e. 法律、行政法规规定的其他食品安全日常监督管理信息。

食品安全日常监督管理信息涉及两个以上食品安全监督管理部门职责的，依法由相关部门联合公布。

食品安全监管部门获知依照《食品安全法》规定需要统一公布的信息的，逐级上报至国家有关部门；必要时，可以直接向国家有关部门报告，并行逐级上报。

全省生产加工环节食品企业监督管理的上述制度的动态信息实施每月动态汇总，供工作决策之用。

二、对食品小作坊的监督管理

（一）监督管理的思路和方法

截止 2013 年 9 月，广东已建档，并纳入日常监管的食品生产加工小作坊有 5122 家。主要产品为：食用植物油、河粉、豆制品、糕点、白酒、凉果及地方特色食品等。这些小作坊主要有两类：一类是生产列入食品生产许可管理的食品，规模小、条件简陋、工艺简单、以传统手工操作为主，食品质量安全控制能力较低，在现有的条件下无法取得食品生产许可证的生产加工单位；另一类是生产未列入食品生产许可管理的地方特色食品，使用传统工艺加工制作的家庭式作坊。

食品小作坊的生产加工环节一直是食品安全风险管理的重点和难点。监管部门对食品生产加工小作坊监管，应坚持"监管、规范、引导、便民"的指导思想，通过明确监管思路，坚持整治与帮扶相结合，逐步提高小作坊食品安全整体水平。一是 "四清两降一严一提高"的监管思路，即做到清楚全面情况，清查无证单位，清理监管风险，清晰基本条件；实现降低小作坊数量，降低社会影响；严厉打击食品安全违法行为；推进小作坊企业加强内部管理，提高食品安全水平。二是制定统一规范，加大指导和培训力度，通过树立典型，样板示范，督促指导食品小作坊限期完成生产基本条件改造，以点带面促进全面规范。三是针对区域特色相对明显的生产加工环节小作坊，积极争取地方政府支持，推广园区集中监管模式，实行"五集中"（即集中建房、集中生产、集中管理、集中检验、集中扶持），力图打造统一品牌，既保证了弱势群体的就业问题，又提高了产品质量和附加值，成效明显。全省各地建立食品小作坊集中加工区域 25 个。通过保持反复整治、条件改造后取证和关停无证照窝点、劝退无法改进加工条件小作坊等措施，小作坊食品安全保障水平不断提高，总量逐年下降，从 2005 年近 2 万家降到目前 5122 家，减少了 70%。

1. 小作坊基本条件

2009 年，广东开展了"五小"（即五类小型生产经营单位，包括食品小作坊、小农资店、小餐饮、小商店、小屠宰场）为重点的产品质量和食品安全专项整治成果巩固深化活动，监管部门进一步深入实施小作坊各项监管措施，全面巩固和深化食品小作坊的整治成果。一是制定小作坊生产条件统一规范。省有关监管部门联合下发"五小"整治基本要求，对食品小作坊基本生产条件提出规范要求，为全省各级监管部门开展小作坊整治提供指导意见。二是积极开展食品小作坊整治"回头看"，进一步摸清底数，全面完善食品小作坊档案。三是推动食品小作坊质量安全承诺书制度规范化、制度化、常态化。加强日常监督检查力度，严格监督小作坊落实质量安全承诺书的有关要求；健全小作坊食品原料进货和产品销售台账、生产记录等制度，实现溯源管理。

食品生产小作坊基本条件包括以下内容。

a. 有营业执照、卫生许可证、食品生产加工小作坊质量安全承诺书，并公开悬挂。

b. 生产加工间入口处统一设置洗手、消毒、清洗设施。

c. 车间地面应用无毒、防滑的硬质材料铺设，排水状况良好；生产车间内不允许有厕所；生产加工场地应清洁卫生；有防蝇、防鼠、防虫设施，生产设备、设施卫生整洁。

d. 库房内存放的物品应离地离墙、码放整齐。

e. 统一建立《原辅料进货台账》和《产品销售台账》。

f. 盛装产品和原材料的包装物或容器，不受污染，符合卫生要求；重复使用的包装物或容器必须进行定期清洗、消毒，保持清洁卫生。产品或包装上的标识必须真实。

g. 工作人员持有健康证明。

2. 监督管理的方法

（1）制定计划

监管部门结合当地实际，明确小作坊监管的各阶段目标，制定相应的实施方案和计划。按照降低小作坊数量的总体目标，在地方政府的支持下，分类分批实施整治，有计划有步骤地推进监管工作。

（2）目录管理

监管部门根据本辖区实际情况确定允许存在的食品

生产加工小作坊目录，待县级政府同意后，报上级监管部门备案。生产加工列入目录产品的食品生产加工小作坊，要按照规定进行条件改造、公开承诺，并按照其承诺的范围销售产品。小作坊目录实行动态管理，根据本地实际情况和监管情况及时调整。

（3）条件改造

监管部门针对本地区纳入目录管理食品生产加工小作坊，制定相应基本质量安全卫生条件，作为从事食品生产的最低要求。要求食品生产加工小作坊按照基本质量安全卫生条件进行改造，达不到基本条件的不能生产加工食品。有条件的地方可以制定更高要求的基本质量安全卫生条件，报上级监管部门备案后实施。食品生产加工小作坊基本质量安全卫生条件应当根据监管需要，逐步提高要求。

（4）生产报告

季节性生产的、生产设备有较大改变的、其他原因停产的食品生产加工小作坊重新开始生产时，必须向县监管部门报告。监管部门应该在食品生产加工小作坊重新生产的初期实施严密监管，并适当进行强制检验，直至生产情况稳定、产品质量安全后纳入正常食品生产加工小作坊监管范围。

（5）公开承诺

各级监管部门要求食品生产加工小作坊主动公开向社会承诺，承诺的主要内容包括不使用非食品用原料、不使用回收食品做原料、不滥用食品添加剂，产品不进入商场、超市销售，不超出承诺的区域销售，以及不断提高生产水平，不断提高产品质量等。承诺应向本地监管部门备案。承诺应明示、公开，接受政府和群众监督。

（6）加强巡查

各级监管部门应将本地区内的食品生产加工小作坊作为巡查的重点，巡查频次应当每月一次以上。重点巡查小作坊食品原料使用情况、添加物质使用情况及产品出厂检验情况等，及时采取有效措施，消除存在的食品质量卫生安全隐患。

（7）强制检验

各级监管部门应当加强对小作坊产品的抽查和监测，切实落实食品卫生检验和出厂检验等强制检验措施，主要产品每个月至少要检验一次，重点检验涉及食品质量卫生安全的指标。

（8）定期公示

监管部门应组织对本地区食品生产加工小作坊监督检查情况进行定期公示。定期公示至少半年进行一次，根据实际情况可以增加公示频次。公示的内容至少包括本地食品生产加工小作坊的条件改造情况、产品检验的情况、日常巡查情况等。定期公示的内容应同时报本地政府和上级监管部门。

（9）严查严打

充分发挥巡查员、协管员和信息员在食品安全监管中的一线作用，调动基层单位的积极性，实施重点监控，

对存在制售假冒伪劣食品、使用非食品用原料和滥用添加剂违法行为的小作坊要及时查处，同时报告当地政府，会同有关部门依法予以取缔。涉嫌违法犯罪的，不能以罚代刑，必须移交司法机关处理。

（二）创造有利于食品生产小作坊规范发展的局面

1. 清查无证照生产黑窝点

针对无证照食品生产窝点查处难度大、涉及职能部门多的情况，监管部门要联合组织对无证照食品加工点进行专项整治。通过摸查取得非法生产加工单位名单，以此为整治重点，制定具体整治方案，明确职责分工和整治要求，联合执法、统一行动，确保对列入名单的所有生产经营单位整治到位。对违法情节严重、屡查不改的无证无照生产加工单位，地方政府组织有关部门采取停电、停水等强有力措施，有效遏制无证照食品加工行为。

2. 深化小作坊日常监管措施

一是对已签订小作坊承诺书的证照齐全的小作坊通过巡查进行年度审查，并签订新的承诺书，明确生产产品类别、产品限制范围销售等内容，并实施严格管理。二是加强对小作坊产品进行日常强制检验力度。加大对食品监督抽查的经费投入，加大对小作坊的监督抽查力度，严厉查处抽查不合格生产加工单位。监管部门加大对小作坊出厂检验的督促检查力度，强制不具备自检能力的小作坊委托有资质的检验机构进行定期出厂产品检验，确保产品质量稳定合格。三是通过加强日常检查，收回达不到基本生产条件要求小作坊的质量安全承诺书，报请地方政府予以查处取缔。

3. 加大指导和帮扶的力度

一是大力推行区域集中监管模式。各级监管部门积极推行区域集中监管模式，推动各地政府牵头做好相关区域规划和出台配套政策，对区域特色相对明显的食品加工小企业、小作坊实行集中经营管理。二是加大指导和培训力度，推动小作坊取证合法生产。对具备一定条件的小作坊不断加大帮扶和指导的力度，一方面从生产设备、检验仪器、生产环境、厂房改造等进行引导和指导，鼓励其加大投入。另一方面重点对其人员进行质量意识、法律法规、质量控制与管理、出厂检验等方面进行培训，使其逐步达到取证条件，积极申办食品生产许可证。三是以点带面促进规范。对证照齐全、但生产基础条件和质量保障能力较差的小作坊，对照生产基本条件规范要求，通过树立典型、样板示范，以点带面促进食品生产小作坊全面规范，督促指导食品小作坊限期完

成生产基本条件的改造。

（三）完善食品小作坊食品安全监督管理的措施

《食品安全法》明确授权省级人大常委会制定食品生产加工小作坊和食品摊贩的具体管理办法，该法第二十九条第三款规定："食品生产加工小作坊和食品摊贩从事食品生产经营活动，应当符合本法规定的与其生产经营规模、条件相适应的食品安全要求，保证所生产经营的食品卫生、无毒、无害，有关部门应当对其加强监督管理，具体管理办法由省、自治区、直辖市人民代表大会常务委员会依照本法制定。"

目前，在食品生产加工领域，以广东为例，全省已建档、并纳入日常监管的食品生产加工小作坊5122家，占食品生产单位总数的39.4%。这些食品小作坊从业人员的文化程度不高，生产设施和设备简陋，广泛分布在农村和城乡结合部，呈现"多、小、散、乱、差"的特点，短时间内难以提高安全保障能力，是食品安全的重大危险源。2009年下半年的花生油专项抽检中，全省共抽取649个花生油样品，其中110个不合格样品主要为小作坊生产的产品。此外，在农产品初级加工、食品流通、餐饮消费等领域，还存在大量食品小作坊或同时有生产、加工食品行为的流通经营、餐饮服务单位，如粮食、蔬菜、水果、禽畜制品等农副食品的分类挑拣、清洗、宰杀、切割、保鲜、包装场所；集贸市场、商场超市及街头的生产经营直接入口食品、食物的加工点；酒楼、宾馆、饭堂中的食品加工点；为餐饮服务单位加工餐饮食物（或半成品）的加工点（如中央大厨房）；熟食加工点；配餐加工点；即时加工制作并提供餐饮服务的食品加工点等。从实际情况看，由于地区差异、城乡差异等和不同消费群体需求，决定了在今后相当长的一段时间内，这些食品小作坊仍将存在。在全省农村大部分地区，食品小作坊仍然是发展农村经济、增加农民收入、解决农民就业的重要手段。这种复杂的情况决定了食品小作坊监管工作是一项长期、艰巨、复杂的任务。

从近年的监管实践和现实情况来看，《食品安全法》虽将食品小作坊纳入了调整范围，但是，对于什么是食品小作坊，食品小作坊从事食品生产经营应当具备什么条件，食品小作坊是否要建立进货查验制度和出厂检验记录，各级食品安全监督管理部门对食品小作坊的监管体制等，该法没有做出规定。一方面由于这些小作坊缺乏合法生产资格，但又无法全部取缔，另一方面食品安全监督管理部门对小作坊的监管主要是依据各部门的规范性文件，部分监管措施的合法性常常受到质疑。这种状况使得食品安全监督管理部门一直处于被动和尴尬的局面。

因此，为规范小作坊生产经营行为，确保人民群众食品消费安全，有必要根据《食品安全法》的授权，结合实际，制定和完善小作坊的具体管理办法，对法律没有明确的事项做出规定，为全面加强小作坊安全监管提供法律保障。

食品安全监督管理部门的实践经验为对小作坊监管的规范化、制度化打下了很好的基础。在生产加工领域，监管部门自2005年以来始终将食品生产小作坊作为监管的重点，逐步形成了质量安全承诺书、进货销售台账、区域集中生产、出厂强制检验等制度和监管模式。对营业执照和卫生许可证齐全、但生产基础条件和质量保障能力较差的小作坊，对照生产基本条件规范要求，通过树立典型，样板示范，以点带面促进小作坊全面规范，督促指导小作坊限期完成生产基本条件的改造。上述制度、措施、做法等均取得了一定的成效，为实现食品小作坊监管规范化和制度化提供了许多有益的实践经验。

1. 食品生产小作坊的界定

目前法律、法规、规章对食品小作坊的界定差异较大，没有形成统一明确的界定。一般来说，食品小作坊是指在农产品初级加工、食品生产、食品流通及餐饮消费等领域中有固定生产经营场所，生产经营条件简单，从事传统、低风险食品生产加工活动的食品生产加工单位。

2. 食品小作坊基本条件和监管内容应以卫生控制为主

食品小作坊从业人员素质不高，监督应强调卫生管理，包括人员卫生、工艺卫生、场地环境卫生；产品和原材料采购标准的确定；原料进厂工艺控制和出厂检验三项为主的管理制度的建立和执行记录；废弃物/废弃物的处理；防止异物、金属、碎玻璃和木头带来的危险、害虫控制等措施；产品的可追溯性；食品安全事故、投诉和不合格品的处理等。

3. 监督管理以（业主）生产经营者落实主体责任为基础

生产经营者应当落实《食品安全法》规定的基本责任，完善小作坊基本条件，保证产品质量安全。对违法小作坊，除对单位进行处罚外，还应对生产经营者（业主）进行惩戒。

4. 日常监督可以应用分级管理和扣分制

在《食品安全法》及其实施条例，以及以往食品安全监管法律法规中，均没有提出食品小作坊生产经营活动的分级管理制度。但是分级管理和扣分制是我国香港、新加坡等地对食品生产加工小作坊管理得比较好的经验。目前，国内餐饮单位已经实行分级管理，效果良好。分级管理可以使经营者有改进条件、管理水平的动力；扣分制则对轻微违规和存在隐患的单位有警示作用。因此，参照我国香港、新加坡等地对食品生产加工小作坊分类管理的成功经验，可以引入食品小作坊分类管理制度，规定由食品安全监督管理部门对取得相关许可证的食品小作坊按标准分为 A、B、C、D4 类进行分类管理，并根据食品小作坊发展和年度监管情况对食品小作坊进行分类调整，实行动态管理，并制定相应的分类标准，设定类别审核、上调及下调类别的判定标准。

5. 完善对食品生产小作坊的监督管理制度

（1）建立巡查制度

县级以上食品安全监督管理部门根据分类管理模式，可以对食品小作坊实施巡查制度。巡查频次由食品安全监督管理相关部门根据实际情况而定。县级以上食品安全监督管理部门应根据巡查情况，如实填写巡查记录表，签署巡查结果。巡查结果分为合格、基本合格、不合格 3 个档次，巡查记录表应当有食品小作坊签署意见，并归入食品小作坊质量档案。

（2）建立扣分制度

县级以上食品安全监督管理部门可以对食品小作坊监督管理实行扣分制度，具体实施办法由省食品安全监督管理部门制定。对扣分后得零分或负分的食品小作坊，应予停产整顿，直至符合规定。

（3）建立信用档案制度

食品安全监管部门应建立食品小作坊和食品摊贩食品安全信用档案，记录许可颁发、日常监督检查结果、违法行为查处等情况；根据食品安全信用档案的记录，加强对有不良信用记录的食品小作坊和食品摊贩的监督检查和整改指导。

（4）建立风险监测制度

监管部门应当加强食品安全风险监测工作。对食品小作坊和食品摊贩生产经营的食品可能存在安全隐患的，应当组织检验和食品安全风险评估，并及时将食品安全风险评估结果通报基层监管执法部门。对经综合分析表明可能具有较高程度安全风险的食品，应及时提出食品安全风险警示，并予以公布。

（5）建立投诉处理制度

监管部门应当公布本部门的电子邮箱地址、单位地址或者举报电话，接受公民、组织和法人食品安全相关的咨询、投诉、举报。对属于本部门职责范围的，应当受理，并及时进行核实、处理、答复；不属于本部门职责范围的，应当书面通知并移交有权处理的部门处理。有权处理的部门应当及时处理，不得推诿。对咨询、投诉、举报和核实、处理、答复的情况应当予以记录并保存。

（6）建立舆论监督制度

食品安全监督管理部门及其工作人员应为举报人保密；对举报属实、为查处食品安全违法案件提供线索和证据的举报人给予奖励。食品安全监督管理部门应当支持新闻媒体开展食品安全报道，发挥舆论监督作用。

（7）建立事故处理和事故调查制度

可以参照《中华人民共和国食品安全法》的有关规定，分别对食品事故处理和事故调查制度做出明确的规定。

（张欣、邱楠、张卫洪、刘捷）

第五章
生产加工过程食品安全风险分析

　　传统的食品安全管理主要依靠行政监管部门的监督和组织协调，如制定法规和食品有关标准，加强监测与实验室建设，对食品安全各环节进行监督管理等。但这些管理缺乏预防性，对食品安全情况的变化及可能出现的危害不能及时应对。食品安全风险分析是现代科学技术和管理成果在食品安全管理方面新的应用，发达国家已经普遍采用，其成果为制定食品安全标准和解决国际食品贸易争端提供了重要依据。食品安全风险分析能为管理的决策和实施提供客观依据，有效提高食品安全水平。因此，了解和运用食品安全风险分析原理，有利于更好地对食品安全进行科学管理，促进食品安全管理体系更加完善和有效。

第一节　食品安全风险分析概述

一、食品安全风险分析的内涵

　　风险分析是一门迅速发展的新兴学科，其根本目的在于促进公平的食品贸易和保护消费者的权益。食品中的风险（risk）是指因为食品中的某种危害因素而导致的有害于人体健康的可能性及其副作用的严重性。食品安全的风险分析（risk analysis）是指评估各种影响食品安全质量的生物、物理和化学危害，定性或定量描述它们的风险特征，在参考了相关因素的前提下，提出风险管理措施并实施，同时根据实际情况进行信息交流的过程。风险分析包括风险评估（risk assessment）、风险管理（risk management）和风险信息交流（risk communication）3个方面的内容。

　　风险评估是指对食品、食品添加剂中生物性、化学性和物理性危害对人体健康可能造成的不良影响所进行的科学评估。风险管理是根据风险评估结果，选择和实施适当的措施，如建立法规体系、食品安全有关标准等。风险信息交流是风险评估人员、风险管理人员、消费者和其他相关的团体之间就与风险相关的有关信息和意见进行相互交流。其中，风险评估是整个风险分析体系的核心和基础，也是有关国际组织今后工作的重点，三者相互联系，互为前提。

二、食品安全风险分析的起源与发展

　　安全是人类生存的基本需要，其目的就是要防范潜在的危险（风险）。人类通过对自然和人为风险的长期斗争，总结经验和教训，对风险的管理逐步形成了一套科学有效的方法，就是风险分析。风险分析已经运用到社会活动的各个领域，如金融业、商业、交通乃至疾病预防、国防等各种涉及风险的管理。风险评估起初较多应用在股票、国防领域。

　　同样的风险出现在食品安全领域。食品贸易全球化对食品安全是一种超国界的挑战，因为在一个国家被污染的食品可造成另一个国家暴发食源性疾病。现有数据表明，食源性疾病是一个巨大并不断扩大的公共卫生问题。例如，具备食源性疾病案例报告系统的国家记载了沙门氏菌、空肠弯曲杆菌、肠出血型大肠杆菌及其他致病菌发病率显著上升的情况。工业化国家中每年可有多达30%的人口感染食源性疾病。在美国，每年估计发生约7600万例食源性疾病病例，造成325 000人住院和5000人死亡。在英格兰和威尔士，仅5种食源性感染造成的医疗费用和生命价值损失在1996年估计每年达3亿~7亿英镑。在发展中国家（不包括中国），1990年与腹泻相关的发病和死亡估计每年约为27亿例，造成240万例5岁以下死亡病例。1991年在秘鲁重新出现的霍乱使渔业和渔业产品出口损失7亿美元。这些数字清楚地显示了食源性疾病和污染对健康和发展的消极影响。2008年9月在我国爆发的三鹿奶粉事件导致超过29万婴幼儿健康受到损害。

随着全球经济一体化的进程加快，世界食品的贸易总量也持续增长，同时食源性疾病也随之呈现流行速度快、影响范围广的新特点，在联合国粮农组织（FAO）、世界卫生组织（WHO）的倡导下，美国、欧盟、日本等国家和地区开始在食品安全领域引入风险管理概念，当中的风险评估方法逐步在国际贸易中得到应用。世界贸易组织成立后，在《贸易技术壁垒协定》（TBT）和《实施卫生与植物卫生措施协定》（SPS）中规定：世贸组织成员应以风险评估为基础制定卫生和植物检疫措施。这样，FAO、WHO、WTO正式确认风险评估是各国政府可以采取的食品安全措施。食品风险分析正是针对国际食品安全应运而生的一种宏观管理模式。

美国、欧盟、日本等发达国家和地区及我国香港、澳门、台湾地区对食品安全的监管方法，都基于风险分析方法。美国1997年发布的《总统食品安全计划》指出了风险评估在实现食品安全目标过程中的重要性，从而使美国的食品安全管理不仅将重点放在对产品的监督及对污染物的控制上，而且更多的是重视从程序上、生产过程中规范食品卫生行为，采用科学的控制食品危害的方法（如HACCP）进行管理，避免单纯依靠检验进行食品安全控制的缺陷；欧洲议会2002年颁布的《关于制定食品法律的基本原则和要求，建立欧洲食品安全局和制定食品安全工作程序的条例》规定了以危害分析为依据，构建欧盟风险分析框架；日本2003年《食品安全法》也明确强调食品质量安全管理必须基于风险评估。在我国，2009年颁布的《食品安全法》确立了国家建立食品安全风险评估制度。

（张欣、谭嘉力）

第二节　风险分析体系的基本内容

食品风险分析是针对国际食品安全应运而生的一种宏观管理模式，包括风险评估、风险管理和风险交流3个部分。食品风险分析旨在通过风险评估选择合适的风险管理措施以降低风险，同时通过风险交流达到社会各阶层的认同，达到使风险管理措施更加完善的效果。

一、风险评估

1. 风险评估的构成

风险评估是一种系统地组织相关技术信息及其不确定度的方法，用以回答有关健康风险的特定问题。风险评估要求对相关信息进行评价，并且根据信息选择适当的模型做出推论。风险评估是风险分析体系的核心和基础，用于预测给定风险暴露水平下所引起的破坏或伤害的大小，协助风险管理部门判断对于这些后果是否需要提高管理和监督水平。风险评估过程应该由科学家独立完成，不受任何因素影响。风险评估的结果是制定管理决策的重要科学依据。

风险评估狭义上是技术评估工作，其主要目的不是告诉管理者怎么管理风险，而是告知管理者哪些方面应该管、必须管和非常迫切地需要管。管理者权衡后，因地制宜制定可操作的措施来具体管理。

2. 风险评估的方法

在风险分析的3个组成部分中，风险评估是整个风险分析体系的核心和基础，主要由4个基本组成部分：危害确认（hazard identification）、危害特征描述（hazard characterization）、暴露评估（exposure assessment）及风险描述（risk characterization）。

（1）危害确认

危害识别目的是明确食品安全潜在危害是什么。食品安全危害包括常规的危害，如微生物危害（致病菌、病毒、寄生虫、霉菌及其毒素等）、化学污染（铅、汞等重金属和动植物中天然存在的有毒有害物质及农药、兽药残留等生产过程涉及的有毒有害物质）和物理性污染（食品中的砂石、金属等杂物），以及非常规的危害，如转基因、新的添加剂、辐照保鲜等新工艺、新材料、新技术应用带来的风险。危害确认首先判断是何种危害因素，然后判定危害性的大小、人是否接触暴露等，其目的在于了解危害的基本情况，判定是否有必要进行更深入的评估。

（2）危害特征描述

危害特征描述主要通过动物试验、志愿者试验、流行病学调查、体内和体外（如体细胞）试验、数学模型等来推导和获取危害剂量与人体不良反应之间的直接对应关系。

（3）暴露评估

暴露评估就是评估人可能接触到危害的所有信息，包括接触时间、频率、环节及相应剂量等。如农药可能通过口、皮肤和吸入等不同途径导致人中毒，应评估其在农产品种养、采收、包装、储藏、烹调、食用等环节中人可能接触的量，这通常以"暴露量"表示。

（4）风险描述

风险描述是提供人体摄入危害对健康产生不良作用的可能性估计，是危害确认、危害特征描述、暴露评估的综合结果。风险描述对以上环节的结论进行分析、判定和总结，确定是否有害及其概率等，最终以某种结论和形式等表述，为风险管理部门和政府提供科学决策依据。

二、风险管理

风险管理是根据风险评估的结果对可选政策方案进行权衡，而且如果需要，还将选定和实施适当的控制方案，包括管制措施。世界卫生组织认为食品安全管理机构最重要的作用是其规范职能，包括制定标准、评估健康风险及为管理与食品有关的公共卫生风险制定与食品供应安全相关的公共政策。风险管理可以分为4个部分：风险评价、风险管理选择评价、执行风险管理决定、监控和回顾。

为了做出风险管理决定，风险评价的结果应当与现有风险管理选项的评价相结合。保护人体健康应当是首先考虑的因素，同时，可适当考虑其他因素（如经济费用、效益、技术可行性、对风险的认知程度等），可以进行费用-效益分析。执行管理决定之后，应当对控制措施的有效性及对暴露消费者人群的风险影响进行监控，以确保食品安全目标的实现。

三、风险交流

风险交流是在风险评估人员、风险管理人员、消费者及其他有关各方之间以相互作用的方式交流关于风险和风险管理的信息与意见。目的是让公众科学、理性地认识和处理风险。

在风险分析的框架下，国际上诞生了新的食品安全监管方法：基于HACCP的食品安全管理体系。HACCP是危害分析与关键控制点的简称，是指对食品安全危害予以识别、评估和控制的系统化方法，即企业经过危害分析找出关键控制点，制定科学合理的HACCP计划能在食品生产过程中有效地运行并能保证达到预期的目的，保证食品安全的体系。它是一种建立在良好操作规范（GMP）和卫生标准操作规范（SSOP）基础之上的控制危害的预防性体系，主要控制目标是食品的安全性。HACCP作为一种科学的、系统的食品安全管理方法，被FAO/WHO食品法典委员会（CAC）等国际权威机构认为是控制食源性疾病的最有效、最经济的方法，目前已应用在从食品原料的初级生产至最终消费过程中。2005年9月，国际标准化组织以HACCP原理为基础，吸收并融合了其他管理体系标准中的有益内容，发布了ISO 22000标准《食品安全管理体系——对整个食品链中组织的要求》。

（谭嘉力、张欣）

第三节 食品安全风险分析制度及管理

在我国，2006年颁布的《农产品质量安全法》和2009年颁布的《食品安全法》都采用了风险分析原理。如《农产品质量安全法》第6条规定，国务院农业行政主管部门应当设立由有关方面专家组成的农产品质量安全风险评估专家委员会，对可能影响农产品质量安全的潜在危害进行风险分析和评估；第7条规定，国务院农业行政主管部门应当根据农产品质量安全风险评估结果采取相应的管理措施，并将农产品质量安全风险评估结果及时通报国务院有关部门。《食品安全法》在总则中指出，国务院设立食品安全委员会负责食品安全风险评估；第二章整章规定了食品安全风险监测和风险评估的要求，第13条规定了由国家建立食品安全风险评估制度，对食品、食品添加剂中生物性、化学性和物理性危害进行风险评估。

一、食品安全风险分析制度

1. 食品安全风险监测制度

食品安全风险监测制度规定对食源性疾病、食品污染及食品中的有害因素进行监测。由国务院卫生行政部门会同其他有关部门制定、实施国家食品安全风险监测计划。省级政府卫生行政部门根据国家食品安全风险监测计划，结合本行政区域的具体情况，组织制定、实施本行政区域的食品安全风险监测方案。在国家层面，农业行政、质量监督、工商行政管理和食品药品监督管理等有关部门获知有关食品安全风险信息后，应立即向卫生行政部门通报。卫生行政部门会同有关部门对信息核实后，应当及时调整食品安全风险监测计划。

2. 食品安全风险评估制度

食品安全风险评估制度规定对食品、食品添加剂中生物性、化学性和物理性危害进行风险评估。国务院卫生行政部门负责组织食品安全风险评估工作，成立由医学、农业、食品、营养等方面的专家组成的食品安全风险评估专家委员会进行食品安全风险评估。对农药、肥料、生长调节剂、兽药、饲料和饲料添加剂等的安全性评估，应当有食品安全风险评估专家委员会的专家参加。食品安全风险评估应当运用科学方法，根据食品安全风险监测信息、科学数据及其他有关信息进行。

卫生行政部门通过食品安全风险监测或者接到举报发现食品可能存在安全隐患的，应当立即组织进行检验和食品安全风险评估。食品安全监督管理部门应当向国务院卫生行政部门提出食品安全风险评估的建议，并提供有关信息和资料。卫生行政部门应当及时向国务院有关部门通报食品安全风险评估的结果。

食品安全风险评估结果是制定、修订食品安全标准和对食品安全实施监督管理的科学依据。食品安全风险评估结果得出食品不安全结论的，食品安全监督管理部门应当立即采取相应措施，确保该食品停止生产经营，并告知消费者停止食用；需要制定、修订相关食品安全国家标准的，应当立即制定、修订。

3. 需要启动风险评估的情形

按照《食品安全法》要求，国务院规定卫生行政部门在以下 5 种情形需要启动风险评估。

a. 为制定或者修订食品安全国家标准提供科学依据需要进行风险评估的。

b. 为确定监督管理的重点领域、重点品种需要进行风险评估的。

c. 发现新的可能危害食品安全因素的。

d. 需要判断某一因素是否构成食品安全隐患的。

e. 国务院卫生行政部门认为需要进行风险评估的其他情形。

食品安全监督管理部门依法提出食品安全风险评估建议的，应当提供下列信息和资料。

a. 风险的来源和性质。

b. 相关检验数据和结论。

c. 风险涉及范围。

d. 其他有关信息和资料。

食品安全监督管理部门应当协助收集前款规定的食品安全风险评估信息和资料。

4. 风险管理制度

食品安全监督管理部门依照风险评估结果开展监督管理。对存在明确风险的，立即采取处理措施，包括以下内容。

a. 进入生产经营场所实施现场检查。

b. 对生产经营的食品进行抽样检验。

c. 查阅、复制有关合同、票据、账簿及其他有关资料。

d. 查封、扣押有证据证明不符合食品安全标准的食品，违法使用的食品原料、食品添加剂、食品相关产品，以及用于违法生产经营或者被污染的工具、设备。

e. 查封违法从事食品生产经营活动的场所。

由于风险出现，发生食品安全事故的，必须立即采取措施，防止或者减轻社会危害，措施包括以下内容。

a. 开展应急救援工作，对因食品安全事故导致人身伤害的人员，卫生行政部门应当立即组织救治。

b. 封存可能导致食品安全事故的食品及其原料，并立即进行检验；对确认属于被污染的食品及其原料，责令食品生产经营者予以召回、停止经营并销毁。

c. 封存被污染的食品及用具，并责令进行清洗消毒。

d. 做好信息发布工作，依法对食品安全事故及其处理情况进行发布，并对可能产生的危害加以解释、说明。

发生重大食品安全事故的，当地政府应当立即成立食品安全事故处置指挥机构，启动应急预案，依照规定处置。

《食品安全法》第 28 条列举的食品存在明确风险的，对生产经营这些食品的行为应当采取管控查处措施，如下。

a. 用非食品原料生产的食品或者添加食品添加剂以外的化学物质和其他可能危害人体健康物质的食品，或者用回收食品作为原料生产的食品。

b. 致病性微生物、农药残留、兽药残留、重金属、污染物质及其他危害人体健康的物质含量超过食品安全标准限量的食品。

c. 营养成分不符合食品安全标准的专供婴幼儿和其他特定人群的主辅食品。

d. 腐败变质、油脂酸败、霉变生虫、污秽不洁、混有异物、掺假掺杂或者感官性状异常的食品。

e. 病死、毒死或者死因不明的禽、畜、兽、水产动物肉类及其制品。

f. 未经动物卫生监督机构检疫或者检疫不合格的肉类，或者未经检验或者检验不合格的肉类制品。

g. 被包装材料、容器、运输工具等污染的食品。

h. 超过保质期的食品。

i. 无标签的预包装食品。

j. 国家为防病等特殊需要明令禁止生产经营的食品。

k. 其他不符合食品安全标准或者要求的食品。

此外，监督管理部门接到涉及食品安全风险的咨询、投诉、举报，应当及时进行答复、核实、处理；属于食品安全事故的，应当依法进行处置。

由于风险管理可能涉及多个部门，《食品安全法》还特别明确了县级、市级人民政府统一组织、协调食品安全监管工作的职责，规定县级人民政府应当统一组织、协调本级相关部门，依法对本行政区域内的食品生产经营者进行监督管理；对发生食品安全事故风险较高的食品生产经营者，应当重点加强监督管理。

5. 风险交流制度

《食品安全法》要求卫生行政部门根据食品安全风险评估结果、食品安全监督管理信息，对食品安全状况进行综合分析。对经综合分析表明可能具有较高程度安全风险的食品，应当及时提出食品安全风险警示，并予以公布。

国家食品安全信息统一公布制度。由国务院卫生行政部门统一公布的信息如下。

a. 国家食品安全总体情况。

b. 食品安全风险评估信息和食品安全风险警示信息。

c. 重大食品安全事故及其处理信息。

d. 其他重要的食品安全信息和国务院确定的需要统一公布的信息。

上述第 2 项、第 3 项规定的信息，其影响限于特定区域的，也可以由有关省级人民政府卫生行政部门公布。县级以上农业行政、质量监督、工商行政管理、食品药品监督管理部门依据各自职责公布食品安全日常监督管理信息。食品安全日常监督管理信息包括以下内容。

a. 依照食品安全法实施行政许可的情况。

b. 责令停止生产经营的食品、食品添加剂、食品相关产品的名录。

c. 查处食品生产经营违法行为的情况。

d. 专项检查整治工作情况。

e. 法律、行政法规规定的其他食品安全日常监督管理信息。

食品安全监督管理部门公布信息，应当做到准确、及时、客观，同时对有关食品可能产生的危害进行解释、说明。食品安全监督管理部门对食品安全事故及其处理情况应当进行发布，并对可能产生的危害加以解释、说明。

食品安全监督管理部门之间应当相互通报获知的食品安全信息。卫生行政、农业行政部门应当及时相互通报食品安全风险监测和食用农产品质量安全风险监测的相关信息，及时相互通报食品安全风险评估结果和食用农产品质量安全风险评估结果等相关信息。

《食品安全法》鼓励社会团体、基层群众性自治组织开展食品安全法律、法规及食品安全标准和知识的普及工作，倡导健康的饮食方式，增强消费者食品安全意识和自我保护能力。新闻媒体应当开展食品安全法律、法规及食品安全标准和知识的公益宣传，并对违法的行为进行舆论监督。任何组织或者个人有权举报食品生产经营中的违法行为，有权向有关部门了解食品安全信息，对食品安全监督管理工作提出意见和建议。

二、"从农田到餐桌"全过程的风险管理

为了有效地控制食品加工过程中的风险，应从源头、

生产加工过程、风险预测等几方面来进行决策分析，并实施控制食品安全的有效措施。

1. 源头控制

为防止作为食品原材料的农产品受到污染，禁止在有毒有害物质超过规定标准的区域生产、捕捞、采集食用农产品和建立农产品生产基地。禁止违反法律、法规向农产品产地排放或者倾倒废水、废气、固体废物或者其他有毒有害物质。农业生产用水和用作肥料的固体废物，应当符合国家规定的标准。农产品生产者应当合理使用化肥、农药、兽药、农用薄膜等化工产品，防止对农产品产地造成污染。对可能影响农产品质量安全的农药、兽药、饲料和饲料添加剂、肥料、兽医器械，依法实行许可制度。定期对可能危及农产品质量安全的农药、兽药、饲料和饲料添加剂、肥料等农业投入品进行监督抽查，并公布抽查结果。严格执行农业投入品使用安全间隔期或者休药期的规定，防止危及农产品质量安全。禁止在农产品生产过程中使用国家明令禁止使用的农业投入品。食用农产品生产者应当依照食品安全标准和国家有关规定使用农药、肥料、生长调节剂、兽药、饲料和饲料添加剂等农业投入品。食用农产品的生产企业和农民专业合作经济组织应当建立食用农产品生产记录制度。

建立农产品生产记录，应如实记载下列事项。

a. 使用农业投入品的名称、来源、用法、用量和使用、停用的日期。

b. 动物疫病、植物病虫草害的发生和防治情况。

c. 收获、屠宰或者捕捞的日期。

农产品生产记录应当保存 2 年。禁止伪造农产品生产记录。

2. 加工过程管理

加工过程的风险管理，最基本的要求是建立本单位健全的食品安全管理制度，加强对职工食品安全知识的培训，配备专职或者兼职食品安全管理人员，做好对所生产经营食品的检验工作，依法从事食品生产经营活动。最有效的办法是食品生产企业按照良好生产规范要求，实施危害分析与关键控制点体系，提高食品安全管理水平。

为防范操作人员本身带来的风险，应当建立并执行从业人员健康管理制度。患有痢疾、伤寒、病毒性肝炎等消化道传染病的人员，以及患有活动性肺结核、化脓性或者渗出性皮肤病等有碍食品安全的疾病人员，不得从事接触直接入口食品的工作。食品生产经营人员每年应当进行健康检查，取得健康证明后方可参加工作。

为防止生产过程出现的风险，必须依法做好下列最基本的工作：食品生产者采购食品原料、食品添加剂、食品相关产品，应当查验供货者的许可证和产品合格证

明文件；对无法提供合格证明文件的食品原料，应当依照食品安全标准进行检验；不得采购或者使用不符合食品安全标准的食品原料、食品添加剂、食品相关产品。应当建立食品原料、食品添加剂、食品相关产品进货查验记录制度，如实记录食品原料，食品添加剂，食品相关产品的名称、规格、数量、供货者名称及联系方式、进货日期等内容。食品原料、食品添加剂、食品相关产品进货查验记录应当真实，保存期限不得少于 2 年。应当建立食品出厂检验记录制度，查验出厂食品的检验合格证和安全状况，并如实记录食品的名称、规格、数量、生产日期、生产批号、检验合格证号、购货者名称及联系方式、销售日期等内容。食品出厂检验记录应当真实，保存期限不得少于 2 年。食品、食品添加剂和食品相关产品的生产者，应当依照食品安全标准对所生产的食品、食品添加剂和食品相关产品进行检验，检验合格后方可出厂或者销售。对于乳制品的生产，应建立完善电子信息记录系统，规范生产全过程信息记录，实现生产全过程可追溯。

食品生产企业应当就生产过程下列事项制定并实施控制要求，保证出厂的食品符合食品安全标准。

a. 原料采购、原料验收、投料等原料控制。
b. 生产工序、设备、储存、包装等生产关键环节控制。
c. 原料检验、半成品检验、成品出厂检验等检验控制。
d. 运输、交付控制。

食品生产企业应当如实记录食品生产过程的安全管理情况，记录的保存期限不得少于 2 年。食品生产过程中有不符合控制要求情形的，食品生产企业应当立即查明原因并采取整改措施。

食品生产经营者要建立食品召回制度，发现其生产经营的食品不符合食品安全标准，应当立即停止生产，召回已经上市销售的食品，通知相关生产经营者和消费者，并记录召回和通知情况。食品生产者认为应当召回的，应当立即召回。食品生产者应当对召回的食品采取补救、无害化处理、销毁等措施，并将食品召回和处理情况向监管部门报告。不按照规定召回或者停止经营不符合食品安全标准食品的，监督管理部门可以责令其召回或者停止经营。

涉及食品安全的加工技术中，控制微生物腐败及安全危害的传统方法包括冷冻、热烫、巴氏消毒、灭菌、罐装、腌制、添加防腐剂等。其中物理方法包括热处理、冷冻等；化学方法包括腌制、添加防腐剂等。例如，病原菌的控制，利用物理方法控制，只要加工时将存活的病原菌控制在允许范围之内，并且加工后没有二次污染，就能够控制微生物污染。利用化学方法控制，只要化学物质持续在食品中保持活性，就能有效控制食品污染。加工过程控制还包括防止超范围超限量使用食品添加剂，不得添加国家明令禁止使用的非食用物质。同时，必须对产品的质量进行跟踪检验，检验设备需具备有效的资格，检验人员需具备检验能力和检验资格。

3. 产品运输、储藏和销售过程的控制

食品经营者采购食品，应当查验供货者的许可证和食品合格的证明文件，并建立食品进货查验记录制度，如实记录食品的名称、规格、数量、生产批号、保质期、供货者名称及联系方式、进货日期等内容。食品进货查验记录应当真实，保存期限不得少于 2 年。食品经营者应当按照保证食品安全的要求储存食品，定期检查库存食品，及时清理变质或者超过保质期的食品。储存散装食品，应当在储存位置标明食品的名称、生产日期、保质期、生产者名称及联系方式等内容。销售散装食品，应当在散装食品的容器、外包装上标明食品的名称、生产日期、保质期、生产经营者名称及联系方式等内容。

从事食品批发业务的经营企业销售食品，应当如实记录批发食品的名称、规格、数量、生产批号、保质期、购货者名称及联系方式、销售日期等内容，或者保留载有相关信息的销售票据。记录、票据的保存期限不得少于 2 年。

食品储存、运输条件应符合标准要求，并做好运输记录。有冷链要求的，产品储存、运输车辆应符合卫生要求和冷链要求。

食品在运输、储藏和销售过程中，不安全因素主要是由微生物引起的。在此过程中，食品中的微生物会随着温度等环境条件的变化而变化，从而影响食品安全。可以采用预测食品微生物学进行分析掌握微生物的变化规律，通过建立动力学模型来模拟微生物生长的范围和速率，从而预测发生食品安全事件的可能性。

（谭嘉力、张欣）

第四节　广东省对生产加工过程的食品安全风险分析

一、基本情况

2007 年以前，广东省对食品生产加工过程的安全监管和全国其他地方一样，基本沿用以往的计划经济模式下以行政管理为主导的日常管理方法，并结合类似于军事化管理和群众运动的专项整治监管方式。这些模式曾经取得较好的成绩，今后也还会有重要作用。但这些传统的做法由于缺乏预防性手段，对食品安全现存及可能出现的危险因素不能做出及时而迅速的控制。与日益复

杂的食品安全形势要求相比，与公众日益严格的食品安全要求相比，其有效性、科学性日见其拙。虽然期间一些法律、标准的制定和修订加入了一些风险管理的内容，一些企业由于外贸和自身提高管理的要求，实行了HACCP、SSOP、GMP 等以风险管理为核心的先进管理方法，但从整个食品安全管理情况看，与国际通行的风险分析体系还有较大差距。

a. 食品工业发展迅速，但食品企业"多、小、散、乱、差"的状况短时间内难以根本转变，企业风险评估、风险管理能力差。食品加工企业数量多、分布散、规模小的现状，给监管工作带来一定的困难。能够做风险评估的只有少部分大型外资企业，但其所做的风险评估工作主要是引进国外母公司的风险评估数据。约40%的企业只能对产品开展检测，其余的多数小企业甚至缺乏基本的检测能力。据省质监系统统计，目前全省合法食品生产加工单位有 16 424 家。其中，11 302 家获得生产许可证食品生产加工企业（规模以上的只有 1632 家），5122家是食品小作坊。16 424 家食品生产加工单位中小作坊、小企业占了 90%以上。此外，据统计，全省还有 6261个在县城以上地区的市场、超市，321 757 个乡镇、街道、社区食杂店，172 933 家县城以上城市的餐饮经营单位，以及尚未统计的分布在农村地区证照不齐、无证无照的食品加工点、食杂店和餐饮摊档，这些小作坊、小企业、小超市、小餐饮单位都涉及食品安全，但基本没有食品安全风险分析能力。

b. 建立了功能比较齐全的食品检测机构，但没有专门的食品安全风险评估组织和机构。省、市级卫生、质监部门都下设有食品检测机构，如全省质监部门有食品检验国家中心 4 个，省食品监督检验站 15 个（包括单类食品省站），市级食品检测机构 21 个，在食品企业较多的县区设立食品常规理化实验室 40 个，拥有气质联用仪、液相色谱仪、气相色谱仪、原子吸收分光光度计、红外分析仪等一大批先进的食品分析检测仪器。全省 21个地级以上市质检所都建立了 P2 微生物实验室。但全省没有专门的食品安全风险评估组织和机构。

c. 有一定的风险分析技术能力，但没有系统地组织食品安全风险评估工作。近年来，由于加大投入，食品检验机构的能力有了较大提高，但这些技术力量主要停留在依照标准检测来判断食品是否合格的层面上，比较少开展对食品安全进行风险评估、查找食品安全危害关键特征、为监管部门决策提供参考数据等方面的工作；涉及不合格食品对人体健康危害程度分析，缺乏实验数据支撑，食品监管科学水平还较低。广东省微生物研究所等部分研究机构、中山大学和华南理工大学等高校也尝试开展食品安全风险方面的分析，但尚未形成统一、规范的制度。由于未能够有组织地、有效地开展风险评估工作，食品安全风险监测和评估水平滞后，容易导致监管部门在食品安全事件中比较被动的局面。

d. 开展了一些风险传达活动，但组织食品安全风险传达的效果不明显。在监管部门方面，一般本部门的风险信息，能够传达到本部门执法、监管机构，用于风险管理；但部门之间、机构之间的风险信息传达不通畅。另外，在信息交流方面，食品安全知识普及教育水平低，宣传工作不够广泛，群众对食品安全的认识不够客观、科学、理性，仍有很多不放心的地方。

e. 由于风险分析落后而遭受重大损失。目前，我国只有一部分食品安全标准的制定是建立在低水平的风险评估基础上的，而大部分不允许使用的工业原料的危害则没有进行风险评估。如在苏丹红事件与孔雀石绿事件中，由于国内缺乏苏丹红、孔雀石绿等化学物质的安全评估数据，无法科学地告知消费者危害的程度，媒体也未能客观、科学地看待该事件，结果引起公众恐慌，最终连累到有关产业，仅多宝鱼养殖业损失就超过 20 亿元。但按照香港食环署食物安全中心的评估，污染的情况尚未达到损害公众健康的程度。2008 年的三鹿奶粉事件，由于国内对三聚氰胺的安全性缺乏评估，加上三聚氰胺本身是食品包装的生产原料，监管部门对其危害疏于防范，企业及不法分子低估其危害，故意添加到婴幼儿奶粉原料中。据卫生部统计，三聚氰胺奶粉造成我国 29 万婴幼儿泌尿系统出现异常。

二、存在问题

a. 以往的食品安全分段管理行政体制的弊病造成风险分析信息难以畅顺，风险分析体系难以形成闭环。风险分析体系要求风险评估的结果信息应迅速传递给监管部门实施风险管理，并迅速传递给消费者，让消费者做出正确的判断和选择。在以往的分段管理体制下，风险评估、风险管理、风险传达职能分散在各环节，一个环节监管部门掌握的危害评估信息很难畅顺到达其他环节管理部门和利益相关方（如消费者、生产企业），在"从农田到餐桌"的食品安全链条上，难以实施全面、有效的风险管理。

b. 风险评估基础性工作薄弱。当前全省针对本省食品行业存在的风险进行研究和分析的工作比较分散，成果很少。在基础性研究方面更为薄弱，许多有关食品中微生物、有毒有害化学物质、物理性污染、转基因食品安全的研究成果停留在课题、论文中，没有形成标准、技术规范、管理要求，并在实际工作中实施。企业对本单位实际情况开展的食品安全风险评估数量极少。

c. 风险管理在日常监管中未能系统地得到实施。过往，根据分段监管的模式，农业、质监、工商与卫生等部门分别在农产品、加工食品、商品流通和餐饮消费等环节实施日常监管，监管的主要根据是各部门相应的法律法规规章，很难根据本来就非常有限的风险评估的结果对"从农田到餐桌"整个过程的可选政策方案进行权衡；而且，除发生三鹿奶粉事件这种重大食品安全事故外，很难根据日常食品安全情况需要，各部门一致选定和实施适当的控制方案，包括采用统一的管制措施。

d. 信息交流不足。食品安全信息分散在种植养殖、生产、流通、消费各经营单位、各环节监管部门和医疗卫生机构及消费者当中，各主体信息互不相通，形成信息孤岛。监管部门很少向公众传达风险评估信息。消费者也很少向监管部门反映食品安全方面的违法行为。最不利的结果是信息不对称，最需要食品安全信息的消费者没有得到及时有效的信息，从而无法做出安全的消费选择。

e. 食品安全宣传教育的科学性和普及程度不高，主要表现在宣传舆论方面。目前，由于食品生产企业、监管部门、研究机构、防病组织等组织的专业人士较少进行食品安全、风险分析方面的宣传，媒体记者缺乏专业知识，对食品安全风险动辄冠以"有毒食品"、"致癌食品"，各种夸大信息常见于报端，食品安全"零风险"的错误观念广为流传，造成公众恐慌和对政府不满。

按照木桶理论，如果把食品生产加工监管体系比作一个木桶，其控制能力和水平总是要受最短的那块木板制约。目前食品安全风险分析基础工作、风险管理的有效性、信息交流和宣传教育都是制约广东食品安全水平提高的"短板"。

三、原因分析

a. 风险分析投入严重不足。企业、社团、院校和政府对风险评估的投入，包括人员、经费、设备设施等严重不足。全省目前没有专职从事食品安全风险评估的人员，在大专院校、检验检测机构兼职从事此项工作的专业人员也不足 100 人。由于缺乏专项经费，许多急需的评估工作无法进行。如生产加工环节，由于监管企业多，问题复杂，每年专门用于分析评估的资金不超过 200 万，绝大部分的监管经费只能用于日常抽查工作。大部分没有检验能力的企业在风险评估上基本没有投入。

b. 风险分析工作缺乏组织，力量分散。全省从事风险评估基础性工作的机构分散在各大专院校、疾病预防控制中心、检验检测机构。它们只在各自的研究范围、职能领域从事分散的、零碎的研究工作。全省没有一个具有影响力的食品安全风险评估技术机构，没有一个主管部门系统地组织风险评估基础性工作。工作缺乏系统性组织，谈不上针对实际，解决问题。

c. 风险分析信息缺乏综合利用。食品安全风险信息应用于防止安全事故，但目前风险信息利用面很窄，常常只在本企业、本单位、本系统使用，能够在全行业、整个地区推广应用的很少。食品安全风险信息一般只能停留在专业人员之间，没有有效地传达给消费者，以及政府部门。

四、食品安全风险分析体系的完善思路及其实施建议

2007 年以来，广东省监管部门提出了以风险分析理论改造完善食品安全监管体系的思路，并实施取得了明显效果（见第六章第三节）。

（一）食品安全风险分析体系的完善思路

1. 稳步推进风险分析基础性工作

积极开展风险分析基础性研究工作，重点开展广东省特色食品安全风险评估研究、食品安全地方标准研究、食品安全检测技术研究、食品安全溯源与预警技术研究、食品安全综合技术示范 5 个方面的攻关。

食品中有毒有害物质风险特征的成果是普遍适用的，如农药残留，兽药残留，食品添加剂等的每日允许摄入量（ADI），重金属，环境污染物等的暂定每周耐受摄入量（PTWI），没有必要每个地区都建立一套自己的风险特征，但应进行自己居民的暴露情况进行评估，因为食品化学物质的暴露在每个地区是不同的。全省几乎每个地区都有自己的特色食品，应当加快完善特色食品风险分析。

尽快把食品有毒有害物质风险评估结果应用到制定食品安全地方标准、技术规范、管理要求中，如农药残留项目、新的食品添加剂、新的化学污染物等。并评估食品中新出现的化学危害，如丙稀酰胺、二噁英等。

食品安全检测是风险分析的技术支撑，相关的分析技术必须优先研究；食品安全溯源与预警技术是风险交流的基础，对妥善处理食品安全事件，召回已经出售的产品，将问题解决在萌芽状态有重要作用。这些技术要预先研究，作为储备。食品安全综合技术示范以支柱产业为实施对象，省、市、县、乡镇的统一组织协调，提出示范食品的安全规律及其影响因素建立信息系统，解决污染物的检测与监控等具有创新性的关键技术，形成可推广应用的技术规范、质量标准，对解决示范食品安全问题提供有力的技术支撑，向公众显示其显著的社会、生态和经济效益，广阔的推广应用前景。这些食品安全技术研究将为保护广东省食品行业的核心竞争力和公众健康的膳食水平提供关键技术支撑，保障广东食品出口贸易利益，基本形成食品危害物检测技术体系、溯源和预警体系，提高食品安全应急处理能力，为最终实现食品安全保障从被动应付型向主动保障型的战略转变打牢技术基础。

2. 完善"预防为主、积极干预、快速反应"的风险管理机制

要在日常监管中有效实施风险管理，就必须完善"预防为主、积极干预、快速反应"的风险管理机制。这就

意味着要综合运用风险评估原理，全力查找、分析全省食品安全工作薄弱环节、主要危险因素，做到全面掌握、心中有数，利于对症下药。

（1）预防为主

应在食品企业生产之前，将企业的生产条件、工艺技术、原料和包装物中可能存在的危害找出，加以防范和消除；在行业组织中调查行业可能的人为污染情况，从而制定行业规范，加强自律；监管部门应加强与国际国内相关部门或行业的合作，加强风险信息交流，针对风险评估数据和工作薄弱环节、主要危害因素进一步明确监管责任，完善监管制度，以有效、到位为目标，创新监管方法。

（2）积极干预

将监管触角前伸，在原材料乃至原料生产环境寻找危害因素；加大抽查的频次和覆盖面；积极开展行业危害因素调查。

（3）快速反应

企业、行业组织和政府监管部门都要努力在出现污染信号时启动监管措施；在个别食品安全事件中启动行业警示信号；在污染出现时快速评估风险，快速进行风险信息传达，快速制定管理限量。

3. 加强信息交流与风险预警

恐慌止于真相，流言止于公开。深入开展宣传教育，既要加大对群众的宣传教育力度，也要重视向地方政府宣传有关食品安全科学管理的知识。要大力宣传食品安全风险评估理念，发布预警信息，正确认识食品安全风险，消除"零风险"认识，提高社会公众科学认识食品安全问题的能力。

4. 增强应急处理能力

应急处理是食品安全风险管理的特殊情形，反映政府对突发事件的处置能力。在应急处理制度方面，应继续完善食品安全专家定期咨询制度和突发食品安全公共事件专家评估制度。在应急处理组织建设方面，要在现有专家组的基础上，建立突发事件应急处理专家库；建立专家日常咨询、信息交流机制。在应急处理技术储备方面，对高风险、重点食品实施全面跟踪监督，一旦发现问题，即采取快速反应，把危害控制在萌芽状态。要总结近年典型应急处理案例，完善应急处理管理机制。

（二）完善食品安全风险分析体系的实施建议

1. 加强组织，加大投入，夯实风险评估基础工作

风险评估需要大量基础数据做支撑，时间长，工作量大，费用较高，而且要运用农学、生物学、化学、生理病理学等多学科的知识和技术。所以风险评估不仅仅是一项技术行为，更多是一项庞大的系统工程，需要政府、公众和不同机构等共同运作。

监管部门要加强与大专院校和专业技术机构的合作，开发研究项目，形成科研机构、检测机构与专业院校资源互补，共同申报与食品生产加工日常监管密切相关的研究课题，开展一些具体食品的安全性风险评估基础性工作。

争取在全省建立本省产量较大的食品、特色食品的全国食品安全标准技术委员会和分技术委员会（TC/SC）、地方食品安全标准专业委员会，广泛吸收食品卫生、食品生产、食品科研方面的专家，收集国内、国际有关食品污染物的毒理学、流行病学数据及膳食、营养方面的监测数据信息，为食品安全标准制定、食品污染物分布评估、膳食摄入量评价提供技术支撑，为确定各地区、各行业的食品安全监管重点提供技术依据。

以广东省主要食品品种的风险分析为重点，多方投入，筹集资金，加大食品安全风险评估投入。动员、组织和引导企业、产业组织、地方政府、监管部门、科研机构、大专院校等多个方面共同加大对食品安全风险分析的投入，加强交流，共享评估结果。

2. 利用国外食品安全标准，形成广东省食品风险评估数据库

应充分利用广东省标准化情报院的标准库、广东省WTO/TBT中心的国际贸易技术规范信息，广东省疾病预防控制中心的食源性疾病信息和居民膳食信息，收集、利用国外有关食品安全标准等风险评估数据，基本形成广东省食品风险评估数据库。

风险评估是由科学家、专业人员开展的基础科学研究行为。按照WTO/TBT和实际工作要求，风险评估数据如危害的确定和危害特征的描述不需要每个国家都分别、重复开展，可以直接采用由联合国粮食及农业组织和世界卫生组织设立的专家组织的评价结果组织实力较强的技术机构，收集国外有关食品安全标准等，为应对食品突发事件提供技术支撑。同时，将收集到的食品安全标准等风险评估数据结合广东省居民膳食结构、饮食习惯，确定本地区居民的膳食暴露评估结果。

3. 完善风险评估的内容

风险分析理论要求以预防为主的原则建立和实施食品安全控制体系。预防、控制是食品安全监管工作的核心。在"从农田到餐桌"的整个过程中应始终贯彻预防原则，才能最有效地减少风险。为了最大限度地保护消费者，必须将质量和安全的预防、控制融入食品"从农田到餐桌"风险评估的整个过程中。因此，必须拓宽风险评估的内容，从食品原料乃至环境污染的危害评估分析入手，加强对"从农田到餐桌"过程中可能产生的化学、微生物等污染物，

以及新食品原料、工艺、技术等潜在危险因素的评价，并建立评价的标准，并在实践中不断完善。

4. 创新机制，有效实施食品安全风险管理

根据风险描述，把握全省食品安全薄弱环节与关键危害因素，整合现有风险管理措施，提高风险管理有效性。

a. 要改革创新机制，在监管部门内部，整合日常监管力量，探索建立综合检查队伍，整合巡查和稽查队伍，建立部门之间的联动机制，解决力量不够的问题；在外部，可以试行改革，如由基层政府、村（居）委会、物业管理者组建巡查队伍或类似保安公司的巡查机构，监管部门购买巡查服务；在巡查队伍建设上，政府可以试行雇员制，实行人员级别管理，提高士气；并可以授予资格，从事现场检查、下达整改通知书等基本监管工作。

b. 努力提高食品安全风险监测和抽检有效性。监测、抽检应该达到两个目的：一个是通过针对性的专项抽查，发现问题，获取证据和线索，从而对行业、企业进行整治；另一个是通过系统性的抽样检验，了解整个行业的总体质量水平，这需要用统计学方法确定总体和随机抽取一定的样本，按照产品标准全项目检验，然后分别按照批次、产量（加权）统计批次合格率和产量合格率。另外，要加强监测、抽检与行政执法的衔接，在执行专项抽检任务时，行政执法提前介入，提高行政执法效率和威慑力；同时，建议改革食品抽检的抽样工作，统一由监管人员抽样，检测机构负责检验。

c. 要加大企业违法成本。以全省统一管理审批为前提，鼓励各地加大对抽查不合格企业的曝光力度，建立"红黑榜"，推行企业信用登记制度。

d. 以提高有效性为目标，加强食品生产许可工作。行政许可越公开透明，有效性越高。首先要试行"网上申请，网上审批"。其次要加大力度严查无证生产行为，对无证生产乳制品、肉制品等高风险食品的生产单位，要坚决组织取缔。最后要把生产许可管理重点转向发证后监管工作。

e. 推行 GMP、SSOP、HACCP 等科学管理方法，对食品安全管理规范的好企业，引导消费者选购它们的产品。

5. 加强职业道德建设，进一步强化行业自律

食品安全是生产出来的。从繁多的法律法规和国际标准可以看出，食品工业是多么得庞大和复杂。当然，法规本身没有生产食品的功能，而是使食品生产商必须遵循许多使用在这个范围内的职业纪律。这些纪律是由化学家、生物学家、微生物学家、营养学家、食品科学家、技术专家、工程学家和其他学者一起制定的。政府的监管、消费者的要求都是解决食品安全矛盾的外因，必须通过食品生产经营企业——食品安全的第一责任人这一内因才能发挥作用。广东省很多食品企业的生产设备、产品设计都和国外一样，但实际的食品安全水平却比国外低，重要原因之一是职业道德欠缺，行业缺乏自律。三鹿奶粉事件进一步说明职业道德的重要性。要解决这一问题，除了加强监管外，最重要的是强化行业自律。为此，必须发挥行业协会、行业龙头企业自律的带头作用。

6. 深入开展宣传教育，提高公众认识应对食品安全问题的能力

消费者在食品安全监管中有特别重要的作用。消费者可以将身边和亲戚朋友发现的食品风险信息、食品安全违法行为，向监管部门举报；消费者可采取对存在食品安全隐患的产品进行抵制，如不购买无合法来源的食品、无生产许可证食品，不到无证无照摊贩、大排档、餐饮店消费等。为了让消费者实施上述行为，必须让消费者有识别食品危害的基本能力。为此，必须加强食品安全知识普及教育和食品安全风险交流。风险交流可以应用多种渠道开展，如开展各种形式的讲座，在各种媒体开辟食品安全专栏，组织媒体对专家、监管机构进行专访，开展食品安全竞赛，在街头、社区、学校开展宣传活动等。

在贸易全球化时代出现的许多食品安全问题是全国性乃至全球性的，问题解决的核心在于采取科学有效的方法。借助食品安全风险分析理论，推行最新食品安全风险分析方法，既可保证食品质量安全，保护消费者权益，又能提高食品企业食品安全保障水平；既能在符合国际贸易组织规定的前提下，建立起自身合理的技术性贸易措施，又有利于打破出口所遇到的不合理技术贸易壁垒，保护广东省食品加工业的利益。广东省建立完善食品安全风险分析体系有一定的基础，但应用刚刚开始，存在基础研究薄弱、力量分散、风险管理有效性差与风险传达不顺畅等问题。应尽快以国际通行的风险分析理论为指导，加大基础研究投入，提高风险管理的有效性，增强食品安全应急处理能力，提高公众对食品安全的科学认识，形成全社会参与的，以风险分析为基础的食品安全体系，全面实现食品安全保障从被动应付型向主动保障型的战略转变。

（张欣）

第六章
食品安全的监管体系

第一节　食品安全监管体系

　　建立完善食品安全监管体系是每个国家实施有效的食品安全监管必需的工作。为帮助各国建立完善食品安全监管体系，2003 年，FAO 和 WHO 总结了有关国家的食品安全监管经验，提出了《保障食品的安全和质量：强化国家食品控制体系指南》，为各国如何建立完善食品安全监管体系提供了专业意见。

　　按照该指南的建议，一个国家或地区的食品安全监管体系应当有如下主要内容。

（一）食品安全监管的目标

食品安全监管体系的主要目标是：减少食源性疾病的风险，保护公众健康；保护消费者，防止遭受不卫生、有害健康或掺假的食品的危害；维持消费者对食品体系的信任，为国内及国际的食品贸易提供合理的法规基础，促进经济发展。

（二）食品安全监管体系的范围

食品安全监管体系应适用本国范围内所有食品的生产、加工及销售，包括进口食品。这样的体系应具有法律基础并具强制性。

（三）食品安全监管体系的构成

食品安全监管体系的构成因国家而异，一般有以下几项构成。

1. 食品安全法律、法规及标准

制定有关食品的强制性法律和法规是现代食品安全监管体系的基本组成部分。如果食品安全法律法规不健全，必然影响监管的效果。

食品安全法律、法规及标准一般包括不安全食品及行为的法律界定、明确在生产经营中消除不安全食品及行为的强制手段、对违法者及有关责任方的处罚。

如果食品监管机构并没有明确的职责和处理食品安全问题的权限，将导致食品安全监管在减少食源性疾病风险上一般只能采取被动的、以执法为主的方法，而不是采取预防性和综合的方法。因此，现代食品安全法律不但要赋予监管部门保障食品安全的职责、必要的权力，还需要明确规定监管部门在监管体系内可以采取预防性措施。

除了立法之外，政府还必须修订食品安全有关标准。这些标准不但必须对食品链加以全面的控制，还必须具有食品安全风险评估数据（如限量值）和风险管理措施。标准除在食品质量、安全问题方面作出规定外，还应对食品标识作出规定。

制定食品安全法律、法规和标准必须从国情出发，并应当充分地利用食典标准并吸取其他国家在食品安全上的教训，充分考虑其他国家的经验，而且还应符合卫生和植物检疫措施协议和贸易伙伴的要求。

食品安全立法应当包括以下几个方面。

a. 必须把保护消费者健康放在首位。

b. 对禁止、处罚的行为有明确的定义。

c. 包括食品安全风险评估、风险管理和风险交流等环节。

d. 在发现对健康的风险已超过可接受的水平时，以及在无法开展全面的风险评估的情况时，须采用预防性手段和采取临时性措施的规定。

e. 规定消费者有权获得准确和足够信息。

f. 明确食品安全溯源的方法，以及在出现问题的情况下召回食品的规定。

g. 明确规定食品生产者和经营者承担主要责任。

h. 明确食品生产者保证投放到市场的食品安全性并准确标识的义务。

i. 符合国家应当承担的食品安全国际义务，特别是与贸易有关的义务。

j. 确保立法过程中的公开。

2. 食品安全管理

有效的食品安全监管体系需要在国家级层面进行政策和执行上的协调。立法时，应包括领导职能和监管体制结构的确定；制定和实施国家食品安全监管的总体战略；开展国家食品安全监管计划；筹集资金和分配资源；制定标准和法规；参加与国际食品安全监管有关的活动；制定应急方案；实施风险分析等。

核心监管职责应包括确定法定措施、监督系统运行情况、促进监管体系不断完善，以及提供全面的政策指导。

3. 检验评审服务

食品安全监管需要公正、高效及可靠的检验评审服务。食品检验评审不但关系到食品安全，还关系到食品工业、食品贸易发展。食品检验评审通常还要与公众接触。食品检验评审结果的信誉及公正性在很大程度上取决于食品检验人员的公正性和工作技能。

检验评审服务包括：

a. 依照法律法规及标准的有关规定，对经营场所和加工过程进行评审。

b. 评价危害分析与关键控制点的计划及其实施情况。

c. 在食品收获、加工、储藏、运输或销售过程中取样检验，以确定食品合法性、为风险评估收集数据和确定违法行为。

d. 通过感官评估，鉴别食品是否腐败；确定食品是否适于食用；或者确定食品是否以虚假方式向消费者出售。

e. 为处罚违法行为确定证据。

f. 为进口或出口的食品提供证书。

g. 为企业实施食品安全认证提供依据。

h. 是食品安全风险的监测和分析工作的组成部分。

应当对食品检验人员进行适当的培训，保证食品安全监管体系的有效运转。

4. 提供食品监测和疫病数据的实验室建设

实验室是食品安全监管体系的必要组成部分，建设、维持和运行需要投入巨大的资金。实验室建设的数量及位置应依据监管的目标及工作量而定。食品安全监管管理部门应制定食品安全监管实验室的规范，并监督他们履行职责的情况。各个实验室应取得法定资质、质量认证和实验室认可。

国家食品安全监管体系的重要工作内容是确定并分析食品污染和食源性疾病之间的关系，及时获得有关食源性疾病发生的最新的和可靠的信息。但负责此类工作的实验室及设备通常不在食品安全监管机构之内。所以，在食品安全监管机构与公共卫生系统之间，与流行病学专家及微生物学专家之间建立有效的联系，并将食源性疾病的信息与食品监测数据联系起来非常必要，从而正确地制定基于风险的食品安全监管策略。

5. 宣传教育、信息交流和人员培训

有效的食品安全监管体系必须在从农田到餐桌的整个过程中向农民、工人、运输业和商业，以及餐饮业从业人员进行有关食品卫生、食品安全法律和业务知识宣传教育，收集和发布有关食品安全信息，向从业人员提供培训，向食品检验员和实验室分析员提供技能培训，以满足他们的需要。

（四）建立和完善食品安全监管体系

1. 基本的原则

当准备建立、更新、强化或在某些方面改革食品安全监管体系时，必须充分考虑加强食品安全监管活动原则，包括：

a. 通过在整个食品链中尽可能地应用预防为主的原则，最大限度地减少风险。

b. 覆盖从农田到餐桌的整个过程。

c. 建立应急程序（如食品召回制度）。

d. 制定基于科学的食品安全监管战略。

e. 确定基于风险分析的重点领域及风险管理的效果。

f. 制定针对风险的监管计划。

g. 动员利益相关者积极合作。

由于在食品链的每个环节上均可能出现食品安全危害，仅对最终产品进行检验不可能对消费者提供足够的保护。为实现最有效地减少食品安全风险，必须将食品安全和食品质量的理念融入到食品的生产至消费整个过程中，实施从农田到餐桌的综合管理措施，发挥种养殖业者、生产者、运输者、销售者、餐饮服务业者及消费者在保障食品安全及食品质量中的重要作用，最大限度地保护消费者。因此，在整个食品链中尽早地发现食品安全风险是更加经济和有效的监管策略。所以，对整个

过程实施控制的、组织严密的预防措施是提高食品的安全和质量的首选方法。在食品链中应用良好的操作规范（即良好的农业生产规范 GAP、良好的生产操作规范 GMP、良好的卫生操作规范 GHP）可以有效地控制潜在的食品安全危害。而危害分析与关键控制点（HACCP）是保障食品安全的基本手段。

食品安全监管政策和保护消费者措施应当建立在风险分析的基础之上。国际上，由 FAO/WHO 食品添加剂联合专家委员会、农药残留联合专家会议，以及其他专家机构所开展的风险评估给各国食品安全监管提供了基本依据。各国可以在研究这些数据和评估结果的基础上制定国家食品安全监管计划。没有必要对所有的食品安全案例花费大量科技资源、人力和经费来开展风险评估。相反，应当充分地利用这些国际数据、专业知识及国际上公认的方法开展本地区的风险评估。食典标准由于考虑了国际上已经开展的风险评估，被公认为"卫生和植物检疫措施协议"的科学依据。因此，鼓励在国家食品安全监管体系中采用并实施这些标准。风险管理应当充分考虑经济后果，以及风险管理方案的可行性，确定具有与消费者保护规定相一致的必要灵活性。

消费者对食品安全和质量的信任，取决于他们对食品安全监管活动及其公正性和有效性的了解程度。因此，食品安全监管体系的建立和实施必须采取透明的方式，公开所有的决策过程，允许所有的利益相关者在整个食品链进行有效的参与，阐明所有决策的依据。这将有助于有关各方开展合作，提高守法的积极性和自觉性。因此，食品安全监管部门应当注意与公众之间开展食品安全信息交流的方式，及时地科学评价食品安全问题，通报检验结果及导致食源性疾病、食品中毒情况的检查结果，公布查处食品造假违法案例。

制定和实施食品安全监管措施还必须考虑食品企业实施这些措施的费用成本（资源、人员和所用的资金），因为这些费用最终均要落在消费者的身上。食品安全是实现公众健康所必需的，可能会增加生产者的成本，而且在食品安全上的投资也不可能马上从市场上获得回报。

2. 制定国家食品安全监管战略

根据目前食品安全的状况，制定和实施国家食品安全监管战略，才能实现食品安全监管体系的目标。实现目标的计划因国家和地区食品安全和质量的现状和所出现问题的不同而定，还应考虑国际上对食品安全风险和国际标准的认识，以及国际协议对食品安全领域的承诺。因此，在制定国家食品安全战略，建立食品安全监管体系时，必须系统地检查那些可能影响该系统目标和运行的所有因素。

（1）收集信息

应对以下各类信息进行收集、整理及评价。

1）粮食和农业领域的现状

a. 有关的数据和信息，包括初级粮食和农业生产、食品加工产业（例如，企业的类型和数量、加工能力、产值等），以及食品分发和销售。

b. 正规（有组织的）和非正规（以乡村或家庭为单位的及街头食品）产业信息。

c. 产业发展的潜力。

d. 食品链情况，以及确定可能影响食品质量和安全的关键因素。

e. 市场的基础结构，包括资产和不足之处。

f. 安全和质量管理计划，包括产业中应用危害分析与关键控制点体系的水平。

g. 有关食品消费数据，其中消费者信息应包括摄入的热量/蛋白质、仅能维持生存状况的人口比例及人均收入等。

h. 相关的文化、人类学及社会学数据也是重要的，包括饮食习惯和食物偏好方面的信息。

2）粮食安全、食品进口及营养目标

满足营养要求的粮食需求，产后损失，以及进口食品的种类和数量。

3）消费者的关注或要求

消费者对食品安全、质量及信息（标识）的要求。

4）食品出口

a. 出口食品的数量和产值，以及在出口贸易中的增长潜力。

b. 有关出口产品被扣留和拒收的资料。

c. 有关买主投诉的数量和种类及补救措施的信息。

d. 确定具有出口潜力的食品和出口目标国家。

5）疾病流行信息

食源性疾病流行和发病率的信息；进行食源性疾病调查和通报的程序；受到指控食品的信息；所收集的用于风险分析的数据的适宜性。

6）食品污染物资料

关于发病率和食品污染程度的信息；对食品生物学和化学污染的监测计划；所收集的用于风险分析的数据的适宜性。

7）人力资源与培训需求

从事食品控制人员（如从事检验、分析和疫病服务的人员）的数量和资历信息；有关持续进行的培训和教育活动的信息；未来人员配备和培训需求的规划。

8）推广和咨询服务信息

由政府、行业、贸易协会、非政府组织，以及教育机构为食品部门提供的现有推广和咨询服务；小教员的培训活动；培训需求分析。

9）公众教育与参与

食品卫生方面的消费者教育计划；在风险交流活动中，加强政府、消费者协会、非政府组织及教育机构的参与及交互作用；预防食源性疾病的风险交流及可能出现的发展。

10）食品控制体系的政府组织

a. 列出与食品安全和食品控制工作有关的政府部门和机构。

b. 描述食品控制体系情况及其资源、职责、作用及其相互间协作的概况；决定优先行动的方法；再增加资源的方案。

11）食品立法

a. 当前的食品立法安排，包括法规、标准和操作规范。

b. 获授权起草法规和标准的各机构信息，以及这些机构如何协调相互间活动，并与行业和消费者组织进行磋商情况的信息。

c. 开展风险评估的能力。

12）食品控制的基础结构和资源

a. 负责检验、监督及执法的机构（国家、省及地方各级）。

b. 检验人员的数量和资历。

c. 检验部门的内部资源状况及对其优势和不足之处的评估；分析工作支持条件（实验室、仪器设备、检测计划的数量等）。

d. 卫生操作规范。

e. 食品企业的许可证制度。

上述信息的收集包括了利益相关者在目标、优先领域、政策、不同的部门或机构的作用、行业的责任及实施时限等方面达成的一致意见，尤其要明确与食源性疾病的控制和预防有关的重要问题，有助于审议可对食源性有害物、消费者的关注点、产业和贸易的发展产生影响的健康和社会经济学问题，还应有助于确定各有关行业的职责，这些行业均间接或直接地涉及食品安全和质量的保障及消费者保护的问题。

与食源性疾病有关的流行病学数据是国家概况资料的重要组成部分，只要可能均要予以收集。

（2）制定战略

制定国家食品安全监管战略有助于国家建立一个综合有效、协调一致的动态食品安全监管体系，还有助于决定确保消费者保护，并促进国家经济发展的优先重点。在有若干个部门从事食品安全监管，而国家又没有相关政策或总体协调机制的情况下，这样的战略应发挥较好的协调作用。在这种情况下，该战略可防止实施过程中的混乱无章、重复工作及资源浪费的现象。

战略应建立在多部门投入的基础之上，着重于确保粮食安全，并保护消费者免于遭受假冒伪劣和虚假标签的不安全食品的危害。与此同时，该战略还应充分考虑国家在进出口贸易上的经济利益、食品产业的发展及农民的利益。这些战略应采用基于风险的方法来确定行动的优先重点。应十分清楚地定义自觉守法和强制执法的界限，并明确时限。还应考虑人力资源开发及加强基础设施建设（如实验室）的需要。

某些类型的食品安全监管措施需要在设备和人力资源上投入巨大的固定资本。虽然比较容易证明这些费用对于大企业来说是合理的，但对于那些小企业、小作坊而言，将这些费用强加在他们身上可能不合适。因此，应逐步地实施这些措施。例如，允许小企业在采用危害分析与关键控制点系统时有较长的过渡时间。

国家所处的发展阶段、经济的规模及其食品工业的复杂程度均可对国家食品安全战略产生影响。最终的战略应包括：①具有明确目标的国家食品安全监管战略，该战略实施行动计划及重点；②制定适宜的食品法律或修订现行的法律，以便实现国家战略既定的目标；③制定或修订食品法规、标准、操作规范并使他们和国际要求相一致；④加强食品监督和控制体系的计划；⑤在整个食品链中建立可提高食品安全和质量的系统，即采用基于危害分析与关键控制点系统的食品安全监管计划；⑥为食品操作者、加工者、食品检验员和分析人员制定和实施培训计划；⑦增加研究投入、监视食源性疾病及提高系统内科学的含量；⑧提高消费者的教育水平和其他的社区加强计划。

3. 强化国家食品安全监管体系的组织结构

如果食品安全监管体系范围广泛，在国家层面的组织结构上至少有三种适宜的类型。这些类型为：①建立在多部门负责基础上的食品安全监管体系即多部门体系；②建立在一元化的单一部门负责基础上的食品安全监管体系即单一部门体系；③建立在国家综合方法基础上的体系——综合体系。

（1）多部门体系

虽然食品安全是首要的目标，但食品安全监管体系还有一个经济目标，即建立和保持食品生产加工业。在这一前提下，食品安全监管体系将发挥如下重要作用：①确保食品贸易的公平；②发展以专业标准和科学为基础的食品行业；③减少可避免的损失并保护自然资源；④促进国家的出口贸易。

具体监管部门专门致力于这些目标的监管系统可能具有部门特性，即监管系统建立在特定行业发展需要的基础上，例如，渔业、肉类及肉制品、水果蔬菜、奶类及奶制品等。这些系统可以是强制实施，也可以是自愿实施，它们是通过一般的食品安全法律法规或部门规章而实施的。包括：①出口检验法，规定了一些食品在出口之前必须进行强制性的出口检验，或者规定为自觉检验提供的便利条件，为出口商提供证书；②特定商品检验法律法规，如鱼类及鱼产品、肉类及肉制品或水果蔬菜产品，这些法律法规由不同机构或部门在相关法律规定的职责范围内予以实施；③适用于新鲜农产品的分类及标识的法律法规体系，这些农产品是指直接向消费者出售或作为食品工业原材料的产品。通常对它们的质量特性给予规定，以保护生产者和购买者双方利益。

有些国家由多个部门负责食品安全监管。在这种管理体制下，食品安全监管将由若干个政府部门，例如，卫生部、农业部、商业部、环境部、贸易及产业部、旅游部等共同负责，虽然对每个部门的作用、职能和责任作了明确规定，但由于实际情况千差万别，有时会导致很多问题。例如，职能交叉，工作重复，官僚机构增加，力量分散，在涉及食品安全政策、检测和食品安全控制的不同机构之间缺乏协调。例如，肉类和肉制品的管理和监督可能就不属于卫生部负责实施的食品安全监管范围之内。肉类检验通常是由农业部负责，或者由从事整个兽医活动的第一产业人员负责。其收集的数据可能与公众健康及食品安全监督计划毫不相干。

在国家、州和地方的机构之间，食品安全监管体系也可能被分解，实施的情况将取决于各级负责机构的能力和效率。因此，整个国家的消费者可能就得不到同样程度的保护，这也难以评估国家、州或地方政府所实施的控制措施的效率。

虽然多个食品安全监管机构的体制可以作为一种规范，但其具有严重的缺陷，包括：①在国家层面缺乏总体协调；②在管辖权限上经常混淆不清，从而导致实施效率低下；③在专业知识和资源上，水平各不相同，因此造成实施不均衡；④公众健康目标和促进贸易及产业发展之间产生冲突；⑤在政策制定过程中，适宜的科学投入能力受到限制；⑥缺乏一致性，导致超出法律规定或者在法定行动上出现时间空白；⑦使得国内消费者和国外购买商对该体系的信任下降。

在制定国家食品安全监管战略过程中，应考虑实施该战略所必需机构的规模和类型，这一点十分重要。由于历史和政治上的种种缘故，通常不可能拥有一个一元化的结构或拥有一个综合的食品安全监管体系。在这种情况下，国际食品安全监管战略必须明确规定每一个机构的作用，以避免重复工作，并使这些机构之间能够实现协调一致的工作方法。还应当明确那些需要特别重视并增加资源以便予以加强的一些领域或食品链中的特定环节。

（2）单一机构体系

将保障公众健康和食品安全的所有职责全部归并到一个具有明确职责的机构的食品安全监管体系是比较好的。这表明政府已将食品安全置于重点领域，并下决心减少食源性疾病的风险。由单一机构负责食品安全监管所具有的优点包括：①统一实施食品安全措施；②能够快速地对消费者实施保护；③提高成本效益并能更有效地利用资源和专业知识；④使食品标准一体化；⑤拥有应对紧急情况的快速反应能力，并有满足国内和国际市场需求的能力；⑥可以提供更加先进和有效的服务，有利于企业，并能促进贸易。

虽然国家食品安全战略的确定有助于对立法和组织结构建设产生影响，但不可能因此推出一个单一的组织结构，来普遍地满足每个国家特定社会经济和政治环境下的要求和资源需求。是否实行这种体制必须因国家而定，所有的利益相关者均可就此提出意见。但许多国家通常几乎没有机会建立一个基于单一机构的新的食品安全监管体系。

（3）综合体系

综合的食品安全监管体系有助于判断某个国家各有关监管机构是否希望并决定在食品安全从农田到餐桌的全过程中开展有效的协调和合作。典型的食品安全监管体系的综合机构通常是在若干个水平上运行。

水平 1：阐明政策、开展风险评估和管理，以及制定标准与法规；

水平 2：协调食品安全监管活动、开展检测和审核；

水平 3：检验和强制实施；

水平 4：教育和培训。

在审议和修订其食品安全监管体系时，各国政府可能会考虑建立一个理想的模式，即建立一个独立的国家食品机构并由其负责水平 1 和水平 2 方面的活动，而现存多个部门的各个机构继续负责水平 3 和水平 4 方面的活动。这种体系的优点包括：①保证了国家食品安全监管体系的一致性；②在政治上更容易接受，因为这种体系不会影响其他机构日常的检验和执行工作。③有利于在全国所有食品链中统一实施控制措施；④将风险评估和风险管理进行分离，从而有目的地开展消费者保护措施，并增加国内消费者的信任和国外购买商的信心；⑤提供更好的设备以解决国际范围内的食品安全监管问题，如参与食典工作，按照卫生及植物检疫措施协议或技术性贸易壁垒协议开展后续行动；⑥促进决策过程的透明度和实施过程的公开性；⑦实现长期的成本效益。

一些国家已经在国家层面建立或者正在建立这样的决策和协调机制。

通过将食品供应链的管理纳入到一个胜任的独立机构的职责之中，就有可能从根本上改变食品安全监管的管理方法。这种机构的作用是，制定国家食品安全监管目标并开展实现这些目标所必需的战略和实施活动。这种国家一级机构的其他职能可包括：①必要时修订和更新国家食品安全监管战略；②就政策问题向有关部一级官员提出建议，包括优先领域确定和资源利用；③起草法规、标准和操作规范并促进它们的实施；④协调各种检验机构的活动并监督其活动结果；⑤制定消费者教育及社区提高计划并支持它们的实施；⑥支持研究及开发；⑦制定产业质量保证计划并支持其实施。

综合的国家食品安全监管机构应致力于解决从农田到餐桌的整个食品链问题，应将资源转到重点领域并解决重要的风险问题。这种机构的建立不应包括日常的食品检验职能。这些职能应继续依靠国家、州或省及地方一级的现有机构，还应考虑私营的检验检测和认证服务机构的职能，特别是出口贸易方面的职能。

4. 筹集国家食品安全监管体系的资金和资源

建立完善食品安全监管体系所需要的资金及资源通常由各国政府提供。有些国家在食品安全监管上的责任跨越许多政府部门，为了确保资金和资源的延续性，体制调整必须对资金和资源做好安排。

第二节　我国食品安全监管体系及改革

一、我国食品安全监管体系

我国食品安全监管体系包括食品安全有关法律法规、政策、制度和标准等，以及作为监管主体的各监管部门和机构。

（一）法律法规体系

我国已建立了一套完整的食品安全法律法规体系，为保障食品安全、提升质量水平、规范食品贸易秩序提供了坚实的基础和良好的环境。法律包括《中华人民共和国食品安全法》《中华人民共和国产品质量法》《中华人民共和国标准化法》《中华人民共和国计量法》《中华人民共和国消费者权益保护法》《中华人民共和国农产品质量安全法》《中华人民共和国刑法》《中华人民共和国进出口商品检验法》《中华人民共和国进出境动

植物检疫法》《中华人民共和国国境卫生检疫法》和《中华人民共和国动物防疫法》等。行政法规包括《中华人民共和国食品安全法实施条例》《国务院关于加强食品等产品安全监督管理的特别规定》《中华人民共和国工业产品生产许可证管理条例》《中华人民共和国认证认可条例》《中华人民共和国进出口商品检验法实施条例》《中华人民共和国进出境动植物检疫法实施条例》《中华人民共和国兽药管理条例》《中华人民共和国农药管理条例》《中华人民共和国出口货物原产地规则》《中华人民共和国标准化法实施条例》《无照经营查处取缔办法》《生猪屠宰管理条例》《饲料和饲料添加剂管理条例》《农业转基因生物安全管理条例》和《中华人民共和国濒危野生动植物进出口管理条例》等。部门规章包括《食品生产加工企业质量安全监督管理实施细则（试行）》《中华人民共和国工业产品生产许可证管理条例实施办法》《食品添加剂卫生管理办法》《进出境肉类产品检验检疫管理办法》《进出境水产品检验检疫管理办法》《流通环节食品安全监督管理办法》《食品

流通许可证管理办法》《农产品产地安全管理办法》《农产品包装和标识管理办法》和《出口食品生产企业卫生注册登记管理规定》等。与此同时，食品质量安全标准体系建设也逐步加强。国家卫生部门统一管理我国食品安全标准化工作，国务院有关行政主管部门分工管理本部门、本行业的食品标准化工作。目前，我国已初步形成了包括了食品安全标准、食品原材料和产品质量标准、生产卫生规范标准等门类齐全、结构相对合理、具有一定配套性和完整性的食品质量安全标准体系。这些标准涉及农产品产地环境，灌溉水质，农业投入品合理使用准则，动植物检疫规程，良好农业操作规范，食品中农药、兽药、污染物、有害微生物等限量标准，食品添加剂及使用标准，食品包装材料卫生标准，特殊膳食食品标准，食品标签标识标准，食品安全生产过程管理和控制标准，以及食品检测方法标准等方面，包括粮食、油料、水果蔬菜及制品、乳与乳制品、肉禽蛋及制品、水产品、饮料酒、调味品、婴幼儿食品等可食用农产品和加工食品，基本涵盖了从食品生产、加工、流通到最终消费的各个环节。截至2013年7月，中华人民共和国国家卫生和计划生育委员会已经制定公布了乳品安全标准、真菌毒素、农兽药残留、食品添加剂和营养强化剂使用、预包装食品标签和营养标签通则等303部食品安全国家标准，覆盖了6000余项食品安全指标。此外，还有涉及食品安全的国家标准1800余项，食品行业标准2900余项，其中强制性国家标准600余项。

（二）措施与行动

食品安全监管各部门非常重视食品安全工作，采取了一系列措施和行动计划。卫生部门建立完善食品安全标准管理制度；成立了国家食品安全风险评估中心，开展食品安全风险评估，为制定完善标准提供了科学依据；制定公布食品安全国家标准；开展标准宣传解读和跟踪评价；建设了全国食品污染物监测网和食源性疾病监测网，初步掌握了我国食品中主要污染物的动态变化趋势。农业部门建立了农产品质量安全定点跟踪监测制度，启动了农药残留、兽药残留监控计划和无公害食品行动计划，成立了农产品质量安全中心，开展无公害农产品认证工作。工商部门实行了食品市场主体准入制度、食品市场巡查制度、不合格食品退市制度、食品安全信息公示制度及食品企业信用分类监管制度，促进食品安全监管职能到位。质检部门实施食品生产许可市场准入制度，已经扩展到全部生产加工食品；建立完善了各级食品监督检验机构，开展了食品抽检和风险监测工作；组织了对食品生产非法添加、生产假冒伪劣食品等违法犯罪活动的打击活动；实施了进出口食品卫生注册登记；对涉外检验检疫、鉴定和认证机构技术能力进行审核和监督管理，开展了涉及食品安全的HACCP认证及其咨询机构的认可、审批、监督、管理。食品药品监督管理部门

组织协调食品安全监督、重大安全事故的查处、应急救援工作及食品安全信息发布方面的工作。

二、监管机构设置及改革

在我国，食品安全监管责任由中央、省级及地方政府共同承担。政府设立若干职能部门负责有关领域食品安全监管工作。在2003年以前，我国的食品安全监管工作主要由卫生、农业、质检、经贸、工商等部门负责，其基本的特征是一个部门负责食品链一个或者几个环节的监管，部门之间的协调性较差。国务院2004年出台的《关于进一步加强食品安全工作的决定》，对具体监管体制做出了进一步的改革，自2005年1月1日起由农业部门负责初级农产品生产环节的监管；质检部门负责食品生产加工环节的监管，将原本由卫生部门承担的食品生产加工环节的卫生监管职责划归质检部门；工商部门负责食品流通环节的监管；卫生部门负责餐饮业和食堂等消费环节的监管；食品药品监管部门负责对食品安全的综合监督、组织协调和依法组织查处重大事故；农业、发展改革和商务等部门按照各自职责，负责种植养殖、食品加工、流通、消费环节的行业管理工作。这个时期的特征是分段管理。

2013年，按照国务院机构改革方案，为加强食品药品监督管理，提高食品药品安全质量水平，国务院组建了国家食品药品监督管理总局。将国务院食品安全委员会办公室的职责、国家食品药品监督管理局的职责、国家质量监督检验检疫总局的生产环节食品安全监督管理职责、国家工商行政管理总局的流通环节食品安全监督管理职责整合，组建国家食品药品监督管理总局。该局主要职责是：对生产、流通、消费环节的食品安全和药品的安全性、有效性实施统一监督管理等。将工商行政管理、质量技术监督部门相应的食品安全监督管理队伍和检验检测机构划转食品药品监督管理部门。保留国务院食品安全委员会，具体工作由国家食品药品监督管理总局承担。国家食品药品监督管理总局加挂国务院食品安全委员会办公室牌子。新组建的国家卫生和计划生育委员会负责食品安全风险评估和食品安全标准制定。农业部负责农产品质量安全监督管理。将商务部的生猪定点屠宰监督管理职责划入农业部。不再保留国家食品药品监督管理局和单设的国务院食品安全委员会办公室。

这次改革组建国家食品药品监督管理总局，考虑了当前社会对食品安全问题高度关注，对药品的安全性和有效性也提出更高要求。原食品安全监督管理体制，既有重复监管，又有监管"盲点"，不利于责任落实。药品监督管理能力也需要加强。为进一步提高食品药品监督管理水平，有必要推进有关机构和职责整合，对食品药品实行统一监督管理。改革后，国务院要求食品药品监督管理部门要转变管理理念，创新管理方式，充分发挥

市场机制、行业自律和社会监督作用，建立让生产经营者真正成为食品药品安全第一责任人的有效机制，充实加强基层监管力量，切实落实监管责任，不断提高食品药品安全质量水平。

新的改革体现了综合管理的特征。

地方食品药品监管体制改革，以保障食品安全为目标，以转变政府职能为核心，以整合监管职能和机构为重点，按照精简、统一、效能原则，减少监管环节、明确部门责任、优化资源配置，对生产、流通、消费环节的食品安全和药品的安全性和有效性实施统一监督管理，充实加强基层监管力量，进一步提高食品药品监督管理水平。

新的体制改革主要涉及以下方面。

1. 整合监管职能和机构

为了减少监管环节，保证上下协调联动，防范系统性食品安全风险，省、市、县级政府原则上参照国务院整合食品药品监督管理职能和机构的模式，结合本地实际，将原食品安全办、原食品药品监管部门、工商行政管理部门、质量技术监督部门的食品安全监管和药品管理职能进行整合，组建食品药品监督管理机构，对食品药品实行集中统一监管，同时承担本级政府食品安全委员会的具体工作。地方各级食品药品监督管理机构领导班子由同级地方党委管理，主要负责人的任免须事先征求上级业务主管部门的意见，业务上接受上级主管部门的指导。

2. 整合监管队伍和技术资源

参照《国务院机构改革和职能转变方案》关于"将工商行政管理、质量技术监督部门相应的食品安全监督管理队伍和检验检测机构划转食品药品监督管理部门"的要求，省、市、县各级工商部门及其基层派出机构要划转相应的监管执法人员、编制和相关经费，省、市、县各级质监部门要划转相应的监管执法人员、编制和涉及食品安全的检验检测机构、人员、装备及相关经费。同时，整合县级食品安全检验检测资源，建立区域性的检验检测中心。

3. 加强监管能力建设

在整合原食品药品监管、工商、质监部门现有食品药品监管力量基础上，建立食品药品监管执法机构。吸纳更多的专业技术人员从事食品药品安全监管工作，根据食品监管执法工作需要，加强监管执法人员培训，提高执法人员素质，规范执法行为，提高监管水平。地方各级政府增加食品监管投入，改善监管执法条件，健全风险监测、检验检测和产品追溯等技术支撑体系，提升科学监管水平。食品监管所需经费纳入各级财政预算。

4. 健全基层管理体系

县级食品药品监督管理机构可在乡镇或区域设立食品药品监管派出机构。充实基层监管力量，配备必要的技术装备，填补基层监管执法空白，确保食品和药品监管能力在监管资源整合中都得到加强。在农村行政村和城镇社区要设立食品监管协管员，承担协助执法、隐患排查、信息报告、宣传引导等职责。要进一步加强基层农产品质量安全监管机构和队伍建设。推进食品监管工作关口前移、重心下移，加快形成食品监管横向到边、纵向到底的工作体系。

三、食品监督管理责任

1. 地方各级政府对本地区食品安全负总责

地方各级政府在省级政府的统一组织领导下，抓好本地区的食品药品监管体制改革，统筹做好生猪定点屠宰监督管理职责调整工作，确保职能、机构、队伍、装备等及时划转到位，配套政策措施落实到位，各项工作有序衔接。要加强组织协调，强化保障措施，落实经费保障，实现社会共治，提升食品安全监管整体水平。

2. 监管部门履职尽责

改革要求转变管理理念，创新管理方式，建立和完善食品安全监管制度，建立生产经营者主体责任制，强化监管执法检查，加强食品安全风险预警，严密防范区域性、系统性食品安全风险。农业部门要落实农产品质量安全监管责任，加强畜禽屠宰环节、生鲜乳收购环节质量安全和有关农业投入品的监督管理，强化源头治理。各地参照国家有关部门对食用农产品监管职责分工方式，按照无缝衔接的原则，合理划分食品药品监管部门和农业部门的监管边界，做好食用农产品产地准出管理与批发市场准入管理的衔接。卫生部门加强食品安全标准、风险评估等相关工作。各级政府食品安全委员会履行监督、指导、协调职能，加强监督检查和考核评价，完善政府、企业、社会齐抓共管的综合监管措施。

3. 相关部门各负其责

各级与食品安全工作有关的部门各司其职，各负其责，形成与监管部门的密切协作联动机制。质监部门加强食品包装材料、容器、食品生产经营工具等食品相关产品生产加工的监督管理。城管部门做好食品摊贩等监管执法工作。公安机关加大对食品药品犯罪案件的侦办力度，加强行政执法和刑事司法的衔接，严厉打击食品药品违法犯罪活动。改革要求要充分发挥市场机制、社会监督和行业自律作用，建立健全督促生产经营者履行主体责任的长效机制。

（张欣）

第三节　广东省在生产加工过程的食品安全监管经验

广东省质量技术监督部门自 2005 年起，负责全省生产加工环节食品安全监管工作，直到 2013 年 9 月机构改革职能划转为止。这是广东省食品生产加工业发展史上食品安全监管取得重要成效的时期。期间，国内外食品安全环境复杂多变，监管部门经历了全省食品加工业整顿、全国产品质量和食品安全专项整治、乳品行业整治、奥运会世博会亚运会和大运会食品安全和供应等重大事件，经历了三鹿奶粉事件的严重冲击，以及潮安凉果、美的"紫砂煲"、镉大米、墨汁粉条等媒体关注事件的重大挑战和考验。由于在监管中比较早地应用了食品安全风险分析理论，提出并坚持"预防为主，积极干预，快速反应"的监管工作方针，建立健全了监管工作体系，全面履行监管职责，使质监部门能够顺利完成一系列重大监管任务，妥善处理了一大批食品安全事件。

一、建立完善了生产加工过程的食品安全监管体系

（一）监管机构和队伍

各级质监部门均成立了食品安全工作领导小组、食品生产监管机构（处、科、股），建立了由行政管理、稽查执法、区域协管及专业支持等方面人员组成的综合监管队伍。2005 年以来，全省共增加食品监管行政和执法编制 380 名，建立了由 584 人组成的食品巡查队伍和 8429 人组成的基层协管员和信息员队伍。广东省质量技术监督局成立了生产加工环节食品安全专家组和 332 人组成的食品生产许可审查员队伍。

（二）监管制度

制定了《广东省质量技术监督系统食品生产加工环节质量安全监督管理办法（试行）》《广东省质量技术监督系统生产加工环节食品安全突发事件应急预案（试行）》《广东省地级以上市食品生产许可工作规范》等重要规范性文件，形成了以普查建档、监督抽查、食品质量安全市场准入、食品企业巡查、辖区政府回访、食品企业违法行为及时查处打击整治六项制度为核心的监管体系。同时，省局将食品安全监管工作作为各地监管部门年度工作考核指标中的重要内容进行考核，并建立起严格的责任追究制度。

（三）监管技术保障

逐步建立完善国家、省、市、县四级食品安全检验检测体系。截止 2013 年 9 月，全省有食品检验国家中心 4 个，省食品质量监督检验站 15 个，市级食品检测机构 21 个，在食品企业较多的县（市、区）设立食品常规理化实验室 40 个。省政府办公厅发文明确要求各市县政府按照《食品安全法》的要求将食品检验和购样经费列入本级财政预算。省局为 19 个地级市局和 36 个县（市、区）局各配置了一辆食品巡查或监管工作专用车。建立了全省食品电子监管系统，推进信息化动态管理，提高监管工作的有效性。

（四）基于风险分析的监管模式

1. 积极开展风险分析基础工作，突出预防性监管，监管工作的主动性和前瞻性不断提高

a. 开展食品生产加工环节食品安全危害因素调查，形成了特色食品生产技术规范和 50 种食品的危害因素调查分析报告，为有效监管、消除危害提供科学依据。

b. 组建了食品安全专家组，为日常食品安全问题研究和应对突发事件提供有力的技术支撑。

c. 组织技术机构收集国外有关食品安全标准等数据，组织编写和出版了《食品生产加工质量卫生管理指南》《国内外食品添加剂限量值》等理论书籍，为制定科学监管措施提供了依据。

d. 积极推动技术机构食品安全风险分析能力建设。建立了国内首家转基因食品及有毒有害物质省级检验站并积极推进食品安全风险分析机构建设。

2. 在日常监管中实施风险管理

a. 通过深入实施普查建档、监督抽查、食品质量安全市场准入、食品企业巡查、辖区政府回访、食品企业违法行为及时查处打击整治六项制度，及时发现并消除食品生产加工环节的质量安全隐患。如在 2012 年，质监部门共出动执法人员 251 276 人次，检查生产经营单位（个人）102 146 个，立案查处案件 8932 宗，捣毁窝点 3030 个，涉案货值 13 116 多万元，其中大案要案 629 宗，移送公安机关 204 宗，抓获犯罪嫌疑人 451 名，刑事拘留 175 人，逮捕 100 人，判刑 14 人。

b. 不断完善应急管理体系，妥善应对处理了辣椒制品含苏丹红，婴幼儿配方奶粉含阪崎肠杆菌，豆制品添加碱性橙Ⅱ，含乳饮料添加甘氨酸、水解蛋白，橄榄菜析出邻苯二甲酸酯，桶装水溴酸盐超标，乳制品受三聚氰胺污染，违法生产劣质密胺餐具，违规使用面包改良剂等质量安全事件。2010 年应对了美的"紫砂煲"事件、一次性发泡餐具事件、东莞大米事件、花生油黄曲霉毒素超标事件、东莞河粉等媒体关注的事件，及时消除了不良的社会影响。

3. 食品安全风险信息交流

a. 建立了生产加工环节食品安全接待日制度，集中接待企业和公众有关信息咨询和举报投诉。每年接待来访群众 15 000 余人次，受理群众举报投诉、反映问题和意见建议 2000 多宗，基本能够得到现场处理，回答网民问题 600 多个。

b. 不断加强食品安全宣传教育力度，与媒体合作开设专栏，与网友在线进行交流。

c. 积极开展食品企业负责人、质量管理人员和检验人员免费培训工作，近年来共培训 1.7 万个食品生产单位 2.6 万人。

d. 积极组织邀请人大代表、政协委员、新闻媒体工作者等 1556 人次观摩检查食品生产企业，促进企业落实主体责任。

e. 及时公布食品日常监督抽查结果，正确引导消费，提高消费者防范意识。

二、遏制系统性食品安全风险

（一）深入开展了产品质量和食品安全专项整治行动

2007 年，监管部门积极履行产品质量和食品安全领导小组办公室职责，充分发挥了牵头组织、综合协调和主力军作用，全省专项整治的量化指标全面完成。其中专项整治工作成效尤其是全国专项整治第三次现场会议的圆满成功得到国务院领导的高度评价。2008 年，牵头深入开展专项整治"巩固深化年"活动，重点开展食品小作坊、小农资店、小餐饮、小商店、小屠宰场等"五小"整治，查处各类违法经营案件 30 277 宗，取缔窝点 5527 个。全省 48 万多个"五小"单位经整治后生产经营水平得到切实的提高。

（二）全面整顿乳制品生产加工业

全面整顿乳制品生产加工业，促进了全省乳制品质量安全水平的提高。一是 2008 年三鹿奶粉事件发生后，全省监管部门立即启动应急预案，迅速组织开展乳制品行业整顿。二是坚持日常动态跟踪监测乳制品中的三聚氰胺风险项目，并加大日常监督检查，保障了全省乳制品的质量安全。三是在全国食品安全整顿办于 2010 年 2 月及 7 月部署开展的两次清查销毁问题乳粉专项行动中，全面落实各项工作措施，取得了较好的成效。

（三）积极开展无证照食品生产加工单位整顿工作

如 2009 年，各地质监部门摸查到 2787 家无证照食品加工点。经省政府同意，省质监局联合卫生、工商、食品药品监督管理等部门组织专项整治。地方政府采取强有力的措施，查处取缔食品生产黑窝点 1348 个，自行关闭 770 个，经整治后领取经营证照 669 个。

（四）深入实施《广东省食品加工业整治方案》食品专项整治"十百千万工程"取得较好效果

从 2005 年 6 月开始，监管部门每年实施食品专项整治"十百千万工程"，各地选择 10 多类食品，如粮、肉制品、奶制品、豆制品、水产品、白酒、饮料、儿童食品、油、调味品等作为重点监管产品，选定 100 多个重点监管区域，确定 2000 多家企业为重点监管对象。在整治和监管中，监管部门消除了近万个食品安全风险隐患，为全省食品安全形势好转打下坚实基础。

（五）生产加工环节食品安全整顿工作取得了阶段性成效

在 2009 年开始的为期两年的食品安全整顿工作中，监管部门重点整治了部分食品安全突出问题，严肃查处了一批典型案件，进一步健全了食品安全监管长效机制。食品抽检合格率逐年提高，两年来未发生重大食品安全事故，食品安全形势总体保持平稳。监管部门以卫生部发布的食品中可能违法添加的非食用物质和易滥用的食品添加剂品种名单为重点，有针对性地开展了食品添加物质专项整治，查处案件 241 起，移送司法机关案件 3 起；加强帮扶，督促企业完善添加剂使用管理制度，规范添加剂使用管理；组织开展了以大型企业使用食品添加物质情况为重点的突击检查，及时排除食品安全隐患，全省检查企业近 500 家。

三、监管的创新

（一）重大活动食品安全监管新模式

在北京奥运会、上海世博会、广州亚运会和深圳大学生运动会等重大活动中，广东省供应的食品品种和数量均名列前茅。在这些重大活动的食品监管工作中，监管部门探索实施了"分层监管、全面保障"的监管方法和以人防、物防、技防等"三防"为主要内容的全方位食品安全监控模式，正确处理好严格监管与保障供应关系，探索出"梯度监管"、"信任放行"等工作经验，顺利完成了食品安全保障任务。

1. "分层监管、全面保障"监管方法

是指监管部门对订单供应重大活动的食品的签约供应商、供应重大活动承办地区的食品企业、本辖区其他食品企业，按照不同的监管强度和模式，制定和组织实施重大活动食品安全保障工作方案，合理运用有限的监管资源，达到保障食品安全的总体要求。

（1）对按订单供应重大活动食品生产加工企业的监管

1）调查核实供应信息

监管部门根据负责重大活动的食品安全保障部门提供的信息，掌握按订单供应重大活动食品的签约供应商名单，包括直接签约生产企业和间接签约生产企业（以下统称"供重大活动食品生产加工企业"）。所在地监管部门立即对名单中本辖区供重大活动食品生产企业的情况进行核实，重点核实供重大活动食品的品种、数量、生产计划、供货时间等，并将核实情况及时报告地方政府和负责总体协调的上级监管部门。

2）监督检查供应企业

各供应商所在地监管部门根据《食品安全法》及其实施条例关于食品生产加工企业落实质量安全主体责任的若干制度规定，组织食品供应企业所在地基层监管部门，依据规定程序、工作要求，通过听取企业报告、检查企业相关记录、查看企业生产现场、检验企业产品、约谈企业人员等形式，对企业开展监督检查，督促企业落实质量安全主体责任，督促其向重大活动有关单位了解供应食品具体要求，并及时向监管部门报告每批供应食品涉及的品种、数量和具体生产计划，自觉接受监督。

基层监管部门在收到供重大活动食品生产企业名单后，对名单中的每个供重大活动食品生产企业开展一次监督检查，对原辅材料进货查验或检验（如果供应运动会，需对动物源性原料提供违禁药物批批检验合格报告）、生产过程控制、出厂产品批批检验并留样等重点环节的监控，并提交重大活动期间保证履行食品安全责任承诺书。基层监管部门应当将监督检查情况向当地政府报告，并做好监督检查工作相关情况记录。

3）检验监测要求

应当指定承检机构并明确其分工和职责。

检验项目应当包括相应产品强制性标准、重大活动特别规定的食品验收规范等各项要求，应当进行批批检验。供应运动会的动物源性食品，应按照食源性兴奋剂检测项目（如亚运会：四大类34种）进行违禁药物批批检验。其他加工食品是否进行违禁药物批批检验，可以

报当地政府决定。

检验要求：一是对直接签约生产企业的供重大活动食品实行批批检验。基层监管部门应将指定的检验机构名单及时告知辖区内签约企业。企业在执行自行出厂检验的同时，必须送指定的检验机构按照有关要求进行批批检验。在检验机构出具合格检验报告之前，这些食品不能出厂，出厂必须随附指定的有资质的检验机构出具的检验合格报告，同时还应督促生产企业做好出厂交接工作。二是对向重大活动食品供应企业供应食品原料的间接签约生产企业，应当开展专项风险监测。按照对每个生产企业每种供重大活动食品至少监测一次的原则，组织采集样品和实施风险监测检验，采集样品尽量为临近采样日生产的产品。三是严格规范供重大活动食品检验工作。承检机构应当保证人员、设备等满足此项食品检验工作的需要，检验样品应按规定程序取样、留样（供运动会动物源性食品必须加倍留样待查）、保存、检验，并做好记录，确保检测结果的真实性、准确性和可追溯性。

4）加强风险信息管理

各有关基层监管部门在监督检查中发现供重大活动食品生产企业相关责任不落实而影响供食品安全的，应当立即责令企业停止供应食品。已供应的，责成企业全部召回，由此带来的相关影响及损失由企业负责，并及时向当地政府报告。

各承检机构对批批检验和风险监测检出非食用物质和致病微生物等高风险项目和违禁药物等问题的，应即时报告生产企业所在地监管部门；对风险监测发现食品添加剂超范围或超限量使用、品质指标不达标、检出微生物和重金属项目等问题的，也应在结果确认后及时报告。

对批批检验和监测发现问题的，各有关基层监管部门应当及时责令企业立即停止供应，督促企业组织开展相关调查核实工作，查找原因，采取相应防控措施，并报告当地政府，对确实存在严重违法违规的企业应当依法处理。企业已查清风险原因，加强和改进了管理，产品经检验合格能够保障安全的，允许恢复生产。

监管部门接到监督检查、风险监测、批批检验发现的问题通报，应当及时报告供重大活动食品安全保障部门。

（2）对产品销往重大活动地区的食品生产企业的监管

要组织基层监管部门调查摸底、全面掌握辖区内产品销往重大活动地区的食品生产企业名单，在此基础上，加大监督检查和风险监测力度，尤其要加强对质量不稳定、食品安全保障水平较低的小型食品生产加工企业的监管，督促落实主体责任，保证销往重大活动地区的食品的质量安全和可追溯性。

（3）对其他食品生产企业的监管

对其他食品生产企业，监管部门应按照供重大活动食品安全保障工作方案的要求，对重点产品、重点单位

及重点区域，加强日常监督检查，确保重大活动期间不发生重大的食品安全事件。

（4）做好突发食品安全事件应急保障

各监管部门应制定供重大活动食品安全突发事件应急预案，并保证重大活动期间，处理食品安全突发事件应急所需的人员、物资、经费和工作机制等落实到位，确保突发食品安全事件发生后，能快速反应、妥善处置，最大限度地降低事件的危害和不良影响。各应急联络人员要确保24小时通讯畅通，对食品安全突发事件特别是涉及供重大活动食品的突发事件，要严格按照有关规定上报和处置，不得瞒报、迟报、漏报。

（5）其他有关要求

a. 应当成立供重大活动食品安全保障工作专责小组，加强领导协调，在地方政府统一领导下，制定具体实施方案，细化工作目标和工作责任。对供重大活动食品生产加工企业，成立监管团队，进一步落实人员、经费、应急处置等各项监管资源保障，确保监管工作措施和责任落实到位。

b. 监管部门要加强与当地政府、上级有关部门的沟通协调，及时报告或通报辖区内供重大活动食品生产加工企业具体情况。在当地政府统一领导下，切实履行监管职责。

c. 要做好对本辖区内供重大活动食品监管工作人员的培训，熟悉有关要求，落实工作责任。

d. 及时报送监管工作及风险监测检验数据等信息，并加强供重大活动食品监管工作的信息管理纪律，不得擅自发布与供重大活动食品安全有关的信息。

2. 以人防、物防、技防等"三防"为主要内容的企业全方位食品安全监控模式

指供应企业应当采取的食品安全监控措施，主要包括：①成立跨部门监管团队；②加强对供应重大活动食品有关生产人员的政审和健康管理；③划定专门的生产场地、生产线、设备，予以封闭管理；④加强生产关键环节监控，实施全程记录、全程录像；⑤对贮存原辅材料、成品的仓库实施"双人双锁"、视频监控等措施；⑥从原材料采购、生产过程直至供应交接实施闭环管理，无缝衔接。

3. "梯度监管"监管方法

是指对发生不合格的签约企业，由于没有可以立即替代的其他供应商，为解决食品安全与供应的矛盾，监管部门在企业查清原因以后，对企业出现不合格产品之后的生产批次根据风险采取不同强度的监管措施。

"梯度监管"的主要内容：①企业发生不合格，暂停生产，查找原因；②不合格原因已经查清并立即纠正后，恢复生产，监管部门对其签约的产品连续实施批批全项目检验，即最严检验；③最严检验连续10批或者一

周能够全部合格的，经过评估风险，可以对检验项目和频次作出适度放宽，实施加严检验；④加严检验连续10批或者一周仍能够全部合格的，经过再次评估风险，可以对检验项目和批次恢复到正常水平；⑤供应过程中如果再次发生不合格，重新执行上述规定。

4. "信任放行"监管方法

是指对保质期在1周以内的牛奶、面包、糕点等食品，在微生物等检验周期长的项目检验结果尚未出来之前，根据其他检验项目全部合格的结果，结合从原材料到生产过程保持正常的监管情况，以及该批产品供应以前其他批次微生物项目全部合格的情况，为了保障食品供应不断，予以放行的管理措施。

"信任放行"的具体要求是：①对象是保质期在1周以内的牛奶、面包、糕点等食品；②该批供应的食品生产之前，对同类食品连续检验（1周以上），均能全项目合格；③投入生产之前对原材料检验全部合格，生产工艺检查正常，生产人员为熟练工人；④对生产过程全程记录；⑤该批食品必须留样；⑥该批食品供应的人群应当清晰；⑦放行前，应当组织专门的技术小组检查上述情况，评估风险，并提出是否可以放行的意见，由行政主管作出是否放行供应的决定。

（二）生产许可实施过程的创新

由于食品质量安全的特殊要求，为规范食品、食品添加剂生产许可审查工作，提高食品、食品添加剂生产企业产品质量水平，保障生产加工环节食品安全，需要特别注重行政审批制度改革与保障食品安全相结合。根据《行政许可法》、《食品安全法》及其实施条例、《标准化法》等法律法规，《食品企业通用卫生规范》（GB 14881—2013）等强制性国家标准、食品添加剂企业通用卫生规范及国家监管部门有关规范性文件要求，采取了新的措施。

a. 监管部门将《食品企业通用卫生规范》等卫生规范纳入食品生产许可审查的具体工作，对新建食品、食品添加剂生产企业全面实行良好生产规范（GMP）管理要求。

b. 要求新建企业必须具备《食品安全法》规定的与其生产的食品、食品添加剂品种、数量相适应的合法的生产场所。

c. 企业的设计、选址、总平面布置（布局）、设备、工具、管道、建筑物和施工及设施的卫生要求，生产、检验设备和设施，专业技术人员和管理人员及生产操作人员等从业人员的配置、培训、卫生与健康等方面，必须符合《食品企业通用卫生规范》（GB 14881—2013）和各相关卫生规范等强制性国家标准的有关规定，如根据蜜饯监管实际，提出了晒场必须具备全封闭的围墙或纱

网的技术要求，保障了全省蜜饯产品质量安全。

　　d. 对新建企业实施异地交叉审查。

　　e. 统一每种产品的现场核查尺度，规范食品生产许可审查工作。

（三）食品质量安全受权人（首席质量官）制度

食品质量安全受权人（首席质量官）是指具有相应专业技术资格和工作经验，经食品生产企业的法定代表人授权和监管部门备案，全面负责食品生产质量安全的高级专业管理人员。2012 年 8 月初，食品质量安全受权人（首席质量官）试点工作启动。首批试点企业为 37 家乳制品生产企业。

1. 食品质量安全受权人（首席质量官）的主要职责

按照《食品安全法》、《国务院关于印发质量发展纲要（2011—2020 年）的通知》（国发〔2012〕9 号）、《国务院关于加强食品安全工作的决定》（国发〔2012〕20 号）、国务院办公厅《贯彻实施质量发展纲要 2012 年行动计划》的有关要求及实行质量安全"一票否决"的有关规定，食品质量安全受权人（首席质量官）的主要职责如下。

　　a. 贯彻执行食品安全法律、法规、规章和技术要求，组织和规范企业食品生产质量安全管理工作，促进企业落实食品质量安全主体责任。

　　b. 组织建立、实施和保持本企业食品生产的质量安全管理体系。

　　c. 对下列食品质量安全管理活动负责，行使决定权：①每批食品原料、食品添加剂、食品相关产品等原辅料及出厂成品放行的批准；②质量管理文件的批准；③工艺验证和关键工艺参数的批准；④原辅料、包装材料及成品内控质量标准的批准；⑤不合格品处理的批准；⑥不安全食品召回的批准。

　　d. 参与对食品质量安全有关键影响的下列活动，行使建议权：①关键原辅料供应商的选取，对不符合要求可能影响食品质量的关键原辅料供应商可行使否决权；②关键生产设备的选取；③生产、质量、原辅料及设备采购和检验等部门的关键岗位人员的选用；④其他对食品质量安全有关键影响的活动。

　　e. 在食品生产质量安全管理过程中，受权人应主动与监管部门进行沟通和协调，具体为：①在企业接受监管部门组织的现场检查期间，受权人应作为企业的陪同人员，协助检查组开展检查；在现场检查结束后 10 个工作日内，督促企业将不合格项目的整改情况上报企业所在地市局；②每年至少一次向企业所在地市局上报企业持续保证食品质量安全必备条件情况的年度报告；③其他应与监管部门进行沟通和协调的情形。

　　f. 出厂成品放行前，受权人应确保产品符合以下要求：①已取得食品生产许可证，并与《食品生产许可证》的申证单元范围相一致；②生产和质量控制文件齐全有效；③原料采购、原料验收、投料等原料控制符合要求；④生产工序、设备、贮存、包装等生产关键环节控制符合要求；⑤原料检验、半成品检验、成品出厂检验等检验控制符合要求；⑥进货查验、生产过程安全管理、出厂检验等记录完整；⑦生产过程中不符合控制要求的均已查明原因并采取整改措施；⑧其他可能影响产品质量的因素均在受控范围内。

2. 食品质量安全受权人（首席质量官）的确定及备案

食品企业的法定代表人应根据规定的食品质量安全受权人（首席质量官）应当具备的条件，确定受权人，并与受权人签定授权书（授权书格式文本由省局统一制定）。食品企业应当在法定代表人和受权人双方签订授权书后，将备案材料（包括受权人名单、授权书副本、学历证明、工作经历证明、体检证明、受权人培训证明等）报所在地市局备案，地市局应当及时将已备案的企业受权人名单报省局。

3. 食品质量安全受权人（首席质量官）的转授权

根据工作需要，受权人可以向食品企业的法定代表人书面申请转授权。经法定代表人批准后，受权人可将部分或全部的质量管理职责转授给相关专业人员，但受权人须对接受其转授权的人员的相应食品质量管理行为承担责任。接受受权人全部质量管理职责转授的人员应具备规定的食品质量安全受权人（首席质量官）应当具备的条件；接受受权人部分质量职责转授的人员应具备与其承担的工作相适应的专业背景和技能，并经培训后，方可上岗。企业应当以书面文件形式明确转授权双方的职责。受权人直接或以转授权的方式履行其职责时，其相应的质量管理活动应记录在案。记录应真实、完整，具有可追溯性。授权、转授权文件和有关记录应纳入企业质量文件管理体系，妥善保管。

4. 食品质量安全受权人（首席质量官）的变更

食品企业变更受权人，企业和原受权人均应书面说明变更的原因，并按规定的程序办理备案手续。食品企业变更法定代表人后，法定代表人应与受权人重新签订授权书，授权书副本报企业所在地市局备案。

5. 食品质量安全受权人（首席质量官）的培训

受权人和转授权人应加强知识更新，每年至少参加一次由监管部门举办的受权人业务培训，不断提高业务和政策水平。

（四）食品安全风险管理创新

a. 全省系统设立了食品安全接待日制度，加强了监管部门与企业、公众的食品安全信息交流，增强了监管工作的主动性和有效性。

b. 组织开展了生产加工环节食品安全危害因素调查工作，有针对性地对危害因素进行研究，制定相应处置措施消除食品安全隐患。

c. 组织开展了以大型食品企业使用食品添加物质情况为重点的突击检查，及时排除食品安全隐患。

d. 以高风险大型食品企业为试点，探索建立强制性保险制度，建立以赔付为核心的社会监督机制。

四、监管的成效和新的认识

2005 年以来，全省食品安全形势总体稳定，食品工业发展迅速，各项经济指标居全国前列。据统计，2012 年全省规模以上食品工业企业 1632 家，工业总产值 4629.83 亿元，占全省规模以上工业总产值的 4.8%，在全国排行第三。2005 年，全省质监系统曾普查到 3.5 万个食品生产加工单位。经过五年的有效监管和大力整治，目前，全省食品生产加工单位降至 16 424 个（包括获证企业 11 302 家，小作坊 5122 家），数量减少了超过 50%。但同时规模以上食品企业工业总产值增加了 3 倍，产业集中度大大提高；食品生产环节的抽检合格率从 82.1%提高到 92.8%，在全国食品安全情况复杂多变的形势下，全省食品行业质量安全状况逐年好转。

通过 2005 年以来的成功实践，监管部门加深了对食品安全监管的认识，丰富了有效监管的经验。

a. 坚持科学监管是全面履行职责的必由之路。深入实践食品安全风险分析理论，完善食品安全监管机制，才能全面履行好监管职责。

b. 坚持预防为主才能做到有效监管。努力及早、全面掌握风险因素，尽力查找原因，消除隐患，才能防止发生系统性食品安全事故。

c. 坚持积极干预是推动行业发展的重要手段。在加强监督的同时狠抓管理，推动生产企业落实主体责任，让企业逐步形成能负起责任的安全主体，才能从根本上保障食品安全。

d. 在应对危机中快速反应，才能尽早化危为机，努力使应对危机的过程成为推动监管工作上水平的过程，保持食品安全形势平稳发展。

e. 坚持创新、扎实工作才能实施有效监管。坚持结合实际创造性地开展工作，不断创新监管工作方式方法，能够有效激发食品监管人员务实进取的积极性，提高执行力，攻坚克难，为推动生产加工过程食品安全水平提高提供强大的动力。

（张欣、张卫洪）

第四节　发达国家食品安全监管模式及其启示

一、部分发达国家食品安全监管模式

食品安全监管模式是保障国家有关食品安全的法律法规、政策方针有效执行的组织和制度，是食品安全监管采取的组织形式和基本制度。各国依据本国的实际情况，通过立法建立其食品安全监管体系，产生不同的监管模式，其中以美国、欧盟、加拿大等发达国家监管模式为典型模式。美国模式是由联邦和各州政府各部门按照不同职能共同监管；欧盟模式是政府成立专门的、独立的食品安全监管机构，由其全权负责国家的食品安全监管工作；加拿大模式是由政府的某一职能部门负责食品安全监管工作，并负责协调其他部门进行监管。这些发达国家的食品安全监管模式有不同特点。

1. 美国食品安全监管模式

美国是最早实施食品安全监管的国家，是世界上食品安全水平较高的国家，其食品安全监管模式灵活高效，获得世界各国的认可。1998 年，美国成立了"总统食品安全管理委员会"，委员会成员由农业部、商业部、卫生与人类部、环境保护署等部门的负责人组成，其主要作用是协调各食品安全监管机构的工作，使得监管切实有效。美国食品安全监管模式经历了循序渐进的过程，逐步建立一个系统、科学、全面的管理体系和法律体系，总的来说有以下特点。

（1）法律法规体系健全

美国从 1890 年实施《肉类检查法》，1906 年《纯净食品和药品法》，到 2011 年《食品安全现代法》生效，其食品安全法律法规有 40 多种，主要包括《联邦食品药品化妆品法》（FDF-CA）、《联邦肉类检验法令》（FMAI）、《禽类产品检验法令》（PPIA）、《蛋产品检验法令》（EPIA）、《食品质量保障法令》（FQ）和《公共健康事务法令》等。以上这些法令几乎覆盖了所有的食品，为保障食品质量安全提供了非常具体的标准和监管程序。

（2）决策以风险分析为基础

在食品质量安全决策领域，美国始终以风险分析为基石，采取种类繁多、切实可行的预防措施，从而在根本上保证了公众的健康。通过风险分析对可能面临问题的严重程度作出评估，目的是协助相关监管部门，制定出切实可行的危害管理措施及应对办法。在食品安全的风险管理方面，美国强调风险的全面防范和管理，一是进行风险评估，风险评估对于实现食品安全不可缺少；二是进行风险管理，通过制定和实施一系列标准和规定来防范风险；三是进行风险信息的传播和交流，降低公众受不安全食品危害健康的可能性，提高风险评估的准确性和风险管理的有效性。

（3）食品质量安全监管模式运行有效

美国现行有地方、州和联邦等三级政府，它们之间的安全监督管理既相互独立又相互协作。在监管工作中，联邦政府不依靠各州政府，它在全国各地建立了数量庞大的检验中心及实验室，并向各地派驻了数量众多的调查员。而在一些具体工作上，联邦政府与一些州政府签署协议，通过授权，赋予当地一些检验检疫机构，严格依照联邦政府制定的方法检验食品，检验费用由联邦政府承担。由于这些机构都没有促进贸易发展的功能，从而在源头上，杜绝了食品质量安全监管工作受地方和部门之间经济利益的干扰及不必要的影响。

2. 欧盟食品安全监管模式

欧盟为了保障区域的食品安全，成立了食品安全局（FSA），组织结构包括管理委员会、咨询论坛、科学委员会和专家小组，欧盟食品安全局依据欧盟食品安全法的基本原则和要求，对整个食品链进行监控。通过风险评估，对各成员国、成员国之间及从第三国进口到欧盟的食品的安全性提供科学意见，为成员国的政策和法规的制定提供科学依据。

（1）法律法规体系健全

为了统一协调欧盟各国内部食品安全监管规则，欧盟逐步制定了《食品卫生法》、《通用食品法》等20多部食品安全领域的法律法规，并最终形成了庞大的法律体系网络。同时，欧盟也制定了数量众多的食品安全规范要求，包括了食品的官方监控、食品生产卫生规范、进口食品准入控制、良好实验室检验、药物残留控制、动植物疾病控制、出口国官方兽医证书规定等，并于2000年初发表了《食品安全白皮书》，实施84项保证食品安全基本措施，预防、应对未来若干年内可能遇到的问题。白皮书是欧盟各成员国建设食品安全法律法规体系和政府设置管理机构的基本指导。欧盟21世纪初的重点工程，就是确保食品的安全和消费者的知情。

（2）成立独立的食品安全监管机构

欧盟委员会成立了食品安全局（FSA），统一管理欧盟所有与食品安全有关的事务，负责与消费者进行食品安全问题的直接对话、建立成员国在食品卫生和科研机构上的合作网络，向欧盟委员会提出决策性意见等。FSA不具有立法权，只负责监督整个食品链，根据科学家的研究成果做出风险评估，为制定法规、标准及其他的管理政策提供依据。

（3）持续改进的监管模式

最近，欧盟委员会拟对维持了25年的欧盟食品安全卫生制度进行根本性改革，力求制定一项统一的、透明的食品安全卫生规则。新规则一是引入了"从农田到餐桌"的概念；二是确立了食品生产经营商对食品安全负首要责任的原则。这一原则加大了生产经营者的安全责任，生产经营商则主要依靠自我核查机制及对有害物的现代监控技术来确保食品的安全卫生。

3. 加拿大食品安全监管模式

在1997年之前，加拿大食品安全监管由农业部、卫生部、渔业和海洋部、工业部共同实施，存在协同不够、监管不力的弊端。1997年，《加拿大食品检验局法》将监管职能和资源整合到加拿大食品检验局（CFIA），该机构承担了食品安全监管的大部分职能，监管范围涵盖除餐饮和零售业以外的整个食品链。

（1）法律法规体系健全

加拿大是联邦制国家，有联邦和地方法规和标准。政府对食品安全越来越重视，不断出台和更新食品安全法律法规，对食品生产经营者、食品进出口的监管及不安全食品处理也越来越严格。加拿大食品检验局主要执行《农业和农产品管理处罚法》、《食品安全法》、《动物检疫检验法》、《种子法》、《饲料法》等法律法规，这些法律法规对重点食品如肉制品、乳制品、水产制品等有具体的规定。食品安全标准作为技术法规与食品安全法律法规一起在司法部网站公开，同时根据实际情况和技术发展进行更新。加拿大食品检验局通过与各省政府签订合作备忘录的形式来统一食品安全执法标准，进一步加强了联邦政府与地方政府的协作。

（2）成立相互协作的食品安全监管机构

加拿大的监管机制是部门和各级政府机构相互协作，多方参与，加拿大食品检验局、卫生部公共健康局、学校、科研机构、培训机构和企业联盟可以参与各自领域的食品安全调查、风险评估、加工技术开发、食源性疾病研究、技能培训、食品安全立法等方面的工作。加拿大行政和司法紧密衔接，食品安全监管部门的检查人员具有一定的行政权限，可将严重违法违规企业起诉至法院，进入司法程序。

（3）食品召回和信息公开的机制

加拿大食品检验局负责食品安全风险评估和召回发布工作。根据及时、恰当、一致和彻底的原则，召回分为三级。召回程序为风险发现、风险调查、实验室分析、风险评估、召回定级、召回实施、召回有效性确认。为引导消费者健康饮食习惯，加强食品经营者自律行为，提高食品安全保障水平，公开食品安全信息，监管部门将日常监管结果向消费者公示，帮助消费者合理选择、健康饮食。同时，消费者也可以通过电话、网络等途径了解所在地的食品经营者的监管信息，以便选择信誉良好、质量安全的经营者的产品。

二、发达国家食品安全监管模式的启示

虽然我国与美国、欧盟、加拿大的社会体制及法律体系不同，经济发展水平与发达国家也有一定的差距，但是从对食品安全的客观要求和政府监管的一般规律来看，发达国家食品安全监管模式的先进经验和理念，值得我国学习和借鉴。

1. 完善的食品安全法律体系

完善的法律体系应该包括以基本法为龙头，多层次、分门类，相互协调的法律构成的综合性体系。我国在建立和完善食品安全法律体系的过程中，应根据我国国情，加快食品安全法及配套法律法规的制定修订工作，保障我国现阶段的食品安全监管。

2. 协调高效的食品安全监管机构

在许多发达国家，如美国、欧盟和加拿大，政府都通过立法设立某一行政机构对食品安全实行高度统一的管制，这种高度统一的监管体系，除了具备较高的执法效率外，还能取得执法资源（如食品检验人员和设备）的规模经济效应，因而在世界各国被广泛采用。食品安全监管的责任主要由中央政府来承担，地方政府只负责溢出效应相对较小的餐饮及食品零售店等的监管，并实行由中央监管机构垂直一体化监管模式。我国2013年的政府机构改革中，将原食品安全委员会办公室、原食品药品监管部门、工商行政管理部门、质量技术监督部门的食品安全监管和药品管理职能进行整合，重新组建食品药品监督管理机构，对食品进行各个环节的监管，改变以往多部门分环节"九龙治水"的监管模式，新的食品药品监管机构可以围绕食品安全监管更好地统一调配监管资源，更有效地进行食品安全监管。

3. "从农田到餐桌"的全程监控制度

初期的食品安全监管、对最终产品的检测是食品安全监管的重点。但是，伴随着科学技术的突飞猛进，生产食品的工艺技术得到了不断地创新和发展，因而，仅对最终产品的简单监测，已明显不能适应食品安全监管的需要。因此，欧盟发起提出了"从农田到餐桌"的概念，对种植、养殖、生产、加工、经营及消费的各个环节，进行全程监控，力求最终控制复杂的潜在食品安全危害。现在，这一概念已经被多数国家所接受，是建立食品安全体系的最基本制度。

4. 完善的风险评估和食品安全预警制度

20世纪末期，西方发达国家食品安全事故频发，暴露出其监管存在的严重漏洞。食品安全事故在媒体曝光之后，政府才紧急采取补救措施，缺乏预警使消费者健康面临危险。如今，世界上多数发达国家通过风险评估制度，实现全面的风险防范与监管，充分保障公众对国内食品安全状况的知情权。应用科学有效的风险分析，能更好地对食品安全进行科学规划与管理。同时，各国政府都积极将风险管理和风险分析如HACCP体系制度引入立法程序规定中。在食品安全领域，食品安全预警系统技术得以应用。美国及欧盟国家的风险预警系统主要是对食品和饲料中某些成分的控制来实现。我国的食品药品监管机构应该加强其下属技术机构的科研能力，发挥技术机构在食品监管、风险评估、食品安全预警中的作用。

5. 健全的食品安全信用体系

发达国家建立食品安全社会信用体系的基本制度是食品质量安全的信息溯源制度和不安全食品的召回制度。例如，日本和欧盟设立了食品身份编码识别制度，也就是设立了食品安全信用档案。其本质是要求企业在食品生产全过程中建立起档案记录，记录产地、生产者、化肥及农药使用等一切详细信息，让消费者通过互联网或移动通讯及零售店可以查询。从种植、养殖到零售的每一个环节可实现查询，从而实现质量安全的可溯源。而不安全食品的召回制度，避免了进入市场的不安全食品对人身健康损害的发生和扩大，维护了消费者的切身利益。此外，西方发达国家普遍存在的行业协会发挥了良好的自律作用，有效地缓解了政府的监管压力，同时也强化了行业内部的食品安全与管理。食品安全首先是食品生产者、加工者的责任，政府在食品安全监管中发挥的主要职责是通过对食品生产者、加工者的监督管理，最大限度地减少食品安全风险。只有政府、生产者、消费者共同努力，全方位、多层次协调配合，才能真正建立健全食品安全的长效机制。

6. 加强食品安全知识普及，引导公众具有正确的食品安全意识

发达国家在宣传食品安全相关法律法规的同时，还经常通过网络、电视、电台、印刷品等向公众指导正确的食品加工、食用、保存方法，防止因此产生的食品安全问题。长期以来，我国比较侧重宣传食品安全法律法规和部门的职能等信息，忽略了对公众进行食品安全科普知识的宣传，同时也缺乏专业的食品安全宣传人员，

因此，当发生食品安全事件时，由于没有专门的机构和人员对大众进行有关食品安全知识的解答，使一些不专业的解答和报道占据了媒体，导致偶然的食品事件也能引发轩然大波，监管部门疲于"救火"，难以使公众满意，给监管工作带来不良影响。从发达国家的经验和做法来看，对公众的食品安全宣传，正确引导十分必要。这不仅可以减少食品安全事件的发生，使公众正确认识到消费者、经营者和监管者对食品安全同样负有责任，还利于引导公众理性看待食品安全问题，形成健康的舆论导向。

（雷健、周勇）

第五节　以现代监管模式保障食品安全的思考

近年来，食品安全违法行为在政府一次次加大整治力度的努力下仍然层出不穷，暴露出监管部门以行政监管为主的食品安全监管理念和监管模式的落后。而纵观世界上先进的食品安全监管模式，无一不是有赖于社会管理的综合效能有效发挥，有赖于企业责任的有效落实。

2009年颁布实施的《食品安全法》，由于其特殊的立法背景，不仅未能从立法的顶层设计中构建起现代食品安全监管模式，反而将当时不科学的行政监管模式加以固化，并且在食品安全理念上留下空白和模糊，导致监管中的误区和对社会的误导。例如，《食品安全法》未明确界定什么是食品或不是食品，使对食品的定义在认识上存在误读。如许多食品添加剂本身就是或者含有有毒有害物质，那么食品添加剂是否是食品？若是，则说明食品是可以有毒有害的；若不是，则说明食品是可以添加有毒有害物质的。又如《食品安全法》未定义什么是食品安全，甚至将食品质量与安全混为一谈，把衡量质量的标准的概念用于衡量安全，提出了"食品安全标准"概念，容易误导使全社会都认为符合标准的食品就安全，不符合标准的食品就不安全。却没有说明成千上万种可能危害健康的物质因未列入标准而导致食品可能被检测合格。而且，许多食品安全标准中的不合格项目，如水分、总糖等并不涉及安全。

我国现有的以行政监管为主的食品安全监管模式，制约和限制着社会监督力量的作用发挥，严重扭曲了食品安全责任和监管重点，使企业的主体责任处于被动、从属的地位。考察世界上先进的食品安全监管模式，均有赖于社会管理的综合效能有效发挥，有赖于企业责任的有效落实。行政监管仅仅是其中的一个环节，而且政府的主要职责在于建立规制和防范食品安全的系统性风险。

一、明确首负责任，构建食品安全主体责任体系

落实食品企业主体责任是保障食品安全的核心。最根本的是要在法律上明确食品安全的首负责任承担者，特别是对消费者的首负责任，也就是与消费者或权利人构成直接利益关系的相对人。对消费者而言，首负责任应当由超市或零售商承担；对销售者而言，首负责任应当是批发商或生产企业等供货商，依此类推。食品安全事件中的权益受损方，有权仅向首负责任者追究侵权责任，首负责任者必须首先承担侵权损失，存在其他侵权责任的，由首负责任者依次追究。只有当其他侵权责任比较明确且权益受损方自愿直接追究其他责任者时，首负责任者才不用承担责任。

首负责任者的确立，可以在食品种养、加工、生产、销售、消费等环节构建起明确的责任体系，任何一个环节都不能将受害者推给上一环节而逃避责任，因而都必须对下一环节负责，对上一个环节把关。这方面在我国的法律体系中是存在缺陷的。无论是民法还是消费者权益保护法，都没有明确予以规定，以至于消费者在维权时，常常陷于商家与商家、商家与企业的相互推诿之中，也导致一些国际知名的大商家在本国销售中国产品时，往往要不远万里来到中国进行工厂审查，而一旦进入中国销售，却敢于出现进货把关不严甚至销售劣质食品的怪现象。

二、强化权益保护，构建食品安全社会监督基础

消费者或食品安全受害者的自我权益维护，是对食品安全最直接、最主动、最有威慑力的社会监督方式。社会上要求对违法者罚得倾家荡产的方式，远不如让违法者赔得倾家荡产来得积极、有效。但是，由于我国权益保护方面的制度设计和法律规定太过无力，导致权益损害赔付并不能够极大地补偿受害者和惩罚侵权者，受害者只能满足于获得全部的直接损失，并将对侵权者的惩罚寄希望于政府部门的行政处罚上。这就造成消费者维权成本过高而收益过低，主动维权的意愿非常低落。离开了消费者这一最有力的社会监督者，许多企业就会心存侥幸，一些企业就会铤而走险，甚至一些大型食品违法企业既不在乎权益赔付，也不害怕行政处罚，能拖就拖，能赖就赖。

因此，必须切实强化对消费者的权益保护，在立法中明确权益损失赔付不仅包括直接损失，还要包括间接

损失、精神损失和惩罚性赔付，使消费者的正当维权不仅不会受到任何损失，而且还会得到奖励，激励起他们主动维权的意愿，建立以赔付为核心的社会监督机制，使每个消费者都能成为食品安全的社会监督者和违法企业的终结者。

三、建立企业责任险制度，构建食品安全社会救济机制

强化权益保护，加大赔付力度，建立以赔付为核心的社会监督机制，必然会给恶意违法企业以沉重打击的同时，也给一般违法企业甚至仅仅是不规范的企业带来难以承受的惩罚。如果不建立相应的社会救济机制，赔付不起就会成为常态，以赔付为核心的社会监督机制将难以运转。因此，必须确立食品行业的强制性保险制度，以解决日常食品安全的侵权赔偿问题。在此基础上，由政府、慈善组织、社会团体等组成必要的社会救助系统，用以应对系统性食品安全问题的出现。

强制性保险救济制度的确立，不仅可以从制度上保障权益维护的主动性、坚定性得以实现，使每个消费者都能成为食品安全的监督者；而且可以将食品企业纳入保险行业等社会组织的监督范围，通过保险公司对被保险企业的食品安全风险评估所确定的保费调整，以及相应的保费赔付条款遵守情况审查等，形成对食品企业行为的直接监督和约束。

四、广泛开展食品安全风险分析，构建食品安全技术支撑体系

食品安全不等同于食品质量。食品质量可以通过检测等方式对其是否符合标准来进行判断，食品安全只能是用风险分析的方法进行评估。符合质量标准的食品意味着安全风险较低，或处于人们可接受的安全风险之内。政府和社会组织所制定的一系列安全规范、制度、标准，都仅仅只是依据已知安全风险防范的需要，为了将安全风险控制在社会可接受的范围之内所提出的最低要求。也就是说，满足政府和社会组织制定的规范、制度和标准，仅仅只是达到了最低安全要求而已。

因此，企业不仅要遵守和执行好这些最低安全制度、规范和标准要求，严格确保食品质量，而且要在企业内部建立起主动防范食品安全风险的责任意识和机制，结合企业实际开展安全风险评估工作，有针对性地制定采取更高要求的安全控制措施，以更好地防范安全风险。在这方面，要充分发挥专业技术机构和社会组织的技术支撑作用，不仅针对单一产品、单一企业开展风险分析，而且要针对整个行业、整个区域开展风险分析；不仅要对食品中已知物质开展风险分析，而且要对可能进入食品的未知物质和渠道进行风险分析，给企业防范风险提供依据，为政府加强监管提供指导。

食品企业建立内部安全风险防范机制，制定采取更高要求的安全控制措施，其动力来源应当主要是消费者的权益有效维护和企业责任意识的提高，而不仅仅是政府的监管和处罚。这也是当前食品安全监管体制所带来的，多数企业仅仅满足于符合政府相关规定，以达到最低要求就认为万事大吉的原因所在。

五、强化系统性风险防范，完善食品安全政府强制措施

政府在食品安全监管中的首要责任，是在综合考量经济社会发展水平和安全风险社会接受度基础上，制定统一、合理、科学的安全监管法规与制度，设立行政许可和一般强制措施，监督法规与制度执行的成效，构建起现代安全监管模式。对本应由企业自主承担的质量标准符合情况和生产过程控制效果，都应交由企业完成，并通过政府采购和市场服务等方式，引入第三方技术检测和技术检查机构开展技术服务和技术监督工作。

食品安全系统性风险，是会给政府和社会带来巨大危害与灾难的风险。由于单个企业甚至行业考察安全问题的视角限制，系统性风险只能更多地由政府部门联合社会组织进行分析、评估和防范，是政府食品安全监管中防范的首要风险。开展系统性风险分析，首要的是要畅通风险信息交流，组织未知风险研究，在风险源识别的基础上进行风险评估，并根据风险评估的结果采取风险控制措施。

综上所述，保障食品安全，必须改革源于计划经济体制下的以行政监管为主的安全监管模式，学习世界上先进的监管理念和方法，构建起现代安全监管模式，形成以企业主体责任落实为核心，权益保护为制约基础，保险救济和社会救助为保障，质量检测和安全风险评估为技术支撑，政府监管为一般强制的现代监管体系，有效发挥出社会监督和综合治理的成效。

（任小铁）

参 考 文 献

白钢，史为民. 2006. 中国公共政策分析[M]. 北京：中国社会科学出版社.
白新鹏. 2010. 食品安全危害及控制措施[M]. 北京：中国计量出版社.
曹启民，王华，张黎明，等. 2006. 中国持久性有机污染物污染现状及治理技术进展[J]. 中国农学通报，22（2）：361-365.

曹元坤. 2002. 企业败德行为及伦理化趋势的经济学分析[J]. 当代财经, 12: 58-62

查尔斯·沃尔夫 (CoWalf). 1994. 市场或政府[M]. 谢旭译. 北京: 中国发展出版社.

常洋, 董娜, 何剑斌. 2008. 汞的危害及防治[J]. 畜禽业, 12: 53-54.

陈虹. 2000. 世界贸易组织贸易技术壁垒协定[M]. 北京: 中国标准出版社.

陈锦屏, 张志国. 2005. 关于影响食品安全因素的探讨[J]. 食品科学, 26 (8): 490-493.

陈君石. 2002. 国外食品安全现状对我国的启示[J]. 中国卫生法制, 10 (1): 37.

陈梅香, 张雅稚, 田永全. 2007. 食品添加剂对食品安全的影响[J]. 农业工程技术, (12): 26-30.

陈一资, 胡滨. 2009. 动物性食品中兽药残留的危害及其原因分析[J]. 食品与生物技术学报, 28 (2): 162-166.

崔伟伟, 张强斌, 朱先磊. 2010. 农药残留的危害及其暴露研究进展[J]. 安徽农业科学, 38 (2): 883-884, 889.

戴晓红, 王玉杰. 2000. 砷的危害及其测定[J]. 黑龙江粮油科技, 3: 2-9.

高永清, 吴小南, 蔡美琴. 2008. 营养与食品卫生学[M]. 北京: 科学出版社.

耿天霖. 2005. 中国农药残留领域采用CAC标准研究[J]. 世界农业, (10): 39-42.

广东省经贸委. 2003. 广东省食品饮料工业竞争力研究总报告[R]. 广州.

广东省统计局, 国家统计局广东调查总队. 2013. 广东统计年鉴 (2013版) [M]. 北京: 中国统计出版社.

郭德顺. 2005. 食品卫生监督机制创新探析[M]. 北京: 人民卫生出版社.

国际食品高层论坛秘书处. 2007. 北京食品安全宣言[R]. 北京: 国际食品高层论坛.

韩磊, 张恒东. 2009. 铅、镉的毒性及其危害[J]. 职业卫生与病伤, 24 (3): 173-177.

冀传勇, 张玉波, 王亮, 等. 2012. 动物性食品中兽药残留的危害及控制措施[J]. 养猪, 6: 118-119.

蒋士强. 2008. 中国食品安全保障体系建设的状况和检测技术的现状[J]. 中国科技成果, 22: 9-14.

蒋抒博. 2008. 我国食品安全管制体系存在的问题及对策[J]. 经济纵横, 11: 30-33.

金征宇. 2002. 食品安全导论[M]. 北京: 化学工业出版社.

李怀林. 2002. 食品安全控制体系通用教程[M]. 北京: 中国标准出版社.

李建科, 陈锦屏. 2003. 我国食品安全现状与入世后的形势与对策[J]. 24 (8): 272-276.

李书国, 李雪梅, 陈辉, 等. 2003. 动物性食品安全与HACCP[J]. 食品科学, 24 (8): 217-219.

李为喜, 孙娟, 董晓丽, 等. 2011. 新修订真菌毒素国家标准与CAC最新限量标准的对比与分析[J]. 现代农业科技, (23): 41-43.

李晓莉, 黄进. 2009. 非食用物质与滥用食品添加剂的危害及防范对策[J]. 军事经济学院学报, 16 (2): 11-13.

李银珠. 2007. 政府公共支出行为的成本—效益研究[M]. 北京: 经济管理出版社.

刘肃, 钱洪. 2003. 我国与食品法典委员会蔬菜农药残留限量标准的比较[J]. 农业质量标准, (6): 13-14.

刘文, 云振宇, 王乃铝. 2009. 我国与国际食品法典委员会 (CAC) 食品中农药最大残留限量标准的对比分析研究[J]. 食品工业科技, (6): 380-382.

刘祖云. 2007. 行政伦理关系研究[M]. 北京: 人民出版社.

陆永健. 2008. 食品添加剂和食品安全[J]. 中国高新技术企业, (24): 199.

马爱进. 2007. 国内外食品添加剂标准差异研究[J]. 世界标准化与质量管理, (12): 40-43.

马爱进. 2008. 中外食品中农药残留限量标准差异的研究[J]. 中国食物与营养, (1): 12-14.

门玉峰. 2011. 国外食品安全监管模式比较研究[J]. 文化商业, (9): 279-281.

牟朝丽, 陈锦屏. 2004. 食品安全的影响因素探讨[J]. 食品研究与开发, 25 (6): 13-15.

倪楠. 2012. 食品安全监管模式发展趋势研究[J]. 学理论, (26): 25-27.

牛伟平, 乔日红, 阎会平. 2011. 国内外农药最大残留限量标准比较研究[J]. 农药器械, (1): 29-31.

钱建亚, 熊强. 2006. 食品安全概论[M]. 南京: 东南大学出版社.

任盈盈. 2004. 食品安全调查[M]. 北京: 东方出版社.

萨缪尔森 (PoAoSamuelson). 1992. 经济学[M]. 北京: 中国发展出版社.

石阶平, 王硕, 陈福生, 等. 2010. 食品安全风险评估[M]. 北京: 中国农业大学出版社.

苏志明. 2005. 农药残留限量标准——农产品贸易中的技术性贸易措施[J]. WTO经济导刊, (12): 69-70.

汤天曙, 薛毅. 2004. 我国食品安全现状与对策[J]. 中国食物与营养, 4: 8-15.

田惠光. 2004. 食品安全控制关键技术[M]. 北京: 科学出版社.

汪慧英. 2011. 畜产品生产过程中兽药残留的危害及其控制措施[J]. 中国动物检疫, 28 (10): 23-24.

王大宁. 2004. 食品安全风险分析指南[M]. 北京: 中国标准出版社.

王广印, 韩世栋, 陈碧华, 等. 2008. 转基因食品的安全性与标识管理[J]. 食品科学, 29 (11): 667-673.

091

王若敏，罗永华. 2006. 转基因食品的安全性分析[J]. 河北北方学院学报，22（5）：55-57.

王雄英，李小丽. 2005. 应对食品技术性贸易壁垒的思考[J]. 检验检疫科学，（15）：126-128.

王雪. 2012. 加拿大食品安全监管模式及经验借鉴[J]. 劳动保障世界，（11）：56-58.

魏筱红，魏泽义. 2007. 镉的毒性及其危害[J]. 公共卫生与预防医学，18（4）：44-46.

温海燕. 2012. 兽药残留的危害及防控措施[J]. 卫生检疫，7：63-64.

肖兴志，宋晶. 2006. 政府监管理论与政策[M]. 大连：东北财经大学出版社.

杨积德，陈晓娟. 2012. 二噁英及其控制标准研究[J]. 宁夏农林科技，53（4）：85-87，123.

杨洁彬，王晶，王柏琴，等. 1999. 食品安全性[M]. 北京：中国轻工业出版社.

于杨曜. 2012. 比较与借鉴：美国食品安全监管模式特点以及新发展[J]. 东南理工大学学报，（1）：73-81.

袁莎，张志强，张立实. 2005. 我国食品污染物限量标准与CAC标准的比较研究[J]. 现代预防医学，（7）：587-589.

岳敏，谷学新，邹洪，等. 2003. 多环芳烃的危害与防治[J]. 首都师范大学学报（自然科学版），24（3）：40-44.

岳振峰，周乃元，叶卫翔. 2011. 国内外食品安全限量标准实用手册[S]. 北京：中国劳动社会保障出版社.

云振宇，刘文，蔡晓湛. 2009. 我国与CAC关于食品中污染物限量标准的对比分析[J]. 农产品加工，（1）：79-82.

云振宇，刘文，蔡晓湛. 2009. 我国与国际食品法典委员会（CAC）食品添加剂使用限量标准的对比分析研究[J]. 中国食品添加剂，（03）：43-47.

云振宇，刘文，蔡晓湛. 2009. 我国与国际食品法典委员会（CAC）食品中真菌毒素限量标准的对比分析研究[J]. 食品安全，（2）：37-38.

张倩. 2001. 适度政府干预的必要性[J]. 经济管理者，1（22）：31-32

张胜帮，李大春，卢立修，等. 2003. 食品风险分析及其防范措施[J]. 食品科学，24（8）：162-164.

张小涛，刘玉兰，王月华. 2012. 食用油脂中多环芳烃的研究进展[J]. 中国油脂，37（10）：45-49.

张欣. 2008. 食品生产加工质量卫生管理指南[M]. 广州：广东人民出版社.

张月义. 2007. 欧美食品安全监管体系研究[J]. 现代农业科技，（22）：41-42.

张云华. 2007. 食品安全保障机制研究[M]. 北京：中国水利水电出版社.

张志强. 2008. 中国食品安全标准现状与发展趋势[J]. 中国科技成果，22：4-8，13.

赵同刚. 2005. 论食品污染物和食源性疾病监测网在食品安全体系中的作用[J]. 中国食品卫生杂志，17（6）：569-570.

中国法制出版社社编. 2008. 产品质量与食品安全政策法规宝典[M]. 北京：中国法制出版社.

中华人民共和国国家质检总局. 2007. 2007中国技术性贸易措施年度报告[M]. 北京：年鉴出版社.

周勍. 2007. 民以何食为天——中国食品安全现状调查[M]. 北京：中国工人出版社.

Abdel-Wahhab MA，Nada SA，Arbid MS. 1999. Ochratoxicosis：prevention of developmental toxicity by L-methionine intherats [J]. J Appl Toxicol，（19）：7-12.

Abdel-Wahhab MA. 2000. Antioxidant and radical scavenging effects of garlic and cabbage extracts in rats fed ochratoxin-contaminated diet [J]. J Egypt Med Assoc，（83）：1-19.

Berry CL. 1998. The pathology of mycotoxins [J]. J Pathol，154：301-311.

Bossert ID，Bartha R. 1986. Structure biodegradability relationships of polycyclic aromatic hydrocarbons in soil [J]. Bull Environ Contam Toxicol，37：490-495.

Buchet JP，Pauwels J，Lauwerys R. 1994. Assessment of exposure to inorganic arsenic following ingestion of marine organisms by volunteers [J]. Environ Res，66：44-51.

Burghardtrc，Barhoumir，Lewiseh，et al. 1992. Patulin-inducdcellular toxicity：avital fluorescence study [J]. Toxicol ApplPharmacol，（112）：235-244.

Charmley LL，Trenholm HL，Prelusky DB，et al. 1995. Economic losses and decontamination [J]. Nat Toxins，3：199-203.

Coker RD，Nagler MJH，Blunden G，et al. 1995. Design of sampling plans for mycotoxins in foods and feeds [J]. Nat Toxins，3：288-293.

Dabeka RW，Mckenzie AD. 1995. Survey of lead, cadmium, fluoride, nickel, fluoride, and cobalt in food composites and estimation of dietary intakes of these elements by Canadians in 1986-1988 [J]. J AOAC Int，78：897-909.

Davies D，Mes J. 1990. Comparison of residue levels of some organochlorine compounds in breast milk of the general and indigenous Canadian populations [J]. Bull Environ Contam Toxicol，39：743-749.

Dennis MJ，Massey RC，Casalini C，et al. 1991. Polycyclic aromatic hydrocarbons contamination in the Italian diet[J]. Food Addit Contam，8（4）：512-530.

Edmonds JS，Francesconi KA. 1993. Arsenic in seafoods：human health aspects and regulations [J]. Mar Pollu，26：665-674.

Ellen G, Egmond E, van Loon JW, et al. 1990. Dietary intakes of some essential and non-essential trace elements, nitrate, nitrite and N-nitrosamines by Dutch adults: estimated by a 24-hour duplicate portion study [J]. Food Addi Contam, 7: 207-222.

ElseragHB, Mason AC. 1999. Incidence of hepatocellular carcinoma in the United States[J]. The New England Journal of Medicine, 340 (10): 745-750.

Forsythe S J. 2007. 食品中微生物风险评估[M]. 石阶平, 史贤明, 岳田利, 译. 北京: 中国农业大学出版社.

GB 14881—2013 食品安全国家标准 食品生产通用卫生规范[S].

GB 2760—2011 食品安全国家标准 食品添加剂使用标准[S].

GB 2761—2011 食品安全国家标准 食品中真菌毒素限量[S].

GB 2762—2012 食品安全国家标准 食品中污染物限量[S].

GB 2763—2012 食品安全国家标准 食品中农药最大残留限量[S].

GB/T 15091—1994 食品工业基本术语[S].

GB/T 19000—2008 质量管理体系 基础和术语[S].

GB/T 22000—2006 ISO 220002005 食品安全管理体系—适用于食品链中各类组织的要求[S].

Gramiccioni L, Ingrao G, Milana AR, et al. 1996. Aluminum levels in Italian diets and in selected foods from aluminum utensils [J]. Food Addi Contam, 13: 767-774.

Grandjean P, Weihe P, White, RF, et al. 1997. Cognitive deficit in 7-year old children with prenatal exposure to methylmercury [J]. Neurotoxicity and Teratology, 19: 417-428.

Haffner GD, Tomezak M, Lazar R. 1994. Organic contaminant exposure in the Lake St. Clair food web [J]. Hydrobiologia, 281: 19-27.

Heinonen JT, Fisher R, Brendel K. 1996. Determination of aflatoxin B_1 biotransformation and binding to hepatic macromolecules in human precision liver slices [J]. Toxicol Appl Pharmacol, (136): 1-7.

Heitkamp MA, Cerniglia CE. 1987. The effects of chemical structure and exposure on the microbial degradation of polycyclic aromatic hydrocarbons in freshwater and estuarine ecosystems [J]. Environ Toxicol Chem, 6: 535-546.

IARC. 1993. Monographs on the evaluation of Carcinogenic Risks to Humans[M]. Lyon: IARC: 243-395, 489-521.

Lione A. 1988. Polychlorinated biphenyls and reproduction [J]. Reproduct Toxicol, 2: 83-89.

Macintosh DL, Spengler JD, Ozkaynak, H, et al. 1996. Dietary exposures to selected metals and pesticides [J]. Environ Health Perspect, 104: 202-209.

Norman JA, Pickford CJ, Sanders TW, et al. 1988. Arsenic and iodine in kelp-based dietary supplements [J]. Food Addi Contam, 5: 103-109.

Pestka JJ, Smolinski AT. 2005. Deoxynivalenol: toxicology and potential effects on humans[J]. Toxicol Environ Health, (8): 39-69.

Pestka JJ, Zhou HR, Moon Y, et al. 2004. Cellular and molecular mechanisms for immunomodulation by deoxynivalenol and other trichothecenes: unraveling a paradox [J]. Toxicol Lett, (153): 61-73.

Romkes M, Piskorska-Pliszczynska J, Safe S. 1987. Effects of 2, 3, 7, 8-tetrachloro-p-dioxin on hepatic and uterine estrogen receptor levels in rats [J]. Toxicol Appl Pharmacol, 87: 306-314.

Sharma RP. 1993. Immunotoxicity of mycotoxins [J]. J Dairy Sci, (76): 892-897.

Skene SA, Dewhurst IC, Greenberg M. 1989. Polychlorinated dibenzo-p-dioxins and polychlorinated dibenzofurans. The risks to human health- A review [J]. Hum Toxicol, 8 (3): 173-204.

Smith JE, Bol J. 1989. Biological detoxification of aflatoxin [J]. Food Biotechnol, 3: 127-138.

Smith JE, Solomons G, Lewis C, et al. 1995. The role of mycotoxins in human and animal nutrition and health [J]. Nat Toxins, 2: 187-192.

Stüwe S, Tachan H, Brunn H. 1991. Benzene, toluene and other alkyl benzenes in foodstuffs from central Hesse [J]. Lebensmittelchemie, 45: 116.

van Den Berg M. 1998. Toxic Equivalency Factors (TEFs) for PCBs, PCDDs and PCDFs for humans and wildlife. [J]. Environ Health Perspect, 106: 775-792.

van Egmond HP, Dekker WH. 1995. Worldwide regulations for mycotoxins in 1994 [J]. Nat Toxins, 3: 332-336.

van Leeuwen FXR. 2000. Dioxins: WHO's Tolerable Daily Intake (TDI) revisited [J]. Chemosphere, 40: 1095-1101.

Wallace LA. 1989. Major sources of benzene exposure [J]. Environ Health Perspect, 82: 165-169.

Wang MJ, Jones KC. 1994. Occurrence of chlorobenzenes by carrots from spiked and sewage sludge-amended soil [J]. J Agric Food Chem, 42: 2322-2328.

Wearne SJ, Gem GDM, Harrison N, et al. 1996. Prioritisation scheme to identify manufactured organic chemicals as potential contaminants of food [J]. Environ Sci Pollu Res, 3 (2): 83-88.

Ysart GE, Miller PF, Crews H, et al. 2000. 1997 UK total diet study-dietary exposures to aluminium, arsenic, cadmium, chromium, copper, lead, mercury, nickel, selenium, tin and zinc [J]. Food Addi Contam, 17: 775-778.

食品生产加工过程危害因素分析综合教程

◎第二部分
分行业的食品安全危害因素分析报告

目前，在食品生产加工过程中，传统的食品污染及非法添加、使用非食用原料、超范围超限量使用食品添加剂等违法行为已成为影响食品安全的突出问题。为实现食品安全隐患早发现、早控制、早处理，广东省食品生产加工环节监管部门将国际通行食品安全风险分析理论与生产加工环节食品监管工作实践相结合，制定了食品生产加工环节食品安全危害因素调查工作实施方案，组织各地监管部门开展食品生产加工环节食品安全危害因素调查工作。

此项工作的具体目标，是通过对食品生产行业状况信息、产品检验信息和日常监管信息的收集，对各类食品中自然存在的风险因素和可能人为添加物质，以及既往发现的各种危害因素等可能影响食品安全的因素进行研究和分析，力求比较全面地掌握本地每个食品生产加工行业中存在的问题，每类产品可能存在的危害因素，每个企业的安全隐患及监管工作的薄弱环节，为深入排查隐患，改进、完善有效的监管控制措施，有针对性地开展食品安全集中整治，消除食品安全危害提供科学依据。

食品安全危害因素调查工作的主要任务、具体措施及实施过程如下。

一、主要任务

a. 调查掌握本地区食品行业在生产加工过程中可能使用的非法食品添加物质、滥用食品添加剂的品种和易被添加的食品类别。

b. 针对本辖区食品生产加工企业的特点，结合在监督抽查、日常监管中反映出来的食品安全突出问题，加强分析研究，摸清本地区食品行业中是否存在违规的行业性质量安全问题，以及滥用食品添加剂、使用非法添加物质（如改善感官性状、延长保存期、降低生产成本、造假等）的状况。

c. 总结监管经验和汇总食品检验信息，确认各类食品（尤其是传统食品和特色食品）中自然存在的风险因素和非法添加物质等可能影响食品安全的危害因素，提出有针对性的防范措施，并积极探索新的监管方法。

二、具体措施

a. 认真收集和分析在巡查、生产许可证现场核查、企业年审、回访等食品安全监管日常工作环节发现的问题。重点对照卫生部发布的《食品中可能违法添加的非食用物质和易滥用的食品添加剂品种名单》、《食品中可能违法添加的非食用物质名单》和监管部门历年在打击食品生产违法行为过程中发现的食品行业内存在的问题，以及本地区监管工作中发现的其他在食品中存在的有毒有害物质、非法添加物质和食品制假现象，对它们对食品安全的危害进行分析及描述。

b. 通过明察暗访、行业调研、市场和消费环节调查等方式，对容易出现质量安全问题、高风险的食品，如动物源性食品、特殊人群食品、容易制假食品及企业外周环境存在化学毒害因素（如位于化工厂附近）的生产加工食品，认真开展危害因素调查分析，重点监督检查滥用食品添加剂和非法添加等违法行为。

c. 在确保监督抽查力度不变的前提下，有针对性地对食品标准项目以外涉及安全的非常规性项目开展专项监督检验，通过对食品生产企业日常监督检验及非常规性项目检验有关数据进行深入分析，及时发现可能存在的行业性、区域性质量安全隐患，并进行初步的危害因素分析。

d. 推行举报奖励制度，高度重视举报投诉发现的问题，及时对有关问题进行危害因素的调查和分析。

e. 边调查边整治，全力抓好"四查、四建、四落实"。即一查生产企业，督促企业建立全过程质量安全制度，落实企业主体责任。二查重点产品，建立风险预警和快速反应机制，落实风险防范措施。三查重点地区和行业，建立重点区域治理整顿机制，推动地方政府落实领导责任。要把那些具有区域性集中生产特点而质量安全隐患较大的食品加工区作为重点地区。四查自身监管工作，建立协调有序、分工负责的工作机制，落实相应的监管责任。针对食品生产加工业易产生质量安全问题的薄弱环节，查找监管部门监管制度不完善、措施不合理、工作不到位、能力不适应的问题。

三、实施过程

2005 年 7 月，监管部门首先开展了对全省地方风味特产和传统特色食品的质量卫生专项调查，针对珠三角的腊味、盲公饼、蝴蝶酥、果蒸（粽子），粤西的咸鱼、豆豉、腐乳，粤东的梅菜、咸鸡、粿条、牛肉丸、凉果，粤北的竹笋制品、木耳制品等地方风味特产、传统特色食品产业进行危害因素分析，按照品种形成了分析报告。在此基础上，各地制定了生产和监管规范，采取了必要的措施来保证这些食品的质量卫生安全。

2007 年起，监管部门积极应用食品安全风险分析理论，全面开展了对各类食品的食品安全危害因素的调查分析工作。广东省质监局组织全省各级质监部门、4 个食品国家质检中心、19 个地级市食品检测机构，在专家组的指导下，对食品生产加工环节中的各类危害因素进行了全面调查，

首先进行的是重点行业、重点产品类别调查分析。各地根据部署，结合实际，制定了切实可行的具体实施方案，细化目标、任务、步骤和措施，选择 10 种左右本地区重点行业和产品类别开展有关调查工作，实际调查时把乳制品、豆制品、花生油、食用调和油、酱油、含乳饮料、果蔬饮料、河粉、肉制品、小麦粉和茶叶等作为重点行业和产品类别。根据调查结果，对重点行业和产品类别中自然存在的风险因素和人为添加物质可能影响食品安全的危害因素进行危害特征描述，认真分析危害因素来源（原因），提出有针对性的危害监控措施（包括企业和监管部门应采取的监控措施），并分类形成书面总结和报告。

此后，进行了其他行业和产品类别调查分析。各地结合实际，针对辖区内其他行业和产品类别开展食品生产加工环节危害因素调查工作，并根据调查分析结果，分类形成书面总结和报告。

为推进工作，各地指定具体部门或专人（包括食品监管和技术机构的人员）负责危害因素调查工作，结合实际，制定实施方案，细化任务和措施，保证了各项措施落实到位。并提供了必要的人力、资金和技术装备保障。在调查分析过程中，各监管部门的食品监管、稽查、举报投诉、宣传等工作部门及质检机构等加强沟通，密切配合，并与基层政府、其他职能部门、行业协会、大专院校的食品专家等加强了沟通，拓宽收集食品违法行为线索的渠道。

根据食品安全危害因素调查工作的成果，监管部门组织编写了肉制品、食用植物油等 50 类食品安全危害因素调查分析报告，对生产加工过程食品安全监管工作起到较好的指导作用。在此工作的基础上，广东省质监局委托设立在国家食品质量监督检验中心（广东）的广东省生产加工环节食品安全风险分析中心组织学者、专家及食品检验、监管人员对 50 类食品安全危害因素调查分析报告的数据、内容进行了更新和完善，最终形成了本书的第二部分：分行业的食品安全危害因素分析报告。

本书第二部分在通过对食品生产行业状况信息、产品检验信息、日常监管信息的收集，危害因素的来源和危害的监控措施建议等方面的分析，比较全面地汇总分析了本地每个食品生产加工行业存在的问题，每类产品可能存在的危害因素，每个企业的安全隐患及监管工作的薄弱环节，为深入排查隐患，改进、完善有效的监管控制措施，有针对性地开展食品安全集中整治，消除食品安全危害提供了科学依据。

报告一　小麦粉生产加工食品安全危害因素调查分析

一、广东省小麦粉行业情况

小麦粉，又称面粉，包括所有以小麦为原料加工制作的小麦粉产品，分别为通用小麦粉和专用小麦粉。通用小麦粉包括特制一等小麦粉、特制二等小麦粉、标准粉、普通粉、高筋小麦粉和低筋小麦粉；专用小麦粉包括面包用小麦粉、面条用小麦粉、饺子用小麦粉、馒头用小麦粉、发酵饼干用小麦粉、酥性饼干用小麦粉、蛋糕用小麦粉、糕点用小麦粉等。

据统计，目前，广东省小麦粉生产加工企业共 46 家，其中获证企业 46 家，占 100%（表 2-1-1）。

表 2-1-1　广东省小麦粉生产加工企业情况统计表

生产加工企业总数/家	食品生产加工企业			食品小作坊数/家
	获证企业数/家	GMP、SSOP、HACCP 等先进质量管理规范企业数/家	规模以上企业数（即年主营业务收入 500 万元及以上）/家	
46	46	7	7	0

注：表中数据统计日期为 2012 年 12 月。

表中 GMP 为良好生产规范、SSOP 为卫生标准操作规范、HACCP 为危害分析与关键控制点。

广东省小麦粉生产加工企业分布如图 2-1-1 所示，珠三角地区小麦粉生产加工企业共 29 家，占 63.0%，粤东、粤西、粤北地区分别有 14 家、2 家和 1 家，分别占 30.4%、4.3% 和 2.2%。从生产加工企业数量看，佛山和揭阳最多，分别有 10 家、7 家，其次为顺德、梅州、广州、江门，分别有 6 家、4 家、3 家和 3 家。

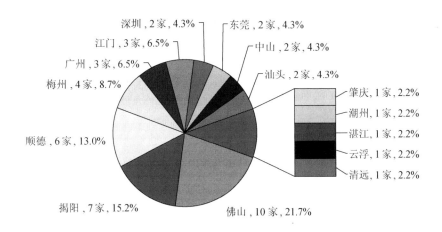

图 2-1-1　广东省小麦粉加工企业地域分布情况

全省有 7 家规模较大企业，分别在深圳（2 家）、湛江（1 家）、佛山（2 家）、肇庆（1 家）和中山（1 家）。全省有 7 家企业实施了良好生产规范（GMP）、卫生标准操作规范（SSOP）、危害分析与关键控制点（HACCP），其中广州 4 家、深圳 2 家、佛山 2 家、肇庆 1 家。大中型小麦粉生产加工企业工艺比较成熟，管理比较规范，从业人员操作熟练，原料入厂、成品出厂检验比较严格。而小企业从业人员流动性大，容易带来食品安全管理问题。

小麦粉生产加工行业存在以下主要问题：①小麦粉生产加工企业依据的标准仍为 1986 年版的小麦粉国家标准《小麦粉》（GB 1355—1986），相对滞后，对于近年

097

来新发现的问题如食品添加剂未按照食品安全国家标准《食品添加剂使用标准》（GB 2760—2011）规定执行，造成执法上的盲区；②标签不规范、水分含量超标等问题较多发生，其中违法添加二氧化钛、吊白块和过氧化苯甲酰等问题突出，且主要集中在中小型加工企业，大型面粉生产加工企业则基本上不存在此类问题。

小麦粉生产加工企业今后食品安全发展方向：小企业严格控制原料质量、规范操作，保证产品质量合格；大中型企业进一步实现规模化、自动化，保证质量长期稳定。

二、小麦粉的抽样检验情况

小麦粉的抽样检验情况见表 2-1-2、表 2-1-3。

表 2-1-2　2010～2012 年广东省小麦粉抽样检验情况统计表（1）

年度	抽检批次	合格批次	不合格批次	内在质量不合格批次	内在质量不合格产品发现率/%
2012	196	193	3	1	0.5
2011	323	301	17	3	0.9
2010	327	296	29	11	3.4

表 2-1-3　2010～2012 年广东省小麦粉抽样检验情况统计表（2）

年度	不合格项目（一）				不合格项目（二）				不合格项目（三）			
	项目名称	抽检批次	不合格批次	不合格率/%	项目名称	抽检批次	不合格批次	不合格率/%	项目名称	抽检批次	不合格批次	不合格率/%
2012	标签	8	5	62.5	脂肪酸组成	8	1	12.5	—	—	—	—
2011	标签	32	12	37.5	过氧化苯甲酰	201	2	1.0	铅	192	1	0.5
2010	标签	67	16	23.9	铝残留量	48	4	8.3	过氧化苯甲酰	48	1	2.1

注："—"为当年无此项目。

三、小麦粉生产加工环节危害因素调查情况

（一）小麦粉基本生产流程及关键控制点

小麦粉基本生产加工流程及关键控制点见表 2-1-4。

表 2-1-4　小麦粉基本生产加工流程及关键控制点

基本生产流程	关键控制环节	容易出现的问题	危害因素
小麦的清洗	1. 筛选 2. 去石 3. 磁选	（1）含砂量超标 （2）磁性金属超标	尘土、砂石、泥块、瓦砾及各种金属等无机杂质和植物的根、茎、叶、杂草的种子、有害的异种粮等有机杂质
小麦的水分调节	1. 润麦 2. 配麦	（1）水分过高 （2）出粉率不达标	水分超标，导致面粉的口感及韧性不符合要求
小麦的研磨	1. 磨粉 2. 松粉 3. 清粉	麦麸剥离不全	—
筛选过程	1. 平筛 2. 高方筛	（1）含砂量超标 （2）磁性金属超标	金属、砂石
配制及包装过程	1. 配制 2. 包装	（1）过氧化苯甲酰超标 （2）净含量不足 （3）包装不规范 （4）灰分不达标	过氧化苯甲酰、苯甲酸

（二）小麦粉生产加工过程中存在的主要质量问题

a. 灰分超标。

b. 含砂量超标。

c. 非法添加过氧化苯甲酰。

d. 滥用着色剂二氧化钛。

e. 过量使用硫酸铝钾导致铝含量超标。

f. 非法添加吊白块。

g. 滥用抗结剂滑石粉。

h. 非法使用溴酸钾。

四、小麦粉行业生产加工环节危害因素分析

（一）非法添加过氧化苯甲酰

过氧化苯甲酰曾是面粉专用的添加剂，但现已禁止使用。过氧化苯甲酰可以改善小麦粉面制品的口感（后熟作用），同时生成的苯甲酸能对面粉起防霉作用，此外，过氧化苯甲酰还能释放出活性氧，使面粉中含有的类胡萝卜素、叶黄素等天然色素退色，以达到增加其卖相的效果。过氧化苯甲酰的危害因素特征描述见第三章。

1. 相关标准要求

《食品添加剂使用卫生标准》（GB 2760—1996）将过氧化苯甲酰归为面粉处理剂类，规定其使用范围是小麦粉，限量为 60 mg/kg。随着我国小麦品种改良和面粉加工工艺水平的提高，现有的加工工艺已能满足面粉白度的需要，很多面粉加工企业已不再使用过氧化苯甲酰作为"面粉增白剂"。2011 年，卫生部、中华人民共和国工业和信息化部等部门联合发布公告（2011 年，第 4 号），撤销过氧化苯甲酰作为食品添加剂，食品安全国家标准《食品添加剂使用标准》（GB 2760—2011）未把过氧化苯甲酰列入目录。

2. 危害因素来源

企业为缩短制品的生产时间，增加制品的色泽，非法添加过氧化苯甲酰。

（二）滥用着色剂二氧化钛

二氧化钛俗称钛白粉，多用于光触媒、化妆品等行业，是目前世界上应用最广、用量最大的一种白色颜料。二氧化钛也可用作食品添加剂，作为着色剂使用。二氧化钛的危害因素特征描述见第三章。

1. 相关标准要求

食品安全国家标准《食品添加剂使用标准》（GB 2760—2011）中规定小麦粉不得添加二氧化钛。

2. 危害因素来源

企业为了让产品外观美白超范围添加二氧化钛。

（三）过量使用硫酸铝钾导致铝含量超标

明矾，即硫酸铝钾，是传统的净水剂、膨松剂和稳定剂，常用于油条、粉丝、米粉等食品生产。但明矾的化学成分包括铝离子，过量摄入会影响人体对铁、钙等成分的吸收，导致骨质疏松、贫血，甚至影响神经细胞发育。硫酸铝钾的危害因素特征描述见第三章。

1. 相关标准要求

食品安全国家标准《食品添加剂使用标准》（GB 2760—2011）中规定小麦粉中硫酸铝钾的最大使用量按生产需要适量使用，其铝的残留量（干样品，以 Al 计）≤100 mg/kg。

2. 危害因素来源

企业超量使用明矾等食品添加剂或复合添加剂。

（四）非法添加吊白块

吊白块是次硫酸氢钠甲醛的俗称，又称吊白粉或雕白块（粉），常用于作工业漂白剂和还原剂等。将吊白块掺入食品中，主要起到增白、保鲜、增加口感和防腐的效果，或掩盖劣质食品的变质外观，但对人体有严重的毒副作用，国家严禁将其作为食品添加剂在食品中使用。吊白块的危害因素特征描述见第三章。

1. 相关标准要求

1988 年 3 月，国务院有关部门曾明令禁止在粮油食品中使用吊白块等非食用添加剂。2002 年 7 月，中华人民共和国国家质量监督检验检疫总局出台《禁止在食品中使用次硫酸氢钠甲醛（吊白块）产品的监督管理规定》，为监管和执法提供了依据。2008 年，卫生部发布《食品中可能违法添加的非食用物质名单（第一批）》，明确将吊白块列入非食用物质。美国、日本等国家和欧盟、我国香港等地区也不允许将吊白块作为食品添加物使用。

2. 危害因素来源

食品中非法添加吊白块的事件时有发生，主要原因：①违法者无视法律法规规定和消费者人身安全，追求产品卖相和经济利益；②部分食品生产企业进货把关不严。

（五）滥用抗结剂滑石粉

滑石粉主要成分是含水的硅酸镁，在食品中可作为脱模剂、防黏剂和填充剂使用，主要用于糖果加工和发酵提取。滑石粉具有无毒、无味、口味柔软、光滑度强的特点，因此可用于食品生产加工领域。滑石粉的危害因素特征描述见第三章。

1. 相关标准要求

食品安全国家标准《食品添加剂使用标准》（GB 2760—2011）中规定在小麦粉中不能添加滑石粉。

2. 危害因素来源

企业为了增加小麦粉的口感，违规添加滑石粉。

（六）非法使用溴酸钾

溴酸钾是一种无机盐，其在小麦粉发酵及烘焙工艺过程中起到氧化剂的作用，用添加了溴酸钾的小麦粉制作的面包快速膨胀，更具弹性和韧性。但溴酸钾有致癌性，现在已被许多国家禁用。溴酸钾的危害因素特征描述见第三章。

1. 相关标准要求

卫生部2005年5月30日发布《2005年第9号公告》称，根据溴酸钾危险性评估结果，决定自2005年7月1日起，取消溴酸钾作为面粉处理剂在小麦粉中使用。溴酸钾未列入食品安全国家标准《食品添加剂使用标准》（GB 2760—2011）。

2. 危害因素来源

部分企业片面追求产品卖相，违规使用溴酸钾。

五、危害因素的监控措施建议

（一）生产企业自控建议

1. 原辅料使用方面的监控

小麦粉生产企业应严格按照国家标准或行业标准查验原料，不得使用陈化粮和非食用性原料加工小麦粉；使用符合相关法律法规、标准要求的获得生产许可证的产品；建立进货查验等管理制度和台账；加强原辅料的仓储管理，合理存放。

2. 食品添加剂使用方面的监控

小麦粉生产所用的添加剂必须符合食品安全国家标准《食品添加剂使用标准》（GB 2760—2011）的规定，全面实行"五专"（即食品添加剂专人管理、专柜存放、专本登记、专用计量器具、专人添加）、"五对"（即对标准、对种类、对验收、对用量、对库存）管理，确保食品添加剂的安全使用。不得超范围使用食品添加剂（如滑石粉、二氧化钛、硫酸铝钾等）；不得添加国家明令禁止使用的非食用物质（如吊白块、过氧化苯甲酰、溴酸钾等）。

3. 小麦粉生产过程的监控

小麦粉生产工艺全程按照HACCP体系及GMP的要求进行关键点的控制，形成关键控制点作业指导书，并在其指导下进行生产。

（1）清理工序的控制

制定完善的清理工艺，及时调整工艺参数，对杂质含量不合格的小麦进行重新清理。

（2）研磨工序的控制

制定合理制粉工艺，提高制粉工艺效能及小麦粉的质量。

（3）添加剂的使用

通过严格的粉质特性检验和烘焙、蒸煮特性试验，严格按标准规定的品种、范围、用量使用。

（4）包装工序的控制

检验包装材料的卫生情况，查验供货商的产品检验报告，选择符合相关标准的食品级包装材料。

4. 出厂检验的监控

鉴于小麦粉易于陈化、储藏稳定性差，生产企业应建立严格的出厂检验制度，建立记录台账，严把产品出厂关。同时，检验设备需具备有效的检定合格证；检验人员需具有检验能力和检验资格。

（二）监管部门监控建议

a. 加强重点环节的日常监督检查。重点对照卫生部发布的《食品中可能违法添加的非食用物质和易滥用的食品添加剂品种名单》，以及本地区监管工作中发现的其他在食品中存在的有毒有害物质、非法添加物质和食品制假现象，对企业的原料进货把关、生产过程投料控制及出厂检验等关键环节的控制措施落实情况和记录情况进行检查。

b. 加强重点问题风险防范。小麦粉的主要不合格项目为过氧化苯甲酰，应重点监测小麦粉的该项目。生产现场应重点检查通风情况是否良好、三防设施（防蝇、防尘、防鼠）是否正常、车间设备设施的清洗消毒记录是否完善、出厂检验记录是否齐全等。重点核查企业原辅料进货台账是否建立，以及供货商资格把关，即是否有生产许可证及相关产品的检验合格证明，尤其关注过氧化苯甲酰、吊白块等。

c. 通过明察暗访、行业调研、市场和消费环节调查等方式，对容易出现质量安全问题、高风险的企业，加强日常监管，及时发现并督促企业防范滥用添加剂和使用非食品物质等违法行为。

d. 有针对性地开展标准项目以外涉及安全问题的非常规性项目的专项监督检验，通过对生产企业日常监督检验及非常规性项目检验数据进行深入分析，及时发现可能存在的行业性、区域性质量安全隐患。

e. 主动向相关生产加工企业宣传有关过氧化苯甲酰、吊白块等危害因素的产生原因、危害性及如何防范等知识，防止违法添加有毒有害物质。

b. 要选购标识说明完整详细的产品。特别要注意是否有生产日期和保质期。

c. 优质产品应充分干燥，表面光滑整齐，有香味，无霉味、酸味、苦味与异味。

d. 选购食品标签、标识、标注齐全的产品。例如，营养成分表中的标注是否齐全（一般要标明热量、蛋白质、脂肪、碳水化合物等基本营养成分），其他添加的营养物质是否标明。

e. 选购该产品时注意不购买颜色过白的产品。

（三）消费建议

a. 首先应选择企业规模大、产品质量和服务质量好的知名企业的产品。

参 考 文 献

刘宗梅. 2008. 浅析"吊白块"的危害与治理[J]. 贵州工业大学学报（自然科学版），37（6）：38-40.

Breslin PA，Gilmore MM，Beauchamp GK，et al. 1993. Psychophysical evidence that oral astringency is a tactile sensation[J]. Chem Senses，18：405-417.

GB 2760—2011. 食品安全国家标准 食品添加剂使用标准[S].

Khan N，Sharma S，Sultana S. 2003. Nigella sativa（black cumin）ameliorates potassium bromate-induced early events of carcinogenesis：diminution of oxidative stress[J]. Hum Exp Toxicol，22（4）：193-203.

Khezri SM，Shariat SM，Tabibian S. 2013. Evaluation of extracting titanium dioxide from water-based paint sludge in auto-manufacturing industries and its application in paint production[J]. Toxicol Ind Health，29（8）：697-703.

Williams H. 2009. Clindamycin and benzoyl peroxide combined was more effective than either agent alone or placebo for acne vulgaris[J]. Evid Based Med，14（3）：85.

报告二 大米生产加工食品安全危害因素调查分析

一、广东省大米行业情况

大米，是稻谷经清理、砻谷、碾米、成品整理等工序后的制成品。主要分为籼米、粳米、黏米几种。

据统计，目前，广东省大米生产加工企业共 818 家，其中获证企业 725 家，占 88.6%，小作坊 93 家，占 11.4%（表 2-2-1）。

表 2-2-1 广东省大米行业生产加工企业情况统计表

生产加工企业总数/家	食品生产加工企业			食品小作坊数/家
	获证企业数/家	GMP、SSOP、HACCP 等先进质量管理规范企业数/家	规模以上企业数（即年主营业务收入 500 万元及以上）/家	
818	725	10	32	93

注：表中数据统计日期为 2012 年 12 月。

广东省大米生产加工企业分布如图 2-2-1 所示，珠三角地区大米生产加工企业共 431 家，约占全省加工企业的 52.7%，粤东、粤西、粤北地区分别有 130 家、165 家、92 家，分别占 15.9%、20.2%、11.2%。从生产加工企业数量看，江门、惠州最多，分别有 101 家和 63 家，其次为广州、阳江和肇庆，分别有 62 家、58 家和 52 家。

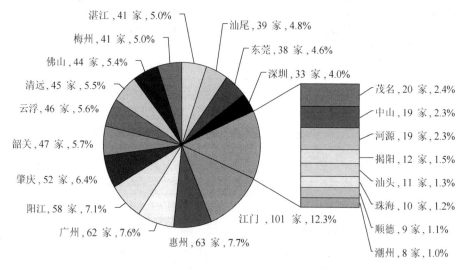

图 2-2-1 广东省大米加工企业地域分布图

目前广东省大米生产加工企业分布较均衡，818 家食品生产加工企业中，规模以上企业占 32 家，分布在深圳（21 家）、珠海（4 家）、中山（3 家）、顺德（1 家）、梅州（1 家）、韶关（1 家）和湛江（1 家）等地；同时有 10 家企业实施了良好生产规范（GMP）、卫生标准操作规范（SSOP）、危害分析与关键控制点（HACCP），其中深圳 8 家、顺德和珠海各 1 家。大中型企业和知名品牌产品质量稳定，市场占有率高，工艺成熟，管理规范，从业人员操作熟练，进出厂检验严格；小型企业和

小作坊生产的以散装产品为主，食品安全意识不强，存在违规操作的现象，容易出现不合格产品，且从业人员流动大，管理困难。

大米加工行业主要存在以下问题：①不重视大米标签，不了解新标签标准，具体表现为未按规定标注食品真实属性名称、经销商地址、质量等级，引用过期作废标准，转基因大米未标识；②部分小企业生产的大米质量不达标，存在着以次充好的现象，甚至个别企业将已霉变的大米经处理漂白抛光后重新包装后销售；③由于环境污染而导致大米中重金属超标;④违规使用添加剂。

大米行业今后的发展重点:小企业及作坊加强控制原料质量,规范操作,杜绝以次充好现象;大中型企业进一步整合、规模化,形成一批在大米加工行业起领军作用的龙头企业,在龙头企业带领下进一步规范大米加工行业;行业加强交流,引导大米加工业健康、协调、快速的发展;建设具有特色的粮食加工产业园区和集群,利用粤北、粤西地区山地发展附加值更高的绿色大米。

二、大米抽样检验情况

大米的抽样检验情况见表2-2-2、表2-2-3。

表2-2-2 2010~2012年广东省大米抽样检验情况统计表(1)

年度	抽检批次	合格批次	不合格批次	内在质量不合格批次	内在质量不合格产品发现率/%
2012	3451	3065	386	33	1.0
2011	3702	3531	171	67	1.8
2010	2941	2519	422	78	2.7

表2-2-3 2010~2012年广东省大米抽样检验情况统计表(2)

年度	不合格项目(按照不合格率的高低依次列举)									
	不合格项目(一)			不合格项目(二)				不合格项目(三)		
	项目名称	抽检批次	不合格批次	不合格率/%	项目名称	抽检批次	不合格批次	不合格率/%	项目名称	抽检批次	不合格批次	不合格率/%
2012	标签	1576	366	23.2	碎米总量	86	32	37.2	水分	86	3	3.5
2011	标签	1678	109	6.5	镉	1046	48	4.6	品尝评分值	394	5	1.3
2010	标签	1201	193	16.1	滴滴涕	17	1	5.9	六六六	17	1	5.9

三、大米生产加工环节危害因素调查情况

(一)大米基本生产流程及关键控制点

大米的基本生产流程:稻谷→筛选(溜筛,振动筛,高速除稗筛)→去石→磁选(磁栏,永磁滚筒)→砻谷→谷糙分离→碾米→成品包装。大米生产加工的HACCP及GMP的关键控制点为稻谷的清理、碾米、成品整理。

(二)大米生产加工过程中存在的主要质量问题

a. 净含量不足。
b. 水分超标。
c. 稻谷粒和碎米。
d. 黄曲霉毒素超标。
e. 无机砷和镉超标。
f. 潜在风险因素(农药残留、转基因成分)。

四、大米行业生产加工环节危害因素及描述

(一)黄曲霉毒素超标

霉菌毒素是霉菌产生的次生代谢物质,其对人和畜禽的主要毒性表现在神经和内分泌紊乱、免疫抑制、致癌致畸、肝肾损伤、繁殖障碍等。黄曲霉毒素的危害因素特征描述见第三章。

1. 相关标准要求

食品安全国家标准《食品中真菌毒素限量》(GB 2761—2011)规定,黄曲霉毒素B_1在大米中的限量为10 μg/kg。欧盟法规Commission Regulation(EU)No 165/2010规定黄曲霉毒素B_1在大米中的限量为10 μg/kg,美国FDA规定黄曲霉毒素B_1在大米中的限量为20 μg/kg。

2. 危害来源

一是企业为降低生产成本,违法使用已经霉变的

103

稻谷作为原料生产；二是大米生产加工和储存过程中由于管理不当被微生物污染。

（二）无机砷超标

砷是一种重金属物质，可分为有机及无机两种形态，自然存在或由人类活动产生而分布于环境中。砷主要存在于土壤、地下水和植物等自然环境中，砷化合物则用于制造晶体管、激光产品、半导体、玻璃和颜料等，有时也可用作除害剂、饲料添加剂和药物。人体主要是从食物和饮用水摄入砷。砷的危害因素特征描述见第三章。

1. 相关标准要求

食品安全国家标准《食品中污染物限量》（GB 2762—2012）中规定了大米中无机砷的限量为 0.2 mg/kg，而对有机砷则不作限量要求。

2. 危害因素来源

无机砷主要来源于某些地区特殊自然环境中的高本底含量及环境污染、生产过程污染。一般来说，砷可通过以下几种途径污染大米：①土壤污染，污水灌溉及施用含砷化肥、农药等造成土壤中砷含量过高，植物在整个生长期不断地吸收并蓄积，通过食物链给人类健康带来潜在危害。②大气降尘，在大米生产最后晒干过程中，若晒场外界环境卫生控制不好，有可能受到大气污染。③生产加工环节，辅料、加工助剂、生产环境、生产设备、包装等环节都可能引起砷污染，主要是不规范使用食品添加剂、包装材料及生产加工中仪器或容器污染。

（三）镉超标

镉是天然存在于地壳表面的金属元素，在环境中难以分解，具有很强的生物富集性，容易在某些植物和动物体内富集，并通过生物链最终进入人体。镉的危害因素特征描述见第三章。

1. 相关标准要求

食品安全国家标准《食品中污染物限量》（GB 2762—2012）中规定了大米中镉的限量为 0.2 mg/kg。

2. 危害因素来源

镉对土壤的污染，主要通过两种形式：一是工业废气中的镉随风向四周扩散，经自然沉降，蓄积于工厂周围土壤中；二是含镉工业废水灌溉农田，使土壤受到镉的污染。大米镉含量超标，主要是土壤中镉含量超标，通过植物富集，使得大米产品超标。

（四）农药残留

1. 危害因素特征描述

农药残留是农药使用后一个时期内未被分解而残留于生物体、收获物、土壤、水体、大气中的微量农药原体、有毒代谢物、降解物和杂质的总称。农药残留直接通过植物果实或环境、食物链最终传递给人、畜。

目前使用的农药，有些在较短时间内可以通过生物降解为无害物质，而包括DDT在内的有机氯类农药难以降解，则是残留性强的农药（有机氯农药污染）。根据残留的特性，可把残留性农药分为3种：容易在植物机体内残留的农药称为植物残留性农药，如六六六、异狄氏剂等；易于在土壤中残留的农药称为土壤残留性农药，如艾氏剂、狄氏剂等；易溶于水，而长期残留在水中的农药称为水体残留性农药，如异狄氏剂等。残留性农药在植物、土壤和水体中的残存形式有两种：一种是保持原来的化学结构；另一种以其化学转化产物或生物降解产物的形式残存。

农药进入粮食、蔬菜、水果、鱼、虾、肉、蛋、奶中，造成食物污染，危害人的健康。一般有机氯农药在人体内代谢速度很慢，累积时间长。有机氯在人体内残留主要集中在脂肪中。如DDT在人的血液、大脑、肝和脂肪组织中含量比例为14：30：300；狄氏剂为1：5：30：150。由于农药残留对人和生物危害很大，各国对农药的施用都进行着严格的管理，并对食品中农药残留容许量做了规定。如日本对农药实行登记制度，一旦确认某种农药对人畜有害，政府便限制或禁止销售和使用。

2. 危害因素来源

企业使用了农药残留超标的原材料。

（五）转基因大米

1. 危害因素特征描述

转基因大米 Bt63 转入了内毒素基因 *cry1A* 等（*Bt* 基因），能表达 Bt 毒蛋白，从而起到抗虫的作用。从抗虫基因蛋白产物的特性上看，Bt 毒蛋白是碱溶性蛋白，由 N 端的活性片段和 C 端高度保守的结构片段构成。带有 C 端结构片段的 Bt 蛋白（即原毒素）只有在昆虫肠道的碱性环境中才能将 C 端的结构片段水解切去，成为活化的毒性肽。而 Bt 毒蛋白被哺乳动物摄食后，首先进入胃，并在胃酸作用下被胃蛋白酶分解消化。

转基因大米 Bt63 内毒素基因 *cry1A* 等，其风险在目前科技水平下无法完全预知，其对人类可能造成的影响，或许要在未来几代人后才显现。

国际科学联合会理事会曾发布报告，就转基因产品安全性做出两点结论：①在安全性方面具有不确定性，人类必须谨慎对待；②目前全世界转基因生物产品的科学实验结果未充分表明农业生物技术的安全性。

转基因的安全风险虽然尚无定论，但大米是我国人民的主食，摄入量远高于大豆、番茄等农产品，一旦存在危害，其影响将非常广泛和深远。

2. 相关标准要求及检测方法

农业转基因生物标识应符合《农业转基因生物安全管理条例》和《农业转基因生物标识管理办法》及农业部869号公告-1-2007《农业转基因生物标签的标识》规定。植物及其加工产品中转基因成分的检测可根据相关标准和实际需要，采用荧光PCR（如SN/T 1204—2003）、普通PCR（SN/T 1202—2010）、基因芯片（GB/T 19495.6—2004）等方法。

五、危害因素的监控建议

（一）生产企业的自我监控

1. 原辅料使用方面的监控

大米生产企业使用原料稻谷或大米必须符合国家标准、行业标准的规定，不得使用变质或未去除有害物质的原材料；原料大米的标签标识应符合相关法律规定（不得使用"白包"大米）；建立进货验收制度和台账。

2. 食品添加剂使用方面的监控

大米生产过程不得添加国家明令禁止使用的非食用物质（如工业用矿物油、石蜡等）。

3. 大米生产过程的监控

大米的生产工艺全程按照HACCP体系及GMP的要求进行关键点的控制，形成关键控制点作业指导书，并在其指导下进行生产。大米加工的关键控制点具体包含以下几方面。

（1）去石工序的控制

定期对设备进行维修，控制好灰分和含砂量；控制不好，流入后续工序将无法去除。

（2）磁选工艺的控制

定期对设备进行维修，控制好磁性金属物；控制不好，流入后续工序将无法去除。

（3）筛理工艺的控制

调整设备至最佳工作状态，控制好碎米、黄粒米含量。

4. 出厂检验的监控

大米生产企业要建立出厂检验制度；检验人员需具备检验能力和检验资格；检验设备需具备有效的检验合格证。

（二）监管部门监控建议

a. 加强重点环节的日常监督检查。重点对照卫生部发布的《食品中可能违法添加的非食用物质和易滥用的食品添加剂品种名单》，对企业的原料进货把关、生产过程投料控制及出厂检验等关键环节的控制措施落实情况和记录情况进行检查。

b. 加强重点问题风险防范。大米主要的不合格项目为重金属镉超标和黄曲霉毒素超标，故将此列为监管人员检查的重点项目。重点检查原材料是否有检验报告、通风情况是否良好、三防设施（防蝇、防尘、防鼠）是否正常、车间设备设施的清洗消毒记录是否完善、出厂检验记录是否齐全等。

c. 有针对性地开展标准项目以外涉及安全问题的非常规性项目的专项监督检验，通过对生产企业日常监督检验及非常规性项目检验数据进行深入分析，及时发现可能存在的行业性、区域性质量安全隐患。

d. 有针对性地通过组织明察暗访、发动举报投诉、开展监督检查、执法检查和抽样检验等方式，依法从速从严查处在大米生产中掺假掺杂、滥用添加剂等违法行为。对涉嫌犯罪的，依法移送司法机关处理。

（三）消费建议

a. 首先应选择企业规模大、产品质量和服务质量好的知名企业的产品。

b. 优质大米应充分干燥，大小均匀，坚实丰满，色泽纯洁，透明，有光泽，表面光滑整齐，有香味，无霉味、酸味、苦味与异味。无仓储害虫，无霉变粮粒。选购时，认真观察米粒的颜色：米粒表面呈灰色，或有白道沟纹，这样的米一定是陈米。米粒的硬度低，并伴有异味，则基本可以判定是霉变的大米。

c. 要选购标识说明完整详细的产品，特别要注意是否有生产日期和保质期。

d. 食品标签是联系消费者与产品之间的桥梁，认真看清标签的内容，应当选购标识标注齐全的产品。

e. 看营养成分表中的标注是否齐全，含量是否合理。营养成分表中一般要标明热量、蛋白质、脂肪、碳水化合物等基本营养成分；其他被添加的营养物质也要标明。

参 考 文 献

Bastias JM, Bermudez M, Carrasco J, et al. 2010. Determination of dietary intake of total arsenic, inorganic arsenic and total mercury in the Chilean school meal program[J]. Food Sci Technol Int, 16（5）：443-450.

Edson EF. 1973. Pesticide Residues in food[J]. Occup Environ Med, 30：404.

Fox MR. 1987. Assessment of cadmium, lead and vanadium status of large animals as related to the human food chain[J]. J Anim Sci, 65（6）：1744-1752.

GB 2761—2011. 食品安全国家标准 食品中真菌毒素限量[S].

GB 2762—2012. 食品安全国家标准 食品中污染物限量[S].

Kok EJ, Lehesranta SJ, van Dijk JP. 2008. Changes in Gene and Protein Expression during Tomato Ripening - Consequences for the Safety Assessment of New Crop Plant Varieties[J]. Food Sci Technol Int, 14：503-518.

Magnoli AP, Monge MP, Miazzo RD, et al. 2011. Effect of low levels of aflatoxin B_1 on performance, biochemical parameters, and aflatoxin B_1 in broiler liver tissues in the presence of monensin and sodium bentonite[J]. Poult Sci, 90（1）：48-58.

报告三　挂面生产加工食品安全危害因素调查分析

一、广东省挂面行业情况

挂面产品包括以小麦粉、荞麦粉、高粱粉、绿豆（或绿豆粉、绿豆浆）、大豆（或大豆粉、大豆浆）、蔬菜（或蔬菜粉、蔬菜汁）、鸡蛋（或蛋黄粉）等为原料，添加食盐、食用碱或面质改良剂，经机械加工或手工加工、烘干或晾晒制成的干面条。包括：普通挂面、花色挂面、手工面等。

据统计，目前，广东省挂面生产加工企业共49家，其中获证企业36家，占73.5%，小作坊13家，占26.5%（表2-3-1）。

表 2-3-1　广东省挂面生产加工单位情况统计表

生产加工企业总数/家	食品生产加工企业			食品小作坊数/家
	获证企业数/家	GMP、SSOP、HACCP 等先进质量管理规范企业数/家	规模以上企业数（即年主营业务收入 500 万元及以上）/家	
49	36	2	2	13

注：表中数据统计日期为 2012 年 12 月。

广东省挂面生产加工企业分布如图2-3-1所示，珠三角地区挂面生产加工单位共28家，占全省挂面生产加工单位的 57.1%，粤东、粤西、粤北地区分别有 7 家、4家和10家，分别占 14.3%、8.2%和20.4%。从生产加工单位数量看，韶关最多，有 9 家，其次为惠州和东莞，分别有 6 家和 5 家。

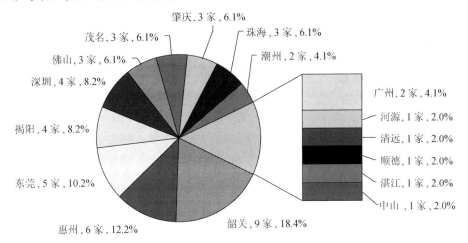

肇庆, 3 家, 6.1%
茂名, 3 家, 6.1%
珠海, 3 家, 6.1%
佛山, 3 家, 6.1%
潮州, 2 家, 4.1%
深圳, 4 家, 8.2%
广州, 2 家, 4.1%
河源, 1 家, 2.0%
揭阳, 4 家, 8.2%
清远, 1 家, 2.0%
顺德, 1 家, 2.0%
湛江, 1 家, 2.0%
东莞, 5 家, 10.2%
中山, 1 家, 2.0%
惠州, 6 家, 12.2%
韶关, 9 家, 18.4%

江门、梅州、汕头、汕尾、阳江、云浮为 0 家

图 2-3-1　广东省挂面加工企业地域分布图

广东省多数生产加工企业生产方式较落后，产能、产量均不大。全省有 2 家较大规模企业，分别在茂名（1家）和肇庆（1家）。同时全省有 2 家企业实施了良好生产规范（GMP）、卫生标准操作规范（SSOP）、危害分析与关键控制点（HACCP），分别位于茂名和肇庆。

目前挂面行业存在的问题有：①工业化技术水平和经营规模仍处在较低水平，质量管理方面存在食品安全意识差、不依法依标准生产等问题；②食品小作坊生产出来的挂面，质量参差不齐，存在较多的隐患。

挂面生产加工单位今后食品安全的发展方向是：重点整治食品小作坊，规范其生产；小企业严格控制原料，规范操作，保证产品质量；大中型企业逐步实现规模化、自动化，提升产品质量。

二、挂面抽样检验情况

挂面抽样检验情况见表 2-3-2、表 2-3-3。

表 2-3-2　2010~2012 年广东省挂面抽样检验情况统计表（1）

年度	抽检批次	合格批次	不合格批次	内在质量不合格批次	内在质量不合格产品发现率/%
2012	198	184	14	4	2.0
2011	224	207	17	5	2.2
2010	308	293	15	10	3.2

表 2-3-3　2010~2012 年广东省挂面抽样检验情况统计表（2）

年度	不合格项目（按照不合格率的高低依次列举）									
	不合格项目（一）			不合格项目（二）			不合格项目（三）			
	项目名称	抽检批次	不合格批次	不合格率/%	项目名称	抽检批次	不合格批次	不合格率/%	项目名称	抽检批次	不合格批次	不合格率/%
2012	过氧化苯甲酰	6	2	33.3	标签	41	10	24.4	不整齐度	9	1	11.1
2011	标签	59	13	22.0	水分	13	1	7.7	菌落总数	84	2	2.4
2010	标签	29	7	24.1	不整齐度	32	1	3.1	过氧化苯甲酰	67	2	3.0

三、挂面生产加工环节危害因素调查情况

（一）挂面基本生产流程及关键控制点

1. 普通挂面

调粉→熟化→压延→切条→干燥→截断→称量→包装

2. 花色挂面

原辅料预处理→调粉→熟化→压延→切条→干燥→截断→称量→包装

3. 手工面

调粉→熟化→搓条→拉吊→干燥→截断→称量→包装

挂面生产加工的 HACCP 及 GMP 的关键控制点为：①食品添加剂的最大限量；②干燥工序过程中的温度、湿度、牵引机速度等参数的控制；③晾晒、包装过程中的卫生安全。

（二）挂面生产加工过程中存在的主要质量问题

a. 微生物超标（菌落总数、黄曲霉毒素、镰刀菌素）。

b. 超量使用添加剂（过氧化苯甲酰、苯甲酸、色素）。

c. 非法添加物（硼砂、吊白块、滑石粉、甲醛、溴酸钾）。

d. 干燥过程中各项技术参数控制不当出现挂面酥断现象。

四、挂面生产加工环节危害因素及描述

（一）微生物（菌落总数与大肠菌群）超标

菌落总数和大肠菌群是判定食品卫生质量状况的主要指标，反映了食品是否符合卫生要求。菌落总数在一定程度上标志着食品卫生质量的优劣。微生物的危害因素特征描述见第三章。

1. 相关标准要求

《湿米粉》（DB 44/426—2007）中规定，对于即食类湿米粉，菌落总数限量为 1000 cfu/g，大肠菌群限量为 70 MPN/100g，对于非即食类湿米粉，大肠菌群限量分别为 90 MPN/100g（出厂检验）和 230 MPN/100g（销售检验），对菌落总数并无检验要求。

2. 危害因素来源

挂面中的微生物主要是来自在挂面制备及悬挂晾干

的过程中受到的微生物污染。

（二）霉菌

霉菌是形成分枝菌丝的真菌的统称，菌丝体常呈白色、褐色、灰色，或呈鲜艳的颜色（菌落为白色毛状的是毛霉，绿色的为青霉，黄色的为黄曲霉），有的可产生色素使基质着色。霉菌繁殖迅速，常造成食品、用具大量霉腐变质。黄曲霉毒素的危害因素特征描述见第三章。

1. 相关标准要求

食品安全国家标准《食品中真菌毒素限量》（GB 2761—2011）中规定，黄曲霉毒素 B_1 在大米中的限量为 10 µg/kg。欧盟法规 Commission Regulation（EU）No 165/2010 中规定黄曲霉毒素 B_1 在大米中的限量为 10 µg/kg，而美国 FDA 则把黄曲霉毒素 B_1 在大米中的限量定位为 20 µg/kg。

2. 危害因素来源

一是企业工艺流程设计不畅，中间环节物料长时间闲置堆积，尤其是用浸泡法处理断头易造成微生物迅速繁殖，污染产品；二是生产车间环境卫生、工作人员卫生、工作器具卫生等消毒不严造成微生物繁殖。

（三）镰刀菌毒素

1. 危害因素特征描述

有些种类的镰刀菌能在各种粮食中生长并能产生有毒的代谢产物，如脱氧雪腐镰刀菌烯醇、玉米烯酮、伏马菌素 B_1 和 B_2、T-2、HT-2 毒素等。

镰刀菌能在 1~39 ℃的温度内生长，最适温度为 25~30 ℃（28 ℃），最适产毒温度通常为 8~12 ℃。玉米赤霉烯酮可使猪发生雌性激素亢进症，单端孢霉素类则阻碍蛋白质合成而引起动物呕吐、腹泻和拒食。但还有许多现象至今尚未得到明确的解释，例如，镰刀菌污染的粮食造成的食物中毒，可能引起带有流行病特征的人类的疾病；T-2 毒素造成的白细胞减少症主要出现在俄罗斯，这种疾病的临床表现是进行性的造血系统功能衰退。单端孢霉素类要在温度超过 200 ℃时才能被破坏，因此经过通常的烘烤后，它们仍有活性（在残留的湿气中也要 100 ℃时才能被破坏）。粮食经多年储藏后，单端孢霉素类的毒力依然存在，无论酸或碱都很难使它们失活。

2. 相关标准要求和检测方法

欧盟食品污染物限量规定了谷类和谷类制品中镰刀菌毒素（脱氧雪腐镰刀菌烯醇）的限量标准，其中未加

工的硬质小麦及燕麦、未加工的玉米脱氧雪腐镰刀菌烯醇的最大残留限量为 1750 µg/kg，除上述部分以外的未加工谷物脱氧雪腐镰刀菌烯醇的最大残留限量为 1250 µg/kg，谷粉为 750 µg/kg。食品安全国家标准《食品中真菌毒素限量》（GB 2761—2011）中规定，谷物及其制品中，玉米、玉米面（渣、片）、大麦、小麦、麦片、小麦粉中脱氧雪腐镰刀菌烯醇的最大残留限量为 1000 µg/kg。

3. 危害因素来源

一是有些企业工艺流程设计不畅，中间环节物料长时间闲置堆积，尤其是用浸泡法处理断头易造成微生物迅速繁殖，污染产品；二是生产车间环境卫生、工作人员卫生、工作器具卫生等消毒不严造成微生物繁殖。

（四）过氧化苯甲酰

过氧化苯甲酰原是面粉专用添加剂。使用过氧化苯甲酰可以改善新麦粉面制品的口感（后熟作用），同时生成的苯甲酸能对面粉起防霉作用。此外，过氧化苯甲酰还能释放出活性氧，使面粉中含有的类胡萝卜素、叶黄素等天然色素退色，以达到增加其卖相的效果。过氧化苯甲酰的危害因素特征描述见第三章。

1. 相关标准要求

2011 年，卫生部联合工业和信息化部等部门联合发布公告，撤销过氧化苯甲酰作为食品添加剂，食品安全国家标准《食品添加剂使用标准》（GB 2760—2011）也未把过氧化苯甲酰列入食品添加剂目录。

2. 危害因素来源

企业为缩短制品的生产时间，增加制品的色泽以迎合消费者心理，违规使用过氧化苯甲酰。

（五）苯甲酸

苯甲酸又称安息香酸，因在水中溶解度低，故多数情况下使用苯甲酸钠盐类。苯甲酸是重要的酸性食品防腐剂，对霉菌、酵母和细菌均有抑制作用，也可用于巧克力、浆果、蜜饯等食用香精中。苯甲酸的危害因素特征描述见第三章。

1. 相关标准要求

食品安全国家标准《食品添加剂使用标准》（GB 2760—2011）中规定在米面制品中不能添加防腐剂苯甲酸及其钠盐。

2. 危害因素来源

企业生产过程中超范围添加苯甲酸以控制细菌繁殖、防腐。

（六）柠檬黄

柠檬黄又称酒石黄、酸性淡黄、肼黄。柠檬黄是一种水溶性合成色素，适量的柠檬黄可安全地用于食品、饮料、药品、化妆品、饲料、烟草、玩具、食品包装材料等的着色。柠檬黄的危害因素特征描述见第三章。

1. 相关标准要求

食品安全国家标准《食品添加剂使用标准》（GB 2760—2011）规定在挂面中不得添加柠檬黄。

2. 危害因素来源

柠檬黄用于花色挂面的染色，以增加挂面的卖相吸引消费者的注意力。

（七）硼砂

硼砂也叫粗硼砂，是一种既软又轻的无色结晶物质。在工业生产中有很多用途，如消毒剂、保鲜防腐剂、软水剂、洗眼水、肥皂添加剂、陶瓷的釉料和玻璃原料等。硼砂的危害因素特征描述见第三章。

1. 相关标准要求

食品安全国家标准《食品添加剂使用标准》（GB 2760—2011）未把硼砂列在食品添加剂目录中。

2. 危害因素来源

有些挂面生产企业在制作挂面时违规掺入硼砂，其目的是增加成品的韧性，以使产品韧度高，追求食物的口感，同时硼砂对霉菌和细菌有一定的抑制作用，故而在一定程度上也起到了防腐的功效。

（八）吊白块

吊白块是次硫酸氢钠甲醛的俗称，又称吊白粉或雕白块（粉），常用于作工业漂白剂和还原剂等。将吊白块掺入食品中，起增白、保鲜、增加口感的效果，或掩盖劣质食品的变质外观。吊白块的危害因素特征描述见第三章。

1. 相关标准要求

卫生部发布的《食品中可能违法添加的非食用物质名单（第一批）》中明确将吊白块列入非食用物质。

2. 危害因素来源

违法企业无视法律法规规定，非法添加。

（九）滑石粉

滑石粉的主要成分是滑石含水的硅酸镁，可作为食品添加剂，起到脱模剂、防黏剂和填充剂的作用，主要用于糖果的加工工艺和发酵提取工艺。滑石粉具有无毒、无味、口味柔软、光滑度强的特点。滑石粉的危害因素特征描述见第三章。

1. 相关标准要求

食品安全国家标准《食品添加剂使用标准》（GB 2760—2011）规定在挂面中不得添加滑石粉。

2. 危害因素来源

有些挂面生产企业为了增加小麦粉的口感、违规掺入滑石粉。

（十）工业用碱

1. 危害因素特征描述

工业用碱涵义较笼统，一般指三碱：工业纯碱（碳酸钠）、工业烧碱（氢氧化钠）、工业重碱（碳酸氢钠），其纯度和杂质含量只能满足一般性工业使用，不能食用。工业碱中重金属残留对人体肝、肾伤害巨大，而氢氧化钠等工业用碱具有强烈的腐蚀性，对人体消化系统危害很大，国家明令禁止在食品中添加。

2. 危害因素来源

不法企业为节约成本将工业碱当做食用碱使用。

（十一）甲醛

甲醛又名蚁醛，易溶于水、醇等极性溶剂，40%（V/V）或30%（W/W）的甲醛水溶液俗称"福尔马林"。甲醛是一种重要的有机原料，在医药、农业、畜牧业等领域做防腐剂、消毒剂及熏蒸剂。甲醛的危害因素特征描述见第三章。

1. 相关标准要求

卫生部将甲醛列入第一批"食品中可能违法添加的非使用物质和易滥用的食品添加剂品种名单"，禁止在食品生产加工过程中使用。

2. 危害因素来源

小企业、小作坊违法加入甲醛溶液用于漂白挂面，增加卖相。

（十二）明矾

明矾，即硫酸铝钾，是传统的净水剂，常用作油条、粉丝、米粉等食品的膨松剂和稳定剂。明矾化学成分有铝离子，过量摄入会影响人体对铁、钙等成分的吸收，导致骨质疏松、贫血，甚至影响神经细胞的发育。硫酸铝钾的危害因素特征描述见第三章。

1. 相关标准要求

食品安全国家标准《食品添加剂使用标准》（GB 2760—2011）规定挂面中铝的残留量（干样品，以 Al 计）≤100 mg/kg。

2. 危害因素来源

企业超量使用的面粉原料或面点的发酵粉中含有铝食品添加剂，如硫酸铝钾等膨松剂。

（十三）溴酸钾

溴酸钾是一种无机盐，其在发酵及烘焙工艺过程中起氧化剂作用，使用了溴酸钾后的面粉更白，制作的面包能快速膨胀，更具有弹性和韧性，在烘焙业被认为是最好的面粉改良剂之一。但溴酸钾有致癌性，现在已被许多国家禁用。溴酸钾的危害因素特征描述见第三章。

1. 相关标准要求

溴酸钾也并不在食品安全国家标准《食品添加剂使用标准》（GB 2760—2011）允许使用列表中。

2. 危害因素来源

部分企业违规使用了溴酸钾处理面粉原料。

五、危害因素的监控建议

（一）生产企业自控建议

1. 原辅料使用方面的监控

挂面生产的原辅料必须符合相应的国家标准、行业标准及有关规定，不得使用陈化粮和非食用性原料加工供人食用的挂面；原辅料需选用获得生产许可证的产品；建立原辅料进货验收制度和台账。

2. 食品添加剂使用方面的监控

挂面生产过程中所使用的食品添加剂必须符合食品安全国家标准《食品添加剂使用标准》（GB 2760—2011）的规定，成品中添加剂的残留量要符合标准的要求，全面实行"五专"（即专人管理、专柜存放、专本登记、专用计量器具、专人添加）、"五对"（即对标准、对种类、对验收、对用量、对库存）管理。不得超范围超剂量使用食品添加剂（如防腐剂、着色剂及膨松剂等），不得添加国家明令禁止使用的非食用物质（如吊白块、硼砂、过氧化苯甲酰、滑石粉、工业用碱、明矾、甲醛、溴酸钾等）。

3. 挂面生产过程的监控

挂面的生产加工由调粉、熟化、压延或搓条、切条、干燥、称量和包装等工艺组成。全程按照 HACCP 体系及 GMP 的要求进行关键点的控制，形成关键控制点作业指导书，并在其指导下进行生产。

（1）调粉工序的控制
严格控制食品添加剂最大限量。
（2）干燥工序的控制
严格控制烘干温度、湿度、牵引机速度等参数对水分、酸度指标的影响，防止出现挂面酥断现象。

4. 出厂检验的监控

企业制定切合自身且不断完善的出厂检验制度；检验人员需具备检验能力和检验资格；根据挂面的检验项目要求，制作统一规范的原始记录单和出厂检验报告，不定期抽查评点报告，如实、科学填写原始记录。

（二）监管部门监控建议

a．加强重点环节的日常监督检查。重点对照卫生部发布的《食品中可能违法添加的非食用物质和易滥用的食品添加剂品种名单》，以及本地区监管工作中发现的其他在食品中存在的有毒有害物质、非法添加物质和食品制假现象，对挂面企业的原料进货把关、生产过程投料控制及出厂检验等关键环节的控制措施落实情况和记录情况进行检查。

b．加强重点问题风险防范。过氧化苯甲酰是不允许用作食品添加剂的，因此挂面中应不得检出。此外，由于水分过高或者储藏不当引起挂面产品发霉和变质，容易造成微生物超标。因此，应重点监测挂面中的过氧化苯甲酰和微生物指标。同时需要重点检查原材料是否有检验报告、通风情况是否良好、三防设施（防蝇、防尘、防鼠）是否正常、车间设备设施的清洗消毒记录是否完善、出厂检验记录是否齐全等。

c．积极主动向相关生产加工企业宣传有关吊白块、明矾、硼砂、过氧化苯甲酰、苯甲酸超标等危害因素的产生原因、危害性及如何防范等知识，防止企业违法添加有毒有害物质。

（三）消费建议

a. 首先应选择企业规模大、产品质量和服务质量好的知名企业的产品。

b. 要选购标识说明完整详细的产品。特别要注意是否有生产日期和保质期，并购买近期的产品。

c. 看营养成分表中的标注是否齐全，含量是否合理。营养成分表中一般要标明热量、蛋白质、脂肪、碳水化合物等基本营养成分；其他被添加的营养物质也要标明。

d. 食品标签是联系消费者与产品之间的桥梁，认真看清标签的内容，尽量选购标识标注齐全的产品。

参 考 文 献

黄玉玲，陈梅秀，罗萍. 2006. 梅州市食品中硼砂检测情况分析[J]. 职业与健康，22（9）：663-664.

刘明. 2008. 食品中二氧化硫残留量检测方法的改进[J]. 生命科学仪器，6（12）：42-44.

刘宗梅. 2008. 浅析"吊白块"的危害与治理[J]. 贵州工业大学学报（自然科学版），37（6）：38-40.

吴艳，和娟. 2013. 浅议食品微生物检测中菌落总数与大肠菌群两个指标的关系[J]. 计量与测试技术，40（6）：92-93.

DB 44/426—2007. 湿米粉[S].

GB 2760—2011. 食品安全国家标准 食品添加剂使用标准[S].

GB 2761—2011. 食品安全国家标准 食品中真菌毒素限量[S].

Khan N，Sharma S，Sultana S. 2003. Nigella sativa（black cumin）ameliorates potassium bromate-induced early events of carcinogenesis：diminution of oxidative stress[J]. Hum Exp Toxicol，22（4）：193-203.

Magnoli AP，Monge MP，Miazzo RD，et al. 2011. Effect of low levels of aflatoxin B_1 on performance，biochemical parameters，and aflatoxin B_1 in broiler liver tissues in the presence of monensin and sodium bentonite[J]. Poult Sci，90（1）：48-58.

Nair B. 2001. Final report on the safety assessment of Benzyl Alcohol, Benzoic Acid, and Sodium Benzoate[J]. Int J Toxicol，20 Suppl 3：23-50.

Pongsavee M.2011. In vitro study of lymphocyte antiproliferation and cytogenetic effect by occupational formaldehyde exposure[J]. Toxicol Ind Health，27（8）：719-723.

Williams H. 2009. Clindamycin and benzoyl peroxide combined was more effective than either agent alone or placebo for acne vulgaris[J]. Evid Based Med，14（3）：85.

报告四 米粉生产加工食品安全危害因素调查分析

一、广东省米粉行业情况

米粉，是指以大米为原料，经浸泡、蒸煮、压条等工序制成的条状、丝状米制品，其品种可分为排米粉、方块米粉、波纹米粉、银丝米粉、湿米粉、干米粉等。

据统计，目前，广东省米粉生产加工企业共137家，其中获证企业62家，占45.3%，小作坊75家，占54.7%（表2-4-1）。

表2-4-1 广东省米粉生产加工企业情况统计表

生产加工企业总数/家	食品生产加工企业			食品小作坊数/家
	获证企业数/家	GMP、SSOP、HACCP等先进质量管理规范企业数/家	规模以上企业数（即年主营业务收入500万元及以上）/家	
137	62	7	3	75

注：表中数据统计日期为2012年12月。

广东省米粉生产加工企业分布如图2-4-1所示，珠三角地区的米粉生产加工企业共45家，占32.9%，粤东、粤西、粤北地区分别有25家、41家和26家，分别占18.2%、29.9%、19.0%。从生产加工企业数量看，韶关和湛江最多，分别有26家，其次为东莞、深圳、梅州、河源，分别有19家、12家、11家和11家。

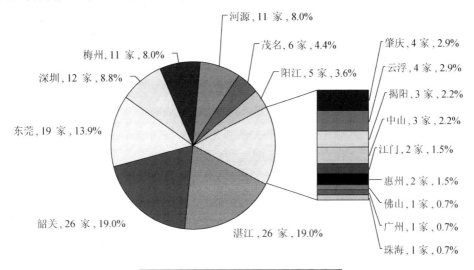

图2-4-1 广东省米粉加工企业地域分布图

虽然广东省米粉加工生产企业分布较均衡，但多为半自动化的方式生产，产能、产量均不大。全省有3家较大规模企业，分别在深圳（2家）和中山（1家），同时有7家企业实施了良好生产规范（GMP）、卫生标准操作规范（SSOP）、危害分析与关键控制点（HACCP），其中深圳4家、河源3家。

米粉生产加工行业主要存在以下问题：①从业人员文化程度普遍不高，操作技能大都由企业老员工带教，缺乏食品安全基本知识，企业没有严格的操作准则；②加工企业普遍规模不大，产能、产量较低，缺乏检验检测等食品安全控制手段；③部分小企业、小作坊存在着一些违法生产行为，如使用不符合要求的原材料（如陈化粮或重金属、黄曲霉毒素超标的不合格大米），超范围使用食品添加剂等，如违反《食品添加剂使用标准》添加过氧化苯甲酰；④管理不完善，如部分企业未区分原料堆放区和成品区，易造成交叉污染；⑤小企业卫生意识淡薄，防蚊、防虫、防鼠措施做得不够到位。

米粉生产加工企业今后食品安全的发展方向是：小企业严格控制原料质量、规范操作，生产出质量合格产品；大中型企业逐步实现规模化、自动化，湿米粉逐步引入冷链管理，形成保证米粉质量的可靠管理模式。

二、米粉抽样检验情况

米粉抽样检验情况见表 2-4-2、表 2-4-3。

表 2-4-2　2010~2012 年广东省米粉抽样检验情况统计表（1）

年度	抽检批次	合格批次	不合格批次	内在质量不合格批次	内在质量不合格产品发现率/%
2012	336	323	13	6	1.8
2011	306	291	15	2	0.7
2010	219	204	15	9	4.1

表 2-4-3　2010~2012 年广东省米粉抽样检验情况统计表（2）

年度	不合格项目（按照不合格率的高低依次列举）											
	不合格项目（一）				不合格项目（二）				不合格项目（三）			
	项目名称	抽检批次	不合格批次	不合格率/%	项目名称	抽检批次	不合格批次	不合格率/%	项目名称	抽检批次	不合格批次	不合格率/%
2012	镉	21	2	9.5	标签	112	10	8.9	大肠菌群	67	5	7.5
2011	标签	61	5	8.2	—	—	—	—	—	—	—	—
2010	二氧化硫残留	53	2	3.8	标签	77	2	2.6	蛋白质	55	1	1.8

注："—"为不合格项目。

三、米粉生产加工环节危害因素调查概况

（一）米粉基本生产流程及关键控制点

米粉的生产加工工艺流程为：大米→淘洗→浸泡→磨浆→蒸粉→压片（挤丝）→复蒸→冷却→干燥→包装→成品。

米粉生产加工的 HACCP 及 GMP 的关键控制点为：①原辅料的质量；②配料（添加剂）的管理；③蒸粉、干燥的时间和温度；④产品的包装、储存和运输。

（二）米粉生产加工过程中存在的主要质量问题

a. 使用陈化粮或重金属、黄曲霉毒素超标的大米原料。

b. 微生物指标（菌落总数、大肠菌群）超标。

c. 超范围使用防腐剂苯甲酸。

d. 二氧化硫残留超标。

e. 非法添加甲醛。

f. 非法添加吊白块。

g. 非法添加硼砂。

h. 非法添加乌洛托品。

i. 非法添加非食品原料或食品添加剂以外的其他物质（如化工染料、荧光增白剂、墨汁等）。

四、米粉行业生产加工环节危害因素及描述

（一）使用陈化粮或重金属、黄曲霉毒素超标的大米原料

1. 危害因素特征描述

稻谷在储藏过程中受微生物及储藏条件影响，品质逐渐劣变，即大米陈化。陈化粮不能直接作为口粮，其黄曲霉毒素超标是主要危害因素。

黄曲霉毒素是黄曲霉和寄生曲霉等有毒物质污染产生的一种有毒代谢物质，其中以黄曲霉毒素 B_1 最为常见，其毒性和致癌性也最强。1988 年国际肿瘤研究机构将黄曲霉毒素 B_1 列为人类致癌物，1993 年 WHO 的癌症研究机构将黄曲霉毒素划定为一类致癌物（最高级别）。黄曲霉毒素的危害性在于对人及动物肝脏组织的破坏作用，严重时可诱发肝癌。此外，黄曲霉毒素与其他致病因素（如肝炎病毒）等对人类疾病的诱

发具有叠加效应。

2. 相关标准要求和检测方法

《稻谷》（GB 1350—1999）规定不得用陈化粮（稻谷）加工供人食用的大米。2004 年，中华人民共和国国家粮食局、中华人民共和国国家工商行政管理总局、中华人民共和国国家质量监督检验检疫总局和卫生部四部门联合《关于进一步加强陈化粮监管等工作的通知》要求，严禁使用陈化水稻加工生产大米及其制品。

检测大米是否"陈化粮"的主要指标为：脂肪酸值、黏度、品尝评分值和色泽气味。其中脂肪酸值、黏度、品尝评分值三项中有一项指标达到"陈化"规定的，即认定为"陈化粮"。

3. 危害因素来源

一些不法商贩利用工业油对陈化粮进行"加工"，使陈化粮变得像新米一样晶莹透亮，冒充好米进行米粉生产加工。

（二）微生物（菌落总数与大肠菌群）超标

菌落总数和大肠菌群是判定食品卫生质量状况的主要指标，反映了食品中是否符合卫生要求。菌落总数在一定程度上标志着食品卫生质量的优劣。微生物的危害因素特征描述见第三章。

1. 相关标准要求

《湿米粉》（DB 44/426—2007）规定，即食类湿米粉，菌落总数限量为 1000 cfu/g，大肠菌群限量为 70 MPN/100g，非即食类湿米粉，大肠菌群限量分别为 90 MPN/100g（出厂检验）和 230 MPN/100g（销售检验），菌落总数无检验要求。

2. 危害因素来源

食品中大肠菌群超标说明该食品可能受到人和动物粪便的污染，原因主要是：①没有严格控制加工制作的时间或温度；②容器消毒不完全，产生"二次污染"；③从业人员卫生观念较淡薄，没有配备必要的消毒设施或者消毒不完全。

（三）超范围使用防腐剂苯甲酸

苯甲酸又称安息香酸，因在水中溶解度低，故多数情况下使用苯甲酸钠盐类。苯甲酸是重要的酸性食品防腐剂，对霉菌、酵母和细菌均有抑制作用，也可用于巧克力、浆果、蜜饯等食用香精中。苯甲酸的危害因素特征描述见第三章。

1. 相关标准要求

食品安全国家标准《食品添加剂使用标准》（GB 2760—2011）规定米面制品中不得添加防腐剂苯甲酸及其钠盐。

2. 危害因素来源

企业生产过程中超范围添加苯甲酸来控制细菌繁殖、防腐。

（四）二氧化硫残留量超标

二氧化硫为无色，不燃性气体。具有剧烈刺激臭味，有窒息性，易溶于水和乙醇。溶于水形成亚硫酸，有防腐作用。在食品生产过程中，经常把 SO_2 用作漂白剂、防腐剂、抗氧化剂等。硫磺、二氧化硫、亚硫酸钠、焦亚硫酸钠和低亚硫酸钠等二氧化硫类物质，也是食品工业中常用的食品添加剂（其在食品中的残留量用二氧化硫计算）。二氧化硫的危害因素特征描述见第三章。

1. 相关标准要求

食品安全国家标准《食品添加剂使用标准》（GB 2760—2011）规定，在米粉中不得有二氧化硫残留。

2. 危害因素来源

生产厂家为了使产品色泽白皙，并延长保质期，在生产过程中使用亚硫酸盐作为漂白剂和防腐剂。

（五）非法添加甲醛

甲醛又名蚁醛，易溶于水、醇等极性溶剂，40%（V/V）或 30%（W/W）的甲醛水溶液俗称"福尔马林"。甲醛是一种重要的有机原料，在医药、农业、畜牧业等领域做防腐剂、消毒剂及熏蒸剂。甲醛的危害因素特征描述见第三章。

1. 相关标准要求

卫生部将甲醛列入第一批"食品中可能违法添加的非使用物质和易滥用的食品添加剂品种名单"，严禁在食品生产加工过程中使用。

2. 危害因素来源

企业为保持食品的色泽及延长食品的保质期，在米粉中非法添加甲醛。

（六）非法添加吊白块

吊白块是甲醛合次硫酸氢钠的俗称，又称吊白粉或雕白块（粉），常用作工业漂白剂和还原剂等。将吊白块掺入食品中，起增白、保鲜、增加口感的效果，或掩盖劣质食品的变质外观。吊白块的危害因素特征描述见第三章。

1. 相关标准要求

卫生部发布的《食品中可能违法添加的非食用物质名单（第一批）》中明确将吊白块列入非食用物质。

2. 危害因素来源

企业为把食品增白和防腐，增加产品的卖相，在米粉中非法添加吊白块。

（七）非法添加硼砂

硼砂也叫粗硼砂，是一种既软又轻的无色结晶物质。在工业生产中有很多用途，如消毒剂、保鲜防腐剂、软水剂、洗眼水、肥皂添加剂、陶瓷的釉料和玻璃原料等。硼砂的危害因素特征描述见第三章。

1. 相关标准要求

食品安全国家标准《食品添加剂使用标准》（GB 2760—2011）规定米粉中不得添加硼砂。

2. 危害因素来源

企业追求产品的外观晶亮，煮后口感津韧，在米粉中非法添加硼砂。

（八）非法添加乌洛托品

乌洛托品学名为六亚甲基四胺，可用作树脂和塑料的固化剂、橡胶的硫化促进剂（促进剂 H）、纺织品的防缩剂，金属材料的缓蚀剂，并用于制杀菌剂、炸药等。药用时，内服后遇酸性尿分解产生甲醛而起杀菌作用，用于轻度尿路感染；外用可治癣、止汗、治腋臭。乌洛托品的危害因素特征描述见第三章。

1. 相关标准要求

欧盟允许六亚甲基四胺作为防腐剂用于食品生产中，美国、澳大利亚和新西兰，不允许其作为食品添加剂使用。食品安全国家标准《食品添加剂使用标准》（GB 2760—2011）不允许使用该物质。

2. 危害因素来源

企业为保持米粉的色泽和延长保质期，在生产的过程中非法加入乌洛托品。

（九）非法添加非食品原料或食品添加剂以外的其他物质（如化工染料、荧光增白剂、墨汁等）

1. 危害因素特征描述及相关标准要求

荧光增白剂是一种荧光化学染料，或称为白色染料，也是一种复杂的有机化合物。它的特性是能激发入射光线产生荧光，使所染物质类似萤石闪闪发光，达到增白的效果。由于荧光增白剂有致癌作用，国家禁止在食品加工中添加使用。

2. 危害因素来源

不法商贩用荧光增白剂加工米粉，使米粉外观色泽鲜亮，卖相好同时延长保鲜期。2011 年，中山市查处了一宗个别企业违法使用化工原料墨汁+柠檬黄+石蜡+果绿或增白粉，用玉米淀粉制作所谓"纯红薯粉条"的典型案例。

五、危害因素的监控建议

（一）生产企业自控建议

1. 原辅料使用方面的监控

原辅材料及其包装应符合相应国家标准的规定，不得使用陈化粮和非食用性原辅材料；建立进货验收制度和台账。

2. 食品添加剂使用方面的监控

米粉生产过程中所使用的食品添加剂必须符合食品安全国家标准《食品添加剂使用标准》（GB 2760—2011）的规定，全面实行"五专"、"五对"管理。不得超范围使用食品添加剂（如防腐剂、着色剂等），不得添加国家明令禁止使用的非食用物质（如吊白块、硼砂、化学染色剂及荧光增白剂等）。

3. 米粉生产过程的监控

米粉的生产加工以原料清理、磨粉、发酵（或不发酵）、蒸粉（或不蒸粉）、成型、干燥（或不干燥）、包装等工艺组成。全程按照 HACCP 体系及 GMP 的要求进行关键点的控制，形成关键控制点作业指导书，并在其指导下进行生产。

（1）原料清理的控制
物理危害中砂石通过清洗过滤，金属碎片过金属探测工序控制；生物危害通过后熟化、烘干等工序进行控制。

（2）磨粉、蒸粉、干燥、包装等工艺的控制
通过卫生标准操作规范（SSOP）控制和保持良好的

个人卫生；购买符合卫生标准要求的设备及使用符合标准要求的饮用水；严格控制烘干温度、湿度、烘干时间及蒸汽压等参数；要求包装材料供应商提供无毒无害的权威检测报告；定期检测仪器设备的灵敏度，对出故障的仪器设备应立即排除。

4. 出厂检验的监控

企业要制定切合自身且不断完善的出厂检验制度；检验人员需具备检验能力和检验资格；根据米粉的检验项目要求，制作统一规范的原始记录单和出厂检验报告，不定期抽查评点报告，如实、科学填写原始记录。

（二）监管部门监控建议

a. 加强重点环节的日常监督检查。重点对照卫生部发布的《食品中可能违法添加的非食用物质和易滥用的食品添加剂品种名单》，对大米生产企业的原料进货把关、生产过程投料控制及出厂检验等关键环节的控制措施落实情况和记录情况进行检查。

b. 加强重点问题风险防范。米粉作为一种含水量较高的食品，储存不当极易引起发霉、变质等问题，应重点监测米粉的二氧化硫残留量和微生物大肠菌群项目。生产现场应重点检查通风情况是否良好、三防设施（防蝇、防尘、防鼠）是否正常、车间设备设施的清洗消毒记录是否完善、出厂检验记录是否齐全等，杜绝发霉变质的大米用于生产。

c. 积极推行举报奖励制度，高度重视举报投诉发现的问题，及时对有关问题进行危害因素的调查和分析，采取有效措施消除食品安全隐患。

d. 积极主动向相关生产加工企业宣传有关吊白块、明矾、硼砂、二氧化硫超标等危害因素的产生原因、危害性及如何防范等知识，防止企业违法添加有毒有害物质。

（三）消费建议

a. 到可靠的销售店铺购买，尽量选择规模大、产品和服务质量好的品牌企业的产品。

b. 看产品的色泽，质量好的米粉应是大米的白色，均匀一致没有杂色。优质米粉色泽洁白，带有光泽；劣质米粉色泽灰暗，无光泽。

c. 闻产品的气味，质量合格的米粉，有米粉的香味，无霉味、酸味、苦味及异味等。优质米粉气味和滋味均正常，无任何异味；劣质米粉有霉味、酸味、苦涩味及其他外来滋味，口感有砂土存在。

d. 米粉组织状态的感官鉴别时，先进行直接观察，然后用手弯、折，以感知其韧性和弹性。优质米粉粗细均匀（厚薄均匀），无并条，无碎条，无杂质。劣质米粉粗细不匀，有并条及碎条，柔韧性及弹性均差，有霉斑，有大量杂质或有恶性杂质。

e. 预包装米粉的标签、标识是否齐全。国家标准规定，外包装必须标明厂名、厂址、生产日期、保质期、执行标准、商标、净含量、配料表、营养成分表及食用方法等。缺少上述任何一项的产品，最好不要购买。

f. 预包装米粉的营养成分表中的标注是否齐全，含量是否合理。营养成分表中一般要标明热量、蛋白质、脂肪、碳水化合物等基本营养成分，维生素类如维生素 A、维生素 D、部分 B 族维生素，微量元素如钙、铁、锌、磷。其他被添加的营养物质也要标明。

g. 看产品的组织形态和冲调性。质量合格的米粉应为粉状或片状，干燥松散，均匀无结块。以适量的温开水冲泡或煮熟后，经充分搅拌呈润滑的糊状。

参 考 文 献

黄玉玲，陈梅秀，罗萍. 2006. 梅州市食品中硼砂检测情况分析[J]. 职业与健康，22（9）：663-664.

刘明. 2008. 食品中二氧化硫残留量检测方法的改进[J]. 生命科学仪器，6（12）：42-44.

刘宗梅. 2008. 浅析"吊白块"的危害与治理[J]. 贵州工业大学学报（自然科学版），37（6）：38-40.

吴艳，和娟. 2013. 浅议食品微生物检测中菌落总数与大肠菌群两个指标的关系[J]. 计量与测试技术，40（6）：92-93.

DB 44/426—2007. 湿米粉[S].

GB 1350—1999. 食品安全国家标准 国家稻谷标准[S].

GB 2760—2011. 食品安全国家标准 食品添加剂使用标准[S].

Khan N，Sharma S，Sultana S. 2003. Nigella sativa（black cumin）ameliorates potassium bromate-induced early events of carcinogenesis：diminution of oxidative stress[J]. Hum Exp Toxicol，22（4）：193-203.

Magnoli AP，Monge MP，Miazzo RD，et al. 2011. Effect of low levels of aflatoxin B_1 on performance，biochemical parameters，and aflatoxin B_1 in broiler liver tissues in the presence of monensin and sodium bentonite[J]. Poult Sci，90（1）：48-58.

Nair B. 2001. Final report on the safety assessment of Benzyl Alcohol，Benzoic Acid，and Sodium Benzoate[J]. Int J Toxicol，20 Suppl 3：23-50.

Pongsavee M. 2011. In vitro study of lymphocyte antiproliferation and cytogenetic effect by occupational formaldehyde exposure[J]. Toxicol Ind Health, 27 (8): 719-723.

Williams H. 2009. Clindamycin and benzoyl peroxide combined was more effective than either agent alone or placebo for acne vulgaris[J]. Evid Based Med, 14 (3): 85.

食品生产加工过程危害因素分析综合教程

报告五　食用植物油生产加工食品安全危害因素调查分析

一、广东省食用植物油行业情况

食用植物油是指以植物油料或植物原油为原料制成的食用植物油脂，按生产原料划分，可分为大豆油、菜籽油、花生油、玉米油和葵花籽油等；按生产工艺划分，可分为半精炼和全精炼食用植物油，半精炼与全精炼两者的主要区别是前者没经过脱色、脱臭的工艺。

食用调和油又称高合油，是将两种以上经精炼的油脂（香味油除外）经脱酸、脱色、脱臭后，按比例调配制成的食用油。一般选用精炼大豆油、菜籽油、花生油、葵花籽油、棉籽油等为主要原料，还可配有精炼过的米糠油、玉米胚油、油茶籽油、红花籽油、小麦胚油等特种油脂。

据统计，目前广东省食用植物油生产加工单位共2113家，其中获证企业533家，占25.2%，食用植物油生产加工小作坊1580家，占74.8%（表2-5-1）。

表2-5-1　广东省食用植物油生产加工单位情况统计表

食品行业生产加工单位总数/家	食品生产加工企业			食品小作坊数/家
	获证企业数/家	GMP、SSOP、HACCP等先进质量管理规范企业数/家	规模以上企业数（即年主营业务收入500万元及以上）/家	
2113	533	9	16	1580

注：表中数据统计日期为2012年12月。

广东省食用植物油生产加工单位的分布如图2-5-1所示，珠三角地区食用植物油生产加工单位共854家，占40.4%，粤东、粤西、粤北地区分别有337家、809家和113家，分别占16.0%、38.3%、5.3%。从生产加工单位数量看，肇庆最多，有323家，其次为云浮、河源和湛江，分别有291家、276家和195家。

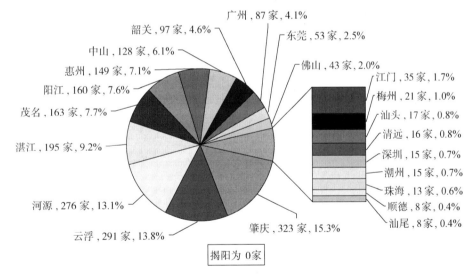

图2-5-1　广东省食用植物油加工单位地域分布图

广东省食用植物油加工生产单位分布较均衡，但大多企业采用的多为半自动化生产工艺，产能、产量不大。全省有16家较大规模企业，分别在深圳（4家）、珠海（3家）、茂名（1家）、湛江（3家）、中山（3家）、韶关（1家）和潮州（1家）。同时全省有9家企业实施了良好生产规范（GMP）、卫生标准操作规范（SSOP）、危害分析与关键控制点（HACCP），其中深圳6家、珠海1家、中山1家和潮州1家。大中型的食用生产加工企业的工艺比较成熟，管理比较规范，从业人员经过健康合格检查，操作熟练，进出厂的检验比较严格；而小型的食用植物油作坊、小企业的从业人员流动大，也容易造成食品安全管理上的困难，需企业自身加强员工培训。

广东省的食用植物油目前存在的主要问题是：①部分产品黄曲霉毒素超标；②部分企业食用植物油折光系数不合格；③个别产品标签标识不规范；④行业呈金字塔形，自动化水平低、设备相对简陋的小作坊位于低端，此类作坊食品安全意识不强，存在违规操作现象。

食用植物油生产加工单位今后食品安全的发展方向

是：大企业应当根据有关法律法规要求，建立健全企业质量管理制度；实施从原材料到最终产品的全过程质量管理，严格岗位质量责任，加强质量考核；加强卫生监督与管理，严格执行卫生操作规范，加强从业人员卫生知识培训，增强其卫生意识和守法观念，以保证消费者的食用安全。

二、食用植物油抽样检验情况

食用植物油抽样检验情况见表 2-5-2、表 2-5-3。

表 2-5-2　2010~2012 年广东省食用植物油抽样检验情况统计表（1）

年度	抽检批次	合格批次	不合格批次	内在质量不合格批次	内在质量不合格产品发现率/%
2012	4874	4213	661	601	12.3
2011	5093	3998	1095	921	18.1
2010	5086	3804	1282	1226	24.1

表 2-5-3　2010~2012 年广东省食用植物油抽样检验情况统计表（2）

年度	不合格项目（一）			不合格项目（二）			不合格项目（三）		
	项目名称	抽检批次	不合格批次	不合格率/%	项目名称	抽检批次	不合格批次	不合格率/%	项目名称	抽检批次	不合格批次	不合格率/%
2012	折光系数	5	2	40.0	色泽	21	2	9.5	黄曲霉毒素 B_1	3437	262	7.6
2011	加热实验	750	169	22.5	折光系数	15	3	20.0	酸价	4073	484	11.9
2010	酸值	4711	836	17.7	黄曲霉毒素 B_1	2103	54	2.6	标签	930	54	5.8

（不合格项目按照不合格率的高低依次列举）

三、食用植物油行业生产加工环节危害因素调查情况

（一）食用植物油的基本生产流程及关键控制点

1. 压榨法

（1）花生油

清理→剥壳→破碎→轧胚→蒸炒→压榨→花生原油

食用花生油压榨法生产加工的 HACCP 及 GMP 关键控制点为：①原料控制；②压榨。

（2）橄榄油（冷榨）

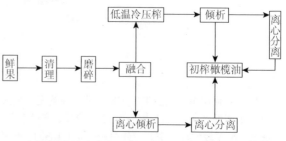

食用橄榄油生产加工的 HACCP 及 GMP 关键控制点为：①原料控制；②低温冷压榨。

2．浸出法（大豆油）

清理→破碎→软化→轧胚→浸出→蒸发→汽提→大豆原油

大豆油生产加工的 HACCP 及 GMP 关键控制点为：①原料控制；②浸出。

3．水代法（芝麻油）

芝麻→筛选→漂洗→炒子→扬烟→吹净→磨酱→对浆搅油→振荡分油→芝麻油

芝麻油生产加工的 HACCP 及 GMP 关键控制点为：①原料控制；②炒子温度；③对浆搅油。

4．食用植物油的精炼

（1）化学精炼

原油→过滤→脱胶（水化）→脱酸（碱炼）→脱色→脱臭→成品油

（2）物理精炼

原油→过滤→脱胶（酸化）→脱色→脱酸（水蒸气蒸馏）→脱臭→成品油

食用植物油精炼的 HACCP 及 GMP 关键控制点为：①脱酸；②脱色；③脱臭。

（二）调查发现食用植物油生产加工过程中存在的主要质量问题

a．特征指标（相对密度、折光系数、脂肪酸组成）不合格。

b．理化指标（酸价、过氧化值、加热实验、色泽、溶剂残留量、水分）不合格。

c．卫生指标（黄曲霉毒素 B_1、苯并[α]芘）超标。

d．超限量使用抗氧化剂。

e．外包装塑化剂污染。

四、食用植物油行业生产加工环节危害因素及描述

（一）酸价

食用植物油在生产过程中，由于压榨工艺而使脂肪酶从细胞中释放，并作用于油脂中的甘油三酯，使其进行水解而释放出游离脂肪酸，因此食用植物油原油中的酸价较高，需对其脱酸精炼，降低其酸价，利于产品的保存。酸价的危害因素特征描述见第三章。

1．相关标准要求

各种食用植物油由于工艺不同，相关标准对其酸价的限量值要求也各有不同，各种食用植物油的酸价限量值见表 2-5-4。

表 2-5-4　各种食用植物油的酸价限量

食用植物油种类	相关标准	等级	酸价/(mg KOH/g)
花生油	GB 1534—2003 花生油	一级≤	1.0
		二级≤	2.5
大豆油	GB 1535—2003 大豆油	一级≤	0.2
		二级≤	0.3
棕榈油	GB 15680—2009 棕榈油	成品油	0.2
玉米油	GB 19111—2003 玉米油	一级≤	0.2
		二级≤	0.3
橄榄油	GB 23347—2009 橄榄油、油橄榄果渣油	特级初榨≤	1.6
		中级初榨≤	4.0
食用调和油	SB/T 10292—1998 食用调和油	调和油≤	1.0
		调和高级烹调油≤	0.3
		调和色拉油≤	0.2
可可脂	GB/T 20707—2006 可可脂	—	—
菜籽油	GB 1536—2004 菜籽油	一级≤	0.2
		二级≤	0.3
棉籽油	GB 1537—2003 棉籽油	一级≤	0.2
		二级≤	0.3
芝麻油	GB 8233—2008 芝麻油	一级≤	0.6
		二级≤	3.0
葵花籽油	GB 10464—2003 葵花籽油	一级≤	0.2
		二级≤	0.3
米糠油	GB 19112—2003 米糠油	一级≤	0.2
		二级≤	0.3
椰子油	NY/T 230—2006 椰子油	成品油	0.3

2．危害因素来源

食用植物油脂酸价不符合标准的危害因素来源主要有：一是高酸价的食用植物油原油在储藏过程中发生氧化酸败；二是在脱酸等油脂精炼过程中，工艺控制不当而使食用植物油成品油的游离脂肪酸含量较高；三是在储藏、运输或销售过程中，食用植物油成品油未在适合的环境条件下存放而使油脂发生酸败导致酸价超标。

（二）过氧化值

过氧化值，食用植物油中含有大量的不饱和脂肪酸，若其加工或保存不当，则易受空气氧的作用，生成极不稳定的氢过氧化物和环过氧化物，最终裂解产生醛、酮、酸、酯等小分子化合物使油脂氧化酸败。过氧化值是用于判断食用植物油脂是否酸败的指标之一。过氧化值的

危害因素特征描述见第三章。

1. 相关标准要求

各种食用植物油由于其生产工艺的不同，相关标准对其过氧化值的限量值要求也各有不同，各种食用植物油的过氧化值限量标准见表2-5-5。

表 2-5-5　各种食用植物油的酸价限量

食用植物油种类	相关标准	等级	过氧化值/（mmol/kg）
花生油	GB 1534—2003 花生油	一级≤	6.0
		二级≤	7.5
大豆油	GB 1535—2003 大豆油	一级≤	5.0
		二级≤	5.0
棕榈油	GB 15680—2009 棕榈油	成品油	5.0
玉米油	GB 19111—2003 玉米油	一级≤	5.0
		二级≤	5.0
橄榄油	GB 23347—2009 橄榄油、油橄榄果渣油	特级初榨≤	10
		中级初榨≤	10
食用调和油	SB/T 10292—1998 食用调和油	调和油≤	12
		调和高级烹调油≤	10
		调和色拉油≤	10
可可脂	GB/T 20707—2006 可可脂	—	—
菜籽油	GB 1536—2004 菜籽油	一级≤	5.0
		二级≤	5.0
棉籽油	GB 1537—2003 棉籽油	一级≤	5.0
		二级≤	5.0
芝麻油	GB 8233—2008 芝麻油	一级≤	6.0
		二级≤	6.0
葵花籽油	GB 10464—2003 葵花籽油	一级≤	5.0
		二级≤	5.0
米糠油	GB 19112—2003 米糠油	一级≤	5.0
		二级≤	5.0
椰子油	NY/T 230—2006 椰子油	成品油	5.0

2. 危害因素来源

食用植物油脂的过氧化值超出标准要求的危害因素来源：主要因食用植物油的加工或保存不当而发生的氧化酸败及不饱和脂肪酸的自身氧化作用。

（三）特丁基对苯二酚

卫生部于1991年允许特丁基对苯二酚作为抗氧化剂应用于食品加工中，并制定相关标准，规定其使用范围及使用量。食品中特丁基对苯二酚不合格可能会对食品的安全造成一定的影响，特丁基对苯二酚的危害因素特征描述见第三章。

1. 相关标准要求

我国食品安全国家标准《食品添加剂使用标准》（GB 2760—2011）规定，在脂肪、油和乳化脂肪制品中特丁基对苯二酚的允许最大使用量不得超过0.2 g/kg（以油脂中的含量计）。值得注意的是，同一功能的食品添加剂，即抗氧化剂在混合使用时，各自用量占其最大使用量的比例之和不应超过1。

2. 危害因素来源

食用植物油中特丁基对苯二酚超量使用的危害因素来源主要有：一是使用的食用植物油原油酸价较高，需超量使用抗氧化剂以抑制成品油在保质期内发生的氧化反应；二是食用植物油在脱酸、脱色及脱胶等精炼过程中，存在于油脂中的天然抗氧化剂被破坏或损失，通过超量使用合成抗氧化剂以保证油脂的品质。

（四）二丁基羟基甲苯

二丁基羟基甲苯的酚羟基可与自由基结合而有效终止自由基链式反应，因此此二丁基羟基甲苯经评估后被批准作为抗氧化剂应用于食品中，但其使用量及使用范围必须遵循相关的标准要求。二丁基羟基甲苯的危害因素特征描述见第三章。

1. 相关标准要求

我国食品安全国家标准《食品添加剂使用标准》（GB 2760—2011）规定，脂肪、油和乳化脂肪制品中二丁基羟基甲苯的最大使用量不得超过0.2 g/kg（以油脂中的含量计）。同一功能的食品添加剂，即抗氧化剂在混合使用时，各自用量占其最大使用量的比例之和不应超过1。

2. 危害因素来源

食用植物油中添加抗氧化剂可延长产品的保质期，保证油品品质稳定，部分企业片面追求经济效益，在生产过程中过量添加抗氧化剂。

（五）丁基羟基茴香醚

丁基羟基茴香醚作为抗氧化剂应用于食用植物油中具有多种优点，如对热稳定、不会与金属离子作用形成有色化合物等，但也需注意其使用范围及使用量。丁基羟基茴香醚的危害因素特征描述见第三章。

1. 相关标准要求

我国食品安全国家标准《食品添加剂使用标准》（GB 2760—2011）规定，脂肪、油和乳化脂肪制品中二丁基羟基甲苯的最大使用量不得超过 0.2 g/kg（以油脂中的含量计）。

2. 危害因素来源

企业在精炼工艺后使用或超量使用抗氧化剂，抑制油脂氧化。

（六）脂肪酸组成不合格

1. 危害因素特征描述

食用油脂均为多种甘油三酯组成的混合物，每一类油脂均有其独特的甘油三酯类型。由于脂肪酸是构成油脂中甘油三酯的主要部分，因此不同种类的油脂其所含的脂肪酸组成及含量都有其独特之处，此独特性脂肪酸组成可作为食用植物油的特征指标，反映植物油的种类及纯度。各类食用植物油的国家标准均已规定了其脂肪酸组成及脂肪酸含量的范围，若食用植物油的脂肪酸组成发生偏离则认为未达到标准的要求。脂肪酸组成的差异有可能是混杂了其他种类油脂的结果，影响成品品质。

2. 检测方法及相关标准要求

油脂的脂肪酸组成可使用气相色谱法或液相色谱法进行测定。我国食品安全国家标准《动植物油脂 脂肪酸甲脂的气相色谱分析》（GB/T 17377—2008）规定了气相色谱用于检测油脂脂肪酸组成的标准方法，《动植物油脂 脂肪酸甲酯制备》（GB/T 17376—2008）规定了油脂中甘油三酯转化为脂肪酸甲酯的方法。

由于不同植物来源的食用植物油其脂肪酸组成均有所区别，因此每类食用植物油的国家标准都对其脂肪酸组成及含量范围做了详细的规定，相关标准可参考上文所列举的食用植物油标准。

3. 危害因素来源

食用植物油的脂肪酸组成未符合标准规定的危害因素来源主要有：一是客观因素造成，如油料混装、混存；运输工具未清理干净；存储容器未清理；油库入油出油使用同一条管道而未清理；榨油设备未清理等，这些都有可能引起油品的混杂而造成食用植物油脂肪酸组成的改变。二是人为因素引起的混杂，如低值油脂掺入高值油脂中，以次充好，谋求暴利；存放油脂装具未清楚标记，搬倒或装车造成混杂。

（七）苯并[α]芘含量超标

1. 危害因素特征描述

苯并芘又称苯并[α]芘，是苯与芘稠合而成含 5 个苯环的一类多环芳烃，其化学性质稳定，属持久性有机污染物。苯并[α]芘主要含有 1,2-苯并[α]芘、3,4-苯并[α]芘、4,5-苯并[α]芘等 10 多种多环芳香烃，可能是通过自由基反应、分子内加成或者小分子的聚合而形成。苯并[α]芘对人体健康有严重危害，IARC 确认苯并[α]芘具有致癌、致畸、致突变性。除了环境污染来源的苯并[α]芘外，经过多次使用的高温植物油、煮焦的食物及油炸食品、烘烤过火的食品都含有较高浓度的苯并[α]芘。苯并[α]芘主要是通过食物或饮用水被人体摄入，经肠道被吸收入血后，其很快分布于全身，并于乳腺和脂肪组织中蓄积，仅有部分通过肝脏、胆道由粪便排出体外。

2. 检测方法及相关标准要求

我国食品安全国家标准《动植物油脂 苯并[α]芘的测定 反相高效液相色谱法》（GB/T 22509—2008）规定了食用油中苯并[α]芘检测的标准方法。

德国油脂科学学会对油中重质苯并[α]芘的推荐控制值为 5 μg/kg，而总量推荐控制值为 25 μg/kg，欧盟法规 Commission Regulation（EC）No 208/2005 则规定苯并[α]芘限量为 2.0 μg/kg。我国食品安全国家标准《食品中污染物限量》（GB 2762—2012）规定油脂及其制品中苯并[α]芘的限量为 10 μg/kg。食品安全国家标准《食用植物油卫生标准》（GB 2716—2005）同样规定，植物原油和食用植物油中致癌物苯并[α]芘的含量最高上限为 10 μg/kg。

3. 危害因素来源

食用植物油中苯并[α]芘含量超出限量值标准的危害因素来源主要有：一是食用植物油原油受到环境来源苯并[α]芘的污染；二是食用植物油生产企业的生产工艺、精炼过程等技术条件未达到标准而使食用油中的苯并[α]芘含量不符合标准要求。

（八）黄曲霉毒素 B_1 超标

食用植物油是通过压榨油料作物的种子而得到的油脂产品。由于油料作物中的花生、玉米、棉籽等易污染黄曲霉毒素，因此在生产过程中生产企业应对原料进行适当的储存，否则原料感染寄生曲霉或黄曲霉后可能会造成食用植物油成品油中黄曲霉毒素含量超出标准要求，黄曲霉毒素 B_1 的危害因素特征描述见第三章。

1. 相关标准要求

欧盟规定食品中的黄曲霉毒素的总量不得超过

4 μg/kg，而我国食品安全国家标准《食品中真菌毒素限量》（GB 2761—2011）规定了黄曲霉毒素 B_1 在油脂及其制品中的限量值，花生油及玉米油中黄曲霉毒素 B_1 的含量应小于 20 μg/kg，此外植物油脂中黄曲霉毒素 B_1 的含量应小于 10 μg/kg。

2. 危害因素来源

黄曲霉毒素是黄曲霉、寄生曲霉等产生的次生代谢产物，食用油主要受黄曲霉毒素 B_1 的污染，其来源：一是在油脂加工过程中使用了受黄曲霉污染的原料，广东地区天气高温潮湿，花生、玉米、大豆等原料长时间堆积在潮湿、高温、通风差的原料库极易霉变；二是个别小企业、小作坊为降低成本采购已经霉变的原料。通常，油脂加工过程中采用的碱炼结合水洗的工艺可使油脂中的黄曲霉毒素降至标准限量值以下，因此黄曲霉毒素超限量值的食用植物油通常是未经精炼加工的土榨花生油。

五、危害因素的监控措施建议

（一）生产企业自控建议

1. 原辅料使用方面的监控

食用植物油的主要配料为植物油料或植物原油等，这些要符合相关的国家标准，杜绝霉变、黄曲霉毒素超标的原料用于生产；原辅料的化学危害控制主要通过：①要求供货商提供相关证照及权威机构出具的产品合格证明材料；②建立严格有效的质量管理体系，保证在生产、仓储及运输过程中的安全卫生；③严格控制原辅料的质量，如企业自身无检测能力，可委托有资质的检测机构进行检验，不得使用陈化粮和非法使用材料。食用植物油生产企业通过对供货商原辅料的评估及对原辅料的进货检验及定期监测，尽量控制原辅料中可能存在的危害因素。

2. 食品添加剂使用方面的监控

食用植物油生产过程中所使用的食品添加剂必须符合我国食品安全国家标准《食品添加剂使用标准》（GB 2760—2011）的规定，全面实行"五专"（即食品添加剂专人管理、专柜存放、专本登记、专用计量器具、专人添加）、"五对"（即对标准、对种类、对验收、对用量、对库存）管理，确保食品添加剂的安全使用。不得超范围超剂量使用食品添加剂，不得添加国家明令禁止使用的非食用物质。

3. 食用植物油生产及储存过程的监控

食用植物油的生产加工分为原油的压榨法和浸出法，原油通过过滤、脱胶、脱色、脱臭精炼成成品油。按照HACCP体系及GMP的要求进行生产加工及储存关键点的控制，形成关键控制点作业指导书，并在其指导下进行生产加工及储存。

原油制取及精炼工艺的控制，特别要加强对原油的酸价、过氧化值的控制，以及微生物指标的监管，出厂检验一定要严格按照标准执行。花生油在高温、日照的条件下易发生酸败，包装及存放时要严格控制温度、湿度和日照。

4. 出厂检验的监控

食用植物油生产企业要加强出厂检验的质量意识，制定切合自身的出厂检验制度；检验人员需具备检验能力和检验资格；定期或不定期与相关资质机构进行检验比对，提高检验水平；根据食用植物油的检验项目要求，制作统一规范的原始记录和出厂检验报告，不定期抽查评点报告，如实、科学填写原始记录。

（二）监管部门监控建议

a. 加强重点环节的日常监督检查。重点对照卫生部发布的《食品中可能违法添加的非食用物质和易滥用的食品添加剂品种名单》，以及本地区监管工作中发现的其他在食品中存在的有毒有害物质、非法添加物质和掺杂掺假、虚假标识等现象，对企业的原料控制、生产过程控制及出厂检验等关键环节的控制措施落实情况和记录情况进行检查。

b. 加强重点问题风险防范。将食用植物油脂主要的不合格项目：酸价、过氧化值、标签不规范、抗氧化剂、脂肪酸组成、溶剂残留量、黄曲霉毒素 B_1 等，列为重点监管对象。重点检查原材料是否有检验报告、通风情况是否良好、三防设施（防蝇、防尘、防鼠）是否正常、车间设备设施的清洗消毒记录是否完善、出厂检验记录是否齐全、储存条件是否完善等。

c. 有针对性地开展标准项目以外涉及安全问题的非常规性项目的专项监督检验，对食品生产企业日常监督检验及非常规性项目检验数据进行深入分析，及时发现可能存在的行业性、区域性质量安全隐患，并对食品质量问题进行初步的危害因素分析。监管人员巡查时发现上述非法添加物，应立即采取措施控制企业相关产品，对成品进行抽样检查，对其停业整顿处理，严重者给予吊销食品生产许可证等的处分。

d. 积极推行举报奖励制度，高度重视举报投诉发现的问题，及时对有关问题进行危害因素的调查和分析。

e. 积极主动向相关生产加工单位宣传有关酸价、过氧化值、黄曲霉毒素 B_1、特丁基对苯二酚、二丁基羟基甲苯及丁基羟基茴香醚超标等危害因素的产生原因、危害性及如何防范等知识，强化生产企业的质量安全责任意识和法律责任，健全企业安全诚信体系和职业道德，提高企业依法生产的自律性，杜绝违法添加有毒有害物质。

（三）消费建议

a. 尽量选择规模大、产品和服务质量好的品牌企业的产品。

b. 看包装上的标签、标识是否齐全。国家标准规定，外包装必须标明厂名、厂址、生产日期、保质期、执行标准、商标、净含量、配料表、营养成分表及食用方法等。缺少上述任何一项的产品，最好不要购买。

c. 看营养成分表中的标注是否齐全，含量是否合理。营养成分表中一般要标明热量、蛋白质、脂肪、碳水化合物等基本营养成分。其他被添加的营养物质也要标明。

参 考 文 献

姜绍通，王华林，庞敏，等. 2011. 植物油脂中风险因子生成与控制研究进展[J]. 中国食品学报，11（9）：209-219.

王广会. 2011. 芝麻油中苯并[α]芘的来源与控制的研究[D]. 广州：华南理工大学硕士学位论文.

吴丹. 2008. 食品中苯并[α]芘污染的危害性及其预防措施[J]. 食品工业科技，29（5）：309-311.

许秀丽，李娜，任荷玲，等. 2012. 气相色谱分析脂肪酸组成鉴别地沟油的方法研究[J]. 检验检疫学刊，22（2）：6-15.

杨美娟. 2011. 浅析3,4-苯并[α]芘的危害及其预防[J]. 农产品加工，（10）：71-72.

周文化，郑仕宏，蒋爱民. 2011. 植物油脂脂肪酸组成及位置分布研究进展[J]. 粮食与油脂，（3）：4-6.

CODEX STAN 193-1995. Codex General Standard for Contaminants And Toxins In Food And Feed[S].

Fu W C，Gu X H，Tao G J，et al. 2009. Structure identification of triacylglycerols in the seed oil of *momordica charantia* L. var. *Abbreviata* Ser [J]. J Am Oil Chem Soc，86（1）：33-39.

GB 10464—2003. 葵花籽油[S].

GB 1534—2003. 花生油[S].

GB 1535—2003. 大豆油[S].

GB 1536—2004. 菜籽油[S].

GB 1537—2003. 棉籽油[S].

GB 15680—2009. 棕榈油[S].

GB 19111—2003. 玉米油[S].

GB 19112—2003. 米糠油[S].

GB 23347—2009. 橄榄油、油橄榄果渣油[S].

GB 8233—2008. 芝麻油[S].

GB/T 17376—2008. 动植物油脂 脂肪酸甲酯制备[S].

GB/T 20707—2006. 可可脂[S].

GB/T 17377—2008. 动植物油脂 脂肪酸甲脂的气相色谱分析[S].

GB 2716—2005. 食用植物油卫生标准[S].

GB 2760—2011. 食品安全国家标准 食品添加剂使用标准[S].

GB 2761—2011. 食品安全国家标准 食品中真菌毒素限量[S].

GB 2762—2012. 食品安全国家标准 食品中污染物限量[S].

NY/T 230—2006. 椰子油[S].

SB/T 10292—1998. 食用调和油[S].

Silvina EF，Binning RC，Bacelo DE. 2008. Effects of cluster for mation on spectra of benzo[a]pyrene and benzo[a]pyrene[J]. Chem Phys Lett，454：4-6.

van Ruth SM，Rozijn M，Koot A，et al. 2010. Authentication of feeding fats：Classification of animal fats，fish oils and recycled cooking oils[J]. Anim Feed Sci Tech，155：65-73.

报告六　食用油脂制品生产食品安全环节危害因素调查分析

一、广东省食用油脂制品行业情况

食用油脂制品指经精炼、氢化、酯交换、分提中一种或几种方式加工的动、植物油脂的单品或混合物，添加（或不添加）水及其他辅料，经过或不经过乳化急冷捏合制造的固状、半固状或流动状的具有某种性能的油脂制品。包括食用氢化油、人造奶油（人造黄油）、起酥油、代可可脂、植脂奶油、粉末油脂等。

据统计，目前广东省食用油脂制品生产加工单位共计31家，其中，已获证企业31家，占100.0%（表2-6-1）。

表2-6-1　广东省食用油脂制品生产加工单位情况统计表

生产加工单位总数/家	食品生产加工企业			食品小作坊数/家
	获证企业数/家	GMP、SSOP、HACCP等先进质量管理规范企业数/家	规模以上企业数(即年主营业务收入500万元及以上)/家	
31	31	0	1	0

注：表中数据统计日期为2012年12月。

广东省食用油脂制品生产加工单位的分布如图2-6-1所示，珠三角地区的食用油脂制品生产加工单位共30家，占96.8%，粤北地区1家，占3.2%。从生产加工单位数量看，广州最多，有20家，其次为江门、惠州、东莞，分别有4家、2家和2家。

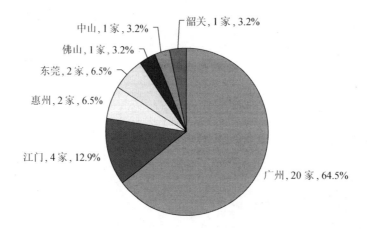

深圳、珠海、顺德、茂名、湛江、阳江、肇庆、清远、汕头、梅州、揭阳、潮州、河源、云浮、汕尾为0家

图2-6-1　广东省食用油脂制品加工单位地域分布图

目前广东省食用油脂加工生产单位除广州较多外，分布比较均衡，广东省整个食用油脂制品行业已经摆脱了小作坊的生产模式，以外资和合资企业占主导，企业规模大，自动化程度高，管理规范，产品质量高，消费者认可度高，市场占有率高；而本土企业规模小，自动化程度较低，故产量不高，产品质量参差不齐，市场占有率低，消费者认可度较低。全省仅广州有1家企业属较大规模。

食用油脂制品行业现存的问题：①生产加工单位机械化程度低，部分小型工厂采用手工制作，产品质量不稳定，且效率低；②生产加工人员文化程度低，安全意识较差；③大部分企业仓储条件比较简陋，成品油在存放的过程中容易发生酸败、变质现象；④部分企业或小作坊利用劣质地沟油等勾兑成品油；⑤一些生产企业添加过量抗氧化剂保证油品品质长期稳定；⑥原料质量控制不严及生产加工过程质量控制措施不到位引起产品质量不合格。

食用油脂制品行业以后的发展方向：大中型企业更进一步的规划，规范生产，统一质量，并制定严格的质量控制点，逐步实现规模化和自动化；小型企业要加大监管力度，严格控制原材料质量和产品质量。

二、食用油脂制品抽样检验情况

食用油脂制品抽样检验情况见表2-6-2、表2-6-3。

表2-6-2　2010~2012年广东省食用油脂制品抽样检验情况统计表（1）

年度	抽检批次	合格批次	不合格批次	内在质量不合格批次	内在质量不合格发现率/%
2012	49	34	15	6	12.2
2011	46	45	1	0	0.0
2010	49	41	8	1	2.0

表2-6-3　2010~2012年广东省食用油脂制品抽样检验情况统计表（2）

年度	不合格项目（按照不合格率的高低依次列举）											
	不合格项目（一）				不合格项目（二）				不合格项目（三）			
	项目名称	抽检批次	不合格批次	不合格率/%	项目名称	抽检批次	不合格批次	不合格率/%	项目名称	抽检批次	不合格批次	不合格率/%
2012	标签	13	8	61.5	菌落总数	5	1	20.0	标签	4	2	50.0
2011	标签	7	1	14.3	—	—	—	—	—	—	—	—
2010	—											

注："—"为无此项目。

三、食用油脂制品行业生产加工环节危害因素调查情况

（一）食用油脂制品的基本生产流程及关键控制点

1. 食用氢化油生产工艺流程

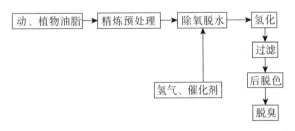

食用氢化油生产加工的HACCP及GMP关键控制点为：①选取原料；②氢化过程；③后脱色、脱臭。

2. 人造奶油的生产工艺流程

原料油脂、辅料→熔解混合→乳化→巴氏杀菌→急冷（A单元）→捏合（B单元）→包装→熟成

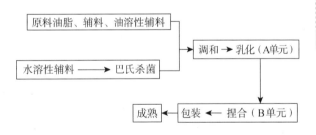

人造奶油生产加工的HACCP及GMP关键控制点为：①乳化程度；②巴氏杀菌；③物料进出A、B单元时温度的控制；④熟成条件的控制。

3. 起酥油的生产工艺流程

（1）可塑性起酥油的生产工艺

原料油脂、辅料→预混合→急冷（A单元）→捏合（B单元）→包装→熟成。

充氮

127

（2）液体起酥油的生产工艺

原料油脂、辅料→急冷（或不急冷）→搅拌→包装→熟成

（3）粉末起酥油的生产工艺

原料油脂、辅料→熔化、混合→乳化→喷雾干燥（或冷却）→包装

起酥油生产加工的 HACCP 及 GMP 关键控制点为：①物料进出 A、B 单元时温度的控制；②熟成条件的控制。

4. 代可可脂的生产工艺流程

氢化、酯交换或分提后的食用油脂→再精炼→代可可脂。

代可可脂生产加工的 HACCP 及 GMP 关键控制点为：①物料进出 A、B 单元时温度的控制（有氢化工艺的）；②分提工艺（有分提工艺的）。

（二）调查发现食用油脂制品生产加工过程中存在的主要质量问题

a. 微生物（菌落总数、大肠菌群）超标。

b. 酸价超标、过氧化值超标。

c. 同时使用多种抗氧化剂造成加和系数超过 1.0。

d. 黄曲霉毒素 B_1 超标。

e. 催化剂使用不当引起金属元素超标。

四、食用油脂制品行业生产加工环节危害因素及描述

（一）菌落总数及大肠菌群

食用油脂制品的生产加工过程中，需要对原料油脂进行氢化、酯交换及分提处理，在这些加工工艺过程中有时还需添加水等其他辅料，因此在加工过程中易受微生物的污染而导致菌落总数或大肠菌群的超标。由于微生物在其生长过程中可产酶，因此食用油脂制品若污染微生物不但使产品的卫生指标未能达到要求，而且可因酶的水解作用而导致产品的酸败，菌落总数及大肠菌群的危害因素特征描述见第三章。

1. 相关标准要求

根据加工工艺的不同，食用油脂制品主要分为 3 类，每类油脂制品都有相应的标准对其菌落总数及大肠菌群进行规定，见表 2-6-4。

表 2-6-4　油脂制品中菌落总数及大肠菌群的标准规定

产品类型	标准	菌落总数/（cfu/g）	大肠菌群/（MPN/100g）
人造奶油	GB 15196—2003 人造奶油卫生标准	200	30
食用氢化油	GB 17402—2003 食用氢化油卫生标准	—	—
起酥油	LS/T 3218—1992 起酥油	—	—

2. 危害因素来源

由表 2-6-4 可知，仅有人造奶油的国家标准规定了产品的菌落总数及大肠菌群，人造奶油制品中菌落总数及大肠菌群的危害因素来源主要有：一是含水人造奶油制品中使用的水不符合卫生要求；二是人造奶油在生产过程中未经有效灭菌而被微生物污染。

（二）酸价

食用油脂或含油食品会受氧气、水分、微生物等外界环境的影响，发生一系列的氧化酸败，释放出大量的游离脂肪酸使产品的酸价升高，酸败后的油脂不仅会产生哈喇味，而且油脂中的微量营养元素也会遭到破坏，酸价的危害因素特征分析见第三章。

1. 相关标准要求

由于食用油脂制品的酸价对其品质及保存时间都有一定的影响，因此需要对产品的酸价设定限量值以保证产品的品质。各类食用油脂制品的酸价见表 2-6-5。

表 2-6-5　各类食用油脂制品的酸价限量规定

项目	指标		
	起酥油	人造奶油	食用氢化油
酸价/（mg KOH/g）	0.8	1.0	1.0

2. 危害因素来源

一是在生产加工过程中，采取的工艺使产品中水分增加；二是储存环境及运输环境不当，更易引起水解而导致产品中游离脂肪酸增加。游离脂肪酸可进一步氧化

生成各种醛、酮等小分子化合物而导致食用油脂制品的酸败及酸价升高。

（三）过氧化值

食用油脂制品中的游离脂肪酸及甘油三酯在氧气作用下发生自由基链式反应，产生大量的过氧化物等氧化初级产物，其继续氧化分解，最终导致食用油脂制品酸败变质，而使产品的过氧化值升高甚至严重影响食用油脂的品质。过氧化值的危害因素特征描述见第三章。

1. 相关标准要求

过氧化值是衡量及判断食用油脂新鲜程度及品质的常用指标之一，各类食用油脂制品的相关标准均对产品的过氧化值进行了限量规定，见表2-6-6。

表2-6-6　各类食用油脂制品的过氧化值限量规定

项目	指标		
	起酥油	人造奶油	食用氢化油
过氧化值/（meq/kg）	10.0	0.13	0.1

2. 危害因素来源

食用油脂制品过氧化值未符合相关标准要求的危害因素来源主要有：一是食用油脂制品中含有较多的短碳链脂肪酸油脂，经水解后产生酸败而使产品的过氧化值不符合标准要求；二是食用油脂制品的存放条件未达到要求，使产品的自动氧化加速，并伴有光氧化及酶促氧化。

（四）特丁基对苯二酚

特丁基对苯二酚作为常用的食品添加剂，具有挥发性小、耐高温及不形成有色物质等特点。特丁基对苯二酚的使用量及使用范围都有相关标准要求，在食品的使用过程中应遵守相关规定，特丁基对苯二酚的危害因素特征分析见第三章。

1. 相关标准要求

我国食品安全国家标准《食品添加剂使用标准》（GB 2760—2011）规定，特丁基对苯二酚允许在八大类食品中使用，在脂肪、油和乳化脂肪制品中的最大使用量不得超过0.2 g/kg（以油脂中的含量计）。

2. 危害因素来源

一是在食用油脂制品的生产加工过程中，增加了产品含水量，保存过程中更易氧化，需要添加更多的抗氧化剂；二是生产过程中所产生的游离脂肪酸更易发生氧化反应，生成过氧化物等氧化初级产物，若不超量使用特丁基对苯二酚则可能会造成进一步的氧化反应而导致食用油脂制品的氧化酸败变质。

（五）二叔丁基羟基甲苯

作为酚类抗氧化剂典型产品之一的二叔丁基羟基甲苯在油脂中起抗氧化作用的是结构中的酚羟基。二叔丁基羟基甲苯作为抗氧化剂用于食品中，其使用量及使用范围均需严格按照相关的标准使用。二叔丁基羟基甲苯的危害因素特征分析见第三章。

1. 相关标准要求

我国食品安全国家标准《食品添加剂使用标准》（GB 2760—2011）规定，二叔丁基羟基甲苯被允许添加到脂肪、油和乳化脂肪制品中的最大使用量为0.2 g/kg（以油脂含量计）。同一功能的食品添加剂，即抗氧化剂在混合使用时，各自用量占其最大使用量的比例之和不应超过1。

2. 危害因素来源

二叔丁基羟基甲苯超量使用的危害因素来源与特丁基对苯二酚相似，一是二叔丁基羟基甲苯的超量使用是为了保证在保质期内食用油脂制品的氧化酸败不会影响产品的品质；二是食用油脂制品所采用的加工工艺，如精炼、氢化、酯交换、分提等，会破坏原料油脂中的天然抗氧化剂，若生产工艺控制不当可使食用油脂制品的抗氧化能力大大减弱，而需超量加入二叔丁基羟基甲苯等抗氧化剂才能保持产品的抗氧化能力。

（六）黄曲霉毒素 B_1 超标

由于用于生产食用油脂的原料，如花生、大豆及玉米等，均易被寄生曲霉污染，因此油脂产品是受黄曲霉毒素污染的主要食品产品之一，黄曲霉毒素 B_1 的危害因素特征分析见第三章。

1. 相关标准要求

目前，各类食用油脂制品的相关卫生标准均未规定产品中黄曲霉毒素 B_1 的限量值。食品安全国家标准《食品中真菌毒素限量》（GB 2761—2011）虽然规定了黄曲霉毒素 B_1 在油脂及其制品中的限量值，但是仅涉及相关植物油脂而未涉及食用油脂制品，食用油脂制品可参考食品安全国家标准《食品中真菌毒素限量》（GB 2761—2011）设定的限量值。

2. 危害因素来源

食用油脂制品受黄曲霉毒素 B_1 污染，主要是因为使用了受黄曲霉污染的原料。

五、危害因素的监控措施建议

（一）生产企业自控建议

1. 原辅料使用方面的监控

生产加工食用油脂制品所用的原辅料必须符合国家标准、行业标准的规定，不得使用变质或未去除有害物质的原材料。企业应建立质量安全追溯制度，加强原辅材料的质量管理：①要求供货商提供相关证照及权威机构出具的产品合格证明材料；②建立严格的质量管理体系，保证在生产、仓储及运输过程中的安全卫生；③加强原辅料的质量控制，如企业自身无检测能力，可委托有资质的检测机构进行检验，不能使用非食用性原辅材料。

2. 食品添加剂使用方面的监控

食用油脂制品生产加工过程中所使用的食品添加剂必须符合我国食品安全国家标准《食品添加剂使用标准》（GB 2760—2011）的规定，全面实行"五专"（即食品添加剂专人管理、专柜存放、专本登记、专用计量器具、专人添加）、"五对"（即对标准、对种类、对验收、对用量、对库存）管理，确保食品添加剂的安全使用。不得超范围超剂量使用食品添加剂，不得添加国家明令禁止使用的非食用物质。

3. 食用油脂制品生产加工及储存过程的监控

食用油脂制品是经精炼、氢化、酯交换、分提中一种或几种方式生产加工的动植物油脂的单品或混合物。全程需按照 HACCP 体系及 GMP 的要求进行生产加工及储存关键点的控制，形成关键控制点作业指导书，并在其指导下进行生产加工及储存。

加工环节中需要特别关注的有微生物指标、食品添加剂的使用情况及重金属超标现象。对生产加工等涉及的管路设备人员需重点关注其消毒等卫生环节。定量包装食品的净含量应当符合相应的产品标准及《定量包装商品计量监督规定》相关要求。食品标签标识必须符合国家法律法规及食品标签标准和相关产品标准中的要求。储存环节需关注温度、湿度、日照等因素。

4. 出厂检验的监控

食用油脂制品生产企业必须强化出厂检验的意识，制定符合自身的出厂检验制度并确保其不断完善；检验人员需具备检验资格和能力；定期或不定期与相关资质机构比对，提高检验水平；根据食用油脂制品的检验项目要求，制作统一规范的原始记录和出厂检验报告，并不定期抽查评点报告，如实、科学填写原始记录。

（二）监管部门监控建议

a. 加强重点环节的日常监督检查。重点对照卫生部发布的《食品中可能违法添加的非食用物质和易滥用的食品添加剂品种名单》，以及本地区监管工作中发现的其他在食品中存在的有毒有害物质、非法添加物质和食品制假现象，食用油脂制品行业中可能存在的非法添加物，对企业的原料控制、生产过程控制及出厂检验等关键环节的控制措施落实进行监督。

b. 加强重点问题风险防范。将食用油脂制品主要的不合格项目：酸价、过氧化值、重金属，风险项目反式脂肪酸，列为重点检查项目。同时需要重点检查原材料是否有检验报告、通风情况是否良好、三防设施（防蝇、防尘、防鼠）是否正常、车间设备设施的清洗消毒记录是否完善、人员卫生安全意识培训记录是否齐全、出厂检验记录是否齐全等。

c. 有针对性地开展标准项目以外涉及安全问题的非常规性项目的专项监督检验，对日常监督检验及非常规性项目检验数据进行深入分析，及时发现可能存在的行业性、区域性质量安全隐患，并对食品质量问题进行初步的危害因素分析。监管人员巡查时如发现非法添加物，应立即采取措施控制企业相关产品，对成品进行抽样检查，给予停业整顿处理，严重者给予吊销食品生产许可证等处分。

d. 积极推行举报奖励制度，高度重视举报投诉发现的问题，及时对有关问题进行危害因素的调查和分析。

e. 积极主动向相关生产加工单位宣传有关微生物超标、过氧化值及重金属超标等危害因素的产生原因、危害性及如何防范等知识，强化生产企业的质量安全责任意识和法律责任，健全企业安全诚信体系和提高企业职业道德，提高企业依法生产的自律性，杜绝违法添加有毒有害物质。

（三）消费建议

a. 尽量选择规模大、产品和服务质量好的品牌企业的产品。

b. 看包装上的标签、标识是否齐全。国家标准规定，外包装必须标明厂名、厂址、生产日期、保质期、执行标准、商标、净含量、配料表、营养成分表及食用方法等。缺少上述任何一项的产品，最好不要购买。

c. 看营养成分表中的标注是否齐全，含量是否合理。营养成分表中一般要标明热量、蛋白质、脂肪、碳水化合物等基本营养成分。其他被添加的营养物质也要标明。

参 考 文 献

黄晓冬，庄勋，仇梁林，等. 2006.BHT亚急性毒性及致肺巨噬细胞凋亡作用[J]. 中国公共卫生，（10）：1216-1218.

GB 15196—2003. 人造奶油卫生标准[S].

GB 17402—2003. 食用氢化油卫生标准[S].

GB 2761—2011. 食品安全国家标准 食品中真菌毒素限量[S].

Lanigan RS，Yamarik TA. 2002. Final report on the safety assessment of BHT[J]. In J Toxicol, 21（2）：19-94.

LS/T 3218-1992. 起酥油[S].

Peter F，Kim DY. 1990. *In vitro* inhibition of dihydropyridine oxidation and aflatoxin B_1 activation in human liver microsomes by naringenin and other flavonoids[J]. Carcinogenesis，11（12）：2275-2279.

报告七 食用动物油脂生产加工食品安全危害因素调查分析

一、广东省食用动物油脂行业情况

食用动物油脂是指由动物脂肪组织提炼出的固态或半固态或液态脂类，经过加工制成的食用动物油脂。

包括单一品种动物油脂和多品种混合动物油脂产品。

据统计，目前广东省食用动物油脂生产加工单位共14家，其中，获证企业12家，占85.7%，小作坊2家，占14.3%（表2-7-1）。

表2-7-1 广东省食用动物油脂生产加工单位情况统计表

生产加工单位总数/家	食品生产加工企业			食品小作坊数/家
	获证企业数/家	GMP、SSOP、HACCP等先进质量管理规范企业数/家	规模以上企业数（即年主营业务收入500万元及以上）/家	
14	12	1	1	2

注：表中数据统计日期为2012年12月。

广东省食用动物油脂生产加工单位的分布如图2-7-1所示，珠三角地区生产加工单位共5家，占35.7%，粤东、粤西和粤北地区分别有3家、4家和2家，分别占21.4%、28.6%、14.3%。从生产加工单位数量看，广州、江门、阳江、湛江、清远、揭阳各有2家，中山、梅州各有1家。

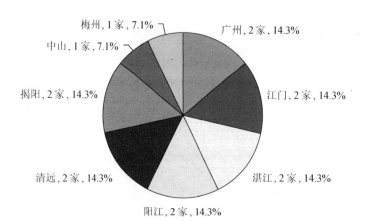

梅州, 1家, 7.1%
中山, 1家, 7.1%
揭阳, 2家, 14.3%
清远, 2家, 14.3%
阳江, 2家, 14.3%
湛江, 2家, 14.3%
江门, 2家, 14.3%
广州, 2家, 14.3%

深圳、珠海、佛山、顺德、茂名、肇庆、惠州、东莞、韶关、汕头、潮州、河源、云浮、汕尾为0家

图2-7-1 广东省食用动物油脂加工单位地域分布图

广东省的食用动物油脂行业整体发展水平低，加工企业少，并且规模小，全省有12家较大规模企业，只有梅州市1家企业实施了良好生产规范（GMP）、卫生标准操作规范（SSOP）、危害分析与关键控制点（HACCP）。食用动物油脂质量参差不齐，甚至是同一场不同批次的产品也因为人员操作熟练度的不同而存在着较大差异。

目前食用动物油脂行业存在的问题：①脂肪来源不明确，收集工具卫生条件不达标；②室温下堆放较久，因腐败微生物和组织酶的活动导致脂肪发生腐败变质；③生产厂家防尘、防蝇工作不完善；④抗氧化剂添加过量；⑤小作坊无检测酸价、过氧化值等卫生质量的能力。

广东省食用动物油脂行业发展方向：建立完善的养殖、屠宰、加工的一体化生产机制，统一规划，规范生产，统一质量；进一步完善原料的收集与保存方式；严格遵循规定剂量添加国家规定的抗氧化剂；生产企业应统一配备专业的收集、屠宰、消毒、运输方面的工具。

二、食用动物油脂抽样检验情况

食用动物油脂抽样检验情况见表2-7-2、表2-7-3。

表2-7-2　2010~2012年广东省食用动物油脂抽样检验情况统计表（1）

年度	抽检批次	合格批次	不合格批次	内在质量不合格批次	内在质量不合格产品发现率/%
2012	18	11	7	6	33.3
2011	8	6	2	0	0.0
2010	13	12	1	0	0.0

表2-7-3　2010~2012年广东省食用动物油脂抽样检验情况统计表（2）

年度	不合格项目（按照不合格率的高低依次列举）											
	不合格项目（一）				不合格项目（二）				不合格项目（三）			
	项目名称	抽检批次	不合格批次	不合格率/%	项目名称	抽检批次	不合格批次	不合格率/%	项目名称	抽检批次	不合格批次	不合格率/%
2012	酸价	6	6	100.0	性质及色泽	6	3	50.0	气味及滋味	6	3	50.0
2011	标签	2	2	100.0	—	—	—	—	—	—	—	—
2010	—	—	—	—	—	—	—	—	—	—	—	—

三、食用动物油脂行业生产加工环节危害因素调查情况

（一）食用动物油脂的基本生产流程及关键控制点

1．原料预处理

原料→修整→粗切→洗涤→绞碎

2．熔炼制取工艺流程

加料→熔炼→盐析→排油→澄清或压滤、离心去杂→盐析→净油

3．油脂精炼工艺流程

净油→加温→脱胶→脱酸→静置→洗涤→干燥→脱色→脱臭→压滤→精油速冷→成品包装

食用动物油脂生产加工的HACCP及GMP的关键控制点为：①脱酸；②脱臭。

（二）调查发现食用动物油脂生产加工过程中存在的主要质量问题

a．理化指标（酸价、过氧化值）不合格。

b．铅与砷超标。

四、食用动物油脂行业生产加工环节危害因素及描述

（一）酸价

食用动物油脂是采用动物的含脂肪组织经熬煮而制成的油脂产品，与食用植物油相比，食用动物油脂中含有的天然抗氧化剂较少，使得产品易酸败而导致酸价未符合标准要求，酸价的危害因素特征描述见第三章。

1．相关标准要求

CAC标准CODEX STAN 211—1999对动物油脂制品的酸价限量值规定为：猪油的酸价不得大于1.3 mg KOH/g，牛油的酸价不得大于2.5 mg KOH/g。与CAC标准相比较，我国食品安全国家标准《食用动物油脂卫生标准》（GB 10146—2005）对动物油脂制品酸价的限量值规定为：猪油的酸价不得大于1.5 mg KOH/g，而牛油及羊油的酸价不得大于2.5 mg KOH/g。

2．危害因素来源

油脂产品中的酸价未符合标准要求是由油脂酸败引起的，动物油脂制品中水分含量较多，易引起动物油脂制品的水解酸败。此外，油脂酸败主要原因是动物组织残留中的脂肪酶可使油脂水解而引起酸败。

（二）过氧化值超标

与酸价相似，动物油脂制品的过氧化值也是用于判断产品品质的指标之一，若产品的过氧化值未达到标准的要求，则表明油脂有氧化分解的趋势，并会产生刺激性的气味，过氧化值的危害因素特征描述见第三章。

1. 相关标准要求

CAC 标准 CODEX STAN 211—1999 规定动物油脂制品的过氧化值应小于 0.1 meq/100g，而我国食品安全国家标准《食用动物油脂卫生标准》（GB 10146—2005）则要求动物油脂制品的过氧化值小于 0.20 g/100g 即可。

2. 危害因素来源

动物油脂制品过氧化值未符合标准要求的危害因素来源主要有：一是动物油脂制品的脂肪酸组成与植物油脂的脂肪酸组成有一定的区别，而动物油脂的脂肪酸组成决定了其吸氧量较少，即在较小的过氧化值的情况下，油脂产品即有酸败的气味产生；二是动物油脂制品中的水含量较高且天然抗氧化剂含量较低，这两个因素导致动物油脂制品较易发生氧化酸败而导致产品的过氧化值不符合要求。

（三）铅

铅是一种慢性和积累性有毒重金属，因此多数食品的相关标准中均对各自产品的铅含量进行了限量值规定，铅的危害因素特征描述见第三章。

1. 相关标准要求

我国食品安全国家标准《食用动物油脂卫生标准》（GB 10146—2005）未规定动物油脂制品中铁及铜的限量值，但要求铅的限量值为 0.2 mg/kg。

2. 危害因素来源

一是生产加工过程操作不当；二是非法添加。

（四）砷

砷在自然界存在，但由于人类的活动，使其分布于环境四周，因此食物难免会含有少量的砷。食物是人体摄入砷的主要来源，因此多数食品的相关标准中规定了砷限量值，砷的危害因素特征描述见第三章。

1. 相关标准要求

我国食品安全国家标准《食用动物油脂卫生标准》（GB 10146—2005）要求动物油脂制品中总砷含量的限量值为 0.1 mg/kg。

2. 危害因素来源

砷可通过以下几种途径进入动物油脂中：一是人为的环境污染；二是动物食用了添加砷的饲料而造成体内的砷残留；三是生产加工环节中不规范使用食品添加剂、包装材料及仪器或容器而造成污染。

五、危害因素的监控措施建议

（一）生产企业自控建议

食用动物油脂生产企业通过对原料部分及加工过程的危害分析，根据 HACCP 原理，尽量避免食用动物油脂的安全生产隐患，确保食用动物油脂的安全。

1. 原辅料使用方面的监控

食用动物油脂的主要配料为动物脂肪组织。生产食用动物油脂所用的原材料猪羊牛肉必须符合国家标准，感官方面要求无异味、无酸败味，理化指标应符合《食用动物油脂卫生标准》（GB 10146—2005）。企业应建立质量安全追溯制度，加强原辅材料的质量安全管理：①要求供货商提供相关证照及权威机构出具的产品合格证明材料，不得采用无检疫或者病死动物的脂肪组织，不得采用混有非食用油料生产食用动物油脂；②建立严格的质量管理体系，确保生产、仓储及运输过程中的安全；③加强原辅料的质量控制，如企业自身无检测能力，可委托有资质的检测机构进行检验，如检验添加剂、兽药残留等。

2. 食品添加剂使用方面的监控

食用动物油脂生产过程中所使用的食品添加剂必须符合食品安全国家标准《食品添加剂使用标准》（GB 2760—2011）的规定，全面实行"五专"（即食品添加剂专人管理、专柜存放、专本登记、专用计量器具、专人添加）、"五对"（即对标准、对种类、对验收、对用量、对库存）管理，确保食品添加剂的安全使用。不得超范围超剂量使用食品添加剂，不得添加国家明令禁止使用的非食用物质。

3. 食用动物油脂生产加工及储存过程的监控

食用动物油脂的生产加工由原料选择、榨油和冷冻成型三个工艺组成。按照 HACCP 体系及 GMP 的要求进行生产加工及储存关键点的控制，形成关键控制点作业指导书，并在其指导下进行生产加工及储存。

重点关注榨油及冷冻过程中的温度、时间控制，以及微生物指标。特别注意生产环境、生产设备及人员卫生状况的保持。控制人员流动，避免交叉污染。对于工作人员严格实行食品生产单位的人员健康标准的要求。

4. 出厂检验的监控

食用动物油脂生产企业要加强出厂检验的意识，制定切合自身的出厂检验制度并确保其不断完善；检验人员需具备检验能力和检验资格；定期或不定期与相关资质机构比对，提高检验水平；根据食用动物油脂的检验项目要求，制作统一规范的原始记录单和出厂检验报告，不定期抽查评点报告，如实、科学填写原始记录。

（二）监管部门监控建议

a. 加强重点环节的日常监督检查。重点对照卫生部发布的《食品中可能违法添加的非食用物质和易滥用的食品添加剂品种名单》，以及本地区监管工作中发现的其他在食品中存在的有毒有害物质、非法添加物质和食品制假现象，食用动物油脂行业中可能存在的非法添加物，对企业的原料控制、生产过程控制及出厂检验等关键环节的控制措施落实情况进行检查。

b. 加强重点问题风险防范。将食用动物油脂主要的不合格项目：酸价过高、过氧化值超标、净含量不足、标签不规范、抗氧化剂超标，列为重点检查项目。要重点检查原材料是否有检验报告、通风情况是否良好、三防设施（防蝇、防尘、防鼠）是否正常、车间设备设施的清洗消毒记录是否完善、出厂检验记录是否齐全等。

c. 有针对性地开展标准项目以外涉及安全问题的非常规性项目的专项监督检验，对日常监督检验及非常规性项目检验数据进行深入分析，及时发现可能存在的行业性、区域性质量安全隐患，并对食品质量问题进行初步的危害因素分析，监管人员巡查时如发现非法添加物，应立即采取措施控制企业相关产品，对成品进行抽样检查，对其停业整顿处理，严重者给予吊销食品生产许可证等的处分。

d. 积极推行举报奖励制度，高度重视举报投诉发现的问题，及时对有关问题进行危害因素的调查和分析。

e. 积极主动向相关生产加工单位宣传有关酸价、过氧化值、TBHQ、BHT 和 PG 超标的危害性及如何防范等知识，强化生产企业的质量安全责任意识和法律责任，健全企业安全诚信体系和提高企业职业道德，提高企业依法生产的自律性，杜绝违法添加有毒有害物质。

（三）消费建议

a. 尽量选择规模大、产品和服务质量好的品牌企业的产品。

b. 看包装上的标签、标识是否齐全。国家标准规定，外包装必须标明厂名、厂址、生产日期、保质期、执行标准、商标、净含量、配料表、营养成分表及食用方法等。缺少上述任何一项的产品，最好不要购买。

c. 看营养成分表中的标注是否齐全，含量是否合理。营养成分表中一般要标明热量、蛋白质、脂肪、碳水化合物等基本营养成分；其他被添加的营养物质也要标明。

参 考 文 献

CODEX STAN 211—1999. Codex Standard for named animal fats[S].

GB 10146—2005. 食用动物油脂卫生标准[S].

Knobeloch LM，Zierold KM，Anderson HA. 2006. Association of arsenic-contaminated drinking-water with prevalence of skin cancer in Wisconsin's Fox River Valley[J]. J Health Popul Nutr，24（2）：206-213.

Mandal BK，Suzuki KT. 2002. Arsenic round the world：a review[J]. Talanta，58（1）：201-235.

报告八 酱油生产加工食品安全危害因素调查分析

一、广东省酱油行业情况

酱油一般分为酿造酱油、配制酱油。酿造酱油是指以大豆（饼粕）、小麦和（或）麸皮等为原料，经微生物发酵制成的具有特殊色、香、味的液体调味品；配制酱油是指以酿造酱油为主体，与酸水解植物蛋白调味液、食品添加剂等配制而成的液体调味品。

据统计，目前广东省酱油生产加工单位共 189 家，其中获证企业 189 家，占 100.0%（表 2-8-1）。

表 2-8-1 广东省酱油生产加工单位情况统计表

生产加工单位总数/家	食品生产加工企业			食品小作坊数/家
	获证企业数/家	GMP、SSOP、HACCP 等先进质量管理规范企业数/家	规模以上企业数（即年主营业务收入 500 万元及以上）/家	
189	189	9	12	0

注：表中数据统计日期为 2012 年 12 月。

广东省酱油生产加工单位的分布如图 2-8-1 所示，珠三角地区的酱油生产加工单位共 117 家，占 61.9%，粤东、粤西、粤北地区分别有 54 家、16 家和 2 家，分别占 28.6%、8.5%、1.1%。从生产加工单位数量看，江门和揭阳最多，分别有 40 家和 34 家，其次为广州、东莞、中山和佛山，分别有 18 家、14 家、12 家和 10 家。

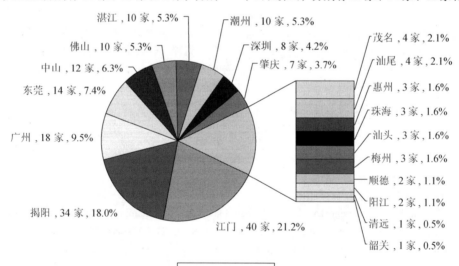

图 2-8-1 广东省酱油加工单位地域分布图

广东省酱油加工生产单位分布集中在珠三角地区，但由于采用的多为半自动化的方式生产，因此产能、产量均不大。广东省酱油加工生产单位有 12 家较大规模企业，分别在中山（3 家）、深圳（3 家）、佛山（2 家）、珠海（2 家）和汕尾（1 家）。同时全省有 9 家企业实施了良好生产规范（GMP）、卫生标准操作规范（SSOP）、危害分析与关键控制点（HACCP），其中中山 2 家、深圳 3 家、珠海 2 家、佛山和梅州各 1 家。大中型的酱油生产加工企业的工艺比较成熟，管理比较规范，从业人员经过健康合格检查，操作熟练，进出厂的检验比较严格。

目前广东省酱油行业存在的一些问题：①企业呈现两极分化趋势。一批大中型骨干企业已采用现代化、规范化和规模化生产技术，部分小企业，生产设备简陋，生产管理水平低；②部分小企业存在着违法生产行为，如利用各种化学物质直接制作"化学酱油"充当酿制酱油，使用不符合要求的原材料（如重金属、黄曲霉毒素超标的大豆和利用盐酸分解的水解植物蛋白质），超范围、超限量使用食品添加剂（如色素、防腐剂等）；③许多印着"酿造酱油"标签的酱油实际上是配制出来的酱油;④企业小而分散,行业集中度低,阻碍酱油行业发展。

酱油生产加工单位今后食品安全的发展方向是:积极引进技术人才、管理人才、销售人才;在坚持传统工

艺的同时,必须坚定不移地走以高新技术改造传统产业的道路,通过科技改造和技术创新,以不断强化的企业技术装备水平和日益扩大的生产规模作为企业持续发展的坚强后盾;实行专业化的生产和管理,规模化运行。

二、酱油抽样检验情况

酱油抽样检验情况见表 2-8-2、表 2-8-3。

表 2-8-2 2010~2012 年广东省酱油抽样检验情况统计表(1)

年度	抽检批次	合格批次	不合格批次	内在质量不合格批次	内在质量不合格产品发现率/%
2012	1005	910	95	52	5.2
2011	668	615	53	32	4.8
2010	704	649	55	37	5.3

表 2-8-3 2010~2012 年广东省酱油抽样检验情况统计表(2)

年度	不合格项目(按照不合格率的高低依次列举)								
	不合格项目(一)			不合格项目(二)			不合格项目(三)		
	项目名称	抽检批次	不合格批次	不合格率/%	项目名称	抽检批次	不合格批次	不合格率/%	项目名称	抽检批次	不合格批次	不合格率/%
2012	甜蜜素	6	1	16.7	标签	594	65	10.9	全氮	174	15	8.6
2011	标签	294	28	9.5	菌落总数	14	1	7.1	氨基酸态氮	342	13	3.8
2010	标签	118	7	5.9	可溶性无盐固形物	34	2	5.9	全氮	407	18	4.4

三、酱油行业生产加工环节危害因素调查情况

(一)酱油基本生产流程及关键控制点

1. 酿造酱油

原料→蒸料→制曲→发酵→淋油→灭菌→灌装

酿造酱油生产加工的 HACCP 及 GMP 的关键控制点为:①制曲;②发酵;③灭菌。

2. 配制酱油

酿造酱油+酸水解植物蛋白调味液→调配→灭菌→灌装配制酱油

配制酱油生产加工的 HACCP 及 GMP 的关键控制点为:①原料管理;②酿造酱油的比例控制;③灭菌。

(二)调查发现酱油生产加工过程中存在的主要质量问题

a. 使用酸水解植物蛋白调味液带入氯丙醇。

b. 微生物(菌落总数、大肠菌群)超标。

c. 防腐剂苯甲酸及其钠盐超量使用。

d. 甜味剂糖精钠超范围使用。

e. 黄曲霉毒素含量超标。

f. 砷与铅含量超标。

g. 使用工业用盐水加工。

h. 氨基酸态氮。

四、酱油行业生产加工环节危害因素及描述

(一)氯丙醇

1. 危害因素特征描述

氯丙醇一般指甘油分子上的羟基被氯原子取代 1~2 个所构成的一系列同系物及同分异构体的总称,是一类公认食品污染物,国内外毒理数据显示其具有致癌作用,并可造成肾脏和生殖系统损伤。食品添加剂联合专家委员会一系列的细菌和哺乳动物体外系统试验结果均显示,其具有明显的致突变作用和遗传毒性作用。因此,FAO/WHO 食品添加剂联合专家委员

会（JECFA）对氯丙醇设定暂定每日最大耐受摄入量（PMTDI）为 2 μg/kg bw。

2. 检测方法及相关标准要求

我国食品安全国家标准《食品中氯丙醇含量的测定》（GB/T 5009.191—2006）规定了 3 种测定食品中氯丙醇含量的方法，其中第一个方法仅适用于测定食品中的 3-氯-1,2-丙二醇（3-MCPD）含量，采用的方法是同位素稀释联合气相色谱-质谱，而第二、三个方法则可同时测定食品中氯丙醇的多组分含量，采用的方法分别是基质固相分散萃取的气相色谱-质谱法及顶空固相萃取的气相色谱-质谱法。

欧盟食品安全指令（EC）466—2001 规定酱油及酸水解蛋白液中的 3-MCPD 含量不得超过 20 μg/kg，而我国食品安全国家标准《食品中污染物限量》（GB 2762—2012）规定，添加了酸水解植物蛋白的液态调味品及固态调味品中 3-氯-1,2-丙二醇的限量值分别为 0.4 mg/kg 及 1.0 mg/kg。

3. 危害因素来源

氯丙醇是在使用浓盐酸水解植物蛋白的生产加工过程中因工艺水平符合要求而产生的反应副产物。在使用浓盐酸水解植物蛋白生产氨基酸的过程中，酱油生产企业使用此类酸水解植物蛋白液作为增鲜剂，添加到酱油、蚝油等调味品以增加产品的鲜度，从而对调味品造成污染。

单纯使用传统微生物发酵工艺生产的酿造酱油一般不含氯丙醇，但是由于微生物发酵工艺耗时长、生产成本较高，某些调味品生产企业为降低产品成本，人为缩短发酵时间，造成产品鲜味未达要求，需添加酸水解植物蛋白调味液作为增鲜剂，盐酸与植物蛋白中残留的脂肪作用所生成的三氯丙醇则会被带入产品。

（二）菌落总数及大肠菌群

菌落总数和大肠菌群是作为判定食品被细菌污染的程度及卫生质量状况的主要指标，反映了食品中是否符合卫生要求。菌落总数及大肠菌群中的危害因素特征描述见第三章。

1. 相关标准要求

我国食品安全国家标准《酱油卫生标准》（GB 2717—2003）规定，酱油中的菌落总数应≤30000 cfu/ml，大肠菌群≤30 MPN/100ml，而致病菌（沙门氏菌、志贺氏菌、金黄色葡萄球菌）不得检出。

2. 危害因素来源

酱油为发酵食品，其菌落总数及大肠菌群超标的危害因素：一是源自于酱油生产过程的最重要一步——发酵，发酵过程若管理不当易造成杂菌的污染，严重时会造成酱油变质。传统的酱油小作坊采用古法酿造，生产设备及环境简陋且生产工艺未能标准化，生产加工过程中易造成杂菌污染；二是一部分企业的仓储条件较简陋，储藏不当也易造成菌落总数和大肠菌群超标。

（三）苯甲酸及其钠盐

我国食品安全国家标准《食品添加剂使用标准》（GB 2760—2011）允许使用苯甲酸及其钠盐为食品防腐剂，其主要作用是抑制食品中的微生物生长而延长食品保质期，其使用范围及其限量需严格按照标准的规定。苯甲酸及其钠盐的危害因素特征描述见第三章。

1. 相关标准要求

我国食品安全国家标准《食品添加剂使用标准》（GB 2760—2011）规定苯甲酸及其钠盐在酱油产品中的最大使用量为 1.0 g/kg。若苯甲酸和苯甲酸钠同时使用时，以苯甲酸计，不得超过最大使用量。

2. 危害因素来源

酱油中苯甲酸及其钠盐的危害因素来源主要是其作为防腐剂而被超量添加使用。一些生产企业为满足消费者对低盐产品需求，在产品中降低食盐量，却不进行严格的灭菌处理，依靠添加苯甲酸及其钠盐来控制细菌繁殖、防腐，而超量使用苯甲酸及其钠盐。

（四）糖精钠

目前，在我国糖精钠可在 18 类食品中添加使用，最大使用量根据不同种类的食品而有所不同，在规定范围及限量下使用糖精钠是安全的，但若超范围超限量使用则会为食品的安全性带来风险，糖精钠的危害因素特征描述见第三章。

1. 相关标准要求

我国食品安全国家标准《食品添加剂使用卫生标准》（GB 2760—2011）未规定糖精钠可在酱油产品中作为甜味剂添加使用。

2. 危害因素来源

为减少使用蔗糖而降低生产成本，个别企业超范围使用糖精钠。

（五）黄曲霉毒素

黄曲霉毒素是一类由寄生曲霉产生的真菌有毒次生代谢产物。其中，谷类及豆类是易受寄生曲霉污染的食品原料,若使用受污染的原料用于食品的生产加工可使产品含有黄曲霉毒素而危及食品安全,黄曲霉毒素的危害因素特征见第三章。

1. 相关标准要求

欧盟规定食品中的黄曲霉毒素的总量不得超过 4 µg/kg。我国食品安全国家标准《酱油卫生标准》(GB 2717—2003)规定了酱油中的黄曲霉毒素 $B_1 \leqslant 5$ µg/L。

2. 危害因素来源

酱油中的黄曲霉毒素含量超标主要有两大来源:一是由于生产厂家使用已受黄曲霉污染的酱油生产原料;二是酱油生产加工过程受黄曲霉的污染而导致终产品含有黄曲霉毒素。

(六)砷

砷是对人体健康有害的元素之一,其毒性作用取决于其价态、化合物形式及存在形式。若食品的砷含量超出了标准的要求,则有可能引起食品安全事件的发生。砷的危害因素特征描述见第三章。

1. 相关标准要求

综合各方面的风险评估报告及结果,FAO/WHO 食品添加剂联合专家委员会于 2010 年将无机砷的基准剂量可信限下限设定为每日 3.0 mg/kg bw。我国食品安全国家标准《酱油卫生标准》(GB 2717—2003)规定了酱油中砷的限量值为 0.5 mg/L。

2. 危害因素来源

酱油中砷含量超过限量值的主要原因是采用了砷污染的天然水或饮用水作为酱油的生产用水,在未经处理的情况下直接用于生产。

(七)铅

铅是自然界分布很广的微量元素,同时也是普遍存在于环境的污染物,食品及食品原材料易因环境污染而导致食品中的铅含量超出标准要求,铅的危害因素特征描述见第三章。

1. 相关标准要求

综合各方面的风险评估报告及结果,FAO/WHO 食物添加剂联合专家委员会认为铅的每周可容忍摄入量为 25 mg/kg·bw,参考此标准及我国的膳食特点,我国食品安全国家标准《酱油卫生标准》(GB 2717—2003)规定了酱油中铅的限量值为 1 mg/L。

2. 危害因素来源

酱油中铅的来源存在多种途径:一是谷类、薯类、豆类作物在重金属污染的地区种植,种植过程中富集了重金属铅;二是辅料、加工助剂、生产环境、生产设备、包装材料等受重金属污染;三是采用了铅污染的天然水或饮用水为生产用水,在未经处理的情况下直接用于生产而引起酱油中的铅超出限量标准。

五、危害因素的监控措施建议

(一)生产企业自控建议

生产企业通过对原料及加工过程的危害分析,根据 HACCP 原理,确保酱油的产品质量。

1. 原辅料使用方面的监控

酱油的主要配料为豆、麦、麸皮、水和食用添加剂,在验收中主要存在生物危害和化学危害,此外,还存在物理危害,如砂石、铁钉等。生物危害的控制主要通过加工过程中后阶段的杀菌和加热过程加以消除。化学危害的控制主要通过:①索证索票,要求供货商提供相关证照及有资质机构出具的产品合格材料;②建立严格的质量管理体系,保证在生产、仓储及运输过程中的安全卫生;③加强原辅料入厂检验,如企业自身无检测能力,可委托有资质的机构检验,不能使用非食用性原辅材料。

2. 食品添加剂使用方面的监控

酱油生产过程中所用的添加剂必须符合食品安全国家标准《食品添加剂使用卫生标准》(GB 2760—2011)的规定,全面实行"五专"(即食品添加剂专人管理、专柜存放、专本登记、专用计量器具、专人添加)、"五对"(即对标准、对种类、对验收、对用量、对库存)管理,确保食品添加剂的安全使用。参照《食品生产加工企业食品添加物质使用备案管理办法(试行)》,做到酱油加工中严禁使用工业原料作为食品添加剂。特别要控制防腐剂如苯甲酸等的使用。

3. 酱油生产过程的监控

酱油的生产由原料处理→制曲→发酵→浸出淋油→后处理等工艺组成。应按照 HACCP 体系及 GMP 的要求进行关键点的控制,形成关键控制点作业指导书,并在其指导下进行生产。关键控制点控制的好坏最终决定着酱油的口感与质量。酱油生产关键控制点具体包含以下几方面。

a. 原辅料的投料比例。要严格控制生产酱油用的大豆、脱脂大豆、小麦、小麦粉、麸皮、食盐及曲的加入比例,保证品质。

b. 制曲→发酵→浸出淋油→后处理等。严格控制制曲、发酵工艺的时间、温度。

c. 严格控制生产环境、生产设备及人员卫生状况。同时控制人员流动，避免交叉污染。严格执行人员健康要求。

4. 出厂检验的监控

强化出厂检验意识，制定出厂检验制度；检验人员需具备检验能力和检验资格；定期或不定期与资质机构比对，提高检验水平；根据酱油的检验项目要求，制作统一规范的原始记录单和出厂检验报告，不定期抽查评点报告，如实、科学填写原始记录。

（二）监管部门监控建议

a. 加强重点环节的日常监督检查。重点对照卫生部发布的《食品中可能违法添加的非食用物质和易滥用的食品添加剂品种名单》，以及本地区监管工作中发现的其他在食品中存在的有毒有害物质、非法添加物质和食品制假现象，重点检查企业原料控制、生产过程控制及出厂检验等关键环节的控制措施落实。

b. 加强重点问题风险防范。重点监测酱油的重金属含量、农药残留、水分含量项；重点检查生产现场通风情况是否良好、三防设施（防蝇、防尘、防鼠）是否正常、车间设备设施的清洗消毒记录是否完善、出厂检验记录是否齐全等；重点核查企业原辅料进货台账是否建立，供货商资格把关，是否有生产许可证及相关产品的检验合格证明，关注重金属铅和农药残留超标、水分超标、标签不合格等，杜绝劣变不合格原料用于生产，所使用的配料应是可食用的，不得选用既是食品又是药品的物品名单以外的物品；直接用于食品生产加工的水必须符合《生活饮用水卫生标准》（GB 5749—2006）的要求。

c. 通过明察暗访、行业调研、市场和消费环节调查等方式，对容易出现质量安全问题、高风险的食品，认

真开展危害因素调查分析，及时发现并督促企业防范滥用添加剂和使用非食品物质等违法行为。

d. 有针对性地开展标准项目以外涉及安全问题的非常规性项目的专项监督检验，对日常监督检验及非常规性项目检验数据分析，及时发现可能存在的行业性、区域性质量安全隐患。

e. 积极推行举报奖励制度，高度重视举报投诉发现的问题，及时对有关问题进行危害因素调查和分析，采取有效措施消除食品安全隐患。

f. 积极主动向相关生产加工单位宣传法律法规标准，强化生产企业的质量安全责任意识和法律责任，健全企业安全诚信体系和提高企业职业道德，提高企业依法生产的自律性，杜绝违法添加有毒有害物质。

g. 不定期举办食品安全知识讲座、研讨会，及时通报近期国内外不法企业所采用的新型违法手段，不断提高基层监管人员的食品专业知识水平。

（三）消费建议

a. 尽量选择规模大、产品和服务质量好的品牌企业产品，在大商场、大超市购买并保留销售票据。

b. 看包装上的标签、标识是否齐全。国家标准规定，外包装必须标明厂名、厂址、生产日期、保质期、执行标准、商标、净含量、配料表、营养成分表及食用方法等，建议选择氨基酸态氮指标高的酱油产品。

c. 酱油的包装标识上必须醒目标出"用于佐餐凉拌"或"用于烹调炒菜"，散装产品应在大包装上标明上述内容。

d. 看营养成分表中的标注是否齐全，含量是否合理。营养成分表中一般要标明热量、蛋白质、脂肪、碳水化合物等基本营养成分。其他被添加的营养物质也要标明。

e. 建议不要购买感官或外包装异常的产品，或标签不符合上述要求的产品。已购商品发现上述问题，可凭销售票据向商场、超市要求退货，出现纠纷可向当地消费者委员会投诉。

参 考 文 献

凌关庭. 2003. 食品添加剂手册[M]. 北京：化学工业出版社.

张烨，丁晓. 2005. 食品中氯丙醇污染及其毒性[J]. 粮食与油脂，（7）：44-46.

Cullen WR, Reimer KJ. 1989. Arsenic speciation in the environment[J]. Chem Rev, 89（4）：713-764.

GB 2717—2003. 酱油卫生标准[S].

GB 2762—2012. 食品安全国家标准 食品中污染物限量[S].

GB/T 5009.191—2006. 食品中氯丙醇含量的测定[S].

Hamleta C G, Sadd P A, Crews C, et al. 2002. Occurrence of 3-chloro-propane-1, 2-diol（3-MCPD）and related compounds in foods：a review[J]. Food Addit Contam, 19（7）：619-631.

Pfeiffer E H, Dunkelberg H. 1980. Mutagenicity of ethylene oxide and propylene oxide and of the glycols and halohydrins formed from them during the fumigation of foodstuffs[J]. Food Cosmet Toxicol, 18（2）：115-118.

报告九　食醋生产加工食品安全危害因素调查分析

一、广东省食醋行业情况

食醋是以粮食、果实、酒类等含有淀粉、糖、乙醇的原料，经微生物酿造而成的一种液体调味品。按照加工工业，可以分为酿造食醋和配制食醋。酿造食醋是单独或混合使用各种含有淀粉、糖的物料或乙醇，经微生物发酵酿造而成的液体调味品；而配制食醋则以酿造食醋为主体，与冰乙酸（食品）、食品添加剂等混合配制而成的调味食醋。从风味和原料上还可分为米醋、陈醋、熏醋、红曲老醋、香醋、白醋、麸醋、果醋、糖醋等。我国食醋生产历史悠久，各地消费习惯和口味不一，因此品种很多，著名的传统品种有：山西老陈醋、镇江香醋、四川保宁醋、福建永春红曲醋等。

据统计，目前广东省食醋生产加工单位共 128 家，其中获证企业 127 家，占 99.2%，食醋生产加工小作坊 1 家，占 0.8%（表 2-9-1）。

表 2-9-1　广东省食醋生产加工单位情况统计表

生产加工单位总数/家	食品生产加工企业			食品小作坊数/家
	获证企业数/家	GMP、SSOP、HACCP 等先进质量管理规范企业数/家	规模以上企业数（即年主营业务收入 500 万元及以上）/家	
128	127	5	4	1

广东省食醋生产加工单位的分布如图 2-9-1 所示，珠三角地区食醋生产加工单位共 89 家，占 69.6%，粤东、粤西、粤北地区分别有 25 家、10 家和 4 家，分别占 19.5%、7.8%、3.1%。从生产加工单位数量看，广州和中山最多，分别有 27 家和 16 家，其次为江门、揭阳、东莞和佛山，分别有 14 家、12 家、11 家和 9 家。

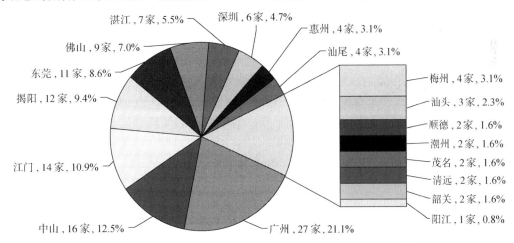

湛江,7家,5.5%　深圳,6家,4.7%　惠州,4家,3.1%
佛山,9家,7.0%　汕尾,4家,3.1%
东莞,11家,8.6%　梅州,4家,3.1%
揭阳,12家,9.4%　汕头,3家,2.3%
顺德,2家,1.6%
潮州,2家,1.6%
茂名,2家,1.6%
清远,2家,1.6%
韶关,2家,1.6%
江门,14家,10.9%　阳江,1家,0.8%
中山,16家,12.5%　广州,27家,21.1%

肇庆、珠海、河源和云浮为0家

图 2-9-1　广东省食醋加工单位地域分布图

全省有 4 家较大规模企业，分别在深圳（1 家）和中山（3 家）。同时全省有 56 家企业实施了良好生产规范（GMP）、卫生标准操作规范（SSOP）、危害分析与关键控制点（HACCP），其中中山 1 家、深圳 3 家、梅州 1 家。大中型的食醋生产加工企业的工艺比较成熟，管理比较规范，从业人员经过健康合格检查，操作熟练，进出厂的检验比较严格；但小型的食醋作坊食品安全意识不强，存在违规操作的现象。小企业的从业人员流动大，也容易造成食品安全管理上的困难，需企业自身加强员工培训。

食醋生产加工行业存在以下主要问题：①技术落后，科研投入不足；②食醋生产加工单位普遍规模不大，集中度不够；③部分小企业存在着违法生产行为，如使用工业乙酸勾兑配制食醋，超范围使用食品添加剂（如防腐剂和色素等）。

食醋生产加工单位今后食品安全的发展方向是：加大科研经费投入，着重发展食醋生产技术；建立完善的质量管理机制，培养相应的管理人员和专业技术人员；企业生产食醋所用的原料、辅料必须符合国家标准或行业标准规定；生产企业优化食醋相关设备及辅助设施。

二、食醋抽样检验情况

食醋抽样检验情况见表 2-9-2、表 2-9-3。

表 2-9-2　2010~2012 年广东省食醋抽样检验情况统计表（1）

年度	抽检批次	合格批次	不合格批次	内在质量不合格批次	内在质量不合格产品发现率/%
2012	393	360	33	20	5.1
2011	290	262	28	11	3.8
2010	306	281	25	11	3.6

表 2-9-3　2010~2012 年广东省食醋抽样检验情况统计表（2）

年度	不合格项目（按照不合格率的高低依次列举）								
	不合格项目（一）			不合格项目（二）			不合格项目（三）		
	项目名称	抽检批次	不合格批次	不合格率/%	项目名称	抽检批次	不合格批次	不合格率/%	项目名称	抽检批次	不合格批次	不合格率/%
2012	标签	244	33	13.5	可溶性无盐固形物	161	19	11.8	总酸	182	6	3.3
2011	感官要求	1	1	100.0	标签	121	16	13.2	总酸	92	7	7.6
2010	可溶性无盐固形物	35	3	8.6	标签	149	9	6.0	总酸	50	1	2.0

三、食醋生产加工环节危害因素调查情况

（一）食醋基本生产流程及关键控制点

1. 酿造食醋

原料→原料处理→乙醇发酵→乙酸发酵→淋醋→灭菌→灌装

酿造食醋生产加工的 HACCP 及 GMP 的关键控制点为：①原料控制；②乙酸发酵；③灭菌。

2. 配制食醋

酿造食醋+食用冰醋酸→调配→灭菌→灌装

配制食醋生产加工的 HACCP 及 GMP 的关键控制点为：①原料控制；②比例控制；③灭菌。

（二）调查发现食醋生产加工过程中存在的主要质量问题

a. 可溶性无盐固形物过低。

b. 防腐剂苯甲酸及其钠盐超量使用。

c. 甜味剂甜蜜素超范围使用。

d. 总酸过低。

e. 微生物超标（大肠菌群和菌落总数）。

f. 砷与铅含量超标。

g. 黄曲霉毒素含量超标。

h. 潜在危险因素（敌百虫、敌敌畏、工业冰醋酸和游离矿酸）。

四、食醋生产加工环节危害因素及描述

（一）苯甲酸及其钠盐

我国食品安全国家标准《食品添加剂使用标准》（GB 2760—2011）允许使用苯甲酸及其钠盐为食品防腐剂，其主要作用是抑制食品中的微生物生长而延长食品保质期，其使用范围及其限量需严格按照标准的规定。苯甲酸及其钠盐的危害因素特征描述见第三章。

1. 相关标准要求

我国食品安全国家标准《食品添加剂使用标准》（GB 2760—2011）中规定了部分食品中苯甲酸及其钠盐的限量，其最大使用量为 0.2~2 g/kg，其中苯甲酸及其钠盐在食醋中的允许添加量为≤1.0 g/kg。苯甲酸和苯甲酸钠同时使用时，以苯甲酸计，不得超过最大使用量。

2. 危害因素来源

某些不法食醋生产者擅自超量使用苯甲酸及其钠盐以延长食醋产品的保质期而造成食品安全隐患。

（二）甜蜜素

甜蜜素为一种人工合成的低热值新型甜味剂，我国自 1986 年起允许甜蜜素使用于饮料类、冰激凌类、糕点类、蜜饯类、话梅类、酱菜类、果冻类等食品，但其使用不能超规定的范围及用量，甜蜜素的危害因素特征描述见第三章。

1. 相关标准要求

我国食品安全国家标准《食品添加剂使用卫生标准》（GB 2760—2011）不允许甜蜜素作为甜味剂在食醋产品中使用。

2. 危害因素来源

生产企业为降低成本，用水与食用乙酸勾兑或缩短食醋的微生物发酵时间淡化食醋中的天然甜味，为不影响口感，添加甜蜜素等甜味剂。

（三）大肠菌群及菌落总数

食醋由于含有乙酸等多种有机酸，其 pH 小于 7，通常情况下微生物在酸性环境下较难生长，因此食醋中微生物指标一般不会出现异常，然而未能正确控制发酵及杀菌过程则有可能使食醋产品微生物指标超标。菌落总数和大肠菌群的危害因素特征描述见第三章。

1. 相关标准要求

我国食品安全国家标准《食醋卫生标准》（GB 2719—2003）规定，食醋产品中的菌落总数应≤10 000 cfu/ml，大肠菌群≤3 MPN/100ml，而致病菌（沙门氏菌、志贺氏菌、金黄色葡萄球菌）不得检出。

2. 危害因素来源

食醋生产过程最重要的工序是发酵，发酵控制不严易造成杂菌污染，影响食醋产品品质，小企业设备简陋、生产工艺未能标准化，导致微生物指标不符合标准要求。

（四）砷

砷是构成地壳的元素，广泛分布于自然界，随着工业的发展及砷的应用，砷成为了环境中的一种污染物，用于食品原料的动植物通过富集而使食品含有砷，砷的危害来源特征描述见第三章。

1. 相关标准要求

对于砷的危害，各国的食品安全监管部门均对其进行了深入的毒理学研究及风险评估分析工作。食品添加剂联合专家委员会于 2010 年将无机砷的基准剂量可信限下限设定为每日 3.0 mg/kg bw。因此，食品安全国家标准《食醋卫生标准》（GB 2719—2003）规定了食醋中砷的限量值为 0.5 mg/L。

2. 危害因素来源

食醋中砷含量超过限量值的主要原因是采用了砷污染的天然水或饮用水为食醋的生产用水，在未经处理的情况下直接用于生产。

（五）铅

重金属铅广泛应用于各种工业中，随之而来的是铅成为了一种重要的环境污染物之一，因食品原材料在养殖或种植过程中的富集作用而使其含有微量的铅，铅的危害来源特征描述见第三章。

1. 相关标准要求

CAC 标准 CODEX STAN 230—2001 规定了食物中的最大铅含量为 0.02~0.5 mg/kg，而我国食品安全国家标准《食醋卫生标准》（GB 2719—2003）规定了食醋中铅的限量值为 1 mg/L。

2. 危害因素来源

食醋中重金属的主要来源：一是使用了重金属含量超标的原料生产食醋产品；二是辅料、加工助剂、生产环境、生产设备、包装材料等受重金属污染；三是采用了铅污染的天然水或饮用水为食醋的生产用水，在未经处理的情况下直接用于生产。

（六）黄曲霉毒素超标

寄生曲霉、黄曲霉等霉菌易在潮湿闷热的环境中生长，而其产生的次生代谢产物——黄曲霉毒素是一类毒性作用很强的生物毒素。广东省的气候潮湿多

143

雨,非常适合霉菌的生长,食品原材料,如谷类、玉米、大豆在储藏过程未控温控湿,易受寄生曲霉、黄曲霉的污染而导致其含有黄曲霉毒素。黄曲霉毒素的危害来源特征描述见第三章。

1. 相关标准要求

欧盟指令条例(EU)No 165/2010规定了相关食品中黄曲霉毒素的最大限量值。由于食醋的酿造需要使用大米等原料进行发酵,大米在储存过程中易受黄曲霉毒素的污染,若使用此类大米进行发酵生产食醋,黄曲霉毒素易通过原材料迁移至成品中。我国食品安全国家标准《食醋卫生标准》(GB 2719—2003)规定了食醋中的黄曲霉毒素 $B_1 \leqslant 5 \mu g/L$。

2. 危害因素来源

食醋中的黄曲霉毒素主要是来源于用于酿造食醋的粮食原料,一是厂家为了降低成本,购买了不符合国家标准《粮食卫生标准》(GB 2715—2005)的已受到黄曲霉污染的原料;二是在生产加工和储存过程中由于管理不当导致原料被黄曲霉霉菌污染。

(七)敌敌畏

1. 危害因素特征描述

敌敌畏,学名为 *O,O*-二甲基-*O*-(2,2-二氯乙烯基)磷酸酯,是一种广谱、高效、速效的有机磷杀虫剂,化学结构式见图2-9-2。敌敌畏对咀嚼式口器和刺吸式口器的害虫均有效,对其具有触杀、胃毒和熏蒸伤害,可用于蔬菜、果树和多种农田作物的病虫害防治,但也常被不法食品生产企业用于食醋、豆芽、泡菜、肉松、酒及火腿等食品的制造。

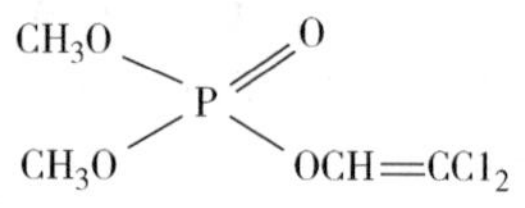

$$CH_3O \diagdown \underset{\underset{CH_3O}{|}}{\overset{\overset{O}{\|}}{P}} - OCH{=}CCl_2$$

图2-9-2 敌敌畏的化学结构式

敌敌畏中毒的主要症状有头晕、头痛、恶心呕吐、腹痛、腹泻、流口水、瞳孔缩小、看东西模糊、大量出汗、呼吸困难。严重者,有全身紧束感、胸部压缩感、肌肉跳动,动作不自主。发音不清,瞳孔缩小如针尖大或不等大,抽搐、昏迷、大小便失禁,脉搏和呼吸都减慢,最后均停止。国际癌症研究中心(IRAC)对敌敌畏的评估表明,没有足够的证据表明敌敌畏能使人类致癌,但有充分的证据确证敌敌畏能使实验动物致癌,并将敌敌畏分为2B组,即可能使人致癌,而WHO根据相关的毒理学实验结果规定人摄入敌敌畏的每日允许摄入量(ADI)值为0~0.004 mg/kg bw。

2. 检测方法及相关标准要求

根据风险监测和监督检查中发现的问题,敌敌畏被卫生部列入《食品中可能违法添加的非食用物质和易滥用的食品添加剂名单(第一批)》名单,因此在食品加工过程添加敌敌畏为违法添加行为。

我国食品安全国家标准《粮谷中486种农药及相关化学品残留量的测定 液相色谱-串联质谱法》(GB/T 20770—2008)规定了谷物及油料中敌敌畏含量测定的方法标准,《水果和蔬菜中450种农药及相关化学品残留量的测定 液相色谱-串联质谱法》(GB/T 20769—2008)及《水果和蔬菜中多种农药残留量的测定》(GB/T 5009.218—2008)规定了水果和蔬菜中敌敌畏含量测定的方法标准。食品安全国家标准《食品中有机磷农药残留的测定》(GB/T 5009.20—2003)规定了食品中敌敌畏含量测定的标准方法。

3. 危害因素来源

食醋产品中敌敌畏的危害因素来源:一是生产者非法添加;二是加工生产食醋的原料中含有敌敌畏等农药残留,由原料带入成品。

(八)敌百虫

1. 危害因素特征描述

有机磷农药的品种繁多,从结构上看,可分为磷酸酯类、硫代磷酸酯类及二硫代磷酸酯类。敌百虫则是一种高效广谱的有机磷酸酯杀虫剂,纯品为白色结晶,有醛类气味,结构式如图2-9-3所示。在弱碱性溶液中敌百虫可变成敌敌畏,但不稳定,很快分解失效,对害虫有很强的胃毒作用,兼有触杀作用,对植物有渗透性,但无内吸传导作用,主要用于咀嚼式口器害虫,对螨类和蚜虫、白粉虱防治效果极差。

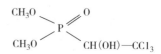

图2-9-3 敌百虫的化学结构式

敌百虫可抑制胆碱酯酶,造成神经生理功能紊乱,导致毒蕈碱样和烟碱样症状的出现,其造成的中毒症状与敌敌畏相似,WHO根据相关的毒理学实验结果规定人摄入敌敌畏的ADI值为0.002 mg/kg bw。

2. 检测方法及相关标准要求

敌百虫已被列入卫生部公布的《食品中可能违法添加的非食用物质和易滥用的食品添加剂名单》。食品中敌百虫含量的检测可通过多种途径实现,我国国家标准《粮谷中486种农药及相关化学品残留量的测定 液相色谱-串联质谱法》（GB/T 20770—2008）规定了谷物及油料中敌百虫含量测定的方法标准，《水果和蔬菜中450种农药及相关化学品残留量的测定 液相色谱-串联质谱法》（GB/T 20769—2008）及《水果和蔬菜中多种农药残留量的测定》（GB/T 5009.218—2008）规定了水果和蔬菜中敌百虫含量。

3. 危害因素来源

食醋产品中敌百虫的危害因素来源：一是生产企业非法添加；二是加工生产食醋的原料中含有敌百虫等农药残留，由原料带入成品。

（九）工业冰醋酸和矿酸

1. 危害因素特征描述

冰醋酸分为工业乙酸和食用乙酸两种。工业冰醋酸别名为工业冰乙酸，其为无色澄清液体，有刺激性气味。乙酸是重要的有机酸之一，在塑料、制药、染料、农药及橡胶等工业领域都有广泛的用途。食用冰醋酸的国家标准《食品添加剂 冰醋酸》（GB 1903—2008）规定，只有用由发酵法生成的乙醇生产出来的冰醋酸，才可称为食用冰醋酸。而使用煤、天然气、石油等为原料制成的冰醋酸只能用于工业生产。

矿酸通常指无机酸，以游离的形式存在，如硫酸、盐酸、硝酸、磷酸等。在非食用酸配制的醋或被污染过的食用醋中经常含有游离矿酸，因其中甲醇及重金属等有害物质含量较高，食用后会危害身体健康。

2. 检测方法及相关标准要求

对于工业乙酸应用食醋的检测方法尚未建立相应的检测方法，因此工业乙酸应用于食醋中的现象只能从生产源头进行管理。我国国家标准《食醋卫生标准》（GB 2719—2003）规定了食醋中游离矿酸不得检出，而《食醋卫生标准的分析方法》（GB/T 5009.41—2003）则规定了检测矿酸的标准方法。

3. 危害因素来源

与食用冰醋酸相比，工业冰醋酸与无机酸价格低廉，不法企业为降低成本，用工业冰醋酸与无机酸代替食用冰醋酸制造配制食醋。非法使用工业冰醋酸或无机矿酸勾兑食醋，因酸中的甲醇及重金属等有害物质含量较高，可致重大食品安全事故的发生。

五、危害因素的监控措施建议

（一）生产企业自控建议

食醋生产企业通过对原料部分及加工过程的危害分析，根据HACCP原理，尽量避免食醋的安全生产隐患，以确保食醋的安全生产。

1. 原辅料使用方面的监控

食醋的主要配料为粮食、果实、酒类等（含有淀粉、糖、乙醇的原料）、食品添加剂。生产食醋所用的原辅料必须符合国家标准、行业标准的规定，不得使用变质或未去除有害物质的原材料。企业应建立质量安全追溯制度，加强原辅材料的质量安全管理：①要求供货商提供相关证照及权威机构出具的产品合格证明材料；②建立严格的质量管理体系，保证在生产、仓储及运输过程中的安全；③加强原辅料质量控制，如企业自身无检测能力，可委托有资质的检测机构进行检验，不能使用陈化粮和非食用性原辅材料。

2. 食品添加剂使用方面的监控

食醋生产过程中所使用的食品添加剂必须符合《食品添加剂使用卫生标准》（GB 2760—2011）的规定，全面实行"五专"（即食品添加剂专人管理、专柜存放、专本登记、专用计量器具、专人添加）、"五对"（即对标准、对种类、对验收、对用量、对库存）管理，确保食品添加剂的安全使用。不得超范围超剂量使用食品添加剂（如防腐剂、着色剂及甜味剂等），不得添加国家明令禁止使用的非食用物质（如工业乙酸、敌百虫和敌敌畏等）。

3. 食醋生产过程的监控

食醋的生产由原料处理、乙醇发酵、乙酸发酵、熏醅淋醋（兑对）、包装检验出厂工艺组成。企业应按照HACCP体系及GMP的要求进行关键点的控制，形成关键控制点作业指导书，并在其指导下进行生产。

a. 原辅料的投料比例。要严格控制生产食醋用的粮食、食盐、食用乙醇、糖及曲的加入比例，以保证产出品质最优的食醋。

b. 乙醇发酵、乙酸发酵、熏醅淋醋等工艺的控制。严格控制制曲、发酵工艺的时间、温度。

c. 严格控制生产环境、生产设备及人员卫生状况。同时控制人员流动，避免交叉污染。对于工作人员严格实行食品生产单位的人员健康标准的要求。

4. 出厂检验的监控

食醋生产企业要强化重视出厂检验的意识，制定切合自身的出厂检验制度并确保其不断完善；检验人员需具备检验能力和检验资格；定期或不定期与资质机构比对，提高检验水平；根据食醋的检验项目要求，制作统一规范的原始记录单和出厂检验报告，不定期抽查评点报告，如实、科学填写原始记录。

（二）监管部门监控建议

a. 加强重点环节的日常监督检查。重点对照卫生部发布的《食品中可能违法添加的非食用物质和易滥用的食品添加剂品种名单》，以及本地区监管工作中发现的其他在食品中存在的有毒有害物质、非法添加物质和食品制假现象，食醋行业中可能存在的非法添加物有工业乙酸、敌百虫、敌敌畏等，对企业的原料控制、生产过程控制及出厂检验等关键环节的控制措施落实情况进行检查。

b. 加强重点问题风险防范。食醋主要的不合格项目为微生物、苯甲酸、甜蜜素、总酸，以及违法使用的工业乙酸、敌百虫及敌敌畏等。重点检查不合格项目，同时重点检查原材料是否有检验报告、通风情况是否良好、三防设施（防蝇、防尘、防鼠）是否正常、车间设备设施的清洗消毒记录是否完善、出厂检验记录是否齐全等。

c. 有针对性地开展标准项目以外涉及安全问题的非常规性项目的专项监督检验，对日常监督检验及非常规性项目检验数据进行分析，及时发现可能存在的行业性、区域性质量安全隐患，并对食品质量问题进行初步的危害因素分析。监管人员如发现上述非法添加物，应立即采取控制企业相关产品，对成品进行抽样检查，进行停业整顿处理，严重者给予吊销食品生产许可证等的处分。有针对性地检测非法添加剂物如工业乙酸、敌百虫和敌敌畏等。

d. 积极推行举报奖励制度，高度重视举报投诉发现的问题，及时对有关问题进行危害因素的调查和分析。

e. 积极主动向相关生产加工单位宣传有关工业乙酸、敌百虫、敌敌畏和甜蜜素及过量添加的苯甲酸等的产生原因、危害性及如何防范等知识，强化生产企业的质量安全责任意识和法律责任，健全企业安全诚信体系和提高企业职业道德，提高企业依法生产的自律性，杜绝违法添加有毒有害物质。

（三）消费建议

a. 尽量选择规模大、产品和服务质量好的品牌企业的产品。

b. 看包装上的标签、标识是否齐全。国家标准规定，外包装必须标明厂名、厂址、生产日期、保质期、执行标准、商标、净含量、配料表、营养成分表及食用方法等。缺少上述任何一项的产品，最好不要购买。

c. 看营养成分表中的标注是否齐全，含量是否合理。营养成分表中一般要标明热量、蛋白质、脂肪、碳水化合物等基本营养成分。其他被添加的营养物质也要标明。

d. 最好购买定型包装的产品，若产品涉及超范围和超量使用食品添加剂和微生物指标超标等问题，建议不要购买。

参 考 文 献

龚春雨. 2006. 有机磷农药-敌敌畏的发育生殖毒性及其机制的实验研究[D]. 成都：四川大学博士学位论文.

沈瑶，黄华，鲁绯，等. 2011. 食醋中游离矿酸测定方法的比较及分析[J]. 中国调味品，36（5）：109-113.

叶玫，余颖，贺学荣，等. 2010. 气相色谱法测定水产品中敌百虫、敌敌畏残留量[J]. 上海海洋大学学报，19（4）：490-494.

余永建，邓晓阳，陆震鸣，等. 2013. 固态发酵食醋有机酸组成分析中样品预处理方法的研究[J]. 食品工业科技，34（4）：198-200，211.

张卫锋，洪振涛，李嘉静. 2007. 气相色谱法测定咸鱼中的敌百虫和敌敌畏[J]. 中国兽药杂志，41（6）：14-16.

张文德，胡志芬，张琳. 2009. 酱油中可溶性无盐固形物三种测定方法的比较[J]. 中国调味品，34（6）：89-92.

邹辉. 2009. 敌百虫对大鼠肝细胞毒性的研究[D]. 扬州：扬州大学硕士学位论文.

（EU）No 165-2010. Amending Regulation（EC）No 1881-2006 setting maximum levels for certain contaminants in foodstuffs as regar [S].

Bolognesi C. 2003. Genotoxicity of pesticides：A review of human biomonitoring studies[J]. Mutat Res-Rev Mutat Res，543：251-272.

CODEX STAN 230-2001. MAXIMUM LEVELS FOR LEAD[S].

GB 18187—2000. 酿造食醋[S].

GB 1903—2008. 食品添加剂 冰醋酸[S].

GB 2719—2003. 食醋卫生标准[S].

GB 2763—2012. 食品安全国家标准 食品中农药最大残留限量[S].

GB/T 12456—2008. 食品中总酸的测定[S].

GB/T 20769—2008. 水果和蔬菜中450种农药及相关化学品残留量的测定 液相色谱-串联质谱法[S].

GB/T 20770—2008. 粮谷中486种农药及相关化学品残留量的测定 液相色谱-串联质谱法[S].

GB/T 5009.20—2003．食品中有机磷农药残留的测定[S].

GB/T 5009.218—2008．水果和蔬菜中多种农药残留量的测定[S].

GB/T 5009.41—2003．食醋卫生标准的分析方法[S].

SB/T 10337—2012．配制食醋[S].

Sheiner EK，Hammel RD．2003．Effect of occupational exposures on male fertility literature review[J]．Ind Health，
  41（2）：55-62.

报告十 味精生产加工食品安全危害因素调查分析

一、广东省味精行业情况

味精是以粮食及其制品为原料，经发酵提纯的含谷氨酸钠的产品，包括谷氨酸钠（99%味精）、味精（强力味精和特鲜味精）。

据统计，目前广东省味精生产加工企业共40家，其中获证企业40家，占100%，无小作坊（表2-10-1）。

表2-10-1 广东省味精生产加工单位情况统计表

生产加工企业总数/家	食品生产加工企业			食品小作坊数/家
	获证企业数/家	GMP、SSOP、HACCP等先进质量管理规范企业数/家	规模以上企业数（即年主营业务收入500万元及以上）/家	
40	40	2	3	0

注：表中数据统计日期为2012年12月。

广东省味精生产加工企业的分布如图2-10-1所示，珠三角地区的味精生产加工企业共24家，占10%，粤东、粤西地区分别有15家和1家，分别占37.5%和2.5%。从生产加工企业数量看，揭阳最多，有13家，其次为江门、广州、珠海、中山，分别有10家、4家、3家和2家。

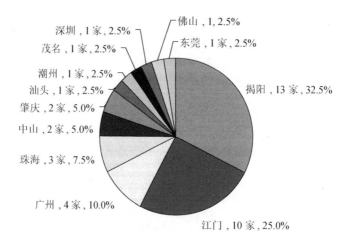

深圳，1家，2.5%
佛山，1，2.5%
茂名，1家，2.5%
东莞，1家，2.5%
潮州，1家，2.5%
汕头，1家，2.5%
肇庆，2家，5.0%
中山，2家，5.0%
珠海，3家，7.5%
广州，4家，10.0%
江门，10家，25.0%
揭阳，13家，32.5%

清远、韶关、汕尾、梅州、河源、湛江、阳江、云浮、惠州和顺德为0家

图2-10-1 广东省味精加工单位地域分布图

广东省有3家较大规模的味精生产企业，分别在中山（2家）和珠海（1家）。同时全省有2家企业实施了良好生产规范（GMP）、卫生标准操作规范（SSOP）、危害分析与关键控制点（HACCP），中山和珠海各1家。大中型的味精生产加工企业的工艺较成熟，管理规范，从业人员操作熟练，进出厂的检验较严格；小企业的从业人员流动大，管理困难。

目前广东省味精行业存在的主要问题有：①个别小企业采用不符合生产标准的原材料，生产环境、生产设备、包装引起金属污染；②不规范使用食品添加剂。

广东省的味精行业今后的发展方向：严格管理，规范操作。

二、味精抽样检验情况

味精抽样检验情况见表2-10-2、表2-10-3。

表2-10-2 2010~2012年广东省味精抽样检验情况统计表（1）

年度	抽检批次	合格批次	不合格批次	内在质量不合格批次	内在质量不合格产品发现率/%
2012	61	58	3	2	3.3
2011	143	134	9	2	1.4
2010	100	86	14	1	1.0

表2-10-3 2010~2012年广东省味精抽样检验情况统计表（2）

年度	不合格项目（按照不合格率的高低依次列举）											
	不合格项目（一）				不合格项目（二）				不合格项目（三）			
	项目名称	抽检批次	不合格批次	不合格率/%	项目名称	抽检批次	不合格批次	不合格率/%	项目名称	抽检批次	不合格批次	不合格率/%
2012	标签	5	1	20.0	大肠菌群	11	1	9.1	谷氨酸钠	11	1	9.1
2011	标签	45	5	11.1	谷氨酸钠	54	1	1.9	感官	54	1	1.9
2010	标签	43	13	30.2	谷氨酸钠	27	1	3.7	—	—	—	—

三、味精行业生产加工环节危害因素调查情况

（一）味精基本生产流程及关键控制点

原料→淀粉糖化→发酵→谷氨酸提取→味精制造→包装

关键控制点：①发酵控制；②谷氨酸提取。

（二）调查发现味精生产加工过程中存在的主要质量及安全问题

a. 铅、砷及锌超标。

b. 二氧化硫超标。

c. 谷氨酸含量未达到产品要求。

四、味精生产加工环节危害因素及描述

（一）铅

铅是对人体具有毒性的重金属元素，在各类食品中根据其使用的原料、生产工艺及手段等设定了不同的铅含量限定值，铅的危害因素特征描述见第三章。

1. 相关标准要求

食品添加剂联合专家委员会标准FNP 38（1988）及FNP52（52）规定了L-谷氨酸钠中铅的最高限量不得超过1 mg/kg，而我国国家标准《味精卫生标准》（GB 2720—2003）规定了味精中铅的最高限量不得超过1 mg/kg。

2. 危害因素来源

味精中的铅来源：一是原料大米、乙醇、糖质及生产用水；二是加工环节中的生产环境、生产设备、包装材料、生产中与产品接触可能引起铅污染。

（二）砷

砷是一种类金属，其可与其他元素形成多种化合物，砷是对人体健康有害的物质，其危害因素特征描述见第三章。

1. 相关标准要求

我国国家标准《味精卫生标准》（GB 2720—2003）规定味精中砷最高限量不得超过0.5 mg/kg。

2. 危害因素来源

味精中砷含量超过限量值的主要原因是采用了砷污

149

染的天然水或人为砷污染的饮用水为生产用水。

（三）二氧化硫超标

二氧化硫为无色气体，具有较强还原性及氧化性，常被用作漂白剂、防腐剂或抗氧化剂。在食品生产加工中也常使用二氧化硫作为漂白剂以提高食品的感官品质，或作为防腐剂以抑制食品中微生物的生长，二氧化硫的危害因素特征描述见第三章。

1. 相关标准要求

食品安全国家标准《食品添加剂使用卫生标准》（GB 2760—2011）不允许二氧化硫或亚硫酸盐在味精中添加。

2. 危害因素来源

生产厂家为使味精产品的结晶色泽白皙并延长产品保质期，在脱色环节中超范围使用二氧化硫或亚硫酸盐为漂白剂和防腐剂。

五、危害因素的监控措施建议

（一）生产企业自控建议

1. 原辅料使用方面的监控

a. 淀粉与糖类原料、辅助材料符合标准要求，严格控制重金属污染及霉菌毒素。

b. 采购原辅料时要选择诚信度高的供应商，并索取产品检验合格证；选择的供应商要稳定，以保证产品质量稳定。

c. 建立原辅料进货查验台账和入库验收记录，严禁不合格产品入库。

d. 加强原辅料的仓储管理，避免交叉污染，严格控制储存条件和时间。

2. 食品添加剂使用方面的监控

味精生产所用的添加剂必须符合食品安全国家标准《食品添加剂使用卫生标准》（GB 2760—2011）的规定，全面实行"五专"（即食品添加剂专人管理、专柜存放、专本登记、专用计量器具、专人添加）、"五对"（即对标准、对种类、对验收、对用量、对库存）管理，确保食品添加剂的安全使用。不得添加明令禁止使用的非食用物质（如硫化钠、非食用盐等）。

3. 味精生产过程的监控

生产工艺全程按照HACCP体系及GMP的要求进行关键点控制，形成关键控制点作业指导书，并在其指导下进行生产。

a. 做好味精的生产记录，避免交叉污染。

b. 发酵、提纯和结晶工艺的控制。要对发酵、提纯及结晶的时间、温度进行严格控制。谷氨酸提取工序要使谷氨酸钠含量达到产品要求。干燥后的成品要及时包装，以免受潮。

c. 生产环境、设备及人员卫生状况的保持。生产企业必须具备与生产能力相适应的生产场所，且便于卫生管理和清洗、消毒；定期检查设备运转情况，发现隐患要及时处理；对于工作人员严格实行食品生产单位的人员健康标准的要求。

4. 出厂检验的监控

味精生产企业应严格督促对出厂产品进行检验，并建立记录台账，严把产品出厂关。同时，检验设备需具备有效的检定合格证；检验人员需具有检验能力和检验资格。

（二）监管部门监控建议

a. 加强重点环节的日常监督检查。重点对照卫生部发布的《食品中可能违法添加的非食用物质和易滥用的食品添加剂品种名单》，以及本地区监管工作中发现的其他在食品中存在的有毒有害物质、非法添加物质和食品制假现象，重点企业原料进货把关、生产过程投料控制及出厂检验等关键环节的控制措施落实和记录情况进行监控。

b. 加强重点问题风险防范。重点监测味精的二氧化硫残留量超标和重金属超标两项指标；重点检查生产现场通风情况是否良好、三防设施（防蝇、防尘、防鼠）是否正常、车间设备设施的清洗消毒记录是否完善、出厂检验记录是否齐全等；重点核查企业原辅料进货台账是否建立，供货商资格把关，是否有生产许可证及相关产品的检验合格证明。

c. 有针对性地开展标准项目以外涉及安全问题的非常规性项目的专项监督检验，通过对食品生产企业日常监督检验及非常规性项目检验数据分析，及时发现可能存在的行业性、区域性质量安全隐患。

d. 积极推行举报奖励制度，高度重视举报投诉发现的问题，及时对有关问题进行危害因素调查分析，采取有效措施消除食品安全隐患。

e. 积极主动向相关生产加工单位宣传法律、法规、标准。强化生产企业的质量安全责任意识和法律责任，健全企业安全诚信体系和职业道德建设，提高依法生产的自律性，防止违法添加有毒有害物质。

（三）消费建议

a. 尽量选择规模大、产品和服务质量好的企业的产品。

　　b. 看包装上的标签、标识是否齐全。国家标准规定，外包装必须标明厂名、厂址、生产日期、保质期、执行标准、商标、净含量、配料表、营养成分表及食用方法

等。缺少上述任何一项的产品，谨慎购买。

　　c. 看营养成分表中的标注是否齐全，含量是否合理。营养成分表中一般要标明热量、蛋白质、脂肪、碳水化合物等基本营养成分。其他被添加的营养物质也要标明。

参 考 文 献

Chu HA，Crawford-Brown DJ. 2006. Inorganic arsenic in drinking water and bladder cancer：a meta-analysis for dose-response assessment[J]. Inter J Env Res Pub Heal，3（4）：316-322.

GB 2720—2003. 味精卫生标准[S].

GB/T 8967—2007. 谷氨酸钠（味精）[S].

JECFA Standard FNP 38（1988）. Monosodium L-Glutamate[S].

Knobeloch LM，Zierold KM，Anderson HA. 2006. Association of arsenic-contaminated drinking-water with prevalence of skin cancer in Wisconsin's Fox River Valley[J]. J Health Popul Nutr，24（2）：206-213.

Smith NM，Lee R，Douglas T，et al. 2006. Inorganic arsenic in cooked rice and vegetables from Bangladeshi households[J]. Sci Total Environ，370（1-2）：294-301.

报告十一 鸡精调味料生产加工食品安全危害因素调查分析

一、广东省鸡精调味料行业情况

鸡精调味料是以味精、食用盐、鸡肉/鸡骨的粉末或其浓缩抽提物、呈味核苷酸二钠及其他辅料为原料，添加或不添加香辛料和（或）食用香料等增香剂经混合、干燥加工而成，是具有鸡的鲜味和香味的复合调味料。

据统计，目前广东省鸡精调味料生产加工企业共43家，其中，获证企业43家，占100.0%（表2-11-1）。

表2-11-1 广东省鸡精调味料生产加工单位情况统计表

生产加工企业总数/家	食品生产加工企业			食品小作坊数/家
	获证企业数/家	GMP、SSOP、HACCP等先进质量管理规范企业数/家	规模以上企业数（即年主营业务收入500万元及以上）/家	
43	43	3	3	0

注：表中数据统计日期为2012年12月。

广东省鸡精调味料生产加工企业的分布如图2-11-1所示，珠三角地区的鸡精调味料生产加工企业共35家，占81.4%，粤东、粤西地区分别有6家和2家，分别占14.0%、4.6%。从生产加工企业数量看，广州最多，有11家，其次为东莞、深圳和江门，分别有8家、7家和4家。

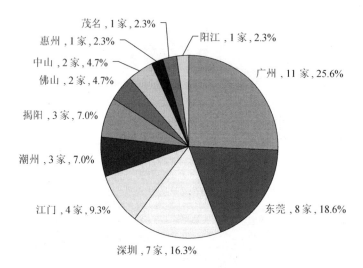

茂名，1家，2.3%
惠州，1家，2.3%
阳江，1家，2.3%
中山，2家，4.7%
佛山，2家，4.7%
揭阳，3家，7.0%
潮州，3家，7.0%
江门，4家，9.3%
深圳，7家，16.3%
东莞，8家，18.6%
广州，11家，25.6%

顺德、肇庆、珠海、汕头、汕尾、梅州、河源、湛江、云浮、清远、韶关为0家

图2-11-1 广东省鸡精调味料加工单位地域分布图

广东省鸡精调味料加工生产企业分布主要集中在珠三角地区，但由于采用的多为半自动化的方式生产，产能、产量均不大。全省有3家较大规模企业，分别在中山（2家）和深圳（1家）。同时全省有3家企业实施了良好生产规范（GMP）、卫生标准操作规范（SSOP）、危害分析与关键控制点（HACCP），其中深圳2家、中山1家。大中型企业的工艺成熟，管理规范，从业人员操作熟练，进出厂检验严格；小企业的从业人员流动大，管理困难。

目前鸡精调味料行业存在主要问题有：①从业人员缺乏食品安全基本知识，操作不规范；②企业缺乏检验检测等食品安全控制手段，质量监管不到位，生产不规范；③小企业的卫生意识比较淡薄，微生物控制措施做得不够到位。

广东省的鸡精调味料今后的发展方向为：严格质量管理、规范操作，进一步加强整合，优化改良生产工艺，生产出质量较高的产品。

二、鸡精调味料抽样检验情况

鸡精调味料抽样检验情况见表 2-11-2、表 2-11-3。

表 2-11-2　2010~2012 年广东省鸡精调味料抽样检验情况统计表（1）

年度	抽检批次	合格批次	不合格批次	内在质量不合格批次	内在质量不合格产品发现率/%
2012	220	205	15	7	3.2
2011	53	50	3	3	5.7
2010	16	16	0	0	0.0

表 2-11-3　2010~2012 年广东省鸡精调味料抽样检验情况统计表（2）

年度	不合格项目（按照不合格率的高低依次列举）											
	不合格项目（一）				不合格项目（二）				不合格项目（三）			
	项目名称	抽检批次	不合格批次	不合格率/%	项目名称	抽检批次	不合格批次	不合格率/%	项目名称	抽检批次	不合格批次	不合格率/%
2012	氯化物	7	1	14.3	其他氮	7	1	14.3	标签	38	2	5.3
2011	标签	11	3	27.3	总氮	5	1	20.0	其他氮	18	1	5.6
2010	总氮	3	1	33.3	标签	24	4	16.7	菌落总数	24	1	4.2

三、鸡精调味料行业生产加工环节危害因素调查情况

（一）鸡精调味料基本生产流程及关键控制点

原料→前处理→搅拌、混合→浓缩、干燥→包装→成品

关键控制点：①配料；②干燥。

（二）鸡精调味料生产加工过程中存在的主要质量问题

a. 微生物（菌落总数和大肠菌群）超标。
b. 铅与砷超标。
c. 产品中未含鸡肉/鸡骨的粉末或其浓度抽提物。
d. 氯化物含量过高。

四、鸡精调味料行业生产加工环节危害因素及描述

（一）菌落总数和大肠菌群

鸡肉/鸡骨的粉末或其浓缩抽提物是生产鸡精的主要原料，当使用此原料与其他原料进行搅拌混合时，若污染微生物，则有可能使产品中的菌落总数和大肠菌群超标而降低食品的食用安全性，菌落总数和大肠菌群危害因素特征描述见第三章。

1. 相关标准要求

我国商业行业标准《鸡精调味料》（SB/T 10371—2003）规定了鸡精调味料的菌落总数及大肠菌群分别不得超过 10 000 cfu/g 及 90 MPN/100g。

2. 危害因素来源

一是鸡精调味料生产过程的最重要工序是搅拌，搅拌过程中如果管理不当易造成杂菌污染，破坏鸡精的营养成分和品质；二是鸡精调味料营养成分充分，微生物极易滋生；三是部分企业的仓储条件较简陋，储藏条件不当易造成菌落总数和大肠菌群超标。

（二）铅

铅是对人体具有毒性的重金属元素，在各类食品中根据其使用的原料、生产工艺及手段等设定了不同的铅含量限定值，铅的危害因素特征描述见第三章。

1. 相关标准要求

我国商业行业标准《鸡精调味料》（SB/T 10371—2003）中规定产品中铅含量≤1 mg/kg。

153

2. 危害因素来源

鸡精中的重金属铅一是来源于原料及生产用水；二是一些小企业采用不符合生产标准的原材料，造成了重金属铅超标；三是生产加工环节中生产环境、生产设备、包装材料的污染等生产中与产品接触的都可能引起铅污染。

（三）砷

欧盟食品安全委员会认为砷与其化合物是"有毒的"与"对环境有危害的"类致癌物质，其危害特征因素描述见第三章。

1. 相关标准要求

我国商业行业标准《鸡精调味料》（SB/T 10371—2003）中规定产品中砷（以 As 计）含量应≤0.5 mg/kg。

2. 危害因素来源

鸡精中砷的主要来源：一是原料及生产用水；二是一些小企业采用不符合生产标准的原材料，造成了砷超标；三是生产加工环节中生产环境、生产设备、包装材料的污染等生产中与产品接触的都可能引起铅污染。

五、危害因素的监控措施建议

（一）生产企业自我监控

1. 原辅料使用方面的监控

①要求供货商提供相关证照及权威机构出具的产品合格证明材料；②建立严格的质量管理体系，保证在生产、仓储及运输过程中的安全卫生；③加强原辅料的自我检验工作，不能使用非食用性原辅材料。

2. 食品添加剂使用方面的监控

生产所用的添加剂必须符合国家标准《食品添加剂使用卫生标准》（GB 2760—2011）的规定，全面实行"五专"（即食品添加剂专人管理、专柜存放、专本登记、专用计量器具、专人添加）、"五对"（即对标准、对种类、对验收、对用量、对库存）管理，确保食品添加剂的安全使用。不得超范围使用食品添加剂（如抗结剂、着色剂等）。

3. 鸡精调味料生产过程的监控

鸡精的生产过程以原料清理、前处理（筛选、粉碎）、搅拌、混合、浓缩、干燥、包装等工艺组成。全程按照HACCP体系及GMP的要求进行关键点的控制，形成关键控制点作业指导书，并在其指导下进行生产。

a. 严把原辅料的投料比例，严格控制污染物（As、Pb）的含量。

b. 严格控制原料的粉碎粒度、加水量、干燥的温度及加料、搅拌、混合的时间。食品标签、标识必须符合国家法律法规及食品标签标准和相关产品标准中的要求。检查投料记录是否超范围使用食品添加剂（如抗结剂、着色剂等）。降低产品的水分和防止霉变。

c. 严格控制生产环境、设备及人员卫生状况，生产企业必须具备与生产能力相适应的原辅料库房、加工车间、包装车间、成品库房等生产场所。

4. 出厂检验的监控

鸡精调味料生产企业要强化重视出厂检验的意识，制定切合自身且不断完善的出厂检验制度；检验人员需具备检验能力和检验资格，同时能正确处理数据；定期或不定期与质检机构进行检验比对，提高检验水平；根据鸡精调味料的检验项目要求，制作统一规范的原始记录单和出厂检验报告，不定期抽查评点报告，如实、科学填写原始记录。

（二）监管部门监控建议

a. 加强重点环节的日常监督检查。重点对照卫生部发布的《食品中可能违法添加的非食用物质和易滥用的食品添加剂品种名单》，对企业的原料进货把关、生产过程投料控制及出厂检验等关键环节的控制措施落实情况和记录情况进行检查。

b. 加强重点问题风险防范。重点监测鸡精调味料的重金属含量、微生物含量项目。生产现场应重点检查通风情况是否良好、三防设施（防蝇、防尘、防鼠）是否正常、车间设备设施的清洗消毒记录是否完善、出厂检验记录是否齐全等。同时重点核查企业原辅料进货台账是否建立，以及供货商资格把关，即是否有生产许可证及相关产品的检验合格证明。

c. 通过明察暗访、行业调研、市场和消费环节调查等方式，对容易出现质量安全问题、高风险的食品，认真开展危害因素调查分析，及时发现并督促企业防范滥用添加剂和使用非食品物质等违法行为。

d. 有针对性地开展标准项目以外涉及安全问题的非常规性项目的专项监督检验，通过对食品生产企业日常监督检验及非常规性项目检验数据进行深入分析，及时发现可能存在的行业性、区域性质量安全隐患。

e. 积极推行举报奖励制度，高度重视举报投诉发现的问题，及时对有关问题进行危害因素的调查和分析，采取有效措施消除食品安全隐患。

（三）消费建议

a.尽量选择规模大、产品和服务质量好的品牌企业。

b.看包装上的标签、标识是否齐全。国家标准规定，外包装必须标明厂名、厂址、生产日期、保质期、执行标准、商标、净含量、配料表、营养成分表及食用方法等。缺少上述任何一项的产品，谨慎购买。

c.看营养成分表中的标注是否齐全，含量是否合理。营养成分表中一般要标明热量、蛋白质、脂肪、碳水化合物等基本营养成分。其他被添加的营养物质也要标明。

d.尽量选购产品中含有鸡肉/鸡骨的粉末或其浓缩抽提物的产品和定型包装的产品。

参 考 文 献

Chu HA，Crawford-Brown DJ．2006．Inorganic arsenic in drinking water and bladder cancer：a meta-analysis for dose-response assessment[J]．Inter J Env Res Pub Heal，3（4）：316-322．

Cullen WR，Reimer KJ．1989．Arsenic speciation in the environment[J]．Chem Rev，89（4）：713-764．

Ferreccio C，Sancha AM．2006．Arsenic exposure and its impact on health in Chile[J]．J Health Popul Nutr，24（2）：164-175．

Knobeloch LM，Zierold KM，Anderson HA．2006．Association of arsenic-contaminated drinking-water with prevalence of skin cancer in Wisconsin's Fox River Valley[J]．J Health Popul Nutr，24（2）：206-213．

Lamm SH，Engel A，Penn CA，et al．2006．Arsenic cancer risk confounder in southwest Taiwan data set[J]．Environ Health Persp，114（7）：1077-1082．

Mandal BK，Suzuki KT．2002．Arsenic round the world：a review[J]．Talanta，58（1）：201-235．

SB/T 10371-2003．鸡精调味料[S]．

Smith NM，Lee R，Douglas T，et al．2006．Inorganic arsenic in cooked rice and vegetables from Bangladeshi households[J]．Sci Total Environ，370（1-2）：294-301．

报告十二 酱类生产加工食品安全危害因素调查分析

一、广东省酱类行业概况

酱类是指以大豆、大豆饼粕、蚕豆、面粉等为主要原料，经发酵酿造而成的含盐调味品。随着生产工艺的不断发展，酱类产品种类非常丰富，常见的有豆瓣酱、黄酱、大酱、甜面酱、黄豆酱等。按其生产工艺，酱类可分为两大类，一是发酵酱，二是非发酵酱。

据统计，目前，广东省酱类生产加工企业共 115 家，其中获证企业 114 家，占 99.1%，小作坊 1 家，占 0.9%（表 2-12-1）。

表 2-12-1 广东省酱类生产加工单位情况统计表

生产加工企业总数/家	食品生产加工企业			食品小作坊数/家
	获证企业数/家	GMP、SSOP、HACCP 等先进质量管理规范企业数/家	规模以上企业数（即年主营业务收入 500 万元及以上）/家	
115	114	8	6	1

注：表中数据统计日期为 2012 年 12 月。

广东省酱类生产加工企业的分布如图 2-12-1 所示，珠三角地区的酱类生产加工企业共 90 家，占 78.3%，粤东、粤西、粤北地区分别有 21 家、4 家和 0 家，分别占 18.3%、3.4%、0.0%。从生产加工企业数量看，深圳和梅州较多，分别有 25 家和 20 家，其次为江门、顺德和东莞，分别有 18 家、13 家和 12 家。

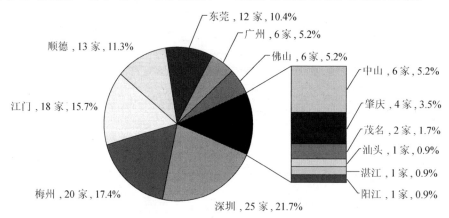

惠州、珠海、潮州、揭阳、汕尾、河源、云浮、清远和韶关为 0 家

图 2-12-1 广东省酱类加工企业地域分布图

广东省酱类加工生产企业多采用半自动化方式生产，产能、产量均不大。全省有属 6 家较大规模企业，分别在深圳（3 家）和中山（3 家）。全省有 8 家企业实施了良好生产规范（GMP）、卫生标准操作规范（SSOP）、危害分析与关键控制点（HACCP），分别在深圳（6 家）、中山（2 家）。大中型企业食品安全法律意识较强，工艺流程较合理，从业人员大多接受过培训，生产操作较规范；但小型的酱类作坊食品安全意识不强，管理上问题较多。

酱类生产加工行业主要问题：①企业主从业人员法律意识普遍不强，文化程度不高；②酱类生产加工单位普遍规模不大，产能、产量较低，缺乏检验检测等食品安全控制手段；③存在违法生产行为，个别企业仍缺乏保证质量持续稳定的能力。

酱类企业发展方向：小企业在生产工艺过程中应加强管理，从原料的处理制曲发酵、工艺各个环节加强管理，保证工艺操作规范，达到生产出优质产品的目的；大中型企业持续保证产品质量。

二、酱类抽样检验情况

酱类抽样检验情况见表 2-12-2、表 2-12-3。

表 2-12-2　2010~2012 年广东省酱类抽样检验情况统计表（1）

年度	抽检批次	合格批次	不合格批次	内在质量不合格批次	内在质量不合格产品发现率/%
2012	287	271	16	11	3.8
2011	316	277	39	12	3.8
2010	210	187	23	15	7.1

表 2-12-3　2010~2012 年广东省酱类抽样检验情况统计表（2）

年度	不合格项目（按照不合格率的高低依次列举）											
	不合格项目（一）				不合格项目（二）				不合格项目（三）			
	项目名称	抽检批次	不合格批次	不合格率/%	项目名称	抽检批次	不合格批次	不合格率/%	项目名称	抽检批次	不合格批次	不合格率/%
2012	辣度	1	1	100.0	标签	143	23	16.1	氨基酸态氮	40	2	5.0
2011	标签	51	13	25.5	铝	5	1	20.0	菌落总数	84	5	6.0
2010	防腐剂（苯甲酸、山梨酸比例之和）	1	1	100.0	酸价	9	2	22.2	氨基酸态氮	19	3	15.8

三、酱类制品生产加工环节危害因素调查情况

（一）酱类基本生产流程及关键控制点

原料→前处理→蒸料→制曲（或酶法）→发酵→后处理→包装→成品

调味酱→配料处理→熟制、搅拌→灭菌→包装→成品

酱类生产加工的 HACCP 及 GMP 的关键控制点为：①前处理；②制曲；③发酵；④配料处理。

（二）调查发现酱类生产加工过程中存在的主要质量问题

a. 微生物（大肠菌群、致病菌和霉菌）超标。

b. 防腐剂（苯甲酸及其钠盐、山梨酸及其钾盐）超量使用。

c. 甜味剂（糖精钠、安赛蜜）超量使用。

d. 砷超标。

e. 氨基酸态氮指标不达标。

f. 亚硝酸盐超标。

g. 潜在危害因素（苏丹红色素、黄曲霉毒素）。

四、酱类制品生产加工环节危害因素及描述

（一）大肠菌群

大肠菌群主要用于评价食品卫生状况，以推断食品中肠道致病菌污染的可能性，若大肠菌群超出相关标准的要求则对人体健康具有潜在的危险性，大肠菌群的危害因素特征分析见第三章。

1. 相关标准要求

不同类型的酱使用不同的原料及生产加工工艺，据此相关标准形成了不尽相同的微生物指标。我国国家标准《酱卫生标准》（GB 2718—2003）规定了以粮食为主要原料经发酵酿造而成的各种酱类食品的大肠菌群指标不得超过 30 MPN/100g。商业标准《虾酱》（SB/T 10525—2009）规定了虾酱的大肠菌群指标不得超过 30 MPN/100g。其他使用水果等原料生产制造的酱类食品则依罐头食品的商业无菌标准要求。

157

2. 危害因素来源

酱料产品中大肠菌群超标的危害因素来源主要有：一是原料储存不当，受微生物污染；二是发酵过程不当，导致酱类成品中的微生物指标超出标准要求。

（二）致病菌

致病菌是指能引起疾病的微生物，常见的易污染食品的致病菌主要有沙门氏菌、金黄色葡萄球菌及志贺氏菌等。若食品受致病菌污染则有可能使消费者致病，沙门氏菌、金黄色葡萄球菌及志贺氏菌的危害因素特征描述见第三章。

1. 相关标准要求

食品安全国家标准《酱卫生标准》（GB 2718—2003）规定酱类产品中不能检出致病菌，包括沙门氏菌、金黄色葡萄球菌及志贺氏菌。

2. 危害因素来源

酱类产品致病菌的危害因素来源主要有：一是原料；二是在发酵过程中受到污染而导致产品中检出致病菌。

（三）苯甲酸及其钠盐

苯甲酸及其钠盐具有抑制微生物生长而延长食品保质期的作用，是我国允许使用的食品防腐剂之一，但其使用范围及使用量均需严格按照食品安全国家标准《食品添加剂使用标准》（GB 2760—2011）使用。苯甲酸的危害因素特征描述见第三章。

1. 相关标准要求

食品安全国家标准《食品添加剂使用标准》（GB 2760—2011）规定苯甲酸及其钠盐在酱类食品中的最大使用量为 1.0 g/kg，若使用量超过此限值则为超限量使用食品添加剂。

2. 危害因素来源

酱类食品中苯甲酸及其钠盐超限量使用的危害因素来源：一是酱类食品生产企业在降低产品中食盐含量的过程中，不对产品进行严格的灭菌处理，而依靠添加过量的苯甲酸及其钠盐控制产品中的微生物繁殖及防腐；二是酱料在发酵过程中被微生物污染而需过量添加苯甲酸及其钠盐以抑制产品中的微生物生长及繁殖。

（四）山梨酸及其钾盐

山梨酸及其钾盐被认为是高效安全的防腐保鲜剂之一，常使用于食品、饮料、烟草、农药、化妆品等行业，山梨酸及其钾盐在食品中的使用需严格按照相关标准使用。山梨酸及其钾盐的危害因素特征描述见第三章。

1. 相关标准要求

食品安全国家标准《食品添加剂使用标准》（GB 2760—2011）规定：山梨酸及其钾盐在酱类食品中的最大使用量为 0.5 g/kg。

2. 危害因素来源

企业为延长产品保质期超量使用。

（五）糖精钠

糖精钠的甜度是蔗糖的 200~700 倍，因此其常作为甜味剂应用于食品生产加工中，但也正因为糖精钠高甜度的特点，常被食品生产企业超量或超范围使用以减少蔗糖的用量而降低生产成本，糖精钠的危害因素特征描述见第三章。

1. 相关标准要求

食品安全国家标准《食品添加剂使用标准》（GB 2760—2011）规定，酱类制品中不允许添加糖精钠。

2. 危害因素来源

个别企业为减少使用蔗糖降低生产成本。

（六）安赛蜜

安赛蜜是目前稳定性最好的甜味剂之一，使用时不与其他食品成分或添加剂发生反应，但是其使用时需要按照相关的标准使用，不可超限量及超范围使用，安赛蜜的危害因素特征描述见第三章。

1. 相关标准要求

食品安全国家标准《食品添加剂使用标准》（GB 2760—2011）规定不允许安赛蜜在酱类食品中使用。

2. 危害因素来源

虽然安赛蜜作为食品添加剂在其允许的使用范围中使用具有较高的安全性，但若超范围使用安赛蜜，则会使消费者摄入并不需摄入的食品添加剂，酱类食品中超范围使用安赛蜜是为了减少蔗糖的使用而降低酱类食品的生产成本。

（七）砷

一般来说，使用总砷表示食品中的砷含量，即包括无机砷及有机砷。若食品中的总砷超出标准的要求则会给食品安全带来风险，砷的危害因素特征描述见第三章。

1. 相关标准要求

我国食品安全国家标准《酱卫生标准》（GB 2718—2003）规定，酱类产品中总砷的含量不得超过0.5 mg/kg。

2. 危害因素来源

一般来说，砷可通过以下几种途径污染酱类产品：一是原料带入，酱类原料生长于砷污染的土壤；二是生产加工环节中使用的生产用水、辅料、加工助剂、生产环境、生产设备及包装等受砷的污染。

（八）亚硝酸盐超标

亚硝酸盐常作为食品抗氧化剂及防腐剂应用于肉制品及腌制食品中，以抑制食品中微生物的生长，并增强食品的感官品质及风味。此外，腌制蔬菜在发酵过程中受细菌还原酶的作用，可将大量的硝酸盐还原为亚硝酸盐。亚硝酸盐的危害因素特征描述见第三章。

1. 相关标准要求

我国食品安全国家标准《食品添加剂使用标准》（GB 2760—2011）不允许亚硝酸盐在酱类食品中使用。

2. 危害因素来源

生产企业为延长酱类食品保质期而超范围使用。

（九）苏丹红色素

苏丹红，是人工合成的红色染料，常作为工业染料。由于苏丹红的染色效果佳且色泽鲜艳，常被非法用于食品加工，将工业染料应用于食品中会严重威胁食品的安全性，甚至危及消费者的健康及生命，苏丹红色素的危害因素特征描述见第三章。

1. 相关标准要求

卫生部将苏丹红列入《食品中可能违法添加的非食用物质和易滥用的食品添加剂品种名单（第二批）》。

2. 危害因素来源

酱类食品中苏丹红的危害因素来源主要是人为非法添加。

（十）黄曲霉毒素

黄曲霉毒素是一类寄生曲霉产生的真菌有毒次生代谢产物，谷物、豆类及玉米在储存过程中易受霉菌感染，其代谢产生的黄曲霉毒素具有很强的毒性，黄曲霉毒素的危害因素特征描述见第三章。

1. 相关标准规定

我国食品安全国家标准《酱卫生标准》（GB 2718—2003）中规定酱类食品中黄曲霉毒素 B_1 的限量值为 0.5 μg/kg。

2. 危害因素来源

酱类食品中黄曲霉毒素 B_1 超出限量标准的危害因素两大来源：一是酱类食品在生产加工过程中使用了受黄曲霉毒素污染的大豆或淀粉为原料；二是酱类食品在发酵过程中受霉菌等杂菌的污染而导致产品中含有黄曲霉毒素。

五、危害因素的监控措施建议

（一）生产企业自控建议

1. 原辅料使用方面的监控

酱类的主要配料为黄豆、水和食用添加剂，在验收中主要存在生物危害（如细菌、真菌和寄生虫等）和化学危害（重金属、农药残留和黄曲霉毒素等），此外，还存在物理危害，如砂石、铁钉等。生物危害的控制主要通过加工过程中后阶段的杀菌和加热过程加以消除。化学危害的控制主要通过：①索证索票，要求供货商提供相关证照及有资质机构出具的产品合格材料；②建立严格的质量管理体系，保证在生产、仓储及运输过程中的安全卫生；③加强原辅料的入厂检验工作，不能使用非食用性原辅材料。

2. 食品添加剂使用方面的监控

酱类生产过程中所使用的添加剂必须符合食品安全国家标准《食品添加剂使用卫生标准》（GB 2760—2011）的规定，全面实行"五专"（即食品添加剂专人管理、专柜存放、专本登记、专用计量器具、专人添加）、"五对"（即对标准、对种类、对验收、对用量、对库存）管理，确保食品添加剂的安全使用。参照《食品生产加工企业食品添加物质使用备案管理办法（试行）》，做到酱类加工中严格控制苯甲酸、山梨酸的使用量及成品辣椒酱中亚硝酸盐的限量，同时严禁苏丹红工业染料在辣椒酱中的使用。

3. 酱类生产过程的监控

酱类的生产以原料清理、熟制等工艺组成。全程按照 HACCP 体系及 GMP 的要求进行关键点的控制，形成关键控制点作业指导书，并在其指导下进行生产。

a. 严格控制原辅料的投料比例，以确保产品质量及口感。

b. 原料筛选、熟制等工艺的控制。要对原辅料进行严格的筛选，确保其质量符合相关的质量标准；对于熟制工艺则需要控制其温度、湿度及时间；定量包装食品的净含量应当符合相应的产品标准及《定量包装商品计量监督规定》的相关要求。食品标签、标识必须符合国家法律法规及食品标签标准和相关产品标准中的要求。

c. 生产环境、设备及人员卫生状况的保持。生产企业必须具备与生产能力相适应的原辅料库房、加工车间、包装车间、成品库房等生产场所。严格执行人员健康要求。

4. 出厂检验的监控

强化出厂检验意识，制定出厂检验制度；检验人员需具备检验能力和检验资格，同时能正确处理数据；定期或不定期与质检机构进行检验比对，提高检验水平；根据酱类的检验项目要求，制作统一规范的原始记录单和出厂检验报告，不定期抽查评点报告，如实、科学填写原始记录。

（二）监管部门监控建议

a. 加强重点环节的日常监督检查。重点对照卫生部发布的《食品中可能违法添加的非食用物质和易滥用的食品添加剂品种名单》，以及本地区监管工作中发现的其他在食品中存在的有毒有害物质、非法添加工业用盐水、毛发水等非食用水解蛋白液等和以配制酱油冒充酿造酱油等食品制假现象，对企业的原料进货把关、生产过程投料控制及出厂检验等关键环节的控制措施落实情况和记录情况进行检查。

b. 加强重点问题风险防范。重点监测酱类的重金属含量、农药残留、水分含量项目。生产现场应重点检查通风、三防设施、设备设施清洗消毒、出厂检验等环节，重点核查企业原辅料进货台账是否建立，以及供货商资格把关。杜绝劣变腐败原料用于生产，所使用的配料需检验合格。

c. 通过明察暗访、行业调研、市场和消费环节调查等方式，对容易出现质量安全问题、高风险的食品，认真开展危害因素调查分析，及时发现并督促企业防范滥用添加剂和使用非食品物质等违法行为。

d. 有针对性地开展标准项目以外涉及安全问题的非常规性项目的专项监督检验，通过对食品生产企业日常监督检验及非常规性项目检验数据进行深入分析，及时发现可能存在的行业性、区域性质量安全隐患。

e. 积极主动向相关生产加工企业宣传有关重金属铅和农药残留超标、水分超标等危害因素，强化生产企业的质量安全责任意识和法律责任。

（三）消费建议

a. 尽量选择规模大、产品和服务质量好的品牌企业的产品。

b. 看包装上的标签、标识是否齐全。国家标准规定，外包装必须标明厂名、厂址、生产日期、保质期、执行标准、商标、净含量、配料表、营养成分表及食用方法等。缺少上述任何一项的产品，最好不要购买。

c. 看营养成分表中的标注是否齐全，含量是否合理。营养成分表中一般要标明热量、蛋白质、脂肪、碳水化合物等基本营养成分。其他被添加的营养物质也要标明。

参 考 文 献

刘虹涛，李青. 2007. 调味品中氨基酸态氮测定方法研究[J]. 中国卫生检验杂志，17（9）：1642，1675.

蒲朝文，夏传福，谢朝怀，等. 2001. 酱腌菜腌制过程中亚硝酸盐含量动态变化及消除措施的研究[J]. 卫生研究，30（6）：352-354.

王冬燕，王远红，郭丽萍，等. 2010. 纳豆中氨基酸态氮含量的测定[J]. 食品工业科技，31（9）：361-366.

Banerjee TS, Giri AK. 1989. Effects of sorbic acid and sorbic acid-nitrite *in vivo* on bone marrow chromosomes of mice[J]. Toxicol Lett, 31: 101-106.

GB 2718—2003. 酱卫生标准[S].

GB 2760—2011. 食品安全国家标准 食品添加剂使用卫生标准[S].

GB/T 5009.40—2003. 酱卫生标准的分析方法[S].

Münzner R, Guigas C, Renner HW. 1990. Reexamination of potassium and sodium sorbate for possible genotoxic potential[J]. Food Chem Toxicol, 28: 397-401.

SB/T 10525—2009. 虾酱[S].

报告十三　调味料产品生产加工食品安全危害因素调查分析

一、广东省调味料产品行业情况

调味料产品，是指除酱油、食醋、味精、鸡精调味料、酱类外的其他调味品。按其形态可分成固态调味料、半固态（酱）调味料、液体调味料和食用调味油。固态调味料包括鸡粉调味料、畜、禽粉调味料、海鲜粉调味料、各种风味汤料、酱油粉及各种香辛料粉等；半固态调味料包括各种非发酵酱（花生酱、芝麻酱、番茄酱等）、复合调味酱（风味酱、蛋黄酱、色拉酱、芥末酱、虾酱）、油辣椒、火锅调料（底料和蘸料）等；液体调味料包括鸡汁调味料、烧烤汁、蚝油、鱼露、香辛料调味汁、糟卤、调料酒、液态复合调味料等；食用调味油包括花椒油、芥末油、辣椒油、香辛料调味油等。

据统计，目前，广东省调味料产品生产加工企业共626家，其中，获证企业619家，占98.9%，小作坊7家，占1.1%，见表2-13-1。

表2-13-1　广东省调味料产品生产加工单位情况统计表

生产加工企业总数/家	食品生产加工企业			食品小作坊数/家
	获证企业数量/家	GMP、SSOP、HACCP等先进质量管理规范企业数/家	规模以上企业数（即年主营业务收入500万元及以上）/家	
626	619	49	30	7

注：表中数据统计日期为2012年12月。

广东省调味料产品生产加工企业的分布如图2-13-1所示，珠三角地区生产加工企业共429家，占68.5%，粤东、粤西和粤北地区分别有159、34和4家，分别占25.4%、5.4%、0.6%。从生产加工企业数量看，广州最多，有157家，其次为东莞、汕头、江门，分别有69、69和53家。

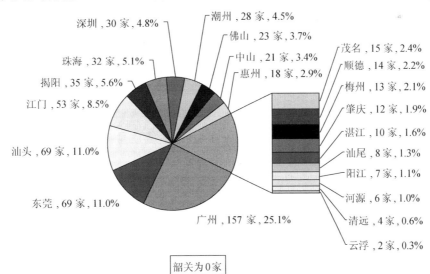

深圳，30家，4.8%
潮州，28家，4.5%
佛山，23家，3.7%
珠海，32家，5.1%
中山，21家，3.4%
揭阳，35家，5.6%
惠州，18家，2.9%
江门，53家，8.5%
茂名，15家，2.4%
顺德，14家，2.2%
梅州，13家，2.1%
肇庆，12家，1.9%
湛江，10家，1.6%
汕尾，8家，1.3%
阳江，7家，1.1%
河源，6家，1.0%
清远，4家，0.6%
云浮，2家，0.3%
汕头，69家，11.0%
东莞，69家，11.0%
广州，157家，25.1%

韶关为0家

图2-13-1　广东省调味料产品加工企业地域分布图

广东省的调味料产品企业整体水平低，规模不大。全省有30家较大规模企业，分别在深圳（10家）、珠海（13家）和中山（6家）。同时全省有49家企业实施了良好生产规范（GMP）、卫生标准操作规范（SSOP）、危害分析与关键控制点（HACCP），其中深圳15家、广州21家、珠海8家、潮州1家、梅州1家。

调味料产品行业存在的主要问题有：①从业人员缺乏食品安全知识，企业无严格操作准则，生产不规范；②滥用食品添加剂（食品添加剂超标超范围使用、标签不规范等问题，如番茄酱存在着违规使用苯甲酸、山梨酸、糖精钠，番茄红素偏低、氨基酸态氮不达标等）；③企业仓库管理存在一定质量隐患，卫生意识比较淡薄，防蚊、防虫、防鼠措施做得不到位；④标签标识不清；⑤假冒伪劣情况较严重。

调味料产品今后的食品安全发展方向是：小企业严格控制原料质量、规范操作，生产出质量合格产品；大中型企业进一步加强整合，逐步实现规模化、自动化，形成保证调味料产品质量的可靠管理模式。

二、调味料产品抽样检验情况

调味料产品的抽样检验情况见表 2-13-2 和表 2-13-3。

表 2-13-2　2010~2012 年广东省调味料产品抽样检验情况统计表（1）

年度	抽检批次	合格批次	不合格批次	内在质量不合格批次	内在质量不合格产品发现率/%
2012	1630	1467	163	66	4.0
2011	1579	1362	217	101	6.4
2010	1470	1218	252	113	7.7

表 2-13-3　2010~2012 年广东省调味料产品抽样检验情况统计表（2）

年度	不合格项目（按照不合格率的高低依次列举）											
	不合格项目（一）				不合格项目（二）				不合格项目（三）			
	项目名称	抽检批次	不合格批次	不合格率/%	项目名称	抽检批次	不合格批次	不合格率/%	项目名称	抽检批次	不合格批次	不合格率/%
2012	筛上残留量	6	5	83.3	霉菌	16	2	12.5	标签	1174	109	9.3
2011	食盐	250	31	12.4	标签	831	74	8.9	安赛蜜	29	2	6.9
2010	酸价	14	8	57.1	总氮	146	37	25.3	碱性橙Ⅱ	24	5	20.8

三、调味料生产加工环节危害因素调查情况

（一）调味料的基本生产流程及关键控制点

1. 固态调味料

原料→前处理（分选、干燥或杀菌）→粉碎（制粉）→调配（筛分）→包装 →成品

2. 半固态（酱）调味料

原料→前处理→加工（盐渍、水解、烘炒、均质或乳化等）→调配→（杀菌）→包装 →成品

3. 液体调味料

原料→前处理（除杂、清洗）→煮沸（抽提）→调配→杀菌→包装→成品

4. 食用调味油

原料→前处理（选料、洗料）→烘炒→压榨→淋油→调配→包装→成品

调味料生产加工的 HACCP 及 GMP 关键控制点为：①原料控制；②调配；③杀菌。

（二）调查发现调味料生产加工过程中存在的主要质量问题

a. 二氧化硫残留量超标。

b. 微生物（菌落总数、大肠菌群）超标。

c. 防腐剂（苯甲酸及其钠盐、甲醛）超量超范围使用。

d. 潜在危害因素铅、砷、锌超标。

四、调味料产品生产加工环节危害因素及描述

（一）二氧化硫

由于二氧化硫溶于水后具有较强的还原性，因此其常被用作漂白剂、脱色剂、抗氧化剂及防腐剂。二氧化

硫被允许使用在食品中作为漂白剂或防腐剂，但其在食品中的最大残留量不能超过规定的限量值，否则将可能成为食品中的一个危害因素。二氧化硫的危害因素特征描述见第三章。

1. 相关标准要求

《食品安全国家标准　食品添加剂使用标准》（GB 2760—2011）规定二氧化硫只允许在半固体复合调味料中使用，其最大残留量为 0.05 g/kg。其他种类调味料不得使用。

2. 危害因素来源

调味料产品中二氧化硫超出最大残留量限量值的危害因素来源主要有：一是生产厂家为延长调味料保质期，在生产过程中过量使用亚硫酸盐作为防腐剂而导致二氧化硫最大残留量不符合标准；二是生产过程中使用二氧化硫残留原材料。

（二）菌落总数及大肠菌群

菌落总数和大肠菌群是作为判定食品被细菌污染的程度及卫生质量状况的主要指标，其危害因素特征描述见第三章。

1. 相关标准要求

根据各类调味品加工工艺，相关标准对菌落总数及大肠菌群设定了限量值，见表2-13-4。

表 2-13-4　各类调味品菌落总数及大肠菌群的限量值

种类	标准	产品	菌落总数/（cfu/ml）	大肠菌群/（MPN/ml）
液态调味品	GB 10133—2005 水产调味品卫生标准	鱼露≤	8 000	30
		虾油≤	8 000	30
	DB J440100/T 34—2009 液态调味品卫生规范	调味料酒≤	1 000	30
		香辛料调味汁≤	30 000	30
		复合调味汁≤	30 000	30
半固态调味料	DB J440100/T 33—2009 半固态（酱）调味品卫生规范	味噌≤	4 000	30
	SB/T 10459—2008 番茄调味酱	番茄调味酱≤	1 000	30
	SB/T 10260—1996 芝麻酱	芝麻酱≤	30 000	90
	NY/T 1070—2006 辣椒酱	辣椒酱≤	—	30
	NY/T 958—2006 花生酱	花生酱≤	1 000	30
	DB J440100/T 33—2009 半固态（酱）调味品卫生规范	芥末酱≤	10 000	30
	GB 10133—2005 水产调味品卫生标准	蚝油≤	8 000	30
	DB J440100/T 33—2009 半固态（酱）调味品卫生规范	风味酱≤	5 000	30
		沙拉酱≤	1 000	30
		蛋黄酱≤	1 000	30
		火锅底料≤	—	30
		火锅蘸料≤	30 000	30
固态调味料	DB J440100/T 32—2009 固态调味品卫生规范	豆豉≤	—	30
		腐乳≤	—	30
		复合调味料≤	50 000	30
		香辛料调味品≤	15 000	150

2. 危害因素来源

调味料产品菌落总数和大肠菌群超标的危害因素来源主要有：①生产调味料的原料储存不佳被污染；②生产过程管理不当，导致产品受微生物污染；③产品成型后，未及时包装或包装不当。

（三）苯甲酸及其钠盐

苯甲酸及其钠盐是允许在食品中使用的防腐剂，但是其使用范围及使用量需严格遵守相关国家标准，若苯甲酸及其钠盐超范围或超限量则可能会成为食品的危害因素，苯甲酸及其钠盐的危害因素特征描述见第三章。

1. 相关标准要求

我国国家标准《食品安全国家标准 食品添加剂使用标准》（GB 2760—2011）规定，苯甲酸及其钠盐可在复合调味料、半固体复合调味料及液体复合调味料（不包括食醋及酱油）中使用，最大使用量分别为 0.6 g/kg、1.0 g/kg 及 1.0 g/kg。

2. 危害因素来源

调味料中苯甲酸及其钠盐的危害因素来源主要有：

一是企业在生产过程中未严格遵照国家标准严格控制添加剂使用限量；二是企业超范围使用苯甲酸及其钠盐。

（四）铅及砷

铅及砷都属于影响人体健康的元素。食品中的铅及砷主要是由动植物食品原料在生长过程中对铅及砷的富集或环境污染带入。食品中的铅及砷超出标准限定的限量值有可能影响食品的安全性，铅及砷的危害因素特征描述见第三章。

1. 相关标准要求

根据各类调味品的加工工艺特点，相关的标准对调味品的铅及砷设定了限量值，各类调味品铅及砷的限量值见表 2-13-5。

表 2-13-5　各类调味品铅及砷的限量值

种类	标准	产品	项目	
			铅/（mg/kg）	总砷/（mg/kg）
液态调味品	GB 10133—2005 水产调味品卫生标准	鱼露≤	0.5	0.1（无机砷）
		虾油≤	—	0.5（无机砷）
	DB J440100/T 34—2009 液态调味品卫生规范	调味料酒≤	0.5	0.5
		香辛料调味汁≤	1.0	0.5
		复合调味汁≤	1.0	0.5
半固态调味料	DB J440100/T 33—2009 半固态（酱）调味品卫生规范	味噌≤	1.0	0.5
	SB/T 10459—2008 番茄调味酱	番茄调味酱≤	1.0	0.5
	SB/T 10260—1996 芝麻酱	芝麻酱≤	—	—
	NY/T 1070—2006 辣椒酱	辣椒酱≤	1.0	0.5
	NY/T 958—2006 花生酱	花生酱≤	0.5	0.5
	DB J440100/T 33—2009 半固态（酱）调味品卫生规范	芥末酱≤	1.0	0.5
	GB 10133—2005 水产调味品卫生标准	蚝油≤	—	0.5（无机砷）
	DB J440100/T 33—2009 半固态（酱）调味品卫生规范	风味酱≤	1.0	0.5
		沙拉酱≤	0.2	0.1
		蛋黄酱≤	0.2	0.1
		火锅底料≤	1.0	0.5
		火锅蘸料≤	1.0	0.5
固态调味料	DB J440100/T 32—2009 固态调味品卫生规范	豆豉≤	1.0	0.5
		腐乳≤	1.0	0.5
		复合调味料≤	1.0	0.5
		香辛料调味品≤	1.0	—

2. 危害因素来源

调味料产品中的铅、砷：一是来源于原料及生产用水，并且随着进一步加工而不断地富集；二是一些小企业、小作坊使用不符合生产标准的原材料，造成了重金属超标；三是生产加工环节中的生产环境、设备、包装、材料等与产品接触引起铅、砷污染。

五、危害因素的监控措施建议

（一）生产企业自控建议

1. 原辅料使用方面的监控

调味料生产企业所用的原辅料必须符合国家标准或行业标准及相关规定，食盐应符合《食用盐》（GB 5461—2000）的规定；不得使用非食用性原料生产的蛋白水解液和非食用油脂。要加强原辅材料进货查验索证索票，建立进货验收制度和台账。

2. 食品添加剂使用方面的监控

调味料生产所用的添加剂必须符合《食品安全国家标准　食品添加剂卫生使用标准》（GB 2760—2011）的规定，全面实行"五专"（即食品添加剂专人管理、专柜存放、专本登记、专用计量器具、专人添加）、"五对"（即对标准、对种类、对验收、对用量、对库存）管理，确保食品添加剂的安全使用。不得超范围使用食品添加剂（如防腐剂、甜味剂、着色剂等）；不得添加国家明令禁止使用的非食用物质（如苏丹红、罗丹明B、酸性橙Ⅱ、工业硫磺、罂粟壳等）。

3. 调味料生产过程的监控

调味料产品的生产全程按照HACCP体系及GMP的要求进行关键点的控制，形成关键控制点作业指导书，并在其指导下进行生产。调味料生产工艺的关键控制点如下。

（1）配料的控制
食品添加剂一定要按工艺要求使用合适精度称来称量，并做好记录，定期进行核查，出错及时纠正。
（2）杀菌的控制
通过控制合适的温度和时间达到灭菌效果。防止成品微生物超标。
（3）金属检测的控制
加工过程中筛网或由于零部件脱落混入产品中而带来的物理危害一方面可通过磁选进行控制，另一方面可通过金属探测仪进行金属检测验证。检测设备须定期进行维护，且要定时进行灵敏度检测。

4. 出厂检验的监控

建立严格的出厂检验制度和记录台账。根据检验项目要求，制作统一规范的原始记录单和出厂检验报告，不定期抽查评点报告，发现不足，纠正错误，完善提高。检验设备须具备有效的检定合格证，检验人员须具有检验能力和检验资格。

（二）监管部门监控建议

a. 加强重点环节的日常监督检查。重点对照卫生部发布的《食品中可能违法添加的非食用物质和易滥用的食品添加剂品种名单》，以及本地区监管工作中发现的其他在食品中存在的有毒有害物质、非法添加物质和食品制假现象，对企业的原料进货把关、生产过程投料控制及出厂检验等关键环节的控制措施落实情况和记录情况进行检查。

b. 重点问题风险防范。调味料产品中可能存在的危害因素有二氧化硫残留、超范围使用添加剂及微生物超标等。生产现场应重点检查通风、三防设施、设备设施、清洗消毒、出厂检验等环节，重点核查企业原辅料进货台账是否建立，以及供货商资格把关。

c. 通过明察暗访、行业调研、市场和消费环节调查等方式，对容易出现质量安全问题、高风险的企业，加强日常监管，及时发现并督促企业防范滥用添加剂和使用非食品物质等违法行为。

d. 有针对性地开展标准项目以外涉及安全问题的非常规性项目的专项监督检验，通过对食品生产企业日常监督检验及非常规性项目检验数据进行深入分析，及时发现可能存在的行业性、区域性质量安全隐患。

（三）消费建议

a. 尽量选择规模大、产品和服务质量好的品牌企业的产品。

b. 看包装上的标签、标识是否齐全。国家标准规定，外包装必须标明厂名、厂址、生产日期、保质期、执行标准、商标、净含量、配料表、营养成分表及食用方法等。缺少上述任何一项的产品，谨慎购买。

c. 看营养成分表中的标注是否齐全，含量是否合理。营养成分表中一般要标明热量、蛋白质、脂肪、碳水化合物等基本营养成分。其他被添加的营养物质也要标明。

参 考 文 献

DB J440100/T 32—2009．固态调味品卫生规范[S].
DB J440100/T 33—2009．半固态（酱）调味品卫生规范[S].
DB J440100/T 34—2009．液态调味品卫生规范[S].
GB 10133—2005．水产调味品卫生标准[S].

GB 2760—2011. 食品安全国家标准 食品添加剂使用标准[S].

Knobeloch LM, Zierold KM, Anderson HA. 2006. Association of arsenic-contaminated drinking-water with prevalence of skin cancer in Wisconsin's Fox River Valley[J]. J Health and Popul Nutr, 24（2）: 206-213.

Mandal BK, Suzuki KT. 2002. Arsenic round the world: a review[J]. Talanta, 58（1）: 201-235.

NY/T 1070—2006. 辣椒酱[S].

NY/T 958—2006. 花生酱[S].

Reiner AM, Hegeman GD. 1971. Metabolism of benzoic acid by bacteria. Accumulation of（-）-3, 5-cyclohexadiene-1, 2-diol-1-carboxylic acid by a mutant strain of Alcaligenes eutrophus[J]. Biochemistry, 10（13）: 2530-2536.

SB/T 10260—1996. 芝麻酱[S].

SB/T 10459—2008. 番茄调味酱[S].

报告十四 肉制品生产加工食品安全危害因素调查分析

一、广东省肉制品行业情况

肉制品，是指以鲜、冻畜禽肉为主要原料，经选料、修整、腌制、调味、成型、熟化（或不熟化）和包装等工艺制成的肉类加工食品。肉制品主要分为腌腊肉制品、酱卤肉制品、熏烧烤肉制品、熏煮香肠火腿制品、发酵肉制品。中国猪肉制品市场具有巨大的发展潜力，根据

中国肉类协会发布的数据，预计 2015 年中国肉类总产量将达 8600 万 t，其中猪肉产量 5246 万 t。广东省是肉制品生产加工的主要省份之一。

据统计，目前，广东省肉制品生产加工企业共 1100 家，其中获证企业 769 家，占 69.9%，小作坊 331 家，占 30.1%，见表 2-14-1。

表 2-14-1 广东省肉制品生产加工企业情况统计表

生产加工企业总数/家	食品生产加工企业			食品小作坊数/家
	获证企业数/家	GMP、SSOP、HACCP 等先进质量管理规范企业数/家	规模以上企业数（即年主营业务收入 500 万元及以上）/家	
1100	769	20	39	331

注：表中数据统计日期为 2012 年 12 月。

广东省肉制品生产加工企业的分布如图 2-14-1 所示，珠三角地区的肉制品生产加工企业共 678 家，占 61.6%，粤东、粤西、粤北地区分别有 190、46 和 186

家，分别占 17.3%、4.2%、16.9%。从生产加工企业数量看，韶关和江门较多，分别有 145 和 115 家，其次为广州、中山、东莞和佛山，分别有 106、99、90 和 78 家。

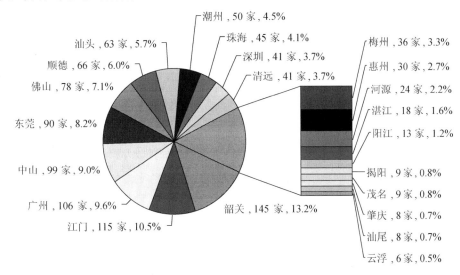

图 2-14-1 广东省肉制品加工企业地域分布图

广东省肉制品加工生产企业分布集中在珠三角、粤北与粤东地区，粤西地区较少；由于采用的多为半自动化的方式生产，因此产能、产量均不大。全省有 39 家较大规模企业，分别在深圳（12 家）、中山（9 家）、潮州（8 家）、广州（4 家）、湛江（3 家）和珠海（3 家）。有 20 家企业实施了良好生产规范（GMP）、卫生标准操作规范（SSOP）、危害分析与关键控制点（HACCP），

分别在深圳（15 家）、中山（2 家）、惠州、珠海和潮州各 1 家。

肉制品行业存在主要问题：①从业人员文化程度不高，缺乏食品安全基本知识，企业没有严格的操作准则；②肉制品生产加工单位普遍规模不大，产能、产量较低，缺乏检验检测等食品安全控制手段；③部分小企业小作坊存在着一些违法生产行为；④个别小企业卫生意识淡

167

薄，仓库管理存在一定的质量隐患。

肉制品的发展方向：小企业严格控制原料质量、规

范操作，生产出合格的产品；大中型企业进一步加强整合，逐步实现规模化、自动化，持续保证产品质量。

二、肉制品抽样检验情况

肉制品的抽样检验情况见表2-14-2和表2-14-3。

表 2-14-2　2010~2012年广东省肉制品抽样检验情况统计表（1）

年度	抽检批次	合格批次	不合格批次	内在质量不合格批次	内在质量不合格产品发现率/%
2012	6784	4469	2315	276	4.1
2011	2368	2135	233	176	7.4
2010	2233	2025	208	159	7.1

表 2-14-3　2010~2012年广东省肉制品抽样检验情况统计表（2）

年度	不合格项目（按照不合格率的高低依次列举）											
	不合格项目（一）				不合格项目（二）				不合格项目（三）			
	项目名称	抽检批次	不合格批次	不合格率/%	项目名称	抽检批次	不合格批次	不合格率/%	项目名称	抽检批次	不合格批次	不合格率/%
2012	苯甲酸	7	1	14.3	金黄色葡萄球菌	12	1	8.3	标签	1245	67	5.4
2011	水分	268	18	6.7	标签	849	44	5.2	过氧化值	527	21	4.0
2010	标签	716	32	4.5	大肠菌群	793	35	4.4	酸价	443	16	3.6

三、肉制品生产加工环节危害因素调查情况

（一）肉制品的基本生产流程及关键控制点

1. 腌腊肉制品

选料→修整→配料→腌制→灌装→晾晒→烘烤→包装

腌腊肉制品生产加工的HACCP及GMP关键控制点为：①原辅料质量；②加工过程的温度控制；③添加剂；④产品包装和储运。

2. 酱卤肉

选料→修整→配料→煮制→（炒松→烘干→）冷却→包装

酱卤肉生产加工的HACCP及GMP关键控制点为：①原辅料质量；②添加剂；③热加工温度和时间；④产品包装和储运。

3. 熏烧烤肉制品

选料→修整→配料→腌制→熏烤→冷却→包装

熏烧烤肉制品生产加工的HACCP及GMP关键控制点为：①原辅料质量；②添加剂；③热加工温度和时间；④产品包装和储运。

4. 熏煮香肠火腿制品

选料→修整→配料→腌制→灌装（或成型）→熏烤→蒸煮→冷却→包装

熏煮香肠火腿制品生产加工的HACCP及GMP关键控制点为：①原辅料质量；②添加剂；③热加工温度和时间；④产品包装和储运。

5. 发酵肉制品

选料→修整→配料→腌制→灌装（或成型）→发酵→晾挂→包装

发酵肉制品生产加工的HACCP及GMP关键控制点为：①原辅料质量；②添加剂；③发酵温度和时间；

④产品包装和储运。

（二）调查发现肉制品生产加工过程中存在的主要质量问题

a. 铅及砷超标。

b. 微生物污染（金黄色葡萄球菌、李斯特氏菌、大肠菌群、菌落总数）。

c. 食品添加剂。

d. 超限量超范围使用抗氧化剂（没食子酸丙酯、叔丁基对苯二酚）。

e. 硝酸盐超标。

f. 酸价、过氧化值超标。

g. 非法添加物（硼砂、酸性橙Ⅱ）。

h. 药物（兽药）残留（盐酸克伦特罗、抗生素等）。

i. 潜在危害与致癌物质（多环芳烃、二噁英）。

j. 非法使用病死或未经检疫禽畜肉。

四、肉制品（腌腊肉制品）行业生产加工环节危害因素及描述

（一）铅及无机砷

相对于人体所需的微量元素来说，铅及无机砷属于有毒有害元素。肉制品中的铅及无机砷主要是因禽畜在生长过程中从饲料、水源及环境富集而残留于胴体内，铅及无机砷的危害因素特征描述见第三章。

1. 相关标准要求

我国国家标准《熟肉制品卫生标准》（GB 2726—2005）、《腌腊肉制品卫生标准》（GB 2730—2005）及《酱卤肉制品》（GB/T 23586—2009）分别规定了各种类型肉制品中铅及无机砷的限量值，如表2-14-4所示。

表 2-14-4 各种类型肉制品中铅及无机砷的限量值

标准	产品类型	铅/（mg/kg）	无机砷/（mg/kg）
GB 2726—2005 熟肉制品卫生标准	烧烤肉、肉松、肉干、熏煮火腿、其他熟肉制品	0.5	0.05
GB 2730—2005 腌腊肉制品卫生标准	非烟熏、烟熏板鸭、腊肉、咸肉、灌肠制品、火腿等肉制品	0.2	0.05
GB/T 23586—2009 酱卤肉制品	酱卤肉	0.5	0.05

2. 危害因素来源

铅及无机砷主要来源一是原料带入，新鲜生肉原料带入，主要来源于环境及动物饲料的污染，通过动物食物链生物蓄积而使肉类中铅或无机砷污染量增加；二是生产加工环节中辅料、加工助剂、生产环境、生产设备和包装材料的污染。

（二）菌落总数及大肠菌群

肉制品是以屠宰后的禽畜胴体为主要原材料而制成

的。在屠宰过程中，新鲜的禽畜肉极易被微生物污染，菌落总数是判定食品被细菌污染的程度及卫生质量状况的主要指标，反映了食品中是否符合卫生要求。菌落总数的多少在一定程度上标志着食品卫生质量的优劣，菌落总数及大肠菌群的危害因素特征描述见第三章。

1. 相关标准要求

根据肉制品制作工艺的特点，相关标准对产品的菌落总数及大肠菌群的限量值进行了规定，如表2-14-5所示。

表 2-14-5 各种类型肉制品中大肠菌群的限量值

标准	产品类型	菌落总数/（cfu/g）	大肠菌群/（MPN/g）
GB 2726—2005 熟肉制品卫生标准	烧烤肉≤	50 000	90
	肴肉≤	50 000	150
	肉灌肠≤	50 000	30
	熏煮火腿、其他熟肉制品≤	30 000	90
	肉松、油酥肉松、肉粉松≤	30 000	40
	肉干、肉脯、肉糜脯、其他熟肉干制品≤	10 000	30
GB 2730—2005 腌腊肉制品卫生标准	非烟熏、烟熏板鸭、腊肉、咸肉、灌肠制品、火腿等肉制品≤	—	—
GB/T 23586—2009 酱卤肉制品	酱卤肉≤	80 000	150

2. 危害因素来源

由于肉制品中含有丰富的蛋白质，微生物一旦污染肉制品后易利用其中的蛋白质为营养源而迅速繁殖，肉制品中菌落总数及大肠菌群未符合标准的危害因素来源，一是禽畜胴体受微生物污染；二是加工环境、加工工艺等因素未达到要求而造成生产加工过程微生物的污染；三是未能控制适当的工艺条件而导致杀菌或灭菌不完全。

（三）金黄色葡萄球菌

金黄色葡萄球菌是一种引起人类和动物化脓感染的重要致病菌，也是造成人类食物中毒的常见致病菌之一。肉制品中若污染金黄色葡萄球菌可能会引起食物中毒，金黄色葡萄球菌的危害因素特征描述见第三章。

1. 相关标准要求

我国国家标准《熟肉制品卫生标准》（GB 2726—2005）规定在熟肉制品中不得检出金黄色葡萄球菌，而我国国家标准《腌腊肉制品卫生标准》（GB 2730—2005）则未对金黄色葡萄球菌作相关规定。

2. 危害因素来源

肉制品中检出金黄色葡萄球菌来源，一是在原料采购环节把关不严，采购了可能受污染的原材料；二是生产加工过程中因工艺控制不严格、操作人员人为原因等。

（四）单核细胞增生李斯特氏菌

单核细胞增生李斯特氏菌，又称单增李斯特氏菌，广泛存在于土壤、动物和水产品中，可造成多种食品的污染，如奶及奶制品、肉制品、水产品及新鲜蔬菜等植物性食品，且可引发严重疾病，单增李斯特氏菌的危害因素特征描述见第三章。

1. 相关标准要求

鉴于食源性李斯特氏菌带来的经济、社会影响，为了降低食源性李斯特氏菌病的发病率，国际组织及部分国家和地区对其风险进行了评估并制定了相关的标准，国际组织及部分国家和地区的单增李斯特氏菌标准见表2-14-6。

表 2-14-6　国际组织及部分国家和地区的单增李斯特氏菌标准

国际组织及国家或地区	食品类型	单增李斯特氏菌限量值
CAC	单增李斯特氏菌不易生长繁殖的即食食品	$n=5$，$c=0$，$m=100$ cfu/g
	单增李斯特氏菌易于生长繁殖的即食食品	$n=5$，$c=0$，$m=0/25$ g
美国	—	0/25 g
欧盟	婴幼儿及特殊医用目的即食食品	$n=5$，$c=0$，$m=0/25$ g
	单增李斯特氏菌不易生长繁殖的即食食品	$n=5$，$c=0$，$m=100$ cfu/g
	单增李斯特氏菌易于生长繁殖的即食食品	$n=5$，$c=0$，$m=100$ cfu/g
澳大利亚和新西兰	预包装熟制腌制或盐腌肉及预包装经热处理的肉泥和肉馅	$n=5$，$c=0$，$m=0/25$ g（ml）
中国香港	冷藏食品（不包括冷冻即食食品）或婴儿食品	$n=5$，$c=0$，$m=0/25$ g（ml）
	其他即食食品	<20 cfu/g（满意）；20~100 cfu/g（可接受）；≥100 cfu/g（不可接受）
中国	高危即食食品（如干酪等）	0/25 g

注：表中 n 代表一批产品采样个数；c 表示该批产品的检样菌数中，超过限量的检样数，即结果超过合格菌数限量的最大允许数；m 表示合格菌数限量，将可接受与不可接受的数量区分开。

2. 危害因素来源

由于单增李斯特氏菌在自然界中广泛存在，且其易通过各种途径发生播散而污染多种食品，因此肉制品生产加工过程可能受到单增李斯特氏菌的污染。原因主要有：一是原料肉在储藏或运输过程污染；二是生产加工过程中因生产环境或设备未达到卫生要求而造成产品污染；三是包装材料未经杀菌而直接用于肉制品包装导致污染。

（五）苯甲酸及其盐

苯甲酸及其盐是我国允许在食品中使用的酸性食品防腐剂之一，其对霉菌、酵母和细菌均有抑制作用，但在使用苯甲酸及其盐时，应注意其使用范围及使用量，不可超量超范围使用苯甲酸及其盐。苯甲酸及其盐的危害因素特征描述见第三章。

1．相关标准要求

《食品安全国家标准 食品添加剂使用标准》（GB 2760—2011）规定苯甲酸及其盐不得作为食品防腐剂添加于肉制品中。

2．危害因素来源

超范围使用苯甲酸及其盐的主要原因：一是肉制品生产企业采用非新鲜的禽畜胴体作原材料，添加苯甲酸及其盐以抑制肉制品中微生物生长；二是生产加工过程中灭菌处理不严格，依靠添加苯甲酸及其盐来控制细菌繁殖及防腐；三是酱油等原料带入。

（六）山梨酸及其盐

山梨酸及其盐作为防腐剂广泛应用于食品、饮料、烟草、农药、化妆品等行业，但山梨酸及其盐在食品生产加工中的使用需依据相关标准。山梨酸及其盐的危害因素特征描述见第三章。

1．相关标准要求

《食品安全国家标准 食品添加剂使用标准》（GB 2760—2011）中仅规定了熟肉制品中山梨酸及其盐的最大使用量为 0.075 g/kg，肉灌肠类中山梨酸及其盐的最大使用量为 1.5 g/kg，其他种类的肉制品使用山梨酸及其盐不得超范围使用。

2．危害因素来源

个别企业用于控制原材料或肉制品产品中微生物的生长及繁殖以达到保鲜及防腐目的。

（七）亚硝酸盐及硝酸盐

亚硝酸盐及硝酸盐常作为发色剂用于食品生产加工中，其在食品环境体系中可生成亚硝基，并与肉制品中的肌红蛋白反应生成鲜艳的、亮红色的亚硝基肌红蛋白，使产品的色泽更为鲜艳。亚硝酸盐及硝酸盐在食品中使用时应遵循相关标准规定。亚硝酸盐及硝酸盐的危害因素特征描述见第三章。

1．相关标准要求

我国《食品安全国家标准 食品添加剂使用标准》（GB 2760—2011）规定亚硝酸盐及硝酸盐在各类肉制品中的最大使用量，如表 2-14-7 所示。

表 2-14-7　各类肉制品中亚硝酸盐及硝酸盐的最大使用量

标准	添加剂种类	肉制品种类	最大残留量/（g/kg）	备注
	硝酸盐	腌腊肉制品	0.5	
		酱卤肉制品	0.5	
		熏、烧、烤肉类	0.5	
		油炸肉类	0.5	以亚硝酸钠计，
		西式火腿	0.5	残留量
		肉灌肠	0.5	≤30 mg/kg
		发酵肉制品	0.5	
GB 2760—2011《食品安全国家标准 食品添加剂使用标准》	亚硝酸盐	腌腊肉制品类	0.15	
		酱卤肉制品类	0.15	
		熏、烧、烤肉类	0.15	
		油炸肉类	0.15	
		西式火腿（熏烤、烟熏、蒸煮火	0.15	以亚硝酸钠计，残留量≤30 mg/kg
		肉灌肠类	0.15	
		发酵肉制品类	0.15	
		肉罐头类	0.15	

2. 危害因素来源

肉制品生产企业选用了不新鲜原料进行生产加工，为使产品的感官品质更佳而超限量使用。

（八）糖精钠

糖精钠为一种无热量的甜味剂，其甜度远远高于蔗糖，常代替蔗糖而应用于食品中，但其使用范围及使用量受相关标准的限制，以确保其在食品中的安全应用，糖精钠的危害因素特征描述见第三章。

1. 相关标准要求

《食品安全国家标准 食品添加剂使用标准》（GB 2760—2011）并未允许糖精钠作为甜味剂应用于肉制品中。

2. 危害因素来源

人工合成的甜味剂甜度高、价格低廉，应用于食品中可降低生产成本，因此某些肉制品生产企业在肉制品中超范围使用糖精钠以替代蔗糖及其他天然甜味剂。

（九）抗氧化剂（没食子酸丙酯、特丁基对苯二酚及二丁基羟基甲苯）

在动物体内脂肪主要储存于脂肪组织中，并广泛分布于动物的各个部位，一般禽畜体内脂肪含量占活重的10%~22%，因此在肉制品的生产加工过程中，需注意防止肉中的脂肪发生氧化而导致酸败，使肉制品的品质下降。食品抗氧化剂可抑制肉中脂肪的氧化过程而保证肉制品的品质。没食子酸丙酯、特丁基对苯二酚及二丁基羟基甲苯是其中3种常用于食品中的抗氧化剂，其使用需遵守相关标准的规定，以确保其在食品中的安全应用，没食子酸丙酯、特丁基对苯二酚及二丁基羟基甲苯的危害因素特征描述见第三章。

1. 相关标准要求

《食品安全国家标准 食品添加剂使用标准》（GB 2760—2011）中规定肉制品中只有腌腊肉制品类（如咸肉、腊肉、板鸭、中式火腿、腊肠）可以添加没食子酸丙酯、特丁基对苯二酚及二丁基羟基甲苯。以油脂中的含量计算，它们的最大使用量分别为0.1 g/kg、0.2 g/kg及0.2 g/kg。其他肉制品中不得超范围使用。

2. 危害因素来源

一些肉制品生产企业或小作坊以非新鲜的原料肉用于加工肉制品，为防止原料肉中的脂肪氧化产生酸败的

气味，超量或超范围使用抗氧化剂。

（十）酸价、过氧化值超标

肉类的腐败是肉类成熟过程的延续，导致肉类腐败的主要原因是微生物生长及繁殖，空气中的氧在光线、温度及金属离子的作用下也可使肉制品发生酸败。肉制品发生酸败可导致产品的酸价及过氧化值超出标准要求，酸价及过氧化值的危害因素特征描述见第三章。

1. 相关标准要求

我国国家标准《腌腊肉制品卫生标准》（GB 2730—2005）对各类腌腊肉制品的酸价及过氧化值进行了规定，如表2-14-8所示。然而，《熟肉制品卫生标准》（GB 2726—2005）则未对相关产品中的酸价及过氧化值进行规定。

表 2-14-8   腌腊肉制品的酸价及过氧化值的限量规定

标准	产品类型	酸价/（mg KOH/g）	过氧化值/（g/100g）
GB 2730—2005《腌腊肉制品卫生标准》	火腿≤	—	0.25
	腊肉、咸肉、灌肠制品≤	4.0	1.6
	非烟熏、烟熏板鸭≤	1.6	2.5

2. 危害因素来源

肉制品的酸价及过氧化值超出标准要求来源主要有，一是原料肉在生产之前因储存不当等因素而导致微生物污染，引起原料肉酸败；二是在肉制品的生产加工过程中，由于生产工艺操作不当引起肉制品中的脂肪氧化导致酸价及过氧化值超出标准要求。

（十一）硼砂

硼砂具有增加食物韧性、脆度和改善食物保水性及保存度等功能，因此其曾在食品工业中被广泛运用，但是因其毒性较大而最终被禁止作为食品添加剂在食品中使用，硼砂的危害因素特征描述见第三章。

1. 相关标准要求

《食品安全国家标准 食品添加剂使用标准》（GB 2760—2011）不允许硼砂作为食品添加剂，卫生部《食品中可能违法添加的非食用物质和易滥用的食品添加剂品种名单》将硼砂作为食品中违法添加的非食用物质列入。

2. 危害因素来源

不法生产企业为了使肉制品的口感更具弹性、更具卖相、保质期更长，在产品加入硼砂或硼酸，此举严重危害消费者的身体健康。

（十二）酸性橙Ⅱ

酸性橙Ⅱ，为一种偶氮类酸性工业染料，不能在食品中应用。酸性橙Ⅱ的危害因素特征描述见第三章。

1. 相关标准要求

卫生部《食品中可能违法添加的非食用物质和易滥用的食品添加剂品种名单》将酸性橙Ⅱ列入，若在肉制品中使用酸性橙Ⅱ则属于非法添加行为。

2. 危害因素来源

由于酸性橙Ⅱ是油溶性染料，对卤肉制品具有附着性佳、色泽鲜艳且稳定、经长时间烧煮及高温消毒而不分解褪色等特点，因此某些肉制品生产企业在产品中非法添加酸性橙Ⅱ以提高产品的感官品质。

（十三）盐酸克伦特罗

1. 危害因素特征描述

盐酸克伦特罗，又名瘦肉精，白色或类白色的结晶粉末，是一类人工合成的苯乙醇胺类衍生物，属 β-兴奋剂类激素，能激动 β_2-肾上腺素受体，对心脏有兴奋作用，对支气管平滑肌有较强而持久的扩张作用，为一种人用的呼吸系统药，用于治疗支气管哮喘、慢性支气管炎和肺气肿等疾病。由于高剂量的盐酸克伦特罗具有加强脂肪分解、促进蛋白质合成、实现动物营养再分配的作用，从而可明显促进动物生长、改善胴体品质及提高胴体瘦肉率，曾经在欧美及我国作为兽用饲料添加剂广泛应用以提高肉的品质，但是盐酸克伦特罗吸收快、分布广、脂溶性高及残留性积累和半衰期长的特性，导致其在动物的肌肉及内脏中产生累积。若消费者食用了含有高浓度盐酸克伦特罗的肉制品或内脏会产生中毒症状，表现为血压升高、血管扩张、心跳加快、呼吸加剧、体温升高、肌肉颤抖、头痛、胸闷、神经过敏、肌肉疼痛、心悸、恶心、呕吐等症状。此外，盐酸克伦特罗对高血压、心脏病、甲亢及糖尿病等长期病患者可诱发更为严重的病情。

2. 检测方法及相关标准要求

我国国家标准《动物源性食品中多种 β-受体激动剂残留量的测定 液相色谱串联质谱法》（GB/T 22286—2008）规定了猪肝及猪肉中盐酸克伦特罗的方法标准，

该检测方法的检出限为 0.5 μg/kg。其他动物源性食品中的盐酸克伦特罗检测方法可参考该标准。

鉴于盐酸克伦特罗的危害，美国及欧洲各国早在1987年就已宣布禁止使用盐酸克伦特罗作为兽用饲料添加剂，我国政府也于1997年明确禁止将其在饲料中添加使用。此外，我国卫生部发布的《食品中可能违法添加的非食用物质和易滥用的食品添加剂名单》中明确规定盐酸克伦特罗属于违法添加物质。根据相关的风险评估资料及结果，FDA、WHO、欧盟及我国分别对动物组织中盐酸克伦特罗的最高残留限量做了相关的规定，相关限量值见表2-14-9。

表 2-14-9　FDA、WHO、欧盟及我国规定动物组织中盐酸克伦特罗的最高残留限量值

组织或国家	产品类型	最高残留量/（μg/kg）
FDA 及 WHO	肉	0.2
	肝	0.6
	肾	0.6
	脂肪	0.2
	乳	0.05
欧盟	肉	0.1
	肝	0.5
	肾	0.5
	乳	0.05
中国	肉	0.1
	肝	0.5
	肾	0.5
	乳	0.05

3. 危害因素来源

动物源性食品中盐酸克伦特罗主要来源于禽畜饲养过程中的违法添加，其中包括养殖场在禽畜的饲养过程中非法使用了含有盐酸克伦特罗的饲料和兽药或人药，或使用了盐酸克伦特罗污染的水源等；不法食品生产加工企业高价收购含有盐酸克伦特罗的肉制品将其加工成火腿等其他副食品，同时高额利润刺激了养殖户，从而加大了养殖过程中对盐酸克伦特罗的非法使用。

（十四）莱克多巴胺

1. 危害因素特征描述

莱克多巴胺，又称激动剂，是一种以对羟基苯乙酮和覆盆子酮为原料合成的苯酚胺类 β-肾上腺素兴奋剂，莱克多巴胺的分子结构中有两个手性中心，可形成 4 种异构体，其中 RR 异构体的生理活性最强，RS 异构体次之。临床上，莱克多巴胺主要用于治疗支气管哮喘、充血性心力衰竭症和肌肉萎缩症，而作为禽畜饲料添加剂，莱克多巴胺的作用与盐酸克伦特罗相似，其作为一种营养再分配剂，可改变养分的代谢途径，利用合成脂肪的能量和成分，促进动物体蛋白质沉积，特别是骨骼肌中蛋白质的合成，从而促进动物肌肉生长。此外，莱克多巴胺还能促进胰岛素的释放，使糖原分解增加，从而调控动物体的物质代谢。然而，莱克多巴胺易在动物组织，特别是内脏中积聚残留，并通过食物链进入人体。

食入莱克多巴胺高残留的内脏组织如肝、肾或肺时，莱克多巴胺能使骨骼肌收缩增强，破坏快缩肌和慢缩肌纤维间的融合现象，引发肌肉震颤，四肢和面部肌肉最明显，其他的毒副反应及出现中毒症状表现为面色潮红、心动过速、心律失常、四肢麻痹、腹痛、肌肉疼痛、头痛、眩晕、胸闷及恶心，由此可见莱克多巴胺可对消费者的健康造成严重的危害。

2. 检测方法及相关标准要求

我国国家标准《动物源性食品中多种 β-受体激动剂残留量的测定 液相色谱串联质谱法》（GB/T 22286—2008）规定的标准方法，可检测肉制品中莱克多巴胺，该方法的检出限为 0.5 μg/kg。其他动物源性食品中莱克多巴胺的检测方法可参考该标准。

目前仅有美国批准莱克多巴胺作为猪饲料添加剂，而欧盟、中国、日本等多数组织和国家已禁止使用。此外，我国卫生部《食品中可能违法添加的非食用物质和易滥用的食品添加剂名单》将莱克多巴胺列入。

3. 危害因素来源

食品中莱克多巴胺都主要来源于禽畜饲养过程中的违法添加，包括养殖场在禽畜饲养过程中的非法添加及食品生产加工企业使用残留有莱克多巴胺的禽畜肉制品作为生产原料进行食品加工制造。

（十五）抗生素残留

抗生素在动物体内的超标可能不影响动物的健康，但如果人食用了抗生素污染产品后，就有可能造成危害，可引起消化道原有的菌群失调，同时还可使致病菌产生耐药性；对抗生素过敏的人，还会诱发过敏反应。抗生素残留的危害因素特征描述见第三章。

1. 相关标准要求

卫生部《食品中可能违法添加的非食用物质和易滥用的食品添加剂名单》中明确规定抗生素在肉制品中使用属于违法添加。

2. 危害因素来源

随着全球性食品贸易的快速增长和食品加工方式的变化，多种抗生素被当作疾病预防、治疗及生长促进剂

广泛地用在家畜养殖业中，且抗生素的使用未经专业人士的指导及未科学使用，从而导致肉制品中含有多种抗生素残留。此外，抗生素也被不法生产企业用于原料肉的抗菌及防腐。

（十六）多环芳烃化合物

多环芳烃化合物为持久性有机污染物之一，存在于食品中的多环芳烃除来自于环境污染外，食品加工过程如烤、炸、熏制等可使食品中的自身成分转变而生成多环芳烃化合物，多环芳烃化合物的危害因素特征描述见第三章。

1. 相关标准要求

由于多环芳烃化合物含有多种结构不同的化合物，标准中无法一一对其设定限量指标，在多环芳烃化合物中苯并[α]芘的毒性最强，因此《食品安全国家标准 食品中污染物限量》（GB 2762— 2012）中有针对性地规定了 5 类食品中苯并[α]芘的限量指标，如表 2-14-10 所示。此外，《熟肉制品卫生标准》（GB 2726—2005）也规定了熟肉制品中苯并[α]芘的限量值为 5 μg/kg。

表 2-14-10　5 类食品中苯并[α]芘的限量指标

食品类别（名称）	限量/（μg/kg）
谷物及其制品	5
稻谷、糙米、大米、小麦、小麦粉、玉米、玉米面（渣、片）	
肉及肉制品	5
熏、烧、烤肉类	
水产动物及其制品	5
熏、烤水产品	
油脂及其制品	10

2. 危害因素来源

肉制品中多环芳烃的污染主要发生在烟熏和烘烤肉制品中。烟熏及烧烤肉类如肉干、叉烧、烧肉和烧鸭是人们喜爱的传统中国食品。烘焗、烧烤及烟熏等加工方法易产生多环芳烃，其中以苯并[α]芘最多，是进入食品的致癌性烃类的主要来源。

（十七）二噁英

二噁英是具有致癌、致畸和致突变"三致效应"的剧毒化合物。人体内 90%以上的二噁英来源于食品，而动物性食品占人体暴露总量的 80%以上，因此应对肉制品中的二噁英进行风险监测，二噁英的的危害因素特征

描述见第三章。

1. 相关标准要求

我国至今尚未制定各类食品中二噁英含量的限量标准，欧盟关于食品中二噁英限量标准见表 2-14-11。

表 2-14-11　欧盟食品中二噁英和二噁英类多氯联苯的限量标准

产品类型	最大残留量	
	二噁英类总量/（pg/g fat）	二噁英类多氯联苯总量/（pg/g fat）
肉制品（牛和羊）	3.0	4.5
肉制品（家禽）	2.0	4.0
肉制品（猪）	1.0	1.5
牛、羊、家禽和猪等陆生动物的肝脏和制品	6.0	12.0
鱼和水产品的肉及其制品，不包括鳗鱼；最大残留量适用于甲壳类动物，但不包括蟹肉和龙虾一级类似大甲壳水产品的头部和喉部	4.0	8.0（湿重）
鳗鱼肉及其制品	4.0（湿重）	12.0（湿重）
动物脂肪（牛和羊）	3.0	4.5
动物脂肪（家禽）	2.0	4.0
动物脂肪（猪）	1.0	1.5
鱼肝脏及其制品，不包括水产品油脂	—	25.0（湿重）

2. 危害因素来源

环境中的二噁英及其类似物主要来源于城市的大气污染，最主要是各种废弃物特别是医疗废弃物、石油产品及含铅汽油、煤、防腐处理过木材的不完全燃烧，其次是在化学工业品的制造过程中派生出二噁英及其类似物。食品中二噁英的来源主要为受二噁英及其类似物污染的食品原材料和食物链累积。

五、危害因素的监控措施建议

（一）生产企业自控建议

肉制品生产企业通过对原料部分及加工过程的危害分析，运用 HACCP 原理，可以将肉制品的安全生产隐患降低到可以接受的水平，以确保肉制品的安全生产。

1. 原辅料使用方面的监控

肉制品的主要配料为鲜（冻）畜禽肉、食盐、食品添加剂。生产肉制品所用的原辅料必须符合国家标准、行业标准的规定，不得使用变质、腐败、病死的畜禽肉为原材料；肉制品生产企业通过对原辅料供货商的管理及对原辅料的进货检验及定期检测，可以控制原辅料中可能存在的危害因素。

2. 食品添加剂使用方面的监控

肉制品生产过程中所使用的食品添加剂必须符合《食品国家安全标准 食品添加剂使用标准》（GB 2760—2011）的规定，成品中添加剂的残留量要符合标准的要求，全面实行"五专"（即食品添加剂专人管理、专柜存放、专本登记、专用计量器具、专人添加）、"五对"（即对标准、对种类、对验收、对用量、对库存）管理，确保食品添加剂的安全使用。不得超范围超剂量使用食品添加剂（如防腐剂、甜味剂、护色剂等），不得添加国家明令禁止使用的非食用物质（如硼砂、酸性橙Ⅱ、工业明胶、敌敌畏、敌百虫等）。

3. 肉制品生产过程的监控

肉制品的生产加工由选料、配料、煮制、冷却、包装等工艺组成，全程按照 HACCP 体系及 GMP 的要求进行关键点的控制，形成关键控制点作业指导书，并在其指导下进行生产。

（1）原辅料的要求

鲜（冻）畜禽肉是生产肉制品的主要原料，入库前要进行主要理化指标的检测，应符合质量规定要求，其他辅料也要符合产品质量标准和食品卫生要求及肉制品生产工艺要求。

（2）肉制品的关键步骤是选料、配料、煮制、冷却、包装等工艺

在此工艺过程中要严格控制微生物的含量，另外还要特别注意要在无菌条件下进行包装。食品标签标识必须符合国家法律法规及食品标签标准和相关产品标准中的要求。

（3）生产环境、生产设备及人员卫生状况的保持

生产企业必须具备与生产能力相适应的原辅料库房、加工车间、包装车间、成品库房等生产场所，对于工作人员严格执行食品生产企业人员健康标准的要求。

4. 出厂检验的监控

肉制品生产企业要强化重视出厂检验的意识，制定切合自身且不断完善的出厂检验制度；检验人员须具备检验能力和检验资格；根据肉制品的检验项目要求，制作统一规范的原始记录单和出厂检验报告，不定期抽查评点报告，如实、科学填写原始记录；凡是未经检验或检验不合格的产品不准出厂销售，获证企业产品必须批批留样、批批检验，并有原始记录。

（二）监管部门监控建议

a. 加强重点环节的日常监督检查。重点对照卫生部发布的《食品中可能违法添加的非食用物质和易滥用的食品添加剂品种名单》，以及本地区监管工作中发现的其他在食品中存在的有毒有害物质、非法添加物质和食品制假现象，肉制品行业中可能存在的非法添加物有硼砂、酸性橙Ⅱ、工业明胶、敌敌畏、敌百虫等，对企业的原料进货把关、生产过程投料控制及出厂检验等关键环节的控制措施落实情况和记录情况进行检查。

b. 重点问题风险防范。肉制品主要的不合格项目为硼砂、酸性橙Ⅱ、亚硝酸盐和硝酸盐、苯甲酸和山梨酸、甜蜜素、酸价、过氧化值、微生物。重点检查原材料、通风情况、三防设施、车间设备设施的清洗消毒记录、出厂检验记录等环节。

c. 有针对性地开展标准项目以外涉及安全问题的非常规性项目的专项监督检验，通过对食品生产企业日常监督检验及非常规性项目检验数据进行深入分析，及时发现可能存在的行业性、区域性质量安全隐患，并对食品质量问题进行初步的危害因素分析，监管人员巡查时发现上述非法添加物硼砂、酸性橙Ⅱ、工业明胶、敌敌畏、敌百虫等，应立即控制企业相关产品，对成品进行抽样检查，给予停业整顿处理，严重者给予吊销食品生产许可证等的处分。

d. 积极推行举报奖励制度，高度重视举报投诉发现的问题，及时对有关问题进行危害因素的调查和分析。

e. 积极主动向相关生产加工单位宣传有关硼砂、酸性橙Ⅱ、亚硝酸盐和硝酸盐、防腐剂苯甲酸和山梨酸、工业明胶、敌敌畏、敌百虫等危害因素的产生原因、危害性以及如何防范等知识，强化生产企业的质量安全责任意识和法律责任，健全企业安全诚信体系和职业道德建设，提高依法生产的自律性，防止违法添加有毒有害物质。

（三）消费建议

a. 选择大型企业生产的产品，选择储存、冷藏条件好的大型商场或超市购买。

b. 看包装，包装产品要密封、无破损，不要购买来历不明的散装肉制品。

c. 看标签，规范企业生产的产品包装上应标明品名、厂名、厂址、生产日期、保质期、执行的产品标准、配料表、净含量等。

d. 看生产日期，尽量挑选近期生产的产品。

e. 看外观，不要挑选色泽过艳的产品。

参 考 文 献

古艳丽，曲志娜，郑增忍，等. 2006. 畜产品中盐酸克伦特罗残留的风险评估[J]. 畜牧与兽医，38（2）：35-38.

金华丽，谷克仁. 2010. 油炸食品安全性分析及危害预防[J]. 中国油脂，35（9）：74-77.

匡少平，孙东亚. 2007. 多环芳烃的毒理学特征与生物标记物研究[J]. 世界科技研究与发展，29（2）：41-47.

李忠毅. 2013. 中国肉制品行业的发展[J]. 肉类工业，（4）：9-11.

刘新，王东红，马梅，等. 2011. 中国饮用水中多环芳烃的分布和健康风险评估[J]. 生态毒理学报，6（2）：207-214.

聂静，钱岩，段小丽，等. 2009. 食品中多环芳烃污染的健康危害及其防治措施[J]. 环境与可持续发展，（4）：38-41.

秦占国. 2012. 国内外兽药残留与动物源食品安全管理研究[D]. 武汉：华中农业大学.

王丽，金芬，张雪莲，等. 2012. 食品中多环芳烃及卤代多环芳烃的研究进展[J]. 食品工业科技，33（10）：369-377.

王雪霞，刘晓云，彭运平. 2010. 莱克多巴胺残留检测方法及其进展[J]. 现代食品科技，26（9）：1009-1012.

严莉. 2004. 盐酸克伦特罗在动物组织中的残留分布及其毒性的研究[D]. 雅安：四川农业大学.

姚小兵，金福源，陶艳华. 2010. 酸克伦特罗的危害及其检测技术[J]. 中国禽畜种业，（12）：41-43.

张海棠，王自良，王艳，等. 2006. 莱克多巴胺的毒性及其残留免疫学检测技术研究进展[J]. 安徽农业科技，34（18）：4534-4536.

张清安，范学辉. 2004. 动物性食品中盐酸克伦特罗（瘦肉精）残留危害及其检测方法研究进展[J]. 食品与发酵工业，30（9）：108-111.

Apple JK, Maxwell CV, Kutz BR. 2008. Interactive effect of ractopamine and dietary fat source on pork quality characteristics of fresh pork chops during simulated retaildisplay [J]. J Animal Science，86（10）：2711-2722.

D'Aquino M, Santini P. 1977. Food additives and their possible genetic toxicity: microbiological determination [J]. Arch Latinoam Nutr，27：411-424.

GB 2726—2005. 熟肉制品卫生标准[S].

GB 2730—2005. 腌腊肉制品卫生标准[S].

GB 2760—2011. 食品安全国家标准 食品添加剂使用标准[S].

GB/T 22286—2008. 动物源性食品中多种β-受体激动剂残留量的测定 液相色谱串联质谱法[S].

GB/T 23586—2009. 酱卤肉制品[S].

Graunt IF，Hardy J. 1975. Long-term toxicity of sorbic acid in the rat [J]. Food and Cosmet Toxicol，13：31-45.

Guo CL，Zheng TL，Hong HS. 2000. Biodegradation and bioremediation of polycyclic aromatic hydrocarbons[J]. Curr Opin Biotech，19（3）：24-29.

Knobeloch LM，Zierold KM，Anderson HA. 2006. Association of arsenic-contaminated drinking-water with prevalence of skin cancer in Wisconsin's Fox River Valley[J]. J Health Popul Nutr，24（2）：206-213.

Lanigan RS，Yamarik TA. 2002. Final report on the safety assessment of BHT [J]. Int J Toxicol，21（2）：19-94.

Mandal BK，Suzuki KT. 2002. Arsenic round the world：a review[J]. Talanta，58（1）：201-235.

Weihrauch MR，Diehl V. 2004. Artificial sweeteners - do they bear a carcinogenic risk?[J]. Ann Oncol，15（10）：1460-1465.

Zalko D，Debrauwer L，Bories G，et al. 1998. Metabolism of clenbuterol in rats [J]. Drug Metab Dispos，26：891-899.

报告十五 乳制品生产加工食品安全危害因素调查分析

一、广东省乳制品行业情况

乳制品，主要包括液体乳（巴氏杀菌乳、高温杀菌乳、灭菌乳、酸乳），乳粉（全脂乳粉、脱脂乳粉、全脂加糖乳粉、调味乳粉、特殊配方乳粉、牛初乳粉），婴儿配方乳粉和其他乳制品（炼乳、奶油、干酪、固态成型产品）。

乳制品从原料、加工、净化到包装等对工厂规模、大型设备和工人技术都有较严格的生产管理规范，因此广东省此类产品以具备一定生产规模的大中型企业为主，无小作坊，产量高，品种多，且产品品质较好，并呈现一定的地域性特点。

据统计，目前，广东省乳制品生产加工企业共计37家，其中已获证企业37家，占100.0%，见表2-15-1。

表2-15-1 广东省乳制品生产加工单位情况统计表

生产加工企业总数/家	食品生产加工企业			食品小作坊数/家
	已获证企业数/家	GMP、SSOP、HACCP等先进质量管理规范企业数/家	规模以上企业数（即年主营业务收入500万元及以上）/家	
37	37	10	13	0

注：表中数据统计日期为2012年12月。

广东省乳制品生产加工企业的分布如图2-15-1所示，珠三角地区的乳制品生产加工单位共27家，占73.0%，粤东、粤西、粤北地区分别有6、1和3家，分别占16.2%、2.7%、8.1%。从生产加工单位数量看，广州最多，有15家，其次为深圳、汕头，分别有4和3家。

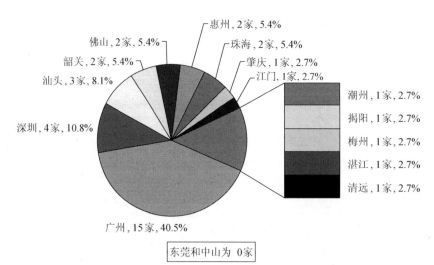

图2-15-1 广东省乳制品加工单位地域分布情况

广东省有13家较大规模企业，分别在广州（2家）、深圳（4家）、佛山（1家）、珠海（2家）、潮州（2家）、湛江（1家）和韶关（1家）。同时全省有10家企业实施了良好生产规范（GMP）、卫生标准操作规范（SSOP）、危害分析与关键控制点（HACCP），其中广州2家、深圳4家、佛山1家、肇庆1家、珠海1家、潮州1家。大中型的乳制品生产加工企业的工艺比较成熟，管理比较规范，从业人员经过健康合格检查，操作熟练，进出厂的检验比较严格。

乳制品生产加工行业存在以下主要问题：①原奶供应大幅增加，供求矛盾更加突出；②部分产品标签上存在问题；如食品添加剂标注不规范，添加甜味剂未在标签上标注其名称；③乳制品企业技术水平低，产品雷同现象严重。

乳制品生产加工单位今后食品安全的发展方向是：从源头抓起，加强奶源基地建设，加强质量全程控制，保证产品质量稳定。

二、乳制品抽样检验情况

乳制品的抽样检验情况见表 2-15-2 和表 2-15-3。

表 2-15-2　2010~2012 年广东省乳制品抽样检验情况统计表（1）

年度	抽检批次	合格批次	不合格批次	内在质量不合格批次	内在质量不合格产品发现率/%
2012	5679	5675	4	3	0.1
2011	6048	5992	56	35	0.6
2010	2034	2017	17	13	0.6

表 2-15-3　2010~2012 年广东省乳制品抽样检验情况统计表（2）

年度	不合格项目（按照不合格率的高低依次列举）								
	不合格项目（一）			不合格项目（二）			不合格项目（三）		
	项目名称	抽检批次	不合格批次	不合格率/%	项目名称	抽检批次	不合格批次	不合格率/%	项目名称	抽检批次	不合格批次	不合格率/%
2012	标签	464	4	0.9	酸度	418	1	0.2	蛋白质	418	1	0.2
2011	维生素 A	41	3	7.3	标签	457	17	3.7	β-内酰胺酶	772	23	3.0
2010	山梨酸及其钾盐	54	1	1.9	大肠菌群	54	1	1.9	标签	324	5	1.5

三、乳制品（液体乳）生产加工环节危害因素调查情况

（一）乳制品基本生产流程及关键控制点

乳制品的生产加工工艺流程如下。

1. 液体乳

（1）巴氏杀菌乳

原料乳验收→净乳→冷藏→标准化→均质→巴氏杀菌→冷却→灌装→冷藏

巴氏杀菌乳生产加工的 HACCP 及 GMP 的关键控制点为：①原料乳的质量控制；②标准化；③巴氏杀菌；④灌装；⑤产品的储存。

（2）调制乳

原料乳验收→净乳→冷藏→标准化→均质→高温杀菌或其他杀菌、灭菌方式→冷却→灌装→冷藏（需冷藏的产品）

调制乳生产加工的 HACCP 及 GMP 的关键控制点为：①原料乳的质量控制；②标准化；③杀菌工艺；④灌装；⑤产品的储存。

（3）灭菌乳

原料乳验收→净乳→冷藏→标准化→预热→均质→超高温瞬时灭菌（或杀菌）→冷却→无菌灌装（或保持灭菌）→成品储存

灭菌乳生产加工的 HACCP 及 GMP 的关键控制点为：①原料乳的质量控制；②标准化；③超高温瞬时灭菌；④无菌灌装；⑤产品的储存。

2. 发酵乳

（1）凝固型

原料乳验收→净乳→冷藏→标准化→均质→杀菌→冷却→接入发酵菌种→灌装→发酵→冷却→冷藏

凝固性发酵乳生产加工的 HACCP 及 GMP 的关键控制点为：①原料乳的质量控制；②标准化；③灭菌；④发酵；⑤产品的储存。

（2）搅拌型

原料乳验收→净乳→冷藏→标准化→均质→杀菌→冷却→接入发酵菌种→发酵→添加辅料→杀菌（需热处理的产品）→冷却→灌装→冷藏

搅拌性发酵乳生产加工的 HACCP 及 GMP 的关键控制点为：①原料乳的质量控制；②标准化；③灭菌；④发酵；⑤灌装；⑥产品的储存。

179

3. 乳粉

（1）湿法工艺

原料乳验收→净乳→冷藏→标准化→均质→杀菌→浓缩→喷雾干燥→筛粉、晾粉或经过流化床→包装

湿法工艺生产加工乳粉的HACCP及GMP的关键控制点为：①原料乳的质量控制；②标准化；③杀菌；④喷雾干燥；⑤灌装；⑥产品的储存。

（2）干法工艺

原料粉称量→拆包（脱外包）→内包装袋的清洁→隧道杀菌→预混→混料→包装

干法工艺生产加工乳粉的HACCP及GMP的关键控制点为：①原料粉的质量控制；②杀菌；③包装及储存。

4. 炼乳

原料乳验收→净乳→冷藏→标准化→预热杀菌→真空浓缩→冷却结晶→装罐→成品储存

炼乳生产加工的HACCP及GMP的关键控制点为：①原料乳的质量控制；②标准化；③杀菌；④产品的储存。

5. 奶油

原料乳→净乳→脂肪分离→稀奶油→杀菌→发酵→成熟→搅拌→排除酪乳→奶油粒→洗涤→压炼→包装

奶油工艺生产加工乳粉的HACCP及GMP的关键控制点为：①原料乳的质量控制；②杀菌；③发酵；④产品的储存。

6. 干酪

原料乳→净乳→冷藏→标准化→杀菌→冷却→凝乳→凝块切割→搅拌→排出乳清→成型压榨→成熟→包装

湿法工艺生产加工乳粉的HACCP及GMP的关键控制点为：①原料乳的质量控制；②标准化；③杀菌；④凝乳；⑤产品的包装及储存。

（二）乳制品生产加工过程中存在的主要质量问题

a. 微生物（菌落总数、大肠菌群、霉菌、黄曲霉毒素）超标。

b. 非法添加物（三聚氰胺）、皮革水解蛋白（铬、羟脯氨酸）、硫氰酸钠。

c. 防腐剂（苯甲酸及其钠盐）超量超范围使用。

d. 违法使用β-内酰胺酶。

e. 塑化剂（邻苯二甲酸酯类物质）。

f. 婴幼儿乳粉营养素不达标。

四、乳制品（液体乳）行业生产加工环节危害因素及描述

（一）菌落总数和大肠菌群

由于乳及乳制品含有丰富的营养物质，在整个生产加工过程中，无论是原材料、半成品或成品都易受微生物的污染，造成产品的菌落总数及大肠菌群未能符合标准要求。菌落总数及大肠菌群的危害因素特征描述见第三章。

1. 相关标准要求

由于乳及乳制品的产品种类多且各类产品的生产加工工艺不同，国家标准对各类乳制品分别规定了菌落总数及大肠菌群限量要求，各类乳制品的菌落总数及大肠菌群限量要求，具体要求见表2-15-4。

表 2-15-4　各类乳制品的菌落总数及大肠菌群的限量要求

食品安全国家标准	菌落总数/（cfu/g）	大肠菌群/（MPN/g）
GB 19301—2010 食品安全国家标准 生乳	$\leqslant 2\times10^6$	—
GB 19644—2010 食品安全国家标准 乳粉	$n=5, c=2, m=50\ 000, M=200\ 000^*$	$n=5, c=1, m=10, M=100$
GB 19302—2010 食品安全国家标准 发酵乳	—	$n=5, c=2, m=1, M=5$
GB 19645—2010 食品安全国家标准 巴氏杀菌乳	$n=5, c=2, m=50\ 000, M=100\ 000$	$n=5, c=1, m=1, M=5$
GB 25190—2010 食品安全国家标准 灭菌乳	商业无菌	商业无菌
GB 13102—2010 食品安全国家标准 炼乳	$n=5, c=2, m=30\ 000, M=100\ 000$	$n=5, c=1, m=10, M=100$
GB 19646—2010 食品安全国家标准 稀奶油、奶油和无水奶油	$n=5, c=2, m=10\ 000, M=100\ 000$	$n=5, c=2, m=10, M=100$
GB 11674—2010 食品安全国家标准 乳清粉和乳清蛋白粉	—	—
GB 5420—2010 食品安全国家标准 干酪	—	$n=5, c=2, m=100, M=1\ 000$
GB 25192—2010 食品安全国家标准 再制干酪	$n=5, c=2, m=100, M=1\ 000$	$n=5, c=2, m=100, M=1\ 000$

*表示，按照三级采样方案设定的指标，在5（n）个样品中允许全部样品中菌落总数小于或等于50 000 cfu/g值（m），允许有≤2（c）个样品的菌落总数为50 000~200 000 cfu/g（M），不允许有样品的菌落总数≥200 000 cfu/g。

2. 危害因素来源

一是生鲜乳或乳粉在运输或储存环节受细菌污染而造成成品中菌落总数或大肠菌群超标；二是生产加工场地、设施未达到环境卫生条件要求，而使乳品在生产加工过程中被微生物污染；三是生产加工过程中，未严格按工艺要求进行操作，机器设备清洗不干净或存在死角而造成微生物繁殖；四是生产加工过程中未经有效的灭菌处理；五是包装乳制品的食品相关产品未经过灭菌处理污染成品。

（二）霉菌

霉菌在自然界广泛分布且有着极强的繁殖能力，易在乳及乳制品的生产加工过程中污染原料、半成品而影响产品品质。广东地处亚热带地区，气候潮湿闷热，适合霉菌生长，若乳及乳制品在生产加工过程中稍有不慎，产品则易被霉菌的污染。霉菌的危害因素特征描述见第三章。

1. 相关标准要求

由于乳及乳制品产品种类较多且工艺不尽相同，国家标准对各类乳制品分别规定了霉菌限量要求，各类乳制品的霉菌限量要求见表2-15-5。

表2-15-5　各类乳制品的霉菌限量要求

食品安全国家标准	霉菌/（cfu/g）
GB 19301—2010 食品安全国家标准 生乳	—
GB 19644—2010 食品安全国家标准 乳粉	—
GB 19302—2010 食品安全国家标准 发酵乳	≤30
GB 19645—2010 食品安全国家标准 巴氏杀菌乳	
GB 25190—2010 食品安全国家标准 灭菌乳	商业无菌
GB 13102—2010 食品安全国家标准 炼乳	
GB 19646—2010 食品安全国家标准 稀奶油、奶油和无水奶油	≤90
GB 11674—2010 食品安全国家标准 乳清粉和乳清蛋白粉	—
GB 5420—2010 食品安全国家标准 干酪	≤50
GB 25192—2010 食品安全国家标准 再制干酪	≤50

2. 危害因素来源

乳及乳制品在收获、运输、储藏、加工直到制成成品及销售等一系列环节中都可能遭到霉菌的二次污染。此类危害因素的来源有多个方面，主要有：一是乳及乳制品的生产用水的微生物指标未达到标准要求；二是原料乳在收获、运输及储藏的过程中因环境或操作未达到要求而造成霉菌污染，最终导致产品的霉菌超出标准限量要求；三是包装容器、运输工具、生产加工设备及成品的包装材料或容器在未经消毒及灭菌的情况下用于盛装、生产或包装乳及乳制品而导致产品受霉菌的污染。广东省地处亚热带地区，气候潮湿闷热，适合霉菌的生长繁殖，因此乳及乳制品的原材料储存及生产过程中需充分防范避免污染。

（三）黄曲霉毒素

黄曲霉毒素是一类化学结构相似的化合物，目前已分离鉴定出18种黄曲霉毒素，乳制品中常见的黄曲霉毒素则为黄曲霉毒素M1及黄曲霉毒素M2，其来源主要是使用了受黄曲霉毒素污染的饲料喂养奶牛，黄曲霉毒素进入体内后，通过奶牛体内的生理代谢过程转化为黄曲霉毒素M1和M2而蓄积在体内，从而导致了奶牛所产的鲜乳中含有黄曲霉毒素M1和M2。黄曲霉毒素的危害因素特征描述见第三章。

1. 相关标准要求

黄曲霉可污染多种类型食品原材料而导致产品污染。欧盟法规（EC）No 1881/2006规定原奶、热处理奶及用于生产奶制品的奶中黄曲霉毒素M1的限量要求为0.05 μg/kg。CAC发布的CODEX STAN 193—1995（2010年修订版）中规定乳中黄曲霉毒素M1的限量要求为0.5 μg/kg，《食品安全国家标准 食品中真菌毒素限量》（GB 2761—2011）中规定乳及乳制品中黄曲霉毒素M1的限量值为0.5 μg/kg。

2. 危害因素来源

黄曲霉毒素是黄曲霉、寄生曲霉等产生的次生代谢产物，而乳制品主要受黄曲霉毒素M1和黄曲霉毒素M2污染，其来源主要是使用了受黄曲霉污染的饲料对奶牛进行喂养，导致原料生鲜乳中含有黄曲霉毒素M1和黄曲霉毒素M2。

（四）三聚氰胺

三聚氰胺违法添加入乳及乳制品中给消费者，尤其是婴幼儿的健康造成严重的威胁。三聚氰胺的危害因素特征描述见第三章。

1. 相关标准要求

三聚氰胺作为化工原料，可用于塑料、涂料、黏合剂、食品包装材料的生产，资料表明，可能从环境、食品包装材料等途径带入到食品中，CAC规定液态牛奶中三聚氰胺含量不得超过0.15 mg/kg。欧盟规定从中国进口的乳含量超过 15% 的所有食品（如巧克力、糖果等）中三聚氰胺的最高含量为 2.5 mg/kg；澳大利亚和新西兰规定婴幼儿配方乳粉中三聚氰胺的最高含量不超过 1.0 mg/kg；中国香港对《食物内有害物质条列》（第 132AF 章）进行了修订，规定奶类、拟主要供 36 个月以下幼儿食用的任何食物及拟主要供怀孕或授乳的女性食用的任何食物其三聚氰胺含量均不得超过 1.0 mg/kg。我国卫生部《食品中可能违法添加的非食用物质和易滥用的食品添加剂品种名单（第一批）》中明确规定三聚氰胺属于违法添加物质，《关于三聚氰胺在食品中的限量值的公告》规定，婴儿配方食品中三聚氰胺的限量值为 1.0 mg/kg，其他食品中三聚氰胺的限量值为 2.5 mg/kg。

2. 危害因素来源

三聚氰胺为化工原料，可用于塑料、涂料、黏合剂、食品包装材料的生产。可能从环境、食品包装材料等途径迁移至乳制品中，但在乳制品中的含量应不足以危害消费者的身体健康。若乳制品中出现三聚氰胺含量异常，其来源则可能是违法添加。

（五）皮革水解蛋白

1. 危害因素特征描述

胶原蛋白存在于动物的皮肤、骨头、跟腱、软骨、血管和牙齿等中，约占哺乳动物总蛋白的 1/4，将胶原蛋白进行酸水解即可制成动物水解蛋白，它是一种廉价的蛋白质原料，其中动物皮革及其制品下脚料等可作为生产动物水解蛋白的原料。不法乳制品生产企业为了降低生产成本，在乳及乳制品中非法掺入皮革水解蛋白。掺入皮革水解蛋白不仅影响乳及乳制品的口感和风味，导致乳制品的营养价值下降，还因皮革边角废料中含有重铬酸钾和重铬酸钠，在添加皮革水解蛋白时，重铬酸钾和重铬酸钠会被带入乳及乳制品中而严重危害人体的健康。

羟脯氨酸是脯氨酸羟化后的产物，为 3-羟基脯氨酸或 4-羟基脯氨酸，是动物水解蛋白中胶原的特征性氨基酸之一，而乳蛋白中则不含此种氨基酸，因此可通过对羟脯氨酸的测定来鉴定乳与乳制品中是否添加了皮革水解蛋白的成分，但是羟脯氨酸并不是皮革水解蛋白的危害因素来源，皮革水解蛋白的主要危害因素来源是六价铬。

2. 检测方法及相关标准要求

乳及乳制品中的皮革水解蛋白含量根据中国检验检疫科学院食品安全所提供的方法进行检测，通过对乳及乳制品中的 L-（一）-羟脯氨酸含量进行测定，方法是试样经酸水解，释放出羟脯氨酸，经氯胺 T 氧化，生成含

有吡咯环的氧化物，用高氯酸破坏过量的氯胺 T，羟脯氨酸氧化物与对二甲氨基苯甲醛反应生成红色化合物，在波长为 558 nm 处进行比色测定。

卫生部《食品中可能违法添加的非食用物质和易滥用的食品添加剂品种名单（第二批）》明确规定皮革水解物属于违法添加物质。

3. 危害因素来源

不法乳制品生产企业在乳及乳制品的生产加工过程中将皮革水解蛋白添加入产品中，以降低成本及增加产品的蛋白质含量，从而造成乳及乳制品中六价铬的含量超出限量值标准，导致乳及乳制品的安全性受到威胁。

（六）硫氰酸钠

1. 危害因素特征描述

硫氰酸钠，化学式为 NaSCN，白色结晶固体，加热时易分解出硫化物、氮化物和氰化物，主要应用于纺织、胶片、农药、橡胶、印染、电镀及医药等工业领域。由于氰根离子在细菌体内能很快与细胞色素氧化酶中的三价铁离子结合，抑制该酶活性，使组织不能利用氧，从而达到很好的抑菌效果，因此硫氰酸钠可作为抗菌剂使用。由于硫氰酸盐的毒性作用及其滥用，禁止在牛乳中使用。

2. 检测方法及相关标准要求

卫生部发布的《食品中可能违法添加的非食用物质和易滥用的食品添加剂名单（第一批）》中明确规定硫氰酸钠属于违法添加物质，用于检测乳及乳制品中硫氰酸钠的检测方法为离子色谱法。

3. 危害因素来源

硫氰酸盐的来源主要有：一是动、植物中都含有微量的硫氰酸盐，这是因为硫氰酸盐是对硫代糖苷（葡萄糖异硫氰酸盐）和生氰糖苷脱毒处理的一种代谢物；二是生产企业以保鲜为目的非法添加硫氰酸钠于乳及乳制品中。乳及乳制品关于硫氰酸盐的危害因素来源主要为后者。

（七）苯甲酸及其钠盐

苯甲酸及其钠盐是《食品安全国家标准 食品添加剂使用标准》（GB 2760—2011）中允许使用的一种食品防腐剂，但是其超量或超范围使用则有可能对食品的安全性造成威胁。苯甲酸及其盐的危害因素特征描述见第三章。

1. 危害因素特征描述

《食品安全国家标准 食品添加剂使用标准》（GB 2760—2011）规定乳及乳制品中不得添加防腐剂苯甲酸及其钠盐。

2. 危害因素来源

乳及乳制品中的苯甲酸或苯甲酸钠异常的危害因素来源主要有：一是原料乳中添加防腐剂苯甲酸或苯甲酸钠带入；二是为了延长乳制品的保质期，在乳制品的生产加工过程中超范围添加使用苯甲酸或苯甲酸钠。

（八）β-内酰胺酶

1. 危害特征描述

β-内酰胺酶，为革兰氏阳性菌代谢产生的一种蛋白酶，该类酶的最大特点是可特异性水解β-内酰胺类抗生素，如青霉素和头孢菌素属。牛乳中含有该类酶是由于奶牛养殖业常常使用具有β-内酰胺环的抗生素治疗奶牛的乳腺炎，如青霉素 G、阿莫西林、氨苄西林、头孢菌素、邻氯青霉素等，频繁地以超剂量使用抗生素导致生鲜乳中含有高浓度的抗生素残留物。欧美国家已明文禁止抗生素残留超标的牛奶上市，世界卫生组织推荐的青霉素G在牛奶中的限量为 0.004 μg/ml，美国为 0.005 μg/ml。我国生鲜乳行业标准规定生鲜乳中抗生素不得检出。

人为添加β-内酰胺酶生产无抗生素残留乳及乳制品的做法，纵容了奶牛饲养过程中抗生素的滥用。该酶的使用掩盖了牛奶中实际含有的抗生素，导致青霉素、头孢菌素等抗生素类药物耐药性增高，从而大大降低了人们抵抗传染病的能力，给消费者的身体健康带来危害。

2. 检测方法及相关标准要求

卫生部公布了用于检测β-内酰胺酶的方法，以青霉素作对照，通过比对加入β-内酰胺酶抑制剂（舒巴坦）与未加入抑制剂的样品所产生的抑制圈的大小来间接测定样品是否含有β-内酰胺酶。此外，中国检验检疫科学院食品安全所也开发了检测β-内酰胺酶的方法，使用液相色谱检测样品是否含有β-内酰胺酶。

卫生部《食品中可能违法添加的非食用物质和易滥用的食品添加剂品种名单（第二批）》明确规定β-内酰胺酶属于违法添加物质。

3. 危害因素来源

我国农业部于2001年颁布的《无公害食品生鲜牛乳》行业标准规定，生鲜乳中抗生素"不得检出"，目前无抗奶已成为通用的国际化原料奶收购标准，而且按照国家规定，使用抗生素药物后奶牛在一定时间内生产的生鲜乳，不得作为供人食用的原料。然而，就中国奶牛饲养环境而言，牛奶的绝对"无抗"较难达到，因此人为添加β-内酰胺酶分解生鲜乳中的β-内酰胺抗生素以使产品达到国家标准成为不法企业所采用的途径，这也是生鲜乳中可能含有β-内酰胺酶的来源。

五、危害因素的监控措施建议

（一）生产企业自控建议

1. 原辅料使用方面的监控

企业要有原辅料供应商评价办法。进货验收制度要包含对进厂的主要原材料进行验证、检验、记录、报告及接收或拒收的处理意见和审批手续；须保证原料、辅料应符合相应的食品安全国家标准及国务院 42 号文件规定，杜绝企业使用乳或乳制品以外的动物性蛋白质（允许使用的食品添加剂除外）或其他非食用原料制成的产品作为生产原料；保证对购入的生乳和原料乳粉及其加工制品批批进行三聚氰胺等项目检验；企业制定的生乳收购查验规定，应保证收购的生乳来自取得生鲜乳收购许可证的生鲜乳收购站，每批有检验报告表明生乳符合《生乳》（GB 19301—2010）的质量、安全要求，并严格执行索证索票制度，做好记录。兽药、重金属等有毒有害物质或者致病性的寄生虫和微生物、生物毒素等指标符合相关食品安全国家标准规定；保证购入的生产配方乳粉时使用的食品营养强化剂进行合格验证，确保产品质量。

2. 食品添加剂使用方面的监控

乳制品生产过程中所使用的食品添加剂必须符合《食品添加剂使用标准》（GB 2760—2011）的规定，全面实行"五专"、"五对"管理。不得超范围超剂量使用食品添加剂（如防腐剂、增稠剂等），不得添加国家明令禁止使用的非食用物质（如三聚氰胺、硫氰酸钠、β-内酰胺酶等）。

3. 乳制品生产过程的监控

乳制品的生产以原料乳的收购、消毒净化、浓缩、配制和装罐成品等工艺组成。全程按照 HACCP 体系及 GMP 的要求进行关键点的控制，形成关键控制点作业指导书，并在其指导下进行生产。规范生产全过程信息记录，实现生产全过程可追溯。

4. 出厂检验的监控

按照国务院 42 号文件的要求，对所生产的乳制品产品进行批批检验；检验人员须具备检验能力和检验资格，至少 2 人以上具备三聚氰胺独立检验能力，同时能正确处理数据；建立出厂检验记录；根据乳制品的检验项目

183

要求，制作统一规范的原始记录单和出厂检验报告，不定期抽查评点报告，如实、科学填写原始记录。

（二）监管部门监控建议

a. 加强重点环节的日常监督检查。重点对照卫生部发布的《食品中可能违法添加的非食用物质和易滥用的食品添加剂品种名单》，以及本地区监管工作中发现的其他在食品中存在的有毒有害物质、非法添加物质和食品制假现象，乳制品行业中可能存在的非法添加物有三聚氰胺、硫氰酸钠、β-内酰胺酶等，对企业的原料进货把关、生产过程投料控制及出厂检验等关键环节的控制措施落实情况和记录情况进行检查。

b. 重点问题风险防范。乳制品主要的不合格项目为三聚氰胺、标签和微生物。2008 年"三聚氰胺事件"起因是很多食用三鹿奶粉的婴儿被发现患有肾结石，随后在其奶粉中也检出三聚氰胺，对我国乳制品产业的打击很大，至今仍有影响；2011 年蒙牛一批次乳制品检出黄曲霉毒素 M_1 超标，原因是奶牛食用受黄曲霉毒素 B_1 污染饲料，本次事件也对我国乳制品行业造成很大影响。同时需要重点检查原材料是否有检验报告、通风情况是否良好、三防设施（防蝇、防尘、防鼠）是否正常、车间设备设施的清洗消毒记录是否完善、出厂检验记录是否齐全等。

c. 有针对性地开展标准项目以外涉及安全问题的非常规性项目的专项监督检验，通过对食品生产企业日常监督检验及非常规性项目检验数据进行深入分析，及时发现可能存在的行业性、区域性质量安全隐患，并对食品质量问题进行初步的危害因素分析。监管人员巡查时发现上述非法添加物，应立即采取控制企业相关产品，对成品进行抽样检查，给予停业整顿处理，严重者给予吊销食品生产许可证等的处分。

d. 积极推行举报奖励制度，高度重视举报投诉发现的问题，及时对有关问题进行危害因素的调查和分析。

e. 积极主动向相关生产加工单位宣传有关微生物污染和三聚氰胺、硫氰酸钠、β-内酰胺酶等危害因素的产生原因、危害性及如何防范等知识，并加强乳品包装标签的管理和强化生产企业的质量安全责任意识和法律责任。

（三）消费建议

a. 选择大型企业或通过认证的企业产品，选择储存、冷藏条件好的商场。

b. 看包装上的标签、标识是否齐全。国家标准规定，外包装必须标明厂名、厂址、生产日期、保质期、执行标准、商标、净含量、配料表、营养成分表及食用方法等。缺少上述任何一项的产品，最好不要购买。

c. 看营养成分表中的标注是否齐全，含量是否合理。营养成分表中一般要标明热量、蛋白质、脂肪、碳水化合物等基本营养成分。其他被添加的营养物质也要标明。

参 考 文 献

蔡如繁，茹巧美，何晋浙. 2013. 乳制品中非法保鲜剂硫氰酸钠检测方法的研究[J]. 中国乳品工业，41（4）：48-51.

陈号，马文静，田晋红，等. 2010. 牛奶中非法添加 β-内酰胺酶的检测方法及研究现状[J]. 畜牧与饲料科学，31（1）：67-69.

陈裕华，廖仕成，李瑞园，等. 2010. 乳及乳制品中羟脯氨酸测定方法的研究[J]. 职业与健康，26（3）：283-285.

顾欣，黄士新，李丹妮，等. 2010. 乳中硫氰酸盐对人类健康的风险评估[J]. 中国兽药杂志，44（9）：45-49.

劳文艳，林素珍. 2011. 黄曲霉毒素对食品的污染及危害[J]. 北京联合大学学报（自然科学版），25（1）：64-69.

李洋，满朝新，赵秋莲，等. 2011. 乳及乳制品中动物水解蛋白L-羟脯氨酸的检测技术[J]. 中国乳品工业，39（5）：47-49.

刘珊珊. 2011. 牛奶中残留的 β-内酰胺酶的检测方法研究[D]. 保定：河北农业大学.

孙贵朋，谢云飞，隋丽敏. 2008. 三聚氰胺的危害及其检测[J]. 上海食品药品监管情报研究，（10）：42-47.

王丹慧，高娃，李梅. 2008. 原料乳中硫氰酸钠掺假定性检测方法[J]. 中国乳品工业，36（7）：57-58.

王世忠，陆荣柱，高坚瑞. 2009. 三聚氰胺的毒性研究概况[J]. 国外医学卫生学分册，36（1）：14-18.

吴兆蕃. 2010. 黄曲霉毒素的研究进展[J]. 甘肃科技，26（18）：89-93.

郑楠，王加启，韩荣伟，等. 2012. 牛奶中主要霉菌毒素毒性的研究进展[J]. 中国畜牧兽医，39（3）：10-13.

Baynes RE，Smith G，Mason SE，et al. 2008. Pharmacokinetics of melamine in pigs following intravenous administration[J]. Food Chem Toxicol，46：1196-1200.

Buur JL，Baynes RE，Riviere JE. 2008. Estimating meat withdrawal times in pigs exposed to melamine contaminated feed using a physiologically based pharmacokinetic model[J]. Regul Toxicol and Pharm，51（3）：324-331.

GB 11674—2010. 食品安全国家标准 乳清粉和乳清蛋白粉[S].

GB 13102—2010. 食品安全国家标准 炼乳[S].

GB 19301—2010. 食品安全国家标准 生乳[S].

GB 19302—2010. 食品安全国家标准 发酵乳[S].

GB 19644—2010. 食品安全国家标准 乳粉[S].

GB 19645—2010. 食品安全国家标准 巴氏杀菌乳[S].

GB 19646—2010. 食品安全国家标准 稀奶油、奶油和无水奶油[S].

GB 25190—2010. 食品安全国家标准 灭菌乳[S].

GB 25192—2010. 食品安全国家标准 再制干酪[S].

GB 2760—2011. 食品安全国家标准 食品添加剂使用卫生标准[S].

GB 2761—2011 食品安全国家标准 食品中真菌毒素限量[S].

GB 2762—2012. 食品安全国家标准 食品中污染物限量[S].

报告十六　饮料生产加工食品安全危害因素调查分析

一、广东省饮料行业概况

饮料是指经定量包装，供直接饮用或用水冲调饮用的，乙醇含量不超过质量分数为 0.5% 的制品，不包括饮用药品。饮料包括瓶（桶）装饮用水类、碳酸饮料（汽水）类、茶饮料类、果汁和蔬菜汁类、蛋白饮料类、固体饮料类、特殊用途饮料类、咖啡饮料类、植物饮料类（非果蔬类的）、风味饮料类及其他饮料类。

据统计，目前广东省饮料生产加工企业共 1511 家，其中获证企业 1494 家，占 98.9%，生产加工小作坊 17 家，占 1.1%，见表 2-16-1。

表 2-16-1　广东省饮料生产加工单位情况统计表

生产加工企业总数/家	食品生产加工企业			食品小作坊数/家
	获证企业数/家	GMP、SSOP、HACCP 等先进质量管理规范企业数/家	规模以上企业数（即年主营业务收入 500 万元及以上）/家	
1511	1494	66	92	17

注：表中数据统计日期为 2012 年 12 月。

广东省饮料生产加工企业的分布如图 2-16-1 所示，珠三角地区的饮料生产加工企业共 862 家，占 57.1%，粤东、粤西、粤北地区分别有 401、180 和 68 家，分别占 26.5%、11.9%、4.5%。从生产加工企业数量看，广州、深圳和东莞较多，分别有 221、123 和 123 家，其次为汕头、潮州、惠州和茂名，分别有 116、113、93 和 84 家。

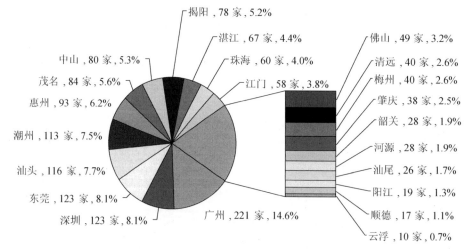

图 2-16-1　广东省饮料加工企业地域分布图

广东省饮料生产加工企业分布比较不均衡，以珠三角地区和粤东地区为主，生产企业规模相对较小。全省有 92 家较大规模企业，其中深圳、潮州和珠海最多，分别为 26、16 和 15 家。同时全省有 66 家企业实施了良好生产规范（GMP）、卫生标准操作规范（SSOP）、危害分析与关键控制点（HACCP），其中深圳和珠海最多，分别为 33 家和 10 家。

饮料生产加工行业存在以下主要问题：①少数产品质量较差，故意偷工减料，如强化维生素、微量元素不添加或添加不够，基本营养素、脂肪、蛋白等营养物质达不到要求，有些产品卫生指标也不达标；②存在劣质假冒产品，此类产品大多流向农村和城乡结合部等监管薄弱的地方；③ "误导" 性宣传下，许多消费者错误地认为，功能饮料可以补充人体所需的所有营养物质。④产品标签上对所含的营养成分没有标出确切的数据；⑤违规添加添加剂或防腐剂超标。

饮料生产加工企业今后食品安全的发展方向是：从饮料行业的实际出发，促进健康饮品行业的发展，加快产业技术创新；充分利用国内的经济环境、政策环境、市场环境、竞争环境和发展趋势，搭建科技创新平台，加强与高校及科研机构的横向合作；引进国外先进的生产技术和管理模式，采用全程监控一体化的生产方式，应用过程检测、成品检测、出厂检测等手段层层把关，保证出厂产品的质量。

二、饮料抽样检验情况

饮料的抽样检验情况见表 2-16-2 和表 2-16-3。

表 2-16-2　2010~2012 年广东省饮料抽样检验情况统计表（1）

年度	抽检批次	合格批次	不合格批次	内在质量不合格批次	内在质量不合格产品发现率/%
2012	4991	4131	860	414	8.3
2011	4856	4067	789	541	11.1
2010	4397	3642	755	477	10.8

表 2-16-3　2010~2012 年广东省饮料抽样检验情况统计表（2）

年度	不合格项目（按照不合格率的高低依次列举）										
	不合格项目（一）				不合格项目（二）				不合格项目（三）		
	项目名称	抽检批次	不合格批次	不合格率/%	项目名称	抽检批次	不合格批次	不合格率/%	项目名称	抽检批次	不合格批次	不合格率/%
2012	标签	3826	542	14.2	菌落总数	3773	225	6.0	总酸	20	1	5.0
2011	水分	59	5	8.5	菌落总数	3696	295	8.0	标签	2265	150	6.6
2010	防腐剂（苯甲酸、山梨酸比例之和）	1	1	100.0	钾	5	1	20.0	标签	2169	196	9.0

三、饮料行业生产加工环节危害因素调查情况

（一）饮料基本生产流程及关键控制点

1. 瓶（桶）装饮用水

（1）饮用纯净水及矿物质水

水源水→粗滤→精滤→去离子净化（离子交换、反渗透、蒸馏及其他加工方法）（适用于饮用纯净水）→配料（适用于矿物质水）→杀菌→灌装封盖→灯检→成品

↑
瓶（桶）及其盖的清洗消毒

（2）饮用天然矿泉水及其他包装饮用水

水源水→粗滤→精滤→杀菌→灌装封盖→灯检→成品

瓶（桶）及其盖的清洗消毒

瓶（桶）装饮用水生产加工的 HACCP 及 GMP 关键控制点为：①水源、管道及设备等的维护及清洗消毒；②瓶（桶）及其盖的清洗消毒；③杀菌设施的控制和杀菌效果的监测；④纯净水生产去离子净化设备控制和净化程度的监测；⑤灌装车间环境卫生和洁净度的控制；⑥包装瓶（桶）及盖的质量控制；⑦消毒剂选择和使用；⑧饮用矿物质水生产中，矿物质的添加量控制；⑨操作人员的卫生管理。

2. 碳酸饮料（汽水）

水处理→水 + 辅料　　　瓶及盖的清洗消毒
↓
基料→调配→制冷、碳酸化→灌装封盖→（暖罐/瓶）→灯检→成品

碳酸饮料（汽水）类产品生产加工的 HACCP 及 GMP 关键控制点为：①原辅材料、包装材料的质量控制；②生产车间，尤其是配料和灌装车间的卫生管理控制；③水处理工序的管理控制；④管道设备的清洗消毒；⑤配料计量，尤其是添加剂的使用控制；⑥瓶及盖的清洗消毒；⑦制冷充气工序的控制；⑧操作人员的卫生管理。

187

3. 茶饮料

水处理→水+辅料
↓
茶叶的水提取物（或其浓缩液、速溶茶粉）→调配（或不调配）→过滤→杀菌→灌装封盖→灯检→成品

茶饮料类产品生产加工的 HACCP 及 GMP 关键控制点为：①原辅材料、包装材料的质量控制；②生产车间，尤其是配料和灌装车间的卫生管理控制；③水处理工序的管理控制；④生产设备的清洗消毒；⑤配料计量；⑥杀菌工序的控制；⑦瓶及盖的清洗消毒；⑧操作人员的卫生管理。

4. 果汁和蔬菜汁

（1）以浓缩果（蔬）汁（浆）为原料
水处理→水 + 辅料
↓
浓缩汁（浆）→稀释、调配→杀菌→无菌灌装（热灌装）→灯检→成品

（2）以果（蔬）为原料
果（蔬）　水处理→水 + 辅料
↓　　　　　↓
预处理→榨汁→稀释、调配→杀菌→无菌灌装（热灌装）→灯检→成品

果汁和蔬菜汁产品生产加工的 HACCP 及 GMP 关键控制点为：①原辅材料、包装材料的质量控制；②生产车间，尤其是配料和灌装车间的卫生管理控制；③水处理工序的管理控制；④生产设备的清洗消毒；⑤配料计量；⑥杀菌工序的控制；⑦瓶及盖的清洗消毒；⑧操作人员的卫生管理。

5. 蛋白类饮料

（1）含乳饮料
乳（复原乳）→调配→均质→杀菌灌装（灌装杀菌）→成品
↓　　　　　　　　　↑
杀菌冷却　辅料+水←水处理
↓
发酵→均质→调配→均质→杀菌灌装（灌装杀菌）→成品

注：活性乳酸菌饮料无最后一步杀菌过程。

（2）植物蛋白饮料
水处理→水　　　水处理→水+辅料
↓　　　　　　　↓
原料→预处理→制浆→过滤脱气→调配→均质→杀菌灌装（或灌装 杀菌）→成品

蛋白类饮料产品生产加工的 HACCP 及 GMP 关键控制点为：①原辅材料、包装材料的质量控制；②生产车间，尤其是配料和灌装车间的卫生管理控制；③水处理

工序的管理控制；④生产设备的清洗消毒；⑤配料计量；⑥杀菌工序的控制；⑦瓶及盖的清洗消毒；⑧操作人员的卫生管理。

6. 固体饮料

水+辅料
↓
原料→调配→脱水干燥→成型包装→成品

蛋白类饮料产品生产加工的 HACCP 及 GMP 关键控制点为：①原辅材料、包装材料的质量控制；②生产车间，尤其是冷却和包装车间的卫生管理控制；③设备的清洗消毒；④配料计量；⑤脱水和包装工序的控制；⑥操作人员的卫生管理。

（二）调查发现饮料生产加工过程中存在的主要质量及安全问题

a. 微生物（菌落总数、大肠菌群、霉菌）超标。
b. 电导率不合格。
c. 食品添加剂（甜蜜素、苯甲酸及其钠盐）超限量使用。
d. 溴酸盐超标。
e. 砷与铅含量超标。

四、饮料［瓶（桶）装饮用水］行业生产加工环节危害因素及描述

（一）菌落总数及大肠菌群

菌落总数和大肠菌群均是判断食品质量的重要微生物指标，菌落总数或大肠菌群超标将会引起食品营养成分的破坏，加速食品的腐败变质，对人体健康造成潜在威胁。菌落总数及大肠菌群的危害因素特征描述见第三章。

1. 相关标准要求

由于每种饮料具有自身独特材料及生产工艺流程，标准规定的菌落总数及大肠菌群限量不同。各类别饮料的菌落总数及大肠菌群卫生限量标准见表 2-16-4。

表 2-16-4　各种类饮料的菌落总数及大肠菌群卫生限量标准

饮料类别	菌落总数/（cfu/ml 或 cfu/g）	大肠菌群/（MPN/ml 或 cfu/g）
瓶（桶）装饮用水类≤	20	3
碳酸饮料≤	100	6
含乳饮料≤	10 000	40

续表

饮料类别		菌落总数/ （cfu/ml 或 cfu/g）	大肠菌群/ （MPN/ml 或 cfu/g）
茶饮料≤		100	6
果、 蔬菜 汁类	低温复原果汁≤	500	30
	其他≤	100	3
植物蛋白饮料≤		100	3
固体 饮料 类	蛋白型≤	30 000	100
	普通型≤	900	40
乳酸 菌饮 料	未杀菌≤	—	3
	杀菌≤	100	3

2. 危害因素来源

饮料中菌落总数和大肠菌群超标主要原因：一是生产用水及原料未达到相关卫生标准规定导致终产品不符合要求；二是原材料在运输或储存环节受细菌污染而造成成品中菌落总数或大肠菌群超标；三是生产加工过程中未严格按杀菌工艺要求操作。

（二）霉菌

霉菌是形成分枝菌丝的真菌的统称，霉菌在自然界分布广泛，种类繁多，空气、土壤、水中都存在着霉菌。霉菌有着极强的繁殖能力，饮料在生产、加工、储运、销售过程中可被霉菌及霉菌毒素污染。霉菌的危害因素特征描述见第三章。

1. 相关标准要求

饮料中霉菌限量标准因加工工艺不同，详见表2-16-5。

表 2-16-5　各种类饮料中霉菌的卫生限量标准

饮料类别		霉菌/ （cfu/ml 或 cfu/g）
瓶（桶）装饮用水类≤		不得检出
碳酸饮料≤		10
含乳饮料≤		10
茶饮料≤		10
果、蔬菜 汁类	低温复原果汁≤	20
	其他≤	20
植物蛋白饮料≤		40
固体饮 料类	蛋白型≤	50
	普通型≤	50
乳酸菌 饮料	未杀菌≤	30
	杀菌≤	30

2. 危害因素来源

饮料中霉菌的超标主要原因：一是原材料在运输或储存环节受霉菌污染；二是生产加工过程环境不符合要求导致成品污染。

（三）电导率不合格

1. 危害因素特征描述

电导率是指物质传输电流能力强弱的测量值。在食品检测中，常使用水的电导率表示水质的纯净度。水的含盐量越高，电导率越大。

电导率超标主要是水中离子含量高而导致。

2. 检测方法及相关标准要求

国家标准《瓶装饮用纯净水》（GB 17323—1998）规定了电导率测定方法标准，国家标准《瓶装饮用纯净水》（GB 17324—2003）要求纯净水电导率小于 10 μs/cm。

3. 危害因素来源

造成电导率指标不合格的主要原因：一是水源所含离子等杂质较多，一级反渗透不足以彻底过滤所有杂质，从而造成电导率超标；二是反渗透设备的滤芯使用时间过长，过滤效果不足；三是部分企业在生产纯净水过程中为改善口感，添加电解液。

（四）甜蜜素

甜蜜素属于人工合成的低热值新型甜味剂之一，我国允许甜蜜素作为甜味剂用于食品加工生产过程中，但必须遵守相关标准所规定的使用限量及使用范围。甜蜜素的危害因素特征描述见第三章。

1. 相关标准要求

《食品安全国家标准　食品添加剂使用卫生标准》（GB 2760—2011）规定，甜蜜素用于饮料类（除外14.01包装饮用水类）的最大使用量（以环己基氨基磺酸计）为 0.65 g/kg。

2. 危害因素来源

人工合成甜味剂价格低廉，为降低生产成本，生产企业超量使用甜味剂代替蔗糖。

（五）苯甲酸及其钠盐

苯甲酸以游离酸、酯或其衍生物的形式广泛存在于自然界中，对霉菌、酵母和细菌有抑制作用，苯甲酸及

189

其钠盐可作为防腐剂用于食品生产，使用限量及使用范围需遵守标准规定，苯甲酸及其钠盐的危害因素特征描述见第三章。

1. 相关标准要求

《食品安全国家标准 食品添加剂使用卫生标准》（GB 2760—2011）规定：浓缩果蔬汁中苯甲酸含量≤2.0 g/kg；果蔬汁≤1.0 g/kg；碳酸饮料≤0.2 g/kg；风味饮料≤1.0 g/kg。苯甲酸和苯甲酸钠同时使用时，以苯甲酸计不得超过最大使用量。

2. 危害因素来源

一是企业使用了含有过量苯甲酸的原材料带入；二是企业超范围超量使用。

（六）溴酸盐超标

包装饮用水或矿泉水中的溴酸盐是由于在生产过程中使用臭氧对水进行消毒，将水中的溴离子氧化成溴酸根离子。水中溴酸盐的浓度取决于水源的来源、溴化物浓度、臭氧投加剂量、pH、碱度和溶解的有机碳，以及加工处理工艺。过量摄入溴酸盐会损害人的血液、中枢神经和肾脏。

1. 相关标准要求

世界卫生组织《饮用水水质准则（第三版）》、美国环保局饮用水标准中、《欧盟饮用水水质指令》及我国《生活饮用水卫生标准》及《饮用天然矿泉水》标准规定水中溴酸盐限量值为 10 μg/L。

2. 危害因素来源

在正常情况下，天然矿泉水不含溴酸盐，但水源存在微量溴化物。饮用水生产企业采用臭氧消毒时，源水中存在的溴化物与臭氧发生反应生成溴酸盐，因此生产天然矿泉水过程中应对臭氧消毒工艺严格控制，避免成品中溴酸盐含量超出限量。纯净水采用反渗透技术，不含溴化物，不存在溴酸盐问题。

（七）砷及铅

砷及铅是常存在于食品中的两种元素，其主要源自食品原材料带入，若食品中的砷及铅超过标准所设定的限量值，则可能会对消费者的健康造成一定的影响，砷及铅的危害因素特征描述见第三章。

1. 相关标准要求

饮料中砷及铅的限量标准因原材料及加工工艺而不同，详见表 2-16-6。

表 2-16-6　各种类饮料中砷及铅的卫生限量标准

标　准	产品类型	总砷/（mg/L 或 mg/kg）	铅/（mg/kg 或 mg/kg）
GB 19297—2003 果、蔬汁饮料卫生标准及 GB/T 21732—2008 含乳饮料	果、蔬汁饮料、含乳饮料	0.2	0.05
GB 19296—2003 茶饮料卫生标准及 GB 2759.2—2003 碳酸饮料卫生标准	茶饮料、碳酸饮料	0.2	0.3
GB 17324—2003 瓶（桶）装饮用纯净水卫生标准	瓶（桶）装饮用水	0.05	0.01
GB 7101—2003 固体饮料卫生标准	固体饮料	0.5	1.0

2. 危害因素来源

饮料中砷含量超过限量值主要是使用了砷污染的天然水或人为砷污染的饮用水为饮料生产用水。

饮料中铅的来源则存在多种途径，主要是：一是原料带入，主要出现在果、蔬汁饮料、茶饮料及部分固体饮料中，由于植物在生长过程中富集了受污染土壤中的铅离子，原料中铅含量超标；二是生产加工过程中所使用的辅料、加工助剂、生产环境、生产设备、包装材料；生产中与产品接触的都可能引起铅污染；三是使用了铅污染的天然水或人为铅污染的饮用水为生产用水。

五、危害因素的监控措施建议

（一）生产企业自控建议

1. 原辅料使用方面的监控

饮料中来源于原辅料的危害因素主要包括生物性、化学性和物理性危害。生物性和物理性危害可通过后续工序加以排除；化学性危害（如农药残留及重金属污染等）需供货商提供相关证照及权威机构出具的产品合格证明材料，并按相关标准检查确认等方式加以排除；同时生产企业要加强原辅料的自我检验工作，建立原辅料采购明细记录。

2. 食品添加剂使用方面的监控

饮料生产过程中所使用的食品添加剂必须符合《食品安全国家标准 食品添加剂使用卫生标准》（GB

2760—2011）的规定，全面实行"五专"（即食品添加剂专人管理、专柜存放、专本登记、专用计量器具、专人添加）、"五对"（即对标准、对种类、对验收、对用量、对库存）管理，确保食品添加剂的安全使用。

3. 饮料生产过程的监控

（1）调配工序的控制

主要是食品添加剂最大限量的控制。调配作业规范，做好调配记录。

（2）杀菌工序的控制

主要包括臭氧浓度的控制、灭菌温度及时间的控制。可通过无菌采样进行微生物培养、检查杀菌记录、定期计量温度传感器、及时修理或损坏的控制器等方式进行控制。

（3）瓶及盖的清洗消毒的控制

所用包装材料必须符合相关规定，不得使用以回收废旧塑料为原料制成的瓶和盖；所用的消毒剂应符合国家相应规定，有监管部门的批准文号或食品级证明。

（4）灌装封盖工序的控制

灌装车间的空气清洁度及灌装局部空气清洁度达到相关标准要求；安装粗效和中效空气净化设备，保证空气循环次数。

4. 出厂检验的监控

饮料生产企业应严格督促对每批次出厂产品都进行检验，并建立记录台账，严把产品出厂关。同时，检验设备须具备有效的检定合格证；检验人员须具有检验能力和检验资格。

（二）监管部门监控建议

a. 加强重点环节的日常监督检查。对企业的原料进货把关、生产过程投料控制及出厂检验等关键环节的控制措施落实情况和记录情况进行检查。

b. 重点问题风险防范。由于饮料在制作过程中涉及

包装材料的清洗和消毒工序，操作不当极易引起微生物项目超标，应重点监测该项目。同时重点核查企业原辅料进货台账是否建立，以及供货商资格把关，即是否有生产许可证及相关产品的检验合格证明，尤其关注甜蜜素、微生物指标等。

c. 有针对性地开展标准项目以外涉及安全问题的非常规性项目的专项监督检验，通过对食品生产企业日常监督检验及非常规性项目检验数据进行深入分析，及时发现可能存在的行业性、区域性质量安全隐患。

d. 积极推行举报奖励制度，高度重视举报投诉发现的问题，及时对有关问题进行危害因素的调查和分析，采取有效措施消除食品安全隐患。

e. 积极主动向相关生产加工单位宣传有关甜蜜素、苯甲酸、溴酸盐超标等危害因素的产生原因、危害性以及如何防范等知识，强化生产企业的质量安全责任意识和法律责任，提高依法生产的自律性，防止违法添加有毒有害物质。

（三）消费建议

a. 尽量选择规模大、产品和服务质量好的品牌企业。

b. 从标签标示判断，不同饮料商标上应标明的内容也不同。如没有注明具体内容或指标，则该产品质量不可靠。

c. 从外观上判断质量：果味型汽水不应出现絮状物；塑料瓶装与易拉罐汽水手捏不软不变形；三片罐装饮料不应盖上凸起；果茶之类饮料及其他一些饮料，如太黏稠、太鲜红或颜色异常，则质量不佳。

d. 从气味和味道判断质量：各种饮料都有其相应的气味。正常饮料无异常味道，酸甜适度，如果有苦味、酒味、醋味等，则表明其质量有问题。

e. 从实质判断质量：果味饮料应清澈透明，无杂质，不浑浊；果汁饮料应均匀一致，不分层，无沉淀和漂浮物；固体饮料不应有结块、潮解和杂质。

参 考 文 献

朱辉，邓鑫灏. 2013. 饮料行业发展状况浅析[J]. 市场研究，（2）：63-64.

GB 10789—2007. 饮料通则[S].

GB 17324—2003. 瓶（桶）装饮用纯净水卫生标准[S].

GB 19296—2003. 茶饮料卫生标准[S].

GB 19297—2003. 果、蔬汁饮料卫生标准[S].

GB 2759.2—2003. 碳酸饮料卫生标准[S].

GB 7101—2003. 固体饮料卫生标准[S].

GB/T 21732—2008. 含乳饮料[S].

报告十七　方便食品生产加工食品安全危害因素调查分析

一、广东省方便食品行业情况

方便食品是指部分或完全熟制，不经烹调或仅需简单加热、冲调就能食用的食品。该类食品包括方便面、方便米饭、方便粥、方便米粉（粉丝）、方便湿米粉、方便豆花、方便湿面、麦片、黑芝麻糊、红枣羹、油茶等。

据统计，目前广东省方便食品生产加工单位共 63家，其中，获证企业 63 家，占 100.0%，见表 2-17-1。

表 2-17-1　广东省方便食品生产加工单位情况统计表

生产加工单位总数/家	食品生产加工企业			食品小作坊数/家
	获证企业数/家	GMP、SSOP、HACCP 等先进质量管理规范企业数/家	规模以上企业数（即年主营业务收入 500 万元及以上）/家	
63	63	5	5	0

注：表中数据统计日期为 2012 年 12 月。

广东省方便食品生产加工单位的分布如图 2-17-1 所示，珠三角地区的方便食品加工单位最多，共 30 家，占 47.6%，粤东、粤西、粤北分别有 29、2、2 家，分别占 46.0%、3.2%和 3.2%。从生产加工单位数量看，揭阳生产单位最多，有 22 家，其次为广州、东莞，分别有 18 和 6 家。

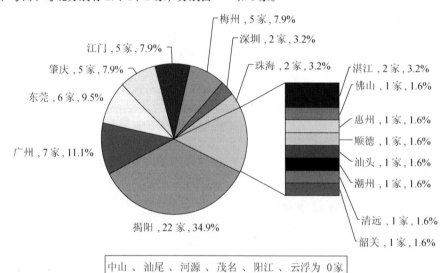

中山、汕尾、河源、茂名、阳江、云浮为 0家

图 2-17-1　广东省方便食品加工单位地域分布图

广东省的方便食品企业分布较均衡，全省有 5 家较大规模企业，分别在珠海（2 家）、肇庆（2 家）和顺德（1 家）。同时有 5 家企业实施了良好生产规范（GMP）、卫生标准操作规范（SSOP）、危害分析与关键控制点（HACCP），其中惠州 1 家、顺德 1 家、肇庆 2 家、珠海 1 家。大中型的方便食品生产加工企业的工艺比较成熟，管理比较规范，从业人员操作熟练，进出厂的检验比较严格。

目前广东省的方便食品生产加工行业存在以下主要问题：①部分产品存在标签标识不规范问题；②个别产品被检出酸价超标；③部分企业的生产加工场所简陋、从业人员卫生习惯差，消毒措施不健全，加工、包装等过程容易受到污染，致使微生物超标。

方便食品生产加工单位今后食品安全的发展方向是：须进一步经历由简陋到精致、由手工到自动化、由注重美味到引入安全、健康、营养的转变；开发高附加值、高科技与文化含量、高营养价值的新产品；加强卫生监督与管理，严格选料，严格执行卫生操作规范，加强从业人员卫生知识培训，增强其卫生意识和守法观念，以保证消费者的食用安全。

二、方便食品检验情况

方便食品的检验情况见表 2-17-2 和表 2-17-3。

表 2-17-2 2010~2012 年广东省方便食品抽样检验情况统计表（1）

年度	抽检批次	合格批次	不合格批次	内在质量不合格批次	内在质量不合格产品发现率/%
2012	91	89	2	1	1.1
2011	166	157	9	4	2.4
2010	120	114	6	0	0.0

表 2-17-3 2010~2012 年广东省方便食品抽样检验情况统计表（2）

年度	不合格项目（一）				不合格项目（二）				不合格项目（三）			
	项目名称	抽检批次	不合格批次	不合格率/%	项目名称	抽检批次	不合格批次	不合格率/%	项目名称	抽检批次	不合格批次	不合格率/%
2012	酸价	6	1	16.7	—	—	—	—	—	—	—	—
2011	霉菌	7	2	28.6	菌落总数	27	2	7.4	标签	41	3	7.3
2010	标签	33	5	15.2	酸价、碘呈色度	9	1	11.1	—	—	—	—

三、方便食品行业生产加工环节危害因素调查情况

（一）方便食品的基本生产流程及关键控制点

1. 方便面

配粉→压延→蒸煮→油炸（或热风干燥）→包装

方便面生产加工的 HACCP 及 GMP 关键控制点为：①配粉；②设备的清洗；③油炸（或热风干燥）。

2. 主食类

原辅料处理→调粉（或不经调粉）→成型（或不经成型）→熟制干燥（非脱水干燥产品除外）→冷却→包装

主食类方便食品生产加工的 HACCP 及 GMP 关键控制点为：①原辅料的使用；②食品添加剂的使用；③熟制工序的工艺参数控制；④干燥工序的工艺参数控制。

3. 冲调类

原辅料处理→熟制（或部分原料熟制）→成型或粉碎→干燥（或不经干燥）→混合→包装

冲调类方便食品生产加工的 HACCP 及 GMP 关键控制点为：①原辅料的使用；②食品添加剂的使用；③熟制工序的工艺参数控制；④干燥工序的工艺参数控制。

（二）调查发现方便食品在生产加工过程中存在的主要质量问题包括

a. 微生物（菌落总数和大肠菌群、霉菌）超标。

b. 水分含量超标。

c. 超范围使用甜味剂。

d. 超限量使用着色剂。

e. 超范围使用防腐剂。

f. 铅与砷超标。

g. 设备残留物质变质、霉变。

四、方便食品行业生产加工环节危害因素及描述

（一）菌落总数和大肠菌群

菌落总数及大肠菌群两个微生物指标常用于提示食品受微生物污染程度，判断食品在生产加工过程中卫生情况，菌落总数和大肠菌群的危害因素特征描述见第三章。

193

1. 相关标准要求

根据各种方便食品加工工艺不同，相关标准规定菌落总数及大肠菌群等卫生指标，如表2-17-4所示。

表 2-17-4　方便食品中菌落总数及大肠菌群的限量指标

标准	产品类型	菌落总数/（cfu/g）	大肠菌群/（MPN/100g）
GB 19640—2005 麦片类卫生标准	麦片类	1 000	40
GB 17400—2003 方便面卫生标准	面块	1 000	30
	面块和调料	50 000	150

2. 危害因素来源

方便食品的危害因素来源，一是从食品原料到消费者食用，任何温度或湿度的变化可为微生物生长提供条件；二是企业生产环境不符合卫生要求、过程控制不严、包装材料不符合卫生要求、储藏及运输条件变化、出厂检验把关不严或人员操作不符合标准均会增加产品被微生物污染的风险可能性。

（二）霉菌

霉菌有着极强的繁殖力，在适合的温度、湿度条件下可快速生长并分泌次生代谢产物，某些霉菌甚至可产生生物毒素，因此若食品被霉菌污染后可能会产生食品安全隐患，霉菌的危害因素特征描述见第三章。

1. 相关标准要求

我国国家标准《麦片类卫生标准》（GB 19640—2005）规定，麦片类方便食品中的霉菌应小于50 cfu/g，《方便面卫生标准》（GB 17400—2003）未对方便面的霉菌指标进行要求。

2. 危害因素来源

方便食品中霉菌卫生指标不符合标准的危害因素来源：一是由于企业管理不规范，如原材料、包装容器、生产流程控制、生产环境温湿度控制、灭菌不彻底等因素造成；二是运输及销售过程挤压造成包装密封不严。

（三）甜蜜素

甜蜜素为磺胺类非营养性食品添加剂，在食品中可替代蔗糖，其使用限量及范围应遵循标准要求。甜蜜素的危害因素特征描述见第三章。

1. 相关标准要求

《食品安全国家标准 食品添加剂使用标准》（GB 2760—2011）不允许方便食品中使用甜蜜素。

2. 危害因素来源

企业为降低成本在方便食品中超范围使用甜味剂以代替蔗糖。

（四）柠檬黄

柠檬黄是食品着色剂中最稳定的一种，被广泛应用于食品、饮料中，以提高产品感官品质，但应根据相关标准规定使用量及使用范围。柠檬黄的危害因素特征描述见第三章。

1. 相关标准要求

《食品安全国家标准 食品添加剂使用标准》（GB 2760—2011）仅允许柠檬黄在即食谷物包括碾轧燕麦（片）中使用，最大使用量为 0.08 g/kg，其他方便食品不得超范围使用。

2. 危害因素来源

生产企业超限量或超范围使用。

（五）日落黄

与柠檬黄相似，日落黄也是其中一种可在食品加工生产过程中使用的着色剂，赋予食品鲜艳的黄色以提高食品的感官品质，但在食品中日落黄不可超限量或超范围使用，日落黄的危害因素特征描述见第三章。

1. 相关标准要求

《食品安全国家标准 食品添加剂使用标准》（GB 2760—2011）仅允许日落黄在即食谷物及碾轧燕麦（片）中使用，最大使用量为 0.1 g/kg，其他方便食品中不得超范围使用。

2. 危害因素来源

生产企业超限量或超范围使用。

（六）防腐剂

苯甲酸及其钠盐、山梨酸及其钾盐都是我国允许使用的食品添加剂，其主要作用是抑制食品中霉菌、酵母和细菌的生长，以保证食品在保质期限内不会腐败变质，但在食品中不可超限量或超范围使用防腐剂。

苯甲酸及其钠盐、山梨酸及其钾盐的危害因素特征描述见第三章。

1. 相关标准要求

《食品安全国家标准 食品添加剂使用标准》（GB 2760—2011）不允许苯甲酸及其钠盐、山梨酸及其钾盐在方便食品中使用。

2. 危害因素来源

生产企业为延长方便食品保质期，超范围使用苯甲酸及其钠盐、山梨酸及其钾盐。

（七）砷及铅

食品中含有多种元素，其中的大部分对维持人体的正常活动具有重要的意义，而仅有的小部分在超出限量标准的情况下，有可能会对消费者的健康造成影响，砷及铅的危害因素特征描述见第三章。

1. 相关标准要求

各种类的方便食品的相关标准分别规定了其产品中砷及铅的限量值，如表2-17-5所示。

表2-17-5 方便食品中砷及铅的限量值

标准	产品类型	总砷（以砷计）/(mg/kg)	铅/(mg/kg)
GB 19640—2005 麦片类卫生标准	麦片类	0.5	0.5
GB 17400—2003 方便面卫生标准	方便面	0.5	0.5
NY/T 1330—2007 绿色食品 方便主食品	非油炸方便面	0.1	0.2
	方便米饭、方便粥、方便米粉	0.15	0.2
	方便粉丝	0.2	0.2

2. 危害因素来源

砷与铅的主要来源：一是某些地区特殊自然环境中的高本底含量，污水灌溉及施用含砷、铅的化肥、农药等造成土壤污染，使植物生长期吸收并蓄积，并作为原料带入成品；二是生产加工环节中，辅料、加工助剂、生产环境、设备、包装材料等与产品接触过程而造成的迁移。

五、危害的监控措施建议

（一）生产企业自控建议

方便食品加工企业可以通过对生产的基本加工流程、易出现的质量安全问题、必备的生产资源、原辅料的质量等方面进行严格把关，认真落实并执行好产品的相关标准；确保做好每一批次产品必备的出厂检验，根据HACCP原理，尽量避免方便食品的安全生产隐患，以保障产品的安全。

1. 原辅料使用方面的监控

方便食品主要是以小麦粉、荞麦粉、食盐或面质改良剂、水等主要原辅料加工制作而成。由原料导致的安全问题有：面粉增白剂的不合格、农药残留超标、霉变及毒素、生虫等。辅料如食盐、棕榈油、生产用水等达不到标准，也会导致方便食品出现安全隐患。企业应当做到如下几方面。

a. 加强原辅料的自我检验工作，如企业自身无检测能力，可委托有资质的检测机构进行检验。

b. 企业生产方便食品所使用的原辅料、包装材料必须符合国家标准、行业标准及有关规定；不允许使用非食品原料加工食品。

c. 如所使用的原辅材料为实施生产许可证管理的产品，必须选用获得生产许可证企业生产的获证产品。

d. 调味料包等如有外购情况的，应对其进行进货验证。

e. 应严格控制原辅料储存条件。

2. 食品添加剂使用方面的监控

方便食品生产过程中所使用的食品添加剂必须符合《食品添加剂使用卫生标准》（GB 2760—2011）的规定，全面实行"五专"（即食品添加剂专人管理、专柜存放、专本登记、专用计量器具、专人添加）、"五对"（即对标准、对种类、对验收、对用量、对库存）管理，确保食品添加剂的安全使用。不得超范围超量使用食品添加剂（如添加在方便食品中的山梨酸、苯甲酸等），不得添加国家明令禁止使用的非食用物质（如吊白块、化学染色剂及荧光增白剂等）。

3. 方便食品生产过程的监控

方便食品的生产加工以配粉→压延→蒸煮→油炸（或热风干燥）→包装组成。企业应按照HACCP体系及GMP的要求进行关键点的控制，并形成关键控制点作业指导书，并在其指导下进行生产。

（1）原辅料的验收

小麦粉、棕榈油等原辅料应验收，确保无霉变、生虫、酸败，并符合国家质量、卫生标准，小麦粉重点检测吊白块，棕榈油重点检测酸价和过氧化值。

（2）油炸工艺的控制

重点控制油炸温度和时间、油的酸价和过氧化值及致病菌的污染。严格执行卫生标准操作规范（SSOP）和保持良好的个人卫生；购买符合卫生标准要求的设备及使用符合标准要求的饮用水；严格控制温度、干燥时间等参数；定期检测仪器设备的灵敏度，保障仪器设备的正常运行。

（3）冷却工艺控制

控制冷却效果。

（4）包装等工艺的控制

控制包装材料及包装时的严密性。

4．出厂检验的监控

a．方便食品生产企业要强化出厂检验的意识，制定切合自身出厂检验制度并确保不断完善；检验人员须具备检验能力和检验资格。

b．强化三检制度，即本工序自检、下工序检查上工序、品控员对各工序的监督检查，原则是预防为主，及时纠正，杜绝不合格品进入下工序，以达到减少和避免不合格品的目的。

c．定期或不定期与资质机构比对，提高检验水平；根据方便食品的检验项目要求，制作统一规范的原始记录单和出厂检验报告，不定期抽查评点报告，如实、科学填写原始记录和检验记录。

（二）监管部门监控建议

a．加强重点环节的日常监督检查。重点对照卫生部发布的《食品中可能违法添加的非食用物质和易滥用的食品添加剂品种名单》，以及本地区监管工作中发现的其他在食品中存在的有毒有害物质、非法添加物质和食品制假现象，对企业的原料控制、生产过程控制及出厂检验等关键环节的控制措施落实情况进行检查。

b．重点问题风险防范。方便食品容易出现超范围、超量使用食品添加剂、微生物指标超标等问题，若储存不当极易引起发霉、变质等问题，应重点监测方便食品的吊白块、农药残留量项目。生产现场应重点检查通风情况是否良好、卫生环境控制是否符合要求、三防设施（防蝇、防尘、防鼠）是否正常、车间设备设施的清洗消毒记录是否完善、出厂检验记录是否齐全等。尤其关注原辅料农药残留量、微生物指标等，杜绝发霉变质的小麦粉等用于生产；直接用于食品生产加工的水必须符合《生活饮用水卫生标准》（GB 5749—2006）的要求。

c．对容易出现质量安全问题、高风险的食品，认真开展危害因素调查分析，及时发现并督促企业防范滥用添加剂和使用非食品物质等违法行为。

d．有针对性地开展标准项目以外涉及安全问题的非常规性项目的专项监督检验，对日常监督检验及非常规性项目检验数据进行分析，及时发现可能存在的行业性、区域性质量安全隐患。

e．积极推行举报奖励制度，高度重视举报投诉发现的问题，及时对有关问题进行危害因素的调查和分析，采取有效措施消除食品安全隐患。

f．积极主动向相关生产加工单位宣传有关吊白块、农药残留、微生物指标超标等危害因素的产生原因、危害性以及如何防范等知识，强化生产企业的质量安全责任意识和法律责任，健全企业安全诚信体系和提高企业职业道德，提高企业依法生产的自律性，杜绝违法添加有毒有害物质。

（三）消费建议

a．尽量选择规模大、产品和服务质量好的品牌企业的产品。

b．看包装上的标签、标识是否齐全。国家标准规定，外包装必须标明厂名、厂址、生产日期、保质期、执行标准、商标、净含量、配料表、营养成分表及食用方法等。缺少上述任何一项的产品，最好不要购买。

c．看营养成分表中的标注是否齐全，含量是否合理。营养成分表中一般要标明热量、蛋白质、脂肪、碳水化合物等基本营养成分。其他被添加的营养物质也要标明。

参 考 文 献

凌关庭．2003．食品添加剂手册 [M]．北京：化学工业出版社．

Cullen WR，Reimer KJ．1989．Arsenic speciation in the environment [J]．Chem Rev，89（4）：713-764．

Garner RC，Nutman CA．1977．Testing of some azo dyes and their reproduction products for mutagenicity using Salmonella. typhimurium TA 1538[J]．Mutation Res，44，9-19．

GB 17400—2003．方便面卫生标准[S]．

GB 19640—2005．麦片类卫生标准[S]．

GB 2760—2011．食品安全国家标准 食品添加剂使用标准[S]．

Graunt IF，Hardy J．1975．Long-term toxicity of sorbic acid in the rat [J]．Food Cosmet Toxicol，13，31-45．

Ishidate M，Odashima S．1977．Chromosome test with 134 compounds on Chinese Hamster Cells in vitro -a sceening for chemical carcigens. Mutation Res，38：337-354．

Knobeloch LM，Zierold KM，Anderson HA．2006．Association of arsenic-contaminated drinking water with prevalence of skin cancer in Wisconsin's Fox River Valley [J]．Journal Health Popul Nutr，24（2）：206-213．

Namiki M，Udaka S，Osawa T，et al．1980．Formation of mutagens by sorbic acid-nitrite reaction conditions on biological activity [J]．Mutation Res，73：21-28．

NY/T 1330—2007．绿色食品 方便主食品[S]．

Price PJ，Suk WA，Freeman AE，et al．1978．*In vitro* and *in vivo* indications of the carcinogenicity and toxicity of food dyes [J]．Int J Cancer，21：361-367．

报告十八　饼干生产加工食品安全因素调查分析

一、广东省饼干行业情况

饼干，是以小麦粉（可添加糯米粉、淀粉等）为主要原料，加入（或不加入）糖、油脂及其他原料，经调粉（或调浆）、成型、烘烤等工艺制成的口感松酥或松脆的食品。根据配方和生产工艺的不同，饼干大致可分为

13类：酥性饼干、韧性饼干、发酵饼干、压缩饼干、曲奇饼干、夹心（或注心）饼干、威化饼干、蛋圆饼干、蛋卷、煎饼、装饰饼干、水泡饼干及其他饼干类。

据统计，目前，广东省饼干生产加工企业共410家，其中获证企业406家，占99.0%，小作坊4家，占1.0%，见表2-18-1。

表 2-18-1　广东省饼干生产加工企业情况统计表

生产加工企业总数/家	食品生产加工企业			食品小作坊数/家
	获证企业数/家	GMP、SSOP、HACCP等先进质量管理规范企业数/家	规模以上企业数（即年主营业务收入500万元及以上）/家	
410	406	19	42	4

广东省饼干生产加工企业的分布如图2-18-1所示，珠三角地区的饼干生产加工企业共304家，占74.1%，粤东、粤西、粤北地区分别有72家、31家和3家，分别占17.6%、7.6%、0.7%。从生产加工企业数量看，东莞和江门较多，分别有79家、49家，其次为广州、中山、揭阳和佛山，分别有46家、42家、33家和28家。

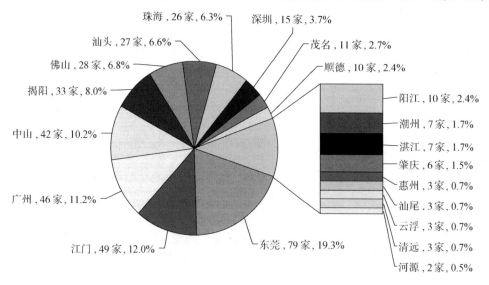

梅州和韶关为0家

图 2-18-1　广东省饼干加工企业地域分布图

全省有42家较大规模企业，分别在中山（25家）、珠海（9家）、深圳（4家）、顺德、肇庆、河源和湛江（各1家）。同时全省有19家企业实施了良好生产规范（GMP）、卫生标准操作规范（SSOP）、危害分析与关键控制点（HACCP），分别在中山（4家）、深圳（5家）、珠海（4家）、潮州（2家），惠州、顺德、肇庆、河源（各1家）。大中型的饼干生产加工企业的工艺成熟，管理规范，从业人员操作熟练，进出厂检验严格；小企业及小作坊食品安全意识不强，存在违规操作的现象，且从业人员流动大，管理困难。

饼干生产加工行业存在以下主要问题：①部分小企业小作坊存在着一些违法生产行为，如使用不符合要求的原材料（如重金属、黄曲霉毒素超标的不合格面粉），超范围使用食品添加剂（如色素和甜味剂等）；②仓库管

理存在一定的质量隐患，部分企业未区分原料堆放区和成品区，造成交叉污染；③小企业的卫生意识比较淡薄，防蚊、防虫、防鼠措施做得不够到位。

饼干生产加工单位今后食品安全的发展方向是：小

企业严格控制原料质量、规范操作，生产出质量合格产品；大中型企业进一步加强整合，逐步实现规模化、自动化，形成保证饼干质量的可靠管理模式。

二、饼干抽样检验情况

饼干的抽样检验情况见表 2-18-2 和表 2-18-3。

表 2-18-2　2010~2012 年广东省饼干抽样检验情况统计表（1）

年度	抽检批次	合格批次	不及格批次	内在质量不合格批次	内在质量不合格产品发现率/%
2012	1152	1007	145	46	4.0
2011	737	659	78	41	5.6
2010	752	639	113	63	8.4

表 2-18-3　2010~2012 年广东省饼干抽样检验情况统计表（2）

年度	不合格项目（一）				不合格项目（二）				不合格项目（三）			
	项目名称	抽检批次	不合格批次	不合格率/%	项目名称	抽检批次	不合格批次	不合格率/%	项目名称	抽检批次	不合格批次	不合格率/%
2012	标签	984	104	10.6	铝	184	4	2.2	菌落总数	565	23	4.1
2011	二氧化硫残留量	15	2	13.3	铝	55	5	9.1	标签	333	26	7.8
2010	标签	442	51	29.4	山梨酸	17	5	27.4	细菌总数	8	1	12.5

不合格项目（按照不合格率的高低依次列举）

三、饼干生产加工环节危害因素调查情况

（一）饼干生产加工的基本生产流程及关键控制点

饼干的生产加工工艺流程如下。
配粉和面→成型→烘烤→包装
饼干生产技工的 HACCP 及 GMP 的关键控制点为：①配粉；②烘烤；③包装。

（二）调查发现饼干生产加工过程中存在的主要问题

a. 水分含量超标。
b. 酸价和过氧化值超标。
c. 微生物（菌落总数、大肠菌群）超标。
d. 超范围使用着色剂柠檬黄。
e. 超范围使用防腐剂（苯甲酸及其钠盐、山梨酸及其钾盐）。
f. 超限量使用甜味剂（甜蜜素与糖精钠）。

四、饼干生产加工环节危害因素及描述

（一）微生物（菌落总数及大肠菌群）

菌落总数及大肠菌群是用于评价食品卫生状况的两个指标，若饼干类产品受微生物污染，可造成产品变质而引起食物中毒，菌落总数及大肠菌群的危害因素特征描述见第二部分第一章。

1. 相关标准要求

我国国家标准《饼干卫生标准》（GB 7100—2003）规定饼干类产品的菌落总数及大肠菌群，非夹心饼干及夹心饼干的菌落总数应分别不大于 750 cfu/g 及 2000 cfu/g；大肠菌群则应不大于 30 MPN/100g。

2. 危害因素来源

饼干菌落总数及大肠菌群未符合国家标准的危害因素来源：一是加工过程中配粉和面工艺不符合卫生条件，使水分含量高的面团受微生物污染；二是烘焙工艺控制

199

不严，使产品中水分含量较高，利于微生物生长；三是包装不符合卫生条件使产品受微生物污染。

（二）柠檬黄

柠檬黄是一种常在食品中使用的着色剂，其主要作用是提高食品感官品质，但是柠檬黄在食品中使用需按照《食品安全国家标准 食品添加剂使用标准》（GB 2760—2011）的规定。柠檬黄的危害因素特征描述见第三章。

1. 相关标准要求

《食品安全国家标准 食品添加剂使用标准》（GB 2760—2011）不允许饼干产品使用柠檬黄。

2. 危害因素来源

饼干产品中柠檬黄着色剂的危害因素来源主要为，添加柠檬黄着色剂可增加饼干产品经烘焙后所呈现的焦黄色，使产品外观更吸引消费者。

（三）防腐剂（苯甲酸及其钠盐、山梨酸及其钾盐）

苯甲酸及其钠盐、山梨酸及其钾盐主要应用在食品中以抑制食品中微生物生长，达到保持食品原有风味、有效延长食品保存期目的，但是其在食品中的使用限量及使用范围应按照《食品安全国家标准 食品添加剂使用标准》（GB 2760—2011）规定。苯甲酸及其钠盐、山梨酸及其钾盐的危害因素特征描述见第三章。

1. 相关标准要求

《食品安全国家标准 食品添加剂使用标准》（GB 2760—2011）不允许饼干使用苯甲酸及其钠盐、山梨酸及其钾盐。

2. 危害因素来源

正常情况下，由于饼干经烘焙产品中水分含量低，不宜微生物生长繁殖，因此不需要添加防腐剂延长保质期。饼干产品中苯甲酸及其钠盐、山梨酸及其钾盐等防腐剂超范围使用的危害因素来源：一是配粉和面工艺环境不佳，企业在此阶段添加防腐剂以保证面团品质不显著下降；二是烘焙工艺参数控制不严，导致产品水分含量较高，微生物易在此环境中生长。

（四）甜味剂（甜蜜素与糖精钠）

饼干产品使用甜味剂的主要作用是调节产品风味，参照《食品安全国家标准 食品添加剂使用标准》（GB 2760—2011）规定，甜味剂的危害因素特征描述见第三章。

1. 相关标准要求

《食品安全国家标准 食品添加剂使用标准》（GB 2760—2011）允许 12 种天然及人工甜味剂在饼干中使用，其中麦芽糖醇、甘草（甘草酸一钾及三钾）、山梨糖醇、异麦芽酮糖、纽甜、赤藓糖醇、罗汉果甜苷、木糖醇、乳糖醇和阿斯巴甜等 10 种甜味剂可按生产需要在饼干中适量使用，而甜蜜素及糖精钠等两种甜味剂在饼干中使用不得超过限值，限值分别为 0.65 g/kg 及 0.15 g/kg。

2. 危害因素特征描述

饼干中甜蜜素及糖精钠超限量使用的危害因素来源主要是企业为降低生产成本，替代蔗糖或天然甜味剂，同时赋予饼干甜味及形成其独特风味。

（五）酸价和过氧化值

饼干生产过程中，烘烤前需要对面团涂油，目的是使饼干更酥脆、松软，若保存不当，其中的油脂可能会发生氧化而导致产品的酸价及过氧化值未符合标准要求。酸价和过氧化值的危害因素特征描述见第三章。

1. 相关标准要求

国家标准《饼干卫生标准》（GB 7100—2003）规定，含油脂类饼干酸价（以脂肪计）≤5 mg KOH /g，过氧化值（以脂肪计）≤0.25 g/100g。

2. 危害因素来源

在生产储存运输过程中，温度波动、密封不严、接触空气、光线照射，以及微生物及酶等作用，都容易使饼干中的油脂发生氧化反应而出现酸价、过氧化值超标。此外，如果饼干生产厂家在产品生产过程中使用的食用油品质较差，也可能导致饼干的酸价及过氧化值超标。

五、危害因素的监控措施建议

（一）生产企业自控建议

1. 原辅料使用方面的监控

生产饼干所用的原辅料必须符合国家标准、行业标准的规定，不得使用回收变质或未去除有害物质的原材料。各类原料都要符合其相应的卫生标准：生产用水应符合国家《生活饮用水卫生标准》（GB 5749—2006）；食用油检测项目须符合《食用植物油卫生标准》（GB 2716—2005）。

2. 食品添加剂使用方面的监控

生产所用的添加剂必须符合《食品安全国家标准 食品添加剂使用标准》（GB 2760—2011）的规定，全面实行"五专"、"五对"管理，确保食品添加剂的安全使用。将不合格供应商特别是人为故意非法添加非食品用原料及非法添加物的供应商列入黑名单，并且上报给相关政府部门和行业协会。

3. 生产过程的监控

饼干生产的全过程应按照HACCP体系及GMP的要求进行关键点的控制，形成关键控制点作业指导书，并在其指导下进行生产。饼干类食品关键控制点具体包含以下几方面。

（1）原辅料的投料比例

国家饼干的卫生标准GB 7100—2003对饼干的原料采购和质量控制都有严格的规定。

（2）饼干生产工艺的控制

严格按照国标中的要求实施饼干制品的生产，特别是生产过程中的原料储存及生产后的包装运输。定量包装食品的净含量应当符合相应的产品标准及相关要求，食品标签标识必须符合国家法律法规及食品标签标准和相关产品标准中的要求。

（3）生产环境、生产设备及人员卫生状况的保持

生产企业必须具备与生产能力相适应的原辅料库房、加工车间、包装车间、成品库房等生产场所，并严格按照规程的要求对参与生产的人员和设备进行消毒，工作人员严格实行食品生产单位的人员健康标准。

4. 出厂检验的监控

饼干生产企业要制定切合自身且不断完善的出厂检验制度；检验人员按照产品标准、检验标准对产品实施检验，保证不漏检、不误检，做到批批检验，检验数据科学准确；制作统一规范的原始记录单和出厂检验报告，如实、科学填写原始记录。

（二）监管部门监控建议

a. 加强重点环节的日常监督检查。重点对照卫生部发布的《食品中可能违法添加的非食用物质和易滥用的食品添加剂品种名单》，要重点核查企业原辅料进货台账是否建立，要核查食品添加剂的相关记录，确保无非法添加和相关添加剂的使用量在要求的范围内。

b. 重点问题风险防范。饼干行业中可能存在的危害因素有微生物污染、防腐剂、着色剂等食品添加剂超量超范围使用、酸价和过氧化值不符合规定等，另外由于饼干作为一种主要由面粉制成的食品，储存不当极易引起发霉、变质等问题，因此同时需要另外重点检查原材料是否有检验报告及供货商生产资格的鉴定，即是否有生产许可证及相关产品的检验合格证明，防范企业使用有问题的面粉及脂类和糖类等原料。

c. 通过明查暗访、行业调研、市场和消费环节调查等方式，对容易出现质量安全问题、高风险的企业，加强日常监管，及时发现并督促企业防范滥用添加剂和使用非食品物质等违法行为。有针对性地开展标准项目以外涉及安全问题的非常规性项目的专项监督检验，通过对食品生产企业日常监督检验及非常规性项目检验数据进行深入分析，及时发现可能存在的行业性、区域性质量安全隐患。

（三）消费建议

a. 尽量选择规模大、产品和服务质量好的品牌企业的产品。

b. 看色泽：饼干的表面的有光泽，要有光洁的糊化层油光；一般的饼干颜色为深金黄色；发酵的标准粉饼，颜色呈浅黄色或金黄色；高档甜饼干，颜色为金黄色；发酵富强粉饼干为白色或略带浅黄色。

c. 看形状：各种饼干的形状端正，大小、厚薄一致，花纹清晰，没有缺角、弯曲、起泡现象；表面不粘面粉、不粘杂质；不干缩，表面光滑。

d. 看内部组织：把饼干折断，饼干起发均匀，内部孔隙细密，呈匀细的孔粒状和匀层状。

e. 试口感：松脆耐嚼或疏松易化，除具有该品种应有的香甜味外，还应具有不粘牙、不僵硬、不糊口、无异味的特点。

参 考 文 献

毕艳兰. 2009. 油脂化学[M]. 北京：化学工业出版社：167-168.

李书国，薛文通，张惠. 2007. 食用油脂过氧化值分析检测方法研究进展[J]. 粮食与油脂，（7）：35-38.

潘红红. 2012. 食用植物油脂品质监测及预警指标的研究[D]. 成都：成都理工大学.

D'Aquino M, Santini P. 1977. Food additives and their possible toxicity：microbiological determination [J]. Arch Latinoam Nutr, 27：411-424.

GB 2760—2011. 食品安全国家标准 食品添加剂使用标准[S].

GB 7100—2003. 饼干卫生标准[S].

GB/T 20980—2007. 饼干[S].

Graunt IF, Hardy J. 1975. Long-term toxicity of sorbic acid in the rat [J]. Food Cosmet Toxicol, 13: 31-45.

Rowe KS, Rowe KJ. 1994. Synthetic food coloring and behavior: a dose response effect in a double-blind, placebo-controlled, repeated-measures study[J]. J Pediatr, 125 (5): 691-698.

Weihrauch MR, Diehl V. 2004. Artificial sweeteners - do they bear a carcinogenic risk[J]. Ann Oncol, 15(10): 1460-1465.

报告十九　罐头生产加工食品安全危害因素调查分析

一、广东省罐头行业情况

罐头食品是指将食品原料经过处理、分选、修正、烹调（或者不经烹调），装入罐头容器（包括马口铁罐、玻璃瓶、复合薄膜袋或其他包装材料容器），经排气、密封、杀菌、冷却或者无菌包装制成的能够长期保存的一类食品。主要包括畜肉类、禽类、水产动物类、水果类、蔬菜类、干果坚果类、谷类和豆类与其他类。

据统计，目前，广东省罐头生产加工企业共170家，获证企业170家，获证率100%，见表2-19-1。

表 2-19-1　广东省罐头生产加工单位情况统计表

生产加工企业总数/家	食品生产加工企业			食品小作坊数/家
	已获证企业数/家	GMP、SSOP、HACCP 等先进质量管理规范企业数/家	规模以上企业数（即年主营业务收入 500 万元及以上）/家	
170	170	8	17	0

注：表中数据统计日期为 2012 年 12 月。

广东省罐头生产加工企业的分布如图 2-19-1 所示，珠三角地区的罐头生产加工单位共 73 家，占 42.9%，粤东、粤西、粤北地区分别有 44、44 和 9 家，分别占 25.9%、25.9%、5.3%。从生产加工单位数量看，湛江和揭阳较多，分别有 38、34 家，其次为广州、佛山、江门、中山，分别有 16、12、11、9 家。

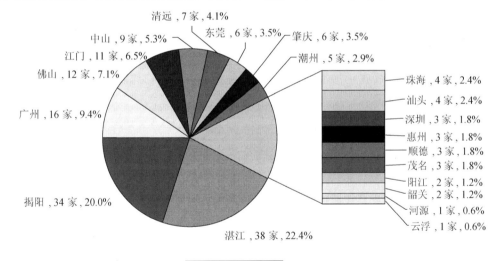

清远，7 家，4.1%
东莞，6 家，3.5%　肇庆，6 家，3.5%
中山，9 家，5.3%
江门，11 家，6.5%
佛山，12 家，7.1%
广州，16 家，9.4%
潮州，5 家，2.9%
珠海，4 家，2.4%
汕头，4 家，2.4%
深圳，3 家，1.8%
惠州，3 家，1.8%
顺德，3 家，1.8%
茂名，3 家，1.8%
阳江，2 家，1.2%
韶关，2 家，1.2%
河源，1 家，0.6%
云浮，1 家，0.6%
揭阳，34 家，20.0%
湛江，38 家，22.4%

汕尾和梅州为 0 家

图 2-19-1　广东省罐头加工单位地域分布图

广东省罐头加工生产单位以湛江和揭阳为主，其他各地区分布较为均衡。全省有 17 家较大规模企业，分别在深圳（1 家）和中山（5 家）、顺德（3 家）、肇庆（1 家）、珠海（4 家）、湛江（3 家）。全省有 8 家企业实施了良好生产规范（GMP）、卫生标准操作规范（SSOP）、危害分析与关键控制点（HACCP），其中深圳 1 家、顺德 3 家、肇庆 1 家、珠海 2 家、茂名 1 家。大中型的罐头生产加工企业的工艺比较成熟，管理比较规范，从业人员操作熟练，进出厂检验严格；小型企业食品安全意识不强，存在违规操作的现象。从业人员流动大，容易造成食品安全管理上的困难。

罐头生产加工行业存在以下主要问题：①产业附加值不高，产品同质化情况较严重，成本变数较大，如罐头原料和空罐价格明显上涨，出口经营单纯依靠量大价低，甚至有的企业随意降低质量标准（滥用不合格原料产品），违规使用添加剂（如超量使用甜味剂、着色剂等）；②仓库管理存在一定的质量隐患，部分企业未区分原料堆放区和成品区，造成交叉污染，造成微生物超标等问题；③小企业的卫生意识比较淡薄，防蚊、防虫、防鼠措施做得不够到位。

罐头生产加工企业今后食品发展方向：企业加强原料管理，小企业严格控制原料质量、规范操作，生产出质量合格产品；大中型企业进一步加强整合，逐步实现规模化、自动化，保证罐头质量稳定。

二、罐头抽样检验情况

罐头的抽样检验情况见表 2-19-2 和表 2-19-3。

表 2-19-2　2010~2012 年广东省罐头抽样检验情况统计表（1）

年度	抽检批次	合格批次	不合格批次	内在质量不合格批次	内在质量不合格产品发现率/%
2012	372	297	75	15	4.0
2011	406	354	52	22	5.4
2010	307	265	40	10	3.3

表 2-19-3　2010~2012 年广东省罐头抽样检验情况统计表（2）

年度	不合格项目（按照不合格率的高低依次列举）								
	不合格项目（一）			不合格项目（二）			不合格项目（三）		
	项目名称	抽检批次	不合格批次	不合格率/%	项目名称	抽检批次	不合格批次	不合格率/%	项目名称	抽检批次	不合格批次	不合格率/%
2012	可溶性固形物	31	6	19.4	标签	233	22	9.4	色泽、滋味及气味	111	5	4.5
2011	锡	1	1	100.0	二氧化硫残留量	1	1	100.0	可溶性固形物	7	7	100.0
2010	标签	188	27	14.4	可溶性固形物	73	5	6.8	净含量	73	3	4.1

三、罐头生产加工环节危害因素调查情况

（一）罐头产品基本生产流程及关键控制点

罐头产品的生产加工工艺流程如下。

杀菌→无菌包装
　　　↑
原辅材料处理→调配（或分选、或加热及浓缩）→装罐→密封→杀菌及冷却

罐头生产加工的 HACCP 及 GMP 的关键控制点为：①原材料的验收及处理；②封口工序；③杀菌工序。

（二）罐头产品生产加工过程中存在的主要质量问题

a. 超量超范围使用食品添加剂（甜味剂和着色剂）。

b. 微生物指标超标。

c. 砷与铅超标。

d. 亚硝酸钠超标。

e. 组胺超标。

四、罐头行业生产加工环节危害因素及描述

（一）甜味剂

目前，已有多种甜味剂被允许使用于食品中，其中应用最广泛的主要有糖精钠、甜蜜素及安赛蜜等。虽然这些甜味剂被允许使用，但是其使用应遵守相关标准的规定，若超量超范围使用则会使食品的安全性降低。糖精钠、甜蜜素及安赛蜜的危害因素特征描述见第三章。

1. 相关标准要求

由于罐头制品种类多，而每个种类的罐头制品因生产工艺的不同其甜味剂的用量则不同。《食品安全国家

标准　食品添加剂使用标准》（GB 2760—2011）规定甜蜜素及安赛蜜可在水果罐头中使用，其最大使用量分别为 0.65 g/kg 及 0.3 g/kg；标准不允许罐头制品中使用糖精钠。

2. 危害因素来源

生产加工过程中超量超范围使用甜味剂或者原料带入。

（二）柠檬黄

柠檬黄是允许在食品中添加的着色剂之一，适量的柠檬黄可安全地用于食品、饮料及食品包装材料等的着色，但是若超量超范围使用柠檬黄则有可能影响食品的安全性。柠檬黄的危害因素特征描述见第三章。

1. 相关标准要求

《食品安全国家标准　食品添加剂使用标准》（GB 2760—2011）规定罐头产品不得使用柠檬黄。

2. 危害因素来源

生产企业超范围使用柠檬黄以增强罐头食品的感观或者原料带入，最常见的是黄桃罐头。

（三）菌落总数及大肠菌群

1. 相关标准要求

各类型罐头的生产工艺不同，但均要求符合国家标准《食品卫生微生物学检验　罐头食品商业无菌的检验》（GB/T 4789.26—2003）的规定。菌落总数及大肠菌群的危害因素特征描述及卫生学意义见第三章。

2. 危害因素来源

一是罐头生产加工企业在热力杀菌过程中，操作不规范导致杀菌不完全，从而导致微生物指标未符合标准规定；二是罐头生产加工企业在罐头密封的过程中，密封程度不符合要求导致微生物污染。

（四）总砷

砷自然存在且因人类活动产生而分布于环境四周。食物是人体摄入无机砷的主要来源，食品中砷含量过高会对健康造成危害。砷的危害因素特征描述见第三章。

1. 相关标准要求

各类罐头食品因其使用的原材料及加工工艺的不同而有不同的总砷限量值，各类罐头食品的总砷限量值见表 2-19-4。

表 2-19-4　各类罐头食品的总砷限量值

罐头食品类型	标准	总砷限量值/（mg/kg）
肉类罐头	GB 13100—2004 肉类罐头卫生标准	≤0.05
食用菌罐头	GB 7098—2003 食用菌罐头卫生标准	≤0.5
果、蔬罐头	GB 11671—2003 果、蔬罐头卫生标准	≤0.5
鱼罐头	GB 14939—2005 鱼罐头卫生标准	≤0.1

2. 危害因素来源

一是罐头食品的生产过程中使用了受砷污染的水源作为生产用水；二是罐头原料生长在受砷污染的环境中，原料中砷含量超过相关标准；三是罐头食品在生产加工过程中，因与辅料、生产环境、生产设备或包装等接触而引起污染。

（五）铅

铅是一种天然有毒的重金属，也是普遍存在于环境的污染物。罐头食品在处理、制造或包装过程中若处理不当则有可能导致产品中的铅含量超出标准要求。铅的危害因素特征描述见第三章。

1. 相关标准要求

各类罐头食品因其使用的原材料及加工工艺的不同而有不同的铅限量值，各类罐头食品的铅限量值见表 2-19-5。

表 2-19-5　各类罐头食品的铅限量值

罐头食品类型	标准	铅限量值/（mg/kg）
肉类罐头	GB 13100—2004 肉类罐头卫生标准	≤0.5
食用菌罐头	GB 7098—2003 食用菌罐头卫生标准	≤1.0
果、蔬罐头	GB 11671—2003 果、蔬罐头卫生标准	≤1.0
鱼罐头	GB 14939—2005 鱼罐头卫生标准	≤1.0

2. 危害因素来源

一是与生产中所使用的原料和设备材质有关，其中，使用了重金属超标的生产用水、果蔬、肉类等原料带入的途径是主要来源之一；二是生产过程中使用的陶瓷器皿、加工设备或金属管道含有铅而在生产加工过程中迁移；三是包装材料重金属迁移至食品中。

（六）亚硝酸钠

肉制品生产加工过程中，常使用适量的硝胺盐对肉类发色，使肉制品色泽鲜艳延长保质期。过量使用硝酸盐则会导致肉制品中亚硝酸钠超标。亚硝酸钠的危害因素特征描述见第三章。

1. 相关标准要求

国家标准《肉类罐头卫生标准》（GB 13100—2005）规定，西式火腿罐头中亚硝酸盐（以亚硝酸钠计）最大含量为 70 mg/kg，其他腌制类罐头中亚硝酸盐（以亚硝酸钠计）最大含量为 50 mg/kg，其他类型罐头产品标准则对亚硝酸盐无规定。

2. 危害因素来源

生产企业为使罐头中肉类颜色更鲜艳、延长保质期，过量添加硝酸盐。

（七）组胺

组胺天然存在机体中，在特定条件下细胞释放组胺，如发炎及过敏反应。肉类制品中组胺含量过高，食用后会造成组胺中毒。组胺的危害因素特征描述见第三章。

1. 相关标准要求

国家标准《肉类罐头卫生标准》（GB 13100—2005）规定肉类罐头中组胺的含量最大值为100 mg/kg；《鱼罐头卫生标准》（GB 14939—2005）规定鱼罐头中组胺的含量最大值为100 mg/kg。

2. 危害因素来源

组胺超标是肉类罐头及鱼罐头卫生指标中的特有指标，主要来源是肉类、鱼体含有一定量的组氨酸，当加工储存环境温度偏高且时间过长，肉类、鱼体不新鲜或腐败时，在细菌作用下形成组胺。

五、危害因素的监控建议

（一）生产企业的自控建议

1. 原辅料使用方面的监控

不同种类的罐头配料包括畜禽肉、水产动物、水果、蔬菜、干果坚果、谷类、豆类及食品添加剂，在验收中主要存在生物危害（如细菌、真菌和寄生虫等）和化学危害（农药残留、重金属、黄曲霉毒素和SO_2等），此外，还存在物理危害，如砂石、金属碎片等。加强原辅料的自我检验工作，不得使用非经屠宰死亡的畜禽肉和非食用性原辅材料。生产企业通过对原辅料供货商的管理及对原辅料的进货检验及定期检测，控制原辅料中可能存在的危害因素。

2. 食品添加剂使用方面的监控

生产所用的添加剂必须符合《食品安全国家标准 食品添加剂使用标准》（GB2760—2011）的规定，全面实行"五专"、"五对"管理，确保食品添加剂的安全使用。

3. 罐头生产过程的监控

罐头的生产加工以原辅料处理、调配（或分类、加热及浓缩）、装罐（或软包装）、密封、杀菌及冷却、包装等工艺组成。全程按照HACCP体系及GMP的要求进行关键点的控制，形成关键控制点作业指导书，并在其指导下进行生产。

（1）原辅料投料比例的控制

检查投料记录是否超范围使用食品添加剂，是否违反相关标准使用食品添加剂。

（2）密封、杀菌、冷却及包装等工艺的控制

通过卫生标准操作规范（SSOP）控制和保持良好的个人卫生；使用符合标准要求的密封设备，严格控制杀菌和冷却的温度、时间等参数防止内容物腐败变质或出现酸败现象；要求包装材料供应商提供无毒无害的权威检测报告；食品标签标识必须符合国家法律法规及食品标签标准和相关产品标准中的要求。

4. 出厂检验的监控建议

罐头生产企业要重视出厂检验的意识，制定切合自身且不断完善的出厂检验制度；检验人员须具备检验能力和检验资格；定期或不定期与质检机构进行检验比对，提高检验水平；根据罐头的检验项目要求，制作统一规范的原始记录单和出厂检验报告，不定期抽查评点报告，如实、科学填写原始记录。

（二）监管部门监控建议

a. 加强重点环节的日常监督检查。重点对照卫生部

发布的《食品中可能违法添加的非食用物质和易滥用的食品添加剂品种名单》，以及本地区监管工作中发现的其他在食品中存在的有毒有害物质、非法添加物质和食品制假现象，对企业的原料进货把关、生产过程投料控制及出厂检验等关键环节的控制措施落实情况和记录情况进行检查。

b. 重点问题风险防范。由于罐头食品含水量较高，储存不当极易引起发霉、变质等问题，应重点监测罐头的重金属、亚硝酸钠、组胺和微生物各指标项目。生产现场应重点检查通风情况是否良好、三防设施（防蝇、防尘、防鼠）是否正常、车间设备设施的清洗消毒记录是否完善、出厂检验记录是否齐全等。

c. 有针对性地开展标准项目以外涉及安全问题的非常规性项目的专项监督检验，通过对食品生产企业日常监督检验及非常规性项目检验数据进行深入分析，及时发现可能存在的行业性、区域性质量安全隐患。

d. 积极主动向相关生产加工单位宣传有关食品添加剂超标、重金属超标等危害因素的产生原因、危害性以及如何防范等知识，防止违法添加有毒有害物质。

（三）消费建议

a. 尽量选择规模大、产品和服务质量好的品牌企业的产品。

b. 重点看保存期限：购买时应仍在保存期限内。

c. 看包装：商标完整清洁，能说明罐内食品；罐盖应印有厂地代号、厂名代号、生产日期及产品名称代号；马口铁罐头，焊接处焊锡完整均匀，卷边处无铁舌、裂隙或流胶现象；玻璃瓶罐头铁皮盖和橡皮圈无锈蚀；整个包装外表无变暗、起斑、生锈等。

d. 看外形：马口铁罐头外表清洁，封口完整，罐底盖稍凹入，不生锈，不膨胀，不变形，没有裂缝；玻璃罐头罐身清洁无污垢，无碎裂现象，顶盖不生锈，不膨胀，瓶盖和瓶口接缝严密，无锈斑，垫圈不歪斜，罐内无气泡。

e. 检查气密性：将罐头置于水中，用手按压没有气泡产生。

参 考 文 献

王红育，李颖. 2009. 我国罐头食品的发展[J]. 食品研究与开发，（12）：175-177.

谢超，王阳光，邓尚贵. 2009. 水产品中组胺产生机制及影响因素研究概述[J]. 肉类研究，（4）：74-78.

Elhkim MO, Héraud F, Bemrah N, et al. 2007. New considerations regarding the risk assessment on Tartrazine: An update toxicological assessment, intolerance reactions and maximum theoretical daily intake in France[J]. Regulatory Toxicology and Pharmacology, 47（3）: 308-316.

GB 11671—2003. 果、蔬罐头卫生标准[S].

GB 13100—2004. 肉类罐头卫生标准[S].

GB 14939—2005. 鱼罐头卫生标准[S].

GB 2760—2011. 食品添加剂使用卫生标准[S].

GB 7098—2003. 食用菌罐头卫生标准[S].

GB/T 10784—2006. 罐头食品分类[S].

Zlotlow MJ, Settipane GA. 1977. Allergic potential of food additives: a report of a case of tartrazine sensitivity without aspirin intolerance[J]. American Journal of Clinical Nutrition, 30（7）: 1023-1025.

报告二十　冷冻饮品生产加工食品安全危害因素调查分析

一、广东省冷冻饮品行业情况

冷冻饮品是以饮用水、甜味剂、乳品、果品、豆品、食用油等为主要原料，加入适量的香精、着色剂、稳定剂、乳化剂等食品添加剂，经配料、灭菌、凝冻而制成的冷冻固态饮品。冷冻饮品按原料、工艺及产品性状的不同，可分为冰淇淋、雪糕、冰棍、雪泥、甜味冰、食用冰六大类。其中冰淇淋按所用原料中乳脂含量的不同，可分为全乳脂冰淇淋、半乳脂冰淇淋和植脂冰淇淋。冷冻饮品中的冰淇淋、雪糕、冰棍、雪泥按产品性状的不同又细分为清型产品、混合型产品和组合型产品。

冷冻饮品口感好，外观吸引人，是夏季最受欢迎的消暑食品，我省处于亚热带地带，夏季较长，冷冻饮品销售大。现阶段冷冻饮品生产已经全部为加工企业，无小型作坊。

据统计，目前，广东省冷冻饮品生产加工企业共88家，其中获证企业88家，占100.0%，见表2-20-1。

表 2-20-1　广东省冷冻饮品生产加工单位情况统计表

生产加工企业总数/家	食品生产加工企业			食品小作坊数/家
	已获证企业数/家	GMP、SSOP、HACCP等先进质量管理规范企业数/家	规模以上企业数（即年主营业务收入500万元及以上）/家	
88	88	4	7	0

注：表中数据统计日期为 2012 年 12 月。

广东省冷冻饮品生产加工企业的分布如图2-20-1所示，珠三角地区的冷冻饮品生产加工单位共 69 家，占78.4%，粤东、粤西、粤北地区分别有9、6 和 4 家，分别占 10.2%、6.8%、4.5%。从生产加工企业数量看，东莞和广州较多，分别有 22 和 15 家，其次为深圳、佛山和中山，分别有 8、7 和 7 家。

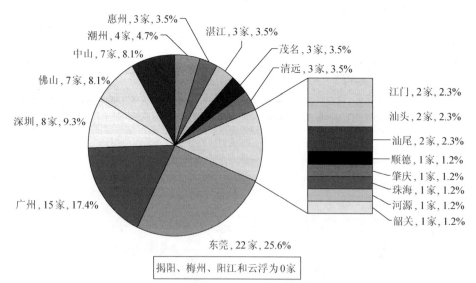

图 2-20-1　广东省冷冻饮品加工单位地域分布图

广东省冷冻饮品生产加工企业分布比较均衡。全省有 7 家较大规模企业，分别在深圳（1 家）、佛山（1 家）、中山（3 家）、珠海（1 家）和潮州（1 家）。同时全省有 4 家企业实施了良好生产规范（GMP）、卫生标准操作规范（SSOP）、危害分析与关键控制点（HACCP），其中深圳 2 家、佛山 1 家、河源 1 家。大中型的冷冻饮品生产加工企业的工艺比较成熟，管理比较规范，从业人员经过健康合格检查，操作熟练，进出厂的检验比较严格。

目前，冷冻饮品生产加工行业存在以下主要问题：①微生物指标超标；生产环境条件差，特别是一些小作坊，苍蝇到处飞、老鼠到处跑，生产人员素质低，造成微生物（细菌）超标；②超限量使用甜味剂；③产品标签问题多；④部分产品存在重金属镉超标。

冷冻饮品生产加工企业今后食品发展方向是：小企业严格控制原料质量、规范操作，生产出质量较高的产品；大中型企业进一步加强整合，逐步实现规模化、自动化。

二、冷冻饮品抽样检验情况

冷冻饮品的抽样检验情况见表 2-20-2 和表 2-20-3。

表 2-20-2　2010~2012 年广东省冷冻饮品抽样检验情况统计表（1）

年度	抽检批次	合格批次	不合格批次	内在质量不合格批次	内在质量不合格产品发现率/%
2012	355	301	54	36	10.1
2011	258	234	24	13	5.0
2010	291	255	36	25	8.6

表 2-20-3　2010~2012 年广东省冷冻饮品抽样检验情况统计表（2）

年度	不合格项目（按照不合格率的高低依次列举）										
	不合格项目（一）			不合格项目（二）				不合格项目（三）			
	项目名称	抽检批次	不合格批次	不合格率/%	项目名称	抽检批次	不合格批次	不合格率/%	项目名称	抽检批次	不合格批次	不合格率/%
2012	甜蜜素	5	1	20.0	标签	176	30	17.0	大肠菌群	221	29	13.1
2011	菌落总数	2	1	50.0	标签	95	10	10.5	大肠菌群	98	8	8.2
2010	菌落总数	146	16	11.0	镉	21	2	9.5	大肠菌群	121	11	9.1

三、冷冻饮品的生产加工环节危害因素调查情况

（一）冷冻饮品的基本生产流程及关键控制点

冷冻饮品的生产加工工艺流程如下。
配料→杀菌→均质→冷却→老化→凝冻
　　　　　　　　　　　　　　　　↓
　　　　　　　　　包装←成型
冷冻饮品生产加工的 HACCP 及 GMP 的关键控制点为：①配料；②灭菌；③老化。

（二）调查发现冷冻饮品的生产加工过程中存在的主要质量问题

　　a. 微生物（菌落总数、大肠菌群）污染。
　　b. 食品添加剂（防腐剂、甜味剂）超量超范围使用。
　　c. 非法添加物（三聚氰胺）的使用。

四、冷冻饮品生产加工环节危害因素及描述

（一）菌落总数及大肠菌群

微生物个体微小，繁殖速度快，在环境中容易散布并且分布很广，因此食品很易被多种微生物污染而在食品中生长繁殖，引起食品变质，甚至产生毒素，造成食物中毒。菌落总数及大肠菌群的危害因素特征描述及所揭示的卫生学意义见第三章。

1. 相关标准要求

由于冷冻饮品的产品种类较多且各种类产品所用的原材料及生产加工工艺不尽相同，我国国家标准《冷冻饮品卫生标准》（GB 2579.1—2003）对各类冷冻饮品的菌落总数及大肠菌群分别做了相关的规定：含乳蛋白冷冻饮品，菌落总数应≤25 000 cfu/ml，大肠菌群≤450 MPN/100ml；含豆类冷冻饮品，菌落总数应≤

20 000 cfu/ml，大肠菌群≤450 MPN/100ml；含淀粉或果类冷冻饮品，菌落总数应≤3000 cfu/ml，大肠菌群≤100 MPN/100ml；食用冰块，菌落总数应≤100 cfu/ml，大肠菌群≤6 MPN/100ml。

2. 危害因素来源

冷冻饮品中菌落总数和大肠菌群不符合相关国家安全标准的要求主要与生产企业使用的原材料、生产环境的卫生状况及缺乏灭菌设施有关，主要的来源包括：一是使用了微生物指标未达到饮用水标准的水用于生产冷冻饮品；二是冷冻饮品的其他原材料在运输或储存环节受细菌污染而造成成品中菌落总数或大肠菌群的超标；三是在生产加工过程中未严格按工艺要求进行操作而造成微生物的污染；四是冷冻饮品在出厂后未按规定的温度进行储存，从而造成微生物在产品中生长繁殖导致产品的微生物指标未能符合标准的要求。

（二）甜蜜素

甜蜜素是众多允许在食品中使用的甜味剂的一种，甜蜜素作为国际通用的食品添加剂广泛应用于清凉饮料、果汁、冰激凌、糕点食品及蜜饯的生产加工中。目前，甜蜜素被澳大利亚、新西兰及中国等多国允许使用，但是若超量超范围地使用甜蜜素则有可能对食品的安全性造成威胁。甜蜜素的危害因素特征描述见第三章。

1. 相关标准要求

我国自 1986 年起允许将甜蜜素使用于饮料类、冰激凌类、糕点类、蜜饯类、话梅类、酱菜类、果冻类等食品。《食品安全国家标准 食品添加剂使用卫生标准》（GB 2760—2011）规定，在冷冻饮品（食用冰除外）中甜蜜素的最大使用量为 0.65 g/kg（以环己基氨基磺酸计）。

2. 危害因素来源

虽然人工合成的甜味剂其甜度是蔗糖的几十甚至几百倍，但是由于人工合成的甜味剂有限量要求及其甜味并不如蔗糖纯正，因此人工合成的甜味剂仅能部分代替蔗糖用于冷冻饮品中。然而，由于人工合成的甜味剂价格低廉，为了降低产品的生产成本，生产企业会在冷冻饮品中超量使用甜味剂代替蔗糖及其他天然甜味剂，为冷冻饮品的安全性埋下隐患。

（三）糖精钠

糖精钠是不含任何热量及营养成分的由人工合成的甜味剂，由于糖精钠在各种食品的加工过程中都较为稳定，因此糖精钠被广泛地应用于各种食品的加工制造中。目前为止，糖精钠被欧盟和中国、美国、加拿大、日本、澳大利亚等 100 多个国家和地区批准使用，但超量或超范围使用可对食品的安全性造成影响，糖精钠的危害因素特征描述见第三章。

1. 相关标准要求

在我国糖精钠可在 18 类食品中添加使用，最大使用量根据不同种类的食品而有所不同。《食品安全国家标准 食品添加剂使用卫生标准》（GB 2760—2011）规定，在冷冻饮品（食用冰除外）中糖精钠的最大使用量为 0.15 g/kg。

2. 危害因素来源

虽然糖精钠是《食品安全国家标准 食品添加剂使用卫生标准》（GB 2760—2011）允许使用的甜味剂，但是我国对其的使用采取了严格的规定，若在冷冻饮品中添加糖精钠的量超过了食品添加剂使用卫生标准，则属于超量使用食品添加剂的行为。超量使用糖精钠的目的是减少蔗糖的使用而降低冷冻饮品的生产成本，这是冷冻饮品中糖精钠危害来源的主要途径。

（四）安赛蜜

安赛蜜为第四代合成甜味剂，在食品中使用不仅可增加食品的甜味，而且还不会增加食品的热量。此外，安赛蜜与其他甜味剂混合使用可产生协同效应，因此安赛蜜被用于各种食品的生产加工中。然而，在使用安赛蜜的过程中需要注意其在各类食品中的使用限量，否则可能会为食品的安全性埋下隐患。安赛蜜的危害因素特征描述见第三章。

1. 相关标准要求

安赛蜜最早在英国、德国、法国被批准使用，到目前为止，已有包括中国、美国、澳大利亚等 90 多个国家批准使用。《食品安全国家标准 食品添加剂使用卫生标准》（GB 2760—2011）规定，在冷冻饮品（食用冰除外）中安赛蜜的最大使用量为 0.3 g/kg。

2. 危害因素来源

虽然安赛蜜作为食品添加剂在冷冻饮品中使用具有较高的安全性，但是使用范围及使用量应严格按照食品添加剂使用卫生标准执行。在规定的使用限量范围内使用，冷冻饮品的安全可得到保证，但是若超限量或超范围使用，则会使消费者摄入非必须摄入的食品添加剂，特别是代谢及抵抗能力差的人群。冷冻饮品中安赛蜜超标的危害因素来源主要是生产企业超限量添加安赛蜜作为甜味剂以避免生产中使用蔗糖。

（五）苯甲酸及其钠盐

根据 FDA 的规定，苯甲酸及其钠盐被列为一般公认的安全类食品添加剂，但是若在冷冻饮品中超量或超范围使用则会影响产品的安全性。苯甲酸及其钠盐的危害因素特征描述见第三章。

1. 相关标准要求

《食品安全国家标准 食品添加剂使用标准》（GB 2760—2011）中规定了部分食品中苯甲酸及其钠盐的限量，其最大使用量为 0.2~2 g/kg，其中果汁（果味）冰及冰棍类冷冻饮品中苯甲酸的最大含量为 1.0 g/kg。苯甲酸和苯甲酸钠同时使用时，以苯甲酸计不得超过最大使用量。其他类别的冷冻饮品则未允许使用苯甲酸及其钠盐。

2. 危害因素来源

冷冻饮品中由苯甲酸及其钠盐所带来的危害主要是超范围超限量使用，冷冻饮品中由于使用了含有过量苯甲酸及其钠盐进行防腐保鲜的乳粉或其他含有过量苯甲酸的原材料而引起原料带入，但也有可能是生产企业未按食品添加剂使用标准进行生产，超范围超量使用苯甲酸及其钠盐以延长冷冻饮品的保质期。

（六）山梨酸及其钾盐

由于山梨酸及其钾盐可参与体内正常代谢，被认为是目前国际上公认最安全的化学防腐剂之一，其也是 FAO 和 WHO 推荐的高效安全的防腐保鲜剂。现今，山梨酸及其钾盐已成为欧美等发达国家的主流防腐剂广泛应用于各类食品中，但是山梨酸及其钾盐的使用需要遵守相关标准所设定的最大使用量，否则会影响食品的安全性。山梨酸及其钾盐的危害因素特征描述见第三章。

1. 相关标准要求

《食品安全国家标准 食品添加剂使用标准》（GB 2760—2011）中规定了在风味冰及冰棍中的添加限量为 1.0 g/kg。

2. 危害因素来源

虽然山梨酸及其钠盐是最安全的化学防腐剂之一，但是在冷冻饮品等食品中的使用也需要根据食品添加剂使用标准规定的限量进行添加，若人为地超量添加山梨酸及其钠盐以延长冷冻饮品的保质期，则会给冷冻饮品的安全性带来一定的隐患。

（七）三聚氰胺

三聚氰胺违法添加入乳及乳制品中给消费者，尤其是婴幼儿的健康造成严重的威胁。三聚氰胺的危害因素特征描述见第三章。自从我国暴发"三聚氰胺"事件以后，各国及组织相继对乳制品及其他食品中三聚氰胺的含量设定了相应的限量值。

1. 相关标准要求

国际食品法典委员会于 2012 年为牛奶中三聚氰胺含量设定了新标准，规定液态牛奶中三聚氰胺含量不得超过 0.15 mg/kg。在 2008 年 12 月卫生部发布的《食品中可能违法添加的非食用物质和易滥用的食品添加剂品种名单（第一批）》中明确规定三聚氰胺属于违法添加物质，中华人民共和国工业和信息化部 2011 年第 10 号令《关于三聚氰胺在食品中的限量值的公告》则规定，婴儿配方食品中三聚氰胺的限量值为 1.0 mg/kg，其他食品中三聚氰胺的限量值为 2.5 mg/kg。

2. 危害因素来源

添加三聚氰胺的目的是为了假冒乳制品中的蛋白质而提高其质量。然而，冷冻饮品中除去使用乳或乳粉为原料生产的冷冻饮品外，其他的冷冻饮品中应不含三聚氰胺，但是由于三聚氰胺为化工原料，可用于塑料、涂料、黏合剂、食品包装材料的生产，因此三聚氰胺可能从环境、食品包装材料等途径迁移至冷冻制品中，但在冷冻制品中的含量应不足以危害消费者的身体健康。若以乳或乳粉为原料生产的冷冻饮品中出现三聚氰胺含量异常的危害因素，主要来源很可能是由于冷冻饮品所使用了违法添加三聚氰胺的乳或乳粉而带入至冷冻饮品中引发冷冻饮品的安全问题。

五、危害因素的监控建议

（一）生产企业自控建议

1. 原辅料使用方面的监控

冷冻饮品的主要配料为乳品、果品、豆品、水和食用添加剂，在验收中主要存在生物危害（如细菌、真菌和寄生虫等）和化学危害（重金属、农药残留和黄曲霉毒素等），此外，还存在物理危害，如砂石、铁钉等。生物危害的控制主要通过加工过程中后阶段的杀菌和加热过程加以消除。化学危害的控制主要通过：①要求供货商提供相关证照及权威机构出具的产品合格证明材料；②建立严格的质量管理体系，保证在生产、仓储及运输过程中的安全卫生；③加强原辅料的自我检验工作。

2. 食品添加剂使用方面的监控

冷冻饮品生产过程中所用的添加剂必须符合《食品安全国家标准 食品添加剂使用卫生标准》（GB 2760—2011）的规定，全面实行"五专"、"五对"管理。对于冷冻饮品中禁止添加的物质如三聚氰胺等要严格控制和检测，对于防腐剂和甜味剂等应按要求限量使用。

3. 冷冻饮品生产过程的监控

冷冻饮品的生产加工以配料、调味、灭菌、凝冻成型和包装等工艺组成。全程按照 HACCP 体系及 GMP 的要求进行关键点的控制，形成关键控制点作业指导书，并在其指导下进行生产。

（1）原辅料的投料比例

国家冷冻饮品的卫生标准对乳制品的原料采购和质量控制都有严格的规定。

（2）冷冻饮品生产工艺的控制

严格按照国标中的要求实施冷冻饮品的生产，特别对于生产过程中原料的储存及生产后的包装运输要进行严格管理。

（3）生产环境、生产设备及人员卫生状况的管理

生产企业必须具备与生产能力相适应的原辅料库房、加工车间、包装车间、成品库房等生产场所，厂房和设施必须根据工艺流程合理布局，便于卫生管理。各生产场所的环境要采取控制措施，保证其在连续受控状态，并严格按照规程的要求对参与生产的人员和设备进行消毒。

4. 出厂检验的监控

冷冻饮品生产企业要强化出厂检验的意识，制定切合自身且不断完善的出厂检验制度；检验人员须具备检验能力和检验资格；定期或不定期与质检机构进行检验比对，提高检验水平；根据冷冻饮品的检验项目要求，制作统一规范的原始记录单和出厂检验报告，不定期抽查评点报告，如实、科学填写原始记录。

（二）监管部门监控建议

a. 加强重点环节的日常监督检查。重点对照卫生部发布的《食品中可能违法添加的非食用物质和易滥用的食品添加剂品种名单》，以及本地区监管工作中发现的其他在食品中存在的有毒有害物质、非法添加物质和食品制假现象，对企业的原料进货把关、生产过程投料控制及出厂检验等关键环节的控制措施落实情况和记录情况进行检查。

b. 重点问题风险防范。重点监测冷冻饮品的三聚氰胺、防腐剂及甜味剂项目。生产现场应重点检查通风情况是否良好、三防设施（防蝇、防尘、防鼠）是否正常、车间设备设施的清洗消毒记录是否完善、出厂检验记录是否齐全等。

c. 通过明察暗访、行业调研、市场和消费环节调查等方式，对容易出现质量安全问题、高风险的企业，加强日常监管，及时发现并督促企业防范滥用添加剂和使用非食品物质等违法行为。

d. 积极主动向相关生产加工单位宣传有关三聚氰胺、超量超范围使用食品添加剂等危害因素的产生原因、危害性及如何防范等知识，防止企业违法添加有毒有害物质。

（三）消费建议

a. 尽量选择规模大、产品和服务质量好的品牌企业的产品，选择储存、冷藏条件好的商场。

b. 看包装上的标签、标识是否齐全。国家标准规定，外包装必须标明厂名、厂址、生产日期、保质期、执行标准、净含量、配料表和营养成分表等。缺少上述任何一项的产品，最好不要购买。

c. 看营养成分表中的标注是否齐全，含量是否合理。营养成分表中一般要标明热量、蛋白质、脂肪、碳水化合物等基本营养成分。其他被添加的营养物质也要标明。

参 考 文 献

林祥梅，王建峰，贾广乐，等. 2008. 三聚氰胺的毒性研究[J]. 毒理学杂志，22（3）：216-218.

孙贵朋，谢云飞，隋丽敏. 2008. 三聚氰胺的危害及其检测[J]. 上海食品药品监管情报研究，（10）：42-47.

王世忠，陆荣柱，高坚瑞. 2009. 三聚氰胺的毒性研究概况[J]. 国外医学卫生学分册，36（1）：14-18.

Abe S, Sasaki M. 1977. Chromosome aberrations and sister chromatid exchanges in Chinese Hamster Cells exposed to various chemicals [J]. Journal of the National Cancer Institute，58：1635-1641.

Banerjee T, Giri AK. 1989. Effects of sorbic acid and sorbic acid -nitrite in vivo on bone marrow chromosomes of mice [J]. Toxicology Letters，31：101-106.

GB 2759.1—2003. 冷冻饮品卫生标准[S].

GB 2760—2011. 食品安全国家标准 食品添加剂使用卫生标准[S].

Hasergawa MM, Nishi Y, Ohkawa Y, et al. 1984. Effects of sorbic acid and its salts on choromosome aberratrons, sister chromatid exchanges and gene mutations in culture Chinese Hamster Cells [J]. Food and Chemical Toxicity，1984，22

（7）：501-507.

Mast RW, Jeffcoat AR, Sadler BM, et al. 1983. Metabolism, disposition and excretion of [14C] melamine in male Fischer 344 rats [J]. Food Chemical Toxicology, 21（6）：807-810.

Munzner RC, Guigas C, Renner HW. 1990. Reexamination of potassium and sodium sorbate for possible genotoxic potential [J]. Food and Chemical Toxicology, 1990, 28（6）：397-401.

报告二十一　速冻食品生产加工食品安全危害因素调查分析

一、广东省速冻食品行业情况

根据 SB/T 10699—2012《速冻食品生产管理规范》规定，速冻食品的定义为：采用速冻的工艺生产，在

冷链条件下进入销售市场的预包装食品。

据统计，目前，广东省速冻食品生产加工企业共 396 家，其中获证企业 394 家，占 99.5%，小作坊 2 家，占 0.5%，见表 2-21-1。

表 2-21-1　广东省速冻食品行业生产加工企业情况统计表

生产加工企业总数/家	食品生产加工企业			食品小作坊数/家
	获证企业数/家	GMP、SSOP、HACCP 等先进质量管理规范企业数/家	规模以上企业数（即年主营业务收入 500 万元及以上）/家	
396	394	26	99	2

注：表中数据统计日期为 2012 年 12 月。

广东省速冻食品生产加工企业的分布如图 2-21-1 所示，珠三角地区的速冻食品生产加工单位共 207 家，占 52.3%，粤东、粤西、粤北地区分别有 82 家、103 和 4 家，分别占 20.7%、26.0%、1.0%。从生产加工单位数量看，广州和湛江较多，分别有 65 家和 63 家，其次为汕头、顺德、佛山、阳江，分别有 53 家、33 家、28 家和 26 家。

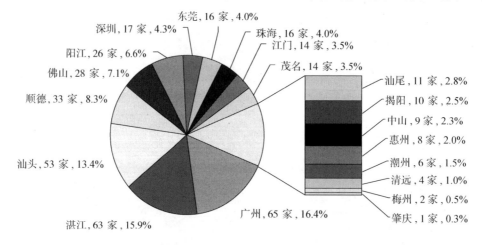

图 2-21-1　广东省速冻食品加工企业地域分布图

广东省速冻食品生产企业以中小型为主，具备一定生产规模，生产较稳定。其中，全省有 99 家较大规模企业，分别在湛江（62 家）、茂名（10 家）、深圳（7 家）、珠海（7 家）、中山（6 家）、潮州（4 家）和汕尾（3 家）；有 26 家企业实施了良好生产规范（GMP）、卫生标准操作规范（SSOP）、危害分析与关键控制点（HACCP），分别在茂名（12 家）、深圳（8 家）、中山（2 家）、珠海（2 家）和汕尾（2 家）。大中型企业食品安全法律意识较强，生产设备较先进，工艺流程较合理，从业人员大多接受过培训，生产操作较规范，因此产品质量较稳定；

但小型的速冻食品作坊食品安全意识不强，从业人员流动大，管理问题较多。

速冻食品行业主要问题：①企业主从业人员法律意识普遍不强，文化程度不高；②小企业、小作坊生产条件简陋，环境较差，缺乏持续质量稳定保证；③个别企业仍存在一些不法行为。

速冻食品企业食品安全的发展方向：小企业严格控制原料质量、规范操作，生产出质量合格产品；大中型企业建立有效的管理控制体系，持续保证产品质量。

二、速冻食品抽样检验情况

速冻食品的抽样检验情况见表 2-21-2 和表 2-21-3。

表 2-21-2　2010~2012 年广东省速冻食品抽样检验情况统计表（1）

年度	抽检批次	合格批次	不合格批次	内在质量不合格批次	内在质量不合格产品发现率/%
2012	506	472	34	21	4.2
2011	590	520	70	33	5.6
2010	405	331	74	43	10.6

表 2-21-3　2010~2012 年广东省速冻食品抽样检验情况统计表（2）

年度	不合格项目（按照不合格率的高低依次列举）											
	不合格项目（一）				不合格项目（二）				不合格项目（三）			
	项目名称	抽检批次	不合格批次	不合格率/%	项目名称	抽检批次	不合格批次	不合格率/%	项目名称	抽检批次	不合格批次	不合格率/%
2012	标签	159	19	11.9	脱氢乙酸	23	2	8.7	菌落总数	240	10	4.2
2011	标签	317	38	12.0	金黄色葡萄球菌	12	1	8.3	大肠菌群	135	8	5.9
2010	脱氢乙酸	6	3	50.0	甜蜜素	23	5	21.7	标签	165	32	19.4

三、速冻食品生产加工环节危害因素调查情况

（一）速冻食品基本生产流程及关键控制点

速冻食品的生产加工工艺流程如下。

速冻食品生产加工的 HACCP 及 GMP 的关键控制点为：①原辅料质量；②前处理工序；③速冻工序；④产品包装及冻藏链。

（二）调查发现速冻食品生产加工过程中存在的主要问题

a. 微生物（菌落总数、大肠菌群、金黄色葡萄球菌）超标。

b. 超量超范围使用食品添加剂（防腐剂、着色剂）。

c. 酸价超标。

d. 铅与铝超标。

四、速冻食品（速冻面米食品）行业生产加工环节危害因素及描述

（一）菌落总数和大肠菌群

速冻食品根据其制作工艺可分为熟制速冻食品及生制速冻食品，这两类工艺若操作或储存不当，会带来微生物污染问题，最常见的是菌落总数及大肠菌群超标。菌落总数及大肠菌群的危害因素特征描述见第三章。

1. 相关标准要求

根据不同速冻食品制造工艺，我国行业标准《冻面米食品》（SB/T 10412—2007）规定：生制产品菌落总数≤5×10⁶ cfu/g；熟制产品菌落总数≤1×10⁵ cfu/g，大肠菌群≤230 MNP/100g；《食品安全国家标准 速冻面米制品》（GB 19295—2011）规定：按照三级采样方案设定指标，在 5 个样品中允许全部样品菌落总数小于或等于 10 000 cfu/g 值，

215

允许有≤1个样品菌落总数为 10 000~100 000 cfu/g，不允许菌落总数≥100 000 cfu/g；按照三级采样方案设定指标，在 5 个样品中允许大肠菌群小于或等于 10 cfu/g 值，允许有≤1个样品大肠菌群为 10~100 cfu/g，不允许大肠菌群≥100 cfu/g。

2. 危害因素来源

速冻米面食品中菌落总数和大肠菌群超标提示生产过程卫生控制不严，主要危害因素来源有：①原料收购、运输和储存环节不够严格，可造成细菌繁殖；②企业生产环境卫生条件未达标，造成微生物繁殖；③用于包装速冻食品的包装容器材料未经灭菌处理带来食品微生物污染。

（二）金黄色葡萄球菌

金黄色葡萄球菌是细菌性食物中毒的主要致病菌之一，其危害因素特征描述见第三章。

1. 相关标准要求

行业标准《冻面米食品》（SB/T 10412—2007）规定：生制产品和熟制产品中致病菌金黄色葡萄球菌均不得检出；《食品安全国家标准 速冻面米制品》（GB 19295—2011）对生制及熟制速冻面米制品分别规定：按照三级采样方案设定指标，在5个生制速冻面米样品中允许全部样品中金黄色葡萄球菌小于或等于1000 cfu/g值，允许有≤1个样品金黄色葡萄球菌为1000~10 000 cfu/g，不允许有样品金黄色葡萄球菌≥10 000 cfu/g；按照三级采样方案设定指标，在5个熟制速冻面米样品中允许全部样品中金黄色葡萄球菌小于或等于100 cfu/g值，允许有≤1个样品金黄色葡萄球菌为100~1000 cfu/g，不允许有样品金黄色葡萄球菌≥1000 cfu/g。

2. 危害因素来源

金黄色葡萄球菌的危害因素来源与菌落总数和大肠菌群的来源相似：①原料带入的内源性污染；②生产加工、运输、储藏、销售、食用过程中，因水、空气、人、动物、机械设备及用具等而发生微生物外源性污染，即第二次污染。

（三）苯甲酸及其钠盐

苯甲酸及其钠盐是食品中常用的抑制微生物生长、延长保质期的防腐剂，其使用范围及使用量应根据《食品安全国家标准 食品添加剂使用标准》（GB 2760—2011）的规定。苯甲酸的危害因素特征描述见第三章。

1. 相关标准要求

《食品安全国家标准 食品添加剂使用标准》（GB 2760—2011）规定了部分食品中苯甲酸及其钠盐的限量，其最大使用量为 0.2~2 g/kg，但未允许苯甲酸及其钠盐在速冻面米制品中使用。

2. 危害因素来源

速冻食品中超范围使用苯甲酸及其钠盐的危害因素来源主要有：①速冻生产企业使用添加了苯甲酸及其钠盐的面粉及馅料，原料带入速冻食品中；②违反《食品安全国家标准 食品添加剂使用标准》（GB 2760—2011）的规定，成品中超范围使用苯甲酸及其盐，用以延长速冻食品的保质期。

（四）日落黄及其铝色淀

日落黄及其铝色淀是一种人工合成着色剂，《食品安全国家标准 食品添加剂使用标准》（GB 2760—2011）允许使用于部分食品中，但使用范围及使用量应符合标准规定。日落黄及其铝色淀的危害因素特征描述见第三章。

1. 相关标准要求

《食品安全国家标准 食品添加剂使用标准》（GB 2760—2011）允许部分食品使用日落黄及其铝色淀为着色剂并对其使用量进行了规定，但并未允许日落黄及其铝色淀作为着色剂使用于速冻面米制品中。

2. 危害因素来源

速冻面米食品超范围使用日落黄的危害因素来源主要有：①在馅料的配制过程中超范围使用日落黄；②在面米制品的生产过程中超范围使用日落黄及其铝色淀，达到增强产品外观颜色目的的。

（五）铅

铅是一种天然有毒的重金属，也是普遍存在于自然环境的污染物。速冻面米食品在处理、制造或包装过程中若处理不当，易引发产品中的铅含量超出标准要求。铅的危害因素特征描述见第三章。

1. 相关标准要求

《食品安全国家标准 速冻面米制品》（GB 19295—2011）规定：产品的铅含量应符合《食品安全国家标准 食品中污染物限量》（GB 2762—2012）的规定；国家标准 GB 2762 规定：不带馅料的速冻面米食品的铅含量应≤0.2 mg/kg，而含有馅料的速冻米面食品的铅含量应≤0.5 mg/kg。

2. 危害因素来源

速冻米面食品铅含量超出标准要求的危害因素来源主要与生产中所使用的原料和设备材质有关：①通过使用了重金属超标的生产用水、面粉或大米等原料带入的途径进入到产品中是主要来源之一；②生产过程中使用的陶瓷器皿、加工设备或金属管道含有铅而在生产加工过程中迁移至速冻食品中。

（六）铝

速冻食品中的铝主要是通过食品添加剂带入，如添加了硫酸铝钾。硫酸铝钾作为传统的食品膨松剂和稳定剂用于各种米面制品中，其使用应符合《食品安全国家标准 食品添加剂使用标准》（GB 2760—2011）规定，超量超范围使用可引起食品中铝超标而降低安全性。铝的危害因素特征描述见第三章。

1. 相关标准要求

《食品安全国家标准 食品添加剂使用标准》（GB 2760—2011）规定硫酸铝钾可在豆类制品、小麦粉及其制品、虾味片、焙烤食品、水产品及其制品、膨化食品等 6 类食品中，并规定铝的残留量应小于 100 mg/kg，但未规定硫酸铝钾可在速冻面米食品中使用。

2. 危害因素来源

速冻食品中铝含量异常的危害因素来源主要有：①企业使用了铝含量异常的原材料；②在面点的生产过程中使用了以含铝膨松剂为主要原料的发酵粉。

五、危害因素的监控建议

（一）生产企业自控建议

1. 原辅料使用方面的监控

原辅料及其包装材料必须符合法律、法规和规章的规定及相应的国家标准、行业标准、地方标准。加强原辅材料的查验工作，索取供货商相关证照及产品合格证明材料；加强原辅料的检验工作，特别是一些关键指标项目（如污染物、黄曲霉毒素及金黄色葡萄球菌等）；加强原辅料的仓储管理，合理存放。

2. 食品添加剂使用方面的监控

速冻食品生产所用的添加剂必须符合《食品安全国家标准 食品添加剂使用标准》（GB 2760— 2011）的规定，全面实行"五专"、"五对"管理，确保食品添加剂的安全使用。严格做到速冻食品加工过程中不得超范围使用苯甲酸、柠檬黄、落日黄等食品添加剂。

3. 速冻食品生产过程的监控

速冻食品的生产工艺全程按照 HACCP 体系及 GMP 的要求进行关键点的控制，形成关键控制点作业指导书，并在其指导下进行生产。

（1）原辅料的投料比例

按照《食品安全国家标准 速冻面米制品》（GB 19295—2011）对此类食品的原料进行采购和质量控制。

（2）速冻食品生产工艺的控制

严格按照国家标准中的要求实施生产，特别关注速冻的温度和时间控制，产品的储存要有与生产能力相适应的冷库。

4. 出厂检验的监控

速冻食品生产企业应严格督促对每批次出厂产品都进行检验，并建立记录台账，严把产品出厂关。同时，检验设备须具备有效的检定合格证；检验人员须具有检验能力和检验资格。

（二）监管部门监控建议

a. 加强重点环节的日常监督检查。重点对照卫生部发布的《食品中可能违法添加的非食用物质和易滥用的食品添加剂品种名单》，以及本地区监管工作中发现的其他在食品中存在的有毒有害物质、非法添加物质和食品制假现象，对企业的原料进货把关、生产过程投料控制及出厂检验等关键环节的控制措施落实情况和记录情况进行检查。

b. 重点问题风险防范。速冻食品主要的不合格项目为微生物污染和超量超范围使用食品添加剂，使用未经检验合格或变质的肉原料，应将此列为检查的重点的项目。

c. 在日常监管中，要加强对原材料和生产加工过程关键控制环节的检查，切实落实企业第一责任人责任，确保对存在的问题跟踪整改到位。

d. 加强对存在非法添加非食用物质和滥用食品添加剂违法行为的查处力度，不断深化专项整治工作，提升速冻食品行业的整体质量水平。

（三）消费建议

a. 尽量选择规模大、产品和服务质量好的品牌企业的产品，选择储存、冷藏条件好的商场。

b. 看产品外包装。首先要选择包装材料好、包装完整、印刷清晰的产品，其次外包装应标明：产品名称、配料表、净含量、制造商名称和地址、生产日期、保质期、储藏条件、食用方法、产品标准号、生制或熟制、馅料含量占净含量的配比等。另外，产品的保质期也是很重要，在购买时要尽量挑选新鲜的、生产日期近一点的产品，不要买超保质期的速冻食品。

c. 看产品外观。消费者购买时可以取一包用手轻按产品，看该产品是否具有应有的外观形态、色泽等。如果发现产品变形、破损、软塌、变色、表面发黏甚至黏为一团，包装内有不应有的杂质等都不应购买。消费者应购买外观一切正常、包装完好的速冻食品。

d. 若产品发现有变色、变味、营养成分过多损失、微生物指标超标、食品添加剂超标等问题，建议不要购买。

e. 消费者购买速冻食品后，要严格按照包装上标明的储存条件来保存，注意保质期。速冻食品因为生产工艺关系，风味、口味会受到一定程度的破坏及损失，应尽快食用，不要储存过久。

参 考 文 献

Furukawa Y, Segawa Y, Masuda K, et al. 1986. Clinical experience of 3 cases of toxic shock syndrome caused by methicillin cephem-resistant Staphylococcus aureus（MRSA）[J]. Kansenshogaku Zasshi，60：1147-1153.

Garner RC, Nutman CA. 1977. Testing of some azo dyes and their reproduction products for mutagenicity using S. typhimurium TA 1538 [J]. Mutation Research，44：9-19.

GB 19295—2011食品安全国家标准 速冻面米制品[S].

GB 2760—2011食品安全国家标准 食品添加剂使用卫生标准[S].

GB 2762—2012食品安全国家标准 食品中污染物限量[S].

Price PJ, Suk WA, Freeman AE, et al. 1978. *In vitro* and *in vivo* indications of the carcinogenicity and toxicity of food dyes [J]. International Journal of Cancer，21（3）：361-367.

van der Mee-Marquet N，Lina G，Quentin R，et al. 2003. Staphylococcal exanthematous disease in a newborn due to a virulent methicillin-resistant Staphylococcus aureus strain containing the TSST-1 gene in Europe：an alert for neonatologists [J]. Journal of Clinical Microbiology，41：4883-4884.

报告二十二　膨化食品生产加工食品安全危害因素调查分析

一、广东省膨化食品行业情况

膨化食品是以谷物、豆类、薯类为主要原料，采用膨化工艺制成的体积明显增大，具有一定膨化度的酥脆食品。大致分为油炸型膨化食品和非油炸型膨化食品。

据统计，目前，广东省膨化食品生产加工企业共184家，其中获证企业182家，占98.9%，小作坊2家，占1.1%（表2-22-1）。

表 2-22-1　广东省膨化食品行业生产加工企业情况统计表

生产加工企业总数/家	食品生产加工企业			食品小作坊数/家
	获证企业数/家	GMP、SSOP、HACCP 等先进质量管理规范企业数/家	规模以上企业数（即年主营业务收入500万元及以上）/家	
184	182	3	13	2

注：表中数据统计日期为 2012 年 12 月。

广东省膨化食品生产加工企业分布如图 2-22-1 所示，珠三角地区的膨化食品生产加工企业共 56 家，占 30.4%，粤东、粤西、粤北地区分别有 120 家、7 家和 1 家，分别占 65.2%、3.8%、0.5%。从生产加工企业数量看，潮州最多，有 95 家，其次为广州、东莞、汕头，分别有 20 家、18 家、14 家。

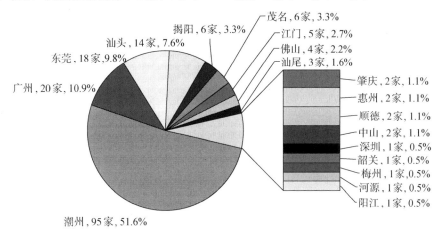

图 2-22-1　广东省膨化食品加工企业地域分布图

广东省膨化食品加工生产企业分布以潮州居多，其他各市分布较为均衡。全省有 13 家较大规模企业，分别在潮州（11 家）、中山（1 家）和肇庆（1 家）。同时全省有 3 家企业实施了良好生产规范（GMP）、卫生标准操作规范（SSOP）、危害分析与关键控制点（HACCP），其中深圳 1 家、肇庆 1 家、河源 1 家。

膨化食品生产加工行业存在以下主要问题：①原辅料重金属、农药残留超标；②原料油重复使用次数过多；③生产厂家环境温度、湿度控制不当使原料储存不当，导致微生物超标、薯类发芽产生毒素；④违规操作造成酸价、羰基价、过氧化值超标；⑤少数企业购置材质较差的包装材料或包装充氮不全，导致保质期缩短。

膨化食品生产加工企业今后食品安全发展方向是：规范企业管理，生产设施齐全，布局合理，生产员工上岗前接受严格培训，规范安全操作，培训卫生知识。增强原料的储存使用质量，清洁消毒专人负责并记录，出厂前严格质量把关。

219

二、膨化食品抽样检验情况

膨化食品抽样检验情况见表 2-22-2、表 2-22-3。

表 2-22-2　2010~2012 年广东省膨化食品抽样检验情况统计表（1）

年度	抽检批次	合格批次	不合格批次	内在质量不合格批次	内在质量不合格产品发现率/%
2012	316	282	34	9	2.8
2011	368	285	83	21	5.7
2010	442	386	56	13	2.9

表 2-22-3　2010~2012 年广东省膨化食品抽样检验情况统计表（2）

年度	不合格项目（一）项目名称	抽检批次	不合格批次	不合格率/%	不合格项目（二）项目名称	抽检批次	不合格批次	不合格率/%	不合格项目（三）项目名称	抽检批次	不合格批次	不合格率/%
2012	标签	244	26	10.7	大肠菌群	141	3	2.1	菌落总数	166	3	1.8
2011	山梨酸	8	2	25.0	糖精钠	8	2	25.0	标签	315	68	21.6
2010	霉菌	8	2	25.0	糖精钠	15	2	13.3	标签	334	42	12.6

三、膨化食品生产加工环节危害因素调查情况

（一）膨化食品基本生产流程及关键控制点

1. 焙烤型

制粉→蒸练→成型→一次干燥→熟成→二次干燥→焙烤→调味→包装

焙烤型膨化食品生产加工的 HACCP 及 GMP 的关键控制点为：①蒸练；②干燥；③焙烤。

2. 油炸型

制粉→蒸练→成型→干燥→油炸→调味→包装

油炸型膨化食品生产加工的 HACCP 及 GMP 的关键控制点为：①蒸练；②干燥；③油炸。

3. 直接挤压型

制粉→混料→挤压膨化→整形→烘焙→调味→包装

直接挤压型膨化食品生产加工的 HACCP 及 GMP 的关键控制点为：①挤压膨化；②烘焙。

（二）膨化食品生产加工过程中存在的主要问题

a. 黄曲霉毒素 B_1 超标。

b. 重金属（砷与铅）含量超标。

c. 超范围使用甜味剂（甜蜜素、糖精钠）。

d. 微生物（菌落总数、大肠菌群）超标。

e. 酸价、过氧化值超标。

f. 产品表面出现碳焦现象。

四、膨化食品生产加工环节危害因素及描述

（一）黄曲霉毒素 B_1 超标

黄曲霉毒素是黄曲霉、寄生曲霉产生的真菌有毒次生代谢产物，由于其化学性质比较稳定，易通过被污染的粮食原料及油料原料带入食品成品中。黄曲霉毒素的危害因素特征描述见第三章。

1. 相关标准要求

欧盟规定食品中黄曲霉毒素的总量不得超过 4 μg/kg，而国家标准《膨化食品卫生标准》（GB 17401—2003）规定，以玉米为原料的膨化食品中黄曲霉毒素 B_1≤5 μg/kg。标准未规定用玉米以外的原料生产的膨化食品中黄曲霉毒素的限量值标准。

2. 危害因素来源

膨化食品中黄曲霉毒素主要有两大来源：一是原料本身受到黄曲霉污染，带入成品中导致黄曲霉毒素

含量超标；二是原料储存管理不当而被黄曲霉、寄生曲霉污染，导致成品黄曲霉毒素含量超标。

（二）重金属（砷及铅）含量超标

砷及铅均被认为是对人体有害的元素。由于砷及铅普遍在工业领域中使用，这两种元素广泛地存在于空气、水等环境中，受此影响，食品中也含有微量的砷及铅，若含量超出标准要求的范围则可能会对消费者的健康造成影响。砷及铅的危害因素特征描述见第三章。

1. 相关标准要求

国家标准《膨化食品卫生标准》（GB 17401—2003）中规定，膨化食品中总砷（以 As 计）含量≤0.5 mg/kg，铅含量≤0.5 mg/kg。

2. 危害因素来源

砷及铅主要来源于某些地区特殊自然环境中的高本底含量。此外，膨化食品中砷及铅含量超标的危害因素来源还可能是：一是由于土壤及空气的污染，动植物在生长过程中会将砷及铅蓄积在体内，蓄积的元素通过食物链进入人体而给人类健康带来潜在危害。二是在生产加工环节中，辅料、加工助剂、生产环境、生产设备及包装等可能受到砷及铅的污染，生产过程中可能会带入食品成品中。

（三）超范围使用甜味剂（甜蜜素、糖精钠）

甜味剂是一类可赋予食品甜味的食品添加剂，分为天然甜味剂及人工合成甜味剂两大类。由于人工合成甜味剂（甜蜜素及糖精钠）的甜度高、价格便宜而备受生产厂家的喜爱，但是甜味剂的使用范围及使用限量应遵守食品安全国家标准《食品添加剂使用标准》（GB 2760—2011）。甜蜜素及糖精钠的危害因素特征描述见第三章。

1. 相关标准要求

食品安全国家标准《食品添加剂使用标准》（GB 2760—2011）规定，膨化食品中可添加的甜味剂有山梨糖醇、甜菊糖苷、纽甜、赤藓糖醇、罗汉果甜苷、木糖醇、乳糖醇及阿斯巴甜等 8 种甜味剂，不允许甜蜜素及糖精钠使用。

2. 危害因素来源

企业为降低生产成本，超范围使用。

（四）微生物（菌落总数及大肠菌群）超标

菌落总数及大肠菌群是反映膨化食品卫生质量的两个指标，若产品中这两项指标未符合标准的要求，则表明膨化食品生产过程的某个环节可能受到微生物的污染。菌落总数及大肠菌群的危害因素特征描述见第三章。

1. 相关标准要求

国家标准《膨化食品卫生标准》（GB 17401—2003）规定，膨化食品的菌落总数≤10 000 cfu/g，大肠菌群≤90 MPN/100g。

2. 危害因素来源

从食品原料投入到生产过程，再到包装运输，任何一个操作环节若未符合相应的规程，膨化食品则可能会受微生物的污染而腐败变质。膨化食品的菌落总数及大肠菌群超标的危害因素来源主要有：一是生产膨化食品所用豆类、薯类等原材料在运输或储存过程中受到微生物的污染；二是膨化食品生产企业的生产环境未符合卫生要求，生产设备简陋、生产过程控制不严、包装材料未符合卫生要求而造成膨化食品被微生物污染，导致菌落总数及大肠菌群未符合标准要求。

（五）酸价、过氧化值超标

根据生产工艺的不同，膨化食品可分为油炸型膨化食品及非油炸型膨化食品两大类。由于油炸型膨化食品在生产过程中经油炸而膨化，产品中的油脂含量较非油炸型膨化食品高。产品中的油脂在适宜的条件下可发生氧化反应而分解成过氧化物、醛、酮、酸等小分子化合物，使得产品的酸值及过氧化值超出标准的要求，酸价及过氧化值的危害因素特征描述见第三章。

1. 相关标准要求

国家标准《膨化食品卫生标准》（GB 17401—2003）规定，油炸膨化食品酸价（以脂肪计）≤3 mg KOH/g，过氧化值（以脂肪计）≤0.25 g/100g，未对非油炸膨化食品的酸价及过氧化值做限量值规定。

2. 危害因素来源

在生产储存运输过程中，温度波动、密封不严、接触空气、光线照射、微生物及酶等作用，都容易使膨化食品中的油脂发生氧化反应而出现酸价、过氧化值超标的现象。此外，如果膨化食品生产厂家在产品生产过程中使用的油炸油品质较差或油炸油经过多次使用，都可能导致饼干的酸价及过氧化值超标。

五、危害因素的监控措施建议

（一）生产企业自控建议

膨化食品生产企业通过对原料部分及加工过程的危害分析，运用 HACCP 原理，可以将膨化食品的安全生产隐患降低到可以接受的水平，以确保膨化食品的安全生产。

1. 原辅料使用方面的监控

膨化食品主要配料为谷物、豆类、薯类、水和食用植物油，在验收中主要存在生物危害（如细菌、真菌等）和化学危害（重金属、农药残留等）。生物危害的控制主要通过加工中杀菌和加热工序予以消除。化学危害的控制主要通过：①要求供货商提供相关证照及产品合格证明材料；②建立严格的质量管理体系，保证在生产、仓储及运输过程中的安全卫生；③加强原辅料的自我检验工作，不能使用腐败霉变的原料，原料豆类、薯类、谷类等应符合产品标准要求；生产用水应符合《生活饮用水卫生标准》（GB 5749—2006）要求；食用油需符合《食用植物油卫生标准》（GB 2716—2005）要求，不得使用酸价、过氧化值超标的植物油。膨化食品生产企业通过对原辅料供货商的管理及对原辅料的进货检验及定期检测，可以控制原辅料中存在的危害因素。

2. 食品添加剂使用方面的监控

膨化食品生产过程中所使用的食品添加剂必须符合食品安全国家标准《食品添加剂使用标准》（GB 2760—2011）的规定，成品中添加剂的残留量要符合标准的要求，全面实行"五专"、"五对"管理，确保食品添加剂的安全使用。不得超范围超剂量使用食品添加剂（如甜味剂、防腐剂、着色剂、膨松剂等），做到膨化食品中严禁添加甜蜜素、糖精钠等甜味剂。

3. 膨化食品生产过程的监控

膨化食品的原料处理及膨化生产工艺、包装等过程应按照 HACCP 体系及 GMP 的要求进行关键点的控制，形成关键控制点作业指导书，并在其指导下进行生产。关键控制点控制的好坏最终决定着膨化食品的口感与质量。膨化食品关键控制点具体包含以下几方面。

（1）膨化食品生产工艺的控制

按照标准要求实施膨化食品的生产，特别是对生产过程中原料的储存及生产后的包装运输严格管理。定量包装食品的净含量应当符合相应的产品标准及《定量包装商品计量监督规定》相关要求。食品标签标识必须符合国家法律法规及食品标签标准和相关产品标准中的要求。

（2）生产环境、生产设备及人员卫生状况的保持

生产企业必须具备与生产能力相适应的原辅料库房、加工车间、包装车间、成品库房等生产场所，厂房和设施必须根据工艺流程合理布局，便于卫生管理和清洗、消毒。各生产场所的环境要采取控制措施，保证其在连续受控状态，并严格按照规程的要求对参与生产的人员和设备进行消毒。同时控制人员流动，避免交叉污染。对于工作人员严格实行食品生产企业人员健康标准的要求。

4. 出厂检验的监控

膨化食品生产企业要强化重视出厂检验的意识，制定切合自身且不断完善的出厂检验制度；检验人员需具备检验能力和检验资格，同时能正确处理数据；定期或不定期与质检机构进行检验比对，提高检验水平；根据膨化食品的检验项目要求，制作统一规范的原始记录单和出厂检验报告，不定期抽查评点报告，如实、科学填写原始记录；凡是未经检验或检验不合格的产品不准出厂销售，获证企业产品必须批批留样、批批检验，并有原始记录。

（二）监管部门监控建议

a. 加强重点环节的日常监督检查。重点对照卫生部发布的《食品中可能违法添加的非食用物质和易滥用的食品添加剂品种名单》，以及本地区监管工作中发现的其他在食品中存在的有毒有害物质、非法添加物质和食品制假现象，膨化食品行业中可能存在的超范围添加甜味剂、防腐剂、着色剂、膨松剂等，对企业的原料进货把关、生产过程投料控制及出厂检验等关键环节的控制措施落实情况和记录情况进行检查。

b. 加强重点问题风险防范。膨化食品主要的不合格项目为酸价、过氧化值、水分、甜蜜素、大肠菌群和菌落总数。水分含量超标，储存不当，会引起食品中的油脂酸败变质，导致酸价和过氧化值不合格，也会导致大肠菌群和菌落总数超标。使用不合格的植物油为原料，也会引起产品中酸价和过氧化值不合格。膨化食品不得添加甜蜜素作为甜味剂，因此应重点监测以上项目。同时也需要检查原材料是否有检验报告、通风情况是否良好、三防设施（防蝇、防尘、防鼠）是否正常、车间设备设施的清洗消毒记录是否完善、出厂检验记录是否齐全等。

c. 通过明察暗访、行业调研、市场和消费环节调查等方式，对容易出现质量安全问题、高风险的食品，认真开展危害因素调查分析，及时发现并督促企业防范滥用添加剂和使用非食用物质等违法行为。

d. 积极推行举报奖励制度，高度重视举报投诉发现的问题，及时对有关问题进行危害因素的调查和分析。

e. 积极主动向相关生产加工企业宣传有关微生物超标、水分及酸价超标、非法添加甜蜜素等危害因素的产

生原因、危害性及如何防范等知识，强化生产企业的质量安全责任意识和法律责任，健全企业安全诚信体系和职业道德建设，提高依法生产的自律性，防止违法添加有毒有害物质。

（三）消费建议

a. 尽量选择规模大、产品和服务质量好的品牌企业的产品。

b. 国家标准规定：直接向消费者提供的预包装食品标签标识应包括食品名称，配料表，净含量和规格，生产者和（或）经销商的名称、地址和联系方式，生产日期和保质期，储存条件，食品生产许可证编号，产品标准代号等。

c. 看营养成分表中的标注是否齐全，含量是否合理。营养成分表中一般要标明热量、蛋白质、脂肪、碳水化合物等基本营养成分。其他被添加的营养物质也要标明。

d. 重点看产品外包装。在购买膨化食品时，若发现包装漏气，消费者则不宜选购。

e. 要避免购买促销玩具或卡片与食品直接混装的膨化食品，这种作法有隐患，一方面幼儿和低龄儿童容易把玩具当作食品吃下去，另一方面无论是金属还是塑料玩具和食品混装都是不卫生的。国家也规定严禁在食品包装中混装直接接触食品的非食品物品。

f. 若产品表面出现碳焦现象、微生物超标等问题时，建议也不要购买。

参 考 文 献

毕艳兰. 2009. 油脂化学[M]. 北京：化学工业出版社：167-168.

李书国，薛文通，张惠. 2007. 食用油脂过氧化值分析检测方法研究进展[J]. 粮食与油脂，（7）：35-38.

潘红红. 2012. 食用植物油脂品质监测及预警指标的研究[D]. 成都：成都理工大学硕士学位论文.

D'Aquino M，Santini P. 1977. Food additives and their possible toxicity：microbiological determination [J]. Archivos Latinoamericanos de nutrition，27：411-424.

GB 17401—2003. 膨化食品卫生标准[S].

GB 2760—2011. 食品安全国家标准 食品添加剂使用标准[S].

Weihrauch MR，Diehl V. 2004. Artificial sweeteners - do they bear a carcinogenic risk[J]. Annals of Oncology，15（10）：1460-1465.

报告二十三 薯类食品生产加工食品危害因素调查分析

一、广东省薯类食品行业情况

薯类食品，是指以薯类为主要原料，经过一定的加工工艺制作而成的食品。薯类食品包括马铃薯、红薯等加工食品，按加工工艺主要分为干制薯类、冷冻薯类、薯泥（酱）类、薯粉类、其他薯类。

据统计，目前，广东省薯类食品生产加工企业共 16 家，其中获证企业 15 家，占 93.8%，小作坊 1 家，占 6.2%（表 2-23-1）。

表 2-23-1 广东省薯类食品生产加工企业情况统计表

生产加工企业总数/家	食品生产加工企业			食品小作坊数/家
	获证企业数/家	GMP、SSOP、HACCP 等先进质量管理规范企业数/家	规模以上企业数（即年主营业务收入 500 万元及以上）/家	
16	15	0	0	1

注：表中数据统计日期为 2012 年 12 月。

广东省薯类食品生产加工企业分布如图 2-23-1 所示，珠三角地区的薯类食品加工企业共 11 家，占 68.8%，粤东和粤北地区分别有 2 家和 3 家，分别占和 12.5% 和 18.7%。从生产加工企业数量看，广州最多，6 家。

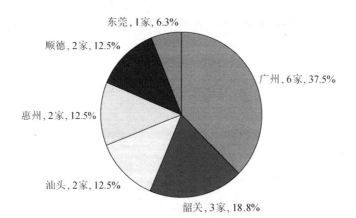

图 2-23-1 广东省薯类食品加工企业地域分布图

广东省生产企业主要在珠三角地区。11 家薯类食品企业中有 3 家企业规模较大，分别在深圳（2 家）和中山（1 家）。同时全省暂无实施了良好生产规范（GMP）、卫生标准操作规范（SSOP）、危害分析与关键控制点（HACCP）的企业。

目前薯类食品生产加工行业存在以下主要问题：①部分企业购买劣质原材料，造成薯类食品质量降低；②生产厂家环境温度、湿度控制不当，导致原料产生毒素、微生物超标及水分含量超标。

薯类食品生产加工企业的发展方向是：薯类食品是新型的食品加工行业，其发展前景广阔，是有待大力开发的一类企业。国家出台统一的生产标准和卫生标准，统一检测和管理，同时本省的行业管理部门也应该出台一些政策方案扶持此类大有潜力的加工业，例如，增强原料的储存、使用质量，出厂前的严格质量把关等。

二、薯类食品抽样检验情况

薯类食品抽样检验情况见表 2-23-2、表 2-23-3。

表 2-23-2 2010~2012 年广东省薯类食品抽样检验情况统计表（1）

年度	抽检批次	合格批次	不合格批次	内在质量不合格批次	内在质量不合格产品发现率/%
2012	26	23	3	0	0.0
2011	20	20	0	0	0.0
2010	26	23	3	2	7.7

表 2-23-3 2010~2012 年广东省薯类食品抽样检验情况统计表（2）

年度	不合格项目（按照不合格率的高低依次列举）											
	不合格项目（一）				不合格项目（二）				不合格项目（三）			
	项目名称	抽检批次	不合格批次	不合格率/%	项目名称	抽检批次	不合格批次	不合格率/%	项目名称	抽检批次	不合格批次	不合格率/%
2012	标签	10	3	30.0	—				—			
2011	—				—				—			
2010	铅	3	1	33.3	水分	4	1	25.0	标签	4	1	25.0

三、薯类食品生产加工环节危害因素调查

（一）薯类食品基本生产流程及关键控制点

1. 干制薯类的基本生产流程

鲜薯验收→清洗去皮（或不去皮）→切分成型→蒸煮→干制→包装（如甘薯干、甘薯片）

鲜薯验收→清洗去皮（或不去皮）→蒸煮→捣烂→混合→成型→干制→包装（如小甘薯、甘薯枣）

鲜薯验收→清洗去皮→切分成型→漂烫→冷却→油炸或焙烤→调味（或不调味）→包装（如切片型马铃薯片）

薯类全粉、淀粉等原料验收→拌料→成型→油炸或焙烤→调味（或不调味）→包装（如复合型马铃薯片）

2. 冷冻薯类的基本生产流程

原料验收→清洗去皮（或不去皮）→切分成型→漂烫→冷却→冷冻→包装（如冷冻甘薯条）

3. 薯泥（酱）类的基本生产流程

原料验收→清洗去皮（或不去皮）→蒸煮→磨酱→调配→包装→杀菌（如甘薯酱、混合型甘薯酱）

4. 薯粉类的基本生产流程

原料验收→清洗去皮（或不去皮）→蒸煮→冷却→干燥→粉碎→包装（如甘薯粉、马铃薯全粉、魔芋粉）

薯类食品生产加工的 HACCP 及 GMP 的关键控制点为：薯类原料验收控制、热加工时间和温度控制和包装车间环境卫生控制。

（二）薯类食品生产加工过程中存在的主要问题

a. 微生物（菌落总数、大肠菌群、霉菌）超标。
b. 超范围使用防腐剂（苯甲酸）。
c. 酸价和过氧化值超标。
d. 黄曲霉毒素 B_1 超标。
e. 重金属（砷、铅）含量超标。

四、薯类食品生产加工环节危害因素及描述

（一）微生物（菌落总数、大肠菌群）超标

菌落总数和大肠菌群是作为判定食品被细菌污染的程度及卫生质量状况的主要指标，反映了食品中是否符合卫生要求。菌落总数的多少在一定程度上标志着食品

225

卫生质量的优劣。微生物的危害因素特征描述见第三章。

1. 相关标准要求

地方标准《薯类食品卫生要求》（DB 11/623—2009）规定，干制薯类，菌落总数应≤10 000 cfu/g，大肠菌群≤50 MPN/100g；冷冻薯类，大肠菌群≤150 MPN/100g；薯泥（酱）类，菌落总数应≤1000 cfu/g，大肠菌群≤50 MPN/100g；薯粉类，菌落总数应≤10 000 cfu/g，大肠菌群≤30 MPN/100g。

2. 危害因素来源

从食品原料投入到生产过程，再到包装运输，任何一个操作环节如果不符合规程，在温度、湿度、时间等方面给细菌滋生以可乘之机，都可能出现细菌性污染。首先是原材料，生产薯类食品所用马铃薯、番薯类等原料的消毒杀菌不彻底会直接污染到产品；其次，企业生产环境不符合卫生要求、生产设备简陋、生产过程控制不严、包装材料不符合卫生要求、储藏、运输环节控制不力、出厂检验把关不严或根本不进行出厂检验，以及生产过程中人员和生产环境的卫生状况不符合标准，均会造成产品被污染并加快细菌繁殖，使其菌落总数不合格。

（二）超范围使用苯甲酸

苯甲酸又称安息香酸，在水中溶解度低，是重要的酸性食品防腐剂，也可用于巧克力、浆果、蜜饯等食用香精中。苯甲酸的危害因素特征描述见第三章。

1. 相关标准要求

我国食品安全国家标准《食品添加剂使用标准》（GB 2760—2011）规定薯类食品不得添加防腐剂苯甲酸及其钠盐。

2. 危害因素来源

个别生产企业超范围添加。

（三）过氧化值、酸价超标

过氧化值和酸价都是用于衡量及判断食用油脂新鲜程度及品质的常用指标，过氧化值也用于衡量食用油脂初期氧化程度。过氧化值和酸价的危害因素特征描述见第三章。

1. 相关标准要求

地方标准《薯类食品卫生要求》（DB 11/623—2009）规定，油炸工艺的干制薯类食品酸价（以脂肪计）≤

3 mg/g，过氧化值（以脂肪计）≤0.25 g/100g；油炸工艺的冷冻薯类食品酸价（以脂肪计）≤3 mg/g，过氧化值（以脂肪计）≤0.25 g/100g。

2. 危害因素来源

油炸工艺的薯类食品所用材料质量差，不新鲜，包装不符合规范，在生产储存运输过程中，温度波动、密封不严、接触空气、光线照射、微生物发酵等作用，都容易出现酸价、过氧化值超标的现象。此外，如果不法生产厂家在产品生产过程中使用了劣质油，也可能导致超标。

（四）黄曲霉毒素 B_1 超标

黄曲霉毒素是黄曲霉、寄生曲霉产生的真菌有毒次生代谢产物，由于其化学性质比较稳定，易通过被污染的粮食原料及油料原料带入食品成品中。黄曲霉毒素的危害因素特征描述见第三章。

1. 相关标准要求

地方标准《薯类食品卫生要求》（DB 11/623—2009）中规定，黄曲霉毒素 B_1 不得检出。

2. 危害因素来源

黄曲霉毒素是黄曲霉、寄生曲霉等产生的代谢产物，薯类食品的黄曲霉毒素超标主要有以下来源：一是原料本身受到黄曲霉污染，带入成品中，导致黄曲霉毒素含量超标；二是原料储存管理不当而被黄曲霉、寄生曲霉污染，导致成品中黄曲霉毒素含量超标。

（五）砷和铅含量超标

铅和砷是天然金属，也是普遍存在于环境的污染物。环境污染或食物在制造、处理或包装过程中都可能受到污染，导致食物重金属含量超标。铅和砷的危害因素特征描述见第三章。

1. 相关标准要求

地方标准《薯类食品卫生要求》（DB 11/623—2009）规定，薯类食品中干制薯类、冷冻薯类与薯泥（酱）类，薯粉类食品中砷含量≤0.3 mg/kg；薯类食品中铅含量≤0.5 mg/kg。

2. 危害因素来源

重金属铅、砷主要来源于某些地区特殊自然环境中的高本底含量，此外，或多或少由于人为的环境污染及食品生产过程中铅和砷对食品污染。一般来说，重金属污染可通过以下几种途径：①原料带入。薯类作物生长在受到重金属污染的环境当中。②生产加工环节。辅料、加工助剂、生产环境、生产设备、包装，生产中所有与产品接触的过程都可能引起重金属污染。主要是一些添加剂的不规范使用和包装材料的污染。

五、危害因素的监控措施建议

（一）生产企业自控建议

薯类食品生产企业对原料部分及加工过程的危害分析，运用 HACCP 原理，可以将薯类食品的安全生产隐患降低到可以接受的水平，以确保薯类食品的安全生产。

1. 原辅料使用方面的监控

薯类食品的主要配料为薯类、水和食品添加剂，在验收中主要存在生物危害（如细菌、真菌等）和化学危害（重金属、农药残留等），此外，还存在物理危害，如砂石、铁钉等。生物危害的控制主要通过加工过程中后阶段的杀菌和加热过程加以消除。化学危害的控制主要通过：①要求供货商提供相关证照及权威机构出具的产品合格证明材料；②建立严格的质量管理体系，保证生产、仓储及运输过程中的安全卫生；③加强原辅料的自我检验工作，不能使用非食用性原辅材料。

2. 食品添加剂使用方面的监控

生产所用的添加剂必须符合食品安全国家标准《食品添加剂使用标准》（GB 2760—2011）的规定，全面实行"五专"、"五对"管理，确保食品添加剂的安全使用。对薯类食品中所用的防腐剂、着色剂、甜味剂等规范管理。

3. 薯类食品生产过程的监控

各种薯类食品不同的生产工艺及过程都应按照 HACCP 体系及 GMP 的要求进行关键点的控制，形成关键控制点作业指导书，并在其指导下进行生产。关键控制点控制的好坏最终决定着产品的口感与质量。关键控制点具体包含以下几方面。

（1）原辅料的质量控制

薯类食品的第一个地方卫生标准《薯类食品卫生安全》（DB 11/263—2009）对薯类食品的原料采购和质量控制都有严格的规定。严格控制原辅料的农残、污染物（As、Pb）、黄曲霉毒素 B_1 的含量。

（2）薯类食品生产工艺的控制

目前可参照北京市出台的地方标准中的要求实施薯类食品的生产。特别对于生产过程中原料的储存及生产后的包装运输严格管理。定量包装食品的净含量应当符合相应的产品标准及《定量包装商品计量监督规定》相关要求。食品标签、标识必须符合国家法律法规及食品标签标准和相关产品标准中的要求。

（3）生产环境、生产设备及人员卫生状况的保持

生产企业必须具备与生产能力相适应的原辅料库房、加工车间、包装车间、成品库房等生产场所，厂房和设施必须根据工艺流程合理布局，便于卫生管理。各生产场所的环境要采取控制措施，保证其在连续受控状态，并严格按照规程的要求对参与生产的人员和设备进行消毒。同时控制人员流动，避免交叉污染。对于工作人员严格实行食品生产企业的人员健康标准的要求。

4. 出厂检验的具体监控建议

薯类食品生产企业要强化重视出厂检验的意识，制定切合自身且不断完善的出厂检验制度；检验人员需具备检验能力和检验资格，同时能正确处理数据；定期或不定期与质检机构进行检验比对，提高检验水平；根据薯类食品的检验项目要求，制作统一规范的原始记录单和出厂检验报告，不定期抽查评点报告，如实、科学填写原始记录。

（二）监管部门的监控建议

a. 加强重点环节的日常监督检查。重点对照卫生部发布的《食品中可能违法添加的非食用物质和易滥用的食品添加剂品种名单》，以及本地区监管工作中发现的其他在食品中存在的有毒有害物质、非法添加物质和食品制假现象，对企业的原料进货把关、生产过程投料控制及出厂检验等关键环节的控制措施落实情况和记录情况进行检查。

b. 加强重点问题风险防范。重点监测薯类食品的重金属含量、水分含量项目。生产现场应重点检查通风情况、三防设施（防蝇、防尘、防鼠）、设备设施的清洗消毒、出厂检验等环节。重点核查企业原辅料进货台账、供货商资格等。关注重金属、农药残留、水分、标签等是否合格，杜绝劣质、有异味原料用于生产。

c. 通过明察暗访、行业调研、市场和消费环节调查等方式，对容易出现质量安全问题、高风险的食品，认真开展危害因素调查分析，及时发现并督促企业防范滥用添加剂和使用非食品物质等违法行为。

d. 积极主动向相关生产加工企业宣传有关重金属铅和农药残留超标、水分超标等危害因素的产生原因、危害性及如何防范等知识，强化生产企业的质量安全责任意识和法律责任，健全企业安全诚信体系和职业道德建设，提高依法生产的自律性，防止违法添加有毒有害物质。

（三）消费建议

a. 尽量选择规模大、产品和服务质量好的品牌企业

的产品。

b. 看包装上的标签、标识是否齐全。国家标准规定，外包装必须标明厂名、厂址、生产日期、保质期、执行标准、商标、净含量、配料表、营养成分表及食用方法等。缺少上述任何一项的产品，最好不要购买。

c. 看营养成分表中的标注是否齐全，含量是否合理。

营养成分表中一般要标明热量、蛋白质、脂肪、碳水化合物等基本营养成分。其他被添加的营养物质也要标明。

d. 若发现产品出现微生物指标超标；超限、超量使用食品添加剂；油炸产品酸价、过氧化值超标等问题，建议不要购买。

参 考 文 献

王苏闽，刘华清，茅於芳. 2001. 关于油脂酸价测定中指示剂的选择[J]. 黑龙江粮油科技，12（4）：25.

Bastias JM，Bermudez M，Carrasco J，et al. 2010. Determination of dietary intake of total arsenic，inorganic arsenic and total mercury in the Chilean school meal program[J]. Food Sci Technol Int，16（5）：443-450.

DB 11/ 623—2009. 薯类食品卫生要求[S].

GB 2760—2011. 食品安全国家标准 食品添加剂使用标准[S].

Hubbs-Tait L，Nation JR，Krebs NF，et al. 2005. Neurotoxicants，Micronutrients，and Social Environments：Individual and Combined Effects on Children's Development[J]. Psychol Sci Pub Interest，6：57-121.

Magnoli AP，Monge MP，Miazzo RD，et al. 2011. Effect of low levels of aflatoxin B_1 on performance，biochemical parameters，and aflatoxin B_1 in broiler liver tissues in the presence of monensin and sodium bentonite[J]. Poult Sci，90（1）：48-58.

Nair B. 2001. Final report on the safety assessment of Benzyl Alcohol，Benzoic Acid，and Sodium Benzoate[J]. Int J Toxicol，20 Suppl 3：23-50.

报告二十四 糖果制品生产加工食品安全危害因素调查分析

一、广东省糖果制品行业情况

糖果制品是以白砂糖、粉糖浆（淀粉或其他食糖）或允许使用的甜味剂为主要原料，按一定生产工艺要求加工制成的固态或半固态甜味食品。糖果可分为硬质糖果、硬质夹心糖果、乳脂糖果、凝胶糖果、抛光糖果、胶基糖果、充气糖果和压片糖果等。通常也粗略地分为糖果和巧克力及巧克力制品、代可可脂巧克力和代可可脂巧克力制品。

据统计，目前，广东省糖果制品生产加工企业共1031家，其中获证企业1005家，占97.5%，小作坊26家，占2.5%（表2-24-1）。

表 2-24-1 广东省糖果制品生产加工企业情况统计表

生产加工企业总数/家	食品生产加工企业			食品小作坊数/家
	获证企业数/家	GMP、SSOP、HACCP等先进质量管理规范企业数/家	规模以上企业数（即年主营业务收入500万元及以上）/家	
1031	1005	27	67	26

注：表中数据统计日期为 2012 年 12 月。

广东省糖果制品生产加工企业分布如图 2-24-1 所示，珠三角地区的糖果制品生产加工企业共 333 家，占 32.3%，粤东、粤西、粤北地区分别有 665 家、26 家和 7 家，分别占 64.5%、2.5%、0.7%。从生产加工企业数量看，潮州最多，有 295 家，其次为汕头、揭阳、广州、江门，分别有 179 家、130 家、95 家和 49 家。

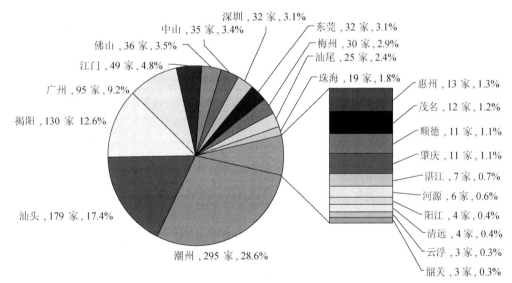

图 2-24-1 广东省糖果制品加工企业地域分布图

广东省糖果制品加工生产企业分布以粤东地区居多，且大多数为大型企业。全省有 67 家较大规模企业，主要在潮州（38 家）。同时全省有 27 家企业实施了良好生产规范（GMP）、卫生标准操作规范（SSOP）、危害分析与关键控制点（HACCP），其中主要在深圳，有 13 家。

糖果制品生产加工行业存在以下主要问题：①生产过程控制不严格，糖浆加入过多使还原糖含量超标；②企业为降低成本，在配方中减少乳制品加入量使蛋白质、脂肪不合格；③仓库管理存在一定的质量隐患，部分企业未区分原料堆放区和成品区，造成交叉污染；④违规添加着色剂。

糖果制品生产加工企业今后食品安全的发展方向是：小企业严格控制原料质量、规范操作，生产出质量合格产品；大中型企业进一步加强整合，逐步实现规模化、自动化，严格控制生产过程出现的质量和安全问题，出厂质量严格把关。

229

二、糖果制品抽样检验情况

糖果制品抽样检验情况见表 2-24-2、表 2-24-3。

表 2-24-2　2010~2012 年广东省糖果制品抽样检验情况统计表（1）

年度	抽检批次	合格批次	不合格批次	内在质量不合格批次	内在质量不合格产品发现率/%
2012	1864	1645	219	21	1.1
2011	1704	1464	240	52	3.1
2010	1727	1469	258	110	6.4

表 2-24-3　2010~2012 年广东省糖果制品抽样检验情况统计表（2）

年度	不合格项目（按照不合格率的高低依次列举）								
	不合格项目（一）			不合格项目（二）			不合格项目（三）		
	项目名称	抽检批次	不合格批次	不合格率/%	项目名称	抽检批次	不合格批次	不合格率/%	项目名称	抽检批次	不合格批次	不合格率/%
2012	标签	1046	169	16.2	脂肪	26	1	3.8	还原糖	28	1	3.6
2011	水分	2	1	50.0	标签	1133	171	15.1	二氧化硫残留量	50	1	2.0
2010	标签	1223	145	11.9	甜蜜素	410	19	4.6	干燥失重	944	35	3.7

三、糖果制品生产加工环节危害因素调查情况

（一）糖果生产加工的基本流程及关键控制点

硬糖、乳脂糖果等：砂糖、淀粉糖浆→溶糖→过滤→油脂混合（乳脂糖果）→熬煮→充气（充气糖果）→冷却→调和→成型→冷却→挑选→包装。

凝胶糖果：砂糖、淀粉糖浆→溶糖→过滤→凝胶剂熬煮→浇模→干燥→（筛分→清粉→拌砂）包装。

胶基糖果：胶基预热→搅拌（加入各种原料和添加剂）→出料→成型→包装。

压片糖果：原料混合→压片成型→包装。

糖果生产加工的 HACCP 及 GMP 的关键控制点为：①还原糖控制；②焦香糖果焦香化处理控制；③充气糖果充气程度的控制；④凝胶糖果凝胶剂的使用技术；⑤成品包装控制。

（二）糖果生产加工过程存在的主要问题

a. 微生物（大肠菌群、菌落总数）超标。

b. 食品添加剂（防腐剂、甜味剂、着色剂）超量超范围使用。

c. 二氧化硫残留超标。

d. 铅和砷超标。

e. 还原糖超标。

f. 使用含三聚氰胺乳粉原料。

g. 返砂或发烊。

h. 水分或还原糖含量不合格。

i. 乳脂糖产品蛋白质、脂肪不合格。

四、糖果制品生产加工环节危害因素及描述

（一）微生物（大肠菌群、菌落总数）超标

菌落总数和大肠菌群是作为卫生质量状况的主要指标，反映了食品是否符合卫生要求。微生物的危害因素特征描述见第三章。

1. 相关标准要求

国家标准《糖果卫生标准》（GB 9678.1—2003）规定，硬质糖果、抛光糖果，菌落总数应≤750 cfu/g，大肠菌群≤30 MPN/100g；焦香糖果、充气糖果，菌落总数应≤20 000 cfu/g，大肠菌群≤440 MPN/100g；夹心糖果，菌落总数应≤2500 cfu/g，大肠菌群≤90 MPN/100g；凝胶

糖果，菌落总数应≤1000 cfu/g，大肠菌群≤90 MPN/100g。

2. 危害因素来源

糖果制品中菌落总数和大肠菌群超标主要与生产企业的卫生状况有关。一是原料的收购、运输和储存环节不够严格，造成细菌繁殖；二是企业生产管理松懈，作业环境卫生条件不达标；三是未严格按工艺要求进行操作，消毒不严，机器设备清洗不干净或存在死角，造成微生物滋生；四是操作工作人员自身卫生消毒不达标，或有工人带菌操作，造成间接污染；五是包装材料污染。

（二）超量使用苯甲酸

苯甲酸又称安息香酸，对霉菌、酵母和细菌均有抑制作用，故多数情况下使用苯甲酸钠盐类，苯甲酸是重要的酸性食品防腐剂，也可用于巧克力、浆果、蜜饯等食用香精中。苯甲酸的危害因素特征描述见第三章。

1. 相关标准要求

我国食品安全国家标准《食品添加剂使用标准》（GB 2760—2011）规定了胶基糖果中苯甲酸最大使用量为 1.5 g/kg，除胶基糖果以外的其他糖果为0.8 g/kg。

2. 危害因素来源

企业超量添加。

（三）超范围使用甜味剂（甜蜜素和糖精钠）

甜味剂是指赋予食品以甜味，提高食品品质，满足人们对食品需求的食物添加剂。甜蜜素和糖精钠的危害因素特征描述见第三章。

1. 相关标准要求

我国食品安全国家标准《食品添加剂使用标准》（GB 2760—2011）规定甜蜜素和糖精钠不得用于糖果制品生产。

2. 危害因素来源

个别企业超范围添加。

（四）柠檬黄

柠檬黄又称酒石黄、酸性淡黄、肼黄。柠檬黄是一种水溶性合成色素，鲜艳的嫩黄色，单色品种，适量的柠檬黄可安全地用于食品、饮料、药品、化妆品、饲料、烟草、玩具、食品包装材料等的着色。柠檬黄的危害因素特征描述见第三章。

1. 相关标准要求

我国食品安全国家标准《食品添加剂使用标准》（GB 2760—2011）中规定柠檬黄用于可可制品、巧克力和巧克力制品（包括代可可脂巧克力及制品）及糖果（可可制品除外）的最大使用量为 0.1 g/kg；除胶基糖果以外的其他糖果的最大使用量为 0.3 g/kg。

2. 危害因素来源

个别企业为使产品色泽诱人超量添加。

（五）二氧化硫残留超标

二氧化硫为无色，不燃性气体，无自燃及助燃性。具有剧烈刺激臭味，有窒息性。二氧化硫易溶于水和乙醇。溶于水形成亚硫酸，有防腐作用。在食品生产过程中，经常把二氧化硫用作漂白剂、防腐剂、抗氧化剂等。硫磺、二氧化硫、亚硫酸钠、焦亚硫酸钠和低亚硫酸钠等二氧化硫类物质，也是食品工业中常用的食品添加剂。二氧化硫的危害因素特征描述见第三章。

1. 相关标准要求

我国食品安全国家标准《食品添加剂使用标准》（GB 2760—2011）规定糖果制品中二氧化硫用于可可制品、巧克力和巧克力制品（包括代可可脂巧克力及制品）及糖果中，最大使用量（以二氧化硫计）为 0.1 g/kg。

2. 危害因素来源

企业超范围超量添加使产品光泽亮丽，并延长其保质期。

（六）铅和砷超标

铅和砷是天然存在的重金属，也是普遍存在于环境的污染物。环境污染或食物在制造、处理或包装过程中都可能受到污染，导致食物重金属含量超标。铅和砷的危害因素特征描述见第三章。

1. 相关标准要求

国家标准《糖果卫生标准》（GB 9678.1—2003）规定，总砷（以 As 计）≤0.5 mg/kg，铅≤1.0 mg/kg。

2. 危害因素来源

糖果制品生产中重金属污染主要来源：一是原料中的元素污染带入；二是来自于生产加工环节，辅料、生产环境、生产设备、包装等的污染。

五、危害因素的监控措施建议

（一）生产企业自控建议

1. 原辅料使用方面的监控

糖果制品生产所用的原辅料必须符合国家标准和行业标准的规定。如果使用的原辅材料为实施生产许可证管理的产品，必须选用获得生产许可证企业生产的产品。其中奶糖糖果、焦香糖果和充气糖果需关注乳制品原料的质量状况和验收；建立进货验收制度和台账，定期检测关注的重点项目（如重金属污染物、二氧化硫等）。

2. 食品添加剂使用方面的监控

糖果制品生产所用的添加剂必须符合《食品安全国家标准 食品添加剂使用标准》（GB 2760—2011）的规定，全面实行"五专"（即食品添加剂专人管理、专柜存放、专本登记、专用计量器具、专人添加）、"五对"（即对标准、对种类、对验收、对用量、对库存）管理，确保食品添加剂的安全使用。严控糖果制品加工中甜味剂、防腐剂、着色剂及漂白剂等的规范添加。

3. 糖果制品生产过程的监控

糖果制品生产工艺的全过程要按照 HACCP 体系及 GMP 的要求进行关键点的控制，形成关键控制点作业指导书，并在其指导下进行生产。大部分的潜在危害可通过确保原辅料来自合格供应商并审核产品检验报告，重点检测敏感项目；通过高温熬煮、SSOP 控制人员、设备及加工环境卫生消除微生物污染隐患；通过溶糖工序过筛网，将物理危害过滤掉。

4. 出厂检验的监控

糖果制品生产企业应严格督促对每批次出厂产品都进行检验，根据不同的食品检验项目要求，制作统一规范的原始记录单和出厂检验报告。同时，检验设备需具备有效的检定合格证；检验人员需具有检验能力和检验资格。

（二）监管部门监控建议

a. 加强重点环节的日常监督检查。重点对照卫生部发布的《食品中可能违法添加的非食用物质和易滥用的食品添加剂品种名单》，以及本地区监管工作中发现的其他在食品中存在的有毒有害物质、非法添加物质和使用含三聚氰胺原料，回收原料等食品制假现象，对企业的原料进货把关、生产过程投料控制，以及出厂检验等关键环节的控制措施落实情况和记录情况进行检查。

b. 加强重点问题风险防范。糖果制品主要的不合格项目为微生物大肠菌群超标及食品防腐剂超范围使用，应将此列为重点检测项目。生产现场应重点检查通风情况、三防设施、车间设备设施的清洗消毒、出厂检验记录等环节。同时重点核查企业原辅料进货台账是否建立，以及供货商资格把关，即是否有生产许可证及相关产品的检验合格证明。

c. 通过明察暗访、行业调研、市场和消费环节调查等方式，对容易出现质量安全问题、高风险的食品，认真开展危害因素调查分析，及时发现并督促企业防范滥用添加剂和使用非食品物质等违法行为。

d. 有针对性地开展标准项目以外涉及安全问题的非常规性项目的专项监督检验，通过对食品生产企业日常监督检验及非常规性项目检验数据进行深入分析，及时发现可能存在的行业性、区域性质量安全隐患。

（三）消费建议

a. 尽量选择规模大、产品和服务质量好的品牌企业的产品。

b. 糖果的色泽应正常均匀、鲜明，香气纯正，口味浓淡适中，不得有其他异味。糖果的外形应端正、边缘整齐，无缺角裂缝，表面光亮平滑，花纹清晰，大小厚薄均匀，无明显变形，且无肉眼可见的杂质。

c. 不同种类糖果其质地是不同的。例如，坚脆型硬糖组织表面应光亮透明，不粘包装纸，无大气泡和杂质；酥脆型则应色泽洁白或有该品种应有的色泽、酥脆，不沾牙，不沾纸，剖面有均匀气孔；而纯巧克力糖则应表面光滑，有光泽，不发白，剖面紧密，无 1 mm 以上明显气孔，口感细腻润滑，不糊口，无粗糙感。

d. 若糖果出现返砂或发烊，水分或还原糖含量不合格时建议不要购买。消费者在选购含乳糖果和充气糖果时，要特别留意微生物指标是否超标的问题，若出现超标问题，建议不要购买。

参考文献

毕艳兰. 2009. 油脂化学[M]. 北京：化学工业出版社：167-168.

刘明. 2008. 食品中二氧化硫残留量检测方法的改进[J]. 生命科学仪器，6（12）：42-44.

吴艳，和娟. 2013. 浅议食品微生物检测中菌落总数与大肠菌群两个指标的关系[J]. 计量与测试技术，40（6）：92-93.

Bastias JM, Bermudez M, Carrasco J, et al. 2010. Determination of dietary intake of total arsenic, inorganic arsenic and total mercury in the Chilean school meal program[J]. Food Sci Technol Int, 16（5）：443-450.

GB 2760—2011. 食品安全国家标准 食品添加剂使用标准[S].

GB 9678.1—2003. 糖果卫生标准[S].

Hubbs-Tait L, Nation JR, Krebs NF, et al. 2005. Neurotoxicants, Micronutrients, and Social Environments: Individual and Combined Effects on Children's Development[J]. Psychol Sci Pub Interest, 6: 57-121.

Nair B. 2001. Final report on the safety assessment of Benzyl Alcohol, Benzoic Acid, and Sodium Benzoate[J]. Int J Toxicol, 20 Suppl 3: 23-50.

Price JM, Biava CG, Oser BL, et al. 1970. Bladder Tumors in Rats Fed Cyclohexylamine or High Doses of a Mixture of Cyclamate and Saccharin[J]. Science, 167 (3921): 1131-1132.

Stevens LJ, Burgess JR, Stochelski MA, et al. 2013. Amounts of Artificial Food Colors in Commonly Consumed Beverages and Potential Behavioral Implications for Consumption in Children[J]. Clin Pediatr (Phila), doi: 10.1177/0009922813502849.

Takayama S, Renwick AG, Johansson SL, et al. 2000. Long-term toxicity and carcinogenicity study of cyclamate in nonhuman primates[J]. Toxicol Sci, 53: 33-39.

报告二十五　果冻生产加工食品安全危害因素调查分析

一、广东省果冻行业情况

果冻是以水、食糖和增稠剂等为原料，经溶胶、调配、灌装、杀菌、冷却等工序加工而成的胶冻食品。其中增稠剂包括海藻酸钠、琼脂、明胶、卡拉胶等，而且常常加入各种人工合成香精、着色剂、甜味剂、酸味剂。

据统计，目前，广东省果冻生产加工企业共 148 家，其中获证企业 148 家，占 100.0%，见表 2-25-1。

表 2-25-1　广东省果冻生产加工企业情况统计表

生产加工企业总数/家	食品生产加工企业			食品小作坊数/家
	获证企业数/家	GMP、SSOP、HACCP 等先进质量管理规范企业数/家	规模以上企业数（即年主营业务收入 500 万元及以上）/家	
148	148	3	15	0

注：表中数据统计日期为 2012 年 12 月。

广东省果冻生产加工企业的分布如图 2-25-1 所示，珠三角地区的果冻生产加工企业共 26 家，占 17.6%，粤东、粤西地区分别有 113 家、9 家，分别占 76.3%、6.1%，从生产加工企业数量看，潮州最多，有 60 家，其次为揭阳、汕头、深圳、茂名，分别有 42 家、11 家、6 家和 5 家。

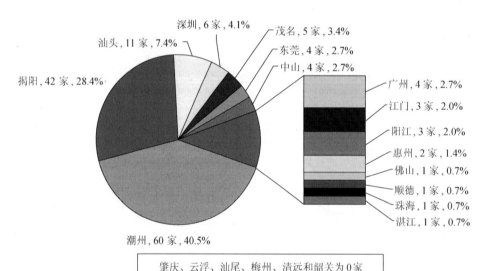

深圳，6 家，4.1%
茂名，5 家，3.4%
东莞，4 家，2.7%
中山，4 家，2.7%
汕头，11 家，7.4%
广州，4 家，2.7%
江门，3 家，2.0%
揭阳，42 家，28.4%
阳江，3 家，2.0%
惠州，2 家，1.4%
佛山，1 家，0.7%
顺德，1 家，0.7%
珠海，1 家，0.7%
湛江，1 家，0.7%
潮州，60 家，40.5%

肇庆、云浮、汕尾、梅州、清远和韶关为 0 家

图 2-25-1　广东省果冻加工企业地域分布图

广东省果冻加工生产企业分布主要集中在粤东地区，但由于采用的多为半自动化的方式生产，产能、产量均不大。全省有 15 家企业属较大规模，分别在潮州（12 家）、深圳（2 家）和珠海（1 家）。同时全省有 3 家企业实施了良好生产规范（GMP）、卫生标准操作规范（SSOP）、危害分析与关键控制点（HACCP），均集中在深圳。大中型的果冻生产加工企业的工艺比较成熟，管理比较规范，从业人员经过健康合格检查，操作熟练，进出厂的检验比较严格。

果冻生产加工行业存在以下主要问题：①果冻生产加工企业普遍规模不大，产能、产量较低，缺乏检验检测等食品安全控制手段；②仓库管理存在一定的质量隐患，部分企业未区分原料堆放区和成品区，造成交叉污染；③部分小企业食品安全意识不强，存在着一些违法违规行为，如超范围、超限量使用食品添加剂（如甜味剂和色素），从业人员流动大，易造成食品安全管理困难。

果冻生产加工企业今后食品安全的发展方向是：强

化管理体制，完善相关标准；优化生产工艺过程；小企业严格控制原料质量、规范操作，保证产品质量；大中型企业进一步加强整合，逐步实现规模化、自动化，保障产品质量持续提高。

二、果冻抽样检验情况

果冻的抽样检验情况见表 2-25-2 和表 2-25-3。

表 2-25-2　2010~2012 年广东省果冻抽样检验情况统计表（1）

年度	抽检批次	合格批次	不合格批次	内在质量不合格批次	内在质量不合格产品发现率/%
2012	248	214	34	9	3.6
2011	220	191	29	9	4.1
2010	244	223	21	21	8.6

表 2-25-3　2010~2012 年广东省果冻抽样检验情况统计表（2）

年度	不合格项目（一）项目名称	抽检批次	不合格批次	不合格率/%	不合格项目（二）项目名称	抽检批次	不合格批次	不合格率/%	不合格项目（三）项目名称	抽检批次	不合格批次	不合格率/%
2012	标签	235	77	32.8	可溶性固形物	166	9	5.4	山梨酸	29	1	3.4
2011	标签	102	25	24.5	甜蜜素	86	4	4.7	安赛蜜	67	3	4.5
2010	标签	95	12	12.6	霉菌	43	2	4.7	甜蜜素	75	3	4.0

不合格项目（按照不合格率的高低依次列举）

三、果冻生产加工环节危害因素调查情况

（一）果冻基本生产流程及关键控制点

果冻的基本生产流程包括化糖、溶胶、过滤、调配、灌装、封口、杀菌、冷却、风干、包装等过程。

果冻生产加工的 HACCP 及 GMP 的关键控制点为：①原辅材料及包装材料的控制；②生产场所卫生管理；③管道设备清洗控制；④灌装、封口控制；⑤杀菌工序控制。

（二）果冻生产加工过程中存在的主要问题

a. 超量超范围使用食品添加剂（苯甲酸、山梨酸、甜蜜素和糖精钠）。
b. 微生物（菌落总数、大肠菌群）超标。
c. 超范围使用防腐剂脱氢乙酸。
d. 含乳型果冻蛋白质含量不合格。
e. 标签标识不规范。

四、果冻生产加工环节危害因素及描述

（一）超范围使用苯甲酸

苯甲酸又称安息香酸，因在水中溶解度低，故多数情况下使用苯甲酸钠盐类。苯甲酸是重要的酸性食品防腐剂，对霉菌、酵母和细菌均有抑制作用，也可用于巧克力、浆果、蜜饯等食用香精中。苯甲酸的危害因素特征描述见第三章。

1. 相关标准要求

《食品安全国家标准 食品添加剂使用标准》（GB 2760—2011）规定苯甲酸及其钠盐不能用于果冻的生产。

2. 危害因素来源

企业生产过程中超范围添加苯甲酸来控制细菌繁殖、防腐。

（二）超量使用山梨酸

山梨酸是一种酸性防腐剂，山梨酸及其盐类在接近中性（pH6.0~6.5）的食品中仍有较好的抗菌能力，对细菌、霉菌和酵母菌均有效果，已被广泛应用在我国食品行业。山梨酸的危害因素特征描述见第三章。

1. 相关标准要求

《食品安全国家标准 食品添加剂使用标准》（GB 2760—2011）规定果冻中山梨酸及其钾盐的最大使用量为 0.5 g/kg。

2. 危害因素来源

果冻中山梨酸含量超标的原因主要有：一是原料带入，企业为了节省成本而使用带有山梨酸超标的不合格原料；二是人为过量添加山梨酸以达到延长产品保质期。

（三）超量使用甜蜜素

甜蜜素的化学名为环己基氨基磺酸钠，属于人工合成的低热值新型甜味剂，是环氨酸盐类甜味剂的代表。甜蜜素的危害因素特征描述见第三章。

1. 相关标准要求

《食品安全国家标准 食品添加剂使用标准》（GB 2760—2011）中规定了果冻中甜蜜素的最大使用量为 0.65 g/kg。

2. 危害因素来源

果冻中甜蜜素含量超标的主要原因有：一是企业为降低生产成本，使用甜味剂替代蔗糖；二是小企业小作坊生产工艺控制不严，操作不规范，造成甜味剂超标。

（四）超范围使用糖精钠

甜味剂是指赋予食品或饲料以甜味，提高食品品质，满足人们对食品需求的食物添加剂。糖精钠的危害因素特征描述见第三章。

1. 相关标准要求

《食品安全国家标准 食品添加剂使用标准》（GB 2760—2011）中规定糖精钠不得用于果冻制品的生产。

2. 危害因素来源

企业为降低生产成本，超范围添加甜味剂。

（五）微生物（大肠菌群、菌落总数）超标

菌落总数和大肠菌群是判定食品卫生质量状况的主要指标，反映了食品中是否符合卫生要求。菌落总数在一定程度上标志着食品卫生质量的优劣。微生物的危害因素特征描述见第三章。

1. 相关标准要求

国家标准《果冻卫生标准》（GB 19299—2003）规定：菌落总数应≤100 cfu/g，大肠菌群≤30 MPN/100g。

2. 危害因素来源

生产过程任何操作环节不符合规程，温度、湿度条件改变均易出现细菌性污染。一是果胶、果汁、果肉等原料的消毒杀菌不彻底会直接污染到产品；二是生产环境不符合卫生要求、过程控制不严、包装材料不符合卫生要求，储藏、运输环节控制不当、出厂检验把关不严及生产过程中人员及环境卫生状况不符合标准，均会造成产品污染。

（六）超范围使用防腐剂脱氢乙酸

脱氢乙酸，为无色至白色针状或板状结晶或白色结晶粉末，常作为化工中间体及增韧剂用于工业领域。由于脱氢乙酸具有广谱、高效的抑菌效果，还可作为防腐剂应用于食品工业中以抑制食品中细菌、霉菌及酵母菌发酵，对霉菌及酵母的抑菌能力尤为显著。脱氢乙酸的危害因素特征描述见第三章。

1. 相关标准要求

《食品安全国家标准 食品添加剂使用标准》（GB 2760—2011）规定在果冻产品中不得添加脱氢乙酸。

2. 危害因素来源

企业为了延长产品保质期，超范围使用脱氢乙酸。

五、危害因素的监控措施建议

（一）生产企业自控建议

1. 原辅料使用方面的监控

果冻主要配料为水、果汁及食品添加剂。验收中主要存在的危害有：细菌、污染物（As、Pb、Cu）及二氧化硫。原辅料所存在的危害控制主要通过：①加强原辅料的自我检验工作，所用原辅料必须符合相关产品标准，不得使用变质或未去除有害物质的原材料；②生产用水应符合国家《生活饮用水卫生标准》（GB 5749—2006）；

③要求供货商提供相关证照及权威机构出具的产品合格证明材料；④建立严格的质量管理体系，保证在生产、仓储及运输过程中的安全卫生；⑤将相关产品信息数据建库。

2. 食品添加剂使用方面的监控

果冻生产所用的食品添加剂必须符合《食品安全国家标准 食品添加剂使用标准》（GB 2760—2011）的规定，全面实行"五专"（即食品添加剂专人管理、专柜存放、专本登记、专用计量器具、专人添加）、"五对"（即对标准、对种类、对验收、对用量、对库存）管理，确保食品添加剂的安全使用。对于果冻中使用甜味剂和防腐剂要做到严格监管。

3. 果冻生产过程的监控

果冻的生产要经过原料的预煮、杀菌、制作汁液、果汁果肉牛奶等加入调整、过滤、浓缩、冷却凝结及灌装等工艺组成。全程按照 HACCP 体系及 GMP 的要求进行关键点的控制，形成关键控制点作业指导书，并在其指导下进行生产。关键控制点控制的好坏最终决定着果冻的口感与质量。关键控制点具体包含以下几方面。

（1）原辅料的质量控制

中华人民共和国国家标准《果冻卫生标准》（GB 19299—2003）对果冻的原料采购和质量控制都有严格的规定。生产果肉果冻产品所添加的水果、果块应符合相关产品标准，使用罐头水果应加强开罐管理，避免产品中金属屑污染；含乳果冻中的乳制品质量应符合标准要求，不可使用水解蛋白来补充蛋白质含量；建立进货验收制度和台账。

（2）混合、调温等工艺的控制

通过卫生标准操作规范（SSOP）控制和保持良好的个人卫生；检查投料记录是否超范围使用食品添加剂（如防腐剂、甜味剂、酸度调节剂、着色剂等）；不得添加国家明令禁止使用的非食用物质（如工业明胶等）；加强对生产过程中原料的储存及生产后的包装运输管理，定量包装食品的净含量应当符合相应的产品标准及《定量包装商品计量监督规定》相关要求；食品标签标识必须符合国家法律法规及食品标签标准和相关产品标准中的要求。

4. 出厂检验的具体监控建议

果冻生产企业要制定切合自身且不断完善的出厂检验制度；检验人员按照产品标准、检验标准对产品实施检验，保证不漏检、不误检，做到批批检验，检验数据科学准确；制作统一规范的原始记录单和出厂检验报告，如实、科学填写原始记录。

（二）监管部门监控建议

a. 加强重点环节的日常监督检查。重点对照卫生部发布的《食品中可能违法添加的非食用物质和易滥用的食品添加剂品种名单》，要重点检查企业的原料进货、生产过程投料及出厂检验等关键环节的控制措施的落实情况和记录情况。

b. 重点问题风险防范。果冻行业中常存在微生物污染，违法使用苯甲酸、糖精钠、过氧乙酸等不合格项目。重点核查企业原辅料进货台账是否建立，以及供货商资格把关，尤其关注甜味剂和微生物指标等，杜绝受污染的水果用于生产，含乳果冻的生产不可使用水解蛋白。

c. 通过明察暗访、行业调研、市场和消费环节调查等方式，对容易出现质量安全问题、高风险的食品，认真开展危害因素调查分析，及时发现并督促企业防范滥用添加剂和使用非食品物质等违法行为。

d. 果冻是深受妇女儿童喜爱的消闲零食，在超市、便利店等是主流销售零食，其质量和卫生状况的监管抽检工作非常重要，有针对性地对潜在危害物进行风险监测，通过对食品生产企业日常监督检验及非常规性项目检验数据进行深入分析，及时发现可能存在的行业性、区域性质量安全隐患。

（三）消费建议

a. 尽量选择规模大、产品和服务质量好的品牌企业的产品。

b. 注意产品包装是否完好，标识内容是否清晰完整，并留意标签标识的生产日期和安全使用期或失效日期等。

c. 留意（或透过包装袋）查看果冻产品是否破损、涨杯（或涨袋），以及有无异物、异味等。

参 考 文 献

丁文慧，陆利霞，熊晓辉. 2012. 提高山梨酸及钾盐防腐效果的研究进展[J]. 食品工业科技，33（3）：31-33.

吴艳，和娟. 2013. 浅议食品微生物检测中菌落总数与大肠菌群两个指标的关系[J]. 计量与测试技术，40（6）：92-93.

GB 19299—2003. 果冻卫生标准[S].

GB 2760—2011. 食品安全国家标准 食品添加剂使用标准[S].

Nair B. 2001. Final report on the safety assessment of Benzyl Alcohol, Benzoic Acid, and Sodium Benzoate[J]. Int J Toxicol，20 Suppl 3：23-50.

Price JM, Biava CG, Oser BL, et al. 1970. Bladder Tumors in Rats Fed Cyclohexylamine or High Doses of a Mixture of Cyclamate and Saccharin[J]. Science, 167 (3921): 1131-1132.

Takayama S, Renwick AG, Johansson SL, et al. 2000. Long-term toxicity and carcinogenicity study of cyclamate in nonhuman primates[J]. Toxicol Sci, 53: 33-39.

食品生产加工过程危害因素分析综合教程

报告二十六　茶叶生产加工食品安全危害因素调查分析

一、广东省茶叶行业情况

茶叶产品包括所有以茶树鲜叶为原料加工制作的绿茶、红茶、乌龙茶、黄茶、白茶、黑茶，以及经再加工制成的花茶、袋泡茶、紧压茶共9类产品，包括边销茶。

据统计，目前，广东省茶叶生产加工企业共293家，其中获证企业263家，占89.8%，小作坊30家，占10.2%，见表2-26-1。

表2-26-1　广东省茶叶生产加工企业情况统计表

生产加工企业总数/家	食品生产加工企业			食品小作坊数/家
	获证企业数/家	GMP、SSOP、HACCP等先进质量管理规范企业数/家	规模以上企业数（即年主营业务收入500万元及以上）/家	
293	263	2	7	30

注：表中数据统计日期为2012年12月。

广东省茶叶生产企业分布图如图2-26-1所示，珠三角地区的茶叶生产加工企业共79家，占27.0%，粤东、粤西、粤北地区分别有149家、20家和45家，分别占50.8%、6.8%和15.4%。从生产加工企业数量看，汕头企业最多，35家，梅州和潮州各32家，清远、揭阳、广州和韶关分别有25家、24家、22家和20家。

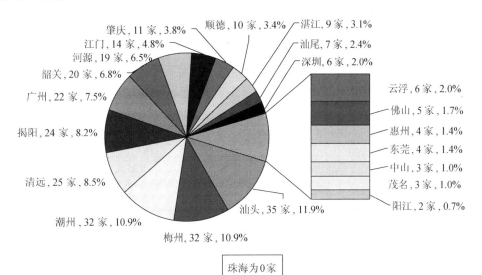

图2-26-1　广东省茶叶加工企业地域分布图

广东省茶叶生产加工企业分布较均衡，但仍呈一定的地域性，主要以茶源出产地区加工企业居多。广东省茶叶小作坊所占比例较高，达10%以上。全省有7家较大规模企业，分别在梅州（3家）、深圳（2家）、顺德（1家）和潮州（1家），但全省仅有2家企业实施了良好生产规范（GMP）、卫生标准操作规范（SSOP）、危害分析与关键控制点（HACCP），其中深圳和顺德各1家。

茶叶生产加工行业存在以下主要问题：①从业人员未经专业培训沿袭传统采茶工艺，且无严格操作标准，管理水平较低；②生产无规律，无完整成品出厂相关的质量检测手段；③成品仓库条件简陋，卫生状况欠佳。

茶叶生产加工企业今后食品安全的发展方向是：针对性地制定带动性的方针政策，根据不同种类茶叶的国家标准制定统一的规划方案，不能只讲究速度和数量而

239

忽视质量，更要引导其开发先进技术和生产能力，实现半自动化及自动化技术，并深入利用国家标准来约束企业，规整合并手工作坊，逐步使我省茶叶的生产走上产业化发展的道路。

二、茶叶抽样检验情况

茶叶的抽样检验情况见表 2-26-2 和表 2-26-3。

表 2-26-2　2010~2012 年广东省茶叶抽样检验情况统计表（1）

年度	抽检批次	合格批次	不合格批次	内在质量不合格批次	内在质量不合格产品发现率/%
2012	567	497	70	23	4.1
2011	573	492	81	34	5.9
2010	535	481	54	13	2.4

表 2-26-3　2010~2012 年广东省茶叶抽样检验情况统计表（2）

年度	不合格项目（按照不合格率的高低依次列举）								
	不合格项目（一）			不合格项目（二）			不合格项目（三）		
	项目名称	抽检批次	不合格批次	不合格率/%	项目名称	抽检批次	不合格批次	不合格率/%	项目名称	抽检批次	不合格批次	不合格率/%
2012	大肠菌群	1	1	100.0	标签	307	52	16.9	稀土	130	7	5.4
2011	稀土	200	27	13.5	标签	366	44	12.0	水浸出物	24	2	8.3
2010	标签	295	38	12.9	感官	46	3	6.5	稀土	50	3	6.0

三、茶叶生产加工环节危害因素调查

（一）茶叶基本生产流程及关键控制点

1. 从鲜叶加工流程

鲜叶→杀青→揉捻→干燥→绿茶
鲜叶→萎凋→揉捻（或揉切）→发酵→干燥→红茶
鲜叶→萎凋→做青→杀青→揉捻→干燥→乌龙茶
鲜叶→杀青→揉捻→闷黄→干燥→黄茶
鲜叶→萎凋→干燥→白茶
鲜叶→杀青→揉捻→渥堆→干燥→黑茶

2. 从茶叶生产加工流程

茶叶→制坯→窨花→复火→提花→花茶
茶叶→拼切匀堆→包装→袋泡茶

3. 精制加工

毛茶→筛分→风选→拣梗→干燥

4. 分装加工

原料→拼配匀堆→包装

茶叶生产加工的 HACCP 及 GMP 的关键控制点为原料的验收和处理、生产工艺、产品仓储。

（二）茶叶生产加工过程中存在的主要质量问题

a. 重金属铅超标。
b. 农药残留超标。
c. 非法添加色素。
d. 稀土超标。
e. （总）灰分超标。
f. 水分超标。

四、茶叶生产加工环节危害因素及描述

（一）铅含量超标

铅是一种天然重金属，也是普遍存在于环境的污染物。环境污染或食物在制造、处理或包装过程中都可能受到污染，导致食物含铅。铅的危害因素特征描述见第三章。

1. 相关标准要求

《食品安全国家标准　食品中污染物限量》（GB 2762—2012）规定茶叶中铅的限量为 5.0 mg/kg。

2. 危害因素来源

茶叶中的铅主要来源于大气中气铅、尘铅、土壤中

有效态铅及茶叶加工机械合金中的铅，其污染水平受多种因素限制；还有就是生产过程中（特别是揉捻工序）与机械表面（金属部件、加工材料）接触导致污染。各工序中，足干、复包（揉）、初包（揉）、杀青等过程是铅污染的主要来源。

（二）农药残留超标

1. 危害因素特征描述

茶树在生长过程中受农药污染，致使茶叶中的农药残留量超标，给消费者身体健康及茶叶行业发展带来较大影响。随着环境污染加剧，茶叶农药残留问题也日益严重。

2. 相关标准要求

《食品安全国家标准 食品中农药最大残留限量》（GB 2763—2012）对茶叶中六六六、滴滴涕、顺式氰戊菊酯、氟氰戊菊酯、氯氰菊酯、溴氰菊酯、氯菊酯、乙酰甲胺磷和杀螟硫磷 9 项农残指标均做了限量规定：六六六≤0.2 mg/kg、滴滴涕≤0.2 mg/kg、氯菊酯（红茶、绿茶）≤20 mg/kg、氯氰菊酯≤20 mg/kg、氟氰戊菊酯（红茶、绿茶）≤20 mg/kg、溴氰菊酯≤10 mg/kg、顺式氰戊菊酯≤2 mg/kg、乙酰甲胺磷≤0.1 mg/kg、杀螟硫磷≤0.5 mg/kg。

3. 危害因素来源

茶叶农残污染直接原因是采用了不合理的施药技术和施药方式。我国的茶叶生产绝大部分是个体化生产，茶农普遍文化水平不高，加之原茶产品价格不高，在选择农药时多从短期药效或价格角度考虑，更容易选择高毒或不合格农药。

由于施药技术落后、施药不及时、选择农药品种错误，农药实际利用率很低。据测定，农药接触到靶标作物上的仅为 10%~20%，极大部分都降落到地面、水域和大气中，造成农田土壤、地下水、地表水污染，最终污染农产品，危及人的身体健康。

（三）非法添加色素（铅铬绿）

1. 危害因素特征描述

铅铬绿是一种工业颜料，也称"美术绿"、"翠铬绿"或"油漆绿"，色泽鲜艳，主要用于油漆、涂料、塑料、纸张生产，具有很强的着色能力，不易褪色。但铅铬绿中的铅、铬等重金属含量高，具毒性，摄入人体可对中枢神经、肝、肾等器官造成极大危害，并引发多种病变。

2. 相关标准要求

食品安全国家标准《绿茶》（GB/T 14456.1—2008）规定，绿茶不着色，不得含有非茶类夹杂物，不允许加入任何添加剂，禁止添加色素。

3. 危害因素来源

茶叶中的色素问题均为人为添加造成。部分茶叶生产者及销售商为了牟取更高利润，非法使用添加剂及其他非食品用色素原料，以次充好，欺骗消费者。

（四）稀土超标

1. 危害因素特征描述

稀土元素是重金属元素，具有低毒（或中毒）性，因其具有对动植物生理生化反应的"激活"、"类激素"作用，所以在工业、农业、医药等领域得到广泛应用，但不是生物必需元素。农业使用的稀土元素可经食品链多渠道进入人体，在体内代谢积累且可能诱发毒性效应。研究表明，稀土元素被人体长期低剂量摄入后，可在骨组织中蓄积，导致骨组织结构变化，诱发骨质疏松症，并产生遗传毒性；经血液循环进入脑部，并在脑中具有明显蓄积性，一定剂量下可诱发神经毒性效应，使神经受抑、智商降低。

2. 相关标准要求

《食品安全国家标准 食品中污染物限量》（GB 2762—2012）规定茶叶中稀土（以稀土氧化物总量计）的限量指标为 2.0 mg/kg。

3. 危害因素来源

随着稀土农用的发展，茶叶种植中使用稀土化肥（稀土微肥），使土壤中稀土含量提高，特别是其可溶态（交换态）成分（45.8%~62.2 %）远比土壤本底（0~10 %）高，加之茶叶对稀土的高富集性，最终造成茶叶中稀土残留量增加。

五、危害因素的监控建议

（一）生产企业自控建议

1. 原辅料使用方面的监控

茶叶生产企业应严格进行原料鲜茶的相关采购验证工作。对源头茶园进行实地考察与评估，采购符合茶叶种植条件的茶园产品。同时做好原料茶叶的相关农残、重金属检验工作，严把原料质量关。

241

2. 食品添加剂使用方面的监控

根据国家标准《绿茶》（GB/T 14456—2008）规定，绿茶不着色，不得含有非茶类夹杂物，因此茶叶中不允许加入任何添加剂，禁止添加色素。茶叶生产企业应切实按规定规范操作。

3. 茶叶生产过程的监控

生产车间内应空气流通、光线明亮，设置照明、通风、除尘及垃圾箱等基本设施。茶叶加工机械应选配铅、铜等重金属含量达标或者不含有铅、铜等重金属的设备，尤其是筛网材料和揉捻机械；生产使用前后要清洗保洁，避免加工设备及辅助用具污染茶叶，力求在环境、设施上保证茶叶的卫生质量。储藏成品茶叶的场所必须保持清洁、卫生、干燥、无异味、远离污染源，建议使用保鲜库低温冷藏保存，延长与保持茶叶的优良品质。同时，茶叶的包装机械、包装材料要符合食品卫生法规的有关规定，保证茶叶包装过程中不受化学品、重金属及有害微生物的污染。使用干燥、防潮、防氧化的包装技术，以保证食用有效期内茶叶的感官性状和理化品质。

4. 出厂检验的监控

茶叶生产企业应严格督促对每批次出厂产品都进行检验，根据不同的检验项目要求，制作统一规范的原始记录单和出厂检验报告。同时，检验设备须具备有效的检定合格证；检验人员须具有检验能力和检验资格。

（二）监管部门监控建议

a. 加强重点环节的日常监督检查。重点对照卫生部发布的《食品中可能违法添加的非食用物质和易滥用的食品添加剂品种名单》，对抽检发现产品存在严重质量问题的，及时反馈、移交稽查执法部门查处，帮助企业分析查找不合格原因，监督落实整改措施，并组织复查。对多次检验不合格的企业，列为监督重点对象，限期整改不达标者做出再次整改，严重者吊销营业执照或者生产加工许可证。

b. 重点问题风险防范。茶叶主要的不合格项为总灰分超标、重金属超标和农药残留超标，故将此列为监管人员检查的重点项目。监管人员还要检查原料是否具有检验报告、企业是否有必备的出厂检验设备、出厂检验记录情况。由于茶叶原料来源广泛，可溯源性较差，建议要求企业对使用不同来源、不同批次的原料生产的产品不得按同一批次处理。同时需要另外重点检查原材料通风情况是否良好、三防设施（防蝇、防尘、防鼠）

是否正常、车间设备设施的清洗消毒记录是否完善等。

c. 通过明察暗访、行业调研、市场和消费环节调查等方式，对容易出现质量安全问题、高风险的茶叶品种，认真开展危害因素调查分析，及时发现并督促企业防范滥用添加剂和使用非食品物质等违法行为。

d. 有针对性地对潜在危害物进行风险监测，通过对食品生产企业日常监督检验及非常规性项目检验数据进行深入分析，及时发现可能存在的行业性、区域性质量安全隐患。

e. 积极主动向相关生产加工企业宣传有关非食用物质"铅铬绿"、总灰分超标及农药残留等产生的原因、危害性及如何防范等知识，防止违法添加有毒有害物质。

（三）消费建议

a. 选择优质、口碑好的原茶生产的茶叶产品。

b. 选毛茶和茶坯符合该种茶叶产品正常品质特征生产的茶叶产品。

c. 选感官品质好，无茶梗、非茶类夹杂物等的茶叶，无异味、无异嗅、无霉变，不着色，无任何添加剂，无其他夹杂物，符合相关茶叶标准要求的茶叶产品。

d. 选符合相关卫生要求规定，干燥，清洁，无异味，不影响茶叶品质包装材料包装的茶叶。

e. 选正规厂家生产，加工，储藏，茶叶包装材料和容器干燥、清洁、无异味等，不影响茶叶品质等的茶叶产品。

f. 茶叶的感官鉴别特点有4方面内容。①色：包括外观的色泽及汤色。新茶外观干硬疏松，色泽新鲜，一般呈嫩绿色。老陈的茶叶则紧缩暗软。选购茶叶时，外观颜色应以纯而泽为好，杂而暗为次。茶叶的汤色以明亮清晰为优，暗而深为劣。②香：质量好的茶叶，一般都香味纯正，沁人心脾。若茶叶香味淡薄或根本无香味的，或者有异味的，则不是好茶叶。如茉莉花茶是许多消费者所喜爱的，这种茶有浓郁的茉莉花清香，如无这种香气或有其他气味，则说明该茉莉花茶质量较差。③味：是指茶水的滋味。新茶汤色澄清而香气足，陈茶则汤色变褐、香味差。就绿茶、红茶来说，质量好的绿茶口感略带苦涩，饮后又感鲜甜，且回味越久越浓。若苦涩味重，鲜甜味少的则为次茶。红茶口感甜爽为好，苦涩为次。④形：指茶叶的外形。各种名茶都有它的外形特征，千姿百态。不同的品种有不同的鉴别方法，有的品种要看它的茸毛多少，多者为优，少者为劣；有的品种要看它的条索松紧，紧者为好，松者为差。质量好的茶叶外形应均匀一致，所含碎茶和杂质少。

参 考 文 献

刘帅帅，李烨，王旻．2011．茶叶中稀土元素含量的研究进展[J]．中国茶叶，1：13-14．

Edson EF．1973．Pesticide Residues in food[J]．Occup Environ Med，30：404．

GB 2762—2005．食品安全国家标准 食品中污染物限量[S]．

GB 2762—2012．食品安全国家标准 食品中污染物限量[S]．

GB 2763—2012．食品安全国家标准 食品中农药最大残留限量[S]．

GB/T 14456.1—2008．食品安全国家标准 绿茶[S]．

Hubbs-Tait L，Nation JR，Krebs NF，et al．2005．Neurotoxicants，Micronutrients，and Social Environments：Individual and Combined Effects on Children's Development[J]．Psycho Sci Publ Interest，6：57-121．

报告二十七　含茶制品和代用茶生产加工食品安全危害因素调查分析

一、广东省含茶制品和代用茶行业情况

含茶制品包括以茶叶为原料加工的速溶茶类和以茶叶为原料配以各种可食用物质或食用香料等制成的调味茶类。代用茶，是选用可食用植物的叶、花、果（实）、根茎为原料，采用类似茶叶冲泡（浸泡、煮）方式供人们饮用的产品，一般可分为叶类、花类、果（实）类和混合类。叶类产品有银杏茶、桑叶茶、薄荷茶等；花类产品有菊花、茉莉花、金银花等；果（实）类（含根茎）产品有大麦茶、苦瓜片、枸杞、胖大海、罗汉果、决明子等；混合类为上述产品按一定比例混合而成。

据统计，目前，广东省含茶制品和代用茶生产加工企业共 160 家，其中获证企业 155 家，占 96.9%，小作坊 5 家，占 3.1%，见表 2-27-1。

表 2-27-1　广东省含茶制品和代用茶生产加工企业情况统计表

| 生产加工企业总数/家 | 食品生产加工企业 | | | 食品小作坊数/家 |
	获证企业数/家	GMP、SSOP、HACCP 等先进质量管理规范企业数/家	规模以上企业数（即年主营业务收入 500 万元及以上）/家	
160	155	8	4	5

注：表中数据统计日期为 2012 年 12 月。

广东省含茶制品和代用茶生产加工企业分布如图 2-27-1 所示，珠三角地区的含茶制品和代用茶生产加工企业共 81 家，占 50.6%，粤东、粤西、粤北地区分别有 50 家、12 家和 17 家，分别占 31.3%、7.5%、10.6%。从生产加工企业数量看，广州最多，有 27 家，其次为江门和清远，分别有 12 家。

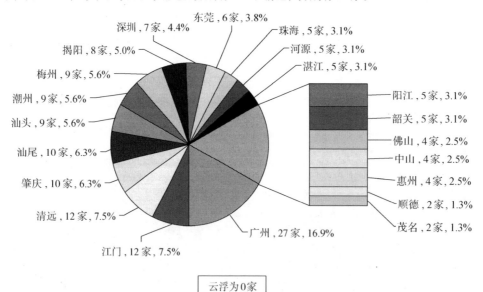

图 2-27-1　广东省含茶制品和代用茶加工企业地域分布图

全省有 4 家较大规模企业，分别在深圳（2 家）、梅州（1 家）和顺德（1 家）。同时全省有 8 家企业实施了良好生产规范（GMP）、卫生标准操作规范（SSOP）、危害分析与关键控制点（HACCP），其中深圳 3 家、中山 3 家、顺德 1 家、珠海 1 家。

大中型含茶制品和代用茶生产加工企业的工艺比较成熟，管理比较规范，从业人员操作熟练，进出厂的检验比较严格；但小型含茶制品和代用茶生产加工作坊食品安全意识不强，存在违规操作的现象。小企业的从业人员流动大，也容易造成食品安全管理上的困难，需企

业自身加强员工培训。

含茶制品和代用茶生产加工行业存在以下主要问题：①小企业小作坊卫生质量差，管理不规范等，影响行业总体发展；②仓库管理存在一定的质量隐患，部分企业未区分原料堆放区和成品区，造成交叉污染；③部分小企业小作坊使用重金属或农药残留超标的茶叶、花、果（实）配料。

含茶制品和代用茶生产加工企业今后的食品安全发展方向是：不能只讲究速度和数量，要引导其开发先进技术和生产能力，加强质量控制，并深入利用国际标准来约束企业自身，规整合并手工作坊，逐步使全省含茶制品和代用茶的生产走上产业化发展的道路。

二、含茶制品和代用茶抽样检验情况

含茶制品和代用茶的抽样检验情况见表 2-27-2 和表 2-27-3。

表 2-27-2　2010~2012 年广东省含茶制品和代用茶抽样检验情况统计表（1）

年度	抽检批次	合格批次	不合格批次	内在质量不合格批次	内在质量不合格产品发现率/%
2012	220	201	19	6	2.7
2011	227	204	23	8	3.5
2010	202	170	32	10	5.0

表 2-27-3　2010~2012 年广东省含茶制品和代用茶抽样检验情况统计表（2）

年度	不合格项目（按照不合格率的高低依次列举）											
	不合格项目（一）				不合格项目（二）				不合格项目（三）			
	项目名称	抽检批次	不合格批次	不合格率/%	项目名称	抽检批次	不合格批次	不合格率/%	项目名称	抽检批次	不合格批次	不合格率/%
2012	稀土	6	3	50.0	灰分	3	1	33.3	标签	73	13	17.8
2011	标签	6	3	50.0	水分	3	1	33.3	二氧化硫残留量	28	1	3.6
2010	净含量	3	2	66.7	六六六	3	1	33.3	水分	101	14	13.9

三、含茶制品和代用茶生产加工环节危害因素调查情况

（一）含茶制品和代用茶基本生产流程及关键控制点

固态速溶茶（含奶茶、果味茶等）：原料→浸提→过滤→浓缩→（加入添加物）→喷雾干燥→包装。

液态速溶茶（含调味、调香浓缩茶汁）：原料→浸提→过滤→浓缩→（加入添加物）→包装。

（抹）茶粉：原料→磨碎→包装。

调味茶类：茶叶→拼配（加入配料）→包装。

含茶制品和代用茶生产加工的 HACCP 及 GMP 的关键控制点为原料验收、浸提或拼配、产品仓储。

（二）含茶制品和代用茶生产加工过程中存在的主要问题

a. 农药残留超标。

b. 黄曲霉毒素 B_1 含量超标。

c. 水分超标。

d. 重金属超标。

e. 水浸出物含量偏低。

四、含茶制品和代用茶粉生产加工环节危害因素及描述

（一）农药残留超标

1. 危害因素特征描述

茶树在生长过程中受农药污染，致使茶叶中的农药残留量超标，给消费者身体健康及茶叶行业发展带来较大影响。随着环境污染加剧，茶叶农药残留问题也日益严重。

2. 相关标准要求

《食品安全国家标准　食品中农药最大残留限量》（GB 2763—2012）对茶叶中六六六、滴滴涕、顺式氰戊

245

菊酯、氟氰戊菊酯、氯氰菊酯、溴氰菊酯、氯菊酯、乙酰甲胺磷和杀螟硫磷等 9 项农残指标均做了限量规定：六六六≤0.2 mg/kg、滴滴涕≤0.2 mg/kg、氯菊酯（红茶、绿茶）≤20 mg/kg、氯氰菊酯≤20 mg/kg、氟氰戊菊酯（红茶、绿茶）≤20 mg/kg、溴氰菊酯≤10 mg/kg、顺式氰戊菊酯≤2mg/kg、乙酰甲胺磷≤0.1 mg/kg、杀螟硫磷≤0.5 mg/kg。

3. 危害因素来源

含茶制品和代用茶农残污染的直接原因是采用了不合理的施药技术和施药方式。由于施药技术落后，或施药不及时，选择农药品种错误，农药的实际利用率很低。据测定，农药接触到靶标作物上的仅为 10%~20%，极大部分都降落到了地面、水域和大气中，造成农田土壤、地下水、地表水污染，最终污染农产品，危及人的身体健康。

（二）铅含量超标

铅是一种天然重金属，也是普遍存在于环境的污染物。环境污染或食物在制造、处理或包装过程中都可能受到污染，导致食物含铅。铅的危害因素特征描述见第三章。

1. 相关标准要求

地方标准《固态含茶制品卫生要求》（DB 11/621—2009）规定：固态含茶制品中铅的限量为 5.0 mg/kg。《代用茶卫生要求》（DB 11/505—2007）规定铅的限量为 5.0 mg/kg。

2. 危害因素来源

含茶制品和代用茶中铅的主要来源为大气中的气铅、尘铅、土壤中有效态铅及产品加工机械合金中的铅，其污染水平受多种因素限制。茶树栽种的土壤成分直接影响植物的质量，部分土壤铅含量背景值高，又由于植物有蓄积作用，原料植物在生长中摄取过量的铅，造成铅的含量超标。此外，含茶制品在生产过程中（特别是揉捻工序）与机械表面接触及包装过程中也会造成铅污染。

（三）黄曲霉毒素 B_1 含量超标

黄曲霉毒素是黄曲霉、寄生曲霉产生的真菌有毒次生代谢产物，由于其化学性质比较稳定，易通过被污染的原料带入到成品中。黄曲霉毒素的危害因素特征描述见第三章。

1. 相关标准要求

地方标准《代用茶卫生要求》（DB 11/505—2007）规定：代用茶中黄曲霉毒素 B_1 含量≤0.005 mg/kg。《固态含茶制品卫生要求》（DB 11/621—2009）规定：固态含茶制品中黄曲霉毒素 B_1 含量≤0.005 mg/kg。

2. 危害因素来源

茶制品与代用茶中黄曲霉毒素的危害因素来源：一是原料本身；二是原料在生产加工和储存过程中因为管理不当而被黄曲霉污染。

五、危害因素的监控措施建议

（一）生产企业自控建议

茶制品和代用茶生产企业通过对原料部分及加工过程的危害分析，运用 HACCP 原理，可以将茶制品和代用茶的生产安全隐患降低到可接收水平，以确保茶制品及代用茶的安全生产。

1. 原辅料使用方面的监控

茶制品和代用茶的主要配料为鲜茶叶和食品添加剂，在验收中主要存在的危害包括农药残留、污染物（铅）、二氧化硫等。危害的控制主要通过：①原料应无劣变、无异味，不添加着色剂和非食用添加物（如美术绿），各种花、果（实）类配料应是可食用的，不得选用卫生部药食同源药物目录以外的物品；②对源头茶园及花果植物供应地进行实地考察与评估，采购符合茶叶种植条件的茶园产品，指导茶农配方施肥、科学生产，推广先进农业技术；③要求供货商提供相关证照及权威机构出具的产品合格证明材料；④企业经营者自觉采取措施提高食品质量水平，建立严格的质量管理体系，保证在生产、仓储及运输过程中的安全卫生；⑤加强原辅料的自我检验工作，如企业自身无检测能力，可委托有资质的检测机构对主要原辅材料的一些关键指标项目（如原料的重金属、农残等）进行检验。

2. 食品添加剂使用方面的监控

茶制品和代用茶生产过程中所使用的食品添加剂必须符合《食品安全国家标准 食品添加剂使用标准》（GB 2760—2011）的规定，全面实行"五专"、"五对"管理，确保食品添加剂的安全使用。不得超范围使用食品添加剂（如香精香料、甜味剂、着色剂等）。

3. 含茶制品和代用茶生产过程的监控

茶制品的生产加工以浸提、过滤、浓缩、磨碎、拼配、加入添加物、喷雾干燥、包装等工艺组成；代用茶的生产加工以拣剔、杀青、揉捻、切片（打碎）、干燥杀菌、包装等工艺组成。全程按照 HACCP 体系及 GMP 的要求进行关键点的控制，形成关键控制点作业指导书，并在其指导下进行生产。

（1）原料的控制

设定合理的加工工艺，降低产品铅和农药残留量。在不影响产品品质的前提下，对受尘铅污染的鲜叶和植物进行清洗后再投制。加大对茶类制品科技的投入，开发和改造生产设备。原料需有质量安全合格证明或自检、送检。

（2）干燥、杀菌、包装等工艺控制

通过卫生标准操作规范（SSOP）控制和保持良好的个人卫生；按国家相关法律法规的要求，实施茶厂和原料厂的选址及厂区设计，种植树木、绿化环境，定期清除潜在的污染源；生产车间内空气流通、光线明亮，设置照明、通风、除尘及垃圾箱等基本设施，茶叶类机械应选配铅、铜等重金属含量达标的设备，尤其是筛网材料和揉捻机械。生产使用前后要清洗保洁，避免加工设备及辅助用具污染茶叶，力求在环境、设施上保证原料的卫生质量；严格控制干燥温度、湿度、时间及杀菌温度、时间等参数；包装机械、包装材料要符合食品卫生法规的有关规定，保证包装过程中不受化学合成品、重金属及有害微生物的污染；使用干燥、防潮、抗氧化的包装技术，以保证有效期内产品的感官性状、理化品质。

4. 出厂检验的监控

茶制品和代用茶生产企业要强化重视出厂检验的意识，制定切合自身且不断完善的出厂检验制度；检验人员须具备检验能力和检验资格，同时能正确处理数据。

（二）监管部门监控建议

a. 加强重点环节的日常监督检查。重点对照卫生部发布的《食品中可能违法添加的非食用物质和易滥用的食品添加剂品种名单》，以及本地区监管工作中发现的其他在食品中存在的有毒有害物质、非法添加物质和食品制假现象，对企业的原料进货把关、生产过程投料控制及出厂检验等关键环节的控制措施落实情况和记录情况进行检查。

b. 重点问题风险防范。重点监测茶制品和代用茶的重金属含量、农药残留、水分含量项目。生产现场应重点检查通风、三防设施、设备设施清洗消毒、出厂检验等环节。同时重点核查企业原辅料进货台账是否建立，以及供货商资格把关，即是否有生产许可证及相关产品的检验合格证明，尤其关注重金属铅和农药残留超标、水分超标、标签不合格等，杜绝劣质腐败原料用于生产，所使用的配料应是可食用的，不得选用卫生部药食同源

药物目录以外的物品。

c. 通过明察暗访、行业调研、市场和消费环节调查等方式，对容易出现质量安全问题、高风险的食品，认真开展危害因素调查分析，及时发现并督促企业防范滥用食品添加剂和使用非食品物质等违法行为。

d. 有针对性地对潜在危害物进行风险监测，通过对食品生产企业日常监督检验及非常规性项目检验数据进行深入分析，及时发现可能存在的行业性、区域性质量安全隐患。

e. 积极主动向相关生产加工企业宣传有关重金属铅和农药残留超标等危害因素的产生原因、危害性及如何防范等知识，强化生产企业的质量安全责任意识和法律责任，健全企业安全诚信体系和职业道德建设，提高依法生产的自律性，防止违法添加有毒有害物质。

（三）消费建议

1. 含茶制品

a. 原料应无劣变、无异味、不着色，无其他夹杂物；各种花、果（实）类配料是可食用的，添加的香精、香料在食品中是允许添加的，符合国家相关规定；包装材料和容器不影响产品品质。符合上述标准的含茶制品，是同类产品中的上等品。

b. 劣变或混入其他杂物，产品在加工、运输、储藏过程中的污染，都会使含茶制品对人体健康造成影响。

c. 含茶制品色泽应具有该产品应有的正常色泽；香气与滋味应具有该产品应有的滋味和香味。性状应有原辅料固有的形态，干燥，无霉变、无肉眼可见的外来杂质。

2. 代用茶

a. 鲜叶、鲜花、果（实）、根茎等原料无劣变、无异味，无其他植物叶、花和杂物；产品具有正常的品质特征，无异味、无霉变；不着色，无任何添加剂及无其他夹杂物；包装材料和容器干燥、清洁、无毒、无害、无异味，不影响产品品质。

b. 选择具有原产地地域特征：杭白菊，黄山贡菊，怀菊花等，并具有备案有效的企业标准的产品。

c. 杭白菊生产必须具备杀青设备、干燥设备（视生产工艺而定）、包装设备；贡菊及其他花类、果（实）、根茎类、混合类生产的设备视具体生产工艺而定，必须具备包装设备。从严控制产品的企业生产的代用茶才是放心的食品。

247

参 考 文 献

DB 11/ 505—2007. 代用茶卫生要求[S].
DB 11/ 621—2009. 固态含茶制品卫生要求[S].

Edson EF. 1973. Pesticide Residues in food[J]. Occup Environ Med，30：404.

GB 2763—2012. 食品安全国家标准 食品中农药最大残留限量[S].

Magnoli AP，Monge MP，Miazzo RD，et al. 2011. Effect of low levels of aflatoxin B_1 on performance，biochemical parameters，and aflatoxin B_1 in broiler liver tissues in the presence of monensin and sodium bentonite[J]. Poult Sci, 90（1）：48-58.

食品生产加工过程危害因素分析综合教程

报告二十八　淀粉生产加工食品安全危害因素调查分析

一、广东省淀粉行业情况

淀粉，是指以谷类、薯类、豆类为原料，不经过任何化学方法处理，也不改变淀粉内在的物理和化学特性而加工制成的食用淀粉，包括谷类淀粉、薯类淀粉和豆类淀粉。

薯类、豆类和谷类含有丰富的淀粉，是人类碳水化合物的主要来源，也是最丰富、最廉价的能量营养素。

据统计，目前，广东省淀粉生产加工企业共 144 家，其中获证企业 141 家，占 97.9%，小作坊 3 家，占 2.1%，见表 2-28-1。

表 2-28-1　淀粉生产加工企业情况统计表

生产加工企业总数/家	食品生产加工企业			食品小作坊数/家
	获证企业数/家	GMP、SSOP、HACCP 等先进质量管理规范企业数/家	规模以上企业数（即年主营业务收入 500 万元及以上）/家	
144	141	6	5	3

注：表中数据统计日期为 2012 年 12 月。

广东省淀粉生产加工企业的分布如图 2-28-1 所示，珠三角地区的淀粉生产加工企业共 111 家，占 77.1%，粤东、粤西、粤北地区分别有 14 家、15 家和 4 家，分别占 9.7%、10.4%、2.8%。从生产加工企业数量看，佛山最多，有 31 家，其次为广州、东莞、深圳、湛江、揭阳，分别有 29 家、13 家、12 家、10 家和 10 家。

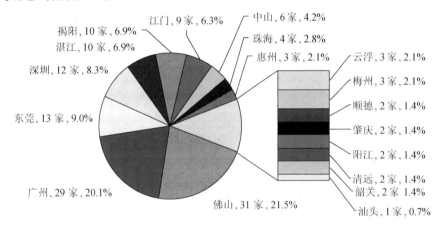

图 2-28-1　广东省淀粉生产加工企业地域分布图

广东省淀粉加工生产企业主要集中在珠三角地区。全省有 5 家较大规模企业，分别在深圳（3 家）珠海（1 家）和肇庆（1 家）。同时有 6 家企业实施了良好生产规范（GMP）、卫生标准操作规范（SSOP）、危害分析与关键控制点（HACCP），其中深圳 4 家、珠海 1 家、肇庆 1 家。

淀粉生产加工行业存在以下主要问题：①从业人员文化程度不高，操作技能大都由企业老员工带教，缺乏食品安全的基本知识，企业没有严格的操作准则；②淀

粉生产加工企业普遍规模不大，产能、产量较低，缺乏检验检测等食品安全控制手段；③部分小企业食品安全意识不强，存在着一些违法违规行为，如使用不符合要求的原材料（如陈化粮或重金属、黄曲霉毒素超标的不合格原料），食品添加剂使用不当，造成二氧化硫残留超标；④仓库管理存在一定的质量隐患，部分企业未区分原料堆放区和成品区，造成交叉污染；⑤小企业的卫生意识比较淡薄，防蚊、防虫、防鼠措施做得不够到位。

淀粉生产加工企业今后食品安全的发展方向是：严

把原材料购进关；严把生产工艺流程关；严把从业人员 卫生关；严把食品添加剂质量关。

二、淀粉抽样检验情况

淀粉的抽样检验情况见表 2-28-2 和表 2-28-3。

表 2-28-2　2010~2012 年广东省淀粉抽样检验情况统计表（1）

年度	抽检批次	合格批次	不合格批次	内在质量不合格批次	内在质量不合格产品发现率/%
2012	273	256	17	9	3.3
2011	245	214	31	18	7.3
2010	196	181	15	7	3.6

表 2-28-3　2010~2012 年广东省淀粉抽样检验情况统计表（2）

年度	不合格项目（按照不合格率的高低依次列举）											
	不合格项目（一）				不合格项目（二）				不合格项目（三）			
	项目名称	抽检批次	不合格批次	不合格率/%	项目名称	抽检批次	不合格批次	不合格率/%	项目名称	抽检批次	不合格批次	不合格率/%
2012	灰分	4	2	50.0	灰分	4	2	50.0	脂肪	4	1	25.0
2011	霉菌	17	4	23.5	淀粉含量	11	2	18.2	标签	78	11	14.1
2010	白度	4	1	25.0	标签	59	7	11.9	水分	9	1	11.1

三、淀粉生产加工环节危害因素调查情况

（一）淀粉基本生产流程及关键控制点

淀粉的基本生产流程：清洗→浸泡（鲜薯类除外）→磨碎→分离→脱水→干燥→包装

淀粉生产加工的 HACCP 及 GMP 的关键控制点为分离和干燥。

（二）淀粉生产加工过程中存在的主要问题

a. 微生物（大肠杆菌、菌落总数、霉菌）超标。

b. 二氧化硫残留超标。

c. 黄曲霉毒素 B_1 超标。

d. 木薯淀粉的氰化物超标。

e. 砷和铅超标。

f. 高锰酸钾超标。

g. 蛋白质含量不及格。

h. 潜在的危害因素（二氧化钛、工业淀粉、吊白块）。

四、淀粉生产加工环节危害因素及描述

（一）微生物（大肠菌群、菌落总数、霉菌等）超标

菌落总数和大肠菌群是判定食品质量状况的主要指标，反映了食品是否符合卫生要求。菌落总数在一定程度上标志着食品卫生质量的优劣。微生物的危害因素特征描述见第三章。

1. 相关标准要求

农业行业标准《绿色食品淀粉及淀粉制品》（NY/T 1039—2006）规定，大肠菌群限值为 70 MPN/100g，菌落总数≤1000 cfu/g，致病菌（沙门氏菌、志贺氏菌、金黄色葡萄球菌）不得检出。国家标准《食用小麦淀粉》（GB/T 8883—2008）与《食用玉米淀粉》（GB/T 8885—2008）规定，食用小麦淀粉与食用玉米淀粉中大肠菌群限值为 70 MPN/100g，霉菌数量最大值为 100 cfu/g。国家标准《马铃薯淀粉》（GB/T 8884—2007）规定，马铃

薯淀粉中菌落总数限值为 5000 cfu/g（优级品），10 000 cfu/g（一级品与合格品）；霉菌与酵母菌总数最大值为 500 cfu/g（优级品），1000 cfu/g（一级品与合格品）；大肠菌群数量最大值 30 MPN/100g（优级品），70 MPN/100g（一级品与合格品）。

2. 危害因素来源

小企业小作坊食品安全意识不强，管理不规范，工艺控制不严，如下几方面易滋生微生物。

a. 使用发霉腐烂的原料加工生产。

b. 生产线长时间运行未进行及时清理，使微生物局部滋生。

c. 特定的工艺条件是细菌繁殖的最佳环境。例如，木薯生产中的池粉由于其浆液状态的存留时间长，即使浆池表面有流动的新鲜水存在，池粉也会滋生细菌。

d. 企业在生产中使用地下水，而且出于节水目的进行工艺水最大限度地循环使用，会使循环水的微生物严重超标，而某些工段的水循环使用加上后段清水清洗不净，也成为产品微生物超标的原因。

e. 产品水分含量高。

（二）二氧化硫超标

二氧化硫为无色，不燃性气体，无自燃及助燃性；具有剧烈刺激臭味，有窒息性。二氧化硫易溶于水和乙醇，溶于水形成亚硫酸，有防腐作用。在食品生产过程中，经常把二氧化硫用作漂白剂、防腐剂、抗氧化剂等。硫磺、二氧化硫、亚硫酸钠、焦亚硫酸钠和低亚硫酸钠等二氧化硫类物质，也是食品工业中常用的食品添加剂（其在食品中的残留量用二氧化硫计算）。二氧化硫的危害因素特征描述见第三章。

1. 相关标准要求

《食品安全国家标准　食品添加剂使用标准》（GB 2760—2011）规定了食用淀粉中二氧化硫的最大使用量为 0.03 g/kg（以二氧化硫残留量计）。

2. 危害因素来源

在对淀粉中二氧化硫含量的专项检查中发现二氧化硫超标的原因是某些厂家为延长产品保质期，并且使其色泽新鲜，人为加入了焦亚硫酸钠（钾）、低亚硫酸钠等二氧化硫类物质。

（三）黄曲霉毒素 B_1 超标

霉菌毒素是霉菌产生的次生代谢物质，其对人和畜禽主要毒性表现为神经和内分泌紊乱、免疫抑制、致癌、致畸、肝肾损伤、繁殖障碍等。黄曲霉毒素的危害因素特征描述见第三章。

1. 相关标准要求

《绿色食品淀粉及淀粉制品》（NY/T 1039—2006）规定淀粉制品黄曲霉毒素 B_1 含量最大允许值为 5 μg/kg。

2. 危害因素来源

危害因素主要为：一是企业使用含黄曲霉毒素的原料制成淀粉；二是企业在每年 11~12 月的收获季节收购木薯，储藏不好，不能严格把关，造成原料和成品污染。

（四）氰化物超标

氰化物分无机氰化物与有机氰化物，常说的氰化物是指无机氰化物，俗称山奈，是包含氰离子的无机盐，一般常指氰化钾和氰化钠。氰化物的危害因素特征描述见第三章。

1. 相关标准要求

农业行业标准《食用木薯淀粉》（NY/T 875—2012）规定，食用木薯淀粉中氢氰酸含量最大值为 10 mg/kg。

2. 危害因素来源

在生产过程中对加工除毒工艺未严格把关是造成氰化物超标的主要原因。

（五）铅与砷超标

铅和砷是天然金属，也是普遍存在于环境的污染物。环境污染或食品在制造、处理或包装过程中都可能受到污染，导致食品重金属含量超标。铅和砷的危害因素特征描述见第三章。

1. 相关标准要求

《食用木薯淀粉》（NY/T 875—2012）取消砷项目的检测，铅含量必须符合 GB 2762—2012 要求。农业行业标准《绿色食品淀粉及淀粉制品》（NY/T 1039—2006）、国家标准《食用小麦淀粉》（GB/T 8883—2008）与《食用玉米淀粉》（GB/T 8885—2008）中对相关淀粉中的砷与铅的含量规定分别为：砷（以 As 计）≤0.5 mg/kg，铅（以 Pb 计）≤1.0 mg/kg。国家标准《马铃薯淀粉》（GB/T 8884—2007）规定，马铃薯淀粉中砷（以 As 计）≤0.3 mg/kg，铅（以 Pb 计）≤0.5 mg/kg。

2. 危害因素来源

重金属铅、砷主要来源于某些地区特殊自然环境中的高本底含量，或多或少由于人为的环境污染及食品生产过程中造成铅、镉和砷对食品污染。一般来说，重金属污染可通过以下几种途径：①原料带入，谷类、薯类、豆类作物生长在受到重金属污染的环境当中；②生产加工环节，辅料、加工助剂、生产环境、生产设备、包装，生产中与产品接触都可能引起重金属污染，主要是一些添加剂的不规范使用和包装材料的污染。

（六）高锰酸钾超标

1. 危害因素特征描述

高锰酸钾亦名"灰锰氧"、"PP 粉"，是一种常见的强氧化剂。在化学品生产中，广泛用作氧化剂，如用于制造糖精、维生素 C、异烟肼及安息香酸的氧化剂；医药中用作防腐剂、消毒剂、除臭剂及解毒剂；在水质净化及废水处理中，用作水处理剂，以氧化硫化氢、酚、铁、锰和有机、无机等多种污染物，控制臭味和脱色；还可以在淀粉生产工艺中充当漂白剂等。

高锰酸钾有一定的腐蚀性，吸入后可引起呼吸道损害。如溅落眼睛内，刺激结膜，重者致灼伤。口服后，会严重腐蚀口腔和消化道，出现口内烧灼感、上腹痛、恶心、呕吐、口咽肿胀等。如口服剂量大者，会出现口腔黏膜黑染呈棕黑色、肿胀糜烂，胃出血，肝肾损害，剧烈腹痛，呕吐，血便，休克等。

2. 相关标准要求

《食品安全国家标准 食品添加剂使用标准》（GB 2760—2011）规定高锰酸钾只能用于食用淀粉和酒类的生产，最大使用量为 0.5 g/kg，其中酒中残留量≤2 mg/kg（以锰计）。食品中锰含量的检测国家标准有 GB/T 5009.90—2003《食品中铁、镁、锰的测定》，采用原子吸收分光光度法，试样经湿消化后，导入原子吸收分光光度计中，经火焰原子化后，锰吸收 279.5 nm 的共振线，其吸收量与它们的含量成正比，与标准系列比较定量。

3. 危害因素来源

企业为提高产品白度，超量使用高锰酸钾。

（七）超范围使用二氧化钛

二氧化钛俗称钛白粉，多用于光触媒、化妆品等行业，是目前世界上应用最广、用量最大的一种白色颜料。二氧化钛也可用作食品添加剂，作为着色剂使用。二氧化钛的危害因素特征描述见第三章。

1. 相关标准要求

《食品安全国家标准 食品添加剂使用标准》（GB 2760—2011）规定，二氧化钛不能用于淀粉生产。

2. 危害因素来源

个别企业超范围使用。

（八）吊白块

吊白块是甲醛合次硫酸氢钠的俗称，又称吊白粉或雕白块（粉），常用作工业漂白剂和还原剂等。将吊白块掺入食品中，主要起到增白、保鲜、增加口感和防腐的效果，或掩盖劣质食品的变质外观，对人体有严重的毒副作用，国家严禁将其作为食品添加剂在食品中使用。吊白块的危害因素特征描述见第三章。

1. 相关标准要求

卫生部将吊白块列入《食品中可能违法添加的非食用物质名单（第一批）》中。

2. 危害因素来源

企业违法人为添加，其目的是增白，增加产品卖相。

五、危害因素的监控措施建议

（一）生产企业自控建议

1. 原辅料使用方面的监控

生产淀粉的原料应无发霉、霉烂、变味和感染虫害；生产淀粉制品所使用的淀粉须为食用淀粉，淀粉制品不允许分装；外购调料包的生产企业应对调料包进行进货验证；建立进货验收制度和台账。

2. 食品添加剂使用方面的监控

淀粉生产企业应严格根据《食品安全国家标准 食品添加剂使用标准》（GB 2760—2011）对食品添加剂的规定规范操作，严禁超范围超限量使用食品添加剂。不得添加国家明令禁止使用的非食用物质（如吊白块等）。

3. 淀粉生产过程的监控

淀粉生产车间内应光线充足，通风良好；直接接触食品的设备和工具应用无毒、无异味、不污染食品的材料制成；与淀粉产品生产有关的机器设备，其设计应能防止危害食品卫生安全，易于清洗消毒，易于检查，对消毒后消毒剂残留应有相应的检测技术和记录，并能避免机器润滑油、金属碎屑、污水或者其他污染物混入食品；食品接触面应平滑，无凹陷或裂缝，减少食品碎屑，污垢及有机物的聚积，将微生物的生长降至最低限度；生产中应依需要定时检查湿度、温度等，以确保产品质量。

4. 出厂检验方面的监控

企业必须设有与生产能力相适应的卫生、质量检验机构，建立有效的产品出厂检验制度，具备审查细则中规定的必备出厂检验设备，并有符合要求的实验室和检验人员，能完成审查细则中规定的出厂检验项目。凡是未经检验或者检验不合格的产品一律不准出厂销售，经检验合格的产品，必须按批次签发产品检验合格证书和检验报告单。

（二）监管部门监控建议

a. 加强重点环节的日常监督检查。重点对照卫生部发布的《食品中可能违法添加的非食用物质和易滥用的食品添加剂品种名单》，以及本地区监管工作中发现的其他在食品中存在的有毒有害物质、非法添加物质和食品制假现象，督促食品生产企业严格原料采购和入厂把关，严格落实索证索票、进货查验制度，不得购入标识不规范、来源不明的食品添加剂。

b. 重点问题风险防范。淀粉中水分超标会造成淀粉发霉变质；淀粉生产过程中，分离效果不好造成蛋白质含量不合格；食品添加剂使用不当，造成二氧化硫残留量超标；监管人员主要检查淀粉生产原料的检验报告、生产企业的卫生条件、卫生防护和从业人员

健康卫生状况、车间设备的清洗消毒记录、清洁区与污染区有无区域划分、三防设施（防蝇、防尘、防鼠）是否完善等。

c. 在日常监管中，要加强对原材料和生产加工过程关键控制环节的检查，切实落实企业第一责任人责任，确保对存在的问题跟踪整改到位。有针对性地通过组织明察暗访、发动举报投诉、开展监督检查、执法检查和抽样检验等方式，依法从速从严查处在淀粉生产中超量超范围使用添加剂等行为。

（三）消费建议

a. 颜色与光泽：淀粉的色泽与淀粉的含杂量有关，光泽与淀粉的颗粒大小有关，这是在鉴别时值得注意的问题。品质优良的淀粉色泽洁白，有一定光泽；品质差的淀粉呈黄白或灰白色，并缺乏光泽。一般来说，淀粉的颗粒大时就显得洁白有光泽，而颗粒小时则相反。

b. 斑点：淀粉的斑点是因为含纤维素、砂粒等杂质所造成的，所以斑点的多少，可以说明淀粉的纯净程度和品质的好坏。

c. 气味：品质优良的淀粉应有原料固有的气味，而不应有酸味、霉味及其他不良气味。

d. 干度：淀粉应该干燥，手攥不应成团，有较好的分散性。

参 考 文 献

刘明．2008．食品中二氧化硫残留量检测方法的改进[J]．生命科学仪器，6（12）：42-44.

刘宗梅．2008．浅析"吊白块"的危害与治理[J]．贵州工业大学学报（自然科学版），37（6）：38-40.

王彦斌，苏琼．1999．玉米淀粉高锰酸钾氧化法的探讨——玉米淀粉氧化方法及高效催化剂表征研究[J]．西北民族学院学报（自然科学版），2：39-42.

吴艳，和娟．2013．浅议食品微生物检测中菌落总数与大肠菌群两个指标的关系[J]．计量与测试技术，40（6）：92-93.

Bastias J M, Bermudez M, Carrasco J, et al. 2010. Determination of dietary intake of total arsenic, inorganic arsenic and total mercury in the Chilean school meal program[J]. Food Sci Technol Int, 16（5）：443-450.

GB 2760—2011. 食品安全国家标准 食品添加剂使用标准[S].

GB/T 8883—2008. 食用小麦淀粉[S].

GB/T 8884—2007. 马铃薯淀粉[S].

GB/T 8885—2008. 食用玉米淀粉[S].

Hubbs-Tait L, Nation JR, Krebs NF, et al. 2005. Neurotoxicants, Micronutrients, and Social Environments：Individual and Combined Effects on Children's Development[J]. Psychol Sci Publ Interest, 6：57-121.

Khezri SM, Shariat SM, Tabibian S. 2013. Evaluation of extracting titanium dioxide from water-based paint sludge in auto-manufacturing industries and its application in paint production[J]. Toxicol Ind Health, 29（8）：697-703.

Magnoli AP, Monge MP, Miazzo RD, et al. 2011. Effect of low levels of aflatoxin B_1 on performance, biochemical parameters, and aflatoxin B_1 in broiler liver tissues in the presence of monensin and sodium bentonite[J]. Poult Sci, 90（1）：48-58.

NY/T 1039—2006. 绿色食品淀粉及淀粉制品[S].

NY/T 875—2012. 食用木薯淀粉[S].

报告二十九　豆制品生产加工食品安全危害因素调查分析

一、广东省豆制品企业情况

豆制品是以大豆、小豆、绿豆、豌豆、蚕豆等豆类为主要原料，经加工而成的食品。大多数豆制品是由大豆的豆浆凝固而成的豆腐及其再制品。中国传统豆制品可分为发酵性豆制品和非发酵豆制品两大类。发酵性豆制品是指以大豆或其他杂豆为原料经发酵制成的豆制品，包括腐乳、豆豉、纳豆；非发酵豆制品，指以大豆和水为主要原料，经过制浆工艺，凝固（或不凝固），调味（或不调味）加工等加工工艺制成的产品，主要包括豆浆、豆腐、豆干、腐竹等产品。

据统计，目前，广东省豆制品生产加工企业共 951 家，其中获证企业 387 家，占 40.7%，小作坊 564 家，占 59.3%，见表 2-29-1。

表 2-29-1　豆制品生产加工企业情况统计表

生产加工企业总数/家	食品生产加工企业			食品小作坊数/家
	获证企业数/家	GMP、SSOP、HACCP 等先进质量管理规范企业数/家	规模以上企业数（即年主营业务收入 500 万元及以上）/家	
951	387	10	13	564

注：表中数据统计日期为 2012 年 12 月。

广东省豆制品生产加工企业分布如图 2-29-1 所示，珠三角地区的豆制品生产加工企业共 519 家，占 54.6%，粤东、粤西、粤北地区分别有 275 家、103 家和 54 家，分别占 28.9%、10.8%、5.7%。从生产加工企业数量看，河源和江门最多，分别有 147 家和 139 家，其次为惠州、东莞、阳江、广州、中山和梅州，分别有 87 家、66 家、65 家、59 家、55 家和 50 家。

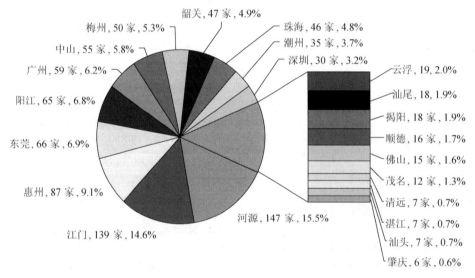

图 2-29-1　广东省豆制品生产加工企业地域分布图

广东省豆制品加工生产企业分布较均衡，但小企业小作坊居多。全省有 13 家较大规模企业，分别在深圳（5 家）、珠海（5 家）和潮州（3 家）。同时全省有 10 家企业实施了良好生产规范（GMP）、卫生标准操作规范（SSOP）、危害分析与关键控制点（HACCP），其中深圳 5 家、珠海 4 家、中山 1 家。大中型企业工艺较成熟，管理较规范，从业人员操作熟练，进出厂检验严格；小企业小作坊食品安全意识不强，存在违规操作的现象。

目前，豆制品加工行业存在以下主要问题：①加工工具与容器未经煮沸消毒，车间布局不合理，易造成交叉污染；②从业人员卫生意识淡薄；③多数豆制品加工企业与销售点相距较远，运输过程无防尘防蝇专用车，易导致中途污染；④销售使用的工具及售货工具未经消毒，造成豆制品污染。

豆制品生产加工企业今后食品安全的发展方向是：生产企业应严格遵循卫生制度进行规范化生产，强化卫生意识，培养高素质技术人才；加大硬件设备投入力度；对从业人员加强法律法规及卫生知识培训，提高卫生意识及相关知识水平，生产中严格执行卫生规范和国家卫生标准，保证豆制品的质量安全。

二、豆制品抽样检验情况

豆制品的抽样检验情况见表 2-29-2 和表 2-29-3。

表 2-29-2　2010~2012 年广东省豆制品抽样检验情况统计表（1）

年度	抽检批次	合格批次	不合格批次	内在质量不合格批次	内在质量不合格产品发现率/%
2012	1685	1551	134	108	6.4
2011	1975	1675	300	281	14.2
2010	1645	1397	248	226	13.7

表 2-29-3　2010~2012 年广东省豆制品抽样检验情况统计表（2）

年度	不合格项目（按照不合格率的高低依次列举）											
	不合格项目（一）				不合格项目（二）				不合格项目（三）			
	项目名称	抽检批次	不合格批次	不合格率/%	项目名称	抽检批次	不合格批次	不合格率/%	项目名称	抽检批次	不合格批次	不合格率/%
2012	标签	492	35	7.1	环己基氨基磺酸钠	15	1	6.7	菌落总数	836	52	6.2
2011	菌落总数	696	103	14.8	致病菌	14	1	7.1	标签	202	13	6.4
2010	苯甲酸及其钠盐	1	1	100.0	碱性嫩黄	2	1	50.0	菌落总数	661	137	20.7

三、豆制品行业加工环节危害因素调查情况

（一）豆制品基本生产流程及关键控制点

豆制品基本生产流程及关键控制点见图 2-29-2。

（二）豆制品生产加工过程中存在的主要质量问题

a. 微生物指标（大肠菌群、菌落总数、霉菌）。
b. 超范围使用苯甲酸。
c. 二氧化硫残留超标。
d. 超范围超量使用甜蜜素。
e. 铝含量超标。
f. 潜在危害物质（吊白块、硼砂、王金黄与碱性嫩黄）。
g. 非法添加工业盐（主要是工业盐含亚硝酸钠超标）。
h. 非法添加青矾（硫酸亚铁）。
i. 蛋白质和氨基酸态氮含量过低。

四、豆制品行业生产加工环节危害因素及描述

（一）微生物（大肠菌群、菌落总数、霉菌等）超标

菌落总数和大肠菌群是判定食品卫生质量状况的主要指标。霉菌繁殖迅速，常造成食品、用具大量霉腐变质。微生物的危害因素特征描述见第三章。

1．相关标准要求

国家标准《非发酵性豆制品及面筋卫生标准》（GB 2711—2003）规定，散装菌落总数≤100 000 cfu/g；定型包装菌落总数≤750 cfu/g；散装大肠菌群数量≤150 MPN/100g，定型包装大肠菌群数量≤40 MPN/100g；霉菌与致病菌不得检出。国家标准《发酵性豆制品卫生标准》（GB 2712—2003）规定，大肠菌群数量≤30 MPN/100g；霉菌与致病菌不得检出。

255

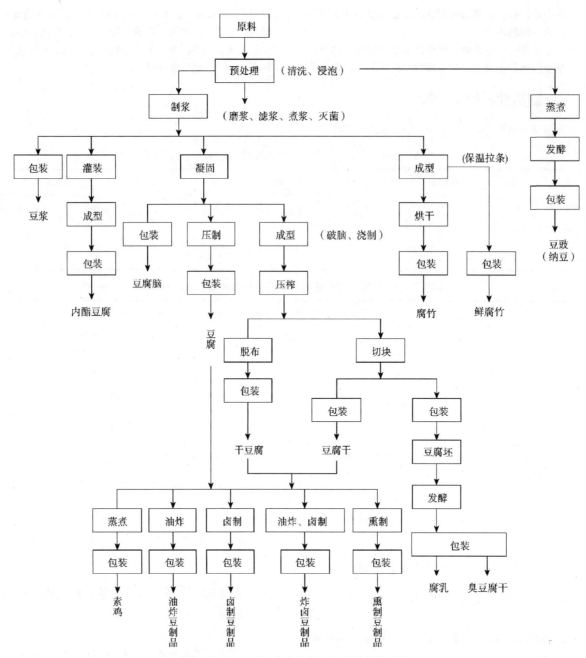

图 2-29-2　豆制品基本生产流程及关键控制点

2. 危害因素来源

全省豆制品的生产以小企业及小作坊为主，经常处于半露天状态，无防尘、防蝇、防鼠等设施，人员及设备卫生消毒措施不严格，且广东地区天气炎热，如保鲜条件不佳，均会造成肠道致病菌的繁殖。

（二）苯甲酸及其钠盐

苯甲酸又称安息香酸，水中溶解度低，故多数情况下使用苯甲酸钠盐类。苯甲酸及其钠盐是重要的酸性食品防腐剂，对霉菌、酵母和细菌均有抑制作用，也可用于生产巧克力、浆果、蜜饯等的食用香精中。苯甲酸及其钠盐的危害因素特征描述见第三章。

1. 相关标准要求

《食品安全国家标准 食品添加剂使用标准》（GB 2760—2011）规定苯甲酸及其钠盐不能用于豆制品生产加工中。

2. 危害因素来源

苯甲酸、苯甲酸钠是食品工业中常见的防腐保鲜剂，在一定的条件下对食品中霉菌和酵母菌的繁殖起到抑制作用。苯甲酸、苯甲酸钠超标可能有以下原因：①原料带入，有些生产企业在生产豆制品时，为了节省成本而使用劣质原料，而劣质原料中含有过量苯甲酸；②未严格按照相关标准去组织生产，添加量控制不当；③人为过量添加，苯甲酸与豆制品防腐、保鲜的性能有关，为了达到延长产品保质期的有意行为。

（三）二氧化硫超标

二氧化硫为无色，不燃性气体，无自燃及助燃性；具有剧烈刺激臭味，有窒息性。二氧化硫易溶于水和乙醇，溶于水形成亚硫酸，有防腐作用。在食品生产过程中，经常把二氧化硫用作漂白剂、防腐剂、抗氧化剂等。硫磺、二氧化硫、亚硫酸钠、焦亚硫酸钠和低亚硫酸钠等二氧化硫类物质，也是食品工业中常用的食品添加剂（其在食品中的残留量用二氧化硫计算）。二氧化硫的危害因素特征描述见第三章。

1. 相关标准要求

《食品安全国家标准 食品添加剂使用标准》（GB 2760—2011）规定豆制食品腐竹（包括腐竹、油皮等）中二氧化硫最大使用量为 0.2 g/kg。农业行业标准《绿色食品 豆制品》（NY/T 1052—2006）规定绿色食品豆制品中的二氧化硫不得检出。

2. 危害因素来源

企业为延长产品的保质期且使其色泽新鲜，在豆制品的生产中人为加入了焦亚硫酸钠（钾）、低亚硫酸钠等二氧化硫类物质。

（四）甜蜜素

甜蜜素是环氨酸盐类甜味剂的代表，是一种人工合成的低热值新型甜味剂，属于磺胺类非营养性食品添加剂。甜蜜素的危害因素特征描述见第三章。

1. 相关标准要求

《食品安全国家标准 食品添加剂使用标准》（GB 2760—2011）规定腐乳类食品中甜蜜素的最大使用量为 0.65 g/kg，其他类别的豆制品中不得添加甜蜜素。

2. 危害因素来源

危害因素来源：一是企业为了减少生产成本，超量使用甜蜜素；二是小企业、小作坊使用传统手工操作，生产条件控制不严，计量不准确，添加时全凭经验，造成甜蜜素添加过量。

（五）铝含量超标

铝是地壳中含量最丰富的金属元素，天然存在于食物中，但含量很低，一般食物中的铝主要来源于含铝添加剂。铝的危害因素特征描述见第三章。

1. 相关标准要求

《食品安全国家标准 食品添加剂使用标准》（GB 2760—2011）规定豆制品中铝的残留量最大值为 100 mg/kg。

2. 危害因素来源

豆制品中铝含量超标的主要原因是企业在生产中加入了稳定剂明矾。

（六）违法添加吊白块

吊白块是甲醛合次硫酸氢钠的俗称，又称吊白粉或雕白块（粉），常用作工业漂白剂和还原剂等。将吊白块掺入食品中，主要起到增白、保鲜、增加口感和防腐的效果，或掩盖劣质食品的变质外观，其对人体有严重的毒副作用，国家严禁将其在食品中使用。吊白块的危害因素特征描述见第三章。

1. 相关标准要求

卫生部将吊白块列入《食品中可能违法添加的非食用物质名单（第一批）》中。

2. 危害因素来源

企业非法添加。

（七）违法添加硼砂

硼砂也叫粗硼砂，是一种既软又轻的无色结晶物质。硼砂有很多用途，如消毒剂、保鲜防腐剂、软水剂、洗眼水、肥皂添加剂、陶瓷的釉料和玻璃原料等，在工业生产中硼砂也有着重要的作用。硼砂的危害因素特征描述见第三章。

1. 相关标准要求

《食品安全国家标准 食品添加剂使用标准》（GB 2760—2011）并未将硼砂列入可以使用的食品添加剂目录，而且已明确硼砂为非食用物质，不得非法添加在食品中。

2. 危害因素来源

企业为增加产品光泽和韧性，在腐竹等豆制品的生产中违法添加硼砂。

（八）违法添加碱性嫩黄

碱性嫩黄是一种工业染料，主要用于麻、纸、皮革、草编织品、人造丝等的染色，其色淀用于油漆、油墨、涂料及橡胶、塑料着色等。碱性嫩黄的危害因素特征描述见第三章。

1. 相关标准要求

将碱性嫩黄列入卫生部《食品中可能违法添加的非食用物质和易滥用的食品添加剂品种名单（第一批）》中。

2. 危害因素来源

碱性嫩黄是工业染色剂，由于能起染色作用，一些不法商贩把碱性嫩黄加入到腐竹中，使其色泽漂亮，易销售。

（九）非法添加工业盐（主要是工业盐含亚硝酸钠超标）

1. 危害因素特征描述

工业盐含有亚硝酸钠，毒性很大。亚硝酸钠进入人体后能使体内携氧的低铁血红蛋白，变成高铁血红蛋白，高铁血红蛋白一遇到氧，就牢固地结合起来导致人体的全身组织缺氧。同时，工业盐含各种杂质也会给食用者带来一些严重危害，如钙、镁含量过多，会引起胃肠道功能紊乱，出现腹痛腹泻；氯化钡含量过多会引起神经系统损害，出现四肢麻木；亚硝酸盐含量过多可引起中毒，严重者可导致死亡。

2. 相关标准要求

国家规定工业盐不允许作为食品添加剂用于食品生产中。《食品安全国家标准 食品添加剂使用标准》（GB 2760—2011）规定，亚硝酸钠不能用于豆制品中。

3. 危害因素来源

食盐是生产豆豉等豆制品的原材料之一，使用工业盐比使用食盐成本低；另外，今年盐务部门查获一些利用工业盐冒充食盐的案件。因此，豆豉等豆制品生产加工过程中对原辅料进厂检验把关不严，可能导致使用了含亚硝酸盐超标的工业盐，从而引起食物中毒。

（十）青矾（硫酸亚铁）

硫酸亚铁又名青矾、绿矾或铁矾，可以用作营养增补剂（铁质强化剂）或果蔬发色剂，如与烧明矾共用于

茄子的腌制品能与其色素形成稳定的络盐，防止因有机酸引起的变色。其亦可用于杀菌，脱臭，但杀菌力极弱。青矾的危害因素特征描述见第三章。

1. 相关标准要求

《食品安全国家标准 食品添加剂使用标准》（GB 2760—2011）并未将硫酸亚铁列入可以使用的食品添加剂目录，国家严格禁止使用作为化工原料的硫酸亚铁。

2. 危害因素来源

传统工艺中，黑豆豉等豆制品添加微量的硫酸亚铁，可使豆豉颜色更黑更亮，因为硫酸亚铁与发酵物作用生成的硫化铁是黑色的，这样一来，可以增加产品的卖相，以达到增加客户赢利的目的。

五、危害因素的监控措施建议

（一）生产企业自控建议

1. 原辅料使用方面的监控

企业生产豆制品所用的原辅材料、包装材料必须符合国家标准、行业标准及有关规定；不得使用变质或未去除有害物质的原料、辅料；油炸豆制品所用油脂应符合相关卫生标准要求，禁止反复使用。发酵豆制品所使用的菌种应防止污染和变异产毒。

2. 食品添加剂使用方面的监控

豆制品生产企业应严格按照规定规范操作，食品添加剂的使用、计算、称量应由专人负责，并且有两人核对，并设专柜储放，专人负责管理，严禁超范围超限量使用食品添加剂。

3. 豆制品生产过程的监控

厂房应设计合理，有与生产产品相适应的原料库、加工车间、成品库、包装车间，生产发酵豆制品的企业应有相应的发酵场所。加工车间必须具备良好的通风，包装车间应密闭有消毒措施，生产场所应与生活区分开。

4. 出厂检验方面的监控

企业须设有与生产能力相适应的卫生、质量检验机构，建立有效的产品出厂检验制度，具备审查细则中规定的必备出厂检验设备，并有符合要求的实验室和检验人员，能完成审查细则中规定的出厂检验项目。凡是未经检验或者检验不合格的产品一律不准出厂销售，经检验合格的产品，必须按批次签发产品检验合格证书和检验报告单。

（二）监管部门监控建议

a. 加强重点环节的日常监督检查。重点对照卫生部发布的《食品中可能违法添加的非食用物质和易滥用的食品添加剂品种名单》中豆制品容易出现的违法添加物，如吊白块、硼砂，以及本地区监管工作中发现的其他在食品中存在的有毒有害物质、非法添加物质和食品制假现象。

b. 重点问题风险防范。豆制品行业中可能存在添加剂超出国家标准规定使用范围和（或）超出国家标准规定使用限量、非法添加非食用物质等情况。监管人员在日常巡查监管时要加强对企业仓库、台账、使用记录等的突出检查。在企业现场如果发现问题，应立即采取措施控制企业相关产品，立即对成品进行抽样检查，重点检验甜蜜素、苯甲酸、王金黄与碱性嫩黄。

c. 有针对性地对潜在危害物进行风险监测，通过对食品生产企业日常监督检验及非常规性项目检验数据进行深入分析，及时发现可能存在的行业性、区域性质量安全隐患。

d. 积极主动向相关企业宣传有关王金黄、碱性嫩黄、吊白块、明矾、硼砂等危害因素的产生原因、危害性及如何防范等知识，防止违法添加有毒有害物质。

（三）消费建议

a. 正规包装，标注生产企业、产品标准和 QS 标识是必需的，只有正规厂家的东西才能让人放心，此外，豆制品配料表中，还要说明使用原料和凝固剂的种类。

b. 豆制品的外包装上，必须要注明保存温度和期限，其在销售时温度合理（没有灭菌过的产品，一定要冷藏销售），不能是超过保质期，并且离保质期的时间越远越好。

c. 打开包装之后，风味正常，不应出现酸味，豆制品表面也不能有发黏的情况。

d. 豆制品的外包装上还应标注"使用非转基因大豆"，或者有"绿色食品"、"有机食品"等认证标识。只要是有机食品就一定是非转基因食品了。在绿色食品中，AA 级比 A 级要求更严格，只有 AA 级别才达到有机食品的水平。

e. 豆制品最好是没有经过油炸，最好不加入油脂。一方面来讲，商家用的大豆油多数是转基因大豆生产出来的豆油；另一方面来讲，大豆油是非常不耐热的，油炸之后油脂氧化聚合产生有害物质。与此同时，大量的油脂和煎炸处理之后，豆制品对于心血管的保健功效也就丧失殆尽了。

f. 具体选购性状特征有以下内容。①豆腐和内酯豆腐：颜色应为白色或乳白色，豆腐切面应不出水，表面平整，无气泡，拿在手里摇晃无豆腐晃动感，开盒可闻到少许豆香气，倒出切开能不坍不裂、切面细嫩，尝之无涩味，当天生产的可以凉拌食用，在 10 ℃以下可保存 3 d 不变质、无酸味。②豆腐干：分为白豆腐干、五香豆腐干、蒲包豆腐干、兰花豆腐干等品种，好的白豆腐干表皮光洁呈淡黄色，有豆香味，方形整齐，密实有弹性；五香豆腐干表皮光洁带褐色，有五香味，方形整齐，坚韧有弹性；蒲包豆腐干为扁圆形浅棕色，颜色均匀光亮，有少许五香味，坚韧密实；兰花豆腐干表面与切面均金黄色，刀口的棱角看不到白坯，有油香味。③腐竹：外观的颜色应为淡黄色，蛋白质呈纤维状，迎着光线能看到一丝一丝的纤维组织。摸上去易碎的腐竹质量较好。取几块腐竹在温水中浸泡 10 min 左右（以软为宜），质量好的腐竹泡出来的水是淡黄色的，且不浑浊。

参 考 文 献

陈志勇，刘萍，刘常彦. 2011. HPLC法快速分离和检测食品中碱性嫩黄O的含量探讨[J]. 商品与质量，12：336.

黄玉玲，陈梅秀，罗萍. 2006. 梅州市食品中硼砂检测情况分析[J]. 职业与健康，22（9）：663-664.

刘明. 2008. 食品中二氧化硫残留量检测方法的改进[J]. 生命科学仪器，6（12）：42-44.

刘宗梅. 2008. 浅析"吊白块"的危害与治理[J]. 贵州工业大学学报（自然科学版），37（6）：38-40.

吴艳，和娟. 2013. 浅议食品微生物检测中菌落总数与大肠菌群两个指标的关系[J]. 计量与测试技术，40（6）：92-93.

杨青俊，赖建强，孟晶. 2006. 每日或间歇性大剂量补充硫酸亚铁对大鼠骨髓造血机能的影响[J]. 中华预防医学杂志，40（5）：332-335.

GB 2711—2003. 非发酵性豆制品及面筋卫生标准[S].

GB 2712—2003. 发酵性豆制品卫生标准[S].

GB 2760—2011. 食品安全国家标准 食品添加剂使用标准[S].

Geyikoglu F, Turkez H, Bakir TO, et al. 2013. The genotoxic, hepatotoxic, nephrotoxic, haematotoxic and histopathological effects in rats after aluminium chronic intoxication[J]. Toxicol Ind Health, 29（9）：780-791.

Kapil V, Milsom AB, Okorie M, et al. 2010. Inorganic nitrate and nitrite and control of blood pressure[J]. Hypertension, 56（2）：274-281.

Nair B. 2001. Final report on the safety assessment of Benzyl Alcohol, Benzoic Acid, and Sodium Benzoate[J]. Int J Toxicol,

20 Suppl 3：23-50.

NY/T 1052-2006. 绿色食品 豆制品[S].

Takayama S，Renwick AG，Johansson SL，et al. 2000. Long-term toxicity and carcinogenicity study of cyclamate in nonhuman primates[J]. Toxicol Sci，53：33-39.

报告三十　蜂产品生产加工食品安全危害因素调查分析

一、广东省蜂产品情况

蜜蜂产品是蜜蜂的派生产物,包括蜂蜜、蜂王浆(含蜂王浆冻干品)、蜂花粉、蜂产品制品。由于蜂产品的成分和特性决定了其在食品、轻工、医疗保健等领域,有着极其广泛的用途。

据统计,目前,广东省蜂产品生产加工企业共46家,

其中,获证企业42家,占91.3%,小作坊4家,占8.7%,见表2-30-1。

在蜂产品生产企业中广州市和梅州市为全省分布最密集的城市(图2-30-1)。广州市以企业为主导,全市拥有14家企业,占全省30.4%;梅州市拥有5家,占10.9%,包括2家企业和3家小作坊。

表 2-30-1　广东省蜂产品生产加工单位情况统计表

生产加工企业总数/家	食品生产加工企业			食品小作坊数/家
	已获证企业数/家	GMP、SSOP、HACCP等先进质量管理规范企业数/家	规模以上企业数(即年主营业务收入500万元及以上)/家	
46	42	1	3	4

注:表中数据统计日期为2012年12月。

广东省蜂产品生产加工企业的分布如图 2-30-1 所示,珠三角地区的调味料生产加工单位共 31 家,占67.4%,粤东、粤西和粤北地区分别有 12 家、2 家和 1

家,分别占 26.1%、4.3%、2.2%。从生产加工单位数量看,广州最多,有14家,其次为梅州、佛山,分别有5家和4家。

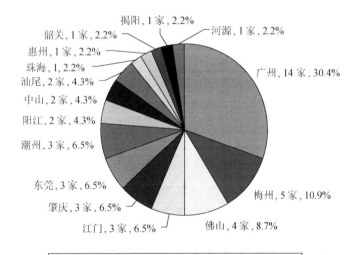

图 2-30-1　广东省蜂产品加工企业地域分布图

广东省有 3 家企业属较大规模,分别在广州(2 家)和潮州(1 家)。同时全省只有 1 家企业实施了良好生产规范(GMP)、卫生标准操作规范(SSOP)、危害分析与关键控制点(HACCP),为潮州 1 家。大中型的蜂产品生产加工企业的工艺比较成熟,管理比较规范,从业人

员经过健康合格检查,操作熟练,进出厂的检验比较严格;但小型的蜂产品作坊食品安全意识不强,存在违规操作的现象。小企业的从业人员流动大,也容易造成食品安全管理上的困难,需企业自身加强员工培训。

广东省蜂产品行业发展存在的主要问题:①养蜂生

261

产尚不适应现代化发展要求，亟待提高科学化、组织化程度，更好发挥蜜蜂授粉对发展高效、优质、创汇农业的作用，加快蜂业产业化进程；②产销矛盾依然突出，市场销售严重制约生产发展，亟待在稳定国际市场的同时，加大开拓国内市场力度，提高国际国内市场竞争力和市场占有率；③不少企业规模较小，技术水平较低，一些蜂产品质量尚不稳定，技术水平有待提高；④强化科学管理，提高全行业人员的素质和产品质量意识，进一步规范市场秩序，促进蜂业持续快速健康发展；⑤蜂产品生产、销售、出口等标准的制定有的尚未与国际接轨，面临我国加入世贸组织后国内、国际两个市场的冲击，亟待加强全国蜂产品标准化和质量体系认证工作。

广东省蜂产品行业今后发展的方向是：蜂产品加工行业需走出纯粹依靠传统工艺进行蜂产品生产、加工小作坊为主导的生产模式，逐步走上一条凭借新工艺、新设备、新产品发展低糖化、营养化和功能化产品的现代企业发展之路。尤其是随着一些规模以上企业的迅猛发展，使蜂产品生产技术水平得到了快速提升，企业在改进传统加工工艺和生产环境、提高产品质量方面投入大量资金，对原有设备和生产环境进行改造，多种新技术等应用于生产中，这些新手段的应用对提升蜂产品行业的装备水平，提高生产效率和产品质量起到了重要作用。

二、蜂产品抽样检验情况

蜂产品的抽样检验情况见表 2-30-2 和表 2-30-3。

表 2-30-2　2010~2012 年广东省蜂产品抽样检验情况统计表（1）

年度	抽检批次	合格批次	不合格批次	内在质量不合格批次	内在质量不合格产品发现率/%
2012	153	139	14	2	1.3
2011	124	112	12	8	6.5
2010	89	77	12	3	3.4

表 2-30-3　2010~2012 年广东省蜂产品抽样检验情况统计表（2）

年度	不合格项目（一）			不合格项目（二）			不合格项目（三）		
	项目名称	抽检批次	不合格批次	不合格率/%	项目名称	抽检批次	不合格批次	不合格率/%	项目名称	抽检批次	不合格批次	不合格率/%
2012	果糖/葡萄糖	4	1	25.0	标签	65	13	20.0	嗜渗酵母计数	14	1	7.1
2011	四环素族抗生素残留	2	1	50.0	山梨酸及其钾盐	2	1	50.0	标签	49	8	16.3
2010	菌落总数	1	1	100.0	标签	7	4	57.1	果糖和葡萄糖含量	5	1	20.0

三、蜂产品生产加工环节危害因素调查情况

（一）蜂产品基本生产流程及关键控制点

1. 蜂蜜

原料蜂蜜→融蜜→粗滤→精滤→真空脱水（根据需要）→过滤→灌装→装箱

分装生产流程：成品蜜→融蜜（根据需要）→灌装→装箱

蜂蜜生产加工的HACCP及GMP的关键控制点为：①原料蜜的质量；②精滤；③灌装；④产品的储存和运输。

2. 蜂王浆（含蜂王浆冻干品）

a. 蜂王浆：原料蜂王浆→解冻→过滤→包装→冷藏

分装生产流程：成品蜂王浆→解冻→包装

b. 蜂王浆冻干品：原料蜂王浆→解冻→过滤→真空冷冻干燥→粉碎→成型→包装

分装生产流程：成品→包装

蜂王浆生产加工的HACCP及GMP的关键控制点为：①原料蜜的质量；②过滤；③产品的储存和运输。

（二）蜂产品生产加工过程中存在的主要质量问题

a. 非法添加高果糖淀粉糖浆。
b. 微生物（大肠菌群、菌落总数等）超标。
c. 农残、药残超标。
d. 还原糖、淀粉酶值不符合标准要求。

四、蜂产品行业生产加工环节危害因素及描述

（一）高果糖淀粉糖浆

1. 危害因素特征描述

高果糖淀粉糖浆是以淀粉为原料经淀粉酶水解、糖化及固定化异构酶异构化后，经脱色、分离、澄清精制，再上色、添香而制成的产品。由于高果糖浆中果糖和葡萄糖的含量及比例与天然蜂蜜非常相似，在蜂蜜产品中掺入高果糖淀粉糖浆可减少天然蜂蜜的使用量，大大节约成本，然而掺入高果糖淀粉糖浆的蜂蜜其营养保健价值大大地降低。

2. 检测方法及相关标准要求

对于非法掺假高果糖淀粉糖浆可使用高效液相色谱法检测果糖、葡萄糖等还原糖的比例及使用同位素质谱对C_4-植物糖及C_3-植物糖进行测定以判断其是否使用高果糖淀粉糖浆进行掺假。

相关的标准要求方面，欧美发达国家及我国《食品安全国家标准 蜂蜜》（GB 14963—2011）对掺入高果糖淀粉糖浆未设定相关的标准。

3. 危害因素来源

蜂蜜中高果糖淀粉糖浆的主要来源，一是部分蜂农在无蜜源时，使用高果糖淀粉糖浆以减少白糖的使用量而降低喂养成本；二是蜂蜜生产企业违规掺入高果糖淀粉糖浆以降低天然蜂蜜的使用量而节省生产成本；三是无QS许可证的小作坊使用高果糖淀粉糖浆等原料生产出无蜂蜜成分的假冒产品以赚取高额的利润。

（二）大肠菌群及菌落总数

由于原料蜜在郊外生产、收集及在生产加工过程中为了保持蜂蜜中的有效营养成分而不能对其进行加热杀菌，这些生产特点使得蜂蜜产品中的微生物数量较多，若在原料蜜的生产过程或蜂蜜的加工过程中污染微生物，则会导致产品的品质下降甚至影响消费者的健康。菌落总数及大肠菌群的危害因素特征描述及所揭示的卫生学意义见第三章。

1. 检测方法及相关标准要求

蜂蜜产品中菌落总数及大肠菌群的检测可根据食品安全国家标准《食品微生物检测学 总则》（GB 4789.1—2010）进行相关的检测。

CAC颁布的标准CODEX STAN 12—1981规定了蜂蜜产品的微生物指标需要符合CAC/GL 21—1997的规定，而《食品安全国家标准 蜂蜜》（GB 14963—2011）则规定蜂蜜产品的菌落总数不得超过1000 cfu/g、大肠菌群不得超过0.3 MPN/g。

2. 危害因素来源

在蜂蜜的生产工艺中，以下几方面易滋生微生物。一是在各种蜂制品生产中，若待加工的原料蜜在生产及收集的过程中污染了微生物，即使经过分离、浓缩、精致、干燥这些不利于细菌生长的工艺过程，微生物的繁殖仍会导致产品的变质。尤其在广东省，加工期有时在雨季，在高温高湿条件下，很多原料蜜保鲜期短，若保存不当极易腐败变质而成为污染源。二是生产线长时间运行未进行及时清理，使微生物局部滋生。三是产品水分含量高，高水分的产品在高温高湿条件长时间储存，为微生物的生长及繁殖提供了理想条件。导致蜂产品微生物超标的因素是多方面的，任何一点管理控制、工艺控制的疏忽都会导致微生物的超标。

（三）农药残留超标

农药残留是农药使用后一个时期内没有被分解而残留于生物体、收获物、土壤、水体、大气中的微量农药原体、有毒代谢物、降解物和杂质的总称。若食品原料中残留的农药过量则会造成终产品的农残超出标准的限制而给食品安全性带来危害甚至引起重大的食品安全事件。农药残留超标的危害因素特征描述见第三章。

1. 检测方法及相关标准要求

由于国家允许使用的农药种类较多，根据农药的不同特性应使用不同的检测方法对蜂产品中的农药残留进行检测，常用气相色谱串联质谱或液相色谱串联质谱对蜂产品中的农药残留进行定性定量测定。

由于蜂蜜的农药残留与其质量问题相比，农药残留对消费者健康的危害更大，欧美发达国家对于蜂产品的农药残留更加关注，欧盟规定蜂产品的农药残留应符合欧盟法规96/2005/EC、149/2008/EC。《食品安全国家标准 蜂蜜》（GB 14963—2011）则规定蜂产品的农药残留应符合《食品安全国家标准 食品中农药最大残留限量》（GB 2763—2013）的相关规定。

2. 危害因素来源

蜂产品农药残留危害因素的主要来源是蜜源植物，蜂农对蜜源植物进行防病虫害时滥用农药，使用农药时限量不规范或在植物花期使用农药，而导致蜜蜂在采集花蜜的同时将残留的农药摄入体内，最终造成蜂蜜的农残未能达到相关标准要求。

（四）四环素类抗生素

1. 危害因素特征描述

四环素类抗生素是一类由放线菌属产生的或半合成的广谱抗生素，对革兰氏阴性菌和革兰氏阳性菌有效，其种类主要有四环素、土霉素、金霉素及强力霉素。在养蜂业中，四环素类抗生素常被用于防止蜜蜂感染幼虫腐臭病，但中国农业部已将土霉素和四环素等抗生素从 2000 年版《中国兽药典》中删除，列为禁药。从结构式来看，四环素族分子中含有酚羟基、烯醇和二甲氨基，为酸碱两性物质，其在强酸碱环境下不稳定。在酸性环境下，四环素类抗生素生成脱水四环素或脱水金霉素；在碱性环境下，生成无抗菌活性的异四环素类化合物，而在弱酸性环境中则发生可逆的差向异构化。由于蜂蜜具有弱酸性的环境及 17%~19% 的水分含量，若蜂蜜中残留四环素类抗生素，可发生差向异构化反应，而生成差向异构体。虽然差向异构体的药性减弱但其毒副作用较四环素类抗生素大。因此，若蜂蜜产品中残留过量的四环素类化合物则对食品的安全性具有一定的威胁。

四环素类抗生素可对肝脏有一定的损害作用，容易与钙离子相结合而抑制骨骼和牙齿的生长，而且可抑制蛋白质的合成。若长期食用残留有抗生素的蜂蜜则有可能造成人体肠道菌群的失衡，严重者可使人体产生抗生素耐药性，对人体健康造成危害。

2. 检测方法及相关标准要求

对于蜂产品中四环素类抗生素的残留可根据国家标准《蜂蜜中土霉素、四环素、金霉素、强力霉素残留量的测定方法 液相色谱-串联质谱法》（GB/T 18932.23—2003）的规定使用液相色谱-串联质谱法对其进行定性定量检测。

总体来说，欧美等发达国家对食品中兽药残留的管制比我国更为严格。日本肯定列表中规定蜂蜜中四环素类抗生素的最大残留量为 300 μg/kg，而《食品安全国家标准 蜂蜜》（GB 14963—2011）中则无明确的最大残留量要求。

3. 危害因素来源

蜂蜜产品中四环素类抗生素最大残留量不符合相关要求的主要危害因素来源是，蜂农未按规范要求使用四

环素类抗生素，导致过量使用此类抗生素而引起蜂蜜产品中四环素类抗生素的残留。

（五）氯霉素

1. 危害因素特征描述

氯霉素又称氯胺苯醇或左霉素，为高效广谱抗生素，主要成分是由委内瑞拉链霉菌产生的代谢物。商业制剂为白色针状或微带黄绿色的针状、长片状结晶或结晶性粉末。化学结构含有对硝基苯基、丙二醇与二氯乙酰胺 3 个部分，其抗菌活性主要与丙二醇有关。因氯霉素对革兰氏阳性和阴性菌均有很强的抑制作用，曾广泛应用于养殖业，但中国农业部已将氯霉素等抗生素从 2000 年版《中国兽药典》中删除，列为禁药。

氯霉素虽然具有很强的抑菌能力，但其也具有诸多的副作用，如能抑制人体骨髓造血机能、血小板减少性紫癜、溶血性贫血、粒状白细胞缺乏症等。低浓度的氯霉素残留还会诱发大肠杆菌、沙门氏菌等致病菌的耐药性，并使机体内正常菌群失调。此外，氯霉素可与人体线粒体的 70S 结合，因而也可抑制人体线粒体的蛋白合成，可对人体产生毒性。因此，若蜂产品中残留氯霉素则会影响食品的安全性甚至会对消费者的健康造成损害。

2. 检测方法及相关标准要求

蜂产品中残留的氯霉素的检测方法，我国国家标准规定了多种检测方法，常用的主要是《蜂蜜中氯霉素残留量的测定方法 气相色谱-质谱法》（GB/T 18932.20—2003）规定的气相色谱-质谱法，《蜂蜜中氯霉素残留量的测定方法 液相色谱-串联质谱法》（GB/T 18932.19—2003）规定的液相色谱-串联质谱法及《蜂蜜中氯霉素残留量的测定方法 酶联免疫法》（GB/T 18932.21—2003）等 3 种检测方法。

对于蜂产品中氯霉素的最大残留量，欧美等发达国家均已根据各国的风险评估结果制定了相应的限量值，其中美国对蜂产品中氯霉素的最大残留量设定在 0.3 μg/kg，而欧盟及日本则规定蜂产品中氯霉素的残留量不得检出。然而，我国尚未对蜂产品中氯霉素的最大残留量设定相应的限值。

3. 危害因素来源

蜂蜜产品中氯霉素最大残留量不符合相关要求的主要危害因素来源是，蜂农未按规范要求使用氯霉素，导致过量使用此类抗生素而引起蜂蜜产品中氯霉素的残留。

（六）还原糖

1. 危害因素特征描述

还原糖是分子结构中含有还原性基团（如游离

醛基或游离羰基）的糖，能够还原斐林试剂或托伦斯试剂，如葡萄糖、果糖、麦芽糖、乳糖。所有的单糖（除二羟丙酮）不论醛糖、酮糖都是还原糖。此外，大部分双糖也是还原糖，但蔗糖例外。果糖含有游离的醛基，也属于还原糖。蜂蜜中的还原糖主要是葡萄糖和果糖，占蜂蜜总糖的85%~95%，由于蜂蜜中的还原糖可被人体迅速吸收，可营养心肌和改善心肌的代谢功能，能使心血管舒张和改善冠状血管的血液循环，以及能增进肝脏糖原物质的储存，并使组织的新陈代谢加强。若蜂蜜中的还原糖未能符合标准的要求，虽然会降低蜂蜜的营养价值，但对消费者的健康则不会造成太大的影响。然而，若蜂蜜中掺入其他非还原糖糖浆制造掺假蜂蜜，则会对糖尿病、龋齿及心血管病患者的健康造成一定影响。

2. 检测方法及相关标准要求

我国国家标准《蜂蜜中果糖、葡萄糖、蔗糖、麦芽糖含量的测定方法　液相色谱示差折光检测法》（GB/T 18932.22—2003）规定了蜂蜜中还原糖的检测方法使用液相色谱法进行定性定量测定。

对于蜂蜜中还原糖的含量，《食品安全国家标准　蜂蜜》（GB 14963—2011）中规定了蜂蜜产品中还原糖（果糖和蔗糖）的含量需大于60 g/100g，与欧盟及CAC颁布的相关标准一致。

3. 危害因素来源

蜂产品未能达到相关标准要求的危害因素来源主要有：一是使用的原料蜜成熟度差而造成了蜂蜜产品中的还原糖未达到相关标准的要求；二是人为地掺杂造假，如掺入蔗糖、饴糖、转化糖及纤维素、糊精或淀粉类物质，还有制假者为了使蜂蜜产品达到国家标准，加入价格更低廉的原料，从而破坏了蜂蜜原有的风味及品质，商品价值大大降低。

（七）淀粉酶值

1. 危害因素特征描述

酶类是蜂蜜中重要的组分，主要功能是将花蜜和蜜露转换成蜂蜜，被视为蜂蜜加工的敏感指标。其中淀粉酶的主要作用是将淀粉转化成麦芽糖，为蜜蜂在产生蜂蜜的过程中所分泌。淀粉酶是一种动物来源淀粉酶，稳定性较差，其活性易受储存时间和温度的影响，因而蜂蜜的淀粉酶值被作为表征蜂蜜淀粉酶活性和蜂蜜生物活性的重要标志，同时也是蜂蜜的新鲜度、储藏时间、质量控制和是否掺假的指标。

2. 检测方法及相关标准要求

蜂产品中淀粉酶值的检测方法根据国家标准《蜂蜜中淀粉酶值的测定方法　分光光度法》（GB/T 18932.16—2003）进行测定。

对于蜂产品淀粉酶值，我国农业标准《绿色食品蜂产品》（NY/T 752—2012）规定荔枝蜂蜜、龙眼蜂蜜、柑橘蜂蜜、鹅掌柴蜂蜜、乌桕蜂蜜的淀粉酶活性>2 ml/（g·h），其他蜂蜜的淀粉酶活性则要求>4 ml/（g·h）；欧盟2001/110/EC则要求蜂蜜的淀粉酶活性>8（schade scale）。

3. 危害因素来源

造成蜂产品中淀粉酶值活性未达到标准要求的危害因素来源主要有：一是蜂蜜的成熟度不够，天然的蜂蜜需要一定时间，部分蜂农为了提高蜂蜜产量，往往提前采蜜，人为缩短了蜂蜜的成熟过程，导致蜂蜜的熟化过程不能完成；二是加工过程中高温加热处理，会损失蜂蜜的营养成分，使酶值降低；三是储存不当，过久的蜂蜜，酶值也会受到破坏；四是使用其他糖进行掺假而使酶值降低；五是还原糖、蔗糖与淀粉酶活性之间的统计学关系，蜂蜜中的酶会把蔗糖转化成还原糖，从而消耗了蜂蜜中的转化酶，致使酶值下降。

五、危害因素的监控建议

（一）生产企业自控建议

1 原辅料使用方面的监控

蜂产品主要是原蜜经过粗滤、细滤、搅拌、浓缩、再搅拌、包装等过程加工制作而成；在监管过程中发现，可能由原辅料导致的安全问题有：①生物性危害，如蜜蜂在采集蜂蜜时、包装物和蜂农整理蜂蜜等过程中受到污染，造成病原体微生物的污染；②化学性危害，如蜜蜂在采蜜前，植物主人曾对植物施洒过农药，蜂农对蜜蜂施用过抗生素蜂药，金属包装桶内涂料的脱落；③物理性危害，蜂蜜中本身夹杂的木屑、蜂尸、蜂蜡和蜂螨等异物。所以，针对以上问题，生产加工企业应当做到以下几点。

a. 原料采购进来要重点检测四环素族抗生素超标、农药残留量超标、重金属含量超标等情况，防止不合格原料的进入。

b. 加强原辅料的自我检验工作，如企业自身无检测能力，可委托有资质的检测机构进行检验。

c. 企业生产蜂蜜产品所使用的原辅料、包装材料必须符合国家标准、行业标准及有关规定，不允许使用非食品原料加工食品。

d. 如所使用的原辅材料为实施生产许可证管理的产品，必须选用获得生产许可证企业生产的获证产品。

e. 整个生产加工过程严格控制微生物的污染。

265

2. 食品添加剂使用方面的监控

蜂产品生产过程中所使用的食品添加剂必须符合GB 2760—2011《食品安全国家标准 食品添加剂卫生标准》的规定，全面实行"五专"、"五对"管理。

3. 蜂产品生产过程的监控

蜂产品加工工艺流程一般都是原蜜经过粗滤、细滤、搅拌、浓缩、再搅拌、包装等过程，成品再根据色泽或蜜源分类。生产过程全程应按照 HACCP 体系及 GMP 的要求进行关键点的控制，形成关键控制点作业指导书，并在其指导下进行生产。

（1）原蜜验收

选择原蜜质量合格的原料基地；填写养蜂日志；加强摇蜜机、原蜜桶的控制；对不合格的原蜜一律退货。

（2）储存条件的控制

采取防止直晒，保持通风、缩短储存时间和收购成熟蜜的措施来控制。

（3）过滤搅拌工艺控制

通过选择合理的滤网和检查滤网的状态。

（4）减压脱水工艺的控制

通过采取控制真空度和温度措施。

（5）灌装工艺控制

要特别注意保持灌装管道口的清洁和采取控制车间昆虫的措施。

4. 出厂检验的监控

蜂产品生产企业要强化重视出厂检验的意识，制定切合自身且不断完善的出厂检验制度；根据蜂产品的检验项目要求，制作统一规范的原始记录单和出厂检验报告，不定期抽查评点报告，如实、科学填写原始记录和检验记录。

（二）监管部门监控建议

a. 加强重点环节的日常监督检查。重点对照卫生部发布的《食品中可能违法添加的非食用物质和易滥用的食品添加剂品种名单》，以及本地区监管工作中发现的其他在食品中存在的有毒有害物质、非法添加物质和食品制假现象，对企业的原料进货把关、生产过程投料控制及出厂检验等关键环节的控制措施落实情况和记录情况进行检查。

b. 重点问题风险防范。一是药物残留问题。一方面，需要通过有效引导和管理，严禁使用不符合安全要求的药品，严格按照有关规定适时适量用药，以保证产品安全；另一方面，引导生产更多的无公害、绿色和有机蜂产品，不断提高产品的安全性。可以说，尽管我国蜂产品中药物残留问题还未得到彻底解决，但目前我国蜂产品的质量安全控制水平已经取得了很大的提高和进步，其安全性有一定的保证。二是重金属有害物质及生物性有毒物质残留。近年来，通过更换包装容器，使用标准化生产技术和设备，蜂产品的相关污染问题已经显著改善，其污染的可能性明显下降。三是不科学地改变蜂产品的固有成分和应用范围。比如，未通过相关试验和批准，随意向产品中添加其他药物，造成食用安全隐患。此外，蜂产品在生产、运输、包装过程中如果受到污染，会造成细菌、霉菌滋生，造成食物中毒。假冒伪劣蜂产品逃避了质量安全管理过程，是危害消费者身心健康的重大隐患。

c. 有针对性对潜在危害物进行风险监测，通过对食品生产企业日常监督检验及非常规性项目检验数据进行深入分析，及时发现可能存在的行业性、区域性质量安全隐患。

d. 积极主动向相关生产加工单位宣传有关农药残留、药物残留、重金属指标超标等危害因素的产生原因、危害性及如何防范等知识，防止企业违法添加有毒有害物质。

（三）消费建议

a. 尽量选择规模大、产品和服务质量好的品牌企业的产品。

b. 看包装上的标签、标识是否齐全。国家标准规定，外包装必须标明厂名、厂址、生产日期、保质期、执行标准、商标、净含量、配料表、营养成分表及食用方法等。缺少上述任何一项的产品，最好不要购买。

c. 勿购感官或外包装异常产品，已购商品发现上述问题，可凭销售票据向商场、超市要求退货，出现纠纷可向当地消费者委员会投诉。

参 考 文 献

鲍会梅. 2010. 真假蜂蜜理化指标的分析[J]. 食品科技, 35（4）：284-288.

陈兰珍, 薛晓锋, 陈芳, 等. 2009. 蜂蜜中还原糖组分测定的近红外光谱应用研究[J]. 食品科学, 30（8）：147-150.

黄芬. 2013. 蜂蜜掺假辨真浅谈[J]. 食品安全导刊, （1）：74-75.

邝涓, 董霞. 2007. 蜂蜜中氯霉素残留量检测方法研究概况[J]. 蜜蜂杂志, （8）：38-41.

李军生, 黄位明, 张嘉婧, 等. 2006. 淀粉酶在真假蜂蜜中的区别[J]. 食品与发酵工业, 32（1）：75-78.

刘蓉蓉. 2011. 蜂蜜中四环素类抗生素的残留检测方法及降解规律研究[D]. 合肥：安徽农业大学.

刘蓉蓉, 吴黎明, 周金慧, 等. 2011. 液相色谱-串联质谱法同时测定蜂蜜中4种四环素族抗生素及其3种差向异构体

[J]. 食品科学，32（10）：232-236.

刘学仁，罗新鹏，查敏，等. 2012. 蜂蜜质量分析的研究进展[J]. 中药材，35（7）：1175-1180.

刘子维. 2009. 蜂蜜及高果糖浆的鉴别检测[D]. 武汉：华中科技大学.

裴高璞，史波林，赵镭，等. 2013. 蜂蜜质量市场动态及掺假检测方法现状分析[J]. 食品科学，34（15）：329-336.

沈崇钰，吴斌，费晓庆，等. 2011. 蜂蜜掺假鉴定技术进展[J]. 中国蜂业，（8）：62-64.

唐林林. 2008. 蜂群用药对蜂蜜中药物残留影响的研究[D]. 福州：福建农业大学.

张炫，周丹银，郭艳红，等. 2013. 蜂蜜中氯霉素残留来源与变化研究[J]. 蜜蜂杂志，（2）：7-10.

朱俊波. 2008. 我国蜂蜜出口贸易中的技术性贸易壁垒及其影响分析[D]. 无锡：江南大学.

祝美云，李厚强. 2008. 淀粉酶值与蜂蜜质量研究[J]. 食品科技，（10）：204-206.

2001/110/EC. Relating to honey [S].

CAC-MRL 2—2011. Maximum Residue Limits for Veterinary Drugs in Foods [S].

CODEX STAN 12—1981. Codex Standard for Honey（Adopted in 1981. Revisions 1987 and 2001）[S].

GB 14963—2011. 食品安全国家标准 蜂蜜[S].

NY/T 752—2012. 绿色食品 蜂产品[S].

Tosi E，Martinet R，Ortega M，et al. 2008. Honey diastase activity modified by heating[J]. Food Chemistry，106（3）：883-887.

Vorlov á L，Čelechovska O. 2002. Activity of enzymes and trace element content in bee honey[J]. Acta Veterinaria Brno，71：375-378.

报告三十一 糕点生产加工环节食品安全危害因素调查分析

一、广东省糕点行业情况

糕点是以粮、油、糖、蛋等为主料,添加(或不添加)适量辅料,经过调制、成型、熟制等工序制成的食品。糕点品种多样,通常分为中式糕点和西式糕点两大类。中式糕点因地域和饮食文化的差异形成了广、苏、扬、潮、京、清真、宁绍、高桥、闽等不同地方风味;西式糕点主要有面包、蛋糕、点心3大类。

据统计,目前广东省糕点生产加工企业共2613家,其中,获证企业2234家,占85.5%,糕点生产加工小作坊379家,占14.5%,见表2-31-1。

表 2-31-1 广东省糕点生产加工企业情况统计表

| 生产加工企业总数/家 | 食品生产加工企业 | | | 食品小作坊数/家 |
	获证企业数/家	GMP、SSOP、HACCP等先进质量管理规范企业数/家	规模以上企业数(即年主营业务收入500万元及以上)/家	
2613	2234	49	81	379

注:表中数据统计日期为2012年12月。

广东省糕点生产加工企业分布如图2-31-1所示,珠三角地区的糕点生产加工企业共1572家,占60.2%,粤东、粤西和粤北地区分别有325家、536家和180家,分别占12.4%、20.5%、6.9%。从生产加工企业数量看,广州最多,有325家,其次为茂名、东莞、佛山,分别有275家、262家和168家。

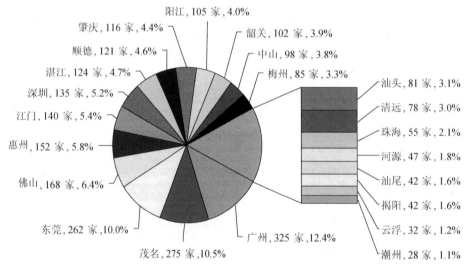

图 2-31-1 广东省糕点加工企业地域分布图

整体来说广东省的糕点企业发展程度较高,企业规模较大,且分布较均衡。全省有81家较大规模企业,分别在深圳(26家)、珠海(13家)、茂名(3家)、湛江(1家)、肇庆(36家)、潮州(1家)。同时全省有49家企业实施了良好生产规范(GMP)、卫生标准操作规范(SSOP)、危害分析与关键控制点(HACCP),整体发展较好,其中深圳34家、珠海4家、茂名、肇庆、惠州、汕尾各1家。大多数企业通过了ISO 9002质量管理体系和HACCP质量认证,员工质量意识较强,产品质量保证能力提升。

目前广东省的糕点行业存在的主要问题有:①由于糕点食品种类繁多,行业发展速度快,标准比较落后且难以分类统一;②糕点食品含有较高营养价值和水分,是微生物的天然培养基,小作坊主要采用手工制作,容易在制作过程中引入生物性污染;③生产企业往往过量添加添加剂,甚至私自使用禁止在糕点中使用的防腐剂;④铝含量超标。

广东省的糕点企业发展方向:加强糕点中铝、防腐

剂、色素、过氧化氢、反式脂肪酸等指标的抽查力度；加强相关标准的制定；加强糕点相关原辅料的市场准入

管理和监督力度；加大对糕点小企业和小作坊的监管和整治。

二、糕点抽样检验情况

糕点的抽样检验情况见表 2-31-2 和表 2-31-3。

表 2-31-2　2010~2012 年广东省糕点抽样检验情况统计表（1）

年度	抽检批次	合格批次	不合格批次	内在质量不合格批次	内在质量不合格产品发现率/%
2012	5847	5066	781	330	5.6
2011	5762	4920	842	507	8.8
2010	6426	5572	854	642	10.0

表 2-31-3　2010~2012 年广东省糕点抽样检验情况统计表（2）

年度	不合格项目（按照不合格率的高低依次列举）											
	不合格项目（一）				不合格项目（二）				不合格项目（三）			
	项目名称	抽检批次	不合格批次	不合格率/%	项目名称	抽检批次	不合格批次	不合格率/%	项目名称	抽检批次	不合格批次	不合格率/%
2012	防腐剂加和系数	1	1	100.0	防腐剂占其最大使用量的比	220	16	7.3	标签	3144	202	6.4
2011	标签	3328	278	8.4	菌落总数	3955	155	3.9	铝含量	2399	91	3.8
2010	铝含量	3255	157	4.8	标签	3980	185	4.6	菌落总数	5244	201	3.8

三、糕点生产加工环节危害因素调查情况

（一）糕点基本生产流程及关键控制点

糕点的基本生产流程包括原辅料处理、调粉、发酵（如发酵类）、成型、熟制（烘烤、油炸、蒸制或水煮）、冷却和包装等过程。其生产加工的 HACCP 及 GMP 的关键控制点为原辅料和食品添加剂的使用。

（二）糕点生产加工过程中存在的主要质量及安全问题

a. 菌落总数、大肠菌群、霉菌超标。
b. 油脂酸败产物（过氧化值、酸价）。
c. 超量使用甜蜜素。
d. 潜在危害物质（柠檬黄、铝、富马酸二甲酯、硼砂）。
e. 砷与铅含量超标。

四、糕点生产加工环节危害因素及描述

（一）微生物（菌落总数、大肠菌群和霉菌）超标

菌落总数和大肠菌群是食品卫生质量状况的主要指标，反映了食品是否符合卫生要求。菌落总数在一定程度上标志着食品卫生质量的优劣。霉菌能繁殖迅速，常造成食品、用具大量霉腐变质。微生物的危害因素特征描述见第三章。

1. 相关标准要求

国家标准《糕点、面包卫生标准》（GB 7099—2003）规定，热加工糕点和冷加工糕点的菌落总数限值分别为 ≤1500 cfu/g 和 ≤1000 cfu/g，大肠菌群限值分别为 ≤30 MPN/100g 和 ≤300 MPN/100g，霉菌的限值分别为 ≤100 cfu/g 和 ≤150 cfu/g。

2. 危害因素来源

小企业小作坊食品安全意识不强，管理不规范，工艺控制不严，以下几方面易滋生微生物。

a. 使用发霉腐烂的原料加工生产。

b. 生产线的长时间运行未进行及时清理，使微生物局部滋生。

c. 企业在生产中使用地下水而且进行工艺水最大限度地循环使用会使循环水的微生物严重超标，而某些工段的水循环使用加上后段清洗不净，也成为产品微生物超标原因。

d. 产品水分含量高，高水分的产品在高温高湿条件下，长时间储存，就具备了微生物繁殖的理想条件。

（二）过氧化值、酸价超标

过氧化值和酸价都是用于衡量及判断食用油脂新鲜程度及品质的常用指标之一，同时过氧化值也是衡量食用油脂初期氧化程度的标志。过氧化值和酸价的危害因素特征描述见第三章。

1. 相关标准要求

国家标准《糕点、面包卫生标准》（GB 7099—2003）中规定，糕点的酸价（以脂肪计）（KOH）/≤5 mg/g，过氧化值（以脂肪计）/（g/100g）≤0.25。

2. 危害因素来源

引起过氧化值超标的最主要原因是油脂经高温烘烤后氧化所致。糕点生产中若使用了含油脂的果仁或油脂成分过高的食品原料，经热加工可加重酸败；加工好的糕点存放时间过长，尤其是夏季，在阳光、高温作用下也可加快酸败，致过氧化值超标。

（三）超量使用甜蜜素

甜蜜素属于人工合成的低热值新型甜味剂，是环氨酸盐类甜味剂的代表。甜蜜素的危害因素特征描述见第三章。

1. 相关标准要求

《食品安全国家标准 食品添加剂使用标准》（GB 2760—2011）规定了糕点中甜蜜素最大限量值为 0.65 g/kg。

2. 危害因素来源

危害因素来源有：一是一些企业为降低生产成本，使用甜味剂替代蔗糖超量添加；二是个别小企业生产条件控制不严，计量不准确，超量添加。

（四）柠檬黄

柠檬黄又称酒石黄、酸性淡黄、肼黄。柠檬黄是一种水溶性合成色素，适量的柠檬黄可安全地用于食品、饮料、药品、化妆品、饲料、烟草、玩具、食品包装材料等的着色。柠檬黄的危害因素特征描述见第三章。

1. 相关标准要求

《食品安全国家标准 食品添加剂使用标准》（GB 2760—2011）规定柠檬黄最大限量值为 0.1 g/kg。

2. 危害因素来源

企业为了使产品色泽诱人，超量使用着色剂。

（五）富马酸二甲酯

富马酸二甲酯是一种 20 世纪 80 年代新开发的低毒高效的新型防腐剂，具有广谱高效的特性，对 30 多种霉菌、酵母菌和细菌都有很好的抑制效果。富马酸二甲酯的危害因素特征描述见第三章。

1. 相关标准要求

《食品安全国家标准 食品添加剂使用标准》（GB 2760—2011）规定制品中不得添加富马酸二甲酯。

2. 危害因素来源

企业为延长产品保质期，非法加入。

（六）硼砂

硼砂也叫粗硼砂，是一种既软又轻的无色结晶物质。硼砂有着很多用途，如消毒剂、保鲜防腐剂、软水剂、洗眼水、肥皂添加剂、陶瓷的釉料和玻璃原料等，在工业生产中硼砂也有着重要的作用。硼砂的危害因素特征描述见第三章。

1. 相关标准要求

《食品安全国家标准 食品添加剂使用标准》（GB 2760—2011）规定食品中不得添加硼砂。

2. 危害因素来源

企业为增加糕点韧性、脆度及改善其保水性及保存度违法添加硼砂。

（七）铝

铝是地壳中含量最丰富的金属元素，天然存在于食物中。食物中的铝主要来源于含铝添加剂。铝的危害因素特征描述见第三章。

1. 相关标准要求

《食品安全国家标准 食品添加剂使用卫生标准》（GB 2760—2011）规定，糕点中铝的残留量（干样品，以 Al 计）最大值为 100 mg/kg。

2. 危害因素来源

糕点中铝含量超标的主要原因是有些不法商家在糕点等食品的生产过程中，加入一些膨松剂导致铝含量超标。

（八）砷与铅含量超标

铅和砷是一种天然的金属，也是普遍存在于环境的污染物。环境污染或食物在制造、处理或包装过程中都可能受到污染，导致食物重金属含量超标。铅和砷的危害因素特征描述见第三章。

1. 相关标准要求

国家标准《糕点、面包卫生标准》（GB 7099—2003）中规定：糕点中的总砷（以砷计算）含量≤0.5 mg/kg，铅含量≤0.5 mg/kg。

2. 危害因素来源

砷与铅主要来源为：一是土壤污染；二是生产加工环节中，辅料、加工助剂、生产环境、生产设备和包装材料的污染。

五、危害因素的监控措施建议

（一）生产企业自控建议

1. 原辅料使用方面的监控

原辅料导致的安全问题常见于："砷、铅"等指标超标；发霉的原辅料会造成"黄曲霉毒素 B$_1$"指标超标；变质油脂或果仁的"酸价及过氧化值"指标超标；使用非食用原料如工业染料、染衣料或苏丹红等。针对以上问题，企业应当做到：生产用水应符合《生活饮用水卫生标准》（GB 5749—2006）要求，应选用合格的面粉、糖、油、蛋、食品添加剂等原辅料，进行入、出库和使用前的检验和验证，并索取供应商有效的资质证明、产品检验报告和食品生产许可证等材料以备追溯；不使用非食用原料。

2. 食品添加剂使用方面的监控

糕点食品生产过程中所使用的食品添加剂必须符合《食品安全国家标准 食品添加剂使用卫生标准》（GB 2760—2011）的规定，全面实行"五专"（即食品添加剂专人管理、专柜存放、专本登记、专用计量器具、专人添加）、"五对"（即对标准、对种类、对验收、对用量、对库存）管理，确保食品添加剂的安全使用。不得超范围使用食品添加剂（如添加在糕点食品中的明矾膨松剂、甜味剂等），不得添加国家明令禁止使用的非食用物质（如工业染料、染衣料、苏丹红等）。

3. 糕点食品生产过程的监控

糕点食品的工艺过程是：原辅料→配料→调粉（和面）→成型（成型和醒发）→熟制（烘烤、蒸煮或油炸等）→冷却→包装→储存。全程按照 HACCP 体系及 GMP 的要求进行关键点的控制，形成关键控制点作业指导书，并在其指导下进行生产。

（1）配料

确保配料秤计量准确，工具洁净；按工艺要求准确称量原辅料进行配料，食品添加剂不得超量添加；不得将绳头、包装碎片、沙土、鸡蛋皮等异物带入配料容器。

（2）熟制

生产设备上的温度和时间控制器应经过检定合格，确保量值准确；根据工艺要求设置合理的熟制温度和时间。

（3）包装等工艺的控制

包装材料应符合国家相关食品包装卫生要求，包装前应经过紫外线或臭氧的杀菌消毒，包装时应确保包装材料洁净，封口严密无破损；环境洁净，员工健康检查合格。

4. 出厂检验的监控

a. 制定关键控制点生产作业指导书，明确控制参数和限值，监测频率、纠正措施和操作员工的职责。

b. 强化三检制度，即本工序自检、下工序检查上工序、品控员对各工序的监督检查。

c. 糕点食品生产企业要强化重视出厂检验意识，制定切合自身且不断完善的出厂检验制度；检验人员须具备检验能力和检验资格，同时能正确处理数据。

d. 质检员按相关标准进行原辅料入库和产品出厂的检验；每年至少两次应进行出厂检验报告和质量技术监督等部门的监督检验报告的比对工作。

（二）监管部门监控建议

a. 加强重点环节的日常监督检查。重点对照卫生部发布的《食品中可能违法添加的非食用物质和易滥用的食品添加剂品种名单》，以及本地区监管工作中发现的其他在食品中存在的有毒有害物质、非法添加物质和食品制假现象，对企业的原料进货把关、生产过程投料控制及出厂检验等关键环节的控制措施落实情况和记录情况进行检查。

b. 重点问题风险防范。根据糕点类食品生产工艺流程和常见的"发霉变质及砷、铅、铝等卫生指标超标"等质量问题，应重点监测上述相关项目。生产现场应重点检查通风情况是否良好、三防设施（防蝇、防尘、防鼠）是否正常、车间设备设施的清洗消毒记录是否完善、出厂检验记录是否齐全等。同时重点核查企业原辅料进货台账是否建立，以及供货商资格把关，即是否有生产许可证及相关产品的检验合格证明。

c. 通过明察暗访、行业调研、市场和消费环节调查等方式，对糕点产品容易出现质量安全问题，认真开展危害因素调查分析，及时发现并督促企业防范滥用添加剂和使用非食品物质等违法行为。

d. 有针对性地对潜在危害物进行风险监测，通过对食品生产企业日常监督检验及非常规性项目检验数据进行深入分析，及时发现可能存在的行业性、区域性质量安全隐患。

e. 积极推行举报奖励制度，高度重视举报投诉发现的问题，及时对有关问题进行危害因素的调查和分析，采取有效措施消除食品安全隐患。

（三）消费建议

a. 生产糕点的企业原辅材料必须符合国家标准和有关规定。如使用的原辅材料为实施生产许可证管理的产品，必须选用获得生产许可证企业生产的产品。建议首先应选择企业规模大、产品质量和服务质量好的知名企业的产品。

b. 选购时应注意产品的生产日期和保质期。

c. 选择规范商家。购买糕点应选择规模大、声誉好、管理规范的正规商场、超市和专卖店。消费者最好不要购买马路摊点、小作坊的糕点，因为这些地方出售的产品大多是在露天加工、露天销售，生产所用的器具均不消毒，再加上卫生环境差，产品的微生物指标超标，质量难以保障。

d. 注意标签内容。消费者最好购买有外包装的定型包装糕点，同时应注意标签上应清楚地印上品名、厂名、厂址、生产日期、保质期、净含量、配料表、产品标准号，如产品有储存条件要求，还必须标明保存温度。标识内容不全、不清楚的，其产品质量无保障。购买散装糕点要向售货员了解生产日期、保存期等内容。

e. 鉴别外观气味。好的糕点产品应是外形整齐、色泽自然、花纹鲜明、没有外来杂物，不焦不糊、不缺损、不露馅、不僵硬、不发黏，而且不同品种还有其特有的柔和自然的香气。应特别留意用色素和香精伪造的糕点，这些产品颜色鲜艳，香气刺鼻，对人体有一定的危害性。

参 考 文 献

黄玉玲，陈梅秀，罗萍. 2006. 梅州市食品中硼砂检测情况分析[J]. 职业与健康，22（9）：663-664.

王苏闽，刘华清，茅於芳. 2001. 关于油脂酸价测定中指示剂的选择[J]. 黑龙江粮油科技，12（4）：25.

吴艳，和娟. 2013. 浅议食品微生物检测中菌落总数与大肠菌群两个指标的关系[J]. 计量与测试技术，40（6）：92-93.

周慧敏，赵彤，姜俊，等. 2010. 水果类食品中富马酸二甲酯残留量的测定[J]. 质量论谈，14：13-14.

Bastias JM，Bermudez M，Carrasco J，et al. 2010. Determination of dietary intake of total arsenic，inorganic arsenic and total mercury in the Chilean school meal program[J]. Food Sci Technol Int，16（5）：443-450.

GB 2760—2011. 食品安全国家标准 食品添加剂使用标准[S].

GB 7099—2003. 糕点、面包卫生标准[S].

Geyikoglu F，Turkez H，Bakir TO，et al. 2013. The genotoxic，hepatotoxic，nephrotoxic，haematotoxic and histopathological effects in rats after aluminium chronic intoxication[J]. Toxicol Ind Health，29（9）：780-791.

Hubbs-Tait L，Nation JR，Krebs NF，et al. 2005. Neurotoxicants，Micronutrients，and Social Environments：Individual and Combined Effects on Children's Development[J]. Psychol Sci Publ Interest，6：57-121.

Price JM，Biava CG，Oser BL，et al. 1970. Bladder Tumors in Rats Fed Cyclohexylamine or High Doses of a Mixture of Cyclamate and Saccharin[J]. Science，167（3921）：1131-1132.

Stevens LJ，Burgess JR，Stochelski MA，et al. 2013. Amounts of artificial food colors in commonly consumed beverages and potential behavioral implications for consumption in children[J]. Clin Pediatr（Phila），doi：10.1177/0009922813502849.

Takayama S，Renwick AG，Johansson S L，et al. 2000. Long-term toxicity and carcinogenicity study of cyclamate in nonhuman primates[J]. Toxicol Sci，53：33-39.

报告三十二　白酒生产加工食品安全危害因素调查分析

一、广东省白酒行业情况

白酒是指以淀粉和糖质为原料,加入糖化发酵剂(糖制原料无需糖化剂),经固态、半固态或液态发酵、蒸馏、储存、勾调而制成的产品。按所用酒曲和主要工艺分类,在固态法白酒中主要的分类为:大曲酒、小曲酒、麸曲酒、混曲法白酒和其他糖化剂法白酒。固液结合法白酒的种类有:半固、半液发酵法白酒、串香白酒、勾兑白酒及液态发酵法白酒。

据统计,目前,广东省白酒生产加工企业共388家,其中获证企业115家,占29.6%,小作坊273家,占70.4%,见表2-32-1。

表 2-32-1　广东省白酒生产加工企业情况统计表

生产加工企业总数/家	食品生产加工企业				食品小作坊数/家
	获证企业数/家	GMP、SSOP、HACCP等先进质量管理规范企业数/家	规模以上企业数(即年主营业务收入500万元及以上)/家		
388	115	3	13		273

注:表中数据统计日期为2012年12月。

广东省白酒生产加工企业的分布如图2-32-1所示,珠三角地区的白酒生产加工单位共122家,占31.5%,粤东、粤西、粤北地区分别有172家、75家和19家,分别占44.3%、19.3%、4.9%。从生产加工单位数量看,梅州和河源最多,分别有81家、67家,其次为肇庆、阳江和惠州,分别有65家、31家和26家。

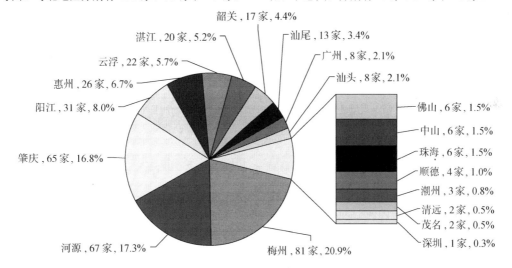

韶关, 17家, 4.4%
湛江, 20家, 5.2%
汕尾, 13家, 3.4%
云浮, 22家, 5.7%
广州, 8家, 2.1%
惠州, 26家, 6.7%
汕头, 8家, 2.1%
阳江, 31家, 8.0%
佛山, 6家, 1.5%
中山, 6家, 1.5%
肇庆, 65家, 16.8%
珠海, 6家, 1.5%
顺德, 4家, 1.0%
潮州, 3家, 0.8%
清远, 2家, 0.5%
茂名, 2家, 0.5%
深圳, 1家, 0.3%
河源, 67家, 17.3%
梅州, 81家, 20.9%

东莞、江门和揭阳为0家

图 2-32-1　广东省白酒加工企业地域分布图

广东省白酒加工生产企业分布主要集中在珠三角地区与粤东地区,粤西与粤北地区较少,且多采用半自动化的方式生产。全省有13家企业属较大规模,分别在梅州(3家)、珠海(2家)、顺德(2家)、深圳、佛山、中山、肇庆、湛江、韶关各1家。全省有3家企业实施了良好生产规范(GMP)、卫生标准操作规范(SSOP)、危害分析与关键控制点(HACCP),其中顺德2家、中山1家。大中型企业工艺成熟,管理规范,从业人员操作熟练,进出厂检验严格;小企业小作坊食品安全意识不强,存在违规操作,人员流动大,管理困难。

白酒生产加工行业存在以下主要问题:①部分小企业小作坊存在违法生产行为,超范围超限量使用食

273

品添加剂；②使用不符合要求的原材料（如重金属、黄曲霉毒素超标粮食）；③使用工业乙醇进行勾兑生产假酒。

白酒生产加工单位今后食品安全的发展方向是：小企业严格控制原料质量、规范操作，加强对生产环节关键点的控制，向着规模化、集中化生产发展，生产出合格产品；大中型企业进一步加强整合，逐步实现规模化、自动化，形成保证白酒质量的可靠管理模式。

二、白酒抽样检验情况

白酒的抽样检验情况见表 2-32-2 和表 2-32-3。

表 2-32-2　2010~2012 年广东省白酒抽样检验情况统计表（1）

年度	抽检批次	合格批次	不合格批次	内在质量不合格批次	内在质量不合格产品发现率/%
2012	870	706	164	166	19.1
2011	870	702	168	135	15.5
2010	1176	931	245	217	18.5

表 2-32-3　2010~2012 年广东省白酒抽样检验情况统计表（2）

年度	不合格项目（按照不合格率的高低依次列举）											
	不合格项目（一）				不合格项目（二）				不合格项目（三）			
	项目名称	抽检批次	不合格批次	不合格率/%	项目名称	抽检批次	不合格批次	不合格率/%	项目名称	抽检批次	不合格批次	不合格率/%
2012	邻苯二甲酸二丁酯	15	6	40.0	总酯	303	70	23.1	乳酸乙酯	249	36	14.5
2011	总酯	331	60	18.1	总酸	351	36	10.3	乳酸乙酯	10	1	10.0
2010	乳酸乙酯	567	93	16.4	总酯	555	92	16.6	安赛蜜	52	7	13.5

三、白酒生产加工环节危害因素调查情况

（一）白酒基本生产流程及关键控制点

白酒的生产加工工艺流程：

原料处理→配料→蒸煮→糖化发酵→蒸馏→储存→勾兑→灌装→成品

白酒生产加工的 HACCP 及 GMP 的关键控制环节：①配料；②发酵；③储存；④勾兑。

（二）白酒生产加工过程中存在的主要问题

　　a. 甲醇含量超标。
　　b. 氰化物超标。
　　c. 重金属（铅、锰）超标。
　　d. β-苯乙醇含量未符合标准要求。
　　e. 呈香物质不符合标准要求。
　　f. 塑化剂污染。
　　g. 酒精度与包装。

　　h. 固形物超标。
　　i. 甲醇、杂醇油超标。

四、白酒行业生产加工环节危害因素及描述

（一）非法添加甲醇

1. 危害因素特征描述

甲醇，俗称"木精"，是最简单的一元醇，无色透明，可燃性强，极易挥发，并与水、乙醇、乙醚、苯、酮、卤代烃和许多其他有机溶剂相混溶，是一种比乙醇价格低，但带有乙醇气味且难以凭感官区别于食用乙醇的工业原料。

甲醇是一种剧烈的神经毒性物质，主要侵害视神经，导致视网膜受损，视神经萎缩，视力减退和双目失明。甲醇蒸气能损害人的呼吸道黏膜和视力。甲醇在体内不易排出，容易蓄积，其在体内的代谢产物为甲醛和甲酸，甲酸可致机体发生代谢性酸中毒，因此饮用含有甲醇的酒可引致失明、肝病，甚至死亡。

2. 检测方法及相关标准要求

我国国家标准《蒸馏酒与配制酒卫生标准的分析方法》（GB/T 5009.48—2003）规定了蒸馏酒及配制酒中的甲醇含量可使用气相色谱法及分光光度法进行测试。气相色谱法由于灵敏度高、分析时间短，常被作为第一法用于蒸馏酒及配制酒中甲醇含量的测定。

《食品安全国家标准 蒸馏酒及其配制酒》（GB 2757—2012）规定以粮谷类为原料制备的白酒的甲醇限量值≤0.6 g/L，以其他为原料的白酒的甲醇限量值≤2.0 g/L，甲醇指标均按100%酒精度折算。

3. 危害因素来源

白酒中甲醇含量超出标准限量值的危害因素来源主要有，一是私制假酒的不法分子为了牟取暴利，采用低价甲醇，鱼目混珠，代替食用乙醇勾兑白酒；二是部分企业在购进食用乙醇等原辅料时，由于缺乏检验手段，无法对购买的食用乙醇进行验证，购进劣质乙醇导致甲醇超标；三是酿酒过程的发酵产物，酒中的甲醇来自制酒原辅料（薯干、马铃薯、水果、糠麸等）中的果胶。在原料的蒸煮过程中，果胶中半乳糖醛酸甲酯分子中的甲氧基分解生成甲醛。黑曲霉中果胶酶活性较高，以黑曲霉做糖化发酵剂时酒中的甲醇常常较高。此外，糖化发酵温度过高、时间过长也会使甲醇含量增高。

（二）氰化物超标

白酒中的氰化物主要来源于木薯中的氰苷，氰苷在发酵过程中可被 β-葡萄糖苷酶水解成氢氰酸，若酒中的氰化物超出标准的限量值要求则可能对食品的安全性造成影响。氰化物的危害因素特征描述见第三章。

1. 相关标准要求

《食品安全国家标准 蒸馏酒及其配制酒》（GB 2757—2012）规定，以粮谷、薯类、水果、乳等为主要原料的蒸馏酒及配制酒中氰化物的限值（以 HCN 计）应≤8.0 mg/L（按100%酒精度折算）。

2. 危害因素来源

白酒中氰化物的来源主要是由于使用含氰化物的原材料在发酵酿造过程产生，如木薯等原料中的氰苷经水解后产生氢氰酸。由于氢氰酸相对分子质量低，具有挥发性，在酒的蒸馏过程中可随乙醇、水蒸气一同进入产品中。

（三）铅

铅是对人体有害的重金属元素，在人体内的蓄积性

很强，由于饮酒而引起的急性铅中毒比较少见，但长期饮用含铅量高的白酒可致慢性中毒，铅的危害因素特征描述见第三章。

1. 相关标准要求

《食品安全国家标准 食品中污染物限量》（GB 2762—2012）蒸馏酒中铅的限量值≤0.5 mg/L。

2. 危害因素来源

白酒中铅的来源主要是蒸馏器、冷凝管和储酒器中含有重金属铅，蒸馏酒在发酵过程中可产生少量的有机酸（如丙酸、丁酸、酒石酸和乳酸等），在蒸馏过程中含有机酸的高温酒蒸气可使蒸馏器和冷凝管壁中的铅溶出而导致铅含量超出限量值标准。

（四）锰

锰是人体必需的微量元素，是多种酶的激活剂，其在体内发挥重要作用，但长期过量摄入锰也会对人体健康造成危害，锰的危害因素特征描述见第三章。

1. 相关标准要求

我国国家标准《蒸馏酒及配制酒卫生标准》（GB 2757—1981）中规定白酒中锰残留量（以 Mn 计）≤2 mg/L，但《食品安全国家标准 蒸馏酒及配制酒》（GB 2757—2012）中取消了白酒中锰的限量值标准。

2. 危害因素来源

白酒中锰超标的危害因素主要来源，一是在白酒酿造过程中，因为原料发霉、变质、不净或发酵温度过高、杂菌感染等原因引起白酒有臭味，使用高锰酸钾可以处理酒中杂色及异味；二是有些企业对发酵等容器消毒时采用高锰酸钾溶液，其残留也可能导致锰超标。

（五）塑化剂

1. 危害因素特征描述

邻苯二甲酸酯（phthalic acid esters，简称 PAEs）是一类重要的有机化合物质，由于其能增加塑料等高分子材料的可塑性和柔软性，在塑料工业中主要作为增塑剂使用。此外，也可用作农药载体、驱虫剂、化妆品、香味品、润滑剂和去泡剂的生产原料。邻苯二甲酸酯与塑料树脂分子之间由氢键和范德华力连接，在塑料制品的生产及使用过程中易逸出造成邻苯二甲酸酯不同程度地存在于环境及食品中。由于邻苯二甲酸酯是一种环境雌激素，可影响人体激素的正常分泌，还会致细胞突变、致畸及致癌。

2. 检测方法及相关标准要求

食品中邻苯二甲酸酯含量的测定方法由《食品中邻苯二甲酸酯的测定》（GB/T 21911—2008）规定，使用GC-MS进行测定。卫办监督函[2011] 551号《卫生部办公厅关于通报食品及食品添加剂邻苯二甲酸酯类物质最大残留量的函》规定食品、食品添加剂中邻苯二甲酸二（α-乙基己基）酯（DEHP）、邻苯二甲酸二异壬酯（DINP）和邻苯二甲酸二正丁酯（DBP）的最大残留量分别为 1.5 mg/kg、9.0 mg/kg 和 0.3 mg/kg。

3. 危害因素来源

白酒中邻苯二甲酸酯类危害因素的主要来源，一是白酒生产企业在生产过程中使用塑料容器盛装半成品或成品，导致邻苯二甲酸酯类增塑剂迁移至产品；二是白酒生产企业使用了含有邻苯二甲酸酯的食品添加剂。

（六）β-苯乙醇含量不符合标准要求

β-苯乙醇（phenethyl alcohol），是乙醇饮料中重要的高沸点香气成分，广泛存在于各种乙醇饮料中，酒中的β-苯乙醇含量是判定以稻米为原料的酿制酒的质量指标之一，β-苯乙醇的特征描述见第三章。

1. 相关标准要求

国家标准《米香型白酒》（GB/T 10781.3—2006）中规定了此类产品中β-苯乙醇的含量要求，见表2-32-4。

表 2-32-4　米香型白酒的 β-苯乙醇含量要求

项目	产品类型	优级	一级
β-苯乙醇/（mg/L）	高度米香型白酒≥	30	20
	低度米香型白酒≥	15	10

2. 危害因素来源

β-苯乙醇含量未符合标准要求的主要原因是，在白酒的发酵过程中，使用非稻米为原料进行发酵或发酵条件未符合标准要求而导致了白酒中β-苯乙醇含量少于标准的要求。此外，使用食用乙醇与原酒进行勾兑生产白酒也可能会导致β-苯乙醇含量过低而不符合标准要求。

（七）呈香物质——乳酸乙酯

乳酸乙酯，是一种非挥发性酯类，是在白酒酿造过程中，由多种微生物共同代谢作用的结果。乳酸乙酯在中国白酒中含量较高，也是中国白酒的显著特征之一。乳酸乙酯的特征描述见第三章。

1. 相关标准要求

国家标准《米香型白酒》（GB/T 10781.3—2006）中规定了此类产品中乳酸乙酯的含量要求，见表2-32-5。

表 2-32-5　米香型白酒的乳酸乙酯含量要求

项目	产品类型	优级	一级
乳酸乙酯/（mg/L）	高度米香型白酒≥	0.50	0.40
	低度米香型白酒≥	0.30	0.20

2. 危害因素来源

与β-苯乙醇相似，乳酸乙酯也是在白酒发酵生产过程中所形成的一种香气成分，因此乳酸乙酯在白酒中的含量未符合标准要求的主要原因也与β-苯乙醇相似，主要是发酵条件未符合标准要求或使用了劣质原材料进行发酵而导致了白酒中乳酸乙酯含量少于标准的要求。此外，使用食用乙醇与原酒进行勾兑生产白酒也可能会导致乳酸乙酯含量过低而不符合标准要求。

五、危害因素的监控措施建议

（一）生产企业自控建议

1. 原辅料使用方面的监控

白酒酿造的原料种类很多，如高粱、大米、玉米、小麦、甘薯、马铃薯、甜菜、糖蜜等；辅料有谷糠、稻壳、玉米芯及麸皮等。企业使用的所有原辅料应具备正常色泽和良好的感官性状，无霉变、无异味、无腐烂，粮食类原料应符合国家《粮食卫生标准》（GB 2715—2005）的有关规定。企业购进食用乙醇必须符合标准要求，并且要加强自检，确保不会误把甲醇当食用乙醇生产白酒。

2. 白酒生产过程的监控

白酒生产过程中，制曲、蒸煮、发酵、蒸馏等工艺是影响白酒质量的关键环节。各种酒曲的培养必须在特殊工艺技术条件要求下配料加工、制作和培养，并严格控制培养温度、湿度，以确保酿酒微生物生长繁殖，为防止菌种退化、变异和污染，应定期进行筛选和纯化。所有原辅料在投产前必须经过检验、筛选和清蒸除杂处理。清蒸是减少酒中甲醇含量的重要工艺过程，在以木薯、果核为原料时，清蒸还可使氰甙类物质提前分解挥散。对使用高锰酸钾处理的白酒要复蒸后才能使用，以去除锰离子的影响。蒸馏设备和储酒容器应采用含锡99%以上的镀锡材料或无铅材料，以减少铅污染。用于发酵的设备、工具及管道应经常清理，去除残留物，保持发酵容器周围清洁卫生。

3. 出厂检验的监控

白酒企业必须建立健全的食品检验制度，严格监控产品中酒精度、甲醇、铅、锰、氰化物等含量，不合格产品不得出厂销售。检验人员必须具备白酒产品的检验能力，并取得从事食品质量检验的资质，确保检验结果的准确性。

（二）监管部门监控建议

a. 加强重点环节的日常监督检查。国家发展和改革委员会在《产业结构调整指导目录（2005 年本）》中，将白酒生产线列入了限制类目录，应该加强对白酒生产企业的巡查，监控企业的卫生条件及索证索票、建立各种台账情况，建立白酒生产加工企业的信用档案，对信用度不高和质量意识不强的生产加工企业加大巡查力度。

b. 重点问题风险防范。对不能提供来源的原料进行抽样检验，防止企业违法添加非食用物质，特别是使用工业乙醇或工业甲醇勾兑白酒的情况发生，有针对性地对白酒中甲醇、铅、锰、氰化物等有毒有害物质进行检验，及时发现白酒中已存在的或者潜在的危害。

（三）消费建议

a. 建议选购符合国家标准范围的白酒产品。

b. 重点关注：感官质量缺陷，如色泽、香气、口味、风格等与产品标识不符；酒精度与包装标识不符。

c. 选择酒时，有以下特征可以作为重要参考。

①若是无色透明玻璃瓶包装，将酒瓶拿在手中，慢慢地倒置，对光观察瓶的底部，如有下沉物质或有云雾状现象，说明酒中杂质较多；如酒液不失光、不浑浊，无悬浮物，说明酒的质量较好。从色泽上看，除酱香型酒外，一般白酒都应无色透明。若酒是瓷瓶或带色玻璃瓶包装，稍稍摇动后开启，同样观其色和沉淀物。②将酒倒入无色透明玻璃杯中，对着自然光观察，白酒应清澈透明，无悬浮物和沉淀物；然后闻其香气，用鼻子贴近杯口，辨别香气的高低和香气特点；最后品其味，喝少量酒并在舌面上铺开，分辨味感的薄厚、绵柔、醇和、粗糙，以及酸、甜、甘、辣是否协调，余味的有无及长短。低档劣质白酒一般用质量差或发霉的粮食做原料，工艺粗糙，通常是冒充名牌酒或畅销酒，喝着呛嗓、伤头的酒，一定是劣质酒。③判断酒的度数可用摇晃的方法：摇动酒瓶后，如果出现小米粒到高粱米粒大的酒花，堆花时间在 15 s 左右，酒的度数是 53~55 度；如果酒花有高粱米粒大小，堆花时间在 7 s 左右，酒的度数为 57~60 度。④取一滴白酒放在手心里，然后合掌使两手心接触，用力摩擦几下，如酒生热后发出的气味清香，则为优质酒；如气味发甜，则为中档酒；气味苦臭，则为劣质酒。⑤将一滴食用油滴入酒中，如油不规则地扩散，下沉速度变化明显，则为劣质酒。

参 考 文 献

蔡晶，柴丽月，胡秋辉. 2005. 食品中邻苯二甲酸酯的检测及安全评价[J]. 食品科学，26（12）：242-245.

邓绍平，邝嘉萍，钟伟祥，等. 2008. 香港食用植物中氰化物含量及加工过程对其含量的影响[J]. 中国食品卫生杂志，20（5）：428-430.

段彬伍，谢黎虹，徐霞，等. 2009. 植物性食品中氰化物的测定[J]. 食品与发酵工业，35（5）：167-169.

李维青. 2010. 浓香型白酒与乳酸菌、乳酸、乳酸乙酯[J]. 酿酒，37（3）：91-93.

卢健，卢少明，马集锋. 2012. β-苯乙醇的现状与发展前景[J]. 广东化工，39（11）：123-124.

孟东，梁辉. 2003. 浓香型白酒乳酸乙酯的产生及控制方法[J]. 江苏食品与发酵，（2）：21-22.

孙慧. 2003. 浅析白酒杂醇油的含量[J]. 酿酒，30（2）：82-83.

王进明，刘忠军. 2012. 清香型白酒乳酸乙酯偏高的原因及解决措施[J]. 酿酒，39（4）：81-84.

严锦，方尚玲，蒋威，等. 2012. 降低小曲酒中杂醇油含量的研究进展[J]. 酿酒，39（6）：32-35.

于桥. 2001. 对乳酸乙酯再认识[J]. 酿酒科技，（3）：19-20.

张倩，寻思颖，冯永渝，等. 2012. 用气相色谱法测定饮料酒中β-苯乙醇含量的探讨[J]. 中国酿造，31（7）：149-151.

章庆生. 2005. 酒类杂醇油卫生标准审定探讨[J]. 中国卫生检验杂志，15（10）：1236，1245.

赵修报，唐育岐，刘天明. 2011. β-苯乙醇的研究进展[J]. 中国酿造，（8）：1-4.

周玮婧，冯光. 2012. 食品中邻苯二甲酸酯及其检测的研究进展[J]. 食品工业科技，33（10）：446-448.

诸葛庆，李博斌，郑云峰，等. 2009. 反相高效液相色谱法测定黄酒中的β-苯乙醇[J]. 食品科学，30（14）：175-177.

Foster PM. 2006. Disruption of reproductive development in male rat offspring following in utero exposure to phthalate esters [J]. Int J Androl，29（1）：140-147.

Garsetti M，Vinoy S，Lang V，et al. 2005. The glycemic and insulinemic index of plain sweet biscuits：Relationships to in vitro starch digestibility [J]. J Am Coll Nutr, 24 (6): 441-447.

GB 2757—1981. 蒸馏酒及配制酒卫生标准[S].

GB 2757—2012. 食品安全国家标准 蒸馏酒及其配制酒[S].

GB/T 10781.3—2006. 米香型白酒[S].

GB/T 5009.36—2003. 粮食卫生标准的分析方法[S].

GB/T 5009.48—2003. 蒸馏酒与配制酒卫生标准的分析方法[S].

GB/T 5009.90—2003. 食品中铁、镁、锰的测定[S].

食品生产加工过程危害因素分析综合教程

报告三十三　焙炒咖啡生产加工食品安全危害因素调查分析

一、广东省焙炒咖啡行业情况

焙炒咖啡是指以咖啡豆为原料，经清理、调配、焙炒、冷却、磨粉等工艺制成的食品，包括：焙炒咖啡豆、焙炒咖啡粉。

广东省现有41家焙炒咖啡生产企业，其中获证企业41家，占100%，见表2-33-1。

表 2-33-1　广东省焙炒咖啡生产加工企业情况统计表

生产加工企业总数/家	食品生产加工企业			食品小作坊数/家
	获证企业数/家	GMP、SSOP、HACCP 等先进质量管理规范企业数/家	规模以上企业数（即年主营业务收入 500 万元及以上）/家	
41	41	2	6	0

注：表中数据统计日期为 2012 年 12 月。

广东省焙炒咖啡生产加工企业分布如图 2-33-1 所示，珠三角地区的焙炒咖啡生产加工企业共 39 家，占 95.1%，粤东地区有 2 家，占 4.9%。从生产加工企业数量看，广州最多，有 20 家，其次为东莞、深圳、佛山、江门，分别有 7 家、3 家、3 家和 3 家。

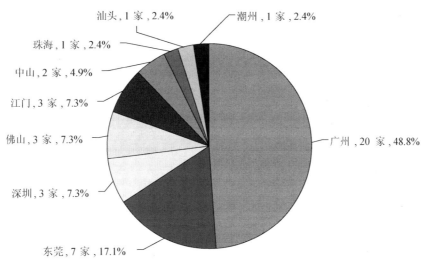

汕头，1 家，2.4%
潮州，1 家，2.4%
珠海，1 家，2.4%
中山，2 家，4.9%
江门，3 家，7.3%
佛山，3 家，7.3%
深圳，3 家，7.3%
广州，20 家，48.8%
东莞，7 家，17.1%

惠州、顺德、肇庆、湛江、茂名、阳江、云浮、揭阳、汕尾、梅州、河源、清远、韶关为0家

图 2-33-1　广东省焙炒咖啡加工企业地域分布图

广东省焙炒咖啡加工生产企业分布集中在珠三角地区，多采用半自动化的生产方式，因此产能、产量均不大。全省有 6 家较大规模企业，分别在广州（4 家）、深圳（1 家）和潮州（1 家）。同时全省有 2 家企业实施了良好生产规范（GMP）、卫生标准操作规范（SSOP）、危害分析与关键控制点（HACCP），其中深圳 1 家、潮州 1 家。

焙烤咖啡生产加工行业存在以下主要问题：①焙烤咖啡生产加工企业普遍规模不大，产能、产量较低，缺乏检验检测等食品安全控制手段；②咖啡焙炒过程中时间和温度设置不合理造成质量指标下降；③产品存储和包装不当造成咖啡风味下降和产生异味；④微生物控制措施不严格，导致微生物指标超标。

焙烤咖啡生产加工企业今后食品安全的发展方向是：严格控制咖啡豆的焙炒过程，操作规范，生产出高质量的产品；选择合适的原料、包装材料及控制包装过程，确保咖啡风味纯正。

二、焙炒咖啡抽样检验情况

焙炒咖啡的抽样检验情况见表 2-33-2 和表 2-33-3。

表 2-33-2　2010~2012 年广东省焙炒咖啡抽样检验情况统计表（1）

年度	抽检批次	合格批次	不合格批次	内在质量不合格批次	内在质量不合格产品发现率/%
2012	76	57	19	2	2.6
2011	71	67	4	0	0.0
2010	86	81	5	0	0.0

表 2-33-3　2010~2012 年广东省焙炒咖啡抽样检验情况统计表（2）

年度	不合格项目（按照不合格项目发现率从高至低依次列举）											
	不合格项目（一）				不合格项目（二）				不合格项目（三）			
	项目名称	抽检批次	不合格批次	不合格率/%	项目名称	抽检批次	不合格批次	不合格率/%	项目名称	抽检批次	不合格批次	不合格率/%
2012	标签	42	17	40.5	铅	23	1	4.3	水分	1	1	100.0
2011	标签	7	3	42.9	—	—	—	—	—	—	—	—
2010	标签	40	5	12.5	—	—	—	—	—	—	—	—

注："—"代表无此项目。

三、焙炒咖啡生产加工环节危害因素调查情况

（一）焙炒咖啡基本生产流程及关键控制点

焙炒咖啡豆的生产流程：清理→调配→焙炒→冷却→包装。生产加工的 HACCP 及 GMP 的关键控制点为在焙炒过程中对时间和温度的控制。

咖啡粉的生产流程：清理→调配→焙炒→冷却→磨粉→包装。生产加工的 HACCP 及 GMP 的关键控制点为包装材料的选择和包装过程的控制。

（二）焙炒咖啡生产加工过程中存在的主要问题

a. 总砷和无机砷含量超标。

b. 铅含量超标。

c. 农药（六六六、滴滴涕）残留。

d. 微生物指标（葡萄球菌、志贺氏菌、沙门氏菌、溶血性链球菌）不合格。

e. 产品存储和包装不当造成咖啡风味下降和产生不愉快气味。

四、焙炒咖啡生产加工环节危害因素及描述

（一）铅和砷含量超标

铅和砷是普遍存在于环境的污染物。环境污染或食物在制造、处理或包装过程中都可能受到污染，导致食物重金属含量超标。铅和砷的危害因素特征描述见第三章。

1. 相关标准要求

农业行业标准《焙炒咖啡》（NY/T 605—2006）规定，焙炒咖啡中铅的限量指标为 0.5 mg/kg，砷的限量指标为 0.5 mg/kg。

2. 危害因素来源

焙炒咖啡中砷的主要来源：①咖啡原料，其可能在受到砷污染的环境（土壤，水，含砷农药）中生长，导致砷含量超标；②生产加工过程使用受到砷污染的水。

（二）农药（六六六、滴滴涕）残留

农药残留是农药使用后一个时期内没有被分解而残留于生物体、收获物、土壤、水体、大气中的微量农药原体、有毒代谢物、降解物和杂质的总称。六六六和滴滴涕的危害因素特征描述见第三章。

1. 相关标准要求

农业行业标准《焙炒咖啡》（NY/T 605—2006）中规定，焙炒咖啡中六六六和滴滴涕的限量指标皆为 0.2 mg/kg。

2. 危害因素来源

企业采用了农药残留的原辅料咖啡豆，生产加工过程中并未清除。

（三）致病菌指标超标

能引起疾病的微生物称为病原微生物或致病菌。沙门氏菌、葡萄球菌、志贺氏菌和溶血性链球菌的危害因素特征描述见第三章。

1. 相关标准要求

农业行业标准《焙炒咖啡》（NY/T 605—2006）中规定，焙炒咖啡中沙门氏菌、葡萄球菌、志贺氏菌和溶血性链球菌不得检出。

2. 危害因素来源

咖啡豆制成咖啡需要经过一系列加工过程，如发酵、烘培及研磨等，发酵过程中咖啡豆可能会污染各种类型的微生物，包括溶血性链球菌等致病菌，因此焙炒咖啡中溶血链球菌危害因素的来源主要有：一是原料咖啡豆在发酵过程中污染了溶血性链球菌；二是咖啡在加工过程中，加工人员的口腔、鼻腔、手、面部有化脓性炎症造成食品的污染；三是咖啡因包装不善而使食品受到污染。

五、危害因素的监控措施建议

（一）生产企业自控建议

1. 原辅料使用方面的监控

焙炒咖啡所用的原辅料必须符合国家标准、行业标准的规定，不得使用变质或未去除有害物质的原辅料，所有生产原料使用前必须筛选干净，食盐经溶解沉淀去杂质后使用。原辅料储存期间应离地离墙搁置，控制温度、湿度，避免发生霉变。

一、二、三级焙炒咖啡应用符合中华人民共和国国家标准《生咖啡》（NY/T 604—2006）要求的相应等级的生咖啡为原料。一级咖啡要求香气浓郁，无异味，品味和口感都很好；二级要求香气好，无异味和口感较好；三级要求香气稍差，无异味，品味和口感较差。色泽根据焙炒度不同，要求整体色泽均匀一致，焙炒咖啡豆要求椭圆形或圆形，颗粒均匀。

2. 焙炒咖啡生产过程的监控

企业在选料和清洗过程中注意咖啡豆是否有发霉现象，器具应当保持洁净并定期消毒，生产车间地面和墙面不能有污垢。操作人员应当穿着工作服，佩戴口罩，并对手部清洗消毒。成品储存间应当有适当的温度和湿度控制。运输车辆应严密遮盖，避免日晒、雨淋。不得与有害、有异味或影响产品质量的物品混装运输，做到专车送货。

咖啡焙炒过程中因时间和温度设置不合理造成质量指标下降的，企业应当设置关键控制点，严格控制生产工艺的时间和温度，确保产品的质量。

3. 出厂检验的监控

企业必须建立有效的产品出厂检验制度，具备审查细则中规定的必备出厂检验设备，并有符合要求的实验室和检验人员，能完成审查细则中规定的出厂检验项目。凡是未经检验或者检验不合格的产品不准出厂销售，获证企业产品必须批批留样、批批检验，并有原始记录、出厂检验报告等。企业应当每年参加一次质量技术监督部门组织的出厂检验能力比对试验。

（二）监管部门的监控建议

a. 加强重点环节的日常监督检查。企业原辅料进货台账是否建立，供货商的生产经营资格评定，重要的原辅料应委托有资质的检验机构进行抽查检验，绝对不能使用变质发霉咖啡豆。企业生产流程是否合理，应避免交叉污染，生产加工场所卫生的控制，生产工具及包装运输工具的清洗消毒记录，查看是否进行了有效的清洗消毒，检查成品的储藏及运输过程的卫生控制。

b. 重点问题风险防范。焙炒咖啡的微生物学指标，砷，铅含量是影响产品质量的主要原因。咖啡豆水分和蛋白质含量较高，在夏季高温条件下很容易变质。监管部门应注意企业的成品储存和运输等环节的温度控制，运输咖啡豆时，应严密遮盖，避免日晒、雨淋，运输交通工具应每天清洗消毒，不得与有害、有异味或影响产品质量的物品混装运输，做到专车送货。

c. 有针对性地对潜在危害物进行风险监测，通过对食品生产企业日常监督检验及非常规性项目检验数据进行深入分析，及时发现可能存在的行业性、区域性质量安全隐患。焙炒咖啡中可能潜在丙烯酰胺危害，监管部门在日常巡查时要加强对企业成品中丙烯酰胺的检测。

（三）消费建议

a. 具备《焙炒咖啡豆》（NY/T 605—2006），备案有效的企业标准等，质量值得信赖。

b. 产品存储和包装不当可造成咖啡风味下降和产生不愉快气味，这是选购不可忽视的参考因素。

c. 购买焙炒咖啡制品应到正规经营场所购买，注意生产日期和包装的完整性和密闭性。

d. 购买散装焙炒咖啡制品要一闻、二看、三剥。焙炒咖啡制品应有浓郁的咖啡特有香味，不应有酸味、霉味或其他异味；看咖啡豆的色泽是否一致，大小是否均匀；咖啡豆可以轻易剥开，并有脆脆的声音和感觉，内外颜色应一致。

　　e. 散装焙炒咖啡豆只有 15 d 的保质期，而散装焙炒咖啡粉只能在 7 d 内保证品质。因此一次不要购买很多。预包装的焙炒咖啡制品一旦开封，应该储存在密封的容器中，放置在阴凉干燥处，避免高温，避免与有强烈气味的物品摆放在一起，并尽快食用。黄梅

季节或夏季需谨慎购买焙炒咖啡制品。因为经过高温高湿环境，焙炒咖啡制品中的油脂容易发生氧化变质，影响口感。

　　f. 不要贪图口感重，味道甜，在咖啡中大量添加糖、奶精等调味剂，过多食用对人体健康有害。饮用咖啡要适量，孕妇、儿童及心脑血管疾病患者慎食。

参 考 文 献

Bastias JM，Bermudez M，Carrasco J，et al. 2010. Determination of dietary intake of total arsenic，inorganic arsenic and total mercury in the Chilean school meal program[J]. Food Sci Technol Int，16（5）：443-450.

Edson EF. 1973. Pesticide Residues in food[J]. Occup Environ Med，30：404.

Hubbs-Tait L，Nation JR，Krebs NF，et al. 2005. Neurotoxicants，Micronutrients，and Social Environments：Individual and Combined Effects on Children's Development[J]. Psychol Sci Publ Interest，6：57-121.

NY/T 605—2006. 焙炒咖啡[S].

报告三十四 炒货食品及坚果制品生产加工食品危害因素调查分析

一、广东省炒货食品及坚果制品行业情况

炒货食品及坚果制品，是指以果蔬籽、果仁、坚果等为主要原料，添加或不添加辅料，经炒制、烘烤（包括蒸煮后烘炒）、油炸、水煮、蒸煮、高温灭菌或其他加工工艺制成的包装食品，包括：烘炒类，如炒瓜子、炒花生等；油炸类，如油炸青豆、油炸琥珀桃仁等；其他类，如水煮花生、果仁或坚果类糖炒制品（糖炒花生、糖炒瓜子仁等）、核桃粉、芝麻粉（糊）、杏仁粉等。

据统计，目前广东省炒货食品及坚果制品生产加工企业共 473 家，其中已获证企业 459 家，占 97.0%，小作坊 14 家，占 3.0%，见表 2-34-1。

表 2-34-1 炒货食品及坚果制品生产加工企业情况统计表

生产加工企业总数/家	食品生产加工企业			食品小作坊数/家
	获证企业数/家	GMP、SSOP、HACCP 等先进质量管理规范企业数/家	规模以上企业数（即年主营业务收入 500 万元及以上）/家	
473	459	12	26	14

注：表中数据统计日期为 2012 年 12 月。

广东省炒货食品及坚果制品生产加工企业的分布如图 2-34-1 所示，珠三角地区的炒货食品及坚果制品生产加工企业共 273 家，占 57.7%，粤东、粤西、粤北地区分别有 149 家、35 家和 16 家，分别占 31.5%、7.4%、3.4%。

从生产加工企业数量看，广州和揭阳最多，分别有 105 家和 88 家，其次为江门、佛山、潮州和东莞，分别有 37 家、30 家、27 家和 25 家。

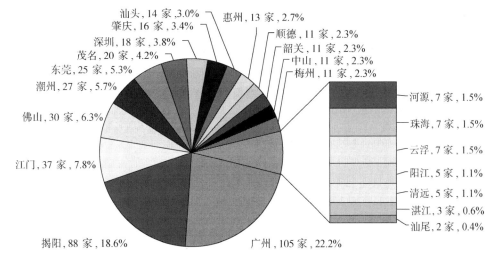

图 2-34-1 广东省炒货食品及坚果制品生产加工企业地域分布图

广东省炒货食品及坚果制品加工生产企业较多，且分布也较均衡。全省有 26 家企业属较大规模，分别在深圳（7 家）、珠海（3 家）、佛山（1 家）、茂名（5 家）、中山（3 家）、潮州（7 家）。同时全省有 12 家企业实施了良好生产规范（GMP）、卫生标准操作规范（SSOP）、危害分析与关键控制点（HACCP），其中深圳 6 家、中山 2 家，珠海、河源、佛山、顺德各 1 家。

目前炒货食品及坚果制品加工行业存在以下主要问题：①加工企业规模偏小，技术比较薄弱；②标准化水平不足，高新技术的应用比较少，加工粗放，设备创新不够；③保鲜技术研究较少，原料种子的退化和老化比较严重；④小型企业或者作坊卫生意识比较淡薄，温度、湿度等的控制不当，导致存放环境不达标而引起的原料变质、微生物超标等；⑤少数企业为节约成本购置材质较差的包装材料等。

炒货食品及坚果制品今后食品安全的发展方向是：

严格控制原料质量，规范操作，引进较好的保鲜技术，生产出质量较高的产品；严格控制储藏炒货食品及坚果场所的温湿度；提高整体行业的标准化水平，引进应用高新技术。

二、炒货食品及坚果制品抽样检验情况

炒货食品及坚果制品的抽样检验情况见表 2-34-2 和表 2-34-3。

表 2-34-2　2010~2012 年广东省炒货食品及坚果制品抽样检验情况统计表（1）

年度	抽检批次	合格批次	不合格批次	内在质量不合格批次	内在质量不合格产品发现率/%
2012	730	657	73	46	6.3
2011	718	638	80	43	6.0
2010	761	639	122	47	6.2

表 2-34-3　2010~2012 年广东省炒货食品及坚果制品抽样检验情况统计表（2）

年度	不合格项目（按照不合格率的高低依次列举）											
	不合格项目（一）				不合格项目（二）				不合格项目（三）			
	项目名称	抽检批次	不合格批次	不合格率/%	项目名称	抽检批次	不合格批次	不合格率/%	项目名称	抽检批次	不合格批次	不合格率/%
2012	菌落总数	123	10	8.1	标签	388	31	8.0	酸价	91	6	6.6
2011	标签	255	34	13.3	菌落总数	154	8	5.2	酸价	78	4	5.1
2010	标签	408	84	20.6	菌落总数	98	5	5.1	酵母	40	2	5.0

三、炒货食品及坚果制品生产加工环节危害因素调查情况

（一）炒货食品及坚果制品基本生产流程及关键控制点

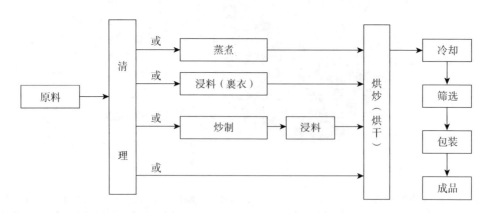

炒货食品及坚果制品生产加工的 HACCP 及 GMP 的关键控制点为：①原料接收及清理控制；②蒸煮或浸料时的配方控制；③原料、半成品、成品的仓库储存条件控制；④烘炒、油炸、熟制（包括高温灭菌）时间、温度控制，煎炸油脂更换控制；⑤包装过程中的卫生控制。

（二）炒货食品及坚果制品生产加工过程存在的主要问题

a. 超限量使用食品添加剂（安赛蜜、糖精钠、甜蜜素）。

b. 微生物指标（大肠菌群、霉菌、菌落总数、酵母）超标。

c. 过氧化物值、酸价超标。

d. 重金属铅和砷含量超标。

e. 非法添加石蜡。

四、炒货食品及坚果制品生产加工环节因素及描述

（一）超量使用甜味剂（甜蜜素、糖精钠、安赛蜜）

甜味剂是指赋予食品或饲料以甜味，提高食品品质，满足人们对食品需求的食物添加剂。甜蜜素、糖精钠和安赛蜜的危害因素特征描述见第三章。

1. 相关标准要求

《食品安全国家标准 食品添加剂使用标准》（GB 2760—2011）中规定了带壳熟制坚果及籽类中甜蜜素最大使用量为 6.0 g/kg（以环己基氨基磺酸计），脱壳熟制坚果及籽类中甜蜜素最大使用量为 1.0 g/kg；GB 2760—2011 还规定了带壳熟制坚果及籽类中糖精钠最大使用量为 1.2 g/kg（以糖精计），脱壳熟制坚果及籽类中糖精钠最大使用量为 1.0 g/kg；GB 2760—2011 规定了熟制坚果与籽类中安赛蜜的最大使用量为 3.0 g/kg。

2. 危害因素来源

企业为降低成本超量添加。

（二）微生物（菌落总数、大肠菌群与霉菌）超标

菌落总数和大肠菌群是判定食品卫生质量状况的主要指标，反映了食品是否符合卫生要求。菌落总数在一定程度上标志着食品卫生质量的优劣。霉菌能繁殖迅速，常造成食品、用具大量霉腐变质。微生物的危害因素特征描述见第三章。

1. 相关标准要求

国家标准《炒货食品卫生标准》（GB 19300—2003）中规定：菌落总数≤1000 cfu/g，大肠菌群≤30 MPN/100g，致病菌（沙门氏菌、志贺氏菌、金黄色葡萄球菌）不得检出。

2. 危害因素来源

食品中的微生物危害既可能源于原料，也可能来自于食品的加工过程。某些企业为降低生产成本，采用腐烂、生霉、变质及变味的果蔬籽；同时生产环境卫生条件较差，设备、容器清洗不干净导致残留物变质霉变。生产用设备、用具、管道被霉菌和其他杂菌污染。

（三）过氧化物值、酸价超标

过氧化物值和酸价都是用于衡量及判断食用油脂新鲜程度及品质的常用指标之一，同时过氧化值也用于衡量食用油脂初期氧化程度的标志。过氧化物值和酸价的危害因素特征描述见第三章。

1. 相关标准要求

国家标准《炒货食品卫生标准》（GB 19300—2003）中规定：酸价（KOH）≤3 mg/g脂肪，GB 19300—2003第1号修改单中规定：过氧化物值≤0.50 mg/g脂肪。

2. 危害因素来源

炒货食品及坚果制品中过氧化物值和酸价超标是由于油炸类食品中使用的油脂酸败，在生产加工过程中未被清除而残留在成品中，有些生产企业为降低生产成本特意使用劣质油，从而导致油脂酸败。

（四）铅与砷含量超标

铅和砷属于有毒有害物质，环境污染或食物在制造、处理或包装过程中都可能受到污染，导致食物重金属含量超标。铅和砷的危害因素特征描述见第三章。

1. 相关标准要求

国家标准《坚果炒货食品通则》（GB/T 22165—2008）中规定：油炸类的坚果炒货食品中砷含量（以 As 计）≤0.2 mg/kg，铅（Pb）含量≤0.2 mg/kg；其他类坚果炒货食品中砷含量（以 As 计）≤0.5 mg/kg，铅（Pb）含量≤1.0 mg/kg。

2. 危害因素来源

铅及无机砷主要来源：一是原料带入；二是生产加工环节中辅料、加工助剂、生产环境、生产设备包装材料的污染。

五、危害因素的监控措施建议

（一）生产企业自控建议

1. 原辅料使用方面的监控

生产炒货食品及坚果制品的原辅材料、包装材料必

285

须符合相应的标准和有关规定，其中坚果应符合《坚果食品卫生标准》（GB 16326—2005）的标准。

2. 食品添加剂使用方面的监控

甜味剂应根据《食品安全国家标准 食品添加剂使用标准》（GB 2760—2011）中相关规定添加，添加剂使用情况应记录详细，并有专人管理，实行谁管理谁负责的制度。

3. 生产过程的监控

原料接收应具有检验合格证明，无发霉变质，蒸煮或浸料时配方应严格控制食品添加剂的使用。原料、半成品、成品的仓库储存条件应适宜，防止微生物污染。做好烘炒、油炸、熟制（包括高温灭菌）时的时间、温度控制；煎炸油脂应定期更换，防止油脂酸败造成过氧化物值和酸价升高，包装应严格使用符合国家标准的材料。

（二）监管部门监控建议

a. 加强重点环节的日常监督检查。重点对照卫生部发布的《食品中可能违法添加的非食用物质和易滥用的食品添加剂品种名单》，以及本地区监管工作中发现的其他在食品中存在的有毒有害物质、非法添加物质和食品制假现象，对企业的原料进货把关、生产过程投料控制及出厂检验等关键环节的控制措施落实情况和记录情况进行检查。

b. 重点问题风险防范。炒货食品较容易出现食品添加剂如糖精钠、甜蜜素等超标，酸价、过氧化值超标，成品微生物指标超标等质量安全问题。抽样检验要重点针对炒货食品及坚果制品中甜味剂、微生物进行检验，

检验合格后的产品方可出厂。

c. 通过明察暗访、行业调研、市场和消费环节调查等方式，对容易出现质量安全问题、高风险的食品，认真开展危害因素调查分析，及时发现并督促企业防范滥用添加剂和使用非食品物质等违法行为。

d. 有针对性地对潜在危害物进行风险监测，通过对食品生产企业日常监督检验及非常规性项目检验数据进行深入分析，及时发现可能存在的行业性、区域性质量安全隐患。

e. 积极推行举报奖励制度，高度重视举报投诉发现的问题，及时对有关问题进行危害因素的调查和分析，采取有效措施消除食品安全隐患。

（三）消费建议

a. 炒货及坚果制品选购时最好注意产品的标签标识，炒货标签应标明产品名称、净含量、配料表、制造者（或经销者）的名称和地址、产品标准号、生产日期、保质期。

b. 购买时检查包装是否有破裂，最好选择真空包装或者在包装中有脱氧剂的产品。

c. 购买炒货食品应到正规经营场所购买。

d. 不要贪图口感重，味道过甜的产品。这些产品有可能使用了超量的甜味剂，过多食用对人体健康有害。

e. 谨慎购买经过黄梅季节或夏季的炒货食品。因为经过高温高湿环境后，炒货食品中的油脂容易发生氧化变质，产生哈喇味，不能再食用。

f. 散装炒货食品或开袋后一次吃不完的炒货食品，应该储存在密封的容器中，放置在阴凉干燥处，避免高温，这样炒货不容易变质。

参 考 文 献

苏建国，彭进. 2011. UPLC同时测定风味饮料中安赛蜜、糖精钠、苯甲酸、山梨酸方法研究[J]. 中国食品添加剂，2：243-245.

王苏闽，刘华清，茅於芳. 2001. 关于油脂酸价测定中指示剂的选择[J]. 黑龙江粮油科技，12（4）：25.

吴艳，和娟. 2013. 浅议食品微生物检测中菌落总数与大肠菌群两个指标的关系[J]. 计量与测试技术，40（6）：92-93.

Bastias JM, Bermudez M, Carrasco J, et al. 2010. Determination of dietary intake of total arsenic, inorganic arsenic and total mercury in the Chilean school meal program[J]. Food Sci Technol Int, 16（5）：443-450.

GB 19300—2003. 炒货食品卫生标准[S].

GB 2760—2011. 食品安全国家标准 食品添加剂使用标准[S].

GB/T 22165—2008. 坚果炒货食品通则[S].

Hubbs-Tait L, Nation JR, Krebs NF, et al. 2005. Neurotoxicants, Micronutrients, and Social Environments：Individual and Combined Effects on Children's Development[J]. Psychol Sci Pub Interest，6：57-121.

Price JM, Biava CG, Oser BL, et al. 1970. Bladder Tumors in Rats Fed Cyclohexylamine or High Doses of a Mixture of Cyclamate and Saccharin[J]. Science, 167（3921）：1131-1132.

Takayama S, Renwick AG, Johansson SL, et al. 2000. Long-term toxicity and carcinogenicity study of cyclamate in nonhuman primates[J]. Toxicol Sci, 53：33-39.

报告三十五　蛋制品生产加工食品安全危害因素调查分析

一、广东省蛋制品行业情况

蛋制品，是指以鸡蛋、鸭蛋、鹅蛋或其他禽蛋为原料加工而制成的食品。蛋制品可以分为再制蛋类（如皮蛋、咸蛋、糟蛋），干蛋类（如巴氏杀菌鸡全蛋粉、鸡蛋黄粉、鸡蛋白片），冰蛋类（如巴氏杀菌冻鸡全蛋、冻鸡蛋黄、冰鸡蛋白）和其他类（如蛋黄酱、色拉酱）。

根统计，目前，广东省蛋制品生产加工企业共 128 家，其中获证企业 121 家，占 94.5%，小作坊 7 家，占 5.5%，见表 2-35-1。

表 2-35-1　广东省蛋制品生产加工企业情况统计表

生产加工企业总数/家	食品生产加工企业			食品小作坊数/家
	获证企业数/家	GMP、SSOP、HACCP 等先进质量管理规范企业数/家	规模以上企业数（即年主营业务收入 500 万元及以上）/家	
128	121	1	6	7

注：表中数据统计日期为 2012 年 12 月。

广东省蛋制品生产加工企业分布如图 2-35-1 所示，珠三角地区的蛋制品生产加工企业共 108 家，占 84.4%，粤东、粤西、粤北地区分别有 14 家、4 家和 2 家，分别占 10.9%、3.1%、1.6%。从生产加工企业数量看，广州和江门最多，分别有 25 家和 23 家，其次为中山、惠州、东莞和佛山，分别有 14 家、14 家、13 家和 6 家。

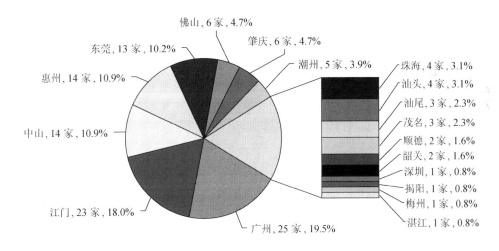

图 2-35-1　广东省蛋制品加工企业地域分布图

广东省蛋制品生产加工企业分布集中在珠三角地区，但由于采用的多为半自动化的生产方式，产能、产量均不大。全省有 6 家较大规模企业，分别在潮州（3 家）、中山（2 家）和珠海（1 家）。同时全省有 1 家位于中山的企业实施了良好生产规范（GMP）、卫生标准操作规范（SSOP）、危害分析与关键控制点（HACCP）。

蛋制品生产加工行业存在以下主要问题：①从业人员的文化程度不高，缺乏食品安全基本知识，操作技能差；②蛋制品生产加工企业普遍规模不大，企业缺少操作准则及检验检测等食品安全控制手段；③部分小企业小作坊存在一些违法生产行为；④小企业卫生意识比较淡薄，微生物防控措施不到位。

蛋制品生产加工企业今后食品安全的发展方向是：规范禽蛋生产操作规程与全程质量控制体系，提

287

高原料鲜蛋的品质；提高蛋品深加工科技水平，形成一整套自动化禽蛋生产设备和鲜蛋处理系统；加快蛋制品加工、包装、运输、流通、销售过程中质量监控技术体系研究。

二、蛋制品抽样检验情况

蛋制品的抽样检验情况见表 2-35-2 和表 2-35-3。

表 2-35-2　2010~2012 年广东省蛋制品抽样检验情况统计表（1）

年度	抽检批次	合格批次	不合格批次	内在质量不合格批次	内在质量不合格产品发现率/%
2012	580	477	103	33	5.7
2011	419	382	37	21	5.0
2010	361	320	41	26	7.2

表 2-35-3　2010~2012 年广东省蛋制品抽样检验情况统计表（2）

年度	不合格项目（一）				不合格项目（二）				不合格项目（三）			
	项目名称	抽检批次	不合格批次	不合格率/%	项目名称	抽检批次	不合格批次	不合格率/%	项目名称	抽检批次	不合格批次	不合格率/%
2012	标签	430	78	18.1	致病菌	36	3	8.3	重量级别	408	16	3.9
2011	大肠菌群	3	1	33.3	标签	92	6	6.5	重量级别	163	6	3.7
2010	大肠菌群	17	3	17.6	标签	185	15	8.1	菌落总数	40	3	7.5

三、蛋制品行业生产加工环节危害因素调查情况

（一）蛋制品基本生产流程及关键控制点

1. 再制蛋类的基本生产流程

皮蛋、咸蛋、糟蛋等：

选蛋→腌制（糟腌）→成熟→包装（如皮蛋、咸蛋、糟蛋）

咸蛋──→分离→烘烤→包装（如咸蛋黄）
　　　└→包装→蒸煮→冷却（如熟咸蛋）

卤蛋类：
选蛋→蒸煮→调味煮制→冷却→包装→高温灭菌→冷却

再制蛋类生产加工的 HACCP 及 GMP 的关键控制点为：①选蛋；②腌制（或糟腌或卤制）；③烘烤（适用咸蛋黄类）；④蒸煮灭菌（适用熟咸蛋、卤蛋类）。

2. 干蛋类的基本生产流程

选蛋→打蛋去壳→搅拌过滤→低温杀菌→干燥→包装

如巴氏杀菌鸡全蛋粉、鸡蛋黄粉、鸡蛋白片。

干蛋类生产加工的 HACCP 及 GMP 的关键控制点为：①选蛋；②低温杀菌；③干燥。

3. 冰蛋类的基本生产流程

选蛋→打蛋去壳→搅拌过滤→低温杀菌→冷冻→包装

如巴氏杀菌冻鸡全蛋、冻鸡蛋黄、冰鸡蛋白。

冰蛋类生产加工的 HACCP 及 GMP 的关键控制点为：①选蛋；②低温杀菌；③冷冻；④充填包装。

4. 其他蛋类的基本生产流程

热凝固蛋制品：
皮蛋（经预处理）或水或辅料

　　选蛋→打蛋去壳→过滤→搅拌混合→灌装→加热灭菌→冷却

蛋黄酱、色拉酱：

食用油、辅料

　　选蛋→蛋黄分离（或不分离）→混合乳化→均质→包装

其他蛋类生产加工的 HACCP 及 GMP 的关键控制点为：①选蛋；②加热灭菌。

（二）蛋制品生产加工过程中存在的主要质量问题

a．铅、锌、砷含量超标。

b．非食用物质残留（苏丹红、三聚氰胺等）。

c．微生物指标（大肠杆菌、菌落总数等超标）。

四、蛋制品行业生产加工环节危害因素及描述

（一）金属含量超标

铅、锌和砷是一种天然的金属，也是普遍存在于环境的污染物。环境污染或食物在制造、处理或包装过程中都可能受到污染，导致食物重金属含量超标。铅、锌和砷的危害因素特征描述见第三章。

1．相关标准要求

国家标准《蛋制品卫生标准》（GB 2749—2003）中规定，蛋及蛋制品（皮蛋、糟蛋除外）中铅的限量指标为 0.2 mg/kg，皮蛋和糟蛋中铅的限量指标分别为 2.0 mg/kg 和 1.0 mg/kg。蛋及蛋制品中锌和无机砷的限量分别为 50 mg/kg 和 0.05 mg/kg。

2．危害因素来源

蛋制品加工过程中使用纯碱、盐、黄丹粉等，黄丹粉就是氧化铅，可以使蛋产生美丽花纹，同时调节皮蛋内的含碱量来促进蛋白与蛋黄的凝固。如果使用量和加工工艺控制不当就有可能会在皮蛋中造成重金属的含量超标。新型的皮蛋腌制改良剂中铅、锌和砷含量较低，不容易造成皮蛋中金属含量超标，但价格较高。企业为降低成本，使用的是含铅、锌和砷量较高的传统腌制剂。

（二）违法添加苏丹红

苏丹红是一类以苯基偶氮萘酚为主要基团的亲脂性偶氮化合物，主要包括Ⅰ、Ⅱ、Ⅲ和Ⅳ 4 种。苏丹红作为人工合成的化工染色剂，被广泛用于如油、蜡、汽油的增色及鞋、地板等增光方面。苏丹红的危害因素特征描述见第三章。

1．相关标准要求

卫生部将苏当红列入《食品中可能违法添加的非食用物质和易滥用的食品添加剂名单（第一批）》名单中。

2．危害因素来源

生产企业、小作坊人为添加苏丹红，或养殖环节使用含有苏丹红的饲料，使蛋制品原料受污染。

（三）微生物指标超标

菌落总数和大肠菌群是作为判定食品卫生质量状况的主要指标，反映了食品是否符合卫生要求。菌落总数在一定程度上标志着食品卫生质量的优劣。微生物的危害因素特征描述见第三章。

1．相关标准要求

国家标准《蛋制品卫生标准》（GB 2749—2003）规定了各种蛋制品中大肠菌群的限值，分别是巴氏杀菌冰全蛋≤1000 MPN/100g，冰蛋黄、冰蛋白≤1 000 000 MPN/100g，巴氏杀菌全蛋粉≤90 MPN/100g，蛋黄粉≤40 MPN/100g，糟蛋≤30 MPN/100g，皮蛋≤30 MPN/100g。同时 GB 2749—2003 还规定了各种蛋制品中菌落总数的限值，分别是巴氏杀菌冰全蛋≤5000 cfu/g，冰蛋黄、冰蛋白≤1 000 000 cfu/g，巴氏杀菌全蛋粉≤10 000 cfu/g，蛋黄粉≤50 000 cfu/g，糟蛋≤100 cfu/g，皮蛋≤500 cfu/g。

2．危害因素来源

蛋制品中微生物超标主要因为禽类饲养条件差，造成禽蛋受到污染；原料蛋存储条件不合格导致腐烂变质；生产加工的禽蛋清洗消毒不严，造成微生物污染。

五、危害因素的监控建议

（一）生产企业自控建议

1．原辅料使用方面的监控

原料蛋应采用来自非疫区，健康、完好的禽蛋，每批原料应有产地动物防疫部门出具的兽医检疫合格证明。兽药与农药残留及其他有毒有害物质含量应符合我国法律、法规要求。定期向禽蛋场索取所用饲料的检验报告。经验收合格的原料蛋，应存放于阴凉、干燥、通风良好的场所，如保鲜储存，库温为-1~0 ℃，不得与有毒、有害、有异味、易挥发、易腐蚀的物品同处储存。

原料使用应依先进先出的原则。

2. 食品添加剂使用方面的监控

食品添加剂使用应符合《食品安全国家标准 食品添加剂使用标准》（GB 2760—2011）有关要求，食品添加剂应设专门场所储放，由专人负责管理，注意领料正确及有效期限等，并记录使用的种类、许可证号、进货量及使用量等。

3. 蛋制品生产过程的监控

食品添加剂的称量与投料应建立复核制度，由专人负责，使用添加剂前操作人员应再逐项核对并依序添加，精确执行并做好记录。成品应存放于阴凉、干燥、通风良好的场所，库内产品的堆放不应阻碍空气循环，产品与库墙、顶棚和地面的间隔不小于 10 cm。储存的产品出库应实行先进先出的原则。

4. 出厂检验方面的监控

蛋制品生产企业应有与生产能力相适应的内设检验机构，并具备相应资格的抽样人员及检验人员。内设检验机构应具备检验工作所需要的标准资料、检验设施和仪器设备；检验仪器应按规定进行计量检定，并应自行开展水质和微生物等项目的检测。委托社会实验室承担检测工作的，该实验室应具有相应的资质，具备完成委托检验项目的检测能力。特殊要求的卫生项目（如农药残留、兽药残留等）的检验，按现行有效的国家标准执行；出口产品按输入国法律法规及合同等规定的方法执行。

（二）监管部门监控建议

a. 加强重点环节的日常监督检查。重点对照卫生部发布的《食品中可能违法添加的非食用物质和易滥用的食品添加剂品种名单》，对企业的原料进货把关、生产过程投料控制及出厂检验等关键环节的控制措施落实情况和记录情况进行检查。

b. 重点问题风险防范。针对生产企业可能存在违法使用含铅、锌等重金属加工助剂的情况，应对生产企业的原辅材料仓库及料液配置记录进行检查，确认其在料液中添加的加工助剂品种及其用量。重点关注蛋制品中铅、锌、微生物指标及食品添加剂情况，对产品检测出三聚氰胺、苏丹红的企业要责令停改。

c. 有针对性地对潜在危害物进行风险监测，通过对食品生产企业日常监督检验及非常规性项目检验数据进行深入分析，及时发现可能存在的行业性、区域性质量安全隐患。

d. 积极主动向相关生产加工企业宣传有关违反《食品安全国家标准 食品添加剂使用标准》（GB 2760—2011）规定而添加金生粉、工业硫酸铜等危害因素的危害性及如何防范等知识，防止违法添加有毒有害物质。

（三）消费建议

a. 尽可能避免因为微生物、环境因素和禽蛋本身的特性而造成产品腐败变质。

b. 挑选腌蛋：蛋壳完整、清洁，没有裂纹。煮熟的腌蛋气室较小，蛋白纯白色，无斑点，具有软而嫩的组织状态。蛋黄呈红黄色，具有松、沙、油的口感。咸味适中，没有异味。在挑选真空包装的熟腌蛋时，要注意看真空外包装袋，外包装袋不能有丝毫漏气，否则容易变质。

c. 挑选皮蛋：皮蛋挑选常用的方法是观看包料有无发霉，蛋壳是否完整，壳色是否正常（以青缸色为佳）。挑选皮蛋时首先要看个头，尽量选择个头稍大的皮蛋。要注意看蛋壳外部，有大黑点的皮蛋不要选，壳上的麻点越少越好。蛋壳的颜色要浅，好的皮蛋外表呈浅绿灰色或灰白色，而且不能有丝毫裂口。将皮蛋放在手心上向上抛，落在手心上有沉甸感和弹性感的为好蛋，弹性越大，质量越好；有轻飘感的为次蛋，这种蛋水分少，硬如橡皮，不易消化。还可以把蛋握在手心左右摇晃，无波动感的为好蛋。摇蛋时用耳朵听，若有水响声为次蛋。建议不要一次性吃太多皮蛋，且不宜长期食用。在购买时，最好购买无铅皮蛋。

d. 有包装的产品看标签：买生产标示规范齐全的蛋制品。标签上应标明产品名称、净含量、配料表、生产日期、保质期、厂名、厂址、产品执行标准号。皮蛋还有质量等级。消费者在选购蛋制品时，应选购加印（贴）有 QS 标识的蛋制品。

参 考 文 献

吴艳，和娟. 2013. 浅议食品微生物检测中菌落总数与大肠菌群两个指标的关系[J]. 计量与测试技术，40（6）：92-93.

喻凌寒，牟德海，李光宪. 2004. HPLC-DAD法测定辣椒及其制品中苏丹红 I 的含量[J]. 光谱实验室，21（6）：1131-1133.

Bastias JM，Bermudez M，Carrasco J，et al. 2010. Determination of dietary intake of total arsenic，inorganic arsenic and total mercury in the Chilean school meal program[J]. Food Sci Technol Int，16（5）：443-450.

GB 2749—2003. 蛋制品卫生标准[S].

Gibson RS，Heywood A，Yaman C，et al. 1991. Growth in children from the Wosera subdistrict，Papua New Guinea， in relation to energy and protein intakes and zinc status[J]. Am J Clin Nutr，53（3）：782-789.

Hubbs-Tait L，Nation JR，Krebs NF，et al. 2005. Neurotoxicants，Micronutrients，and Social Environments：Individual and Combined Effects on Children's Development[J]. Psychol Sci Publ Interest，6：57-121.

报告三十六　果酒生产加工食品安全危害因素调查分析

一、广东省果酒行业情况

果酒,是指以新鲜水果或果汁为原料,采用全部或部分发酵酿制而成的,酒精度在体积分数为 7%~18%的各种低度饮料酒。果酒含有多种对人体有益的成分,能调节人体新陈代谢,促进血液循环,防止胆固醇增加,同时还能起到利尿、激发肝功能和防止衰老的作用。长期适量饮用可防止坏血病、贫血、眼角膜炎,可软化血管,促进消化,预防癌症。

据统计,目前,广东省果酒生产加工单位共 17 家,其中获证企业 17 家,占 100.0%,见表 2-36-1。

表 2-36-1　广东省果酒生产加工单位情况统计表

生产加工单位总数/家	食品生产加工企业			食品小作坊数/家
	获证企业数/家	GMP、SSOP、HACCP 等先进质量管理规范企业数/家	规模以上企业数（即年主营业务收入 500 万元及以上）/家	
17	17	0	0	0

注:表中数据统计日期为 2012 年 12 月。

广东省果酒生产加工单位的分布如图 2-36-1 所示,珠三角地区的果酒生产加工单位共 11 家,占 64.7%,粤东和粤西地区分别有 4 家和 2 家,分别占 23.5%和 11.8%。从生产加工单位数量看,广州和揭阳最多,分别有 7 家和 3 家。

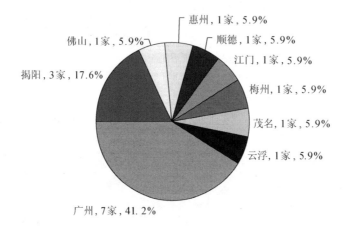

惠州,1家,5.9%
顺德,1家,5.9%
佛山,1家,5.9%
江门,1家,5.9%
揭阳,3家,17.6%
梅州,1家,5.9%
茂名,1家,5.9%
云浮,1家,5.9%
广州,7家,41.2%

深圳、东莞、中山、肇庆、珠海、汕头、潮州、汕尾、河源、湛江、阳江、清远和韶关为 0 家

图 2-36-1　广东省果酒加工单位地域分布图

广东省果酒加工生产单位较少,且均为中小型规模的生产企业,因此产能、产量均不大。全省无较大规模的企业,也无企业实施了良好生产规范（GMP）、卫生标准操作规范（SSOP）、危害分析与关键控制点（HACCP）。

果酒生产加工行业存在以下主要问题:①果酒生产工艺处理不当,产品质量不稳定;②果酒生产标准缺失,加工企业乱象丛生;③果酒包装一味模仿白酒,没有形成自身特色;④以营养保健为噱头,消费者陷入误区。

果酒生产加工单位今后食品安全的发展方向是:进一步完善果酒行业相关生产标准;提高果酒产品的精细程度、稳定性、典型性;果酒包装需完善创新;积极开展果酒相关研究工作,分析产品对人体健康的有益成分,证实产品的创新点,切实吸引消费者。

二、果酒抽样检验情况

果酒的抽样检验情况见表 2-36-2 和表 2-36-3。

表 2-36-2 2010~2012 年广东省果酒抽样检验情况统计表（1）

年度	抽检批次	合格批次	不合格批次	内在质量不合格批次	内在质量不合格产品发现率/%
2012	53	50	3	1	1.9
2011	50	44	6	4	8.0
2010	47	41	6	1	2.1

表 2-36-3 2010~2012 年广东省果酒抽样检验情况统计表（2）

年度	不合格项目（按照不合格率的高低依次列举）											
	不合格项目（一）				不合格项目（二）				不合格项目（三）			
	项目名称	抽检批次	不合格批次	不合格率/%	项目名称	抽检批次	不合格批次	不合格率/%	项目名称	抽检批次	不合格批次	不合格率/%
2012	糖精钠	4	1	25.0	甜蜜素	4	1	25.0	—			
2011	甜蜜素	8	4	50.0	糖精钠	8	3	37.5	酒精度	8	1	12.5
2010	标签	6	3	50.0	—				—			

注："—"代表无此项目。

三、果酒行业生产加工环节危害因素调查情况

（一）果酒基本生产流程及关键控制点

发酵型及调配型果酒的生产加工流程及关键控制点分别如下。

1. 果酒的基本生产流程

原料→破碎（压榨）→发酵→分离→储存→澄清处理→调配→除菌→灌装→成品

2. 原酒加工的基本生产流程

原料→破碎（压榨）→发酵→分离→储存（澄清处理）→原酒

3. 加工灌装的基本生产流程

原酒→澄清处理→调配→除菌→灌装→成品

果酒生产加工的 HACCP 及 GMP 的关键控制点为：①原材料的质量；②发酵与储存过程的控制；③稳定性处理；④调配。

（二）调查发现果酒生产加工过程中存在的主要问题

a. 检出沙门氏菌及金黄色葡萄球菌。

b. 砷与铅超标。

c. 二氧化硫残留超标。

d. 超限量使用防腐剂（苯甲酸及其钠盐与山梨酸及其钾盐）。

e. 超范围使用甜味剂。

f. 超范围使用天然苋菜红着色剂。

g. 调配酒冒充发酵酒。

h. 果汁含量不足。

四、果酒行业生产加工环节危害因素及描述

（一）甜味剂

甜味剂一般可分为天然甜味剂及人工合成甜味剂，无论是天然甜味剂还是人工合成甜味剂的使用范围及使用限量均需要遵守《食品安全国家标准 食品添加剂使用标准》（GB 2760—2011）的规定。甜味剂的危害因素特征描述见第三章。

1. 相关标准要求

果酒中可使用的甜味剂应是《食品安全国家标准 食品添加剂使用标准》（GB 2760—2011）中"可在各类食品中按生产需要适量使用的食品添加剂名单"中的甜味剂。

2. 危害因素来源

生产企业为降低生产成本选用甜度高、价格便宜的甜味剂，而并未按照国家标准 GB 2760—2011 的规定安全使用甜味剂。

293

（二）天然苋菜红

天然苋菜红是一种天然色素，其着色成分主要是苋菜苷，一般使用于软饮料、配制酒、糕点等食品中，但使用量应按照《食品安全国家标准 食品添加剂使用标准》（GB 2760—2011）的规定进行添加。天然苋菜红的危害因素特征描述见第三章。

1. 相关标准要求

《食品安全国家标准 食品添加剂使用标准》（GB 2760—2011）规定果酒不得使用天然苋菜红作为食品着色剂。

2. 危害因素来源

生产企业超范围使用。

（三）沙门氏菌及金黄色葡萄球菌

沙门氏菌及金黄色葡萄球菌是两种易污染食品的致病菌，若食品中受这两种致病菌的污染可能会引起急性食物中毒事件的发生，沙门氏菌及金黄色葡萄球菌的危害因素特征描述见第三章。

1. 相关标准要求

《食品安全国家标准 发酵酒及其配制酒》（GB 2758—2012）规定以粮谷、水果、乳类等为主要原料，经发酵或部分发酵酿造而成的饮料酒及以发酵酒为酒基的配制酒中沙门氏菌及金黄色葡萄球菌不得检出。

2. 危害因素来源

果酒中沙门氏菌及金黄色葡萄球菌的危害因素来源主要有：一是生产企业采用了腐烂、发霉、变质及变味的水果或水果汁；二是酿酒用设备、用具、管道被沙门氏菌及金黄色葡萄球菌污染。

（四）防腐剂

苯甲酸及其钠盐、山梨酸及其钾盐是常用的食品防腐剂，主要是用于防止食品中的细菌繁殖以延长食品的保质期，但不能超范围超限量使用。苯甲酸及其钠盐、山梨酸及其钾盐的危害因素特征描述见第三章。

1. 相关标准要求

《食品安全国家标准 食品添加剂使用标准》（GB 2760—2011）规定，果酒中苯甲酸及其钠盐的最大使用量为 0.8 g/kg（以苯甲酸计）；山梨酸及其钾盐的最大使用量为 0.6 g/kg。

2. 危害因素来源

生产企业超限量使用。

（五）二氧化硫残留

果酒在发酵前所使用果汁的保鲜、果酒发酵完成后的灭菌及保证果酒在保质期中的品质需要添加食品防腐剂来完成，其中效果较好的是二氧化硫，但其使用限量应严格遵守《食品安全国家标准 食品添加剂使用标准》（GB 2760—2011）规定。二氧化硫的危害因素特征描述见第三章。

1. 相关标准要求

《食品安全国家标准 食品添加剂使用标准》（GB 2760—2011）规定，果酒中二氧化硫最大使用量为 0.25 g/L；甜型葡萄酒及果酒系列产品最大使用量为 0.4 g/L，最大使用量以二氧化硫残留量计。

2. 危害因素来源

果酒中二氧化硫残留量超标的危害因素来源主要有：一是企业在果酒发酵过程中，超限量使用二氧化硫抑制微生物生长和繁殖；二是企业为延长成品保质期，超限量加入了焦亚硫酸钠（钾）、低亚硫酸钠等二氧化硫类物质。

（六）重金属含量（砷及铅）超标

砷及铅是对人体具有一定危害的元素，因此这两种元素在食品中的含量都不能超过相应标准的规定，砷及铅的危害因素特征描述见第三章。

1. 相关标准要求

《食品安全国家标准 食品中污染物限量》（GB 2762—2012）规定，果酒中的铅含量≤0.2 mg/kg，标准中未对果酒中的砷含量进行限量值规定。然而，我国农业行业标准《绿色食品 果酒》（NY/T 1508—2007）规定，果酒中铅含量≤0.2 mg/L，无机砷含量（以As计）≤0.05mg/L。

2. 危害因素来源

果酒中砷及铅未符合标准要求的危害因素来源主要有：一是水果种植在受到砷及铅污染的地区或使用受砷及铅污染的水源喷洒果树，使这两种金属元素在水果中富集；二是辅料、加工助剂、生产环境、生产设备、包装等因素可能引起果酒受砷及铅的污染。

五、危害因素的监控措施建议

（一）生产企业自控建议

果酒生产企业通过对原料部分及加工过程的危害分析，运用 HACCP 原理，可以将果酒的生产安全隐患降低到可以接受的水平，以确保果酒的安全生产。

1. 原料使用方面的监控

酿造果酒的主要配料有水果、酵母菌及食品添加剂，原料水果包括仁果类（苹果、山楂等）、核果类（桃、杏等）、橘柑类（橘、橙等）、浆果类（葡萄、猕猴桃等）。验收中存在原料水果质量问题（如色泽及外观异常、霉变、有异味、腐烂、变质和发霉等）及化学危害（如农药残留、污染物和二氧化硫等）。原料质量问题控制通过选取新鲜水果作为原料，以及建立进货验收制度和台账。酿酒用酵母菌不准使用变异或不纯菌种。化学危害的控制主要通过：①要求供货商提供相关证照及产品合格证明材料；②建立严格的质量管理体系，保证在生产、仓储及运输过程中的安全卫生；③加强原辅料的自我检验工作，选取无毒区域种植的产品，采摘前 15 d 不得使用农药。根据以上分析，果酒生产企业通过对原辅料供货商的管理及对原辅料的进货检验及定期检测，可以控制原辅料中可能存在的危害因素。

2. 食品添加剂使用方面的监控

果酒生产过程中所使用的食品添加剂必须符合《食品安全国家标准 食品添加剂使用标准》（GB 2760—2011）的规定，全面实行"五专"、"五对"管理，确保食品添加剂的安全使用。不得超范围使用食品添加剂（如防腐剂、着色剂及甜味剂等）。

3. 果酒生产过程的监控

果酒的生产加工由原料破碎（压榨）、发酵、分离、储存、原酒加工灌装、澄清处理、调配、除菌、灌装、成品等工艺组成。全程按照 HACCP 体系及 GMP 的要求进行关键点的控制，形成关键控制点作业指导书，并在其指导下进行生产。

（1）原料的控制

挑选新鲜水果，原料需有质量安全合格证明，不得使用工业乙醇进行生产。

（2）储存、调配、除菌等工艺的控制

通过卫生标准操作规范（SSOP）控制和保持良好的个人卫生；购买符合卫生标准要求的设备及使用符合标准要求的饮用水；严格控制储存温度和湿度、食品添加剂最大限量、灭菌温度和时间等参数；定期检测仪器设备的灵敏度，对出故障的仪器设备应立即排除。

（3）灌装容器的控制

盛装原料的容器应保持清洁干燥，不准使用铁质容器或装过有毒物质、有异臭的容器；酿酒用设备、用具、管道必须保持清洁，避免生霉和其他杂菌污染。发酵酒容器必须使用国家允许使用的，符合国家卫生标准的内壁涂料。在陈酿过程中，换桶或倒池要注意卫生要求，洗滤棉必须用热水洗净消毒，保证无臭、无味。

4. 出厂检验的监控

果酒企业要强化重视出厂检验的意识，制定切合自身且不断完善的出厂检验制度；检验人员需具备检验能力和检验资格，同时能正确处理数据；定期或不定期与质检机构进行检验比对，提高检验水平；严格监控果酒中食品添加剂、二氧化硫残留、微生物指标等含量，根据果产品的检验项目要求，制作统一规范的原始记录单和出厂检验报告，不定期抽查评点报告，如实、科学填写原始记录。

（二）监管部门监控建议

a. 加强重点环节的日常监督检查。重点对照卫生部发布的《食品中可能违法添加的非食用物质和易滥用的食品添加剂品种名单》，以及本地区监管工作中发现的其他在食品中存在的有毒有害物质、非法添加物质和食品制假现象，对企业的原料进货把关、生产过程投料控制及出厂检验等关键环节的控制措施落实情况和记录情况进行检查。

b. 重点问题风险防范。由于果酒乙醇含量较低，储存不当极易引起发霉变质等问题，应重点监测果酒的食品添加剂的使用量、二氧化硫残留量和微生物各指标项目。生产现场应重点检查通风、三防设施、设备设施清洗消毒、出厂检验等环节。重点核查企业原辅料进货台账是否建立，以及供货商资格把关，即是否有生产许可证及相关产品的检验合格证明，尤其关注食品添加剂的使用、二氧化硫残留量、微生物指标等，杜绝腐烂发霉的水果用于生产；加工用水必须符合《生活饮用水卫生标准》（GB 5749—2006）的要求。

c. 通过明察暗访、行业调研、市场和消费环节调查等方式，对容易出现质量安全问题、高风险的食品，认真开展危害因素调查分析，及时发现并督促企业防范滥用添加剂和使用非食品物质等违法行为。

d. 有针对性地对潜在危害物进行风险监测，通过对食品生产企业日常监督检验及非常规性项目检验数据进行深入分析，及时发现可能存在的行业性、区域性质量安全隐患。

e. 积极主动向相关生产加工单位宣传有关食品添加剂及二氧化硫超标等危害因素的产生原因、危害性及如何防范等知识，强化生产企业的质量安全责任意识和法律责任，健全企业安全诚信体系和职业道德建设，提高依法生产的自律性，防止违法添加有毒有害物质。

（三）消费建议

a. 选购时，注意桶装和坛装最容易出现干耗和渗漏现象，还易遭细菌的侵入，因此须注意清洁卫生和封口牢固。温度应保持在 8~25 ℃，相对温度为 75%~80%。不能与有异味的物品混杂。瓶酒不应受阳光直射，因为阳光会加速果酒的质量变化。

b. 选购时，下述特性可作为重要参考点。

①乙醇：乙醇能防止微生物（杂菌）对酒的破坏，对保证酒的质量有一定作用。因此，果酒的酒精度大多为 12~24 度。②酸：果酒中的酸有原料带来的，如葡萄中的酒石酸，苹果中的苹果酸，杨梅中的柠檬酸等；也有发酵过程中产生的，如醋酸、丁酸、乳酸、琥珀酸等。酒中含酸量如果适当，酒的滋味就醇厚、协调、适口，反之则差。同时，酸对防止杂菌的繁殖也有一定的作用。生产中用于表示果酒含酸量的指标有总酸和挥发酸。总酸，即呈酸性反应的物质总含量，与果酒的风味有很大关系（果酒一般总酸量为 0.5~0.8 g/100ml）。挥发酸，是指随着水蒸气蒸发的一些酸类，实践中以醋酸计算（果酒中的挥发酸不得高于 0.15 g/100ml）。③糖：由于果酒品种的不同及各地人民的爱好各异，对酒液中的糖分要求极为悬殊，我国一般要求糖分为 9%~18%。④单宁：果酒中如缺乏单宁，酒味就会平淡；含量过高又会使酒味发涩。一般要求是，浅色酒中单宁含量 0.1~0.4 g/L，深色酒中为 1~3 g/L。⑤色素：果酒具有各自不同的色泽，是由于果皮含有不同色素形成的。酒中色素随着储酒时间的延长，因氧化而变暗或发生沉淀。这是陈酒不及新酒色泽新鲜的缘故。⑥浸出物：浸出物是果酒在 100 ℃下加热蒸发后所得到的残留物，主要有甘油、不挥发酸、蛋白质、色素、酯类、矿物质等。我国一般红葡萄酒的浸出物为 2.7~3 g/100ml，白葡萄酒为 1.5~2 g/100ml。浸出物过低，会使酒味平淡。⑦总二氧化硫和游离二氧化硫：是果酒在生产过程中遗留下来的。一般规定，酒液中的总二氧化硫含量不得超过 250 ml/L；游离二氧化硫不得超过 20 ml/L。⑧重金属：一般规定，铁不得高于 8 ml/L；铜不得高于 1 ml/L；铝不得高于 0.4 ml/L。

c. 消费时，可根据以下特征进行选购：果酒外观应具有原果实的真实色泽，酒液清亮透明，具有光泽，无悬浮物、沉淀物和混浊现象；果酒香气应具有原果实特有的香气，陈酒还应具有浓郁的酒香，而且一般都是果香与酒香混为一体，酒香越丰富，酒的品质越好；果酒滋味酸甜适口，醇厚纯净而无异味，甜型酒要甜而不腻，干型酒要干而不涩，不得有突出的乙醇气味；我国国产果酒的酒度多为 12~18 度。

参 考 文 献

曾庆祝，陈陆欣，方细娟，等．2012．苋菜红色素提取工艺及稳定性研究[J]．广州大学学报（自然科学版），11（4）：25-30.

D'Aquino M, Santini P. 1977. Food additives and their possible toxicity: microbiological determination [J]. Arch Latinoam Nutr，27：411-424.

GB 2758—2012. 食品安全国家标准 发酵酒及其配制酒[S].

GB 2760—2011. 食品安全国家标准 食品添加剂使用标准[S].

GB 2762—2012. 食品安全国家标准 食品中污染物限量[S].

Graunt IF，Hardy J. 1975. Long-term toxicity of sorbic acid in the rat [J]. Food Cosmet Toxicol，13：31-45.

Knobeloch LM, Zierold KM, Anderson HA. 2006. Association of arsenic-contaminated drinking-water with prevalence of skin cancer in Wisconsin's Fox River Valley[J]. J Health Popul Nutr，24（2）：206-213.

Mandal BK，Suzuki KT. 2002. Arsenic round the world: a review[J]. Talanta，58（1）：201-235.

NY/T 1508—2007. 绿色食品 果酒[S].

Rowe KS, Rowe KJ. 1994. Synthetic food coloring and behavior: a dose response effect in a double-blind, placebo-controlled, repeated-measures study[J]. J Pediatr，125（5）：691-698.

报告三十七　河粉生产加工食品安全危害因素调查分析

一、广东省河粉行业情况

河粉，又称沙河粉、粿条，湿米粉中的一种。原料是大米，将米洗净后磨成粉，加水调制成糊状，上笼蒸制成片状，冷却后划成条状即成。手工制成的河粉色白，近来也有店家在其中加入各种蔬菜汁或者水果汁，制成五颜六色的河粉。

据统计，目前，广东省河粉生产加工企业共306家，其中获证企业129家，占42.2%，小作坊177家，占57.8%，见表2-37-1。

表 2-37-1　广东省河粉行业生产加工企业情况统计表

生产加工企业总数/家	食品生产加工企业			食品小作坊数/家
	获证企业数/家	GMP、SOSOP、HACCP等先进质量管理规范企业数/家	规模以上企业数（即年主营业务收入500万元及以上）/家	
306	129	0	0	177

注：表中数据统计日期为2012年12月。

广东省河粉生产加工企业分布如图2-37-1所示，珠三角地区河粉生产加工企业共176家，占57.5%，粤东、粤西、粤北地区分别有22家、60家和48家，分别占7.2%、19.6%、15.7%。从生产加工企业数量看，顺德、韶关、阳江，分别有61家、33家、23家，其次为湛江、中山和东莞，分别有22家、21家、19家。

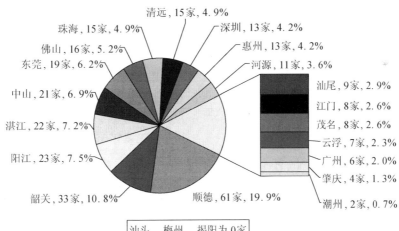

图 2-37-1　广东省河粉加工企业地域分布图

广东省河粉加工生产企业分布较均衡，多为半自动化的方式生产，产能、产量均不大。全省尚未有较大规模的企业，也未有实施良好生产规范（GMP）、卫生标准操作规范（SSOP）、危害分析与关键控制点（HACCP）等先进质量管理规范的企业。

目前河粉行业存在以下问题：①生产企业未实现规模化、产业化、标准化；②小型生产企业，设备简陋，人员安全意识较差，未能严格按照标准生产，运输、储存和销售环节管理不当，存在二次污染风险；③部分加工企业非法添加吊白块，硼砂及二氧化硫残留超标；④仓库管理存在一定的质量隐患，部分企业未区分原料堆放区和成品区，造成交叉污染；⑤小企业的卫生意识比较淡薄，防蚊、防虫、防鼠措施及人员健康管理不到位；⑥生产原料未达到消毒净化标准，机器设备卫生消毒措施不严谨，加上广东地区天气炎热，隔夜制好的河粉如冷藏保鲜条件不佳，易造成致病微生物的繁殖。

河粉生产加工单位今后食品发展方向是：完善生产

标准,小企业严格控制原料质量、规范操作,生产出质量较高的产品;大中型企业进一步加强整合,逐步实现规模化、自动化,湿米粉逐步引入冷链管理,保证河粉质量。

二、河粉抽样检验情况

河粉的抽样检验情况见表 2-37-2 和表 2-37-3。

表 2-37-2　2010~2012 年广东省河粉抽样检验情况统计表(1)

年度	抽检批次	合格批次	不合格批次	内在质量不合格批次	内在质量不合格产品发现率/%
2012	733	656	77	75	10.2
2011	1373	1144	229	224	16.3
2010	814	627	187	186	22.9

表 2-37-3　2010~2012 年广东省河粉抽样检验情况统计表(2)

年度	不合格项目(按照不合格率的高低依次列举)									
	不合格项目(一)			不合格项目(二)			不合格项目(三)			
	项目名称	抽检批次	不合格批次	不合格率/%	项目名称	抽检批次	不合格批次	不合格率/%	项目名称	抽检批次	不合格批次	不合格率/%
2012	明矾	9	1	11.1	大肠菌群	617	49	7.9	水分	63	5	7.9
2011	二氧化硫残留量	647	75	11.6	大肠菌群	1239	124	10.0	菌落总数	35	3	8.6
2010	二氧化硫残留量	522	93	17.8	大肠菌群	529	88	16.6	菌落总数	30	2	6.7

三、河粉生产加工环节危害因素调查情况

(一)河粉基本生产流程及关键控制点

河粉的生产加工工艺流程为:大米→淘洗→浸泡→磨浆→蒸粉→压片(挤丝)→复蒸→冷却→干燥→包装→成品。

河粉生产加工的 HACCP 及 GMP 的关键控制点为:①原辅料的质量;②配料(添加剂)的管理;③蒸粉、干燥的时间和温度;④产品的包装、储存和运输。

(二)河粉生产加工过程中存在的主要质量问题

a. 二氧化硫残留超标。
b. 微生物(菌落总数、大肠菌群)超标。
c. 黄曲霉毒素 B_1 超标。
d. 超量使用苯甲酸。
e. 违规添加甲醛。
f. 违规添加过氧化苯甲酰。
g. 非法添加吊白块与硼砂。

四、河粉行业生产加工环节危害因素及描述

(一)二氧化硫残留超标

二氧化硫为无色,不燃性气体。具有剧烈刺激臭味,有窒息性,易溶于水和乙醇。溶于水形成亚硫酸,有防腐作用。在食品生产过程中,经常把 SO_2 用作漂白剂、防腐剂、抗氧化剂等。硫磺、二氧化硫、亚硫酸钠、焦亚硫酸钠、和低亚硫酸钠等二氧化硫类物质,也是食品工业中常用的食品添加剂(其在食品中的残留量用二氧化硫计算)。二氧化硫的危害因素特征描述见第三章。

1. 相关标准要求

《食品安全国家标准 食品添加剂使用标准》(GB 2760—2011)规定河粉中二氧化硫允许最大残留量为 0.1 g/kg。

2. 危害因素来源

企业为使河粉色泽白皙,并延长保质期,在生产过程中使用亚硫酸盐作为漂白剂和防腐剂。

（二）微生物（菌落总数与大肠菌群）超标

菌落总数和大肠菌群是判定食品卫生质量状况的主要指标，反映了食品是否符合卫生要求。菌落总数在一定程度上标志着食品卫生质量的优劣。微生物的危害因素特征描述见第三章。

1. 相关标准要求

《湿米粉》（DB 44/ 426—2007）中规定，对于即食类湿米粉，菌落总数限量为 1000 cfu/g，大肠菌群限量为 70 MPN/100g，对于非即食类湿米粉，大肠菌群限量分别为 90 MPN/100g（出厂检验）和 230 MPN/100g（销售检验），对菌落总数并无检验要求。

2. 危害因素来源

食品生产企业的卫生状况与产品微生物指标有直接关系。食品用器具、机器设备的食品接触面、生产用水、车间环境及人员的卫生情况等因素都可能造成微生物超标。近年发生的几起集体食物中毒事件皆因食用卫生条件恶劣的小工厂生产的河粉。

（三）黄曲霉毒素 B_1

霉菌毒素是霉菌产生的次生代谢物质，其对人和畜禽主要毒性表现在神经和内分泌紊乱、免疫抑制、致癌致畸、肝肾损伤、繁殖障碍等。黄曲霉毒素的危害因素特征描述见第三章。

1. 相关标准要求

《食品安全国家标准 食品中真菌毒素限量》（GB 2761—2011）中规定，黄曲霉毒素 B_1 在大米及其制品中的限量为 10 μg/kg。欧盟法规 Commission Regulation（EU）No 165/2010 中规定黄曲霉毒素 B_1 在大米及其制品中的限量为 10 μg/kg，美国 FDA 则把黄曲霉毒素 B_1 在大米及其制品中的限量定为 20 μg/kg。

2. 危害因素来源

河粉中黄曲霉毒素主要来源于所使用的原料大米与淀粉受黄曲霉污染。

（四）苯甲酸

苯甲酸又称安息香酸，因在水中溶解度低，故多数情况下使用苯甲酸钠盐类。苯甲酸是重要的酸性食品防腐剂，对霉菌、酵母和细菌均有抑制作用，也可用于巧克力、浆果、蜜饯等食用香精中。苯甲酸的危害因素特征描述见第三章。

1. 相关标准要求

《食品安全国家标准 食品添加剂使用标准》（GB 2760—2011）规定在米面制品中不能添加防腐剂苯甲酸及其钠盐。

2. 危害因素来源

企业生产过程中超范围添加苯甲酸来控制细菌繁殖、防腐。

（五）甲醛

甲醛又名蚁醛，易溶于水、醇等极性溶剂，40%（V/V）或 30%（W/W）的甲醛水溶液俗称"福尔马林"。甲醛是一种重要的有机原料，在医药、农业、畜牧业等领域做防腐剂、消毒剂及熏蒸剂。甲醛的危害因素特征描述见第三章。

1. 相关标准要求

卫生部将甲醛列入第一批"食品中可能违法添加的非使用物质和易滥用的食品添加剂品种名单"，禁止在食品生产加工过程中使用甲醛（清爽型啤酒除外）。

2. 危害因素来源

企业为追求低生产成本，并延长河粉保存期限，在生产河粉的加工及储藏环节都可能人为加入甲醛。

（六）过氧化苯甲酰

过氧化苯甲酰曾是面粉专用的添加剂。使用过氧化苯甲酰可以改善新麦粉面制品的口感（后熟作用），同时生成的苯甲酸能对面粉起防霉作用。此外，过氧化苯甲酰还能释放出活性氧，使面粉中含有的类胡萝卜素、叶黄素等天然色素退色，以达到增加其卖相的效果。过氧化苯甲酰的危害因素特征描述见第三章。

1. 相关标准要求

2011 年，卫生部联合工业和信息化部等部门联合发布公告，撤销过氧化苯甲酰作为食品添加剂，《食品安全国家标准 食品添加剂使用标准》（GB 2760—2011）也未把过氧化苯甲酰列为食品添加剂目录。

2. 危害因素来源

企业为缩短制品的生产时间，增加制品的色泽以迎合消费者心理，违规使用过氧化苯甲酰。

（七）吊白块

"吊白块"是甲醛合次硫酸氢钠的俗称，又称吊白粉或雕白块（粉），常用作工业漂白剂和还原剂等。将吊白块掺入食品中，起增白、保鲜、增加口感的效果，或掩盖劣质食品的变质外观，其对人体有严重的毒副作用。吊白块的危害因素特征描述见第三章。

1. 相关标准要求

卫生部《食品中可能违法添加的非食用物质名单（第一批）》中明确将吊白块列入非食用物质。

2. 危害因素来源

河粉生产企业非法添加吊白块的目的是增白，增加产品卖相，以达到招揽顾客盈利的目的。

（八）硼砂

硼砂也叫粗硼砂，是一种既软又轻的无色结晶物质，有很多用途，如用作消毒剂、保鲜防腐剂、软水剂、洗眼水、肥皂添加剂、陶瓷的釉料和玻璃原料等。硼砂的危害因素特征描述见第三章。

1. 相关标准要求

目前，包括中国在内的多数国家和地区都不允许将硼砂用于食品中，《食品安全国家标准 食品添加剂使用标准》（GB 2760—2011）未把硼砂列为食品添加剂目录，只有欧盟中规定硼砂能用于鱼子酱的工艺中，目的是防腐，最高限量为 4 g/kg。

2. 危害因素来源

有些河粉生产企业在制作河粉时违规掺入硼砂，目的是增加成品韧性，同时硼砂对霉菌和细菌有一定的抑制作用，一定程度起到防腐功效。

五、危害因素的监控建议

（一）生产企业的自控建议

1. 原辅料使用方面的监控

河粉生产所用的原辅料必须符合国家标准、行业标准的规定，不得使用陈化粮和非食用性原辅材料；建立进货验收制度和台账。

2. 食品添加剂使用方面的监控

河粉生产所用的添加剂必须符合《食品安全国家标准 食品添加剂使用标准》（GB 2760—2011）的规定，全面实行"五专"、"五对"管理。不得超范围使用食品添加剂（如防腐剂、过氧化苯甲酰等），不得添加国家明令禁止使用的非食用物质（如硼砂、吊白块等）。

3. 河粉生产过程的监控

河粉的生产以原料清理、磨粉、蒸粉、成型、干燥、包装等工艺组成。全程按照 HACCP 体系及 GMP 的要求进行关键点的控制，形成关键控制点作业指导书，并在其指导下进行生产。

（1）原辅料的投料比例

广东省地方标准（DB 44/426—2007）规定，各类湿米粉的原料中大米含量应不低于 70%。

（2）蒸粉、干燥、包装等工艺的控制

通过卫生标准操作规范（SSOP）控制和保持良好的个人卫生；购买符合卫生标准要求的设备及使用符合标准要求的饮用水；严格控制蒸粉及干燥工艺的时间、温度等参数。对于即食类河粉，还要求其在无菌条件下进行包装。

4. 出厂检验的监控

企业要强化出厂检验的意识，制定切合自身且不断完善的出厂检验制度；检验人员须具备检验能力和检验资格；根据河粉的检验项目要求，制作统一规范的原始记录单和出厂检验报告，不定期抽查评点报告，如实、科学填写原始记录。

（二）监管部门监控建议

a. 加强重点环节的日常监督检查。重点对照卫生部发布的《食品中可能违法添加的非食用物质和易滥用的食品添加剂品种名单》，以及本地区监管工作中发现的其他在食品中存在的有毒有害物质、非法添加物质和食品制假现象，对企业的原料进货把关、生产过程投料控制及出厂检验等关键环节的控制措施落实和记录情况进行检查。

b. 重点问题风险防范。由于河粉作为一种含水量较高的食品，储存不当极易引起发霉、变质等问题，应重点监测河粉的微生物项目。生产现场应重点检查通风情况是否良好、三防设施（防蝇、防尘、防鼠）是否正常、车间设备设施的清洗消毒记录是否完善、出厂检验记录是否齐全等。

c. 有针对性地开展标准项目以外涉及安全问题的非常规性项目的专项监督检验，通过对食品生产企业日常监督检验及非常规性项目检验数据进行深入分析，及时发现可能存在的行业性、区域性质量安全隐患。

d. 积极推行举报奖励制度，高度重视举报投诉发现的问题，及时对有关问题进行危害因素的调查和分析，采取有效措施消除食品安全隐患。

e. 积极主动向相关生产加工企业宣传有关非法添加的危害性及如何防范等知识，防止企业违法添加有毒有害物质。

（三）消费建议

a．看产品的色泽，质量好的河粉应是大米的白色，均匀一致没有杂色；闻产品的气味，质量合格的河粉，有河粉的香味，无霉味、酸味、苦味及异味等。

b．看包装上的标签、标识是否齐全。国家标准规定，外包装必须标明厂名、厂址、生产日期、保质期、执行标准、商标、净含量、配料表、营养成分表及食用方法等。缺少上述任何一项的产品，建议不要购买。

c．看营养成分表中的标注是否齐全，含量是否合理。营养成分表中一般要标明热量、蛋白质、脂肪、碳水化合物等基本营养成分，添加的其他营养物质也要标明。

参 考 文 献

黄玉玲，陈梅秀，罗萍．2006．梅州市食品中硼砂检测情况分析[J]．职业与健康，22（9）：663-664．

刘明．2008．食品中二氧化硫残留量检测方法的改进[J]．生命科学仪器，6（12）：42-44．

刘宗梅．2008．浅析"吊白块"的危害与治理[J]．贵州工业大学学报（自然科学版），37（6）：38-40．

吴艳，和娟．2013．浅议食品微生物检测中菌落总数与大肠菌群两个指标的关系[J]．计量与测试技术，40（6）：92-93．

DB 44/426—2007．湿米粉[S]．

GB 2760—2011．食品安全国家标准 食品添加剂使用标准[S]．

GB 2761—2011．食品安全国家标准 食品中真菌毒素限量[S]．

Khan N，Sharma S，Sultana S．2003．Nigella sativa（black cumin）ameliorates potassium bromate-induced early events of carcinogenesis：diminution of oxidative stress[J]．Hum Exp Toxicol，22（4）：193-203．

Magnoli AP，Monge MP，Miazzo RD，et al．2011．Effect of low levels of aflatoxin B_1 on performance，biochemical parameters，and aflatoxin B_1 in broiler liver tissues in the presence of monensin and sodium bentonite[J]．Poult Sci，90（1）：48-58．

Nair B．2001．Final report on the safety assessment of Benzyl Alcohol，Benzoic Acid，and Sodium Benzoate[J]．Int J Toxicol，20 Suppl 3：23-50．

Pongsavee M．2011．In vitro study of lymphocyte antiproliferation and cytogenetic effect by occupational formaldehyde exposure[J]．Toxicol Ind Health，27（8）：719-723．

Williams H．2009．Clindamycin and benzoyl peroxide combined was more effective than either agent alone or placebo for acne vulgaris[J]．Evid Based Med，14（3）：85．

报告三十八　黄酒生产加工食品安全危害因素调查分析

一、广东省黄酒行业情况

黄酒是以稻米、黍米等为主要原料，经加曲、酵母等糖化发酵剂酿制而成的发酵酒。黄酒含有丰富营养，含 21 种氨基酸。

黄酒分类方式有两种：按含糖量高低可分为干黄酒、半干黄酒、半甜黄酒和甜黄酒；按产品风格可分为传统型黄酒、清爽型黄酒、特型黄酒。

据统计，目前，广东省黄酒生产加工企业共 45 家，其中获证企业 38 家，占 84.4%，黄酒生产加工小作坊 7 家，占 15.6%，见表 2-38-1。

表 2-38-1　广东省黄酒生产加工企业情况统计表

行业生产加工企业总数/家	食品生产加工企业			食品小作坊数/家
	获证企业数/家	GMP、SSOP、HACCP 等先进质量管理规范企业数/家	规模以上企业（即年主营业务收入 500 万元及以上）/家	
45	38	0	3	7

注：表中数据统计日期为 2012 年 12 月。

广东省黄酒生产加工企业的分布如图 2-38-1 所示，珠三角地区的黄酒生产加工企业共 14 家，占 31.1%，粤东、粤西地区分别有 30 家、1 家，分别占 66.7%、2.2%。

从生产加工单位数量看，梅州最多，有 18 家，其次为惠州、潮州和河源，分别有 6 家、5 家和 5 家。

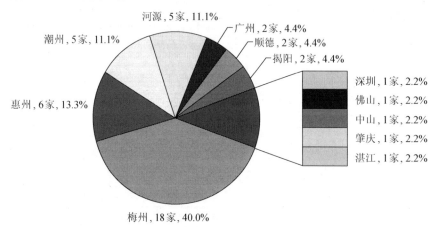

东莞、江门、珠海、汕头、汕尾、茂名、阳江、云浮、清远和韶关为 0 家

图 2-38-1　广东省黄酒加工企业地域分布图

广东省黄酒加工生产单位较少，且均为中小型规模的生产企业，因此产能、产量均不大。全省无较大规模企业，但梅州有 3 家企业实施了良好生产规范（GMP）、卫生标准操作规范（SSOP）、危害分析与关键控制点（HACCP）。

黄酒生产加工行业存在以下主要问题：①食品加工场所简陋、从业人员卫生习惯差，消毒措施不健全，加工、包装等过程容易受到污染，致使微生物超标；②一些企业小作坊违反强制性国家标准《食品添加剂使用卫生标准》规定，添加甜味剂（糖精钠、甜蜜素），勾兑劣质黄酒；③个别产品总酸不符合标准规定，影响产品口感。

黄酒生产加工企业今后食品安全的发展方向是：建立健全食品检验制度，加强对原辅材料检验，严格监控产品中酒精度及铅、食品添加剂的含量；加强卫生监督与管理，严格执行卫生操作规范，增强从业人员法律观念，加强卫生知识培训，提高卫生意识，保证食品安全。

二、黄酒抽样检验情况

黄酒的抽样检验情况见表 2-38-2 和表 2-38-3。

表 2-38-2   2010~2012 年广东省黄酒抽样检验情况统计表（1）

年度	抽检批次	合格批次	不合格批次	内在质量不合格批次	内在质量不合格产品发现率/%
2012	151	135	16	7	4.6
2011	104	90	14	4	3.8
2010	90	78	12	3	3.3

表 2-38-3   2010~2012 年广东省黄酒抽样检验情况统计表（2）

年度	不合格项目（按照不合格率的高低依次列举）								
	不合格项目（一）			不合格项目（二）			不合格项目（三）		
	项目名称	抽检批次	不合格批次	不合格率/%	项目名称	抽检批次	不合格批次	不合格率/%	项目名称	抽检批次	不合格批次	不合格率/%
2012	β-苯乙醇	2	1	50.0	菌落总数	36	5	13.9	甜蜜素	12	1	8.3
2011	标签	38	10	26.3	锰	8	1	12.5	酒精度	8	1	12.5
2010	酒精度	4	1	25.0	标签	51	11	21.6	总酸	5	1	20.0

三、黄酒生产加工环节危害因素调查情况

（一）黄酒基本生产流程及关键控制点

黄酒的生产加工工艺流程：

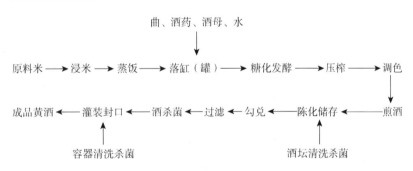

黄酒生产加工的 HACCP 及 GMP 的关键控制点为：①发酵过程的时间和温度控制；②酒的勾兑配方控制；③容器清洗控制；④成品酒杀菌温度和杀菌时间的控制。

（二）调查发现黄酒生产加工过程中存在的主要问题

a．重金属（铅）超标。

b．微生物指标超标。

c．超范围使用甜味剂。

d．超量添加焦糖色素等着色剂。

e．氨基甲酸乙酯。

f．成品酸败问题。

四、黄酒行业生产加工环节因素及描述

（一）焦糖色

焦糖色为一种食品添加剂，可用于食品着色。焦糖色可以三种方法进行生产，分别是氨法、亚硫酸铵法及

303

普通法，不同方法生产的焦糖色在食品中使用范围不同，其使用应遵守《食品安全国家标准 食品添加剂使用标准》（GB 2760—2011）规定。焦糖色的危害因素特征描述见第三章。

1. 相关标准要求

《食品安全国家标准 食品添加剂使用标准》（GB 2760—2011）规定，氨法、亚硫酸铵法及普通法等三种方法生产的焦糖色均可在黄酒中使用，其使用量应按生产需要适量使用。

2. 危害因素来源

虽然焦糖色在黄酒产品中的使用未规定限量值，可按生产需要适量使用，但生产企业为使黄酒色泽更吸引消费者而未合理使用焦糖色。

（二）重金属（铅）超标

食物中的铅通过食物进入人体后，其中部分可在体内蓄积。当体内的铅超过一定水平时对人体健康造成影响。铅的危害因素特征描述见第三章。

1. 相关标准要求

《食品安全国家标准 食品中污染物限量》（GB 2762—2012）中规定，蒸馏酒、黄酒中铅的含量≤0.5 mg/kg。

2. 危害因素来源

黄酒中铅主要来源是生产所用的原材料如大米、糯米等在种植过程蓄积了土壤及灌溉用水中的铅，其次是黄酒生产过程中冷却器和储存罐等金属器中铅的溶出。

（三）菌落总数及大肠菌群

黄酒含有丰富的蛋白质、糖及氨基酸等营养物质，因此易污染微生物而对产品安全性造成影响。菌落总数及大肠菌群的危害因素特征描述见第三章。

1. 相关标准要求

食品安全国家标准《黄酒》（GB/T 13662—2008）规定黄酒的卫生要求应符合食品安全国家标准《发酵酒及其配制酒》（GB 2758—2012）规定的卫生要求，即黄酒产品中不得检出金黄色葡萄球菌及沙门氏菌。广东省食品安全地方标准《广东黄酒》（DB S44/002—2013）也有相同要求。

2. 危害因素来源

黄酒中菌落总数和大肠杆菌的危害因素来源，一是

黄酒生产过程中使用了受致病菌污染的原料；二是黄酒发酵过程受致病菌的污染。

（四）甜蜜素

甜蜜素是食品生产过程中常用的一种人工合成甜味剂，其使用范围及限量应遵守《食品安全国家标准 食品添加剂使用标准》（GB 2760—2011）规定。甜蜜素的危害因素特征描述见第三章。

1. 相关标准要求

《食品安全国家标准 食品添加剂使用标准》（GB 2760—2011）不允许黄酒产品中使用甜蜜素。

2. 危害因素来源

黄酒中的总糖含量不但影响黄酒质量，还影响感官品质，产品总糖若达到标准规定需要一段时间的发酵过程，企业为降低生产成本，人为缩短产品发酵时间，致使黄酒中总糖含量降低，导致产品感官品质下降，违规添加甜蜜素。

五、危害因素的监控措施建议

（一）生产企业自控建议

1. 原辅料使用方面的监控

a. 保证酿酒原料的质量。黄酒生产企业应当严格按照国家粮食标准（GB 1350；GB 1354；GB 1351 等）组织采购。

b. 做好索证、台账工作。原辅材料进厂要索取合格证和质检报告单，大米提供单位必须通过 QS 认证。

c. 使用的生产设备应用不锈钢或含铅量少的陶瓷制品。

d. 生产用水应符合国家生活饮用水卫生标准要求。

2. 食品添加使用方面的监控

黄酒生产过程中所使用的食品添加剂必须符合《食品国家安全标准 食品添加剂使用标准》（GB 2760—2011）的规定，全面实行"五专"（即食品添加剂专人管理、专柜存放、专本登记、专用计量器具、专人添加）、"五对"（即对标准、对种类、对验收、对用量、对库存）管理，确保食品添加剂的安全使用。严禁在黄酒生产中添加任何国家标准行业标准中不允许添加的物质。特别是乳酸乙酯、乙酸乙酯、乙酸等酸味剂。

3. 黄酒生产过程的监控

黄酒的生产加工以勾兑、过滤、杀菌、灌装封口、

成品等工艺组成。全程按照HACCP体系以及GMP的要求进行关键点的控制，形成关键控制点作业指导书，并在其指导下进行生产。

（1）原料的控制

原料应符合相应标准，不得使用发霉、变质或含有毒、有害物，以及被有毒、有害物污染的原料。

（2）灌装容器清洗消毒的控制

盛装原料的容器应保洁干燥，不准使用铁制容器或装过有毒物质、有异味的容器。发酵储酒容器必须使用国家允许使用的，符合国家卫生标准的内壁涂料。

（3）杀菌、灌装等工艺的控制

严格控制杀菌温度和时间等参数。原料在运输保存时应避免污染。用于调兑黄酒的乙醇必须是经除嗅处理，符合国家标准二级以上乙醇指标的食用乙醇。酿酒用酵母菌不准使用异种或不纯菌种。酿酒用设备、用具、管道必须保持清洁，避免生霉和遭其他杂菌污染。在陈酿过程中换桶或倒池要注意卫生要求，洗滤棉必须用热水洗净消毒，保证无嗅、无味。

4. 出厂检验的监控

黄酒生产企业要制定切合自身且不断完善的出厂检验制度；检验人员须具备检验能力和检验资格，不断提高检验水平；建立健全食品检验制度，加强对原辅材料检验，根据黄酒的检验项目要求，制作统一规范的原始记录单和出厂检报告，不定期抽查评点报告，不符合要求的不能用于生产，严格监控产品中酒精度、铅，如实、科学填写原始记录。

（二）监管部门监控建议

a. 加强重点环节的日常监督检查。重点对照卫生部发布的《食品中可能违法添加的非食用物质和易滥用的食品添加剂品种名单》，对企业的原料进货把关、生产过程投料控制及出厂检验等关键环节的控制措施的落实情况和记录情况进行检查。

b. 重点问题风险防范。黄酒行业中可能存在的危险因素有焦糖色素等着色剂、乳酸乙酯等香味剂、重金属（铅）、微生物等，对以上因素应重点监管。同时重点核查企业的卫生条件及索证索票、建立各种台账情况。杜绝受污染或不合理使用食品添加剂的原料黄酒用于生产。

c. 通过明察暗访、行业调研、市场和消费环节调查等方式，对容易出现质量安全问题、高风险的食品，认真开展危害因素调查分析，及时发现并督促企业防范滥用添加剂和使用非食品物质等违法行为。

d. 有针对性地开展标准项目以外涉及安全问题的非常规性项目的专项监督检验，通过对食品生产企业日常监督检验及非常规性项目检验数据进行深入分析，及时发现可能存在的行业性、区域性质量安全隐患。针对性地检测超范围使用的着色剂、甜味剂等。

（三）消费建议

a. 在正规的大型商场或超市购买并注意保存好票据，以利于维权，产品质量和售后服务较有保证。

b. 选购大中企业或知名牌产品，产品质量较稳定。

c. 可以从以下几个方面，对黄酒做出甄选：①观色泽，好黄酒色橙黄，清澈透明，允许有少量蛋白质沉淀；②闻香味，好黄酒具有黄酒特有香气，醇香浓郁，无其他异杂味；③试手感，倒少量酒在手心，酿造的黄酒有十分强烈的滑腻感，干了以后非常粘手；④尝味道，好黄酒口感醇厚顺口，味正纯和，具有黄酒的典型风味，无杂异味。

参 考 文 献

DB S44/002—2013. 广东黄酒[S].
GB 2758—2012. 发酵酒及其配制酒[S].
GB 2760—2011. 食品安全国家标准 食品添加剂使用标准[S].
GB 2762—2012. 食品安全国家标准 食品中污染物限量[S].
GB/T 13662—2008. 黄酒[S].
GB/T 5009.49—2008. 发酵酒及其配制酒卫生标准的分析方法[S].
Weihrauch MR, Diehl V. 2004. Artificial sweeteners - do they bear a carcinogenic risk[J]. Ann Oncol, 15(10): 1460-1465.

报告三十九　酱腌菜生产加工食品安全危害因素调查分析

一、广东省酱腌菜行业情况

酱腌菜是指以新鲜蔬菜为主要原料，经淘洗、腌制、脱盐、切分、调味、分装、密封、杀菌等工序，采用不同腌渍工艺制作而成的各种蔬菜制品的总称。酱腌菜根据不同的加工方式可分为酱渍菜、盐渍菜、酱油渍菜、糖渍菜、醋渍菜、糖醋渍菜、虾油渍菜、盐水渍菜、糟渍菜等。

据统计，目前，广东省现有酱腌菜生产加工企业367家，获证企业319家，占全省的86.9%，小作坊48家，占全省的13.1%，见表2-39-1。

表 2-39-1　广东省酱腌菜生产加工企业情况统计表

| 生产加工企业总数/家 | 食品生产加工企业 | | | 食品小作坊数/家 |
	获证企业数/家	GMP、SSOP、HACCP等先进质量管理规范企业数/家	规模以上企业数（即年主营业务收入500万元及以上）/家	
367	319	3	8	48

注：表中数据统计日期为2012年12月。

广东省酱腌菜生产加工企业分布如图2-39-1所示，珠三角地区的酱腌菜生产加工企业共136家，占37.1%，粤东、粤西、粤北地区分别有183家、23家和25家，分别占49.9%、6.3%、6.8%。从生产加工企业数量看，汕头和揭阳最多，分别有75家和49家，其次为潮州、惠州、广州和东莞，分别有31家、27家、19家和19家。

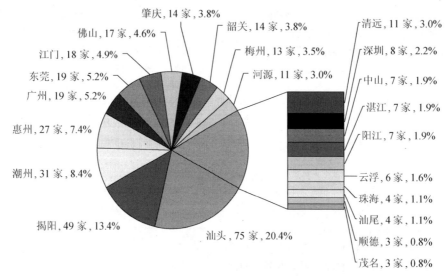

图 2-39-1　广东省酱腌菜加工企业地域分布图

广东省酱腌菜加工生产企业分布集中在粤东与珠三角地区，但由于采用的多为半自动化的方式生产，因此产能、产量均不大。广东省全省有8家较大规模企业，分别在潮州（4家）和深圳（2家）和珠海（2家）。同时全省有3家企业实施了良好生产规范（GMP）、卫生标准操作规范（SSOP）、危害分析与关键控制点（HACCP），其中深圳2家、珠海1家。

酱腌菜生产加工行业存在以下主要问题：①酱腌菜生产加工企业普遍规模不大，卫生条件差，生产技术落后；②大多数企业生产散装酱腌菜，行业发展良莠不齐；③小企业手工操作，导致微生物指标超标；④生产过程添加剂使用过量，水分及盐分含量超出理化指标规定。

酱腌菜生产加工企业今后食品安全的发展方向是：严格保证生产环境、生产设备和设施及员工的卫生状况；确保原料在采购、存放、运输、加工、储藏过程不受污染；保证酱腌菜加工所需的各种调味料符合质量要求；规范使用食品添加剂。

306

二、酱腌菜抽样检验情况

酱腌菜的抽样检验情况见表 2-39-2 和表 2-39-3。

表 2-39-2　2010~2012 年广东省酱腌菜抽样检验情况统计表（1）

年度	抽检批次	合格批次	不合格批次	内在质量不合格批次	内在质量不合格产品发现率/%
2012	972	817	155	121	12.4
2011	996	818	178	102	10.2
2010	887	721	166	106	12.0

表 2-39-3　2010~2012 年广东省酱腌菜抽样检验情况统计表（2）

年度	不合格项目（一）项目名称	抽检批次	不合格批次	不合格率/%	不合格项目（二）项目名称	抽检批次	不合格批次	不合格率/%	不合格项目（三）项目名称	抽检批次	不合格批次	不合格率/%
2012	总糖	200	48	24.0	菌落总数	200	37	18.5	水分	200	14	7.0
2011	总糖	201	43	21.4	水分	240	35	14.6	标签	584	79	13.5
2010	食盐	182	30	16.5	总糖	124	18	14.5	糖精钠	115	14	12.2

三、酱腌菜行业生产加工环节危害因素调查情况

（一）酱腌菜基本生产流程及关键控制点

原辅料预处理→腌制（盐渍、糖渍、酱渍等）→整理（淘洗、晾晒、压榨、调味、发酵、后熟）→灌装→灭菌（或不灭菌）→包装

酱腌菜生产加工的 HACCP 及 GMP 的关键控制点为：①原辅料预处理；②后熟；③灭菌；④罐装。

（二）酱腌菜生产加工过程中存在的主要问题

a. 超量使用防腐剂（苯甲酸、山梨酸）。
b. 超量使用甜味剂（甜蜜素、糖精钠、安赛蜜）。
c. 微生物超标。
d. 铅与砷超标。
e. 亚硝酸盐含量超标。
f. 使用工业盐问题。

四、酱腌菜生产行业加工环节危害因素及描述

（一）超量使用防腐剂（苯甲酸、山梨酸）

防腐剂是指天然或合成的化学成分，用于加入食品、药品、颜料、生物标本等，以延迟微生物生长或化学变化引起的腐败。苯甲酸和山梨酸的危害因素特征描述见第三章。

1. 相关标准要求

《食品安全国家标准　食品添加剂使用标准》（GB 2760—2011）中规定了酱腌菜中苯甲酸的最大使用量为 1.0 g/kg，山梨酸的最大使用量为 0.5 g/kg，对于腌渍的蔬菜（仅限即食笋干），山梨酸的最大使用量为 1.0 g/kg。

2. 危害因素来源

企业超限量添加。

（二）超量使用甜味剂（甜蜜素、糖精钠、安赛蜜）

甜味剂是指赋予食品或饲料以甜味，提高食品品质，满足人们对食品需求的食物添加剂。甜蜜素、糖精钠和安赛蜜的危害因素特征描述见第三章。

1. 相关标准要求

《食品安全国家标准　食品添加剂使用标准》（GB 2760—2011）中规定了酱腌菜中甜蜜素、糖精钠和安赛蜜的最大使用量分别为 0.65 g/kg、0.15 g/kg 和 0.3 g/kg。

2. 危害因素来源

企业为降低成本，超限量使用。

307

（三）微生物（菌落总数与大肠菌群）超标

菌落总数和大肠菌群是作为判定食品卫生质量状况的主要指标，反映了食品中是否符合卫生要求。菌落总数在一定程度上标志着食品卫生质量的优劣。微生物的危害因素特征描述见第三章。

1. 相关标准要求

食品安全国家标准《酱腌菜卫生标准》（GB 2714—2003）规定散装和瓶（袋）装中大肠菌群的指标分别为≤90 MPN/100g 和≤30 MPN/100g。

2. 危害因素来源

酱腌菜生产中使用腐烂变质蔬菜为原料，或生产过程中灭菌不严造成微生物污染，成品保存条件不适宜等。

（四）砷含量超标

砷是一种准金属物质，可分为有机及无机两种形态，是自然存在或由人类活动产生而分布于环境四周。砷存在于土壤、地下水和植物，砷化合物则用于制造晶体管、激光产品、半导体、玻璃和颜料等，有时候也会用作除害剂、饲料添加剂和药物。人体主要是从食物和饮用水摄入砷。砷的危害因素特征描述见第三章。

1. 相关标准要求

食品安全国家标准《酱腌菜卫生标准》（GB 2714—2003）规定酱腌菜中总砷的限量指标为0.5 mg/kg。

2. 危害因素来源

酱腌菜中砷含量超标可能是由某些地区特殊自然环境中的高本底含量导致。此外，一些添加剂的不规范使用和包装材料的污染也可能导致砷含量超标。

（五）铅含量超标

铅是一种天然有毒的重金属，也是普遍存在于环境的污染物。环境污染或食物在制造、处理及包装过程中都可能受到污染，导致食物含铅。铅的危害因素特征描述见第三章。

1. 相关标准要求

食品安全国家标准《酱腌菜卫生标准》（GB 2714—2003）规定酱腌菜中铅的限量指标为1 mg/kg。

2. 危害因素来源

酱腌菜中铅含量超标可能是由某些地区特殊自然环境中的高本底含量导致。此外，一些添加剂的不规范使用和包装材料的污染也可能导致铅含量超标。

（六）亚硝酸盐含量超标

亚硝酸钠常添加到鱼类、肉类等食品中充当发色剂、抗氧化剂和防腐剂。在食品加工中特别是熟肉制品加工过程中适量加入亚硝酸钠可使肉制品具有较好的色、香和独特的风味，并可抑制毒梭菌的生长及其毒素的产生。亚硝酸盐的危害因素特征描述见第三章。

1. 相关标准要求

食品安全国家标准《酱腌菜卫生标准》（GB 2714—2003）规定酱腌菜中亚硝酸盐（以亚硝酸钠计）的限量指标为20 mg/kg。

2. 危害因素来源

储存过久的新鲜蔬菜、腐烂蔬菜等，原来菜内的硝酸盐在硝酸盐还原菌的作用下转化为亚硝酸盐。一些不法商家为了降低成本、提高利润，在生产过程中使用一些腐烂的蔬菜进行生产，从而导致产品中亚硝酸盐含量超标。

五、危害因素的监控措施建议

（一）生产企业自控建议

酱腌菜生产企业通过对原料部分及加工过程的危害分析，运用 HACCP 原理，可以将酱腌菜的安全生产隐患降低到可以接受的水平，以确保酱腌菜的安全生产。

1. 原辅料使用方面的监控

酱腌菜的主要配料为蔬菜、水和食用添加剂，在验收中主要存在生物危害（如细菌、真菌和寄生虫等）和化学危害（重金属、农药残留和黄曲霉毒素等），此外，还存在物理危害，如砂石、铁钉等。生物危害的控制主要通过加工过程中后阶段的杀菌和加热过程加以消除。化学危害的控制主要通过：①要求供货商提供相关证照及产品合格证明材料；②建立严格的质量管理体系，保证在生产、仓储及运输过程中的安全卫生；③加强原辅料的自我检验工作，不能使用非食用性原辅材料。

2. 食品添加剂使用方面监控

酱腌菜生产过程中所使用的食品添加剂必须符

合《食品安全国家标准 食品添加剂使用标准》(GB 2760—2011)的规定,全面实行"五专"、"五对"管理,确保食品添加剂的安全使用。不得超范围使用食品添加剂(如防腐剂、着色剂及甜味剂等),不得添加国家明令禁止使用的非食用物质(如工业硫磺及敌百虫等)。

3. 酱腌菜生产过程的监控

酱腌菜的生产加工以原料的清理、腌制、整理、灌装、灭菌(或不灭菌)、包装等工艺组成。全程按照HACCP体系及GMP的要求进行关键点的控制,形成关键控制点作业指导书,并在其指导下进行生产。

a. 原料清理的控制。蔬菜水果原料应该新鲜、无霉变腐烂、将黄叶剔除;不得使用非食用盐;控制农残、重金属(As、Pb、Sn、Cu)、黄曲霉毒素B_1的含量;建立进货验收制度和台账。

b. 腌制、整理、灌装、灭菌、包装等工艺的控制。卫生标准操作规范(SSOP)控制和保持良好的个人卫生;购买符合卫生标准要求的设备及使用符合标准要求的饮用水;严格控制整理和灭菌的适宜时间和温度、生产环境、食品添加剂使用量;要求包装材料供应商提供无毒无害的权威检测报告。

4. 出厂检验的监控

酱腌菜生产企业要强化重视出厂检验的意识,制定切合自身且不断完善的出厂检验制度;检验人员须具备检验能力和检验资格,同时能正确处理数据;定期或不定期与质检机构进行检验比对,提高检验水平;根据酱腌菜的检验项目要求,制作统一规范的原始记录单和出厂检验报告,不定期抽查评点报告,如实、科学填写原始记录。

(二)监管部门监控建议

a. 加强重点环节的日常监督检查。重点对照卫生部发布的《食品中可能违法添加的非食用物质和易滥用的食品添加剂品种名单》,以及本地区监管工作中发现的其他在食品中存在的有毒有害物质、非法添加物质和食品制假现象,对企业的原料进货把关、生产过程投料控制及出厂检验等关键环节的控制措施落实情况和记录情况进行检查。

b. 重点问题风险防范。重点监测酱腌菜的重金属含量、水分含量项目。生产现场应重点检查通风、三防设施、设备设施的清洗消毒、出厂检验等环节。重点核查企业原辅料进货台账及供货商资格,核查原辅料合格证明材料,尤其关注重金属铅、水分等项目,杜绝劣质、

腐败原料用于生产,所使用的配料应是可食用的;加工用水必须符合《生活饮用水卫生标准》(GB 5749—2006)要求。

c. 通过明察暗访、行业调研、市场和消费环节调查等方式,对容易出现质量安全问题、高风险的食品,认真开展危害因素调查分析,及时发现并督促企业防范滥用添加剂和使用非食品物质等违法行为。

d. 有针对性地开展标准项目以外涉及安全问题的非常规性项目的专项监督检验,通过对食品生产企业日常监督检验及非常规性项目检验数据进行深入分析,及时发现可能存在的行业性、区域性质量安全隐患。

e. 积极主动向相关生产加工企业宣传有关重金属铅和农药残留超标、水分超标等危害因素的产生原因、危害性以及如何防范等知识,强化生产企业的质量安全责任意识和法律责任,健全企业安全诚信体系和职业道德建设,提高依法生产的自律性,防止违法添加有毒有害物质。

(三)消费建议

a. 原辅材料所用的蔬菜原料应该新鲜、无霉变腐烂,原辅材料必须符合相应的标准和有关规定。产品符合《酱腌菜卫生标准》(GB 2714—2003);《酱腌菜》(SB/T 10439—2007)等,可作为首选。

b. 尽量购买预包装的酱腌菜产品,可避免产品在运输和销售时受到二次污染。选购散装酱腌菜时,请在正规经营场所购买,同时应注意产品的色、香、味应正常,无杂质和霉变现象。

c. 酱腌菜的包装不应有胀袋现象,汤汁清晰不浑浊,固形物无腐败的现象。如发现袋装产品已胀袋或瓶装产品瓶盖已凸起,有可能产品已有细菌侵入并繁殖发酵,不能食用。

d. 购买近期生产的产品,包装产品一旦开封食用后,应尽快吃完,避免产品受到污染,发生变质。

e. 相比之下,购买瓶装酱腌菜的质量比塑料袋包装要好。因为瓶装酱腌菜的杀菌工艺和包装密封性均比塑料包装好,保质期更长。

f. 通过"一看、二闻、三尝"鉴别产品质量。"一看"是看产品的包装,看到玻璃瓶装产品瓶盖膨凸、塑料袋装产品胀袋、标签不全、生产日期打印模糊、产品变色无光、发黏甚至有白色菌膜点的产品别买;"二闻"是闻产品的气味,有酸败和霉味等异味产品勿购;"三尝"是尝产品的滋味,优质的酱腌菜滋味鲜美,劣质产品可尝出苦涩味。

参 考 文 献

丁文慧，陆利霞，熊晓辉. 2012. 提高山梨酸及钾盐防腐效果的研究进展[J]. 食品工业科技，33（3）：31-33.

苏建国，彭进. 2011. UPLC同时测定风味饮料中安赛蜜、糖精钠、苯甲酸、山梨酸方法研究[J]. 中国食品添加剂，2：243-245.

Bastias JM，Bermudez M，Carrasco J，et al. 2010. Determination of dietary intake of total arsenic，inorganic arsenic and total mercury in the Chilean school meal program[J]. Food Sci Technol Int，16（5）：443-450.

GB 2714—2003. 酱腌菜卫生标准[S].

GB 2760—2011. 食品安全国家标准 食品添加剂使用标准[S].

Hubbs-Tait L，Nation JR，Krebs NF，et al. 2005. Neurotoxicants，Micronutrients，and Social Environments：Individual and Combined Effects on Children's Development[J]. Psychol Sci Publ Interest，6：57-121.

Kapil V，Milsom AB，Okorie M，et al. 2010. Inorganic nitrate and nitrite and control of blood pressure[J]. Hypertension，56（2）：274-281.

Nair B. 2001. Final report on the safety assessment of Benzyl Alcohol，Benzoic Acid，and Sodium Benzoate[J]. Int J Toxicol，20 Suppl 3：23-50.

Price JM，Biava CG，Oser BL，et al. 1970. Bladder Tumors in Rats Fed Cyclohexylamine or High Doses of a Mixture of Cyclamate and Saccharin[J]. Science，167（3921）：1131-1132.

Takayama S，Renwick AG，Johansson SL，et al. 2000. Long-term toxicity and carcinogenicity study of cyclamate in nonhuman primates[J]. Toxicol Sci，53：33-39.

食品生产加工过程危害因素分析综合教程

报告四十　蜜饯生产加工食品安全危害因素调查分析

一、广东省蜜饯行业情况

蜜饯是以果蔬和糖类等为原料，添加（或不添加）食品添加剂和其他辅料，经糖或蜂蜜或食盐腌制（或不腌制）等工艺加工制成的各种制品。蜜饯包括蜜饯类、凉果类、果脯类、话梅类、果丹（饼）类和果糕类等。按地方风味分为京式、广式、苏式和闽式几种。广东省生产的主要是广式蜜饯，其起源于广州、潮州一带，其中糖心莲、糖橘饼、奶油话梅享有盛名。其特点是：表面干燥、甘香浓郁或酸甜。

据统计，目前，广东省蜜饯生产加工企业共 737 家，其中获证企业 580 家，占 78.7%，小作坊 157 家，占 21.3%，见表 2-40-1。

表 2-40-1　广东省蜜饯生产加工企业情况统计表

生产加工企业总数/家	食品生产加工企业				食品小作坊数/家
	已证企业数/家	GMP、SSOP、HACCP 等先进质量管理规范企业数/家	规模以上企业数（即年主营业务收入 500 万元及以上）/家		
737	580	5	26		157

注：表中数据统计日期为 2012 年 12 月。

广东省蜜饯生产加工企业分布如图 2-40-1 所示，粤东地区的蜜饯生产加工企业共 527 家，占 71.5%，珠三角、粤西、粤北地区分别有 110 家、89 家和 11 家，分别占 14.9%、12.1%、1.5%。从生产加工企业数量看，揭阳和潮州最多，分别有 249 家和 188 家，其次为汕头、云浮和广州，分别有 70 家、58 家和 38 家。

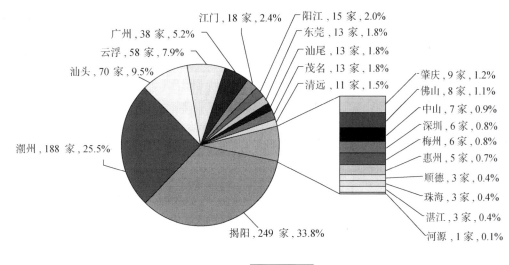

江门，18 家，2.4%　阳江，15 家，2.0%
广州，38 家，5.2%　东莞，13 家，1.8%
云浮，58 家，7.9%　汕尾，13 家，1.8%
汕头，70 家，9.5%　茂名，13 家，1.8%
清远，11 家，1.5%
肇庆，9 家，1.2%
佛山，8 家，1.1%
中山，7 家，0.9%
深圳，6 家，0.8%
梅州，6 家，0.8%
惠州，5 家，0.7%
顺德，3 家，0.4%
珠海，3 家，0.4%
湛江，3 家，0.4%
潮州，188 家，25.5%
河源，1 家，0.1%
揭阳，249 家，33.8%

韶关为 0 家

图 2-40-1　广东省蜜饯加工企业地域分布图

广东省蜜饯加工生产企业分布主要集中在珠三角与粤东地区，由于采用的多为半自动化的方式生产，因此产能、产量均不大。全省有 26 家较大规模企业，分别在潮州（18 家）、汕尾（3 家）、深圳（3 家）和珠海（2 家）。同时全省有 5 家企业实施了良好生产规范（GMP）、卫生标准操作规范（SSOP）、危害分析与关键控制点（HACCP），其中深圳 3 家、珠海和潮州各 1 家。

蜜饯生产加工行业存在以下主要问题：①加工工艺以粗放、手工方式为主，存在不符合现代食品制造要求的诸多问题；②产品调味过程中存在食品添加剂的使用问题；③包装车间卫生条件和操作人员的食品安全意识参差不齐，导致产品质量不稳定。

蜜饯生产加工企业今后食品安全的发展方向是：加强生产和储存中的卫生管理；确保原料、辅料质量及用量合格；蜜饯干燥后及时整理及整形，保证产品包装质量；优化生产工艺，防止褐变，改善储藏条件，防止霉变。

二、蜜饯抽样检验情况

蜜饯的抽样检验情况见表 2-40-2 和表 2-40-3。

表 2-40-2　2010~2012 年广东省蜜饯抽样检验情况统计表（1）

年度	抽检批次	合格批次	不合格批次	内在质量不合格批次	内在质量不合格产品发现率/%
2012	1123	1041	82	42	3.7
2011	1195	1078	117	71	5.9
2010	1165	1041	124	81	7.0

表 2-40-3　2010~2012 年广东省蜜饯抽样检验情况统计表（2）

年度	不合格项目（按照不合格率的高低依次列举）											
	不合格项目（一）				不合格项目（二）				不合格项目（三）			
	项目名称	抽检批次	不合格批次	不合格率/%	项目名称	抽检批次	不合格批次	不合格率/%	项目名称	抽检批次	不合格批次	不合格率/%
2012	水分	36	3	8.3	标签	725	49	6.8	安赛蜜	68	4	5.9
2011	防腐剂	8	2	25.0	胭脂红	18	4	22.2	标签	673	60	8.9
2010	糖精钠	28	2	7.1	铜	20	1	5.0	霉菌	41	2	4.9

三、蜜饯加工环节危害因素调查情况

（一）蜜饯基本生产流程及关键控制点

原料处理→糖（盐）制→干燥→修整→包装

蜜饯生产加工的 HACCP 及 GMP 的关键控制点为：①食品添加剂使用；②糖（盐）制；③包装。

（二）蜜饯生产加工过程中存在的主要问题

a. 超量使用甜味剂（甜蜜素、糖精钠与安赛蜜）。
b. 超量使用防腐剂（苯甲酸与山梨酸）。
c. 二氧化硫残留超标。
d. 微生物指标超标。
e. 霉菌超标。
f. 返砂或流汤（糖）。

四、蜜饯行业生产加工环节危害因素及描述

（一）超量使用甜味剂（甜蜜素、糖精钠、安赛蜜）

甜味剂是指赋予食品或饲料以甜味，提高食品品质，满足人们对食品需求的食物添加剂。甜蜜素、糖精钠和安赛蜜的危害因素特征描述见第三章。

1. 相关标准要求

《食品安全国家标准 食品添加剂使用标准》（GB 2760—2011）中规定了凉果类、话梅类（甘草制品）和果丹（饼）类蜜饯凉果中甜蜜素最大使用量为 8.0 g/kg（以环己基氨基磺酸计），其余类别蜜饯凉果中甜蜜素最大使用量为 1.0 g/kg；GB 2760—2011 还规定了凉果类、话梅类（甘草制品）和果丹（饼）类蜜饯凉果中糖精钠最大使用量为 5.0 g/kg（以糖精计），其余类别蜜饯凉果中糖精钠最大使用量为 1.0 g/kg；GB 2760—2011 规定安赛蜜只能用于蜜饯凉果中蜜饯类的生产中，最大使用量为 0.3 g/kg。

2. 危害因素来源

企业为降低成本，超量添加。

（二）超量使用防腐剂（苯甲酸、山梨酸）

防腐剂是指天然或合成的化学成分，用于加入食品、药品、颜料、生物标本等，以延迟微生物生长或化学变化引起的腐败。苯甲酸和山梨酸的危害因素特征描述见第三章。

1. 相关标准要求

《食品安全国家标准 食品添加剂使用标准》（GB 2760—2011）中规定了蜜饯类凉果中苯甲酸和山梨酸的最大使用量皆为 0.5 g/kg。

2. 危害因素来源

企业为延长产品保质期，超限量使用。

（三）二氧化硫残留量超标

二氧化硫溶于水形成亚硫酸，有防腐作用。在食品生产过程中，经常把 SO_2 用作漂白剂、防腐剂、抗氧化剂等。硫磺、二氧化硫、亚硫酸钠、焦亚硫酸钠、和低亚硫酸钠等二氧化硫类物质，也是食品工业中常用的食品添加剂（其在食品中的残留量用二氧化硫计算）。二氧化硫的危害因素特征描述见第三章。

1. 相关标准要求

《食品安全国家标准　食品添加剂使用标准》（GB 2760—2011）规定了蜜饯凉果中的二氧化硫允许最大使用量为 0.35 g/kg（以二氧化硫残留量计）。

2. 危害因素来源

蜜饯中二氧化硫含量超标的原因可能是因为某些厂家为了延长产品的保质期，并且使色泽新鲜，在蜜饯的生产中人为加入了焦亚硫酸钠（钾）、低亚硫酸钠等二氧化硫类物质。

（四）微生物（菌落总数与大肠菌群）超标

菌落总数和大肠菌群是作为判定食品被细菌污染的程度及卫生质量状况的主要指标，反映了食品是否符合卫生要求。菌落总数的多少在一定程度上标志着食品卫生质量的优劣。微生物的危害因素特征描述见第三章。

1. 相关标准要求

食品安全国家标准《蜜饯卫生标准》（GB 14884—2003）规定了蜜饯中菌落总数的指标为≤1000 cfu/g，大肠菌群为≤30 MPN/100g，致病菌（沙门氏菌、志贺氏菌、金黄色葡萄球菌）不得检出。

2. 危害因素来源

食品生产企业的卫生状况与产品微生物指标有直接关系。食品用器具、机器设备的食品接触面、生产用水、车间环境及人员的卫生情况等因素都可能造成微生物超标。本省蜜饯的生产以小工厂及小作坊为主，而小工厂及小作坊经常处于半露天状态，无防尘、防蝇、防鼠等设施，且工人本身及机器设备卫生消毒措施也不严谨，广东地区天气炎热，如冷藏保鲜条件不佳，均会造成肠道致病菌的繁殖。

（五）霉菌

霉菌是形成分枝菌丝的真菌的统称，菌丝体常呈白色、褐色、灰色，或呈鲜艳的颜色（菌落为白色毛状的是毛霉，绿色的为青霉，黄色的为黄曲霉），有的可产生色素使基质着色。霉菌繁殖迅速，常造成食品、用具大量霉腐变质，但许多有益种类已被广泛应用，是人类实践活动中最早利用和认识的一类微生物。黄曲霉毒素的危害因素特征描述见第三章。

1. 相关标准要求

食品安全国家标准《蜜饯卫生标准》（GB 14884—2003）规定了蜜饯中霉菌的指标为≤50 cfu/g。

2. 危害因素来源

部分蜜饯生产企业生产卫生条件差，导致霉菌的生长。

五、危害因素的监控措施建议

（一）生产企业自控建议

蜜饯生产企业通过对原料部分及加工过程的危害分析，运用 HACCP 原理，可以将蜜饯的安全生产隐患降低到可以接受的水平，以确保蜜饯的安全生产。

1. 原辅料使用方面的监控

蜜饯的主要配料为果蔬、糖类和食用添加剂，蜜饯生产企业要严格把好原料质量关，主要原料应采购种植基地周围无化工厂、远离交通主干道的符合采购标准的产品，蔬菜、水果原料必须是新鲜、无毒、无害、无霉变、无虫蛀、无感官异常，并按照生产能力与生产计划制定进货品种和数量，避免造成积压。检查合格的原料应以先进先出为原则，如长期储存或存于高温及其他的不利条件下，应重新检验。原材料的储存条件为避免受到污染、损坏和品质下降，仓储记录要完整。对食品添加剂、糖、食盐等辅料的采购应加强索证工作，无生产许可证和检验合格证的产品坚决不予采购。

2. 食品添加剂使用方面的监控

蜜饯生产过程中所使用的食品添加剂必须符合《食品安全国家标准　食品添加剂使用标准》（GB 2760—2011）的规定，全面实行"五专"、"五对"管理，确保食品添加剂的安全使用。不得超范围使用食品添加剂（如防腐剂、漂白剂、着色剂及甜味剂等）；不得添加国家明令禁止使用的非食用物质（如非食用盐、工业硫磺等）。

3. 蜜饯生产过程的监控

蜜饯的生产加工以原料处理、糖（盐）制、干燥、修整、包装等工艺组成。全程按照 HACCP 体系及 GMP 的要求进行关键点的控制，形成关键控制点作业指导书，并在其指导下进行生产。

a. 厂房的布局。按《蜜饯企业良好操作规范》（GB 8956—2003）的要求，厂房应设立在不易受污染的区域，厂区周围应保持清洁和绿化。厂区内运输原料和成品应与运送垃圾、废料等分开设门，防止交叉污染。蜜饯生产车间内应光线充足、通风良好、地面应平坦、便于清洗、有良好的排水系统。天花板、门窗、墙壁应涂刷浅色无毒涂料。门、窗必须安装纱门、纱窗或其他防蚊蝇设施。晒场四周无尘土飞扬及污染物，应有围墙或纱网，经日晒后直接食用的产品，应放置在与地面相隔的晒盘或其他材料上，避免产品直接接触地面，晒场应有防蝇、防虫、防雨淋设施，周围不得有垃圾和蚊蝇滋生地。原材料仓库及成品仓库应隔离或分别放置，同一仓库储存性质不同物品时，应当隔离，有防潮、防霉、防蝇、防虫和防鼠措施。

b. 加工工艺的控制。通过卫生标准操作规范（SSOP）控制和保持良好的个人卫生；购买符合卫生标准要求的设备及使用符合标准要求的饮用水；严格控制烘干温度、湿度、烘干时间等参数；要求包装材料供应商提供无毒无害的权威检测报告；定期检测仪器设备的灵敏度，对出故障的仪器设备应立即排除。

4. 出厂检验的监控

蜜饯生产企业要强化重视出厂检验的意识，制定切合自身且不断完善的出厂检验制度；检验人员须具备检验能力和检验资格，同时能正确处理数据；定期或不定期与质检机构进行检验比对，提高检验水平；根据蜜饯的检验项目要求，制作统一规范的原始记录单和出厂检验报告，不定期抽查评点报告，如实、科学填写原始记录；凡是未经检验或者检验不合格的产品一律不准出厂销售，经检验合格的产品，必须按批次签发产品检验合格证书和检验报告单；每批样品应留样保存，依成品的特性进行保存实验，以确定其保质期。

（二）监管部门监控建议

a. 加强重点环节的日常监督检查。蜜饯生产是广东省规模较大、影响较广的行业，加大对蜜饯生产行业的日常监督检查刻不容缓。重点对照卫生部发布的《食品中可能违法添加的非食用物质和易滥用的食品添加剂品种名单》，以及本地区监管工作中发现的其他在食品中存在的有毒有害物质、非法添加物质和食品制假现象，对企业的原料进货把关、生产过程投料控制及出厂检验等

关键环节的控制措施落实情况和记录情况进行检查。在企业现场如果发现超限量、超范围使用添加剂，应立即采取措施控制企业相关产品。

b. 重点问题风险防范。蜜饯食品是以水果和蔬菜为原料经过糖化处理加工而成，为了使其色泽鲜艳、口感甜和延长保质期，添加了食品添加剂如甜蜜素、山梨酸、糖精钠和焦亚硫酸钠（钾）等，有些蜜饯食品的含水量较高，储存不当极易产生发霉和变质，因此蜜饯食品中微生物指标和食品添加剂超限量、超范围是影响其食品安全的主要原因，应加强对蜜饯产品中微生物指标和食品添加剂使用的检测。生产现场应重点检查蜜饯生产原料的检验报告、生产企业的卫生条件、卫生防护和从业人员健康卫生状况、车间设备的清洗消毒记录、清洁区与污染区有无区域划分、三防设施（防蝇、防尘、防鼠）是否完善等。

c. 作为蜜饯生产和消费大省，只有优质产品和诚信品牌才能发展壮大该产业。应严把产品质量关，严格规范蜜饯生产企业的准入制度，经检验卫生质量合格后方可发放卫生许可证。严厉取缔、关停不具备食品生产加工基本条件的生产加工点，推动企业兼并或合并进程，使生产能力向优势企业集中，提高产品质量。

d. 积极推行举报奖励制度，及时对有关问题进行危害因素的调查和分析。

（三）消费建议

a. 符合原辅料及生产设备企业生产的蜜饯产品，可信度比较高。蜜饯产品生产加工所用的原辅材料符合相应的国家标准、行业标准及有关规定，不得使用非食用性原料。原料处理设备、糖（盐）制设备、干燥设备（晒场或干燥房）、包装设备等设备齐全的厂家，可以作为首选。

b. 选品牌。消费者在消费时应首选大型超市销售的知名企业生产的产品，一般不要购买色泽特别鲜艳的产品，不要购买包装简陋的产品。

c. 看产品外包装标识标注是否齐全。包装上必须标明：名称、配料表、净含量、制造者或经销者的名称和地址、生产日期、保质期或/保存期、产品标准号等。

d. 闻气味，辨外观。打开包装后注意产品不得有异味，滋味与气味表示产品的风味质量（包括味道与香气），各类产品应有其独特的香味。产品不允许有外来杂质，如砂粒、发丝等。并观察产品组织结构和形态，产品组织结构往往能反映产品的内在品质，通常包括肉质细腻程度、糖分分布渗透均匀程度、颗粒饱满程度；而产品形态则表示产品的外观，通常包括形状、大小、长短、厚薄是否基本一致、产品表面附着糖霜是否均匀、有无皱缩残损、破裂和其他表面缺陷、颗粒表面干湿程度是否基本一致。

参 考 文 献

丁文慧，陆利霞，熊晓辉. 2012. 提高山梨酸及钾盐防腐效果的研究进展[J]. 食品工业科技，33（3）：31-33.

刘明. 2008. 食品中二氧化硫残留量检测方法的改进[J]. 生命科学仪器，6（12）：42-44.

苏建国，彭进. 2011. UPLC同时测定风味饮料中安赛蜜、糖精钠、苯甲酸、山梨酸方法研究[J]. 中国食品添加剂，2：243-245.

吴艳，和娟. 2013. 浅议食品微生物检测中菌落总数与大肠菌群两个指标的关系[J]. 计量与测试技术，40（6）：92-93.

GB 14884—2003. 蜜饯卫生标准[S].

GB 2760—2011. 食品安全国家标准 食品添加剂使用标准[S].

Magnoli AP，Monge MP，Miazzo RD，et al. 2011. Effect of low levels of aflatoxin B_1 on performance，biochemical parameters，and aflatoxin B_1 in broiler liver tissues in the presence of monensin and sodium bentonite[J]. Poult Sci，90（1）：48-58.

Nair B. 2001. Final report on the safety assessment of Benzyl Alcohol, Benzoic Acid, and Sodium Benzoate[J]. Int J Toxicol，20 Suppl 3：23-50.

Price JM，Biava CG，Oser BL，et al. 1970. Bladder Tumors in Rats Fed Cyclohexylamine or High Doses of a Mixture of Cyclamate and Saccharin[J]. Science，167（3921）：1131-1132.

Takayama S，Renwick AG，Johansson SL，et al. 2000. Long-term toxicity and carcinogenicity study of cyclamate in nonhuman primates[J]. Toxicol Sci，53：33-39.

报告四十一　啤酒生产加工食品安全危害因素调查分析

一、广东省啤酒行业情况

啤酒是以麦芽、水为主要原料加啤酒花（包括酒花制品），经酵母发酵酿制而成的、含有二氧化碳的、起泡的、低酒精度的发酵酒。根据所采用的酵母和工艺，国际上啤酒分下面发酵啤酒和上面发酵啤酒两大类。啤酒具有独特的苦味和香味，营养成分丰富，含有各种人体所需的氨基酸及多种维生素如维生素 B、烟酰胺、泛酸及矿物质等。

据统计，目前，广东省啤酒生产加工单位共 28 家，其中获证企业 28 家，占 100%，见表 2-41-1。

表 2-41-1　广东省啤酒生产加工单位情况统计表

生产加工企业总数/家	食品生产加工企业			食品小作坊数/家
	获证企业数/家	GMP、SSOP、HACCP 等先进质量管理规范企业数/家	规模以上企业数（即年主营业务收入 500 万元及以上）/家	
28	28	10	13	0

注：表中数据统计日期为 2012 年 12 月。

广东啤酒生产加工单位的分布如图 2-41-1 所示，珠三角地区的啤酒生产加工单位共 20 家，占 71.4%，粤东、粤西、粤北地区分别有 5 家、2 家和 1 家，分别占 17.9%、7.1%、3.6%。从生产加工单位数量看，佛山最多，有 4 家；其次是深圳、东莞和广州，分别有 3 家。

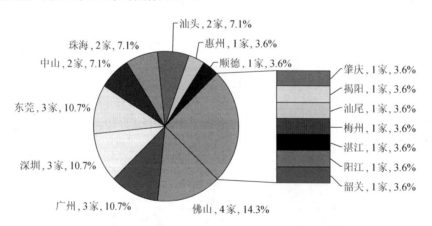

图 2-41-1　广东省啤酒加工企业地域分布图

全省有 13 家较大规模企业，其中深圳 3 家，佛山 2 家，珠海 2 家，中山、顺德、肇庆、梅州、湛江、韶关各 1 家。同时全省有 10 家企业实施了良好生产规范（GMP）、卫生标准操作规范（SSOP）、危害分析与关键控制点（HACCP），其中深圳 3 家、佛山 2 家、珠海 2 家、惠州、顺德、肇庆各 1 家。大中型的啤酒生产加工企业的工艺比较成熟，管理比较规范，从业人员经过健康合格检查，操作熟练，进出厂的检验比较严格；人员要经过卫生教育培训，保持工作环境卫生。

啤酒生产加工行业存在以下主要问题：①风味异常，由原料、生产工艺、酵母、生产过程中的微生物管理等问题引起啤酒的风味异常，主要表现为口味粗涩、苦味不正、有氧化味等；②喷涌现象，原料大麦在收获时受潮感染上霉菌，导致啤酒在启盖后发生不正常的窜沫现象，严重时会窜出流失多半瓶啤酒；③非生物稳定性，啤酒是一种稳定性不强的胶体溶液，最常见的啤酒非生物浑浊是蛋白质浑浊。

　　啤酒生产加工单位今后食品安全的发展方向是：从源头抓质量，严格控制原料质量、规范操作，生产出质量较高的产品；强化监管，进一步加强整合，逐步实现规模化、自动化，实现技术创新，形成保证啤酒质量的可靠管理模式。

二、啤酒抽样检验情况

　　啤酒的抽样检验情况见表 2-41-2 和表 2-41-3。

表 2-41-2　2010~2012 年广东省啤酒抽样检验情况统计表（1）

年度	抽检批次	合格批次	不合格批次	内在质量不合格批次	内在质量不合格产品发现率/%
2012	180	176	4	0	0.0
2011	197	192	5	0	0.0
2010	212	210	2	1	0.5

表 2-41-3　2010~2012 年广东省啤酒抽样检验情况统计表（2）

年度	不合格项目（按照不合格率的高低依次列举）											
	不合格项目（一）				不合格项目（二）				不合格项目（三）			
	项目名称	抽检批次	不合格批次	不合格率/%	项目名称	抽检批次	不合格批次	不合格率/%	项目名称	抽检批次	不合格批次	不合格率/%
2012	标签	37	4	10.8	—	—	—	—	—	—	—	—
2011	—				—	—	—	—	—	—	—	—
2010	—				—	—	—	—	—	—	—	—

　　注："—"代表无此项目。

三、啤酒生产加工环节潜在危害因素调查情况

（一）啤酒基本生产流程及关键控制点

　　啤酒的生产加工工艺流程：
　　糖化→发酵→滤酒→包装
　　啤酒生产加工的 HACCP 及 GMP 的关键控制点为：①原辅料的控制；②添加剂的控制；③清洗剂、杀菌剂的控制；④工艺（卫生）要求的控制；⑤啤酒瓶的质量控制。

（二）调查发现啤酒生产加工过程中存在的主要问题

　　a. 黄曲霉毒素 B_1 超标。
　　b. N-二甲基亚硝胺超标。
　　c. 甲醛超标。
　　d. 微生物污染。
　　e. 清洗剂、杀菌剂等在啤酒中存在残留。
　　f. 食品添加剂的超范围或超限量使用。

四、啤酒行业生产加工环节因素及描述

（一）N-二甲基亚硝胺

1. 危害因素特征描述

　　亚硝胺是 N-亚硝基化合物的一种，根据其化学性质分为挥发性和非挥发性两类化合物，当与氮原子连接的烃基相同时称为对称性亚硝胺，如 N-二甲基亚硝胺。N-二甲基亚硝胺属高毒物质，对眼睛、皮肤有刺激作用，摄入、吸入或经皮肤吸收可引起肝、肾损害，情况严重者可能导致死亡。在实验动物中人为制造肝损伤模型，较小剂量长期暴露也可能增加肝癌风险。IARC 列其为对实验动物有足够证据致癌物。食品中微量的 N-二甲基亚硝胺可能是在生产加工过程中含氮化合物与生物碱反应所得到的生成物。

2. 检测方法及相关标准要求

　　我国食品安全国家标准《食品中 N-亚硝胺类的测定》（GB/T 5009.26—2003）规定了啤酒中 N-亚硝基化合物的标准检测方法是采用气相色谱-热能分析仪进行测定。

我国国家标准《啤酒》(GB 4927—2008)及《食品安全国家标准 食品中污染物限量》(GB 2762—2012)均未规定啤酒中 N-二甲基亚硝胺的限值，但发达国家普遍规定啤酒中 N-二甲基亚硝胺的限量值，见表 2-41-4。

表 2-41-4 西方各国对啤酒中 N-二甲基亚硝胺的限量值

国家	N-二甲基亚硝胺限量值/(μg/L)
美国	5.0
日本	5.0
英国	0.5
德国	0.5
比利时	0.5
荷兰	0.5
瑞士	1.0
加拿大	1.5

3. 危害因素来源

啤酒中 N-二甲基亚硝胺含量过高的主要来源是啤酒生产过程中，采用直火烘干麦芽，使含酪氨酸的大麦碱受到来自烟气中液体氮氧化物作用，发生硝基化而形成 N-二甲基亚硝胺。

(二)甲醛

甲醛是一种无色、有毒的气体，由于常作为漂白剂用于海产品加工过程中而残留于产品中，以致危害消费者的健康，因此甲醛已被列入《食品中可能违法添加的非食用物质或滥用的食品添加剂品种名单》。甲醛的危害因素特征描述见第三章。

1. 相关标准要求

《食品安全国家标准 发酵酒及其配制酒》(GB 2758—2012)规定，啤酒中甲醛的含量限值≤2.0 mg/L。

2. 危害因素来源

啤酒中甲醛的危害因素来源主要有，一是企业加入甲醛作为稳定剂，去除生产过程生成的多酚而避免絮状沉淀，保证啤酒品质。目前世界上除了德国的啤酒生产禁止使用甲醛外，其他国家都允许根据相关标准使用。二是企业在生产过程中未控制好发酵条件，使甲醛生成量增多。

(三)黄曲霉毒素 B_1

黄曲霉毒素是黄曲霉、寄生曲霉的次生代谢产物。酿造啤酒使用的麦芽是易被黄曲霉、寄生曲霉污

染的食品原材料之一。被污染的麦芽有可能含有黄曲霉毒素且会经过生产加工过程而迁移至啤酒产品中，从而降低啤酒产品的安全性，黄曲霉毒素 B_1 的危害因素特征描述见第三章。

1. 相关标准要求

我国农业行业标准《绿色食品 啤酒》(NY/T 273—2012)中规定黄曲霉毒素 B_1≤5 μg/L。

2. 危害因素来源

啤酒所使用的大米及麦芽是易被黄曲霉或寄生曲霉污染的原材料，若使用被污染的原材料进行酿造，所产生的黄曲霉毒素则易进入啤酒产品中而大大降低此类食品的食用安全性。

(四)大肠菌群

用于生产啤酒的麦芽、麦芽汁及成品啤酒含有丰富的糖类等物质，微生物污染后可在其中快速生长及繁殖，而导致微生物卫生指标不符合标准要求。大肠菌群、沙门氏菌、志贺氏菌及金黄色葡萄球菌的危害因素特征描述见第三章。

1. 相关标准要求

《食品安全国家标准 发酵酒及其配制酒》(GB 2758—2012)规定啤酒中肠道致病菌(沙门氏菌、金黄色葡萄球菌)不得检出。农业行业标准《绿色食品 啤酒》(NY/T 273—2012)中规定生啤酒与熟啤酒中菌落总数应≤50 cfu/ml，鲜啤酒、生啤酒与熟啤酒中大肠菌群为≤3 MPN/100ml，肠道致病菌(沙门氏菌、志贺氏菌、金黄色葡萄球菌)不得检出。

2. 危害因素来源

啤酒微生物污染的危害因素来源主要是企业生产过程中除了糖化工艺之外无严格杀菌过程，原料或发酵过程污染微生物导致污染成品。

五、危害因素的监控措施建议

(一)生产企业自控建议

1. 原辅料使用方面的监控

啤酒的主要配料为麦芽和水，原料应符合国家食品安全标准《粮食卫生标准》(GB 2715—2005)，不得采用腐败变质原料，不得采用农药残留、黄曲霉毒素 B_1 超标的原料。酒花或酒花制品应气味正常，不变质。生产过程用水必须符合《生活饮用水卫生标准》。

2. 食品添加剂使用方面的监控

严格按照国家有关规定控制成品中甲醛含量。

3. 啤酒生产过程的监控

啤酒的生产加工以糖化、发酵、滤酒、包装等工艺组成。全程按照 HACCP 体系及 GMP 的要求进行关键点的控制，形成关键控制点作业指导书，并在其指导下进行生产。

（1）糖化和发酵的控制

原料经糊化和糖化后过滤制成麦芽汁，添加啤酒花后煮沸，煮沸后的麦芽汁经冷却至添加酵母的适宜温度（5~9 ℃），这一过程要经历一个易污染的温区，因此，整个冷却过程中使用的各种设备、工具容器、管道等应保持无菌状态。冷却后的麦芽汁接种啤酒酵母进入前发酵阶段，而后再经过一段较长时间的低温（1~2 ℃）后发酵，产生大量的二氧化碳，使酒成熟。为防止发酵过程中污染杂菌，酵母培养室、发酵室以及设备、工具、管道、地面等应保持清洁，并定期消毒。

（2）滤酒

酿造成熟的啤酒经过滤处理，以除去悬浮物、酵母、蛋白质凝固物及酒花等，过滤所用的滤材、滤器，应彻底清洗消毒，保持无菌。过滤后的成品为生啤酒，生啤酒装瓶巴氏消毒后为熟啤酒。注意清洗剂、杀菌剂在啤酒中的残留量。不得使用回收废旧塑料为原料生产的瓶和盖，重复使用的玻璃瓶应清洗干净并消毒。

4. 出厂检验的监控

啤酒生产企业要强化重视出厂检验的意识，制定切合自身且不断完善的出厂检验制度；检验人员须具备检验能力和检验资格；定期或不定期与质检机构进行检验比对，提高检验水平；根据啤酒的检验项目要求，制作统一规范的原始记录单和出厂检验报告，不定期抽查评点报告，如实、科学填写原始记录。

（二）监管部门监控建议

a. 加强重点环节的日常监督检查。要注重原辅料的检查，加大对原料中微生物指标的抽样检测，生产用水须经过严格消毒检验合格后才能使用。生产车间、生产设备、容器进行清洗杀菌，成品经检测合格后方可出厂。

b. 重点问题风险防范。某些企业工艺落后，在啤酒生产过程中采用直火烘干麦芽，使含酪氨酸的大麦碱受到来自烟气中液体氮氧化物（NO 和 NO_2）作用，发生硝基化而形成二甲基亚硝胺；在啤酒生产过程中以甲醛作为稳定剂，除去多酚与蛋白质形成的沉淀，造成甲醛残留；原料未能及时晒干及储藏不当时，易被黄曲霉或寄生曲霉污染而导致黄曲霉毒素 B_1 残留。综上所述应重点监督检查 N-二甲基亚硝胺、甲醛、黄曲霉毒素 B_1 等项目。

（三）消费建议

良质啤酒具有典型特征：在色泽方面，大致分为淡色、浓色和黑色 3 种，不管色泽深浅，均应清亮、透明无浑浊现象；注入杯中时形成泡沫，应洁白、细腻、持久、挂杯；有独特的酒花香味和苦味，淡色啤酒较明显，且酒体爽而不淡，柔和适口，而浓色啤酒苦味较轻，具有浓郁的麦芽香味，酒体较醇厚；含有饱和溶解的 CO_2，有利于啤酒的起泡性，饮用后有一种舒适的刺激感觉；应长时间保持其光洁的透明度，在规定的保存期内，不应有明显的悬浮物。

a. 看日期：查看瓶装啤酒是否超过保质期。啤酒过期则质量下降，甚至不能饮用。

b. 看色泽、透明度及泡沫：将啤酒倒入洁净干燥的大口无色透明的玻璃杯中。浅色黄啤酒应呈微带青的金黄色，不可色暗；黄啤酒应呈淡黄色或淡黄带绿色，色淡者为优，不可带有暗褐色；黑啤酒应呈黑红色或黑棕色，不可呈黑褐色，浅红或棕色。酒液应清亮透明，有光，无悬浮物及沉淀物。质优的啤酒，注入杯内时升起的泡沫高度不应低于3 cm，而且泡沫洁白、细腻，能持久4~5 min 以上才消失，质量较次的啤酒，泡沫升起的高度低，泡沫微黄、较粗、不持久，或者无泡沫、喷泡。

c. 闻香气：质优的啤酒，应具有显著的麦芽清香和酒花特有的香气；质量较次的啤酒，麦芽清香和酒花香气不明显；质次的，往往不但无麦芽和酒花香气，甚至会有生酒气味、老化气味及其他不正常的异香气。

d. 尝味道：尝味道，即喝一口啤酒，含在嘴里，用味觉、嗅觉检验其质量优劣。啤酒应具有来自酒液中的二氧化碳气味和来自酒花的爽口苦味和独特风味。质优的啤酒，喝到嘴里后具有非常爽口的感觉，没有异味、涩味等。如黄啤酒，清苦、爽口、细腻；红啤酒初味苦而回味甜；黑啤酒味道香浓质厚实。酿造不好质地的啤酒，不仅口味平淡，而且会带有苦味、涩味，有的还会带有酵母臭味、不成熟的啤酒味及其他不正常的异味等。

参 考 文 献

丁红梅，陈彬，杨兴龙，等. 2010. 气质联用法测定生食水产品中的挥发性N-亚硝胺[J]. 食品与机械，26（10）：54-56.
李玲，徐幸莲，周光雄. 2013. 气质联用检测传统中式香肠中的9种挥发性亚硝胺[J]. 食品科学，34（14）：241-244.
马俪珍，南庆贤，方长法. 2005. N-亚硝胺类化合物与食品安全性[J]. 农产品加工·学刊，（5）：8-14.

吴永宁. 2003. 现代食品安全科学[M]. 北京：化学工业出版社.

GB 2758—2012. 食品安全国家标准 发酵酒及其配制酒[S].

GB 2762—2012. 食品安全国家标准 食品中污染物限量[S].

GB 4927—2008. 啤酒[S].

GB/T 5009.26—2003. 食品中N-亚硝胺类的测定[S].

NY/T 273—2012. 绿色食品 啤酒[S].

报告四十二 葡萄酒生产加工食品安全危害因素调查分析

一、广东省葡萄酒行业情况

葡萄酒是以新鲜葡萄或葡萄汁为原料，经酵母发酵酿制而成的酒精度不低于 7%（*V/V*）的各类酒的总称。葡萄酒按照不同标准可分成多种类型。按葡萄酒的色泽，可分为红葡萄酒、白葡萄酒、桃红葡萄酒三大类；根据葡萄酒的含糖量，可分为干红葡萄酒、半干红葡萄酒、半甜红葡萄酒和甜红葡萄酒；按照葡萄酒的二氧化碳的压力来分，可分为无气葡萄酒、起泡葡萄酒、强化乙醇葡萄酒、葡萄汽酒和加料葡萄酒。

据统计，目前，广东省葡萄酒生产加工企业共 39 家，其中获证企业 39 家，占 100.0%，见表 2-42-1。

表 2-42-1 广东省葡萄酒生产加工企业情况统计表

生产加工单位总数/家	食品生产加工企业			食品小作坊数/家
	获证企业数/家	GMP、SSOP、HACCP 等先进质量管理规范企业数/家	规模以上企业（即年主营业务收入 500 万元及以上）/家	
39	39	4	3	0

注：表中数据统计日期为 2012 年 12 月。

广东省葡萄酒生产加工企业的分布如图 2-42-1 所示，珠三角地区的葡萄酒生产加工企业共 21 家，占 53.8%，粤东、粤西区分别有 17 家、1 家，分别占 43.6%、2.6%。从生产加工单位数量看，汕头最多，有 11 家，其次为广州和深圳，分别有 7 家和 4 家。

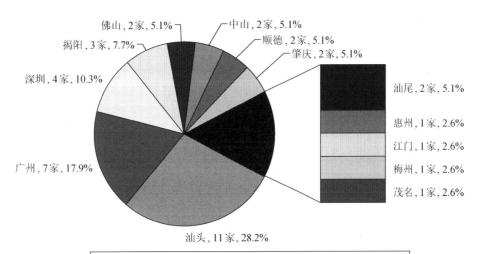

图 2-42-1 广东省葡萄酒加工企业地域分布图

广东省有 3 家企业属较大规模，分别在深圳（2 家）和梅州（1 家）。同时全省有 4 家企业实施了良好生产规范（GMP）、卫生标准操作规范（SSOP）、危害分析与关键控制点（HACCP），其中深圳 3 家、顺德 1 家。

葡萄酒生产加工行业存在以下主要问题：①部分产品标签标识不规范；②酒精度不符合标准要求；③食品加工场所简陋、从业人员卫生习惯差，消毒措施不健全，加工、包装等过程容易受到污染，致使微生物超标。

葡萄酒生产加工企业今后食品安全的发展方向是：完善相应标准的制定，加强监督与管理，严格执行操作规范；进一步加强添加剂的使用监管；积极培养及引进相关人才；加强从业人员卫生知识培训，增强其卫生意识和守法观念，以保证消费者的食用安全。

二、葡萄酒抽样检验情况

葡萄酒的抽样检验情况见表 2-42-2 和表 2-42-3。

表 2-42-2　2010~2012 年广东省葡萄酒抽样检验情况统计表（1）

年度	抽检批次	合格批次	不合格批次	内在质量不合格批次	内在质量不合格产品发现率/%
2012	56	49	7	1	1.8
2011	72	62	10	4	5.6
2010	41	35	6	2	4.9

表 2-42-3　2010~2012 年广东省葡萄酒抽样检验情况统计表（2）

年度	不合格项目（按照不合格率的高低依次列举）											
	不合格项目（一）				不合格项目（二）				不合格项目（三）			
	项目名称	抽检批次	不合格批次	不合格率/%	项目名称	抽检批次	不合格批次	不合格率/%	项目名称	抽检批次	不合格批次	不合格率/%
2012	标签	24	6	25.0	酒精度	12	1	8.3	—	—	—	—
2011	标签	7	2	28.6	菌落总数	26	3	11.5	酒精度	19	1	5.3
2010	标签	5	1	20.0	菌落总数	7	1	14.3	—	—	—	—

注："—"代表无此项目。

三、葡萄酒生产加工环节危害因素调查情况

（一）葡萄酒基本生产流程及关键控制点

葡萄酒的生产加工工艺流程：

原料→破碎（压榨）→发酵→分离→储存→澄清处理→调配→除菌→灌装→成品

葡萄酒生产加工的 HACCP 及 GMP 的关键控制点为：①原材料的质量；②发酵与储存过程的控制；③稳定性处理；④调配。

（二）调查发现葡萄酒生产加工过程中存在的主要问题

a. 超量使用二氧化硫。

b. 超量使用防腐剂（苯甲酸及其钠盐、山梨酸及其钾盐）。

c. 超量使用甜蜜素。

d. 超范围使用苋菜红。

e. 超范围使用红曲米。

f. 微生物超标（菌落总数）。

g. 葡萄汁含量不足。

四、葡萄酒行业生产加工环节危害因素及描述

（一）天然苋菜红

天然苋菜红是从红苋菜等植物中提取得到的天然着色剂，其使用范围和使用限量应根据《食品安全国家标准 食品添加剂使用标准》（GB 2760—2011）规定。天然苋菜红的危害因素特征描述见第三章。

1. 相关标准要求

我国《食品安全国家标准 食品添加剂使用标准》（GB 2760—2011）不允许天然苋菜红在葡萄酒中使用。

2. 危害因素来源

生产企业超范围使用。

（二）红曲米

红曲米是一种以大米为原料经红曲霉发酵而成的天然着色剂，可在多种食品中使用，但使用须遵守《食品安全国家标准 食品添加剂使用标准》（GB 2760—2011）规定。红曲米的危害因素特征描述见第三章。

1. 相关标准要求及非法添加的目的

我国《食品安全国家标准　食品添加剂使用标准》（GB 2760—2011）未允许红曲米在葡萄酒中作为着色剂使用。

2. 危害因素来源

葡萄酒中红曲米中的危害因素来源主要是，为了提高葡萄酒的感官品质而赚取更多的利润，部分企业超范围使用红曲米色素。

（三）二氧化硫

葡萄酒在发酵前所使用的葡萄汁的保鲜、葡萄酒发酵完成后的灭菌及保证葡萄酒在保质期中的品质需要添加食品防腐剂来完成，其中效果较好的是二氧化硫，但其使用限量应严格遵守《食品安全国家标准　食品添加剂使用标准》（GB 2760—2011）的规定。二氧化硫的危害因素特征描述见第二部分第一章。

1. 相关标准要求

我国《食品安全国家标准　食品添加剂使用标准》（GB 2760—2011）规定葡萄酒中二氧化硫最大使用量为 0.25 g/L。甜型葡萄酒及果酒系列产品最大使用量为 0.4 g/L，最大使用量以二氧化硫残留量计。

2. 危害因素来源

葡萄酒中二氧化硫残留量超标的危害因素来源主要是，一是企业在葡萄酒发酵过程中，超量二氧化硫抑制微生物生长和繁殖；二是企业为延长产品保质期，超限量加入了焦亚硫酸钠（钾）、低亚硫酸钠等二氧化硫类物质。

（四）甜蜜素超标

甜蜜素是人工合成的一种食品甜味剂，具有甜度高，甜味清爽，安全性高，稳定性好等特征。甜蜜素被生产企业广泛应用于多种食品中，但在使用时应遵守《食品安全国家标准　食品添加剂使用标准》（GB 2760—2011）。甜蜜素的危害因素特征描述见第三章。

1. 相关标准要求

我国《食品安全国家标准　食品添加剂使用标准》（GB 2760—2011）不允许甜蜜素在葡萄酒产品中使用。

2. 危害因素来源

生产企业为降低生产成本超范围添加。

（五）超范围使用苯甲酸及其钠盐、山梨酸及其钾盐

苯甲酸及其钠盐、山梨酸及其钾盐是食品工业中常见的防腐保鲜剂，在一定的条件下对食品中霉菌和酵母菌的繁殖起到抑制作用，但其使用需要遵守《食品安全国家标准　食品添加剂使用标准》（GB 2760—2011）规定。苯甲酸及其钠盐、山梨酸及其钾盐的危害因素特征描述见第三章。

1. 相关标准要求

我国《食品安全国家标准　食品添加剂使用标准》（GB 2760—2011）不允许葡萄酒使用苯甲酸及其钠盐，但允许使用山梨酸及其钾盐，最大使用量为 0.2 g/kg。

2. 危害因素来源

企业为成品超限量或超范围使用。

五、危害因素的监控措施建议

（一）生产企业自控建议

1. 原辅料使用方面的监控

葡萄酒的主要配料为葡萄（葡萄汁）、水，在验收中主要存在生物危害（如细菌、真菌和寄生虫等）和化学危害（重金属、农药残留等），不得使用腐败变质的葡萄为原材料。生物危害的控制主要通过加工过程中后阶段的杀菌加以消除。化学危害的控制主要通过：①要求供货商提供相关证照及权威机构出具的产品合格证明材料；②建立严格的质量管理体系，保证在生产、仓储及运输过程中的安全卫生；③加强原辅料的自我检验工作，如企业自身无检测能力，可委托有资质的检测机构进行检验；④分装企业一定要对原酒进行检验合格才能分装。

2. 食品添加剂使用方面的监控

葡萄酒生产过程中所使用的食品添加剂必须符合《食品国家安全标准　食品添加剂使用标准》（GB 2760—2011）的规定，在国家标准允许范围内根据自身生产需要适当加入食品添加剂，全面实行"五专"（即食品添加剂专人管理、专柜存放、专本登记、专用计量器具、专人添加）、"五对"（即对标准、对种类、对验收、对用量、对库存）管理，确保食品添加剂的安全使用。不得违规添加红米色素、苋菜红等着色剂及糖精钠、甜蜜素等甜味剂。

3. 葡萄酒生产过程的监控

葡萄酒的生产加工由原料、破碎（压榨）、发酵、分

离、储存、澄清处理、调配、除菌、灌装等工艺组成。全程按照HACCP体系及GMP的要求进行关键点的控制，形成关键控制点作业指导书，并在其指导下进行生产。

a. 控制好葡萄酒的发酵温度、时间，以及二氧化硫的加入量。

b. 生产设备、容器严格按照操作规程操作，按时进行清洗杀菌处理。

c. 调配时，严禁超范围超剂量使用食品添加剂，不得以调配酒冒充发酵酒，同时要监测葡萄酒或果汁的含量以免达不到标准要求。

d. 生产车间要满足生产的卫生要求，定期消毒，杜绝一切污染源。

4. 出厂检验的监控

葡萄酒生产企业要制定切合自身且不断完善的出厂检验制度；检验人员须具备检验能力和检验资格，不断提高检验水平；根据葡萄酒的检验项目要求，制作统一规范的原始记录单和出厂检验报告，不定期抽查评点报告，如实、科学填写原始记录；加强对葡萄酒的二氧化硫残留和微生物指标的检验，对于不合格成品坚决不予以出厂。

（二）监管部门监控建议

a. 加强重点环节的日常监督检查。重点对照卫生部发布的《食品中可能违法添加的非食用物质和易滥用的食品添加剂品种名单》，重点监测对企业的原料进货把关、生产过程投料控制及出厂检验等关键环节的控制措施落实情况和记录情。

b. 重点问题风险防范。葡萄酒主要的不合格项目为着色剂、甜味剂、二氧化硫和微生物。葡萄酒是以新鲜葡萄或葡萄汁为原料，经酵母发酵酿制而成的酒精度不低于7%（V/V）的各类酒的总称，监管发现极少数企业为了降低成本，使用水、乙醇勾兑，总糖和干浸出物不符合标准要求，甚至采用乙醇、水、着色剂和甜味剂勾兑假冒葡萄酒；生产企业在原料采购把关不严和储存不当，使用腐败变质的不新鲜的葡萄酿酒，或者除菌不彻底和灌装环境达不到生产要求，导致微生物超标。同时需要重点检查原材料、通风情况、三防设施、车间设备设施的清洗消毒记录、出厂检验记录等环节。

c. 有针对性地开展标准项目以外涉及安全问题的非常规性项目的专项监督检验，通过对食品生产企业日常监督检验及非常规性项目检验数据进行深入分析，及时发现可能存在的行业性、区域性质量安全隐患，并对食品质量问题进行初步的危害因素分析，监管人员巡查时发现上述添加剂（着色剂、甜味剂），应立即采取控制企业相关产品，对成品进行抽样检查，给予停业整顿处理，严重者给予吊销食品生产许可证等的处分。针对性地检测超范围使用添加剂着色剂、甜味剂等。

d. 积极推行举报奖励制度，高度重视举报投诉发现的问题，及时对有关问题进行危害因素的调查和分析。

（三）消费建议

a. 在正规的大型商场或超市购买并注意保存好票据，以利于维权，产品质量和售后服务较有保证。

b. 选购大中企业或知名牌产品，产品质量较稳定。

c. 可以从以下几个方面，对葡萄酒做出甄选：①色泽方面，葡萄酒颜色不自然，有不明悬浮物，说明葡萄酒已经变质了；②香味方面，葡萄酒有指甲油般呛人的气味，就意味着变质了；③口味方面，饮第一口酒，酒液经过喉头时，正常的葡萄酒是平顺的，咽酒后，应令人神清气爽；④标识方面，打开酒瓶，看木头酒塞上的文字是否与酒瓶标签上的文字一样。

参 考 文 献

曾庆祝，陈陆欣，方细娟，等. 2012. 苋菜红色素提取工艺及稳定性研究[J]. 广州大学学报（自然科学版），11（4）：25-30.

D'Aquino M，Santini P. 1977. Food additives and their possible toxicity：microbiological determination [J]. Archivos Latinoamericanos de nutrition，27：411-424.

GB 15037—2006. 葡萄酒[S].

GB 2760—2011. 食品安全国家标准 食品添加剂使用标准[S].

Graunt IF，Hardy J. 1975. Long-term toxicity of sorbic acid in the rat [J]. Food Cosmet Toxicol，13：31-45.

Rowe KS，Rowe KJ. 1994. Synthetic food coloring and behavior：a dose response effect in a double-blind，placebo-controlled，repeated-measures study[J]. J Pediatr，125（5）：691-698.

报告四十三 其他酒（配制酒）生产加工环节危害因素调查分析

一、广东省其他酒（配制酒）行业情况

配制酒是指以发酵酒、蒸馏酒或食用乙醇为酒基，以食用动植物、食品添加剂作为呈香、呈味、呈色物质，按一定工艺加工而成，改变了其原有酒基风格的饮料酒。

配制酒包括露酒，如参茸酒、竹叶青、利口酒等。

据统计，目前，广东省其他酒（配制酒）生产加工单位共 282 家，其中已获证企业 266 家，占 94.3%，小作坊 16 家，占 5.7%，见表 2-43-1。

表 2-43-1　广东省其他酒（配制酒）生产加工单位情况统计表

生产加工单位总数/家	食品生产加工企业			食品小作坊数/家
	获证企业数/家	GMP、SSOP、HACCP 等先进质量管理规范企业数/家	规模以上企业数（即年主营业务收入 500 万元及以上）/家	
282	266	2	8	16

注：表中数据统计日期为 2012 年 12 月。

广东省其他酒（配制酒）生产加工单位的分布如图 2-43-1 所示，珠三角地区的其他酒（配制酒）生产加工单位共 106 家，占 37.6%，粤东、粤西、粤北地区分别有 81 家、70 家和 25 家，分别占 28.7%、24.8%、8.9%。从生产加工单位数量看，湛江最多，有 38 家，其次为梅州、江门、广州，分别有 35 家、23 家和 20 家。

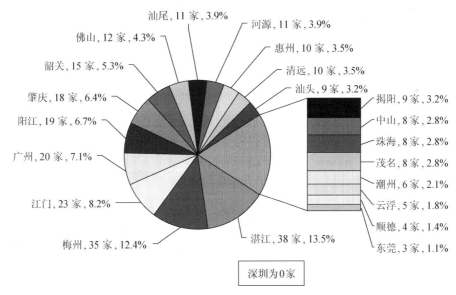

图 2-43-1　广东省其他酒（配制酒）加工企业地域分布图

广东省其他酒（配制酒）加工生产单位分布比较均衡，全省有 8 家较大规模企业，分别在珠海（2 家）、梅州（2 家）、佛山（1 家）、韶关（1 家）和中山（1 家）。同时全省有 2 家企业实施了良好生产规范（GMP）、卫生标准操作程序（SSOP）、危害分析与关键控制点（HACCP），其中中山 1 家、佛山 1 家。

目前其他酒（配制酒）行业存在着以下的问题：①缺乏标准规范，产品质量良莠不齐；②配制酒中加入过量的甜味剂（如糖精钠、甜蜜素）等；③部分企业以假充真，使用食用乙醇或者部分基酒为原料，添加香精等勾兑调制成以假充真配制酒；④生产勾兑用水及酒瓶不符合卫生要求，生产过程管理不严引起微生物污染。

广东省的其他酒（配制酒）行业今后的发展方向是：规范自身生产行为，控制原料质量，规范操作，生产出质量较高的产品，保证"生产工业化、味型复合化、品牌多样化、食用方便化"。

二、其他酒（配制酒）抽样检验情况

其他酒（配制酒）的抽样检验情况见表 2-43-2 和表 2-43-3。

表 2-43-2　2010~2012 年广东省其他酒（配制酒）抽样检验情况统计表（1）

年度	抽检批次	合格批次	不合格批次	内在质量不合格批次	内在质量不合格产品发现率/%
2012	483	434	49	11	2.3
2011	519	459	60	26	5.0
2010	473	409	64	35	7.4

表 2-43-3　2010~2012 年广东省其他酒（配制酒）抽样检验情况统计表（2）

年度	不合格项目（按照不合格率的高低依次列举）								
	不合格项目（一）				不合格项目（二）			不合格项目（三）		
	项目名称	抽检批次	不合格批次	不合格率/%	项目名称	抽检批次	不合格批次	不合格率/%	项目名称	抽检批次	不合格批次	不合格率/%
2012	标签	316	39	12.3	锰	31	3	9.7	甜蜜素	14	1	7.1
2011	标签	301	31	10.3	酒精度	139	9	6.5	锰	150	7	4.7
2010	标签	133	27	20.3	酒精度	200	27	13.5	糖精钠	13	1	7.7

三、其他酒（配制酒）生产加工环节危害因素调查情况

（一）其他酒（配制酒）基本生产流程及关键控制点

酒基→提取→分离汁→调配→储存→澄清处理→封装→成品

配制酒生产加工的 HACCP 及 GMP 的关键控制点为：①原材料的质量；②发酵或提取过程的控制；③储存过程的控制；④稳定性处理；⑤调配。

（二）其他酒（配制酒）生产加工过程中存在的主要问题

a. 氰化物。
b. 重金属超标。
c. 甜蜜素。
d. 甲醇超标。

四、其他酒（配制酒）生产加工环节危害因素及描述

（一）氰化物

氰化物可分为无机氰化物与有机氰化物。在植物中，氰化物通常与糖分子结合，并以含氰糖苷形式存在。其他酒（配制酒）在酿造过程中糖苷酶可水解氰苷生成有毒的氢氰酸等氰化物。氰化物的危害因素特征描述见第三章。

1. 相关标准要求

《食品安全国家标准　蒸馏酒及其配制酒》（GB 2757—2012）规定以粮谷、薯类、水果、乳等为主要原料的蒸馏酒及配制酒中氰化物的限值（以 HCN 计）≤8.0 mg/L（按 100%酒精度折算）。

2. 危害因素来源

配制酒中的氰化物主要来源于酒基，而酒基中氰化物的主要来源是原料，如使用木薯、野生植物等天然含氰化物较高的原料进行发酵而水解产生出氢氰酸，若发酵过程未控制恰当可造成氰化物超标，导致配制酒中含过量氰化物。

（二）重金属污染

铅是对人体有害的重金属元素，在人体内的蓄积性很强，由于饮酒而引起的急性铅中毒比较少见，但长期饮用含铅量高的白酒可致慢性中毒，铅的危害因素特征描述见第三章。

1. 相关标准要求

《食品安全国家标准　食品中污染物限量》（GB

2762—2012）规定酒类（蒸馏酒、黄酒除外）中铅限量（以 Pb 计）≤0.2 mg/kg。

2. 危害因素来源

配制酒中的铅主要来源于酒基，而酒基中含有的铅主要原因有，一是由蒸馏设备锡制冷却器及贮酒容器污染迁移；二是使用了受铅污染的原料带入。

（三）甜蜜素

甜蜜素是一种人工合成的低热值新型甜味剂，广泛应用于多种食品的生产加工中，使用范围及使用限量应遵守《食品安全国家标准 食品添加剂使用标准》（GB 2760—2011）的规定。甜蜜素的危害因素特征描述见第三章。

1. 相关标准要求

《食品安全国家标准 食品添加剂使用标准》（GB 2760—2011）规定，配制酒中甜蜜素的最大使用量（以环己基氨基磺酸计）为 0.65 g/kg。

2. 危害因素来源

配制酒中甜蜜素的危害因素来源主要是生产企业超限量使用。

（四）甲醇超标

1. 危害因素特征描述

甲醇，俗称"木精"，是最简单的一元醇，无色透明，可燃性强，极易挥发，并与水、乙醇、乙醚、苯、酮、卤代烃和许多其他有机溶剂相混溶，是一种比乙醇价格低，但带有乙醇气味且难以凭感官区别于食用乙醇的工业原料。

甲醇是一种剧烈的神经毒性物质，主要侵害视神经，导致视网膜受损，视神经萎缩，视力减退和双目失明。甲醇蒸气能损害人的呼吸道黏膜和视力。甲醇在体内不易排出，容易蓄积，其在体内的代谢产物甲醛和甲酸，甲酸可致机体发生代谢性酸中毒，因此饮用含有甲醇的酒可引致失明、肝病，甚至死亡。

2. 检测方法及相关标准要求

我国《蒸馏酒与配制酒卫生标准的分析方法》（GB/T 5009.48—2003）规定了蒸馏酒及配制酒中的甲醇含量可使用气相色谱法及分光光度法进行测试。气相色谱法由于灵敏度高、分析时间短，常被作为第一法用于蒸馏酒及配制酒中甲醇含量的测定。《食品安全国家标准 蒸馏酒及其配制酒》（GB 2757—2012）规定粮谷类为原料制

备的白酒的甲醇限量值≤0.6 g/L，以其他为原料的白酒的甲醇限量值≤2.0 g/L，甲醇指标均按 100%酒精度折算。

3. 危害因素来源

白酒中甲醇含量超出标准限量值的危害因素来源是，酿酒过程的发酵产物，酒中的甲醇来自制酒原辅料（薯干、马铃薯、水果、糠麸等）中的果胶。在原料的蒸煮过程中，果胶中半乳糖醛酸甲酯分子中的甲氧基分解生成甲醛。黑曲霉中果胶酶活性较高，以黑曲霉作糖化发酵剂时酒中的甲醇常常较高。此外，糖化发酵温度过高、时间过长也会使甲醇含量增高。

五、危害因素的监控建议

（一）生产企业自控建议

1. 原辅料使用方面的监控

配制酒的主要配料为发酵酒、蒸馏酒、食用乙醇、水、食用动植物、食品添加剂。生产企业在选用中草药时必须使用国家卫生部公布的食药两用的中草药，而不得添加其他中草药；禁止采用霉变粮食作为酿酒原料；严禁使用腐烂的水果、薯类等为原料；严禁使用非食用乙醇、甲醇等勾兑酒基；生产用水应符合国家饮用水卫生标准。

2. 食品添加剂使用方面的监控

配制酒生产过程中所使用的食品添加剂必须符合《食品安全国家标准 食品添加剂使用标准》（GB 2760—2011）的规定，不得在酒中添加非食用物质，严禁超范围超限量使用食品添加剂，全面实行"五专"（即食品添加剂专人管理、专柜存放、专本登记、专用计量器具、专人添加）、"五对"（即对标准、对种类、对验收、对用量、对库存）管理，确保食品添加剂的安全使用。

3. 配制酒生产过程的监控

配制酒是以蒸馏酒、发酵酒或食用乙醇为酒基，以食用动植物、食品添加剂作为呈香、呈味、呈色物质，按一定工艺加工而成，改变了其原酒基风格的饮料酒。全程按照 HACCP 体系及 GMP 的要求进行关键点的控制，形成关键控制点作业指导书，并在其指导下进行生产。加强原辅材料进货验收，有条件的企业应当开展原辅材料进厂检验；生产酒基时，使用黄曲作糖化剂以降低甲醇含量或利用甲醇在乙醇浓度高时易于分离的特点，通过增加塔板数或提高回流比方法分离甲醇；为提高乙醇质量应用高锰酸钾氧化乙醇中的杂质时，一定要进行再蒸馏，以除去锰离子。

327

4. 出厂检验的监控

配制酒生产企业要强化重视出厂检验的意识，制定切合自身且不断完善的出厂检验制度；检验人员须具备检验能力和检验资格；定期或不定期与质检机构进行检验比对，提高检验水平，有技术力量的企业应开展重金属、氰化物等指标的检验；产品未经检验或检验不合格，不得出厂或销售。

（二）监管部门监控建议

a. 加强重点环节的日常监督检查。重点对照卫生部发布的《食品中可能违法添加的非食用物质和易滥用的食品添加剂品种名单》，以及本地区监管工作中发现的其他在食品中存在的有毒有害物质、非法添加物质和食品制假现象，配制酒行业中可能存在的非法添加物有工业乙醇、非食用中草药等，对企业的原料进货把关、生产过程投料控制及出厂检验等关键环节的控制措施落实情况和记录情况进行检查。

b. 重点问题风险防范。配制酒主要的不合格项目为甜味剂、重金属及甲醇。多次发生饮酒中毒致盲致死事件，原因是用工业乙醇勾兑导致甲醇超标引起；生产企业由于工艺不合理，原材料及水不符合相关规定，导致铅、锰超

标；生产企业为了降低成本，减少基酒的加入量，加大水和乙醇的量，为了改善口感，超标增加甜味剂等添加剂。

c. 有针对性地开展标准项目以外涉及安全问题的非常规性项目的专项监督检验，通过对食品生产企业日常监督检验及非常规性项目检验数据进行深入分析，及时发现可能存在的行业性、区域性质量安全隐患，并对食品质量问题进行初步的危害因素分析，监管人员巡查时发现上述工业乙醇、非食用中药材等，应立即采取控制企业相关产品，对成品进行抽样检查，给予停业整顿处理，严重者给予吊销食品生产许可证等处分。

d. 积极主动向相关生产加工单位宣传有工业乙醇、非食用中草药等危害因素的产生原因、危害性，以及如何防范等知识，防止违法添加有毒有害物质。

（三）消费建议

选购配制酒类产品时除了关注其外包装上的标签应标注品名、生产厂名、厂址、配方、酒精度、生产日期、保质期限外，还要注意以下事项：①消费者买酒应首选瓶装酒，安全性好；②选购配制酒应从其透明度、色泽、香气和滋味等方面着手。品质好的配制酒酒液透明、有光泽、无小颗粒和浮悬物。应具有较显著的酒香，不能有异味。

参 考 文 献

邓绍平，邝嘉萍，钟伟祥，等. 2008. 香港食用植物中氰化物含量及加工过程对其含量的影响[J]. 中国食品卫生杂志，20（5）：428-430.

段彬伍，谢黎虹，徐霞，等. 2009. 植物性食品中氰化物的测定[J]. 食品与发酵工业，35（5）：167-169.

GB 2757—2012. 食品安全国家标准 蒸馏酒及其配制酒[S].

GB 2760—2011. 食品安全国家标准 食品添加剂使用标准[S].

GB/T 5009.48—2003. 蒸馏酒与配制酒卫生标准的分析方法[S].

报告四十四　蔬菜制品（不含酱腌菜）生产加工食品安全危害因素调查分析

一、广东省蔬菜制品（不含酱腌菜）行业情况

蔬菜制品（不含酱腌菜），是指以蔬菜和食用菌为原料，采用腌制、干燥、油炸等工艺加工而成的各种蔬菜制品，包括蔬菜干制品、食用菌制品、其他蔬菜制品。

据统计，目前，广东省蔬菜制品（不含酱腌菜）生产加工企业共185家，其中获证企业178家，占96.2%，小作坊7家，占3.8%，见表2-44-1。

表 2-44-1　广东省蔬菜制品（不含酱腌菜）生产加工企业情况统计表

生产加工企业总数/家	食品生产加工企业			食品小作坊数/家
	获证企业数/家	GMP、SSOP、HACCP等先进质量管理规范企业数/家	规模以上企业数（即年主营业务收入500万元及以上）/家	
185	178	23	5	7

注：表中数据统计日期为2012年12月。

广东省蔬菜制品（不含酱腌菜）生产加工企业分布如图2-44-1所示，珠三角地区的蔬菜制品（不含酱腌菜）生产加工企业共100家，占54.1%，粤东、粤西、粤北地区分别有51家、9家和25家，分别占27.6%、4.9%、13.5%。从生产加工企业数量看，广州和揭阳最多，分别有41家和30家，其次为深圳、清远和梅州，分别有26家、20家、和12家。

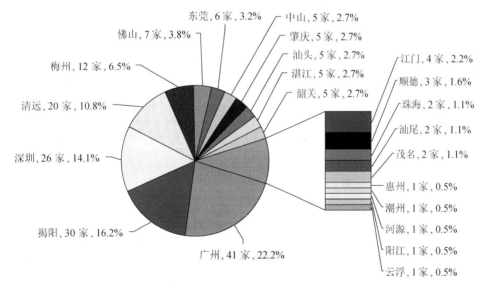

图 2-44-1　广东省蔬菜制品（不含酱腌菜）加工企业地域分布图

虽然广东省蔬菜制品（不含酱腌菜）加工生产企业分布比较均衡，但由于采用的多为半自动化的方式生产，因此产能、产量均不大。全省有5家较大规模企业，分别在深圳（3家），珠海（1家）和潮州（1家）。同时全省有23家企业实施了良好生产规范（GMP）、卫生标准操作规范（SSOP）、危害分析与关键控制点（HACCP），其中广州13家、深圳8家、中山1家和珠海1家。

蔬菜制品（不含酱腌菜）生产加工行业存在以下主要问题：①原料产储、运输、生产加工、销售过程中易造成细菌污染；②部分小企业小作坊存在超范围使用食品添加剂（如色素和防腐剂）行为；③小企业的管理意识较淡薄，部分企业未区分原料堆放区和成品区，造成

329

交叉污染。

蔬菜制品（不含酱腌菜）生产加工企业今后食品安全的发展方向是：完善蔬菜制品的质量安全控制体系和蔬菜加工标准；提高原料利用率，增加产品附加值；原料须符合品种特性要求，采摘及运输须及时，方法须正确，保证符合加工质量要求；保证生产过程及人员的卫生条件。

二、蔬菜制品（不含酱腌菜）抽样检验情况

蔬菜制品（不含酱腌菜）的抽样检验情况见表2-44-2和表2-44-3。

表2-44-2　2010~2012年广东省蔬菜制品（不含酱腌菜）抽样检验情况统计表（1）

年度	抽检批次	合格批次	不合格批次	内在质量不合格批次	内在质量不合格产品发现率/%
2012	157	131	26	12	7.6
2011	137	103	34	12	8.8
2010	139	105	34	16	11.5

表2-44-3　2010~2012年广东省蔬菜制品（不含酱腌菜）抽样检验情况统计表（2）

年度	不合格项目（按照不合格率的高低依次列举）											
	不合格项目（一）				不合格项目（二）				不合格项目（三）			
	项目名称	抽检批次	不合格批次	不合格率/%	项目名称	抽检批次	不合格批次	不合格率/%	项目名称	抽检批次	不合格批次	不合格率/%
2012	二氧化硫	33	5	15.2	标签	86	13	15.1	菌落总数	9	1	11.1
2011	镉	4	2	50.0	铅	4	2	50.0	霉菌	3	1	33.3
2010	食品标签	121	23	19.0	铅	27	4	14.8	镉	8	1	12.5

三、蔬菜制品（不含酱腌菜）行业生产加工环节危害因素调查情况

（一）蔬菜制品（不含酱腌菜）基本生产流程及关键控制点

1. 蔬菜干制品的基本生产流程

（1）自然干燥流程

原料选剔分级→清洗→修整→（烫漂）→晾晒→包装→成品

（2）热风干燥流程

原料选剔分级→清洗→修整→（烫漂）→热风干燥→回软→（压块）→包装→成品

（3）冷冻干燥流程

原料选剔分级→清洗→修整→（烫漂）→沥干→速冻→升华干燥→包装→成品

（4）蔬菜脆片生产流程

原料选剔分级→清洗→修整→（烫漂）→速冻→（真空）油炸→脱油→冷却→包装→成品

（5）蔬菜粉及制品

原料选剔分级→清洗→粉碎→过滤→沉淀→干燥→（成型）→冷却→包装→成品

蔬菜干制品生产加工的HACCP及GMP的关键控制点为：①原料选择；②原料清洗；③干燥；④包装。

2. 食用菌制品的基本生产流程

（1）食用菌干制品

原料选剔预处理→干燥→包装→成品

（2）腌渍食用菌

原料选剔预处理→（烫漂）→（冷却）→腌渍→包装→成品

食用菌制品生产加工的HACCP及GMP的关键控制点为：①原料预处理；②干燥；③食用菌干制品的包装过程；④腌制。

（二）蔬菜制品（不含酱腌菜）生产加工过程中存在的主要问题

a. 超范围使用甜蜜素、糖精钠等甜味剂。

b. 微生物超标。

c. 二氧化硫残留超标。

d. 重金属（铅、镉、砷）含量超标。

e. 亚硝酸盐含量超标。

f. 水分超标。

g. 虫卵及夹杂物。

h. 农药残留超标。

四、蔬菜制品（不含酱腌菜）生产加工环节危害因素及描述

（一）非法添加甜蜜素和糖精钠

甜味剂是指赋予食品或饲料以甜味，提高食品品质，满足人们对食品需求的食物添加剂。甜蜜素和糖精钠的危害因素特征描述见第三章。

1. 相关标准要求

《食品安全国家标准 食品添加剂使用标准》（GB 2760—2011）规定蔬菜制品（不含酱腌菜）不能添加甜蜜素或糖精钠。

2. 危害因素来源

企业超范围添加。

（二）微生物（大肠菌群、菌落总数）超标

菌落总数和大肠菌群是作为判定食品卫生质量状况的主要指标，反映了食品是否符合卫生要求。菌落总数在一定程度上标志着食品卫生质量的优劣。微生物的危害因素特征描述见第三章。

1. 相关标准要求

《酱腌菜卫生标准》（GB 2714—2003）中规定散装酱腌菜的大肠菌群指标应≤90 MPN/100g，瓶（袋）装酱腌菜应≤30 MPN/100g。

2. 危害因素来源

使用发霉变质的蔬菜作为加工原料，生产设备、工具、容器消毒不严或存储条件不当均能造成微生物滋生。同时成品中水分超标为微生物繁殖提供了环境。

（三）二氧化硫残留量超标

二氧化硫为无色，不燃性气体，无自燃及助燃性。具有剧烈刺激臭味，有窒息性。二氧化硫易溶于水和乙醇。溶于水形成亚硫酸，有防腐作用。在食品生产过程中，经常把 SO_2 用作漂白剂、防腐剂、抗氧化剂等。硫磺、二氧化硫、亚硫酸钠、焦亚硫酸钠、和低亚硫酸钠等二氧化硫类物质，也是食品工业中常用的食品添加剂（其在食品中的残留量用二氧化硫计算）。二氧化硫的危害因素特征描述见第三章。

1. 相关标准要求

《食品安全国家标准 食品添加剂使用标准》（GB 2760—2011）中规定了干制蔬菜中二氧化硫的最大使用量为 0.2 g/kg（以二氧化硫残留量计），干制蔬菜（仅限脱水马铃薯）中二氧化硫的最大使用量为 0.4 g/kg，蔬菜罐头（仅限竹笋、酸菜）中二氧化硫的最大使用量为 0.05 g/kg。

2. 危害因素来源

企业超量加入了焦亚硫酸钠（钾）、低亚硫酸钠等 SO_2 类物质，造成 SO_2 残留。

（四）铅含量超标

铅是一种天然有毒的重金属，也是普遍存在于环境的污染物。环境污染或食物在制造、处理或包装过程中都可能受到污染，导致食物含铅。铅的危害因素特征描述见第三章。

1. 相关标准要求

《食品安全国家标准 食品中污染物限量》（GB 2762—2012）中规定，新鲜蔬菜（芸薹类蔬菜、叶菜蔬菜、豆类蔬菜、薯类除外）中铅的限量指标为 0.1 mg/kg，芸薹类蔬菜、叶菜蔬菜中铅的限量指标为 0.3 mg/kg，豆类蔬菜、薯类中铅的限量指标为 0.2 mg/kg，蔬菜制品中铅的限量指标为 1.0 mg/kg。

2. 危害因素来源

蔬菜制品（不含酱腌菜）中铅含量超标可能是由某些地区特殊自然环境中的高本底含量导致。此外，一些添加剂的不规范使用和包装材料的污染也可能导致铅含量超标。

（五）镉含量超标

镉是天然存在于地壳表面的金属元素，作为一种重金属环境污染物，在环境中难以分解，具有很强的生物富集性，容易在某些植物和动物体内富集，并通过生物链最终进入人体。镉的危害因素特征描述见第三章。

1. 相关标准要求

《食品安全国家标准 食品中污染物限量》（GB 2762—2012）中规定，新鲜蔬菜（叶菜蔬菜、豆类蔬菜、块根和块茎蔬菜、茎类蔬菜除外）中镉的限量指标为 0.05 mg/kg，叶菜蔬菜中镉的限量指标为 0.2 mg/kg，豆类蔬菜、块根和块茎蔬菜、茎类蔬菜中镉的限量指标为 0.1 mg/kg，芹菜中镉的限量指标为 0.2 mg/kg。

2. 危害因素来源

蔬菜制品（不含酱腌菜）中镉含量超标可能是由某些地区特殊自然环境中的高本底含量导致。此外，一些添加剂的不规范使用和包装材料的污染也可能导致镉含量超标。

（六）砷含量超标

砷是一种准金属物质，可分为有机及无机两种形态，是自然存在及由人类活动产生而分布于环境四周。砷存在于土壤、地下水和植物，砷化合物则用于制造晶体管、激光产品、半导体、玻璃和颜料等，有时候也会用作除害剂、饲料添加剂和药物。人体主要是从食物和饮用水摄入砷。砷的危害因素特征描述见第三章。

1. 相关标准要求

《食品安全国家标准 食品中污染物限量》（GB 2762—2012）中规定新鲜蔬菜中砷的限量指标为 0.5 mg/kg。

2. 危害因素来源

蔬菜制品（不含酱腌菜）中砷含量超标可能是由某些地区特殊自然环境中的高本底含量导致。此外，一些添加剂的不规范使用和包装材料的污染也可能导致砷含量超标。

（七）违法添加亚硝酸盐

亚硝酸钠，分子式为 $NaNO_2$，常添加到鱼类、肉类等食品中充当发色剂、抗氧化剂和防腐剂。在食品加工中特别是熟肉制品加工过程中适量加入亚硝酸钠可使肉制品具有较好的色、香和独特的风味，并可抑制毒梭菌的生长及其毒素的产生。亚硝酸盐的危害因素特征描述见第三章。

1. 相关标准要求

《食品安全国家标准 食品添加剂使用标准》（GB 2760—2011）规定蔬菜制品不能添加亚硝酸盐。

2. 危害因素来源

企业为降低成本，在生产过程中使用腐烂蔬菜导致产品亚硝酸盐含量超标。

五、危害因素的监控措施建议

（一）生产企业自控建议

根据蔬菜制品的生产工艺流程，采用 HACCP 原理，对其生产过程中影响产品质量的各工序进行危害因素分析，从而确定保证其产品质量的关键控制点，

并提出预防措施，将危害因素降至最低限度，保证其产品的质量安全。

1. 原辅料使用方面的监控

蔬菜制品的主要原料为蔬菜，其危害因素主要包括 3 个方面，即化学污染（如农残、重金属、洗涤剂等）、生物污染（如微生物、病虫害等）及物理污染（如混入产品中的各种异物等）。其中化学性危害出现的概率相对较高，影响产品的质量安全。因此，生产企业须严格遵守采购索证这一规定，向供货方索取产品检验报告或者验收证明；同时进行必要的感官检验和理化检验；建立原辅材料进厂台账，实行谁检验、谁验收、谁负责的责任制度。

蔬菜制品原辅料选择的基本要求为：蔬菜原料应新鲜、无异味、无腐烂现象，农药残留及污染物限量应符合相应国家标准、行业标准的规定；辅料应符合相应的国家标准、行业标准的规定，如加工过程中使用的原辅料为实施生产许可证管理的产品，必须选用获得生产许可证企业生产的产品。

2. 食品添加剂使用方面的监控

蔬菜制品生产企业应建立食品添加剂进货台账、使用台账和相关管理制度，严格按照《食品安全国家标准 食品添加剂使用标准》（GB 2760—2011）中的要求正确使用食品添加剂。不得超范围、超量使用防腐剂、甜味剂及着色剂等；不得添加国家明令禁止使用的工业硫磺、敌百虫等非食用物质。

3. 蔬菜制品生产过程的监控

根据蔬菜制品生产工艺中的关键控制环节（原料清洗→干燥→包装），全程按照 GMP 和 SSOP 进行关键点控制，并形成作业指导书。主要包括温度和时间的控制及包装车间环境卫生的控制。

4. 出厂检验的监控

蔬菜制品生产企业应严格督促对每批次出厂产品都进行检验，并建立记录台账，严把产品出厂关。同时，检验设备须具备有效的检定合格证；检验人员须具有检验能力和检验资格。

（二）对监管部门的监控建议

a. 加强重点环节的日常监督检查。重点对照卫生部发布的《食品中可能违法添加的非食用物质和易滥用的食品添加剂品种名单》，以及本地区监管工作中发现的其他在食品中存在的有毒有害物质、非法添加物质和食品制假现象，对企业的原料进货把关、生产过程投料控制及出厂检验等关键环节的控制措施落实情况和记录情况进行检查。

b. 重点问题风险防范。由于蔬菜制品的源头容易出现农药残留及有害重金属超标的问题，因此应重点监测蔬菜制品的这两类项目。生产现场应重点检查通风、三防设施、设备设施清洗消毒、出厂检验等环节。重点核查企业原辅料进货台账是否建立，以及供货商资格把关，即是否有生产许可证以及相关产品的检验合格证明，尤其关注有害重金属、农药残留等指标，杜绝霉变及腐烂的蔬菜用于生产；加工用水必须符合《生活饮用水卫生标准》（GB 5749—2006）的要求。

c. 通过明察暗访、行业调研、市场和消费环节调查等方式，对容易出现质量安全问题、高风险的食品，认真开展危害因素调查分析，及时发现并督促企业防范滥用添加剂和使用非食品物质等违法行为。

d. 有针对性地开展标准项目以外涉及安全问题的非常规性项目的专项监督检验，通过对食品生产企业日常监督检验及非常规性项目检验数据进行深入分析，及时发现可能存在的行业性、区域性质量安全隐患。

e. 积极主动向相关生产加工企业宣传有关甜味剂、着色剂、工业硫磺、敌百虫等超标或滥用所产生的危害性，以及如何防范等知识，强化生产企业的质量安全责任意识和法律责任，健全企业安全诚信体系和职业道德建设，提高依法生产的自律性，防止违法添加有毒有害物质。

（三）消费建议

a. 选购蔬菜制品，应注意避免超限量、超范围使用食品添加剂的产品。

b. 选择信誉好的企业。

参 考 文 献

刘明. 2008. 食品中二氧化硫残留量检测方法的改进[J]. 生命科学仪器，6（12）：42-44.

吴艳，和娟. 2013. 浅议食品微生物检测中菌落总数与大肠菌群两个指标的关系[J]. 计量与测试技术，40（6）：92-93.

Bastias JM, Bermudez M, Carrasco J, et al. 2010. Determination of dietary intake of total arsenic, inorganic arsenic and total mercury in the Chilean school meal program[J]. Food Sci Technol Int, 16（5）：443-450.

Fox MR. 1987. Assessment of cadmium, lead and vanadium status of large animals as related to the human food chain[J]. J Anim Sci, 65（6）：1744-1752.

GB 2760—2011. 食品安全国家标准 食品添加剂使用标准[S].

GB 2762—2012. 食品安全国家标准 食品中污染物限量[S].

Hubbs-Tait L, Nation JR, Krebs NF, et al. 2005. Neurotoxicants, Micronutrients, and Social Environments：Individual and Combined Effects on Children's Development[J]. Psychol Sci Publ Interest, 6：57-121.

Kapil V, Milsom AB, Okorie M, et al. 2010. Inorganic nitrate and nitrite and control of blood pressure[J]. Hypertension, 56（2）：274-281.

Price JM, Biava CG, Oser BL, et al. 1970. Bladder Tumors in Rats Fed Cyclohexylamine or High Doses of a Mixture of Cyclamate and Saccharin[J]. Science, 167（3921）：1131-1132.

Takayama S, Renwick AG, Johansson SL, et al. 2000. Long-term toxicity and carcinogenicity study of cyclamate in nonhuman primates[J]. Toxicol Sci, 53：33-39.

报告四十五　水产加工品生产加工食品安全危害因素调查分析

一、广东省水产加工品行业情况

水产加工品是指以鲜、冻水产品（包括适合人类食用的淡、海水水生动植物及两栖类动物）为原料加工制成的产品，其加工过程可分为物理和化学方法，如冷冻、冷却、加热、脱水、烟熏、油炸、罐藏、腌制等。水产加工品包括干制水产品、盐渍水产品和鱼糜制品等。

据统计，目前，广东省水产加工品生产加工企业共472家，其中获证企业421家，占89.2%，小作坊51家，占10.8%，见表2-45-1。

表2-45-1　广东省水产加工品生产加工企业情况统计表

生产加工企业总数/家	食品生产加工企业			食品小作坊数/家
	获证企业数/家	GMP、SSOP、HACCP等先进质量管理规范企业数/家	规模以上企业数（即年主营业务收入500万元及以上）/家	
472	421	10	21	51

注：表中数据统计日期为2012年12月。

广东省水产加工品生产加工企业分布如图2-45-1所示，珠三角地区的水产加工品生产加工企业共266家，占56.4%，粤东、粤西、粤北地区分别有144家、55家和7家，分别占30.5%、11.6%、1.5%。从生产加工企业数量看，广州最多，有80家，其次为江门和揭阳，分别有78家和76家。

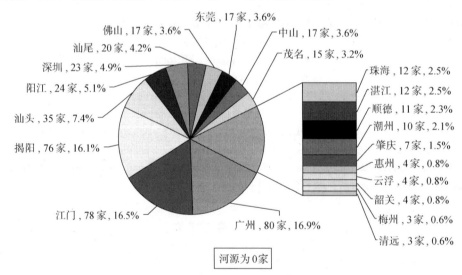

图2-45-1　广东省水产加工品加工企业地域分布图

全省有21家较大规模企业，分别在深圳（4家）和中山（5家）、珠海（3家）、潮州（4家）、汕尾（3家）、湛江（2家）。同时全省有40家企业实施了良好生产规范（GMP）、卫生标准操作规范（SSOP）、危害分析与关键控制点（HACCP），其中深圳7家、汕尾3家。

水产加工品生产加工行业存在以下主要问题：①加工业人才匮乏，难以适应发展需要；②水产品加工行业存在着设备老化，技术发展缓慢，品种单一，加工规模小，保鲜、加工技术落后；③产品研发跟不上市场需求，产品附加值不高；④小企业的卫生意识比较淡薄，防蚊、防虫、防鼠措施做得不够到位。

水产加工品生产加工企业今后食品安全的发展方向是：生产企业须具备满足生产性能和精度的设备；生产过程中淀粉等辅料及食品添加剂须按规定使用；开发先进水产品加工技术代替传统手工作坊式加工；进一步完善水产加工品相关标准；改进水产品加工品包装。

二、水产加工品抽样检验情况

水产加工品的抽样检验情况见表2-45-2和表2-45-3。

表2-45-2　2010~2012年广东省水产加工品抽样检验情况统计表（1）

年度	抽检批次	合格批次	不合格批次	内在质量不合格批次	内在质量不合格产品发现率/%
2012	700	652	48	34	4.9
2011	828	765	63	44	5.3
2010	690	630	60	45	6.5

表2-45-3　2010~2012年广东省水产加工品抽样检验情况统计表（2）

年度	不合格项目（按照不合格率的高低依次列举）											
	不合格项目（一）				不合格项目（二）				不合格项目（三）			
	项目名称	抽检批次	不合格批次	不合格率/%	项目名称	抽检批次	不合格批次	不合格率/%	项目名称	抽检批次	不合格批次	不合格率/%
2012	细菌总数	9	1	11.1	砷	18	2	11.1	铝	44	4	9.1
2011	水分	5	1	20	二氧化硫残留量	6	1	16.7	亚硫酸盐	39	3	7.7
2010	过氧化值	3	1	33.3	标签	160	14	8.8	水分	91	6	6.6

三、水产加工品生产加工环节危害因素调查情况

（一）水产加工品基本生产流程及关键控制点

1. 干制水产品

（1）干海参、虾米、虾皮、干贝、鱿鱼干、干裙带菜叶、干海带、紫菜

基本生产流程为：原料预处理 → 干燥 → 包装，HACCP及GMP的关键控制点为原料预处理与干燥。

（2）烤鱼片、调味鱼干、鱿鱼丝、烤虾

基本生产流程为：原料预处理 → 漂洗 → 调味 → 干燥 → 烘烤 → 成型 → 包装，HACCP及GMP的关键控制点为调味与烘烤。

（3）虾片

基本生产流程为：原料清洗 → 制虾汁 → 合料 → 制卷 → 切片 → 烘干 → 筛选 → 包装，HACCP及GMP的关键控制点为制虾汁与烘干。

2. 盐渍水产品

（1）盐渍海蜇皮和盐渍海蜇头

基本生产流程为：原料处理→初矾→二矾→三矾→沥卤（提干）→包装，HACCP及GMP的关键控制点为三矾、沥卤（提干）。

（2）盐渍裙带菜、盐渍海带

基本生产流程为：原料接收→前处理→烫煮→冷却→控水→拌盐→腌渍→卤水洗涤→脱水→冷藏→成型切割→包装→冷藏，HACCP及GMP的关键控制点为烫煮、腌渍、脱水、储存。

3. 鱼糜制品

（1）熟制鱼糜灌肠

基本生产流程为：冻鱼糜→切削→斩拌→充填结扎→高温杀菌→冷却→包装。

（2）冻鱼糜制品

基本生产流程为：冻鱼糜→解冻→斩拌→成型→凝胶化→加热→冷却→包装。鱼糜制品加工过程中HACCP及GMP的关键控制点为斩拌、凝胶化、加热（杀菌）。

（二）水产加工品生产加工过程中存在的主要问题

a. 敌百虫、敌敌畏等农药超标。

b. 非法使用甲醛。

c. 明矾含量超标。

d. 微生物（细菌总数、大肠杆菌）超标。

e. 非法添加色素（胭脂红与苋菜红）。

f. 组胺超标。

g. 防腐剂（苯甲酸与山梨酸）超标。

h. 砷与铅超标。

i. 非法使用工业盐。

四、水产加工品生产加工环节危害因素及描述

（一）非法使用的敌百虫、敌敌畏

敌百虫学名 O, O-二甲基-（2, 2, 2-三氯-1-羟基乙基）磷酸酯，一种有机磷杀虫剂，广泛用于防治农林、园艺的多种咀嚼口器害虫、家畜寄生虫和蚊蝇等。敌敌畏又名DDVP，学名 O, O-二甲基-O-（2, 2-二氯乙烯基）磷酸酯，有机磷杀虫剂的一种，对咀嚼口器和刺吸口器的害虫均有效，可用于蔬菜、果树和多种农田作物的病虫害防治。敌百虫和敌敌畏的危害因素特征描述见第三章。

1. 相关标准要求

卫生部将敌百虫和敌敌畏列入了食品中可能违法添加的非食用物质名单，禁止在食品生产加工过程中使用。

2. 危害因素来源

企业把敌百虫和敌敌畏配成的溶液添加到盐渍鱼等水产加工品中，其目的是为防止盐渍鱼被苍蝇排卵而生蛆变质，使鱼体完整、色泽好看，保持鱼肉新鲜。

（二）甲醛

甲醛又名蚁醛，易溶于水、醇等极性溶剂，40%（V/V）或30%（W/W）的甲醛水溶液俗称"福尔马林"。甲醛是一种重要的有机原料，在医药、农业、畜牧业等领域做防腐剂、消毒剂及熏蒸剂。甲醛的危害因素特征描述见第三章。

1. 相关标准要求

卫生部将甲醛列入了《食品中可能违法添加的非食用物质和易滥用的食品添加剂品种名单（第一批）》，禁止在食品生产加工过程中使用甲醛（清爽型啤酒除外）。

2. 危害因素来源

企业为漂白和防腐，非法添加甲醛。

（三）超量使用明矾

明矾即硫酸铝钾，是传统的净水剂，同时还是传统的食品膨松剂和稳定剂，常用作油条、粉丝、米粉等食品生产的添加剂。但是由于明矾的化学成分还有铝离子，所以过量摄入会影响人体对铁、钙等成分的吸收，导致骨质疏松、贫血，甚至影响神经细胞的发育。硫酸铝钾的危害因素特征描述见第三章。

1. 相关标准要求

《食品安全国家标准 食品添加剂使用标准》（GB 2760—2011）中规定了水产品及其制品（包括鱼类、甲壳类、贝类、软体类、棘皮类等水产品及其加工制品）中明矾可以按生产需要适量使用，但铝的残留量必须≤100 mg/kg（干样品，以Al计）。

2. 危害因素来源

企业为防腐在食品中过量添加明矾。

（四）微生物（菌落总数与大肠菌群）超标

菌落总数和大肠菌群是判定食品卫生质量状况的主要指标，反映了食品是否符合卫生要求。菌落总数在一定程度上标志着食品卫生质量的优劣。微生物的危害因素特征描述见第三章。

1. 相关标准要求

食品安全国家标准《动物性水产干制品卫生标准》（GB 10144—2005）规定：动物性水产干制品中菌落总数最大值为 30 000 cfu/g，大肠菌群数量最大值为 30 MPN/100g，致病菌不得检出。食品安全国家标准《鱼糜制品卫生标准》（GB 10132—2005）规定：鱼糜制品中菌落总数最大值为 3000 cfu/g（即食），50 000 cfu/g（非即食），大肠菌群数量最大值为 30 MPN/100g（即食），450 MPN/100g（非即食），致病菌不得检出。

2. 危害因素来源

细菌总数、大肠菌群超标，主要是企业生产加工过程中使用的原材料不洁净，或产品在加工、包装、运输、储存、销售过程中发生污染，以及杀菌过程不彻底等原因造成。

（五）非法添加色素（胭脂红与苋菜红）

着色剂为使食品着色的物质，可增加对食品的嗜好及刺激食欲。按来源分为化学合成色素和天然色素两类。胭脂红与苋菜红的危害因素特征描述见第三章。

1. 相关标准要求

《食品安全国家标准 食品添加剂使用标准》（GB 2760—2011）规定在水产品加工品中不得添加胭脂红或苋菜红。

2. 危害因素来源

生产企业为达到增加色泽，以使产品色泽亮丽的目的超范围使用。

（六）组胺

组胺是天然存在于机体的化合物，几乎存在于所有组织，主要储存于肥大细胞，在特定的情况下释放出来，如发炎及过敏反应，而微量的组胺是控制胃酸分泌的必需物质。进食了含大量组胺的鱼肉后，导致食物中毒的情况，称为组胺中毒。组胺的危害因素特征描述见第三章。

1. 相关标准要求

食品安全国家标准《盐渍鱼卫生标准》（GB 10138—2005）规定：盐渍鱼中鲐鱼和金枪鱼的组胺含量最大值为 100 mg/100g，而其他鱼则为 30 mg/100g。

2. 危害因素来源

鱼体含有一定量的组氨酸，当加工储存环境温度偏高且时间过长，鱼体不新鲜或腐败时，在细菌作用下这种物质形成组胺。

（七）非法添加苯甲酸

苯甲酸又称安息香酸，因在水中溶解度低，故多数情况下使用苯甲酸钠盐类。苯甲酸是重要的酸性食品防腐剂，对霉菌、酵母和细菌均有抑制作用，也可用于巧克力、浆果、蜜饯等食用香精中。苯甲酸的危害因素特征描述见第三章。

1. 相关标准要求

《食品安全国家标准　食品添加剂使用标准》（GB 2760—2011）中规定在水产品加工品中不能添加苯甲酸。

2. 危害因素来源

企业超范围添加苯甲酸。

（八）超量使用山梨酸

山梨酸是一种酸性防腐剂，山梨酸及其盐类在接近中性（pH6.0~6.5）的食品中其仍有较好的抗菌能力，对细菌、霉菌和酵母菌均有效果，已被广泛应用在我国食品行业。山梨酸的危害因素特征描述见第三章。

1. 相关标准要求

《食品安全国家标准　食品添加剂使用标准》（GB 2760—2011）中规定，预制水产品（半成品）中山梨酸的最大使用量为 0.075 g/kg，风干、烘干、压干等水产品中山梨酸的最大使用量为 1.0 g/kg，其他水产品及其制品（仅限即食海蜇）中山梨酸的最大使用量为 1.0 g/kg。

2. 危害因素来源及非法添加的目的

企业超量添加山梨酸。

（九）砷超标

砷是一种准金属物质，可分为有机及无机两种形态，是自然存在及由人类活动产生而分布于环境四周。砷存在于土壤、地下水和植物，砷化合物则用于制造晶体管、激光产品、半导体、玻璃和颜料等，有时候也会用作除害剂、饲料添加剂和药物。人体主要是从食物和饮用水摄入砷。砷的危害因素特征描述见第三章。

1. 相关标准要求

《食品安全国家标准　食品中污染物限量》（GB 2762—2012）中规定，水产动物及其制品（鱼类及其制品除外）中无机砷的限量指标为 0.5 mg/kg，鱼类及其制品中无机砷的限量指标为 0.1 mg/kg。

2. 危害因素来源

水产加工品中的砷主要来源于水产品在生长过程中，通过食物链富集了受污染环境中的重金属。

（十）铅超标

铅是一种天然有毒的重金属，也是普遍存在于环境中的污染物。环境污染或食物在制造、处理或包装过程中都可能受到污染，导致食物含铅。铅的危害因素特征描述见第三章。

1. 相关标准要求

《食品安全国家标准　食品中污染物限量》（GB 2762—2012）中规定，鲜、冻水产动物（鱼类、甲壳类、双壳类除外）中铅的限量指标为 1.0 mg/kg（去除内脏），鱼类、甲壳类中铅的限量指标为 0.5 mg/kg，双壳类中铅的限量指标为 1.5 mg/kg，水产制品（海蜇制品除外）中铅的限量指标为 1.0 mg/kg，海蜇制品中铅的限量指标为 2.0 mg/kg。

2. 危害因素来源

水产加工品中铅主要来源于水产品在生长过程中通过食物链富集了受污染环境中的重金属。

五、危害因素的监控措施建议

（一）生产企业自控建议

水产加工品从水产原料到加工生产、运输、储藏的整个过程中，存在较多的物理、化学及生物性的危害因素，而通过对其关键生产环节作具体细化要求后，可以保证其卫生安全。

1. 原辅料使用方面的监控

水产加工品的主要原料为鲜、冻水产品及海水藻等，其带来的危害因素主要包括生物性的（如致病菌、寄生虫等）、化学性的（如兽药、抗生素残留等）及物理性的（如金属碎屑等）。生物性的危害因素主要是由于原料在加工、储存过程中易污染造成的，因此生产企业须选用有 HACCP 认证或符合国家标准的供应商进货，并经严格验收，从而保证质量要求；化学性危害主要是由于养殖者用药不规范造成的，可以通过 SSOP 进行控制。

2. 食品添加剂使用方面的监控

水产加工品生产企业应建立食品添加剂进货台账、使用台账和相关管理制度，严格按照《食品安全国家标准 食品添加剂使用标准》（GB 2760—2011）中的要求正确使用食品添加剂。不得超范围超量使用防腐剂、着色剂等；不得添加国家明令禁止使用的工业用甲醛及火碱、吊白块、敌敌畏及碱性黄等非食用物质。

3. 水产加工品生产过程的监控

通过对水产加工品生产工艺的危害分析，其关键控制点为配料中食品添加剂的加入、蒸煮杀菌及金属探测。蒸煮杀菌要按工艺要求确保蒸煮的时间和温度，防止不适宜的杀菌温度导致病原菌的残留及生长；金属探测是预防在原料收购或生产加工过程中由于操作不当或设备破损带来的金属碎屑，可通过 GMP 规范操作，使用金属探测仪剔除含有金属碎屑的产品。

4. 出厂检验的监控

水产加工品生产企业应严格督促对每批次出厂产品都进行检验，并建立记录台账，严把产品出厂关。同时，检验设备须具备有效的检定合格证；检验人员须具有检验能力和检验资格。

（二）监管部门监控建议

a. 加强重点环节的日常监督检查。重点对照卫生部发布的《食品中可能违法添加的非食用物质和易滥用的食品添加剂品种名单》，以及本地区监管工作中发现的其他在食品中存在的有毒有害物质、非法添加物质和食品制假现象，对企业的原料进货把关、生产过程投料控制及出厂检验等关键环节的控制措施落实情况和记录情况进行检查。

b. 重点问题风险防范。由于水产品容易出现药残、污染物（Pb、Hg、无机砷）及致病菌等问题，应重点监测以上项目。生产现场应重点检查通风情况、三防设施、设备设施清洗消毒、出厂检验等环节。重点核查企业原辅料进货台账是否建立，以及供货商资格把关，即是否有生产许可证以及相关产品的检验合格证明，尤其关注农药残留、污染物、兽药残留等项目。

c. 通过明察暗访、行业调研、市场和消费环节调查等方式，对容易出现质量安全问题、高风险的食品，认真开展危害因素调查分析，及时发现并督促企业防范滥用添加剂和使用非食品物质等违法行为。

d. 有针对性地开展标准项目以外涉及安全问题的非常规性项目的专项监督检验，通过对食品生产企业日常监督检验及非常规性项目检验数据进行深入分析，及时发现可能存在的行业性、区域性质量安全隐患。

e. 积极主动向相关生产加工企业宣传有关工业用甲醛和火碱、吊白块、敌敌畏、碱性黄等危害因素的产生原因、危害性，以及如何防范等知识，强化生产企业的质量安全责任意识和法律责任，健全企业安全诚信体系和职业道德建设，提高依法生产的自律性，防止违法添加有毒有害物质。

（三）消费建议

1. 干制水产品的选购

干制水产品是采用干燥或脱水方法除去水产品中的水分或配以其他工艺（调味、焙烤、拉松等工艺）制成的一类水产加工品。目前市场上销售的产品主要分为即食和非即食两类。即食类水产干制品：经清洗、去除不可食部分、剖片等预处理后，再经调味、焙烤、轧松等工序加工而成的水产干制品，主要品种有烤鱼片、鱿鱼丝、休闲鱼干制品等。非即食类水产干制品：经清洗、去除不可食部分、调味（或不调味）、蒸煮（或不蒸煮）等预处理后，干燥加工而成的水产干制品，主要品种有鱿鱼干、虾皮、干贝、干海带、紫菜、虾米、虾皮等。

消费者选购时注意以下几点。

a. 注意商品外观。好的商品一般色泽均匀，具有该品种的特有风味，如烤鱼片应平整，片型完好，且组织纤维非常明显。不要购买表面有一层粉状物或异常白色的烤鱼片。鱿鱼丝产品中脱皮鱿鱼丝呈淡黄色，带皮鱿鱼丝呈棕褐色，色泽均匀，无异常白色，呈丝条状，每条丝的两边带有丝纤维，肉质疏松有嚼劲。虾米、虾皮产品色泽清晰，无氨味（如是散装的可以嗅其味）。

b. 干制水产品的保质期一般为6~12个月，干海带、紫菜等藻类制品保质期会更长些，消费者购买时尽量选购近期生产的商品。

c. 产品包装上的标签标识应齐全，特别要查看生产日期、净含量、配料表、厂名、厂址等。

d. 应选择大型超市或商场中销售的知名企业生产的名牌产品。

e. 尽量选购袋装干制水产品。

2. 盐渍水产品的选购

盐渍水产品：是指以新鲜海藻、水母、鲜（冻）鱼为原料，经相应工艺加工制成的产品。包括盐渍海带、盐渍裙带菜、盐渍海蜇皮和盐渍海蜇头、盐渍鱼。

（1）盐渍海蜇皮和盐渍海蜇头的选购

盐渍海蜇皮和盐渍海蜇头市场上大多以即食和非即食二种。非即食盐渍海蜇皮和盐渍海蜇头以桶装和袋装两种形式，随着放置时间的推移，渗水将越来越多，重量会少于标注的净含量，消费者在选购时应注意。

（2）盐渍海带、盐渍裙带菜的选购

超市销售的盐渍海带、盐渍裙带菜大多以散装形式为主，要选购色泽均匀正常，气味是海带及裙带菜的特有的海藻味，清水中浸泡时无退色现象的盐渍海带、盐渍裙带菜商品。

3. 盐渍鱼的选购

盐渍鱼俗称咸鱼，如有包装销售的，原料大多以淡水青鱼为主，盐渍一段时间后，经整理、分割、称重包装等即可上市。散装销售的原料大多以海水鱼加工而成。

鉴别咸鱼首先应观察鱼的体表是否因脂肪氧化而形成黄锈斑俗称油耗，或因嗜盐细菌的作用而引起鱼体发红。如是包装商品看其内容物清晰，包装袋内壁无黏着物，并查看产品包装上的标签标识。特别要查看生产日期、净含量、厂名、厂址等，应选购近期生产的商品。如是散装的商品，可用手触及鱼体，看是否有发黏和黄锈斑现象。其次看鱼的鳃内和腹腔等处有无蛆虫。鱼肉是否正常，肉与骨骼结合得是否紧密。也可用两个手指捻搓鱼肉，检验其肉质的坚实程度，嗅其气味是否正常。如果鱼体外表不清洁，不整齐，肉质疏松，表层覆盖黄锈斑，手触鱼体发黏，手指捻搓鱼丝成团，如有油耗味或其他异臭味，特别是在鳃内和腹腔等处，有跳跃虫、节虫存在，就不能食用了。

4. 鱼糜制品的选购

鱼糜制品是指以鲜（冻）鱼、虾、贝类、甲壳类、头足类等动物性水产品肉糜为主要原料，添加辅料，经相应工艺加工制成的产品。鱼糜制品包括即食类和非即食类两种。即食类鱼糜制品代表产品为鱼香肠、鱼肉火腿肠等。选购此类商品时应查看香肠两端的结扎口是否有内容物渗出或霉变或有异味，香肠内是否有胀气现象。要查看标签标识上的生产日期、净含量、配料表、厂名、厂址等，应选购近期生产的商品。非即食类鱼糜制品有鱼丸、虾丸、竹轮、鱼糕、蟹肉丸、鱼果等商品，此类商品均需要冷冻销售。购买此类商品时，要查看内容物如是变色或干耗，包装袋内有冰晶，此类商品一般在超市内放置时间过长，不宜食用。购买时要查看标签标识上的生产日期、净含量、配料表、厂名、厂址等，应选购近期生产的商品。

参 考 文 献

丁文慧，陆利霞，熊晓辉. 2012. 提高山梨酸及钾盐防腐效果的研究进展[J]. 食品工业科技，33（3）：31-33.

吴艳，和娟. 2013. 浅议食品微生物检测中菌落总数与大肠菌群两个指标的关系[J]. 计量与测试技术，40（6）：92-93.

Bastias JM, Bermudez M, Carrasco J, et al. 2010. Determination of dietary intake of total arsenic, inorganic arsenic and total mercury in the Chilean school meal program[J]. Food Sci Technol Int, 16（5）：443-450.

Breslin PA, Gilmore MM, Beauchamp GK, et al. 1993. Psychophysical evidence that oral astringency is a tactile sensation[J]. Chem Senses, 18：405-417.

Edson EF. 1973. Pesticide Residues in food[J]. Occup Environ Med, 30：404.

GB 10132—2005. 鱼糜制品卫生标准[S].

GB 10138—2005. 盐渍鱼卫生标准[S].

GB 10144—2005. 动物性水产干制品卫生标准[S].

GB 2760—2011. 食品安全国家标准 食品添加剂使用标准[S].

Hubbs-Tait L, Nation JR, Krebs NF, et al. 2005. Neurotoxicants, Micronutrients, and Social Environments：Individual and Combined Effects on Children's Development[J]. Psychol Sci Publ Interest, 6：57-121.

Maintz L, Novak N. 2007. Histamine and histamine intolerance[J]. Am J Clin Nutr, 85（5）：1185-1196.

Nair B. 2001. Final report on the safety assessment of Benzyl Alcohol, Benzoic Acid, and Sodium Benzoate[J]. Int J Toxicol, 20 Suppl 3：23-50.

Pongsavee M. 2011. In vitro study of lymphocyte antiproliferation and cytogenetic effect by occupational formaldehyde exposure[J]. Toxicol Ind Health, 27（8）：719-723.

报告四十六　水果制品（不含蜜饯）生产加工食品安全危害因素调查分析

一、广东省水果制品（不含蜜饯）行业情况

水果制品是以水果为原料，经各种加工工艺和方法制成的产品，包括水果干制品和果酱。

据统计，目前，广东省水果制品（不含蜜饯）生产加工企业共 193 家，其中，已获证企业 183 家，占 94.8%，小作坊 10 家，占 5.2%，见表 2-46-1。

表 2-46-1　广东省水果制品（不含蜜饯）生产加工企业情况统计表

生产加工企业总数/家	食品生产加工企业			食品小作坊数/家
	获证企业数/家	GMP、SSOP、HACCP 等先进质量管理规范企业数/家	规模以上企业数（即年主营业务收入 500 万元及以上）/家	
193	183	6	6	10

注：表中数据统计日期为 2012 年 12 月。

广东省水果制品（不含蜜饯）生产加工企业分布如图 2-46-1 所示，珠三角地区的水果制品（不含蜜饯）生产加工企业共 90 家，占 46.6%，粤东、粤西和粤北地区分别有 86 家、15 家和 2 家，分别占 44.6%、7.8%、1.0%。从生产加工企业数量看，揭阳最多，有 64 家，其次为广州、茂名、佛山，分别有 47 家、15 家和 11 家。

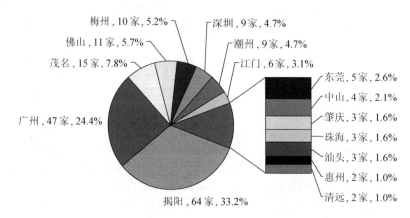

图 2-46-1　广东省水果制品（不含蜜饯）加工企业地域分布图

广东省有 6 家较大规模企业，分别在深圳（2 家）、珠海（2 家）和潮州（2 家）。同时全省有 6 家企业实施了良好生产规范（GMP）、卫生标准操作规范（SSOP）、危害分析与关键控制点（HACCP），其中深圳 3 家、中山 2 家和珠海 1 家。

水果制品生产加工行业存在以下主要问题：①部分产品标签标识不规范；②个别厂家加工过程使用硫磺熏制，导致二氧化硫残留量超标；③部分产品苯甲酸及苯甲酸钠指标不合格。

水果制品生产加工企业今后食品安全的发展方向是：加强卫生监督与管理；严格选料，严格执行卫生操作规范，加强从业人员卫生知识培训，增强其卫生意识和守法观念，以保证消费者的食用安全。

二、水果制品（不含蜜饯）抽样检验情况

水果制品（不含蜜饯）的抽样检验情况见表 2-46-2 和表 2-46-3。

表 2-46-2 2010~2012 年广东省水果制品（不含蜜饯）抽样检验情况统计表（1）

年度	抽检批次	合格批次	不合格批次	内在质量不合格批次	内在质量不合格产品发现率/%
2012	175	168	7	0	0.0
2011	155	145	10	3	1.9
2010	117	104	13	3	2.6

表 2-46-3 2010~2012 年广东省水果制品（不含蜜饯）抽样检验情况统计表（2）

年度	不合格项目（按照不合格率的高低依次列举）											
	不合格项目（一）				不合格项目（二）				不合格项目（三）			
	项目名称	抽检批次	不合格批次	不合格率/%	项目名称	抽检批次	不合格批次	不合格率/%	项目名称	抽检批次	不合格批次	不合格率/%
2012	标签	47	7	14.9	—	—	—	—	—	—	—	—
2011	二氧化硫	10	1	10.0	标签	145	9	6.2	苯甲酸及钠盐	55	1	1.8
2010	酸价	3	1	33.3	标签	48	8	16.7	山梨酸	20	2	10.0

注 "—"代表无此项目。

三、水果制品（不含蜜饯）生产加工环节危害因素调查情况

（一）水果制品（不含蜜饯）基本生产流程及关键控制点

水果制品（不含蜜饯）基本生产流程及关键控制点见表 2-46-4。

表 2-46-4 水果制品危害因素分布情况

产品类别	基本生产流程	关键控制环节	容易出现的质量安全问题	显著危害
水果干制品	选料→清洗→整理→护色（或不护色）→干燥（脱水）→后处理（或不经后处理）→包装	1. 原料验收和处理 2. 食品添加剂使用 3. 干燥（脱水） 4. 产品包装和运输	1. 超范围和超限量使用食品添加剂 2. 发霉变质	苯甲酸及其钠盐使用超标、甜蜜素等甜味剂超标、二氧化硫残留、微生物超标
果酱	选料→清洗→整理→软化→打浆→配料→浓缩→灌装→杀菌→冷却→包装	1. 原料的验收和处理 2. 浓缩 3. 杀菌	1. 变色、分层 2. 糖结晶 3. 发霉变质，微生物超标	

（二）水果制品（不含蜜饯）生产加工过程中存在的主要问题

a. 超量使用甜味剂（甜蜜素与糖精钠）。

b. 超量使用苯甲酸及其钠盐。

c. 二氧化硫残留超标。

d. 微生物指标超标。

e. 铅、镉和砷含量超标。

f. 霉菌超标。

四、水果制品（不含蜜饯）生产加工环节危害因素及描述

（一）超量使用甜味剂（甜蜜素、糖精钠）

甜味剂是指赋予食品或饲料以甜味，提高食品品质，满足人们对食品需求的食物添加剂。甜蜜素和糖精钠的危害因素特征描述见第三章。

1. 相关标准要求

《食品安全国家标准 食品添加剂使用标准》（GB 2760—2011）中规定了水果罐头、果酱中甜蜜素的最大使用量（以环己基氨基磺酸计，下同）分别为 0.65 g/kg 和 1.0 g/kg，凉果类、话化类（甘草制品）和果丹（饼）类水果制品中甜蜜素的最大使用量皆为 8.0 g/kg。同时 GB 2760—2011 还规定了果酱中糖精钠的最大使用量（以糖精计）为 0.2 g/kg，水果干类（仅限芒果干、无花果干）、凉果类、话化类（甘草制品）和果丹（饼）类水果制品中糖精钠的最大使用量皆为 5.0 g/kg。

2. 危害因素来源

一是企业为降低成本，用甜味剂替代蔗糖，二是小企业小作坊生产条件控制不严，计量不准确，添加时全凭经验，造成甜味剂超标。

（二）超量使用苯甲酸

苯甲酸又称安息香酸，因在水中溶解度低，故多数情况下使用苯甲酸钠盐类。苯甲酸是重要的酸性食品防腐剂，对霉菌、酵母和细菌均有抑制作用，也可用于巧克力、浆果、蜜饯型等食用香精中。苯甲酸的危害因素特征描述见第三章。

1. 相关标准要求

《食品安全国家标准 食品添加剂使用标准》（GB 2760—2011）中规定了果酱（罐头除外）中苯甲酸的最大使用量为 1.0 g/kg。

2. 危害因素来源

企业超量添加苯甲酸控制细菌繁殖、防腐。

（三）二氧化硫残留量超标

二氧化硫溶于水形成亚硫酸，有防腐作用。在食品生产过程中，经常把二氧化硫用作漂白剂、防腐剂、抗氧化剂等。硫磺、二氧化硫、亚硫酸钠、焦亚硫酸钠、和低亚硫酸钠等二氧化硫物质，也是食品工业中常用的食品添加剂（其在食品中的残留量用二氧化硫计算）。二氧化硫的危害因素特征描述见第三章。

1. 相关标准要求

《食品安全国家标准 食品添加剂使用标准》（GB 2760—2011）中规定了水果干类水果制品中二氧化硫的最大使用量（以二氧化硫残留量计）为 0.1 g/kg。

2. 危害因素来源

企业为延长产品保质期，并且使其色泽新鲜，人为超量加入了焦亚硫酸钠（钾）、低亚硫酸钠等二氧化硫类物质。

（四）微生物（菌落总数与大肠菌群）超标

菌落总数和大肠菌群是作为判定食品卫生质量状况的主要指标，反映了食品是否符合卫生要求。菌落总数在一定程度上标志着食品卫生质量的优劣。微生物的危害因素特征描述见第三章。

1. 相关标准要求

食品安全国家标准《果酱》（GB/T 22474—2008）规定：酸乳类用果酱中的大肠菌群数量最大值为 90 MPN/100g，菌落总数最大值为 10 000 cfu/g；冷冻饮品类用果酱中的大肠菌群数最大量为 100 MPN/100ml，菌落总数最大值为 3000 cfu/g；烘焙类果酱与佐餐类果酱中的大肠菌群数量最大值为 30 MPN/100g，菌落总数最大值为 1500 cfu/g。

2. 危害因素来源

某些生产企业使用霉变水果作原料，生产关键环节控制不良，造成微生物污染。

（五）霉菌

霉菌是形成分枝菌丝的真菌的统称，菌丝体常呈白色、褐色、灰色，或呈鲜艳的颜色（菌落为白色毛状的是毛霉，绿色的为青霉，黄色的为黄曲霉），有的可产生色素使基质着色。霉菌繁殖迅速，常造成食品、用具大量霉腐变质，但许多有益种类已被广泛应用，是人类实践活动中最早利用和认识的一类微生物。霉菌的危害因素特征描述见第三章。

1. 相关标准要求

国家标准《果酱》（GB/T 22474—2008）规定：酸乳类用果酱中霉菌数量最大值为 30 cfu/g，烘焙类果酱与佐餐类果酱中的霉菌数量最大值为 100 cfu/g，冷冻饮品类用果酱中的霉菌则不得检出。

2. 危害因素来源

某些生产企业使用霉变水果作原料，生产关键环节控制不良，造成微生物污染。

（六）砷、铅和镉含量超标

重金属铅、镉、砷主要来源于某些地区特殊自然环境中的高本底含量，或多或少由于人为的环境污染及食品生产过程中造成铅、镉和砷对食品污染。铅和镉的危害因素特征描述见第三章。

1. 相关标准要求

地方标准《水果干制品卫生要求》（DB 11/619—2009）规定：水果干制品中铅含量≤1.0 mg/kg，镉含量≤0.5 mg/kg，砷含量≤0.5 mg/kg。食品安全国家标准《果酱》（GB/T 22474—2008）规定：果酱食品中铅含量≤1.0 mg/kg，砷含量≤0.5 mg/kg。

2. 危害因素来源

可通过以下几种途径污染水果制品：①原料带入，可能是由土壤、大气和产品加工环节等因素带入。②添加剂的不规范使用和包装材料的污染。

五、危害因素的监控措施建议

（一）生产企业自控建议

1. 原辅料使用方面的监控

水果制品的主要原料为水果，应选择无异味、无腐烂现象的，农药残留及污染物限量应符合相应国家标准、行业标准的规定；如果所使用的原辅材料为实施生产许可证管理的产品，则必须选用获得生产许可证企业生产的合格产品；不得超范围使用加工助剂，加工助剂必须为食用级；建立进货验收制度和台账。

2. 食品添加剂使用方面的监控

根据《食品安全国家标准　食品添加剂使用标准》（GB 2760—2011）中相关规定，限量使用食品添加剂，由专人专管食品添加剂的添加及食品添加剂使用记录情况，严格做到食品添加剂的出入账目清晰。不得超范围使用食品添加剂，如防腐剂、甜味剂及着色剂等。

3. 水果制品生产过程的监控

依据水果制品的生产工艺，其关键控制点为干燥（脱水）、配料、护色及杀菌过程。干燥和杀菌过程须严格按照生产工艺要求控制温度、时间等参数；配料和护色过程须控制食品添加剂的最大限量。

4. 出厂检验的监控

水果制品生产企业须对每批次的成品及时进行检验，检验合格后再库存、销售等；库存成品要定期进行自检，掌握库存品的质量状况，及时做出相应措施；检验设备须具备有效的检验合格证；检验人员须具有检验能力和检验资格；建立出厂检验记录。

（二）监管部门监控建议

a. 加强重点环节的日常监督检查。重点对照卫生部发布的《食品中可能违法添加的非食用物质和易滥用的食品添加剂品种名单》，以及本地区监管工作中发现的其他在食品中存在的有毒有害物质、非法添加物质和食品制假现象，对企业的原料进货把关、生产过程投料控制及出厂检验等关键环节的控制措施落实情况和记录情况进行检查。

b. 重点问题风险防范。由于水果制品的原料容易出现农残及污染物等问题，因此应重点监测水果制品的上述两类项目。生产现场应重点检查通风、三防设施、设备设施清洗消毒、出厂检验等环节。重点核查企业原辅料进货台账是否建立，以及供货商资格把关，即是否有生产许可证以及相关产品的检验合格证明，尤其关注农药残留、污染物等，杜绝腐烂变质的水果用于生产。

c. 通过明察暗访、行业调研、市场和消费环节调查等方式，对容易出现质量安全问题、高风险的食品，认真开展危害因素调查分析，及时发现并督促企业防范滥用添加剂和使用非食品物质等违法行为。

d. 有针对性地开展标准项目以外涉及安全问题的非常规性项目的专项监督检验，通过对食品生产企业日常监督检验及非常规性项目检验数据进行深入分析，及时发现可能存在的行业性、区域性质量安全隐患。

e. 积极主动向相关生产加工企业宣传有关甜味剂、防腐剂及着色剂超标等危害因素的产生原因、危害性，以及如何防范等知识，强化生产企业的质量安全责任意识和法律责任，健全企业安全诚信体系和职业道德建设，提高依法生产的自律性，防止违法添加有毒有害物质。

（三）消费建议

a. 购买时看清包装上的厂名、厂址、净含量、生产日期、保质期、产品标准号等内容。

b. 观察其外形、色泽，必要时可闻气味。观察的重点是看产品是否有霉变，颜色是否正常，看其是否有斑点及异色，尽量选择颜色差异不大的产品为好，以防商家为降低成本用不同批次的水果来加工产品。

c. 尽量购买生产日期较新的产品，由于水果制品水分含量较低，在储藏过程中易受环境条件的影响而变化，当环境的相对湿度高于其平衡水分时，制品将会发生吸潮而生霉现象。

参 考 文 献

刘明. 2008. 食品中二氧化硫残留量检测方法的改进[J]. 生命科学仪器，6（12）：42-44.

吴艳，和娟. 2013. 浅议食品微生物检测中菌落总数与大肠菌群两个指标的关系[J]. 计量与测试技术，40（6）：92-93.

Bastias JM, Bermudez M, Carrasco J, et al. 2010. Determination of dietary intake of total arsenic, inorganic arsenic and total mercury in the Chilean school meal program[J]. Food Sci Technol Int，16（5）：443-450.

DB 11/619—2009. 水果干制品卫生要求[S].

Fox MR. 1987. Assessment of cadmium, lead and vanadium status of large animals as related to the human food chain[J]. J Anim Sci，65（6）：1744-1752.

GB 2760—2011. 食品安全国家标准 食品添加剂使用标准[S].

GB/T 22474—2008. 果酱[S].

Hubbs-Tait L, Nation JR, Krebs NF, et al. 2005. Neurotoxicants, Micronutrients, and Social Environments: Individual and Combined Effects on Children's Development[J]. Psychol Sci Publ Interest，6：57-121.

Magnoli AP, Monge MP, Miazzo RD, et al. 2011. Effect of low levels of aflatoxin B_1 on performance, biochemical parameters, and aflatoxin B_1 in broiler liver tissues in the presence of monensin and sodium bentonite[J]. Poult Sci，90（1）：48-58.

Nair B. 2001. Final report on the safety assessment of Benzyl Alcohol, Benzoic Acid, and Sodium Benzoate[J]. Int J Toxicol，20 Suppl 3：23-50.

Price JM, Biava CG, Oser BL, et al. 1970. Bladder Tumors in Rats Fed Cyclohexylamine or High Doses of a Mixture of Cyclamate and Saccharin[J]. Science，167（3921）：1131-1132.

Takayama S, Renwick AG, Johansson SL, et al. 2000. Long-term toxicity and carcinogenicity study of cyclamate in nonhuman primates[J]. Toxicol Sci，53：33-39.

报告四十七　糖生产加工食品安全危害因素调查分析

一、广东省糖行业概况

糖产品，是指以甘蔗、甜菜或原糖为原料，经提取糖汁、清净处理、煮炼结晶等工序加工制成的白砂糖、绵白糖、赤砂糖，以及经进一步加工而成的冰糖（单晶冰体糖、多晶体冰糖）、方糖、冰片糖等。广东省是我国食糖消费量排名第一的省份，同时也是我国第三大的食糖产区，产量仅次于广西、云南。

据统计，目前，广东省糖生产加工企业共 235 家，其中获证企业 234 家，占 99.6%，小作坊 1 家，占 0.4%，见表 2-47-1。

表 2-47-1　广东省糖生产加工企业情况统计表

生产加工企业总数/家	食品生产加工企业			食品小作坊数/家
	获证企业数/家	GMP、SSOP、HACCP 等先进质量管理规范企业数/家	规模以上企业数（即年主营业务收入 500 万元及以上）/家	
235	234	1	27	1

注：表中数据统计日期为 2012 年 12 月。

广东省糖生产加工企业的分布如图 2-47-1 所示，珠三角地区的糖生产加工企业共 102 家，占 43.4%，粤东、粤西、粤北地区分别有 73 家、56 家和 4 家，分别占 31.1%、23.8%、1.7%。从生产加工企业数量看，揭阳和湛江最多，分别有 62 家和 29 家，其次为东莞、广州、茂名、佛山和江门，分别有 23 家、23 家、21 家、20 家和 17 家。

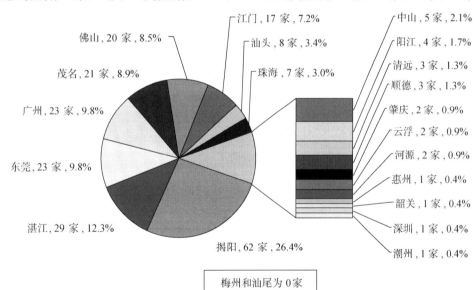

图 2-47-1　广东省糖加工企业地域分布图

广东省糖加工生产企业多采用半自动化方式生产，因此产能、产量均不大。全省有 27 家较大规模企业，分别在湛江（23 家）、珠海（2 家）和茂名（2 家）。同时全省只有深圳的 1 家企业实施了良好生产规范（GMP）、卫生标准操作规范（SSOP）、危害分析与关键控制点（HACCP）。

糖生产加工行业存在以下主要问题：①甘蔗种植面积减少、单产水平不高，同时砍蔗费用过大、甘蔗收购价明显偏低，导致农民种植甘蔗积极性不高；②部分糖厂跨蔗区抢购甘蔗，无序、恶性竞争造成资源浪费；③糖厂经营管理、生产管理和技术管理水平参差不齐；④某些糖厂布点不合理，发展受到客观条件限制；⑤不

345

少糖厂规模都偏小，综合利用水平也过低，竞争力不强，抗风险能力差。

糖生产加工企业今后食品安全的发展方向是：糖产业自身要转变发展方式，甘蔗生产要走产业化和高投入高产出的道路；糖企要走规模化和集团化的道路，全面推行企业规范化、合理化、科学化和现代化管理，同时要积极拓展综合利用、多种经营等渠道，形成循环经济，确保蔗糖产业可持续发展。

二、糖抽样检验情况

糖的抽样检验情况见表 2-47-2 和表 2-47-3。

表 2-47-2　2010~2012 年广东省糖抽样检验情况统计表（1）

年度	抽检批次	合格批次	不合格批次	内在质量不合格批次	内在质量不合格产品发现率/%
2012	883	770	113	18	2.0
2011	1133	1032	101	22	1.9
2010	1055	910	145	57	5.4

表 2-47-3　2010~2012 年广东省糖抽样检验情况统计表（2）

年度	不合格项目（按照不合格率的高低依次列举）											
	不合格项目（一）				不合格项目（二）				不合格项目（三）			
	项目名称	抽检批次	不合格批次	不合格率/%	项目名称	抽检批次	不合格批次	不合格率/%	项目名称	抽检批次	不合格批次	不合格率/%
2012	不溶于水杂质	4	1	25.0	电导灰分	28	3	10.7	标签	261	24	9.2
2011	总糖分	17	1	5.9	还原糖分	55	3	5.5	标签	185	6	3.2
2010	标签	136	23	16.9	电导灰分	21	1	4.8	霉菌	44	2	4.5

三、食糖行业生产加工环节危害因素调查情况

（一）食糖基本生产流程及关键控制点

食糖的基本生产流程包括：原料→糖汁提取→糖汁清净（原料糖溶解）→糖汁加热与蒸发→蔗糖浓缩结晶成糖→（加入还原糖）→干燥→包装。

食糖生产加工的 HACCP 及 GMP 的关键控制点为糖汁清净和蔗糖浓缩结晶成糖。

（二）食糖生产加工过程中存在的主要问题

a. 二氧化硫残留超标。

b. 微生物指标超标。

c. 甜果螨与粗脚粉螨。

d. 砷与铅超标。

e. 成品糖色值偏高。

f. 成品中不溶于水杂质含量超标。

四、食糖行业生产加工环节危害因素及描述

（一）二氧化硫含量超标

二氧化硫为无色，不燃性气体，无自燃及助燃性。具有剧烈刺激臭味，有窒息性。二氧化硫易溶于水和乙醇。溶于水形成亚硫酸，有防腐作用。在食品生产过程中，经常把二氧化硫用作漂白剂、防腐剂、抗氧化剂等。硫磺、二氧化硫、亚硫酸钠、焦亚硫酸钠和低亚硫酸钠等二氧化硫类物质，也是食品工业中常用的食品添加剂（其在食品中的残留量用二氧化硫计算）。二氧化硫的危害因素特征描述见第三章。

1. 相关标准要求

《食品安全国家标准　食品添加剂使用标准》（GB

2760—2011）规定了食糖、淀粉糖（果糖、葡萄糖、饴糖、部分转化糖等）和调味糖浆中二氧化硫的最大使用量（以二氧化硫残留量计）分别为 0.1 g/kg、0.04 g/kg 和 0.05 g/kg。

2. 危害因素来源

一是生产企业的亚硫酸法生产工艺控制不好，二是个别企业为追求产品色值提高硫熏量导致产品中二氧化硫超标。

（二）微生物（菌落总数与大肠菌群）超标

菌落总数和大肠菌群是判定食品卫生质量状况的主要指标，反映了食品中是否符合卫生要求。菌落总数在一定程度上标志着食品卫生质量的优劣。微生物的危害因素特征描述见第三章。

1. 相关标准要求

国家标准《食糖卫生标准》（GB 13104—2005）规定各类食糖中的大肠菌群数量不得高于 30 MPN/100g，菌落总数不得高于 100 cfu/g（白砂糖与绵白糖）和 500 cfu/g（赤砂糖）。致病菌（沙门氏菌、志贺氏菌、金黄色葡萄球菌、溶血性链球菌）不得在食糖中检出。

2. 危害因素来源

食糖生产以变质发霉的甘蔗、甜菜为原料，生产经营过程中所用的工具、容器、机械、管道、包装用品、车辆消毒不严格，造成微生物污染。

（三）甜果螨与粗脚粉螨

1. 危害因素特征描述

甜果螨隶属无气门目果螨科果螨属。主要是以含糖分比较多的食物（包括白糖、红糖、水果糖、饼干、沙琪玛、糕点、酸牛奶、蜜饯、李脯、李干、红枣、黑枣和柿饼等）作为食物来源。甜果螨与粗脚粉螨除污染食物以外，还会引起疾病，如皮肤螨病与人体内螨病。

2. 相关标准要求

国家标准《食糖卫生标准》（GB 13104—2005）规定食糖中不得检出螨虫。

3. 危害因素来源

食糖在生产、运输、销售过程中，有可能因保管不善受到螨虫污染。食糖久贮也为螨虫的繁殖提供了条件。

（四）砷含量超标

砷是一种准金属物质，可分为有机及无机两种形态，是自然存在及由人类活动产生而分布于环境四周。砷存在于土壤、地下水和植物，砷化合物则用于制造晶体管、激光产品、半导体、玻璃和颜料等，有时候也会用作除害剂、饲料添加剂和药物。人体主要是从食物和饮用水摄入砷。砷的危害因素特征描述见第三章。

1. 相关标准要求

《食品安全国家标准　食品中污染物限量》（GB 2762—2012）中规定了食糖中总砷的限量为 0.5 mg/kg，对无机砷则无限量要求。

2. 危害因素来源

食糖中砷的主要来源为：①食糖原料（甘蔗与甜菜）可能在受到砷污染的环境（土壤，水，含砷农药）中生长，导致砷含量超标；②生产加工过程使用了受到砷污染的水。

（五）铅含量超标

铅是一种天然有毒的重金属，也是普遍存在于环境的污染物。环境污染或食物在制造、处理或包装过程中都可能受到污染，导致食物含铅。铅的危害因素特征描述见第三章。

1. 相关标准要求

国家标准《食糖卫生标准》（GB 13104—2005）规定食糖中铅含量最大值为 0.5 mg/kg。

2. 危害因素来源

食糖中铅的主要来源为生产加工设备中铅污染，或原辅料受铅污染，加工过程中未完全清除。

五、危害因素的监控措施建议

（一）生产企业自控建议

1. 原辅料使用方面的监控

食糖生产企业要严把进厂关，所有原辅材料进厂时，必须有供货商提供的产品检验报告。企业要建立原辅料进厂台账，实行谁检验、谁验收、谁负责的责任制度，检验时间、批次等要有详细的原始记录。

2. 食品添加剂使用方面的监控

食糖生产企业应建立食品添加剂进货台账、使用台账和相关管理制度,严格按照《食品安全国家标准 食品添加剂使用标准》(GB 2760—2011)中的要求使用食品添加剂。

3. 食糖生产过程的监控

食糖生产加工过程中所用的工具、容器、机械、管道、包装用品、车辆等应符合相应的卫生标准和要求,并应经常消毒,保持清洁。食糖的储存应有专库,做到通风、干燥,以防潮、防尘、防鼠、防蝇,保证食糖不受外来有害因素、微生物的污染和潮解变质。食糖加工过程中的干燥工序要严格控制温度和时间。

4. 出厂检验的监控

食糖生产企业应严格督促对出厂产品进行检验,并建立记录台账,严把产品出厂关。同时,检验设备须具备有效的检定合格证;检验人员须具有检验能力和检验资格。

(二)监管部门监控建议

a. 加强重点环节的日常监督检查。重点对照卫生部发布的《食品中可能违法添加的非食用物质和易滥用的食品添加剂品种名单》,以及本地区监管工作中发现的其他在食品中存在的有毒有害物质、非法添加物质(如工业硫磺等)和食品制假现象,对企业的原料进货把关、生产过程投料控制及出厂检验等关键环节的控制措施落实情况和记录情况进行检查。

b. 重点问题风险防范。由于食糖容易吸潮,存储不当极易引起发霉、变质等问题,应重点监测食糖的二氧化硫残留量和微生物大肠菌群项目。生产现场应重点检查通风、三防设施、设备设施清洗消毒、出厂检验等环节。重点核查企业原辅料进货台账是否建立,以及供货商资格把关,即是否有生产许可证以及相关产品的检验合格证明,尤其关注二氧化硫残留量、微生物指标等。

c. 有针对性地开展标准项目以外涉及安全问题的非常规性项目的专项监督检验,通过对食品生产企业日常监督检验及非常规性项目检验数据进行深入分析,及时发现可能存在的行业性、区域性质量安全隐患。

d. 积极主动向相关生产加工企业宣传有关二氧化硫及重金属超标等危害因素的产生原因、危害性,以及如何防范等知识,防止违法添加有毒有害物质。

e. 可通过与食品生产企业签署质量诚信承诺等方式,加大质量诚信宣传教育力度,并及时曝光质量诚信严重缺失的食品生产企业,督促食品企业落实质量安全主体责任,营造诚信生产的良好社会氛围。

(三)消费建议

市场上,识别食糖产品的好坏可采用眼看、鼻闻、口尝、手摸四种方法。

a. 看:白砂糖外观干燥松散、洁白、有光泽,平摊在白纸上不应看到明显的黑点,颗粒均匀,晶粒有闪光,轮廓分明;绵白糖晶粒细小,均匀,颜色洁白;赤砂糖呈晶粒状或粉末状,干燥而松散,不结块,不成团,无杂质;冰糖呈均匀的清白色或黄色,半透明,有结晶体光泽,无明显杂质。

b. 闻:白砂糖、绵白糖、冰糖、方糖用鼻闻有清甜之香,无任何怪异气味。赤砂糖、冰片糖则保留了甘蔗糖汁的原汁、原味,特别是甘蔗的特殊清香味。

c. 尝:白砂糖溶在水中无沉淀和絮凝物、悬浮物出现,尝其溶液味清甜,无任何异味;绵白糖在舌部的味蕾上糖分浓度高,味觉感到的甜度比白砂糖大;赤砂糖、冰片糖则口味浓甜带鲜,微有糖蜜味;冰糖、方糖则质地纯甜,无异味。

d. 摸:用干手摸时不会有糖粒沾在手上,松散,说明含水分低,不易变质,易于保存。

参 考 文 献

吴艳,和娟. 2013. 浅议食品微生物检测中菌落总数与大肠菌群两个指标的关系[J]. 计量与测试技术,40(6):92-93.

Bastias JM, Bermudez M, Carrasco J, et al. 2010. Determination of dietary intake of total arsenic, inorganic arsenic and total mercury in the Chilean school meal program[J]. Food Sci Technol Int, 16(5):443-450.

GB 13104—2005. 食糖卫生标准[S].

GB 2760—2011. 食品安全国家标准 食品添加剂使用标准[S].

GB 2762—2012. 食品安全国家标准 食品中污染物限量[S].

Hubbs-Tait L, Nation JR, Krebs NF, et al. 2005. Neurotoxicants, Micronutrients, and Social Environments: Individual and Combined Effects on Children's Development[J]. Psychol Sci Publ Interest, 6:57-121.

Khezri SM, Shariat SM, Tabibian S. 2013. Evaluation of extracting titanium dioxide from water-based paint sludge in auto-manufacturing industries and its application in paint production[J]. Toxicol Ind Health, 29(8):697-703.

报告四十八　婴幼儿配方谷粉生产加工食品安全危害因素调查分析

一、广东省婴幼儿配方谷粉行业情况

婴幼儿配方谷粉是指以谷物、豆类及其加工制品为主要原料，加入适量的维生素、矿物质和其他辅料，经加工而成的适用于婴幼儿食用的粉状或片状的补充食品。包括适用于婴幼儿食用的婴幼儿补充谷粉、婴幼儿断奶期辅助食品、婴幼儿断奶期补充食品、豆基类婴幼儿配方粉等产品。

据统计，目前，广东省婴幼儿配方谷粉生产加工企业共35家，其中获证企业35家，占100%，见表2-48-1。

表 2-48-1　婴幼儿配方谷粉生产加工企业情况统计表

生产加工单位总数/家	食品生产加工企业			食品小作坊数/家
	获证企业数/家	GMP、SSOP、HACCP等先进质量管理规范企业数/家	规模以上企业数（即年主营业务收入500万元及以上）/家	
35	35	4	6	0

注：表中数据统计日期为2012年12月。

广东省婴幼儿配方谷粉生产加工企业的分布如图2-48-1 所示，珠三角地区的婴幼儿配方谷粉生产加工单位共5家，占14%，粤东、粤西地区分别有29家和1家，分别占83%、3%。从生产加工单位数量看，汕头最多，有22家，其次为揭阳、广州、潮州、深圳和茂名，分别有4家、3家、3家、2家和1家。

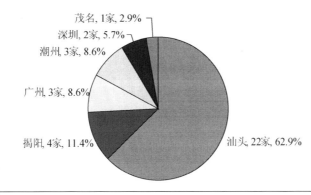

图 2-48-1　广东省婴幼儿配方谷粉生产加工企业地域分布图

广东省婴幼儿配方谷粉生产加工企业较少，但有6家较大规模企业，分别在广州（2家）、深圳（2家）和潮州（2家）。同时全省有4家企业实施了良好生产规范（GMP）、卫生标准操作规范（SSOP）、危害分析与关键控制点（HACCP），其中深圳2家、潮州1家、茂名1家。广东省婴幼儿配方谷粉加工行业已逐步走上凭借新工艺、新设备、新产品发展低糖化、营养化和功能化产品的现代企业之路。

目前婴幼儿配方谷粉生产加工行业存在以下主要问题：①个别企业为降低成本，不添加标准规定的营养强化剂，或添加非法添加物；②设备陈旧，环境卫生差，微生物指标严重超标；③操作过程不当导致的物理危害。

婴幼儿配方谷粉生产加工企业今后食品安全的发展方向是：严格控制产品原料质量，规范操作；按生产工艺流程需要及卫生要求，合理布局；制定相应的进出厂产品质量检验和控制规范，保证特殊人群食品安全。

349

二、婴幼儿谷粉抽样检验情况

婴幼儿谷粉的抽样检验情况见表 2-48-2 和表 2-48-3。

表 2-48-2　2010~2012 年广东省婴幼儿谷粉抽样检验情况统计表（1）

年度	抽检批次	合格批次	不合格批次	内在质量不合格批次	内在质量不合格产品发现率/%
2012	109	100	9	4	3.7
2011	81	65	16	10	12.3
2010	82	76	6	5	6.1

表 2-48-3　2010~2012 年广东省婴幼儿谷粉抽样检验情况统计表（2）

年度	不合格项目（一）				不合格项目（二）				不合格项目（三）			
	项目名称	抽检批次	不合格批次	不合格率/%	项目名称	抽检批次	不合格批次	不合格率/%	项目名称	抽检批次	不合格批次	不合格率/%
2012	标签	80	7	8.8	菌落总数	80	2	2.5	水分	80	1	1.3
2011	蛋白质	2	1	50.0	标签	63	8	12.7	铁	63	4	6.3
2010	阪崎肠杆菌	8	2	25.0	钙	59	3	5.1	标签	59	1	1.7

不合格项目（按照不合格率的高低依次列举）

三、婴幼儿配方谷粉行业加工环节危害因素调查情况

（一）婴幼儿配方谷粉生产流程及关键控制点

1. 配方谷粉生产流程

（1）膨化法

原料精选 → 膨化 → 粉碎 → 配料 → 混合 → 包装
　　　　　　　↓　　　　　↑
　　　　　　　原料粉碎

（2）滚筒干燥法

包装 ← 混合 ← 配料
　　　　　　　　↑
原料精选 → 原料粉碎 → 配料 → 蒸煮 → 干燥 → 粉碎
　　　　　　　　↓　　　　↑
　　　　　　　酶解

膨化法生产配方谷粉生产加工的 HACCP 及 GMP 的关键控制点为：①原料精选；②膨化；③配料；④混合；⑤包装。

滚筒干燥法生产配方谷粉生产加工的 HACCP 及 GMP 的关键控制点为：①原料精选；②配料；③酶解；④蒸煮；⑤干燥；⑥混合；⑦包装。

2. 豆基类配方谷粉生产流程

（1）湿法生产

原料验收 → 浸泡或灭酶 → 磨浆 → 超高温灭酶 → 标准化配料 → 均质 → 杀菌 → 浓缩 → 喷雾干燥 → 筛粉、晾粉（或流化床二次干燥）→ 包装

湿法生产豆基类配方谷粉的生产加工 HACCP 及 GMP 的关键控制点为：①原料精选；②超高温灭酶；③标准化配料；④均质；⑤杀菌；⑥浓缩；⑦喷雾干燥；⑧包装。

（2）干法生产

原料精选 → 灭酶 → 脱皮 → 粉碎 → 混合 → 过筛 → 包装

干法生产豆基类配方谷粉的生产加工 HACCP 及 GMP 的关键控制点为：①原料精选；②脱皮；③灭酶；④粉碎；⑤混合；⑥包装。

（二）婴幼儿配方谷粉生产加工过程中存在的主要质量问题

a. 菌落总数和大肠菌群。
b. 黄曲霉素超标。
c. 阪崎肠杆菌。
d. 汞含量异常。
e. 营养指标不达标。

四、婴幼儿谷粉生产加工环节危害因素及描述

（一）菌落总数和大肠菌群

菌落总数和大肠菌群是判断食品质量的重要微生物指标，若菌落总数或大肠菌群超标将会引起食品营养成

分的破坏，加速食品的腐败变质，使食品失去食用价值，而且会对人体健康造成潜在的威胁。菌落总数和大肠菌群的危害因素特征描述见第三章。

1. 相关标准要求

《食品安全国家标准 较大婴儿和幼儿配方食品》（GB 10767—2010）规定，按照三级采样方案设定的指标，在 5 个样品中允许全部样品中菌落总数小于或等于 1000 cfu/g，允许有≤2 个样品的菌落总数在 1000~10 000 cfu/g，不允许有样品的大肠菌群≥10 000 cfu/g；在 5 个样品中允许全部样品中大肠菌群小于或等于 10 cfu/g，允许有≤2 个样品的大肠菌群在 10~100 cfu/g，不允许有样品的大肠菌群≥100 cfu/g。

2. 危害因素来源

一是生产婴幼儿配方谷粉的原材料谷物、豆类在运输或储存环节受细菌污染而造成成品中菌落总数或大肠菌群的超标污染；二是生产加工场地、设施未持续满足环境卫生条件要求，生产加工过程被微生物污染；三是未严格按工艺要求操作，机器设备清洗不干净或存在死角而造成微生物繁殖；四是未经灭菌处理而直接包装成品。

（二）黄曲霉毒素超标

黄曲霉毒素是一类化学结构相似的化合物，它们是二氢呋喃及香豆素的衍生物，主要是由黄曲霉、寄生曲霉产生的真菌有毒次生代谢产物，若婴幼儿配方谷粉中的黄曲霉毒素超过限量标准，易对婴幼儿的身体造成影响，黄曲霉毒素的危害因素特征描述见第三章。

1. 相关标准要求

欧盟规定食品中的黄曲霉毒素的总量不得超过 4 μg/kg。《食品安全国家标准 较大婴儿和幼儿配方食品》（GB 10767—2010）规定，较大婴儿和幼儿配方食品中黄曲霉毒素 M_1 或黄曲霉毒素 B_1 的限量值为 0.5 μg/kg，黄曲霉毒素 M_1 限量适用于以乳类及乳蛋白制品为主要原料的产品，黄曲霉毒素 B_1 限量适用于以豆类及大豆蛋白质制品为主要原料的产品。

2. 危害因素来源

一是以豆类及大豆蛋白质制品为主要原料的婴幼儿配方食品中的黄曲霉毒素，主要来源为使用了受黄曲霉污染的豆类原材料；二是以乳类及乳蛋白制品为主要原料的婴幼儿配方食品中黄曲霉毒素 M_1 和 M_2 污染，主要来源为使用了受黄曲霉污染生乳或乳粉。

（三）阪崎肠杆菌

1. 危害因素特征描述

阪崎肠杆菌（*Enterobacter sakazakii*）是人和动物肠道内寄生的一种革兰氏阴性无芽孢杆菌，是肠道正常菌群中的一种，但在一定条件下可引起人和动物致病。由于阪崎肠杆菌具有耐高渗透压、传代时间短等特点，若其污染婴幼儿配方谷粉，可在其中长时间存活。阪崎肠杆菌能产生一类肠毒素而引起严重的新生儿脑膜炎、小肠结肠炎和菌血症，并且可引起神经系统后遗症和死亡，因此，婴幼儿食品中阪崎肠杆菌所引起的问题已受到普遍关注。

2. 检测方法及相关标准要求

我国《食品安全国家标准 食品微生物学检验 阪崎肠杆菌检验》（GB 4789.40—2010）规定了婴幼儿配方食品中阪崎肠杆菌的检验和计数。《食品安全国家标准 婴儿配方食品》（GB 107565—2010）规定 0~6 月的婴幼儿配方食品不得检出阪崎肠杆菌。

3. 危害因素来源

婴幼儿配方谷粉中阪崎肠杆菌的主要来源，一是在奶粉加工过程中，在加热处理后加入配料而带入阪崎肠杆菌；二是奶粉干燥及包装过程也容易污染阪崎肠杆菌。

（四）汞含量异常

1. 危害因素特征描述

汞（mercury）又称水银，广泛应用于制造工业用化学品、电子或电器产品、农业杀菌剂、防腐剂、电池等领域。环境中汞污染物可分为有机汞及无机汞，且有机汞比无机汞毒性大。汞是蓄积作用较强的元素，可在农作物、动物及人体内富集，长期食用被汞污染的食物，可引起慢性汞中毒等一系列不可逆的神经系统中毒病变，还产生致畸性而危害人体的健康。

2. 检测方法及相关标准规定

《食品中总汞及有机汞的测定》（GB/T 5009.17—2003）规定了检测食品中汞含量的标准方法。《食品安全国家标准 食品中污染物限量》（GB 2762—2012）中规定婴幼儿辅助食品中总汞的限量值为 0.02 mg/kg。

3. 危害因素来源

婴幼儿配方谷粉中汞的危害因素来源，一是婴幼儿配方谷粉中使用的原辅料受汞污染而带入成品中；二是生产婴幼儿配方谷粉的设备或包装材料受汞污染而迁移至成品中。

五、危害因素的监控措施建议

（一）生产企业自控建议

1. 原辅料使用方面的监控

婴幼儿配方谷粉中的主要原料是大米、小麦粉等农产品。辅助原料包括白砂糖、蛋白粉、蔬菜粉、肉粉、复合营养素等。原料按规定检验合格后应予使用，不合格者不得使用。准用的材料，应以先进先出为原则，如长期储存或存于高温或其他的不利条件下，应重新检验。原材料的储存条件应能避免受到污染，损坏和品质下降要减至最低限度，仓储记录要完整。对食品添加剂、糖、食盐等辅料的采购应加强索证工作，无生产许可证和检验合格证的产品坚决不予采购。

2. 食品添加剂使用方面的监控

食品添加剂和食品营养强化剂应当选用《食品安全国家标准 食品添加剂使用标准》（GB 2760—2011）和《食品安全国家标准 食品营养强化剂使用标准》（GB 14880—2012）中允许使用的品种，并应符合相应的国家标准或行业标准的规定；如选用进口原料，必须使用进出口检验检疫部门检验合格的产品；建立进货验收制度和台账。

3. 婴幼儿配方谷粉生产过程的监控

a. 配料工序的控制。主要是控制食品营养强化剂的添加和食品添加剂的最大限量。

b. 包装工序的控制。主要是控制包装车间空气的洁净度。产品生产的清洁作业区必须达到 30 万级以上净化车间的要求，具备独立的空气处理系统。

4. 出厂检验的监控

婴幼儿配方谷粉生产企业必须设有与生产能力相适应的卫生、质量检验机构，建立有效的产品出厂检验制度，具备审查细则中规定的必备出厂检验设备，并有符合要求的实验室和检验人员，能完成审查细则中规定的出厂检验项目。凡是未经检验或者检验不合格的产品一律不准出厂销售，经检验合格的产品，必须按批次签发产品检验合格证书和检验报告单。获证企业产品必须批批留样、批批检验，并有原始记录、出厂检验报告等。每批样品应留样保存，依成品的特性进行保存试验，以确定其保质期。每批产品入库前，应有检查记录，不合格者不得入库且必须有适当处理办法。各项检验原始记录应编号存档，保存三年，备查。企业应当每年参加 1 次质量技术部门组织的出厂检验能力比对试验。

（二）监管部门监控建议

a. 加强重点环节的日常监督检查。重点对照卫生部发布的《食品中可能违法添加的非食用物质和易滥用的食品添加剂品种名单》，对企业的原料进货把关、生产过程投料控制以及出厂检验等关键环节的控制措施落实情况和记录情况进行检查。

b. 重点问题风险防范。婴幼儿配方谷粉的主要不合格项目为微生物、黄曲霉毒素及营养素等，应重点监测上述项目。

c. 通过明察暗访、行业调研、市场和消费环节调查等方式，对容易出现质量安全问题、高风险的企业，加强日常监管，切实落实企业第一责任人责任，确保对存在的问题跟踪整改到位。

（三）消费建议

a. 尽量选择规模较大、产品质量和服务质量较好的品牌企业的产品。由于规模较大的生产企业技术力量雄厚，产品配方设计较为科学、合理，对原材料的质量控制较严，生产设备先进，企业管理水平较高，产品质量较有保证。

b. 看包装上的标签标识是否齐全。按国家标准规定，在外包装上必须标明厂名、厂址、生产日期、保质期、执行标准、商标、净含量、配料表、营养成分表及食用方法等项目，若缺少上述任何一项最好都不要购买，这是保证产品质量的基本条件；

c. 看营养成分表中标明的营养成分是否齐全，含量是否合理。营养成分表中一般要标明热量，蛋白质、脂肪、碳水化合物等基本营养成分，维生素类如维生素 A、维生素 D、部分 B 族维生素，微量元素如钙、铁、锌、磷，或者还要标明添加的其他营养物质。

d. 看产品的色泽和气味。质量好的谷粉应是大米的白色，均匀一致，有谷粉的香味，无其他气味，如香精味等。

e. 看产品的组织形态和冲调性。应为粉状或片状，干燥松散，均匀无结块。以适量的温开水冲调或煮熟，经充分搅拌呈润滑的糊状。

参 考 文 献

韩禹. 2010. 重金属对食品的污染危害及控制污染的建议[J]. 吉林蔬菜，（4）：85-86.

劳文艳，林素珍. 2011. 黄曲霉毒素对食品的污染及危害[J]. 北京联合大学学报（自然科学版），25（1）：64-69.

裴晓燕，刘秀梅. 2004. 阪崎肠杆菌的生物学性状与健康危害[J]. 中国食品卫生杂志，16（6）：550-555.

王明强. 2009. 重金属污染对食品安全的影响及其对策[J]. 中国调味品，34（11）：32-34.

吴兆蕃. 2010. 黄曲霉毒素的研究进展[J]. 甘肃科技，26（18）：89-93.

袁飞，徐宝梁，陈颖，等. 2008. 阪崎肠杆菌生长特性及耐热耐酸碱性分析[J]. 中国公共卫生，24（12）：1475-1476.

袁飞，徐宝梁，任发政，等. 2005. 奶粉中阪崎肠杆菌的风险评估[J]. 食品科学，26（11）：261-265.

郑楠，王加启，韩荣伟，等. 2012. 牛奶中主要霉菌毒素毒性的研究进展[J]. 中国畜牧兽医，39（3）：10-13.

GB 107565—2010. 食品安全国家标准 婴儿配方食品[S].

GB 10767—2010. 食品安全国家标准 较大婴儿和幼儿配方食品[S].

GB 2761—2011. 食品安全国家标准 食品中真菌毒素限量[S].

GB 2762—2012. 食品安全国家标准 食品中污染物限量[S].

GB 4789.40—2010. 食品安全国家标准 食品微生物学检验 阪崎肠杆菌检验[S].

GB/T 5009.17—2003. 食品中总汞及有机汞的测定[S].

报告四十九　月饼生产加工食品安全危害因素调查分析

一、广东省月饼行业情况

月饼是使用面粉等谷物粉、油、糖或不加糖调制成饼皮，包裹各种馅料，经加工而成主要在中秋节食用的传统节日食品。

月饼按加工工艺分为烘烤类、熟粉成型类及应用其他工艺制作的月饼；按地方风味特色分为：广式、京式、苏式及其他类；按馅料分为蓉沙类、果仁类、果蔬类、肉与肉制品类、水产制品类、蛋黄类及其他类。

据统计，目前，广东省月饼生产加工企业共 1657 家，其中获证企业 1410 家，占 85.1%；小作坊 247 家，占 14.9%，见表 2-49-1。

表 2-49-1　广东省月饼生产加工企业情况计表

| 生产加工企业总数/家 | 食品生产加工企业 | | | 食品小作坊数/家 |
	获证企业数/家	GMP、SSOP、HACCP 先进质量管理规范企业数/家	规模以上企业数（即年主营业务收入 500 万元及以上）/家	
1657	1410	35	67	247

注：表中数据统计日期为 2012 年 12 月。

广东省月饼生产加工企业分布如图 2-49-1 所示，珠三角地区的月饼生产加工企业共 973 家，占 58.7%，粤东、粤西、粤北分别有 145 家、412 家和 127 家，分别占 8.8%、24.8%、7.7%。从生产加工企业数量看，惠州和茂名最多，分别有 199 家和 167 家，其次为广州、佛山、东莞、湛江，分别有 160 家、119 家、119 家和 114 家。

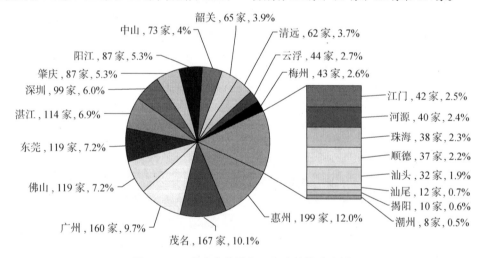

图 2-49-1　广东省月饼加工企业地域分布图

广东省月饼生产加工企业分布较均衡，多采用半自动化方式生产，产能、产量均不大。全省有 247 家较大规模企业。同时有 35 家企业实施了良好生产规范（GMP）、卫生标准操作规范（SSOP）、危害分析与关键控制点（HACCP），其中深圳 27 家、中山 5 家和珠海 3 家。

大中型的月饼生产加工企业的工艺比较成熟，管理比较规范，从业人员操作熟练，进出厂的检验比较严格；但小型的月饼作坊食品安全意识不强，存在违规操作的现象。小企业的从业人员流动大，也容易造成食品安全管理上的困难，需企业自身加强员工培训。

月饼生产加工行业存在以下主要问题：①部分厂家对原料处理加工没有严格把关，如火腿的边角易变质，作为原料易导致酸价、过氧化值超标；②采用质量不合格的食用油制作洗沙造成酸价、过氧化值超标；③小企业、小作坊的加工场所简陋，从业人员卫生习惯差，消毒措施不健全，加工、包装等过程易受污染，致使微生物超标。

月饼生产加工企业今后食品安全的发展方向是：月

饼生产企业要严格把好原料质量关，原料按规定检查合格后应予使用，加强卫生监督与管理，严格执行卫生操作规范，加强从业人员卫生知识培训，增强其卫生意识和守法观念，以保证消费者的食用安全。

二、月饼抽样检验情况

月饼的抽样检验情况见表 2-49-2 和表 2-49-3。

表 2-49-2　2010~2012 年广东省月饼抽样检验情况统计表（1）

年度	抽检批次	合格批次	不合格批次	内在质量不合格批次	内在质量不合格产品发现率/%
2012	3228	2888	340	77	2.4
2011	3170	2634	536	106	3.3
2010	3164	2744	420	76	2.4

表 2-49-3　2010~2012 年广东省月饼抽样检验情况统计表（2）

年度	不合格项目（按照不合格率的高低依次列举）											
	不合格项目（一）				不合格项目（二）				不合格项目（三）			
	项目名称	抽检批次	不合格批次	不合格率/%	项目名称	抽检批次	不合格批次	不合格率/%	项目名称	抽检批次	不合格批次	不合格率/%
2012	标签	2731	262	9.6	净含量	269	7	2.6	包装空隙率	229	5	2.2
2011	标签	2329	223	9.6	包装空隙率	63	3	4.8	菌落总数	1951	68	3.5
2010	标签	2222	320	14.4	过氧化值	141	6	4.3	过度包装	102	3	2.9

三、月饼生产加工环节危害因素调查情况

（一）月饼基本生产流程及关键控制点

月饼生产的基本流程包括原辅料处理、调粉、成型、熟制、冷却和包装等过程。月饼生产加工的 HACCP 及 GMP 的关键控制点为原辅料处理。

（二）月饼生产加工过程中存在的主要问题

　　a. 微生物（菌落总数、大肠菌群、霉菌）超标。
　　b. 过氧化值、酸价超标。
　　c. 超量使用甜蜜素。
　　d. 超范围使用防腐剂（苯甲酸与山梨酸）。
　　e. 塑化剂污染问题。
　　f. 食品标签。
　　g. 其他（净含量、总糖）。

四、月饼生产加工环节危害因素及描述

（一）微生物（大肠菌群、菌落总数）超标

菌落总数和大肠菌群是判定食品卫生质量状况的主要指标，反映了食品是否符合卫生要求。菌落总数在一定程度上标志着食品卫生质量的优劣。微生物的危害因素特征描述见第三章。

1. 相关标准要求

国家标准《月饼》（GB 19855—2005）规定了月饼的卫生指标按 GB 7099 规定执行。国家标准《糕点、面包卫生标准》（GB 7099—2003）规定，热加工和冷加工糕点的菌落总数指标分别为 ≤1500 cfu/g 和 ≤10 000 cfu/g，大肠菌群的指标分别为 ≤30 MPN/100g 和 ≤300 MPN/100g。

2. 危害因素来源

小企业小作坊食品生产意识不强，管理不规范，工艺控制不严，导致容易滋生微生物：

　　a. 使用发霉腐烂的原料加工生产，是产品中微生物滋生的一大原因。
　　b. 生产线长时间运行未进行及时清理，使微生物局部滋生。如存放一周左右的原料（夏季时间会更短），会滋生大量细菌。
　　c. 特定的工艺条件也是细菌繁殖的最佳环境。
　　d. 最大限度的循环使用，会使循环水中的微生物严重超标，某些工段的水循环使用加上后段清水清洗不净，也成为产品微生物超标原因。

e. 高水分的产品在高温高湿条件下，长时间储存，就具备了微生物繁殖的理想条件。

（二）霉菌

霉菌是形成分枝菌丝的真菌的统称，菌丝体常呈白色、褐色、灰色，或呈鲜艳的颜色（菌落为白色毛状的是毛霉，绿色的为青霉，黄色的为黄曲霉），有的可产生色素使基质着色。霉菌繁殖迅速，常造成食品、用具大量霉腐变质，但许多有益种类已被广泛应用，是人类实践活动中最早利用和认识的一类微生物。霉菌的危害因素特征描述见第三章。

1. 相关标准要求

国家标准《糕点、面包卫生标准》（GB 7099—2003）规定，热加工和冷加工糕点的霉菌指标分别为≤100 cfu/g和≤150 cfu/g。

2. 危害因素来源

小企业小作坊食品生产意识不强，管理不规范，工艺控制不严，导致容易滋生微生物：

a. 使用发霉腐烂的原料加工生产，是产品中微生物滋生的一大原因。

b. 生产线长时间运行未进行及时清理，使微生物局部滋生。如存放一周左右的原料（夏季时间会更短），会滋生大量细菌。

c. 特定的工艺条件也是细菌繁殖的最佳环境。

d. 最大限度的循环使用会使循环水中的微生物严重超标，某些工段的水循环使用加上后段清水清洗不净，也成为产品微生物超标原因。

e. 高水分的产品在高温高湿条件下，长时间储存，就具备了微生物繁殖的理想条件。

（三）酸价、过氧化值超标

酸价和过氧化值升高是反映油脂品质下降和油脂陈旧的主要指标。油脂与空气中的氧发生氧化作用所产生的氢过氧化物（俗称过氧化值），是油脂自动氧化的初级产物，它具有高度活性，能够迅速地继续变化，分解为醛酮类和氧化物等致使油脂酸败变质，也就是俗称的"哈喇"（即酸价）。油脂酸败可破坏食品中的营养成分，产生的不良气味会影响食品的感官质量。酸价和过氧化值的危害因素特征描述见第三章。

1. 相关标准要求

国家标准《糕点、面包卫生标准》（GB 7099—2003）规定，月饼中的酸价（以脂肪计）（KOH）应≤5 mg/g，过氧化值（以脂肪计）的应≤0.25 g/100g。

2. 危害因素来源

酸价、过氧化值超标的最主要原因是油脂经高温烘烤后氧化所致。生产中若使用了含油脂的果仁或油脂成分过高的食品原料，经热加工可加重酸败；加工好的月饼存放时间过长，尤其是夏季，在阳光、温度作用下也可加快酸败，致酸价、过氧化值超标。

（四）超量使用甜蜜素

甜蜜素化学名为环己基氨基磺酸钠，属于人工合成的低热值新型甜味剂，是环氨酸盐类甜味剂的代表。甜蜜素的危害因素特征描述见第三章。

1. 相关标准要求

《食品安全国家标准 食品添加剂使用标准》（GB 2760—2011）规定了月饼中甜蜜素最大限量值为 0.65 g/kg。

2. 危害因素来源

一是企业为降低生产成本，使用甜味剂超量。二是个别小企业用甜味素替代蔗糖，生产条件控制不严，计量不准确，超量添加甜味剂。

（五）超范围使用苯甲酸

苯甲酸又称安息香酸，因在水中溶解度低，故多数情况下使用苯甲酸钠盐类。苯甲酸是重要的酸性食品防腐剂，对霉菌、酵母和细菌均有抑制作用，也可用于巧克力、浆果、蜜饯型等食用香精中。苯甲酸的危害因素特征描述见第三章。

1. 相关标准要求

《食品安全国家标准 食品添加剂使用标准》（GB 2760—2011）规定月饼中是不得添加防腐剂苯甲酸及其钠盐。

2. 危害因素来源

月饼中苯甲酸含量超标的原因主要有：一，原料带入，企业为了节省成本而使用带有苯甲酸不合格的原料；二，企业超范围使用苯甲酸以延长产品保质期。

（六）超量使用山梨酸

山梨酸是一种酸性防腐剂，山梨酸及其盐类在接近中性（pH6.0~6.5）的食品中其仍有较好的抗菌能力，对细菌、霉菌和酵母菌均有效果，已被广泛应用在我国食品行业。山梨酸的危害因素特征描述见第三章。

1. 相关标准要求

《食品安全国家标准　食品添加剂使用标准》（GB 2760—2011）规定了月饼中山梨酸及其钾盐的最大使用量（以山梨酸计）为 1.0 g/kg。

2. 危害因素来源

月饼中山梨酸含量超标的原因主要有：一，原料带入，企业为了节省成本而使用带有山梨酸超标的不合格原料；二，企业人为过量添加山梨酸以延长产品保质期。

五、危害因素的监控措施建议

（一）生产企业自控建议

1. 原辅料使用方面的监控

月饼生产企业要严格把好原料质量关。主要原料应符合采购标准，避免重金属、黄曲霉毒素及致病菌等的污染。生产企业应按照生产能力与生产计划制定进货品种和数量，避免造成积压。原料按规定检查合格后应予使用，不合格者不得使用。准用的材料，应以先进先出为原则，如长期储存或存于高温或其他的不利条件下，应重新检验。原材料的储存条件应能避免受到污染，损坏和质量下降要减至最低限度，仓储记录要完整。对食品添加剂、糖、食盐等辅料的采购应加强索证工作，无生产许可证和检验合格证的产品坚决不予采购。

2. 食品添加剂使用方面的监控

月饼生产企业应严格按照相关规定规范操作，食品添加剂的使用、计算、称量应分别由专人负责和核对，设专柜储放，由专人负责管理，登记记录使用添加剂的种类、供货企业卫生许可证号、进货及使用量。不得超范围使用食品添加剂（如乳化剂、防腐剂、甜味剂及着色剂等）；不得添加国家明令禁止使用的非食用物质（如富马酸二甲酯等）。

3. 月饼生产过程的监控

a. 调粉工序的控制。主要控制食品添加剂的使用量。
b. 熟制工序的控制。主要是温度和时间的控制，严格控制温度、压力与时间，做好监控记录。
c. 冷却工序的控制。主要是车间消毒和工具洁净。

4. 出厂检验的监控

月饼企业必须设有与生产能力相适应的卫生、质量检验机构，建立有效的产品出厂检验制度，具备审查细则中规定的必备出厂检验设备，并有符合要求的实验室和检验人员，能完成审查细则中规定的出厂检验项目。

凡是未经检验或者检验不合格的产品一律不准出厂销售。每批产品入库前，应有检查记录，不合格者不得入库且必须有适当处理办法。各项检验原始记录应编号存盘，保存三年，备查。

（二）监管部门监控建议

a. 加强重点环节的日常监督检查。重点对照卫生部发布的《食品中可能违法添加的非食用物质和易滥用的食品添加剂品种名单》，以及本地区监管工作中发现的其他在食品中存在的有毒有害物质和非法添加物质，回收陈化粮和食品制假现象，对企业的原料进货把关、生产过程投料控制及出厂检验等关键环节的控制措施落实情况和记录情况进行检查。

b. 重点问题风险防范。月饼作为一种脂肪、水分含量较高的食品，储存不当极易引起发霉、变质等问题，应重点监测月饼的过氧化值和微生物指标。生产现场应重点检查通风、三防设施、设备设施清洗消毒、出厂检验等环节。重点核查企业原辅料进货台账是否建立，以及供货商资格把关，即是否有生产许可证及相关产品的检验合格证明，尤其关注过氧化值、微生物指标等；生产用水必须符合《生活饮用水卫生标准》（GB 5749—2006）的要求。

c. 通过明察暗访、行业调研、市场和消费环节调查等方式，对容易出现质量安全问题、高风险的食品，认真开展危害因素调查分析，及时发现并督促企业防范滥用添加剂和使用非食品物质等违法行为。

d. 有针对性地开展标准项目以外涉及安全问题的非常规性项目的专项监督检验，通过对食品生产企业日常监督检验及非常规性项目检验数据进行深入分析，及时发现可能存在的行业性、区域性质量安全隐患。

e. 积极主动向相关生产加工企业宣传有关甜蜜素、苯甲酸、山梨酸等危害因素的产生原因、危害性，以及如何防范等知识，强化生产企业的质量安全责任意识和法律责任，健全企业安全诚信体系和职业道德建设，提高依法生产的自律性，防止违法添加有毒有害物质。

（三）消费建议

消费者购买月饼时需注意检查包装的完整性，选择简洁、安全、环保材料的月饼包装，标准的月饼包装应包含以下六点内容。

a. 生产企业全称及详细地址是否标注清楚。
b. 产品执行标准是否明确标识。
c. 配料表、净含量等指标是否明示。
d. 生产日期及保质期或保存期是否标明。
e. 包装盒是否完好无损，看单块月饼包装是否完好。
f. 标签鉴别：月饼的标签应符合 GB 7718《预包装

食品标签通则》的要求。消费者购买月饼时需观察包装盒的明显位置是否标明产品的真实属性；不能只标商标名称、商品名称；是否按用量大小的顺序标明使用的所有原辅料，是否标明色素、香精、防腐剂等。此外，消费者还要特别关注含量、生产日期、保质期、厂名、厂址、产品执行标准号、卫生许可证号，避免购买到"三无"产品。

另外，消费者购买月饼时需注意月饼的鉴别。

a. 看外观形状：首先是月饼的块型大小均匀、周正饱满，薄厚均匀、花纹清晰、表面无裂纹、不露馅。广式月饼表面图案标有厂名和馅芯。京式月饼无图案、品名。劣质月饼块型大小不均匀、跑糖露馅严重。

b. 看色泽：优质月饼表面金黄色、底部红褐色、墙部呈乳白色，火色均匀，皮沟不泛青，表皮有蛋液及油脂光泽。劣质月饼表面生糊严重，有青沟、崩顶现象。

c. 闻气味：质量新鲜的月饼，能散发一种月饼特有的扑鼻香味，由于原料不同，皮馅香味各异。劣质月饼皮粗馅硬，咬之可见白色牙印，发霉变质，有异味。

d. 品尝：一般广式月饼是薄皮大馅、口味纯正、口感绵软爽口。馅芯以莲蓉、椰蓉、蛋黄、水果和各种肉馅为主，甜咸适度。京式月饼的皮馅制作精细繁杂。月饼皮有油皮、油酥皮、澄浆皮和京广皮四大类；馅芯又分为炼馅、炒馅、擦馅三个类别，馅芯内含果料较多，切开后可看到桃仁、瓜仁、麻仁、桂花、青红丝及各种果料，自来红月饼还含有冰糖，吃起来松酥利口、绵软细腻。质量低劣的月饼不仅皮馅坚韧没有酥松感，往往还会有一种苦涩味。

参 考 文 献

丁文慧，陆利霞，熊晓辉. 2012. 提高山梨酸及钾盐防腐效果的研究进展[J]. 食品工业科技，33（3）：31-33.

王苏闽，刘华清，茅於芳. 2001. 关于油脂酸价测定中指示剂的选择[J]. 黑龙江粮油科技，12（4）：25.

吴艳，和娟. 2013. 浅议食品微生物检测中菌落总数与大肠菌群两个指标的关系[J]. 计量与测试技术，40（6）：92-93.

GB 19855—2005. 月饼[S].

GB 2760—2011. 食品安全国家标准 食品添加剂使用标准[S].

GB 7099—2003. 糕点、面包卫生标准[S].

Magnoli AP, Monge MP, Miazzo RD, et al. 2011. Effect of low levels of aflatoxin B_1 on performance, biochemical parameters, and aflatoxin B_1 in broiler liver tissues in the presence of monensin and sodium bentonite[J]. Poult Sci, 90（1）：48-58.

Nair B. 2001. Final report on the safety assessment of Benzyl Alcohol, Benzoic Acid, and Sodium Benzoate[J]. Int J Toxicol, 20 Suppl 3：23-50.

Takayama S, Renwick AG, Johansson SL, et al. 2000. Long-term toxicity and carcinogenicity study of cyclamate in nonhuman primates[J]. Toxicol Sci, 53：33-39.

报告五十　粽子生产加工食品安全危害因素调查分析

一、广东省粽子行业情况

粽子是以糯米和/或其他谷类食物为主要原料，中间裹以（或不裹）豆类、果仁、菌类、肉禽类、蜜饯、水产品等馅料，用粽叶包扎成型，经水煮至熟而成的制品。根据行业标准 SB/T 10377—2004《粽子》，粽子按生产工艺不同分为有馅类、无馅类、混合类；按不同的保鲜方式分为新鲜类、速冻类、真空包装类。

广东粽子是所有粽子中用料最丰富的，体积特大，做法费时最久。咸粽的内馅有火腿、咸肉、蛋黄、烧鸡、叉烧、烧鸭、栗子、香菇、虾子等。甜馅有莲蓉、绿豆沙、红豆沙、栗蓉、枣泥、核桃等。

据统计，目前，广东省粽子生产加工企业共 109 家，其中获证企业 98 家，占 89.9%；小作坊 11 家，占 10.1%，见表 2-50-1。

表 2-50-1　广东省粽子生产加工企业情况统计表

生产加工企业总数/家	食品生产加工企业			食品小作坊数/家
	获证企业数/家	GMP、SSOP、HACCP 先进质量管理规范企业数/家	规模以上企业数（即年主营业务收入 500 万元及以上）/家	
109	98	7	11	11

注：表中数据统计日期为 2012 年 12 月。

广东省粽子生产加工企业分布图如图 2-50-1 所示，珠三角地区的粽子生产加工企业共 76 家，占 69.7%，粤东、粤西、粤北分别有 2 家、25 家和 6 家，分别占 1.8%、23.0%、5.5%。从生产加工企业数量看，肇庆和茂名最多，分别有 22 家和 19 家，其次为深圳、佛山、东莞和中山，分别有 11 家、10 家、10 家和 10 家。

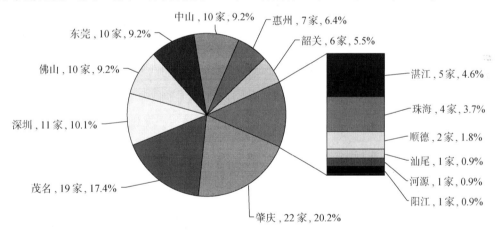

中山，10 家，9.2%　　惠州，7 家，6.4%
东莞，10 家，9.2%　　韶关，6 家，5.5%
佛山，10 家，9.2%
深圳，11 家，10.1%　　湛江，5 家，4.6%
　　　　　　　　　珠海，4 家，3.7%
　　　　　　　　　顺德，2 家，1.8%
茂名，19 家，17.4%　汕尾，1 家，0.9%
　　　　　　　　　河源，1 家，0.9%
　　　　　　　　　阳江，1 家，0.9%
肇庆，22 家，20.2%

广州 、江门 、汕头 、潮州 、揭阳 、梅州 、云浮和清远为 0 家

图 2-50-1　广东省粽子加工企业地域分布图

广东省有 11 家较大规模企业，分别在中山（7 家）、深圳（2 家）和珠海（2 家）。同时全省有 7 家企业实施了良好生产规范（GMP）、卫生标准操作规范（SSOP）、危害分析与关键控制点（HACCP），其中深圳 5 家、中山 1 家和珠海 1 家。

粽子生产加工行业存在以下主要问题：①部分厂家对原料处理加工把关不严，采用易变质原料而导致酸价、过氧化值超标；②部分厂家粽子包扎使用了塑料尼龙绳；③食品加工场所简陋，消毒设施不健全，加工、包装等过程易受到污染；④部分企业不按规范和标准使用食品添加剂如甜味剂、防腐剂等。

粽子生产加工企业今后食品安全的发展方向是：粽

子生产企业要严格把好原料质量关，原材料的储存条件应能避免受到污染。加强卫生监督与管理，严格执行卫生操作规范，加强从业人员卫生知识培训，增强其卫生意识和守法观念，以保证消费者的食用安全。

二、粽子抽样检验情况

粽子的抽样检验情况见表 2-50-2 和表 2-50-3。

表 2-50-2　2010~2012 年广东省粽子抽样检验情况统计表（1）

年度	抽检批次	合格批次	不合格批次	内在质量不合格批次	内在质量不合格产品发现率/%
2012	237	200	37	11	4.6
2011	170	146	24	12	7.1
2010	165	140	25	20	12.1

表 2-50-3　2010~2012 年广东省粽子抽样检验情况统计表（2）

年度	不合格项目（按照不合格率的高低依次列举）											
	不合格项目（一）				不合格项目（二）				不合格项目（三）			
	项目名称	抽检批次	不合格批次	不合格率/%	项目名称	抽检批次	不合格批次	不合格率/%	项目名称	抽检批次	不合格批次	不合格率/%
2012	标签	41	25	61.0	酸价	23	3	13.0	干燥失重	50	6	12.0
2011	酸价	9	5	55.6	山梨酸	3	1	33.3	干燥失重	11	3	27.3
2010	干燥失重	35	10.0	28.6	菌落总数	6	1.0	16.7	霉菌计数	13	2.0	15.4

三、粽子生产行业加工环节危害因素调查情况

（一）粽子基本生产流程及关键控制点

粽子生产的基本流程包括原辅料处理、调粉、成型、熟制、冷却和包装等过程。粽子生产加工的 HACCP 及 GMP 的关键控制点为原辅料处理。

（二）粽子生产加工过程中存在的主要问题

a. 微生物（菌落总数、大肠菌群、霉菌）超标。
b. 酸价、过氧化值超标。
c. 过量添加甜味剂（糖精钠、甜蜜素、安赛蜜）。
d. 过量添加防腐剂（苯甲酸、山梨酸）。
e. 重金属（铅、砷）超标。
f. 黄曲霉毒素 B_1 超标。
g. 非法使用硼砂。

四、粽子行业生产加工环节危害因素及描述

（一）微生物（大肠菌群、菌落总数）超标

菌落总数和大肠菌群是判定食品卫生质量状况的主要指标，反映了食品是否符合卫生要求。菌落总数的多少在一定程度上标志着食品卫生质量的优劣。微生物的危害因素特征描述见第三章。

1. 相关标准要求

商业行业标准《粽子》（SB/T 10377—2004）中规定，新鲜类和速冻类粽子的菌落总数指标分别是≤50 000 cfu/g和≤10 000 cfu/g；大肠菌群指标皆为≤110 MPN/100g。

2. 危害因素来源

一是在生产过程中，企业未能控制环境卫生条

件，导致所储存的原材料被微生物污染。二是生产线长时间运行未进行及时清理，使微生物局部滋生。如存放一周左右的浆料（夏季时间会更短），及存留一周在螺旋输送机内的湿粽子（水分含量 35%~40%），都会滋生大量细菌。三是由于粽子的含水量较高，在高温高湿条件下，长时间储存，导致污染。

（二）霉菌

霉菌是形成分枝菌丝的真菌的统称，菌丝体常呈白色、褐色、灰色，或呈鲜艳的颜色（菌落为白色毛状的是毛霉，绿色的为青霉，黄色的为黄曲霉），有的可产生色素使基质着色。霉菌繁殖迅速，常造成食品、用具大量霉腐变质，但许多有益种类已被广泛应用，是人类实践活动中最早利用和认识的一类微生物。霉菌的危害因素特征描述见第三章。

1．相关标准要求

商业行业标准《粽子》（SB/T 10377—2004）中规定，粽子的霉菌计数指标为≤50 个/g。

2．危害因素来源

一是在生产过程中，企业未能控制环境卫生条件，导致所储存的原材料被微生物污染。二是生产线长时间运行未进行及时清理，使微生物局部滋生。如存放一周左右的浆料（夏季时间会更短），及存留一周在螺旋输送机内的湿粽子（水分含量 35%~40%），都会滋生大量细菌。三是由于粽子的含水量较高，在高温高湿条件下，长时间储存，导致污染。

（三）酸价、过氧化值超标

酸价和过氧化值升高是反映油脂品质下降和油脂陈旧的主要指标。油脂与空气中的氧发生氧化作用所产生的氢过氧化物（俗称过氧化值），是油脂自动氧化的初级产物，它具有高度活性，能够迅速地继续变化，分解为醛酮类和氧化物等致使油脂酸败变质，也就是俗称的"哈喇"（即酸价）。油脂酸败可破坏食品中的营养成分，影响食品质量。酸价和过氧化值的危害因素特征描述见第三章。

1．相关标准要求

商业行业标准《粽子》（SB/T 10377—2004）规定，以动物性食品或坚果类为主要馅料的粽子的酸价（以脂肪计，KOH）应≤3.0 mg/g，过氧化值（以脂肪计，质量分数）应≤0.15%。

2．危害因素来源

油脂酸败的原因有二：一是为生物性的，即动植物组织残渣和微生物的酶类所引起的水解过程；二是属于纯化学过程，即在空气、日光和水的作用下发生的水解及不饱和脂肪酸的自身氧化。

（四）超量使用甜味剂（甜蜜素、糖精钠、安赛蜜）

甜味剂是指赋予食品或饲料以甜味，提高食品品质，满足人们对食品需求的食物添加剂。甜蜜素、糖精钠和安赛蜜的危害因素特征描述见第三章。

1．相关标准要求

《食品安全国家标准　食品添加剂使用标准》（GB 2760—2011）规定了粽子中甜蜜素、糖精钠和安赛蜜的最大含量分别为 0.65 g/kg、0.15 g/kg 和 0.3 g/kg。

2．危害因素来源

企业为降低生产成本，超量添加。

（五）超范围使用苯甲酸

苯甲酸又称安息香酸，因在水中溶解度低，故多数情况下使用苯甲酸钠盐类。苯甲酸是重要的酸性食品防腐剂，对霉菌、酵母和细菌均有抑制作用，也可用于巧克力、浆果、蜜饯型等食用香精中。苯甲酸的危害因素特征描述见第三章。

1．相关标准要求

《食品安全国家标准　食品添加剂使用标准》（GB 2760—2011）规定在粽子中是不能添加防腐剂苯甲酸及其钠盐。

2．危害因素来源

粽子中苯甲酸含量超标的原因主要有：一是原料带入，企业为了节省成本而使用带有苯甲酸不合格的原料；二是违法超范围使用苯甲酸以达到延长产品保质期。

（六）超范围使用山梨酸

山梨酸是一种酸性防腐剂，山梨酸及其盐类在接近中性（pH6.0~6.5）的食品中其仍有较好的抗菌能力，对细菌、霉菌和酵母菌均有效果，已被广泛应用在我国食品行业。山梨酸的危害因素特征描述见第三章。

1. 相关标准要求

《食品安全国家标准 食品添加剂使用标准》（GB 2760—2011）中规定了粽子中不得添加山梨酸及其钾盐。

2. 危害因素来源

粽子中山梨酸含量超标的原因主要有：一是原料带入，企业为了节省成本而使用带有山梨酸超标的不合格原料；二是人为过量添加山梨酸以达到延长产品保质期的目的。

（七）砷含量超标

砷是一种准金属物质，可分为有机及无机两种形态，是自然存在及由人类活动产生而分布于环境四周。砷存在于土壤、地下水和植物中，砷化合物则用于制造晶体管、激光产品、半导体、玻璃和颜料等，有时候也会用作除害剂、饲料添加剂和药物。人体主要是从食物和饮用水摄入砷。砷的危害因素特征描述见第三章。

1. 相关标准要求

商业行业标准《粽子》（SB/T 10377—2004）中规定了粽子中砷含量（以 As 计）的最大值为 0.5 mg/kg。

2. 危害因素来源

重金属砷超标与使用的粽子原辅材料有关，企业对原辅材料的质控把关不严，会引进重金属严重污染粽子的原辅材料。与当地水质、粽子原料产地土质的自然状况也有关，另外，生产设备的管道可能带来砷污染，最终导致粽子中重金属超标，危害身体健康。

（八）铅含量超标

铅是一种天然有毒的重金属，也是普遍存在于环境的污染物。环境污染或食物在制造、处理、包装过程中都可能受到污染，导致食物含铅。铅的危害因素特征描述见第三章。

1. 相关标准要求

商业行业标准《粽子》（SB/T 10377—2004）规定粽子中铅含量（以 Pb 计）的最大值为 0.5 mg/kg。

2. 危害因素来源

重金属铅超标与使用的粽子原辅材料有关，企业对原辅材料的质控把关不严，会引起重金属严重污染粽子的原辅材料。与当地水质、粽子原料产地土质的自然状况也有关，另外，生产设备的管道可

能带来铅污染，最终导致粽子中重金属超标，危害身体健康。

（九）黄曲霉毒素 B_1 超标

黄曲霉毒素是黄曲霉、寄生曲霉产生的真菌有毒次生代谢产物，由于其化学性质比较稳定，易通过被污染的粮食原料及油料原料带入到食品成品中。黄曲霉毒素的危害因素特征描述见第三章。

1. 相关标准要求

商业行业标准《粽子》（SB/T 10377—2004）规定粽子中黄曲霉毒素 B_1 的最大值为 5 μg/kg。

2. 危害因素来源

在自然界有氧条件下，花生、玉米和大米等是黄曲霉的繁殖场所，小麦、大麦也常被污染，豆类一般污染较轻。粽子中污染黄曲霉毒素的原因主要是原料中的大米受到黄曲霉污染。

（十）非法使用硼砂

硼砂也叫粗硼砂，是一种既软又轻的无色结晶物质。硼砂有着很多用途，如用作消毒剂、保鲜防腐剂、软水剂、洗眼水、肥皂添加剂、陶瓷的釉料和玻璃原料等，在工业生产中硼砂也有着重要的作用。硼砂的危害因素特征描述见第三章。

1. 相关标准要求

目前，包括中国在内的多数国家和地区都不允许将硼砂用于食品中，《食品安全国家标准 食品添加剂使用标准》（GB 2760—2011）也未将硼砂列入食品添加剂目录中，只有欧盟中规定硼砂能用于鱼子酱的工艺中，目的是防腐，最高限量为 4 g/kg。

2. 危害因素来源

不法企业为增加粽子的弹性与膨胀效果，延长保质期，而违法添加。

五、危害因素的监控措施建议

（一）生产企业自控建议

1. 原辅料使用方面的监控

粽子生产企业要严格把好原料质量关，主要原料应符合产品标准，避免重金属、黄曲霉毒素及致病菌等的污染。生产企业按照生产能力与生产计划制定进货品种

和数量，避免造成积压。原料按规定检查合格后应予使用，不合格者不得使用。准用的材料，应以先进先出为原则，如长期储存或存于高温或其他的不利条件下，应重新检验。原材料的储存条件应能避免受到污染，损坏和品质下降要减至最低限度，仓储记录要完整。对食品添加剂、糖、食盐等辅料的采购应加强索证工作，无生产许可证和检验合格证的产品坚决不予采购。

2. 食品添加剂使用方面的监控

粽子生产企业应严格按照《食品安全国家标准 食品添加剂使用标准》(GB 2760—2011)相关规定规范操作。食品添加剂的使用、计算、称量应分别由专人负责和核对，并设专柜储放，专人负责管理，登记记录使用添加剂的种类、供货企业卫生许可证号、进货量及使用量。严禁超范围超限量使用食品添加剂。不得超范围使用食品添加剂(如防腐剂、甜味剂等)；不得添加国家明令禁止使用的非食用物质(如硼砂等)。

3. 粽子生产过程的监控

a. 配料工序的控制。主要控制食品添加剂的使用量。

b. 熟制工序的控制。主要是温度和时间的控制。

4. 出厂检验的监控

粽子生产企业必须设有与生产能力相适应的卫生、质量检验机构，建立有效的产品出厂检验制度，具备审查细则中规定的必备出厂检验设备，并有符合要求的实验室和检验人员，能完成审查细则中规定的出厂检验项目。凡是未经检验或者检验不合格的产品一律不准出厂销售。

(二)监管部门监控建议

a. 加强重点环节的日常监督检查。重点对照卫生部发布的《食品中可能违法添加的非食用物质和易滥用的食品添加剂品种名单》，以及本地区监管工作中发现的其他在食品中存在的有毒有害物质、非法添加物质和食品制假现象，对企业的原料进货把关、生产过程投料控制及出厂检验等关键环节的控制措施落实情况和记录情况进行检查。

b. 重点问题风险防范。粽子作为一种含水量较高的食品，储存不当极易引起发霉、变质等问题，应重点监

测粽子的过氧化值和微生物项目。生产现场应重点检查通风、三防设施、设备设施清洗消毒、出厂检验等环节。重点核查企业原辅料进货台账是否建立，以及供货商资格把关，即是否有生产许可证以及相关产品的检验合格证明；加工用水必须符合《生活饮用水卫生标准》(GB 5749—2006)的要求。

c. 通过明察暗访、行业调研、市场和消费环节调查等方式，对容易出现质量安全问题、高风险的食品，认真开展危害因素调查分析，及时发现并督促企业防范滥用添加剂和使用非食品物质等违法行为。

d. 有针对性地开展标准项目以外涉及安全问题的非常规性项目的专项监督检验，通过对食品生产企业日常监督检验及非常规性项目检验数据进行深入分析，及时发现可能存在的行业性、区域性质量安全隐患。

e. 积极主动向相关生产加工企业宣传有关甜蜜素、糖精钠、苯甲酸超标、非法添加硼砂等危害因素的产生原因、危害性，以及如何防范等知识，强化生产企业的质量安全责任意识和法律责任，健全企业安全诚信体系和职业道德建设，提高依法生产的自律性，防止违法添加有毒有害物质。

(三)消费建议

a. 看粽叶颜色。购买粽子的时候，注意"返青粽叶"，不要贪图粽叶的青绿，以为这样就等同于粽子也是新鲜美味的。相反，传统的包粽子方法就是用风干粽叶来包粽子，虽然颜色不好看，但更加天然、安全。正常的粽叶在经过高温蒸煮后颜色会发暗发黄。

b. 闻粽子的味道。用返青粽叶制作的粽子没有那种天然粽叶的香味，自然里面的馅料的味道也不够天然。而且还有淡淡的硫磺味，此时就要注意购买了，千万不要买到"返青粽叶"制作的粽子。

c. 除了最日常的查看粽子的出产日期和厂家之外，新鲜的粽子是不能有酸味、发霉、发馊等味道，如果仔细观察后发现霉变，就不要购买。正常的粽子是应该带有粽叶、糯米和馅料的混合香气。

d. "硼砂粽"，这种粽子吃起来更加筋道爽口，有弹性。但是这种弹性并非是粽子本身的特性，而是经过了添加化工原料硼砂之后，让糯米不粘粽叶，口感干爽有弹性。但是硼砂作为一种化工原料，对人体伤害很大。

参 考 文 献

丁文慧，陆利霞，熊晓辉. 2012. 提高山梨酸及钾盐防腐效果的研究进展[J]. 食品工业科技，33 (3)：31-33.

苏建国，彭进. 2011. UPLC同时测定风味饮料中安赛蜜、糖精钠、苯甲酸、山梨酸方法研究[J]. 中国食品添加剂，2：243-245.

王苏闽，刘华清，茅於芳. 2001. 关于油脂酸价测定中指示剂的选择[J]. 黑龙江粮油科技，12 (4)：25.

吴艳，和娟. 2013. 浅议食品微生物检测中菌落总数与大肠菌群两个指标的关系[J]. 计量与测试技术，40（6）: 92-93.

Bastias JM, Bermudez M, Carrasco J, et al. 2010. Determination of dietary intake of total arsenic, inorganic arsenic and total mercury in the Chilean school meal program[J]. Food Sci Technol Int, 16（5）: 443-450.

GB 2760—2011. 食品安全国家标准 食品添加剂使用标准[S].

Hubbs-Tait L, Nation JR, Krebs NF, et al. 2005. Neurotoxicants, Micronutrients, and Social Environments: Individual and Combined Effects on Children's Development[J]. Psychol Sci Publ Interest, 6: 57-121.

Magnoli AP, Monge MP, Miazzo RD, et al. 2011. Effect of low levels of aflatoxin B_1 on performance, biochemical parameters, and aflatoxin B_1 in broiler liver tissues in the presence of monensin and sodium bentonite[J]. Poult Sci, 90（1）: 48-58.

Nair B. 2001. Final report on the safety assessment of Benzyl Alcohol, Benzoic Acid, and Sodium Benzoate[J]. Int J Toxicol, 20 Suppl 3: 23-50.

Price JM, Biava CG, Oser BL, et al. 1970. Bladder Tumors in Rats Fed Cyclohexylamine or High Doses of a Mixture of Cyclamate and Saccharin[J]. Science, 167（3921）: 1131-1132.

SB/T 10377—2004. 粽子[S].

Takayama S, Renwick AG, Johansson SL, et al. 2000. Long-term toxicity and carcinogenicity study of cyclamate in nonhuman primates[J]. Toxicol Sci, 53: 33-39.

　　本书最大的特点是：编著者都是参加食品安全监管实践的专业管理人员和技术人员，他们大多从 2005 年便开始从事生产加工环节食品监管工作，在此领域有多年的工作实践，期间经历和处理过从三聚氰胺事件到食品标签问题等食品安全问题。

　　因此，本书的很多观点、理论是从工作实践中取得的，或者是用传统的理论付诸工作实践，以实践经验再次总结出来的。例如，食品安全的概念，其内涵除关注传统的食品污染带来食源性疾病外，还包括故意添加有毒有害物质给消费者带来的损害，甚至作更大的扩展，提出了生产和使用食品过程中涉及的精神安全和营养安全的问题。本来，为掩盖食品腐败变质和食品本身或加工过程中的质量缺陷或以掺杂、掺假、伪造为目的而使用食品添加剂，以及在食品生产中故意添加有毒有害物质等行为，属于以食品为载体的违法犯罪行为，与精神安全和营养安全的问题一样，传统上并不归为食品安全问题。但这是目前政府、社会和企业都特别重视的问题，因此应当作为食品安全问题研究处理。又如，保障食品安全，"从农田到餐桌"的监管是核心内容。但实际上，不但要着眼于"从农田到餐桌"的全过程监管，而且要根据目前的现实情况，从"农田"向前延伸到对环境污染的治理，从"餐桌"向后扩展到提高消费者的自我保护能力，真正实现全过程监管。

　　我国的食品安全监管，惯于沿用以行政管理为主导的日常管理方法，实施近乎军事化的严格管理和类似群众运动的专项整治。这在特殊时期处理特殊事件上可能有较好的效果。但这些做法由于缺乏预防性手段，故对食品安全现存及可能出现的危害因素不能做出及时而迅速的控制，与日益复杂的食品安全形势要求和与公众日益严格的食品安全要求相比，其有效性、科学性日见其拙。

　　食品安全问题是民生问题、社会问题，有时候甚至会上升为政治问题，但归根到底是科学问题，所以，食品安全问题归根到底必须依靠科学技术和科学管理来解决。

　　这些科学技术主要是围绕风险评估、风险监测所需要的一系列科学理论和技术手段。而科学管理，则主要基于风险评估的各种监督管理方法。书中归纳介绍了这些科学技术和科学管理在实践中的成果：各种食品安全的危害因素、食品链上的食品安全问题、国内外风险评估成果的比较、危害因素的分析和控制方法、食品安全的管理方法、监管部门对不同对象（如食品小作坊、企业、需要保障食品安全的重要活动等）实施监管的经验，以及发达国家食品安全监管模式等。最后，作者提出了新的监管体系构想，即完善以企业主体责任落实为核心、明确首负责任为前提、权益保护为基础、保险救济和社会救助为保障、质量检测和安全风险监测与评估为技术支撑、政府监管为强制的现代监管体系。

　　因为食品安全风险分析方法是国际上通行的、公认的、科学的、有效的食品安全管理方法和技术手段，而且对一个地区所有的食品生产行业以风险分析方法进行系统的分析，在我国的食品安全工作实践中也是首次，所以，其经验非常值得总结。而且，作者相信这些经验对读者提高食品安全认识和增强工作有效性将有莫大的裨益。

　　这些，即是作者在本书编写过程中主要思考的问题和想向读者表达的实践收获。

　　由于水平所限，书中难免有一些不足之处，请大家不吝批评与指正。

　　最后，再次感谢关心、支持和参与本书编写及出版工作的所有领导、编辑和工作人员。

主　编

2013 年 9 月